Java
编程的逻辑

The Logic of Java Programming

马俊昌 著

U0191517

机械工业出版社
China Machine Press

图书在版编目（CIP）数据

Java 编程的逻辑 / 马俊昌著 . —北京：机械工业出版社，2018.1（2022.4 重印）
（Java 核心技术系列）

ISBN 978-7-111-58772-9

I. J… II. 马… III. JAVA 语言－程序设计 IV. TP312.8

中国版本图书馆 CIP 数据核字（2017）第 312050 号

Java 编程的逻辑

出版发行：机械工业出版社（北京市西城区百万庄大街 22 号 邮政编码：100037）

责任编辑：高婧雅　　　　　　　　　　　　　　　责任校对：殷　虹

印　　刷：北京捷迅佳彩印刷有限公司　　　　　　版　　次：2022 年 4 月第 1 版第 7 次印刷

开　　本：186mm×240mm　1/16　　　　　　　　印　　张：43.5

书　　号：ISBN 978-7-111-58772-9　　　　　　　定　　价：99.00 元

凡购本书，如有缺页、倒页、脱页，由本社发行部调换

客服热线：（010）88379426　88361066　　　　　投稿热线：（010）88379604

购书热线：（010）68326294　88379649　68995259　　读者信箱：hzjsj@hzbook.com

我觉得你的文章跟一般 Java 教程最大的不同在于，你把各个知识点的"为什么"都解释得很清楚，非常对味，非常感谢。很多网上教程，都是直接教如何做的，主要是动手能力。可是做完了还是云里雾里。结合你的文章，一下子就通透了。

——Hannah

老马说编程，太好了。把神秘的编程，通俗地讲解，使编程者认识了本质。每个专题的介绍都是深入浅出，有分析，有总结，有详细例子，真是爱不释手的宝书。

——张工荣成

其实老马写的东西网上都有大把的类似文章，但是老马总是能把复杂的东西讲得深入浅出，把看似简单的东西分析得细致深入！

——VitaminChen

文章比其他文章的亮点：有情景带入，重点突出，让人耳目一新，读起来很方便。感谢辛苦付出。

——hellojd

虽然我使用 Java 多年，可是阅读作者的文章仍然觉得受益匪浅。并发总结得很好，对前面讲的并发知识作了很好的总结和梳理。

——彭越

我不是初学者，依然能从这里学到很多东西。对不了解原理的非初学者来说，像回头捡落下的宝贝似的。关于编码，之前一直云里雾里的，找了几篇文章都没读进去。你的讲解浅显易懂！

——Keyirei

用平实的语言把计算机科学的思维方法由浅入深，娓娓道来，让人如沐春风，醍醐灌顶。这里面没有复制、粘贴的拼凑，更没有生硬古怪的翻译腔，文章中句句都能感觉到老马理解、实践、贯通后表达出来的逻辑严密周全和通透流畅。

——杜鹏

最近从 PHP 转 Java，从您的文章学到了很多知识，很系统地重构了对计算机以及程序语言的认知，很感谢。

——房飞

多线程一直连概念也模糊，阅读后真的受益匪浅！异常处理，看着简单，刚开始学习时，自己也是胡乱 try 和 throw，不过到开发时，才体会到正确处理的重要性。感谢这篇文章。比起学习使用庞大的框架，我觉得基础知识是更重要的，对于一个知识点的理解，细细琢磨，知道实现原理，也是一种收获。

——Chain

为什么要写这本书

　　写一本关于编程的书，是我大概 15 年前就有的一个想法，当时，我体会到了编程中数据结构的美妙和神奇，有一种收获的喜悦和分享的冲动。这种收获是我反复阅读教程十几遍，花大量时间上机练习调试得到的，这是一个比较痛苦的过程。我想，如果把我学到的知识更为清晰易懂地表达出来，其他人不就可以掌握编程容易一些，并体会到那种喜悦了吗？不过，当时感觉自己学识太浅，要学习的东西太多，想一想也就算了。

　　触发我开始写作是在 2016 年年初，可汗学院的事迹震撼了我。可汗学院的创始人是萨尔曼·可汗，他自己录制了 3000 多个短视频，主要教中小学生基础课。他为每门课程建立了知识地图，地图由知识点组成，知识点之间有依赖关系。每个知识点都有一个视频，每个视频 10 分钟左右，他的讲解清晰透彻，极受欢迎。比尔·盖茨声称可汗是他最欣赏的老师，邀请其在 TED 发表演讲，同时投资可汗成立了非营利机构可汗学院，可汗也受到了来自谷歌等公司的投资。可以说，可汗以一己之力推动了全世界的教育。

　　我就想，我可不可以学习可汗，为计算机编程教育做一点事情？也就是说，为编程的核心知识建立知识地图，从最基础的概念开始，分解为知识点，一个知识点一个知识点地讲解，每一个知识点都力争清晰透彻，阐述知识点是什么、怎么用、有什么用途、实现原理是什么、思维逻辑是什么、与其他知识点有什么关系等。可汗的形式是视频，但我想先从文字总结开始。我希望表达的是编程的通用知识，但编程总要用一个具体语言，我想就用我最熟悉的 Java 吧。

　　过去十几年，Java 一直是软件开发领域最主流的语言之一，在可以预见的未来，Java还将是最主流的语言之一。但关于 Java 编程的书比比皆是，也不乏经典之作，市场还需要一本关于 Java 编程的书吗？甚至，还需要编程的书吗？如果需要，需要什么样的书呢？

　　关于编程的需求，我想答案是肯定的。过去几十年，IT 革命深刻地改变了人们的生活，但这次革命还远远没有停止，在可以预见的未来，人工智能等前沿技术必将进一步改变世界，而要掌握人工智能技术，必须先掌握基本编程技术。人工智能在我国已经上升为国家战略。2017 年 7 月，国务院印发了《新一代人工智能发展规划》，其中提到"实施全民智能教育项目，在中小学阶段设置人工智能相关课程，逐步推广编程教育"，未来，可能大部分人都需要学习编程。

关于编程的书是很多，但对于非计算机专业学生而言，掌握编程依然是一件困难的事情。绝大部分教程以及培训班过于追求应用，读者学完之后虽然能照着例子写一些程序，但却懵懵懂懂，知其然而不知其所以然，无法灵活应用，当希望进一步深入学习时，发现大部分专业书籍晦涩难懂，难以找到通俗易懂的与学过的应用相结合的进阶原理类书籍。

即使计算机专业的学生，学习编程也不容易。学校开设了很多理论课程，但学习理论的时候往往感觉比较枯燥，比如二进制、编码、数据结构和算法、设计模式、操作系统中的线程和文件系统知识等。而学习具体编程语言的时候，又侧重学习的是语法和 API。学习计算机理论的重要目的是为了更好地编程，但学生却难以在理论和编程之间建立密切的联系。

这样，我的想法基本就确定了，用 Java 语言写一本帮助理解编程到底是怎么回事的书，尽量用通俗易懂的方式循序渐进地介绍编程中的主要概念、语法和类库，不仅介绍用法和应用，还剖析背后的实现原理，以与基础理论相结合，同时包含一些实用经验和教训，并解释一些更为高层的框架和库的基本原理，以与实践应用相结合，在此过程中，融合编程的一些通用思维逻辑。

我有能力写好吗？我并不是编程大师，但我想，可汗也不是每个领域的大师，但他讲授了很多领域的知识，的确帮助了很多人。过去十几年我一直从事编程方面的工作，也在不断学习和思考，我想，只要用心写，至少会给一些人带来一点帮助吧。

于是，我在 2016 年 3 月创建了微信公众号"老马说编程"，开始发布系列文章"计算机程序的思维逻辑"。每一篇文章对我都是一个挑战，每一个知识点我都花大量时间用心思考，反复琢磨，力求表达清晰透彻，做到最好。写作是一个痛苦和快乐交织的过程，最痛苦的就是满脑子都是相关的内容，但就是不知道该怎么表达的时候，而最快乐的就是写完一篇文章的时候。令人欣慰的是，这些文章受到了大量读者的极高评价，他们的溢美之词、自发分享和红包赞赏进一步增强了我写作的信心和动力。到 2017 年 7 月底，共写了 95 篇文章，关于 Java 编程的基本内容也就写完了。

在写作过程中，很多读者反馈希望文章可以尽快整理成书，以便阅读。2016 年 9 月，机械工业出版社的高婧雅女士联系到了我，商讨出版的可能，在她的鼎力帮助和出版社的大力支持下，就有了大家看到的这本书。

本书特色

本书致力于帮助读者真正理解 Java 编程。对于每个语言特性和 API，不仅介绍其概念和用法，还分析了为什么要有这个概念，实现原理是什么，背后的思维逻辑是什么；对于类库，分析了大量源码，使读者不仅知其然，还知其所以然，以透彻理解相关知识点。

本书虽然是 Java 语言描述，但以更为通用的编程逻辑为主，融入了很多通用的编程相关知识，如二进制、编码、数据结构和算法、设计模式、操作系统、编程思维等，使读者不仅能够学习 Java 语言，还可以提升整体的编程和计算机水平。

本书不仅注重实现原理，而且重视实用性。本书介绍了很多实践中常用的技术，包含不少实际开发中积累的经验和教训，使读者可以少走一些弯路。在实际开发中，我们经常使用一些高层的系统程序、框架和库，以提升开发效率，本书也介绍了如何利用基本 API 开发一些系统程序和框架，比如键值数据库、消息队列、序列化框架、DI（依赖注入）容器、AOP（面向切面编程）框架、热部署、模板引擎等，讲解这些内容的目的不是为了"重新发明轮子"，而是为了帮助读者更好地理解和应用高层的系统程序与框架。

本书高度注重表述，尽力站在读者的角度，循序渐进、简洁透彻，从最基本的概念开始，一步步推导出更为高级的概念，在介绍每个知识点时，都会尽力先介绍用法、示例和应用，再分析实现原理和思维逻辑，并与其他知识点建立联系，以便读者能够容易地、全面透彻地理解相关知识。

本书侧重于 Java 编程的主要概念，绝大部分内容适用于 Java 5 以上的版本，但也包含了最近几年 Java 的主要更新，包括 Java 8 引入的重要更新——Lambda 表达式和函数化编程。

读者对象

本书面向所有希望进一步理解编程的主要概念、实现原理和思维逻辑的读者，具体来说有以下几种。

初中级 Java 开发者：本书采用 Java 语言，侧重于剖析编程概念背后的实现原理和内在逻辑，同时包含很多实际编程中的经验教训，所以，对于 Java 编程经历不多，对计算机原理不太了解、对 Java 的很多概念一知半解的开发人员，阅读本书的收获可能最大，通过本书可以快速提升 Java 编程水平。而零基础 Java 开发者，可跳过原理性内容阅读。

非 Java 语言的开发者：本书不假设读者有任何 Java 编程基础，系统、全面、细致地讲述了 Java 的语法和类库，给出了很多示例。另外，本书介绍了很多编程的通用概念、知识、数据结构、设计模式、算法、实现原理和思维逻辑。同时，全书的讨论都尽量站在一个通用的编程语言角度，而非 Java 语言特定的角度。通过阅读本书，读者可以快速学习和掌握 Java，建立与其他语言之间的联系，提升整体编程思维和水平。

中高级 Java 开发者：经验丰富的 Java 开发者阅读本书的收获也会很大，可以通过本书对编程有更为系统、更为深刻的认识。

如何阅读本书

本书分为六大部分，共 26 章内容。

第一部分（第 1～2 章）介绍编程基础与二进制。第 1 章介绍编程的基础知识，包括数据类型、变量、赋值、基本运算、条件执行、循环和函数。第 2 章帮助读者理解数据背后的二进制，包括整数的二进制表示与位运算、小数计算为什么会出错、字符的编码与乱码。

第二部分（第 3～7 章）介绍面向对象。第 3 章介绍类的基础知识，包括类的基本概念、类的组合以及代码的基本组织机制。第 4 章介绍类的继承，包括继承的基本概念、细节、实现原理，分析为什么说继承是把双刃剑。第 5 章介绍类的一些扩展概念，包括接口、抽象类、内部类和枚举。第 6 章介绍异常。第 7 章剖析一些常用基础类，包括包装类、String、StringBuilder、Arrays、日期和时间、随机。

第三部分（第 8～12 章）介绍泛型与容器及其背后的数据结构和算法。第 8 章介绍泛型，包括其基本概念和原理、通配符，以及一些细节和局限性。第 9 章介绍列表和队列，剖析 ArrayList、LinkedList 以及 ArrayDeque。第 10 章介绍各种 Map 和 Set，剖析 HashMap、HashSet、排序二叉树、TreeMap、TreeSet、LinkedHashMap、LinkedHashSet、EnumMap 和 EnumSet。第 11 章介绍堆与优先级队列，包括堆的概念和算法及其应用。第 12 章介绍一些抽象容器类，分析通用工具类 Collections，最后对整个容器类体系从多个角度进行系统总结。

第四部分（第 13～14 章）介绍文件。第 13 章主要介绍文件的基本技术，包括文件的一些基本概念和常识、Java 中处理文件的基本结构、二进制文件和字节流、文本文件和字符流，以及文件和目录操作。第 14 章介绍文件处理的一些高级技术，包括一些常见文件类型的处理、随机读写文件、内存映射文件、标准序列化机制，以及 Jackson 序列化。

第五部分（第 15～20 章）介绍并发。第 15 章介绍并发的传统基础知识，包括线程的基本概念、线程同步的基本机制 synchronized、线程协作的基本机制 wait/notify，以及线程的中断。第 16 章介绍并发包的基石，包括原子变量和 CAS、显式锁与显式条件。第 17 章介绍并发容器，包括写时复制的 List 和 Set、ConcurrentHashMap、基于跳表的 Map 和 Set，以及各种并发队列。第 18 章介绍异步任务执行服务，包括基本概念和实现原理、主要的实现机制线程池，以及定时任务。第 19 章介绍一些专门的同步和协作工具类，包括读写锁、信号量、倒计时门栓、循环栅栏，以及 ThreadLocal。第 20 章对整个并发部分从多个角度进行系统总结。

第六部分（第 21～26 章）介绍动态与函数式编程。第 21 章介绍反射，包括反射的用法和应用。第 22 章介绍注解，包括注解的使用、创建，以及两个应用：定制序列化和 DI 容器。第 23 章介绍动态代理的用法和原理，包括 Java SDK 动态代理和 cglib 动态代理以及一个应用：AOP。第 24 章介绍类加载机制，包括类加载的基本机制和过程，ClassLoader 的用法和自定义，以及它们的应用：可配置的策略与热部署。第 25 章介绍正则表达式，包括语法、Java API、一个简单的应用（模板引擎），最后剖析一些常见表达式。第 26 章介绍 Java 8 引入的函数式编程，包括 Lambda 表达式、函数式数据处理、组合式异步编程，以及 Java 8 的日期和时间 API。

对于有一定经验的读者，可以挑选感兴趣的章节直接阅读。而对于初学者，建议从头阅读，但对于一些比较深入的原理性内容，以及一些比较高级的内容，如果理解比较困难可以跳过，有一定实践经验后再回头阅读。任何读者都可以将本书作为一本案头参考书，以备随时查阅不确定的概念、用法和原理。

勘误和支持

由于笔者的水平有限，编写时间仓促，书中难免会出现一些错误或者不准确的地方，恳请读者批评指正。如果读者有更多的宝贵意见，欢迎关注我的微信公众号"老马说编程"，可在后台留言，在"关于"部分也有最新的微信和 QQ 群信息，欢迎加入讨论，我会尽量提供满意的解答。同时，读者也可以通过**邮箱 swiftma@sina.com** 联系到我。期待得到你们的真挚反馈，在技术之路上互勉共进。

致谢

感谢我的微信公众号"老马说编程"、掘金、开发者头条和博客园技术社区的广大读者，他们的极高评价、自发分享和红包赞赏让我备受鼓舞，更重要的是，他们指出了很多文章中的错误，使我可以及时修正。

感谢掘金和开发者头条技术社区，他们经常推荐我的文章，使更多人可以看到。

感谢我在北京理工大学学习时的老师和同学们，在老师的教导和同学们的探讨中，我掌握了比较扎实的计算机基础，特别是我的已故恩师古志民教授，古教授指导我完成了本科到博士的学业，他严谨认真的学术态度深深地影响了我。

感谢我工作以来的领导和同事们，由于他们的言传身教，我得以不断提高自己的技术水平。

感谢机械工业出版社的编辑高婧雅，在一年多的时间中始终支持我的写作，她的帮助和建议引导我顺利完成全部书稿。

感谢读者郝晓飞、于乐、贾攀、王硕、刘挺、傅宇新、金鑫、杨恺、张秀宏、高纯、罗贤谦、焦阳、张潇帆、梅俊华、孔凯凯、何苍等，他们帮助修正了第一次印刷中的不少错误。

特别致谢

特别感谢我的爱人吴特和儿子久久，我为写作这本书，牺牲了很多陪伴他们的时间，但也正因为有了他们的付出与支持，我才能坚持写下去。

特别感谢我岳父母，特别是我的岳母，不遗余力地帮助我们照顾儿子，有了他们的帮助和支持，我才有时间和精力去完成写作工作。

特别感谢我的父母，他们在困难的生活条件下，付出了巨大的汗水与心血，将我养育成人，使我能够完成博士学业，他们一生勤劳朴素的品质深深地影响了我。

特别感谢我的兄长马俊杰，他一直是我成长路上的指明灯，也是从他的耐心讲解中我第一次了解到了计算机的基本工作机制。

谨以此书献给我最亲爱的家人，以及众多热爱编程技术的朋友们！

马俊昌

Contents 目录

第二部分　面向对象

编程基础与二进制

编 程 基 础

我们先来简单介绍何谓编程，以及编出来的程序大概是什么样子。

计算机是个机器，这个机器主要由 CPU、内存、硬盘和输入 / 输出设备组成。计算机上跑着操作系统，如 Windows 或 Linux，操作系统上运行着各种应用程序，如 Word、QQ 等。

操作系统将时间分成很多细小的时间片，一个时间片给一个程序用，另一个时间片给另一个程序用，并频繁地在程序间切换。不过，在应用程序看来，整个机器资源好像都归它使用，操作系统给它制造了这种假象。对程序员而言，编写程序时基本不用考虑其他应用程序，做好自己的事就可以了。

应用程序看上去能做很多事情，能读写文档、能播放音乐、能聊天、能玩游戏、能下围棋等，但本质上，计算机只会执行预先写好的指令而已，这些指令也只是操作数据或者设备。所谓程序，基本上就是告诉计算机要操作的数据和执行的指令序列，即对什么数据做什么操作，比如：

1）读文档，就是将数据从磁盘加载到内存，然后输出到显示器上；

2）写文档，就是将数据从内存写回磁盘；

3）播放音乐，就是将音乐的数据加载到内存，然后写到声卡上；

4）聊天，就是从键盘接收聊天数据，放到内存，然后传给网卡，通过网络传给另一个人的网卡，再从网卡传到内存，显示在显示器上。

基本上，所有数据都需要放到内存进行处理，程序的很大一部分工作就是操作在内存中的数据。那具体如何表示和操作数据呢？本章介绍一些基础知识，具体分为 7 个小节。

数据在计算机内部都是二进制表示的，不方便操作，为了方便操作数据，高级语言引入了**数据类型**和**变量**的概念，这两个概念我们在 1.1 节介绍。

表示了数据后，1.2 节介绍能对数据进行的第一个操作：赋值。

数据有了初始值之后，1.3 节介绍可以对数据进行的一些基本运算，计算机之所以称为"计算"机，是因为最初发明它的主要目的也是运算。

为了编写有实用功能的程序，只进行基本运算是远远不够的，至少需要对操作的过程进行流程控制。流程控制有两种：一种是条件执行；另外一种是循环。我们分别在 1.4 节和1.5 节介绍。

为了减少重复代码和分解复杂操作，计算机程序引入了函数和子程序的概念，我们分别在 1.6 节和 1.7 节介绍函数的用法和函数调用的基本原理。

1.1　数据类型和变量

数据类型用于对数据归类，以便于理解和操作。对 Java 语言而言，有如下基本数据类型。

- ❏ 整数类型：有 4 种整型 byte/short/int/long，分别有不同的取值范围；
- ❏ 小数类型：有两种类型 float/double，有不同的取值范围和精度；
- ❏ 字符类型：char，表示单个字符；
- ❏ 真假类型：boolean，表示真假。

基本数据类型都有对应的数组类型，数组表示固定长度的同种数据类型的多条记录，这些数据在内存中连续存放。比如，一个自然数可以用一个整数类型数据表示，100 个连续的自然数可以用一个长度为 100 的整数数组表示。一个字符可以用一个 char 类型数据表示，一段文字可以用一个 char 数组表示。

Java 是面向对象的语言，除了基本数据类型，其他都是对象类型。对象到底是什么呢？简单地说，对象是由基本数据类型、数组和其他对象组合而成的一个东西，以方便对其整体进行操作。比如，一个学生对象，可以由如下信息组成。

- ❏ 姓名：一个字符数组；
- ❏ 年龄：一个整数；
- ❏ 性别：一个字符；
- ❏ 入学分数：一个小数。

日期在 Java 中也是一个对象，内部表示为整型 long。

世界万物都是由元素周期表中的基本元素组成的，基本数据类型就相当于化学中的基本元素，而对象就相当于世界万物。

为了操作数据，需要把数据存放到内存中。所谓内存在程序看来就是一块有地址编号的连续的空间，数据放到内存中的某个位置后，为了方便地找到和操作这个数据，需要给这个位置起一个名字。编程语言通过**变量**这个概念来表示这个过程。

声明一个变量，比如 int a，其实就是在内存中分配了一块空间，这块空间存放 int 数据类型，a 指向这块内存空间所在的位置，通过对 a 操作即可操作 a 指向的内存空间，比如 a=5 这个操作即可将 a 指向的内存空间的值改为 5。

之所以叫"**变**"量，是因为它表示的是内存中的位置，这个位置存放的值是可以变化的。

虽然变量的值是可以变化的，但变量的名字是不变的，这个名字应该代表程序员心目中这块内存空间的意义，这个意义应该是不变的。比如，变量 int second 表示时钟秒数，在不同时间可以被赋予不同的值，但它表示的始终是时钟秒数。之所以说**应该**，是因为这不是必需的，如果一定要为一个名为 age 的变量赋予身高的值，计算机也拿你没办法。

重要的话再说一遍！**变量就是给数据起名字，方便找不同的数据，它的值可以变，但含义不应变**。再比如说一个合同，可以有 4 个变量：

❑ first_party：含义是甲方；

❑ second_party：含义是乙方；

❑ contract_body：含义是合同内容；

❑ contract_sign_date：含义是合同签署日期。

这些变量表示的含义是确定的，但对不同的合同，它们的值是不同的。初学编程的人经常使用像 a、b、c、hehe、haha 这种无意义的名字。在此建议为变量起一个有意义的名字吧！通过声明变量，每个变量赋予一个数据类型和一个有意义的名字，我们就告诉了计算机要操作的数据。

有了数据，如何对数据进行操作呢？我们先来看对数据能做的第一个操作：赋值。

1.2 赋值

声明变量之后，就在内存分配了一块位置，但这个位置的内容是未知的，赋值就是把这块位置的内容设为一个确定的值。Java 中基本类型、数组、对象的赋值有明显不同，本节介绍基本类型和数组的赋值，对象的赋值第 3 章再介绍。

1.2.1 基本类型

（1）整数类型

整数类型有 byte、short、int 和 long，分别占 1、2、4、8 个字节，取值范围如表 1-1 所示。

表 1-1 整数类型和取值范围

类 型 名	取值范围	类 型 名	取值范围
byte	$-2^7 \sim 2^7-1$	int	$-2^{31} \sim 2^{31}-1$
short	$-2^{15} \sim 2^{15}-1$	long	$-2^{63} \sim 2^{63}-1$

我们用 ^ 表示指数，2^7 即 2 的 7 次方。这个范围我们不需要记得那么清楚，有个大概

范围认识就可以了。第 2 章会从二进制的角度进一步分析表示范围为什么会是这样的。

赋值形式很简单，直接把熟悉的数字常量形式赋值给变量即可，对应的内存空间的值就从未知变成了确定的常量。但常量不能超过对应类型的表示范围。例如：

```
byte b = 23;
short s = 3333;
int i = 9999;
long l = 32323;
```

但是，在给 long 类型赋值时，如果常量超过了 int 的表示范围，需要在常量后面加大写或小写字母 L，即 L 或 l，例如：

```
long a = 3232343433L;
```

之所以需要加 L 或 l，是因为数字常量默认为是 int 类型。

（2）小数类型

小数类型有 float 和 double，占用的内存空间分别是 4 和 8 字节，有不同的取值范围和精度，double 表示的范围更大，精度更高，具体如表 1-2 所示。

表 1-2　小数类型和取值范围

类　型　名	取　值　范　围	类　型　名	取　值　范　围
float	1.4E–45～3.4E+38 –3.4E+38～–1.4E–45	double	4.9E–324～1.7E+308 –1.7E+308～–4.9E–324

取值范围看上去很奇怪，一般也不需要记住，有个大概印象就可以了。E 表示以 10 为底的指数，E 后面的 + 号和 – 号代表正指数和负指数，例如：1.4E–45 表示 1.4 乘以 10 的 –45 次方。第 2 章会进一步分析小数的二进制表示。

对于 double，直接把熟悉的小数表示赋值给变量即可，例如：

```
double d = 333.33;
```

但对于 float，需要在数字后面加大写字母 F 或小写字母 f，例如：

```
float f = 333.33f;
```

这是由于小数常量默认是 double 类型。

除了小数，也可以把整数直接赋值给 float 或 double，例如：

```
float f = 33;
double d = 3333333333333L;
```

（3）真假类型

真假（boolean）类型很简单，直接使用 true 或 false 赋值，分别表示真和假，例如：

```
boolean b = true;
b = false;
```

（4）字符类型

字符类型 char 用于表示一个字符，这个字符可以是中文字符，也可以是英文字符，char 占用的内存空间是两个字节。赋值时把常量字符用单引号括起来，不要使用双引号，例如：

```
char c = 'A';
char z = '马';
```

大部分的常用字符用一个 char 就可以表示，但有的特殊字符用一个 char 表示不了。此外，关于 char 还有一些其他细节，我们在 2.4 节再进一步解释。

前面介绍的赋值都是直接给变量设置一个常量值，但也可以把变量赋给变量，例如：

```
int a = 100;
int b = a;
```

变量可以进行各种运算（1.3 节介绍），也可以将变量的运算结果赋给变量，例如：

```
int a = 1;
int b = 2;
int c = 2*a+b; //2乘以a的值再加上b的值赋给c
```

前面介绍的赋值都是在声明变量的时候就进行了赋值，但这不是必需的，可以先声明变量，随后再进行赋值。

1.2.2　数组类型

基本类型的数组有 3 种赋值形式，如下所示：

```
1. int[] arr = {1,2,3};
2. int[] arr = new int[]{1,2,3};
3. int[] arr = new int[3];
   arr[0]=1; arr[1]=2; arr[2]=3;
```

第 1 种和第 2 种都是预先知道数组的内容，而第 3 种是先分配长度，然后再给每个元素赋值。第 3 种形式中，即使没有给每个元素赋值，每个元素也都有一个默认值，这个默认值跟数组类型有关，数值类型的值为 0，boolean 为 false，char 为空字符。

数组长度可以动态确定，如下所示：

```
int length = ... ;//根据一些条件动态计算
int[] arr = new int[length];
```

数组长度虽然可以动态确定，但定了之后就不可变。数组有一个 length 属性，但只能读，不能改。还有一个小细节，不能在给定初始值的同时给定长度，即如下格式是不允许的：

```
int[] arr = new int[3]{1,2,3}
```

可以这么理解，因为初始值已经决定了长度，再给个长度，如果还不一致，计算机将无所适从。

数组类型和基本类型是有明显不同的，一个基本类型变量，内存中只会有一块对应的内存空间。但数组有两块：一块用于存储数组内容本身，另一块用于存储内容的位置。用一个例子来说明，有一个 int 变量 a，以及一个 int 数组变量 arr，其代码、变量对应的内存地址和内存内容如表 1-3 所示。

表 1-3　变量对应的内存地址和内容

代　　码	内 存 地 址	内 存 数 据
int a = 100;	1000	100
int[] arr = {1,2,3};	2000	3000
	3000	1
	3004	2
	3008	3

基本类型 a 的内存地址是 1000，这个位置存储的就是它的值 100。数组类型 arr 的内存地址是 2000，这个位置存储的值是一个位置 3000，3000 开始的位置存储的才是实际的数据"1, 2, 3"。

为什么数组要用两块空间？不能只用一块空间吗？我们来看下面这段代码：

```
int[] arrA = {1,2,3};
int[] arrB = {4,5,6,7};
arrA = arrB;
```

这段代码中，arrA 初始的长度是 3，arrB 的长度是 4，后来将 arrB 的值赋给了 arrA。如果 arrA 对应的内存空间是直接存储的数组内容，那么它将没有足够的空间去容纳 arrB 的所有元素。

用两块空间存储就简单得多，arrA 存储的值就变成了和 arrB 的一样，存储的都是数组内容 {4,5,6,7} 的地址，此后访问 arrA 就和 arrB 是一样的了，而 arrA {1,2,3} 的内存空间由于不再被引用会进行垃圾回收，如下所示：

```
arrA        {1,2,3}
    \
     \
arrB  ->  {4,5,6,7}
```

由上也可以看出，给数组变量赋值和给数组中元素赋值是两回事，给数组中元素赋值是改变数组内容，而给数组变量赋值则会让变量指向一个不同的位置。

上面我们说数组的长度是不可以变的，不可变指的是数组的内容空间，一经分配，长度就不能再变了，但可以改变数组变量的值，让它指向一个长度不同的空间，就像上例中 arrA 后来指向了 arrB 一样。

给变量赋值就是将变量对应的内存空间设置为一个明确的值，有了值之后，变量可以被加载到 CPU，CPU 可以对这些值进行各种运算，运算后的结果又可以被赋值给变量，保存到内存中。数据可以进行哪些运算？如何进行运算呢？我们下节介绍。

1.3 基本运算

有了初始值之后，可以对数据进行运算。运算有不同的类型，不同的数据类型支持的运算也不一样，本节介绍 Java 中基本类型数据的主要运算。

❑ 算术运算：主要是日常的加减乘除。
❑ 比较运算：主要是日常的大小比较。
❑ 逻辑运算：针对布尔值进行运算。

1.3.1 算术运算

算术运算符有加、减、乘、除，符号分别是 +、-、*、/，另外还有取模运算符 %，以及自增（++）和自减（--）运算符。取模运算适用于整数和字符类型，其他算术运算适用于所有数值类型和字符类型。大部分运算都符合我们的数学常识，但字符怎么也可以进行算术运算？我们到 2.4 节再解释。

减号（-）通常用于两个数相减，但也可以放在一个数前面，例如 -a，这表示改变 a 的符号，原来的正数会变为负数，原来的负数会变为正数，这也是符合我们常识的。

取模（%）就是数学中的求余数，例如，5%3 是 2，10%5 是 0。

自增（++）和自减（--），是一种快捷方式，是对自己进行加 1 或减 1 操作。

加、减、乘、除大部分情况和数学运算是一样的，都很容易理解，但有一些需要注意的地方，而自增、自减稍微复杂一些，下面我们解释下。

1. 加、减、乘、除注意事项

运算时要注意结果的范围，使用恰当的数据类型。两个正数都可以用 int 表示，但相乘的结果可能就会超出，超出后结果会令人困惑，例如：

```
int a = 2147483647*2; //2147483647是int能表示的最大值
```

a 的结果是 -2。为什么是 -2 我们暂不解释，要避免这种情况，我们的结果类型应使用 long，但只改为 long 也是不够的，因为运算还是默认按照 int 类型进行，需要将至少一个数据表示为 long 形式，即在后面加 L 或 l，下面这样才会出现期望的结果：

```
long a = 2147483647*2L;
```

另外，需要注意的是，**整数相除不是四舍五入，而是直接舍去小数位**，例如：

```
double d = 10/4;
```

结果是 2 而不是 2.5，如果要按小数进行运算，需要将至少一个数表示为小数形式，或者使用强制类型转化，即在数字前面加（double），表示将数字看作 double 类型，如下所示任意一种形式都可以：

```
a) double d = 10/4.0;
b) double d = 10/(double)4;
```

2. 小数计算结果不精确

无论是使用 float 还是 double，进行运算时都会出现一些非常令人困惑的现象，比如：

```
float f = 0.1f*0.1f;
System.out.println(f);
```

这个结果看上去应该是 0.01，但实际上，屏幕输出却是 0.010000001，后面多了个 1。换用 double 看看：

```
double d = 0.1*0.1;
System.out.println(d);
```

屏幕输出 0.010000000000000002，一连串的 0 之后多了个 2，结果也不精确。

这是怎么回事？看上去这么简单的运算，计算机计算的结果怎么不精确呢？但事实就是这样，究其原因，我们需要理解 float 和 double 的二进制表示，我们到 2.2 节再进行分析。

3. 自增（++）/ 自减（--）

自增 / 自减是对自己做加 1 或减 1 操作，但每个都有两种形式，一种是放在变量后，例如 a++、a--，另一种是放在变量前，例如 ++a、--a。

如果只是对自己操作，这两种形式也没什么差别，区别在于还有其他操作的时候。放在变量后（a++）是先用原来的值进行其他操作，然后再对自己做修改，而放在变量前（++a）是先对自己做修改，再用修改后的值进行其他操作。例如，快捷运算和其等同的运算如表 1-4 所示。

表 1-4　快捷运算和其等同的运算

快 捷 运 算	等 同 运 算
b=a++-1	b=a-1 a=a+1
c=++a-1	a=a+1 c=a-1
arrA[i++]=arrB[++j]	j=j+1 arrA[i]=arrB[j] i=i+1

自增 / 自减是"快捷"操作，是让程序员少写代码的，但遗憾的是，由于比较奇怪的语法和诡异的行为，给初学者带来了一些困惑。

1.3.2 比较运算

比较运算就是计算两个值之间的关系，结果是一个布尔类型（boolean）的值。比较运算适用于所有数值类型和字符类型。数值类型容易理解，但字符怎么比呢？我们到 2.4 节再解释。

比较操作符有大于（＞）、大于等于 (>=)、小于（＜）、小于等于 (<=)、等于 (==)、不等于 (!=)。

大部分也都是比较直观的，需要注意的是等于。首先，它使用两个等号 ==，而不是一个等号 =。为什么不用一个等号呢？因为一个等号 = 已经被占了，表示赋值操作。另外，对于数组，== 判断的是两个变量指向的是不是同一个数组，而不是两个数组的元素内容是否一样，即使两个数组的内容是一样的，但如果是两个不同的数组，== 依然会返回 false，比如：

```
int[] a = new int[] {1,2,3};
int[] b = new int[] {1,2,3};
//a==b的结果是false
```

如果需要比较数组的内容是否一样，需要逐个比较里面存储的每个元素。

1.3.3 逻辑运算

逻辑运算根据数据的逻辑关系，生成一个布尔值 true 或者 false。逻辑运算只可应用于 boolean 类型的数据，但比较运算的结果是布尔值，所以其他类型数据的比较结果可进行逻辑运算。

逻辑运算符具体有以下这些。

- ❏ 与（&）：两个都为 true 才是 true，只要有一个是 false 就是 false；
- ❏ 或（|）：只要有一个为 true 就是 true，都是 false 才是 false；
- ❏ 非（!）：针对一个变量，true 会变成 false，false 会变成 true；
- ❏ 异或（^）：两个相同为 false，两个不相同为 true；
- ❏ 短路与（&&）：和 & 类似，不同之处稍后解释；
- ❏ 短路或（||）：与 | 类似，不同之处稍后解释。

逻辑运算的大部分都是比较直观的，需要注意的是 & 和 &&，以及 | 和 || 的区别。如果只是进行逻辑运算，它们也都是相同的，区别在于同时有其他操作的情况下，例如：

```
boolean a = true;
int b = 0;
boolean flag = a | b++>0;
```

因为 a 为 true，所以 flag 也为 true，但 b 的结果为 1，因为 | 后面的式子也会进行运算，即使只看 a 已经知道 flag 的结果，还是会进行后面的运算。而 || 则不同，如果最后一句的代码是：

```
boolean flag = a || b++>0;
```

则 b 的值还是 0，因为 || 会"短路"，即在看到 || 前面部分就可以判定结果的情况下，忽略 || 后面的运算。

1.3.4　小结

本节介绍了 Java 中基本类型数据的主要运算，包括算术运算、比较运算和逻辑运算。

一个稍微复杂的运算可能会涉及多个变量和多种运算，那哪个先算，哪个后算呢？程序语言规定了不同运算符的优先级，有的会先算，有的会后算，大部分情况下，这个优先级与我们的常识理解是相符的。但在一些复杂情况下，我们可能会搞不明白其运算顺序。但这个我们不用太操心，可以使用括号 () 来表达我们想要的顺序，括号里的会先进行运算。简单来说，不确定顺序的时候，就使用括号。

本节遗留了一些问题，比如：

- ❑ 正整数相乘的结果居然出现了负数；
- ❑ 非常基本的小数运算结果居然不精确；
- ❑ 字符类型也可以进行算术运算和比较。

关于这些问题，我们到第 2 章再进行解释。为了编写有更多实用功能的程序，只进行基本操作是远远不够的，我们至少需要对操作的过程进行流程控制。流程控制主要有两种：一种是条件执行，另外一种是循环执行，接下来的两节对它们进行详细介绍。

1.4　条件执行

流程控制中最基本的就是条件执行，也就是说，一些操作只能在某些条件满足的情况下才执行，在一些条件下执行某种操作，在另外一些条件下执行另外的操作。这与交通控制中的红灯停、绿灯行条件执行是类似的。我们先来看 Java 中表达条件执行的语法，然后介绍其实现原理。

1.4.1　语法和陷阱

Java 中表达条件执行的基本语法是 if 语句，它的语法是：

```
if(条件语句){
    代码块
}
```

或

```
if(条件语句) 代码;
```

表达的含义也非常简单，只在条件语句为真的情况下，才执行后面的代码，为假就不执行了。具体来说，条件语句必须为布尔值，可以是一个直接的布尔变量，也可以是变量运算后的结果。我们在 1.3 节介绍过，比较运算和逻辑运算的结果都是布尔值，所以可作为条件语句。条件语句为 true，则执行括号 {} 中的代码，如果后面没有括号，则执行后面第一个分号（;）前的代码。

比如，只在变量为偶数的情况下输出：

```
int a=10;
if(a%2==0){
    System.out.println("偶数");
}
```

或者：

```
int a=10;
if(a%2==0) System.out.println("偶数");
```

if 的陷阱：初学者有时会忘记在 if 后面的代码块中加括号，有时希望执行多条语句而没有加括号，结果只会执行第一条语句，建议所有 if 后面都加括号。

if 实现的是条件满足的时候做什么操作，如果需要根据条件做分支，即满足的时候执行某种逻辑，而不满足的时候执行另一种逻辑，则可以用 if/else，语法是：

```
if(判断条件){
    代码块1
}else{
    代码块2
}
```

if/else 也非常简单，判断条件是一个布尔值，为 true 的时候执行代码块 1，为假的时候执行代码块 2。

1.3 节介绍了各种基本运算，这里介绍一个条件运算，和 if/else 很像，叫三元运算符，语法为：

```
判断条件 ? 表达式 1 :  表达式2
```

三元运算符会得到一个结果，判断条件为真的时候就返回表达式 1 的值，否则就返回表达式 2 的值。三元运算符经常用于对某个变量赋值，例如求两个数的最大值：

```
int max = x > y ? x : y;
```

三元运算符完全可以用 if/else 代替，但三元运算符的书写方式更简洁。

如果有多个判断条件，而且需要根据这些判断条件的组合执行某些操作，则可以使用 if/else if/else，语法是：

```
if(条件1){
    代码块1
}else if(条件2){
    代码块2
```

```
}  ...
else if(条件n){
    代码块n
}else{
    代码块n+1
}
```

if/else if/else 也比较简单，但可以表达复杂的条件执行逻辑，它逐个检查条件，条件 1
满足则执行代码块 1，不满足则检查条件 2，……，最后如果没有条件满足，且有 else 语句，
则执行 else 里面的代码。最后的 else 语句不是必需的，没有就什么都不执行。

if/else if/else 陷阱：需要注意的是，在 if/else if/else 中，判断的顺序是很重要的，后面
的判断只有在前面的条件为 false 的时候才会执行。

初学者有时会搞错这个顺序，如下面的代码：

```
if(score>60){
    return "及格";
}else if(score>80){
    return "良好";
}else{
    return "优秀"
}
```

看出问题了吧？如果 score 是 90，可能期望返回 "优秀"，但实际只会返回 "及格"。

在 if/else if/else 中，如果判断的条件基于的是同一个变量，只是根据变量值的不同而有
不同的分支，如果值比较多，比如根据星期几进行判断，有 7 种可能性，或者根据英文字
母进行判断，有 26 种可能性，使用 if/else if/else 比较烦琐，这种情况可以使用 switch，语
法是：

```
switch(表达式){
    case 值1:
            代码1; break;
    case 值2:
            代码2; break;
    ...
    case 值n:
            代码n; break;
    default: 代码n+1
}
```

switch 也比较简单，根据表达式的值执行不同的分支，具体来说，根据表达式的值找
匹配的 case，找到后执行后面的代码，碰到 break 时结束，如果没有找到匹配的值则执行
default 后的语句。表达式值的数据类型只能是 byte、short、int、char、枚举和 String（Java
7 以后）。枚举和 String 我们在后续章节介绍。

switch 会简化一些代码的编写，但 break 和 case 语法会给初学者造成一些困惑。

break 是指跳出 switch 语句，执行 switch 后面的语句。每条 case 语句后面都应该跟

break 语句，否则会继续执行后面 case 中的代码直到碰到 break 语句或 switch 结束。比如，下面的代码会输出所有数字而不只是 1。

```
int a = 1;
switch(a){
 case 1:
     System.out.println("1");
 case 2:
     System.out.println("2");
 default:
     System.out.println("3");
}
```

case 语句后面可以没有要执行的代码，如下所示：

```
char c = 'A'; //某字符
switch(c){
    case 'A':
    case 'B':
    case 'C':
        System.out.println("A-Z");break;
    case 'D':
        ...
}
```

case 'A'/'B' 后都没有紧跟要执行的代码，它们实际会执行第一块碰到的代码，即 case 'C' 匹配的代码。

简单总结下，条件执行总体上是比较简单的：单一条件满足时，执行某操作使用 if；根据一个条件是否满足执行不同分支使用 if/else；表达复杂的条件使用 if/else if/else；条件赋值使用三元运算符，根据某一个表达式的值不同执行不同的分支使用 switch。

从逻辑上讲，if/else、if/else if/else、三元运算符、switch 都可以只用 if 代替，但使用不同的语法表达更简洁，在条件比较多的时候，switch 从性能上看也更高（稍后解释原因）。

1.4.2　实现原理

条件执行具体是怎么实现的呢？程序最终都是一条条的指令，CPU 有一个指令指示器，指向下一条要执行的指令，CPU 根据指示器的指示加载指令并且执行。指令大部分是具体的操作和运算，在执行这些操作时，执行完一个操作后，指令指示器会自动指向挨着的下一条指令。

但有一些特殊的指令，称为**跳转**指令，这些指令会修改指令指示器的值，让 CPU 跳到一个指定的地方执行。跳转有两种：一种是条件跳转；另一种是无条件跳转。条件跳转检查某个条件，满足则进行跳转，无条件跳转则是直接进行跳转。

if/else 实际上会转换为这些跳转指令，比如下面的代码：

```
1 int a=10;
```

```
2 if(a%2==0)
3 {
4     System.out.println("偶数");
5 }
6 //其他代码
```

转换到的转移指令可能是：

```
1 int a=10;
2 条件跳转：如果a%2==0,跳转到第4行
3 无条件跳转：跳转到第7行
4 {
5     System.out.println("偶数");
6 }
7 //其他代码
```

你可能会奇怪第 3 行的无条件跳转指令，没有它不行吗？不行，没有这条指令，它会顺序执行接下来的指令，导致不管什么条件，括号中的代码都会执行。不过，对应的跳转指令也可能是：

```
1 int a=10;
2 条件跳转：如果a%2!=0,跳转到第6行
3 {
4     System.out.println("偶数");
5 }
6 //其他代码
```

这里就没有无条件跳转指令，具体怎么对应和编译器实现有关。在单一 if 的情况下可能不用无条件跳转指令，但稍微复杂一些的情况都需要。if、if/else、if/else if/else、三元运算符都会转换为条件跳转和无条件跳转，但 switch 不太一样。

switch 的转换和具体系统实现有关。如果分支比较少，可能会转换为跳转指令。如果分支比较多，使用条件跳转会进行很多次的比较运算，效率比较低，可能会使用一种更为高效的方式，叫**跳转表**。跳转表是一个映射表，存储了可能的值以及要跳转到的地址，如表 1-5 所示。

表 1-5　跳转表

条 件 值	跳转地址	条 件 值	跳转地址
值 1	代码块 1 的地址	...	...
值 2	代码块 2 的地址	值 n	代码块 n 的地址

跳转表为什么会更为高效呢？因为其中的值必须为整数，且按大小顺序排序。按大小排序的整数可以使用高效的二分查找，即先与中间的值比，如果小于中间的值，则在开始和中间值之间找，否则在中间值和末尾值之间找，每找一次缩小一半查找范围。如果值是连续的，则跳转表还会进行特殊优化，优化为一个数组，连找都不用找了，值就是数组的下标索引，直接根据值就可以找到跳转的地址。即使值不是连续的，但数字比较密集，差

的不多，编译器也可能会优化为一个数组型的跳转表，没有的值指向 default 分支。

程序源代码中的 case 值排列不要求是排序的，编译器会自动排序。之前说 switch 值的类型可以是 byte、short、int、char、枚举和 String。其中 byte/short/int 本来就是整数，char 本质上也是整数（2.4 节介绍），而枚举类型也有对应的整数（5.4 节介绍），String 用于 switch 时也会转换为整数。不可以使用 long，为什么呢？跳转表值的存储空间一般为 32位，容纳不下 long。简单说明下 String，String 是通过 hashCode 方法（7.2 节介绍）转换为整数的，但不同 String 的 hashCode 可能相同，跳转后会再次根据 String 的内容进行比较判断。

简单总结下，条件执行的语法是比较自然和容易理解的，需要注意的是其中的一些语法细节和陷阱。它执行的本质依赖于条件跳转、无条件跳转和跳转表。条件执行中的跳转只会跳转到跳转语句以后的指令，能不能跳转到之前的指令呢？可以，那样就会形成循环。

1.5 循环

所谓循环，就是多次重复执行某些类似的操作，这个操作一般不是完全一样的操作，而是类似的操作。都有哪些操作呢？这种例子太多了，比如：

1）展示照片，我们查看手机上的照片，背后的程序需要将照片一张张展示给我们。

2）播放音乐，我们听音乐，背后程序按照播放列表一首首给我们放。

3）查看消息，我们浏览朋友圈消息，背后程序将消息一条条展示给我们。

循环除了用于重复读取或展示某个列表中的内容，日常中的很多操作也要靠循环完成，比如：

1）在文件中，查找某个词，程序需要和文件中的词逐个比较（当然可能有更高效的方式，但也离不开循环）；

2）使用 Excel 对数据进行汇总，比如求和或平均值，需要循环处理每个单元的数据；

3）群发祝福消息给好友，程序需要循环给每个好友发。

当然，以上这些例子只是冰山一角。计算机程序运行时大致只能顺序执行、条件执行和循环执行。顺序和条件其实没什么特别的，而循环大概才是程序强大的地方。凭借循环，计算机能够非常高效地完成人很难或无法完成的事情。比如，在大量文件中查找包含某个搜索词的文档，对几十万条销售数据进行统计汇总等。下面，我们先来介绍循环的 4 种形式，然后介绍循环控制，最后讨论循环的实现原理并进行总结。

1.5.1 循环的 4 种形式

在 Java 中，循环有 4 种形式，分别是 while、do/while、for 和 foreach，下面我们分别介绍。

1. while

while 的语法为:

```
while(条件语句){
    代码块
}
```

或:

```
while(条件语句) 代码;
```

while 和 if 的语法很像，只是把 if 换成了 while，它表达的含义也非常简单，只要条件语句为真，就一直执行后面的代码，为假就停止不做了。比如:

```
Scanner reader = new Scanner(System.in);
System.out.println("please input password");
int num = reader.nextInt();
int password = 6789;
while(num!=password){
    System.out.println("please input password");
    num = reader.nextInt();
}
System.out.println("correct");
reader.close();
```

以上代码中，我们使用类型为 Scanner 的 reader 变量从屏幕控制台接收数字，reader.nextInt() 从屏幕接收一个数字，如果数字不是 6789，就一直提示输入，否则跳出循环。以上代码中的 Scanner 我们会在 13.3 节介绍，目前可以忽略其细节。

while 循环中，代码块中会有影响循环中断或退出的条件，但经常不知道什么时候循环会中断或退出。比如，上例中在匹配的时候会退出，但什么时候能匹配取决于用户的输入。

2. do/while

如果不管条件语句是什么，代码块都会至少执行一次，则可以使用 do/while 循环，其语法为:

```
do{
    代码块;
}while(条件语句);
```

这个也很容易理解，先执行代码块，然后再判断条件语句，如果成立，则继续循环，否则退出循环。也就是说，不管条件语句是什么，代码块都会至少执行一次。上面的例子，改为 do/while 循环，代码为:

```
Scanner reader = new Scanner(System.in);
int password = 6789;
int num = 0;
do{
    System.out.println("please input password");
```

```
    num = reader.nextInt();
}while(num!=password);
System.out.println("correct");
reader.close();
```

3. for

实际中应用最为广泛的循环语法可能是 for 了，尤其是在循环次数已知的情况。其语法为：

```
for(初始化语句; 循环条件; 步进操作){
    循环体
}
```

for 后面的括号中有两个分号 ;，分隔了三条语句。除了循环条件必须返回一个 boolean 类型外，其他语句没有什么要求，但通常情况下第一条语句用于初始化，尤其是循环的索引变量，第三条语句修改循环变量，一般是步进，即递增或递减索引变量，循环体是在循环中执行的语句。

for 循环简化了书写，但执行过程对初学者而言不是那么明显，实际上，它执行的流程如下：

1）执行初始化指令；

2）检查循环条件是否为 true，如果为 false，则跳转到第 6 步；

3）循环条件为真，执行循环体；

4）执行步进操作；

5）步进操作执行完后，跳转到第 2 步，即继续检查循环条件；

6）for 循环后面的语句。

下面是一个简单的 for 循环：

```
int[] arr = {1,2,3,4};
for(int i=0; i<arr.length; i++){
    System.out.println(arr[i]);
}
```

顺序打印数组中的每个元素，初始化语句初始化索引 i 为 0，循环条件为索引小于数组长度，步进操作为递增索引 i，循环体打印数组元素。

在 for 中，每条语句都是可以为空的，也就是说：

```
for(;;){}
```

是有效的，这是个死循环，一直在空转，和 while(true){} 的效果是一样的。可以省略某些语句，但分号 ; 不能省。如：

```
int[] arr = {1,2,3,4};
int i=0;
for(; i<arr.length; i++){
    System.out.println(arr[i]);
```

```
}
```

索引变量在外面初始化了，所以初始化语句可以为空。

4. foreach

foreach 的语法如下所示：

```
int[] arr = {1,2,3,4};
for(int element : arr){
    System.out.println(element);
}
```

foreach 不是一个关键字，它使用冒号 :，冒号前面是循环中的每个元素，包括数据类型和变量名称，冒号后面是要遍历的数组或集合（第 9 章介绍），每次循环 element 都会自动更新。对于不需要使用索引变量，只是简单遍历的情况，foreach 语法上更为简洁。

1.5.2　循环控制

在循环的时候，会以循环条件作为是否结束的依据，但有时可能会需要根据别的条件提前结束循环或跳过一些代码，这时可以使用 break 或 continue 关键字对循环进行控制。

1. break

break 用于提前结束循环。比如，在一个数组中查找某个元素的时候，循环条件可能是到数组结束，但如果找到了元素，可能就会想提前结束循环，这时就可以使用 break。

我们在介绍 switch 的时候提到过 break，它用于跳转到 switch 外面。在循环的循环体中也可以使用 break，它的含义和 switch 中的类似，用于跳出循环，开始执行循环后面的语句。以在数组中查找元素作为例子，代码可能是：

```
int[] arr = … ; //在该数组中查找元素
int toSearch = 100; //要查找的元素
int i = 0;
for(; i<arr.length; i++){
    if(arr[i]==toSearch){
        break;
    }
}
if(i!=arr.length){
    System.out.println("found");
}else{
    System.out.println("not found");
}
```

如果找到了，会调用 break，break 执行后会跳转到循环外面，不会再执行 i++ 语句，所以即使是最后一个元素匹配，i 也小于 arr.length，而如果没有找到，i 最后会变为 arr.length，所以可根据 i 是否等于 arr.length 来判断是否找到了。以上代码中，也可以将判断是否找到的检查放到循环条件中，但通常情况下，使用 break 会使代码更清楚一些。

2. continue

在循环的过程中，有的代码可能不需要每次循环都执行，这时候，可以使用 continue 语句，continue 语句会跳过循环体中剩下的代码，然后执行步进操作。我们看个例子，以下代码统计一个数组中某个元素的个数：

```
int[] arr = …        //在该数组中查找元素
int toSearch = 2; //要查找的元素
int count = 0;
for(int i=0; i<arr.length; i++){
    if(arr[i]!=toSearch){
        continue;
    }
    count++;
}
System.out.println("found count "+count);
```

上面的代码统计数组中值等于 toSearch 的元素个数，如果值不等于 toSearch，则跳过剩下的循环代码，执行 i++。以上代码也可以不用 continue，使用相反的 if 判断也可以得到相同的结果。这只是个人偏好的问题，如果类似要跳过的情况比较多，使用 continue 可能会更易读。

1.5.3 实现原理

和 if 一样，循环内部也是靠条件转移和无条件转移指令实现的，比如下面的代码：

```
int[] arr = {1,2,3,4};
for(int i=0; i<arr.length; i++){
    System.out.println(arr[i]);
}
```

其对应的跳转过程可能为：

```
1 int[] arr = {1,2,3,4};
2 int i=0;
3 条件跳转：如果i>=arr.length，跳转到第7行
4 System.out.println(arr[i]);
5 i++
6 无条件跳转，跳转到第3行
7 其他代码
```

在 if 中，跳转只会往后面跳，而 for 会往前面跳，第 6 行就是无条件跳转指令，跳转到了前面的第 3 行。break/continue 语句也都会转换为跳转指令，具体就不赘述了。

1.5.4 小结

循环的语法总体上也是比较简单的，初学者需要注意的是 for 的执行过程，以及 break 和 continue 的含义。**虽然循环看起来只是重复执行一些类似的操作而已，但它其实是计算**

机程序解决问题的一种基本思维方式，凭借循环（当然还有别的），计算机程序可以发挥出强大的威力，比如批量转换数据、查找过滤数据、统计汇总等。

使用基本数据类型、数组、基本运算，加上条件和循环，其实已经可以写很多程序了，但这样写出来的程序往往难以理解，尤其是程序逻辑比较复杂的时候。

解决复杂问题的基本策略是分而治之，将复杂问题分解为若干相对简单的子问题，然后子问题再分解为更小的子问题……程序由数据和指令组成，大程序可以分解为小程序，小程序接着分解为更小的程序。那如何表示子程序，以及子程序之间如何协调呢？我们下节介绍。

1.6 函数的用法

如果需要经常做某一种操作，则类似的代码需要重复写很多遍。比如在一个数组中查找某个数，第一次查找一个数，第二次可能查找另一个数，每查一个数，类似的代码都需要重写一遍，很罗唆。另外，有一些复杂的操作，可能分为很多个步骤，如果都放在一起，则代码难以理解和维护。

计算机程序使用**函数**这个概念来解决这个问题，即**使用函数来减少重复代码和分解复杂操作**。本节我们就来谈谈 Java 中的函数，包括函数的基本概念和一些细节，下节我们讨论函数的基本实现原理。

1.6.1 基本概念

函数这个概念，我们学数学的时候都接触过，其基本格式是 $y=f(x)$，表示的是 x 到 y 的对应关系，给定输入 x，经过函数变换 f，输出 y。程序中的函数概念与其类似，也由输入、操作和输出组成，但它表示的是一段子程序，这个子程序有一个名字，表示它的目的（类比 f），有零个或多个参数（类比 x），有可能返回一个结果（类比 y）。我们来看两个简单的例子：

```java
public static int sum(int a, int b){
    int sum = a + b;
    return sum;
}
public static void print3Lines(){
    for(int i=0;i<3;i++){
        System.out.println();
    }
}
```

第一个函数的名字叫做 sum，它的目的是对输入的两个数求和，有两个输入参数，分别是 int 整数 a 和 b，它的操作是对两个数求和，求和结果放在变量 sum 中（这个 sum 和函数名字的 sum 没有任何关系），然后使用 return 语句将结果返回，最开始的 public static 是函数的修饰符，我们后续介绍。

第二个函数的名字叫做 print3Lines，它的目的是在屏幕上输出三个空行，它没有输入参数，操作是使用一个循环输出三个空行，它没有返回值。

以上代码都比较简单，主要是演示函数的基本语法结构，即：

```
修饰符 返回值类型   函数名字(参数类型 参数名字，…) {
    操作
    return 返回值;
}
```

函数的主要组成部分有以下几种。

1）函数名字：名字是不可或缺的，表示函数的功能。

2）参数：参数有 0 个到多个，每个参数由参数的数据类型和参数名字组成。

3）操作：函数的具体操作代码。

4）返回值：函数可以没有返回值，如果没有返回值则类型写成 void，如果有则在函数代码中必须使用 return 语句返回一个值，这个值的类型需要和声明的返回值类型一致。

5）修饰符：Java 中函数有很多修饰符，分别表示不同的目的，本节假定修饰符为 public static，且暂不讨论这些修饰符的目的。

以上就是定义函数的语法。定义函数就是定义了一段有着明确功能的子程序，但定义函数本身不会执行任何代码，函数要被执行，需要被**调用**。

Java 中，任何函数都需要放在一个类中。类还没有介绍，我们暂时可以把类看作函数的一个容器，即函数放在类中，类中包括多个函数，Java 中的函数一般叫做**方法**，我们不特别区分**函数**和**方法**，可能会交替使用。一个类里面可以定义多个函数，类里面可以定义一个叫做 main 的函数，形式如：

```
public static void main(String[] args) {
    ...
}
```

这个函数有特殊的含义，表示程序的入口，String[] args 表示从控制台接收到的参数，我们暂时可以忽略它。Java 中运行一个程序的时候，需要指定一个定义了 main 函数的类，Java 会寻找 main 函数，并从 main 函数开始执行。

刚开始学编程的人可能会误以为程序从代码的第一行开始执行，这是错误的，不管 main 函数定义在哪里，Java 函数都会先找到它，然后从它的第一行开始执行。

main 函数中除了可以定义变量，操作数据，还可以**调用**其他函数，如下所示：

```
public static void main(String[] args) {
    int a = 2;
    int b = 3;
    int sum = sum(a, b);
    System.out.println(sum);
    print3Lines();
    System.out.println(sum(3,4));
}
```

　　调用函数需要传递参数并处理返回值。main 函数首先定义了两个变量 a 和 b，接着调用了函数 sum，并将 a 和 b 传递给了 sum 函数，然后将 sum 的结果赋值给了变量 sum。

　　这里初学者需要注意的是，参数和返回值的名字是没有特别含义的。调用者 main 中的参数名字 a 和 b，和函数定义 sum 中的参数名字 a 和 b 只是碰巧一样而已，它们完全可以不一样，而且名字之间没有关系，sum 函数中不能使用 main 函数中的名字，反之也一样。调用者 main 中的 sum 变量和 sum 函数中的 sum 变量的名字也是碰巧一样而已，完全可以不一样。另外，变量和函数可以取一样的名字，但一样不代表有特别的含义。

　　调用函数如果没有参数要传递，也要加括号 ()，如 print3Lines()。

　　传递的参数不一定是个变量，可以是常量，也可以是某个运算表达式，可以是某个函数的返回结果。比如：System.out.println(sum(3,4));，第一个函数调用 sum(3,4)，传递的参数是常量 3 和 4，第二个函数调用 System.out.println 传递的参数是 sum(3,4) 的返回结果。

　　关于参数传递，简单总结一下，定义函数时声明参数，实际上就是定义变量，只是这些变量的值是未知的，调用函数时传递参数，实际上就是给函数中的变量赋值。

　　函数可以调用同一个类中的其他函数，也可以调用其他类中的函数，比如：

```
int a = 23;
System.out.println(Integer.toBinaryString(a));
```

调用 Integer 类中的 toBinaryString 函数，toBinaryString 是 Integer 类中修饰符为 public static 的函数，表示输出一个整数的二进制表示。

　　对于需要重复执行的代码，可以定义函数，然后在需要的地方调用，这样可以减少重复代码。对于复杂的操作，可以将操作分为多个函数，会使得代码更加易读。

　　我们知道，程序执行基本上只有顺序执行、条件执行和循环执行，但更完整的描述应该包括函数的调用过程。程序从 main 函数开始执行，碰到函数调用的时候，会跳转进函数内部，函数调用了其他函数，会接着进入其他函数，函数返回后会继续执行调用后面的语句，返回到 main 函数并且 main 函数没有要执行的语句后程序结束。1.7 节会更深入地介绍执行过程细节。在 Java 中，函数在程序代码中的位置和实际执行的顺序是没有关系的。

1.6.2　进一步理解函数

　　函数的定义和基本调用应该是比较容易理解的，但有很多细节可能令初学者困惑，包括参数传递、返回、函数命名、调用过程等，我们逐个介绍。

1. 参数传递

有两类特殊类型的参数：数组和可变长度的参数。

（1）数组

数组作为参数与基本类型是不一样的，基本类型不会对调用者中的变量造成任何影响，但数组不是，在函数内修改数组中的元素会修改调用者中的数组内容。我们看个例子：

```java
public static void reset(int[] arr){
    for(int i=0;i<arr.length;i++){
        arr[i] = i;
    }
}
public static void main(String[] args) {
    int[] arr = {10,20,30,40};
    reset(arr);
    for(int i=0;i<arr.length;i++){
        System.out.println(arr[i]);
    }
}
```

在 reset 函数内给参数数组元素赋值，在 main 函数中数组 arr 的值也会变。

这个其实也容易理解，我们在 1.2 节介绍过，一个数组变量有两块空间，一块用于存储数组内容本身，另一块用于存储内容的位置，给数组变量赋值不会影响原有的数组内容本身，而只会让数组变量指向一个不同的数组内容空间。

在上例中，函数参数中的数组变量 arr 和 main 函数中的数组变量 arr 存储的都是相同的位置，而数组内容本身只有一份数据，所以，在 reset 中修改数组元素内容和在 main 中修改是完全一样的。

（2）可变长度的参数

前面介绍的函数，参数个数都是固定的，但有时候可能希望参数个数不是固定的，比如求若干个数的最大值，可能是两个，也可能是多个。Java 支持可变长度的参数，如下例所示：

```java
public static int max(int min, int ... a){
    int max = min;
    for(int i=0;i<a.length;i++){
        if(max<a[i]){
            max = a[i];
        }
    }
    return max;
}
public static void main(String[] args) {
    System.out.println(max(0));
    System.out.println(max(0,2));
    System.out.println(max(0,2,4));
    System.out.println(max(0,2,4,5));
}
```

这个 max 函数接受一个最小值，以及可变长度的若干参数，返回其中的最大值。可变长度参数的语法是在数据类型后面加三个点 "..."，在函数内，可变长度参数可以看作是数组。可变长度参数必须是参数列表中的最后一个，一个函数也只能有一个可变长度的参数。

可变长度参数实际上会转换为数组参数，也就是说，函数声明 max(int min, int... a) 实际上会转换为 max(int min, int[] a)，在 main 函数调用 max(0,2,4,5) 的时候，实际上会转换为调用 max(0, new int[]{2,4,5})，使用可变长度参数主要是简化了代码书写。

2. 理解返回

对初学者，我们强调下 return 的含义。函数返回值类型为 void 时，return 不是必需的，在没有 return 的情况下，会执行到函数结尾自动返回。return 用于显式结束函数执行，返回调用方。

return 可以用于函数内的任意地方，可以在函数结尾，也可以在中间，可以在 if 语句内，可以在 for 循环内，用于提前结束函数执行，返回调用方。

函数返回值类型为 void 也可以使用 return，即 "return;"，不用带值，含义是返回调用方，只是没有返回值而已。

函数的返回值最多只能有一个，那如果实际情况需要多个返回值呢？比如，计算一个整数数组中的最大的前三个数，需要返回三个结果。这个可以用数组作为返回值，在函数内创建一个包含三个元素的数组，然后将前三个结果赋给对应的数组元素。

如果实际情况需要的返回值是一种复合结果呢？比如，查找一个字符数组中所有重复出现的字符以及重复出现的次数。这个可以用对象作为返回值，我们在第 3 章介绍类和对象。虽然返回值最多只能有一个，但其实一个也够了。

3. 重复的命名

每个函数都有一个名字，这个名字表示这个函数的意义，名字可以重复吗？在不同的类里，答案是肯定的，在同一个类里，要看情况。

同一个类里，函数可以重名，但是参数不能完全一样，即要么参数个数不同，要么参数个数相同但至少有一个参数类型不一样。

同一个类中函数名相同但参数不同的现象，一般称为**函数重载**。为什么需要函数重载呢？一般是因为函数想表达的意义是一样的，但参数个数或类型不一样。比如，求两个数的最大值，在 Java 的 Math 库中就定义了 4 个函数，如下所示：

```
public static double max(double a, double b)
public static float max(float a, float b)
public static int max(int a, int b)
public static long max(long a, long b)
```

4. 调用的匹配过程

在之前介绍函数调用的时候，我们没有特别说明参数的类型。这里说明一下，参数传递实际上是给参数赋值，调用者传递的数据需要与函数声明的参数类型是匹配的，但不要求完全一样。什么意思呢？ Java 编译器会自动进行类型转换，并寻找最匹配的函数，比如：

```
char a = 'a';
char b = 'b';
System.out.println(Math.max(a,b));
```

参数是字符类型的，但 Math 并没有定义针对字符类型的 max 函数，这是因为 char 其实是一个整数（我们在 2.4 节会说明），Java 会自动将 char 转换为 int，然后调用 Math. max(int a, int b)，屏幕会输出整数结果 98。

如果 Math 中没有定义针对 int 类型的 max 函数呢？调用也会成功，会调用 long 类型的 max 函数。如果 long 也没有呢？会调用 float 型的 max 函数。如果 float 也没有，会调用 double 型的。Java 编译器会自动寻找最匹配的。

在只有一个函数的情况下，即没有重载，只要可以进行类型转换，就会调用该函数，在有函数重载的情况下，会调用最匹配的函数。

5. 递归函数

函数大部分情况下都是被别的函数调用的，但其实函数也可以调用它自己，调用自己的函数就叫**递归函数**。为什么需要自己调用自己呢？我们来看一个例子，求一个数的阶乘，数学中一个数 n 的阶乘，表示为 $n!$，它的值定义是这样的：

$$0!=1$$
$$n!=(n-1)! \times n$$

0 的阶乘是 1，n 的阶乘的值是 $n-1$ 的阶乘的值乘以 n，这个定义是一个递归的定义，为求 n 的值，需先求 $n-1$ 的值，直到 0，然后依次往回退。用递归表达的计算用递归函数容易实现，代码如下：

```java
public static long factorial(int n){
    if(n==0){
        return 1;
    }else{
        return n*factorial(n-1);
    }
}
```

看上去应该是比较容易理解的，和数学定义类似。递归函数形式上往往比较简单，但递归其实是有开销的，而且使用不当，可能会出现意外的结果，比如说这个调用：

```java
System.out.println(factorial(100000));
```

系统并不会给出任何结果，而会抛出异常。异常我们在第 6 章介绍，此处理解为系统错误就可以了。异常类型为 java.lang.StackOverflowError，这是什么意思呢？这表示栈溢出错误，要理解这个错误，我们需要理解函数调用的实现原理，我们 1.7 节介绍。

那递归不可行的情况下怎么办呢？递归函数经常可以转换为非递归的形式，通过循环实现。比如，求阶乘的例子，其非递归形式的定义是：

$$n!=1 \times 2 \times 3 \times \cdots \times n$$

这个可以用循环来实现，代码如下：

```java
public static long factorial(int n){
    long result = 1;
```

```
    for(int i=1; i<=n; i++){
        result=result*i;
    }
    return result;
}
```

1.6.3 小结

函数是计算机程序的一种重要结构，**通过函数来减少重复代码、分解复杂操作是计算机程序的一种重要思维方式**。本节我们介绍了函数的基础概念，以及关于参数传递、返回值、重载、递归方面的一些细节。

在 Java 中，函数还有大量的修饰符，如 public、private、static、final、synchronized、abstract 等，本节假定函数的修饰符都是 public static，在后续章节中，我们再介绍这些修饰符。函数中还可以声明异常，我们也到第 6 章再介绍。

1.7 函数调用的基本原理

在介绍递归函数的时候，我们看到了一个系统错误：java.lang.StackOverflowError，理解这个错误，需要理解函数调用的实现机制。下面，我们先来了解一个重要的概念：栈，然后再通过一些例子来仔细分析函数调用的过程。

1.7.1 栈的概念

我们之前谈过程序执行的基本原理：CPU 有一个指令指示器，指向下一条要执行的指令，要么顺序执行，要么进行跳转（条件跳转或无条件跳转）。

基本上，这依然是成立的，程序从 main 函数开始顺序执行，函数调用可以看作一个无条件跳转，跳转到对应函数的指令处开始执行，碰到 return 语句或者函数结尾的时候，再执行一次无条件跳转，跳转回调用方，执行调用函数后的下一条指令。

但这里面有几个问题。

1）参数如何传递？

2）函数如何知道返回到什么地方？在 if/else、for 中，跳转的地址都是确定的，但函数自己并不知道会被谁调用，而且可能会被很多地方调用，它并不能提前知道执行结束后返回哪里。

3）函数结果如何传给调用方？

解决思路是使用内存来存放这些数据，函数调用方和函数自己就如何存放和使用这些数据达成一个一致的协议或约定。这个约定在各种计算机系统中都是类似的，存放这些数据的内存有一个相同的名字，叫**栈**。

栈是一块内存，但它的使用有特别的约定，一般是先进后出，类似于一个桶，往栈里放数据称为入栈，最下面的称为栈底，最上面的称为栈顶，从栈顶拿出数据通常称为出栈。栈一般是从高位地址向低位地址扩展，换句话说，栈底的内存地址是最高的，栈顶的是最低的。

计算机系统主要使用栈来存放函数调用过程中需要的数据，包括参数、返回地址，以及函数内定义的局部变量。计算机系统就如何在栈中存放这些数据，调用者和函数如何协作做了约定。返回值不太一样，它可能放在栈中，但它使用的栈和局部变量不完全一样，有的系统使用 CPU 内的一个存储器存储返回值，我们可以简单认为存在一个专门的返回值存储器。main 函数的相关数据放在栈的最下面，每调用一次函数，都会将相关函数的数据入栈，调用结束会出栈。

1.7.2　函数执行的基本原理

以上描述可能有点抽象，我们通过一个例子来具体说明函数执行的过程，看个简单例子：

```
1 public class Sum {
2
3     public static int sum(int a, int b) {
4         int c = a + b;
5         return c;
6     }
7
8     public static void main(String[] args) {
9         int d = Sum.sum(1, 2);
10        System.out.println(d);
11    }
12 }
```

这是一个简单的例子，main 函数调用了 sum 函数，计算 1 和 2 的和，然后输出计算结果，从概念上，这是容易理解的，让我们从栈的角度来讨论下。

当程序在 main 函数调用 Sum.sum 之前，栈的情况大概如图 1-1 所示。

栈中主要存放了两个变量 args 和 d。在程序执行到 Sum.sum 的函数内部，准备返回之前，即第 5 行，栈的情况大概如图 1-2 所示。

我们解释下，在 main 函数调用 Sum.sum 时，首先将参数 1 和 2 入栈，然后将返回地址（也就是调用函数结束后要执行的指令地址）入栈，接着跳转到 sum 函数，在 sum 函数内部，需要为局部变量 c 分配一个空间，而参数变量 a 和 b 则直接对应于入栈的数据 1 和 2，在返回之前，返回值保存到了专门的返回值存储器中。

在调用 return 后，程序会跳转到栈中保存的返回地址，即 main 的下一条指令地址，而 sum 函数相关的

地址	内容
0x7FF4	
0x7FF8	
0x7FFC	d
0x8000	args

图 1-1　调用 Sum.sum 之前的栈示意图

数据会出栈，从而又变回图 1-1 的样子。

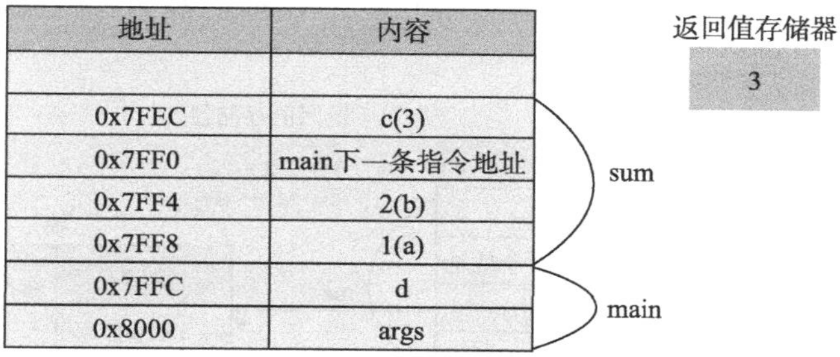

地址	内容
0x7FEC	c(3)
0x7FF0	main下一条指令地址
0x7FF4	2(b)
0x7FF8	1(a)
0x7FFC	d
0x8000	args

返回值存储器

3

sum

main

图 1-2　在 Sum.sum 内部，准备返回之前的栈示意图

main 的下一条指令是根据函数返回值给变量 d 赋值，返回值从专门的返回值存储器中获得。

函数执行的基本原理，简单来说就是这样。但有一些需要介绍的点，我们讨论一下。

我们在 1.1 节的时候说过，定义一个变量就会分配一块内存，但我们并没有具体谈什么时候分配内存，具体分配在哪里，什么时候释放内存。

从以上关于栈的描述我们可以看出，函数中的参数和函数内定义的变量，都分配在栈中，这些变量只有在函数被调用的时候才分配，而且在调用结束后就被释放了。但这个说法主要针对基本数据类型，接下来我们介绍数组和对象。

1.7.3　数组和对象的内存分配

对于数组和对象类型，我们介绍过，它们都有两块内存，一块存放实际的内容，一块存放实际内容的地址，实际的内容空间一般不是分配在栈上的，而是分配在**堆**（也是内存的一部分，后续章节会进一步介绍）中，但存放地址的空间是分配在栈上的。我们来看个例子：

```java
public class ArrayMax {
    public static int max(int min, int[] arr) {
        int max = min;
        for(int a : arr){
            if(a>max){
                max = a;
            }
        }
        return max;
    }
    public static void main(String[] args) {
        int[] arr = new int[]{2,3,4};
        int ret = max(0, arr);
        System.out.println(ret);
    }
}
```

这个程序也很简单，main 函数新建了一个数组，然后调用函数 max 计算 0 和数组中元素的最大值，在程序执行到 max 函数的 return 语句之前的时候，内存中栈和堆的情况如图 1-3 所示。

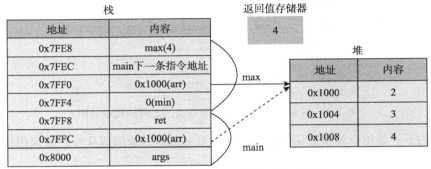

图 1-3　参数有数组的内存栈和堆示意图

对于数组 arr，在栈中存放的是实际内容的地址 0x1000，存放地址的栈空间会随着入栈分配，出栈释放，但存放实际内容的堆空间不受影响。

但说堆空间完全不受影响是不正确的，在这个例子中，当 main 函数执行结束，栈空间没有变量指向它的时候，Java 系统会自动进行垃圾回收，从而释放这块空间。

1.7.4　递归调用的原理

我们再通过栈的角度来理解一下递归函数的调用过程，代码如下：

```
public static int factorial(int n){
    if(n==0){
        return 1;
    }else{
        return n*factorial(n-1);
    }
}
public static void main(String[] args) {
    int ret = factorial(4);
    System.out.println(ret);
}
```

在 factorial 第一次被调用的时候，n 是 4，在执行到 n*factorial(n-1)，即 4*factorial(3) 之前的时候，栈的情况大概如图 1-4 所示。

注意，返回值存储器是没有值的，在调用 factorial(3) 后，栈的情况如图 1-5 所示。

栈的深度增加了，返回值存储器依然为空，就这样，每递归调用一次，栈的深度就增加一层，每次调用都会分配对应的参数和局部变量，也都会保存调用的返回地址，在调用到 n 等于 0 的时候，栈的情况如图 1-6 所示。

这个时候，终于有返回值了，我们将 factorial 简写为 f。f(0) 的返回值为 1；f(0) 返回到 f(1)，f(1) 执行 1*f(0)，结果也是 1；然后返回到 f(2)，f(2) 执行 2*f(1)，结果是 2；接着返回到 f(3)，f(3) 执行 3*f(2)，结果是 6；然后返回到 f(4)，执行 4*f(3)，结果是 24。

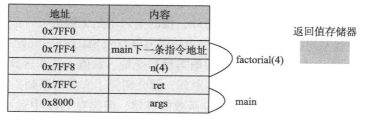

地址	内容
0x7FF0	
0x7FF4	main下一条指令地址
0x7FF8	n(4)
0x7FFC	ret
0x8000	args

返回值存储器

图 1-4　递归调用栈示意图，n 为 4

栈

地址	内容
0x7FE8	
0x7FEC	factorial(4)下一条指令地址
0x7FF0	n(3)
0x7FF4	main下一条指令地址
0x7FF8	n(4)
0x7FFC	ret
0x8000	args

返回值存储器

图 1-5　递归调用栈示意图，n 为 3

地址	内容
0x7FD4	factorial(1)下一条指令地址
0x7FD8	n(0)
0x7FDC	factorial(2)下一条指令地址
0x7FE0	n(1)
0x7FE4	factorial(3)下一条指令地址
0x7FE8	n(2)
0x7FEC	factorial(4)下一条指令地址
0x7FF0	n(3)
0x7FF4	main下一条指令地址
0x7FF8	n(4)
0x7FFC	ret
0x8000	args

返回值存储器

1

图 1-6　递归调用栈示意图，n 为 0

以上就是递归函数的执行过程，函数代码虽然只有一份，但在执行的过程中，每调用一次，就会有一次入栈，生成一份不同的参数、局部变量和返回地址。

1.7.5　小结

本节介绍了函数调用的基本原理，**函数调用主要是通过栈来存储相关的数据，系统就函数调用者和函数如何使用栈做了约定，返回值可以简单认为是通过一个专门的返回值存储器存储的。**

从函数调用的过程可以看出，调用是有成本的，每一次调用都需要分配额外的栈空间用于存储参数、局部变量以及返回地址，需要进行额外的入栈和出栈操作。在递归调用的情况下，如果递归的次数比较多，这个成本是比较可观的，所以，如果程序可以比较容易地改为其他方式，应该考虑其他方式。另外，栈的空间不是无限的，一般正常调用都是没有问题的，但如果栈空间过深，系统就会抛出错误 java.lang.StackOverflowError，即栈溢出。

至此，关于编程的基础知识，包括数据类型和变量、赋值、基本运算、流程控制中的条件执行和循环，以及函数的概念和基本原理，就介绍完了。我们谈到，在 Java 中，函数必须放在类中，目前我们简单认为类只是函数的容器，但类在 Java 中远不止有这个功能，它还承载了很多概念和思维方式，在探讨类的概念之前，在下一章，我们先来进一步理解下各种基本数据类型和文本背后的二进制表示。

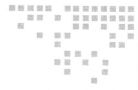

理解数据背后的二进制

在第 1 章，我们遗留了几个问题。

❑ 正整数相乘的结果居然出现了负数。

❑ 非常基本的小数运算结果居然不精确。

❑ 字符类型也可以进行算术运算和比较。

要理解这些行为，我们需要理解数值和文本字符在计算机内部的二进制表示，本章就来介绍各种数据背后的二进制，具体分为 4 节：2.1 节介绍整数；2.2 节介绍小数；2.3 节介绍与语言无关的字符和文本的编码以及乱码；2.4 节介绍 Java 中表示字符的基本类型 char。

2.1 整数的二进制表示与位运算

要理解整数的二进制，我们先来看下熟悉的十进制。我们对十进制是如此熟悉，可能已忽略了它的含义。比如 123，不假思索我们就知道它的值是多少。

但其实 123 表示 $1×(10^2)+2×(10^1)+3×(10^0)$（$10^2$ 表示 10 的二次方），它表示的是各个位置数字含义之和，每个位置的数字含义与位置有关，从右向左，第一位乘以 10 的 0 次方，即 1，第二位乘以 10 的 1 次方，即 10，第三位乘以 10 的 2 次方，即 100，以此类推。

换句话说，每个位置都有一个**位权**，从右到左，第一位为 1，然后依次乘以 10，即第二位为 10，第三位为 100，以此类推。

2.1.1 正整数的二进制表示

正整数的二进制表示与此类似，只是在十进制中，每个位置可以有 10 个数字，为

0～9，但在二进制中，每个位置只能是 0 或 1。位权的概念是类似的，从右到左，第一位为 1，然后依次乘以 2，即第二位为 2，第三位为 4，以此类推。表 2-1 列出了一些数字的二进制与对应的十进制。

表 2-1　二进制与对应的十进制

二　进　制	十　进　制	二　进　制	十　进　制
10	2	111	7
11	3	1010	10

2.1.2　负整数的二进制表示

十进制的负数表示就是在前面加一个负数符号 –，例如 –123。但二进制如何表示负数呢？其实概念是类似的，二进制使用最高位表示符号位，用 1 表示负数，用 0 表示正数。但哪个是最高位呢？整数有 4 种类型 byte、short、int、long，分别占 1、2、4、8 个字节，即分别占 8、16、32、64 位，每种类型的符号位都是其最左边的一位。为方便举例，下面假定类型是 byte，即从右到左的第 8 位表示符号位。

但负数表示不是简单地将最高位变为 1，比如：

1）byte a=–1，如果只是将最高位变为 1，二进制应该是 10000001，但实际上，它应该是 11111111。

2）byte a=–127，如果只是将最高位变为 1，二进制应该是 11111111，但实际上，它却应该是 10000001。

和我们的直觉正好相反，这是什么表示法？这种表示法称为**补码表示法**，而符合我们直觉的表示称为**原码表示法**，补码表示就是在原码表示的基础上取反然后加 1。取反就是将 0 变为 1，1 变为 0。负数的二进制表示就是对应的正数的补码表示，比如：

1）–1：1 的原码表示是 00000001，取反是 11111110，然后再加 1，就是 11111111。

2）–2：2 的原码表示是 00000010，取反是 11111101，然后再加 1，就是 11111110。

3）–127：127 的原码表示是 01111111，取反是 10000000，然后再加 1，就是 10000001。

给定一个负数的二进制表示，要想知道它的十进制值，可以采用相同的补码运算。比如：10010010，首先取反，变为 01101101，然后加 1，结果为 01101110，它的十进制值为 110，所以原值就是 –110。直觉上，应该是先减 1，然后再取反，但计算机只能做加法，而补码的一个良好特性就是，对负数的补码表示做补码运算就可以得到其对应正数的原码，正如十进制运算中负负得正一样。

对于 byte 类型，正数最大表示是 01111111，即 127，负数最小表示（绝对值最大）是 10000000，即 –128，表示范围就是 –128～127。其他类型的整数也类似，负数能多表示一个数。

负整数为什么要采用这种奇怪的表示形式呢？原因是，只有这种形式，计算机才能实现正确的加减法。

计算机其实只能做加法，1–1 其实是 1+(–1)。如果用原码表示，计算结果是不对的，比如：

```
1  -> 00000001
-1 -> 10000001
+ -----------------
-2 -> 10000010
```

用符合直觉的原码表示，1–1 的结果是 –2，如果是补码表示：

```
1  -> 00000001
-1 -> 11111111
+ -----------------
0  -> 00000000
```

结果是正确的。再如，5–3：

```
5  -> 00000101
-3 -> 11111101
+ -----------------
2  -> 00000010
```

结果也是正确的。就是这样，看上去可能比较奇怪和难以理解，但这种表示其实是非常严谨和正确的，是不是很奇妙？

理解了二进制加减法，我们就能理解为什么正数的运算结果可能出现负数了。当计算结果超出表示范围的时候，最高位往往是 1，然后就会被看作负数。比如，127+1：

```
127  -> 01111111
1    -> 00000001
+ -----------------
-128 -> 10000000
```

计算结果超出了 byte 的表示范围，会被看作 –128。

2.1.3 十六进制

二进制写起来太长，为了简化写法，可以将 4 个二进制位简化为一个 0～15 的数，10～15 用字符 A～F 表示，这种表示方法称为十六进制，如表 2-2 所示。

表 2-2 十六进制

二　进　制	十　进　制	十　六　进　制	二　进　制	十　进　制	十　六　进　制
1010	10	A	1101	13	D
1011	11	B	1110	14	E
1100	12	C	1111	15	F

可以用十六进制直接写常量数字，在数字前面加 0x 即可。比如十进制的 123，用十六

进制表示是 0x7B，即 123=7×16+11。给整数赋值或者进行运算的时候，都可以直接使用十六进制，比如：

```
int a = 0x7B;
```

Java 7 之前不支持直接写二进制常量。比如，想写二进制形式的 11001，Java 7 之前不能直接写，可以在前面补 0，补足 8 位，为 00011001，然后用十六进制表示，即 0x19。Java 7 开始支持二进制常量，在前面加 0b 或 0B 即可，比如：

```
int a = 0b11001;
```

在 Java 中，可以方便地使用 Integer 和 Long 的方法查看整数的二进制和十六进制表示，例如：

```
int a = 25;
System.out.println(Integer.toBinaryString(a)); //二进制
System.out.println(Integer.toHexString(a));  //十六进制
System.out.println(Long.toBinaryString(a)); //二进制
System.out.println(Long.toHexString(a));  //十六进制
```

2.1.4　位运算

理解了二进制表示，我们来看二进制级别的操作：位运算。Java 7 之前不能单独表示一个位，但可以用 byte 表示 8 位，用十六进制写二进制常量。比如，0010 表示成十六进制是 0x2，110110 表示成十六进制是 0x36。

位运算有移位运算和逻辑运算。移位有以下几种。

1）左移：操作符为 <<，向左移动，右边的低位补 0，高位的就舍弃掉了，将二进制看作整数，左移 1 位就相当于乘以 2。

2）无符号右移：操作符为 >>>，向右移动，右边的舍弃掉，左边补 0。

3）有符号右移：操作符为 >>，向右移动，右边的舍弃掉，左边补什么取决于原来最高位是什么，原来是 1 就补 1，原来是 0 就补 0，将二进制看作整数，右移 1 位相当于除以 2。

例如：

```
int a = 4; //100
a = a >> 2; //001,等于1
a = a << 3 //1000,变为8
```

逻辑运算有以下几种。

❑ 按位与 &：两位都为 1 才为 1。

❑ 按位或 |：只要有一位为 1，就为 1。

❑ 按位取反 ~：1 变为 0，0 变为 1。

❑ 按位异或 ^：相异为真，相同为假。

大部分都比较简单，如下所示，具体就不赘述了。

```
int a = …;
a = a & 0x1 //返回0或1，就是a最右边一位的值
a  = a | 0x1 //不管a原来最右边一位是什么，都将设为1
```

2.2　小数的二进制表示

　　计算机之所以叫"计算"机，就是因为发明它主要是用来计算的，"计算"当然是它的特长，在大家的印象中，计算一定是非常准确的。但实际上，即使在一些非常基本的小数运算中，计算的结果也是不精确的，比如：

```
float f = 0.1f*0.1f;
System.out.println(f);
```

这个结果看上去，应该是 0.01，但实际上，屏幕输出却是 0.010000001，后面多了个 1。看上去这么简单的运算，计算机怎么会出错了呢？

2.2.1　小数计算为什么会出错

　　实际上，不是运算本身会出错，而是计算机根本就不能精确地表示很多数，比如 0.1 这个数。计算机是用一种二进制格式存储小数的，这个二进制格式不能精确表示 0.1，它只能表示一个非常接近 0.1 但又不等于 0.1 的一个数。数字都不能精确表示，在不精确数字上的运算结果不精确也就不足为奇了。

　　0.1 怎么就不能精确表示呢？在十进制的世界里是可以的，但在二进制的世界里不行。在说二进制之前，我们先来看下熟悉的十进制。

　　实际上，十进制也只能表示那些可以表述为 10 的多少次方和的数，比如 12.345，实际上表示的是 $1×10+2×1+3×0.1+4×0.01+5×0.001$，与整数的表示类似，小数点后面的每个位置也都有一个位权，从左到右，依次为 0.1，0.01，0.001…即 10^{-1}，10^{-2}，10^{-3} 等。

　　很多数十进制也是不能精确表示的，比如 1/3，保留三位小数的话，十进制表示是 0.333，但无论后面保留多少位小数，都是不精确的，用 0.333 进行运算，比如乘以 3，期望结果是 1，但实际上却是 0.999。

　　二进制是类似的，但二进制只能表示那些可以表述为 2 的多少次方和的数。来看下 2 的次方的一些例子，如表 2-3 所示。

　　可以精确表示为 2 的某次方之和的数可以精确表示，其他数则不能精确表示。

　　为什么计算机中不能用我们熟悉的十进制呢？在最底层，计算机使用的电子元器件只能表示两个状态，通常是低压和高压，对应 0 和 1，使用二进制容易基于这些电子元器件构建硬件设备和进行运算。如果非要使用十进制，则这些硬件就会复杂很多，并且效率低下。

表 2-3　2 的次方

二　进　制	十　进　制
2^{-1}	0.5
2^{-2}	0.25
2^{-3}	0.125
2^{-4}	0.0625

如果编写程序进行试验，会发现有的计算结果是准确的。比如，用 Java 写

```
System.out.println(0.1f+0.1f);
System.out.println(0.1f*0.1f);
```

第一行输出 0.2，第二行输出 0.010000001。按照上面的说法，第一行的结果应该也不对。其实，这只是 Java 语言给我们造成的假象，计算结果其实也是不精确的，但是由于结果和 0.2 足够接近，在输出的时候，Java 选择了输出 0.2 这个看上去非常精简的数字，而不是一个中间有很多 0 的小数。在误差足够小的时候，结果看上去是精确的，但不精确其实才是常态。

计算不精确，怎么办呢？大部分情况下，我们不需要那么高的精度，可以四舍五入，或者在输出的时候只保留固定个数的小数位。如果真的需要比较高的精度，一种方法是将小数转化为整数进行运算，运算结束后再转化为小数；另一种方法是使用十进制的数据类型，这个并没有统一的规范。在 Java 中是 BigDecimal，运算更准确，但效率比较低，本节就不介绍了。

2.2.2　二进制表示

我们之前一直在用"小数"这个词表示 float 和 double 类型，其实，这是不严谨的，"小数"是在数学中用的词，在计算机中，我们一般说的是"浮点数"。float 和 double 被称为浮点数据类型，小数运算被称为浮点运算。

为什么要叫浮点数呢？这是由于小数的二进制表示中，表示那个小数点的时候，点不是固定的，而是浮动的。

我们还是用十进制类比，十进制有科学记数法，比如 123.45 这个数，直接这么写，就是固定表示法，如果用科学记数法，在小数点前只保留一位数字，可以写为 1.2345E2 即 $1.2345×(10^2)$，即在科学记数法中，小数点向左浮动了两位。

二进制中为表示小数，也采用类似的科学表示法，形如 $m×(2^e)$。m 称为尾数，e 称为指数。指数可以为正，也可以为负，负的指数表示那些接近 0 的比较小的数。在二进制中，单独表示尾数部分和指数部分，另外还有一个符号位表示正负。

几乎所有的硬件和编程语言表示小数的二进制格式都是一样的。这种格式是一个标准，叫做 IEEE 754 标准，它定义了两种格式：一种是 32 位的，对应于 Java 的 float；另一种是 64 位的，对应于 Java 的 double。

32 位格式中，1 位表示符号，23 位表示尾数，8 位表示指数。64 位格式中，1 位表示符号，52 位表示尾数，11 位表示指数。在两种格式中，除了表示正常的数，标准还规定了一些特殊的二进制形式表示一些特殊的值，比如负无穷、正无穷、0、NaN（非数值，比如 0 乘以无穷大）。IEEE 754 标准有一些复杂的细节，初次看上去难以理解，对于日常应用也不常用，本书就不介绍了。

如果想查看浮点数的具体二进制形式，在 Java 中，可以使用如下代码：

```
Integer.toBinaryString(Float.floatToIntBits(value))
Long.toBinaryString(Double.doubleToLongBits(value));
```

2.3 字符的编码与乱码

本节讨论与语言无关的字符和文本的编码以及乱码。我们在处理文件、浏览网页、编写程序时，时不时会碰到乱码的情况。乱码几乎总是令人心烦，让人困惑，通过阅读本节，相信你就可以自信从容地面对乱码，进而恢复乱码了。

编码和乱码听起来比较复杂，但其实并不复杂，请耐心阅读，让我们逐步来探讨。我们先介绍各种编码，然后介绍编码转换，分析乱码出现的原因，最后介绍如何从乱码中恢复。编码有两大类：一类是非 Unicode 编码；另一类是 Unicode 编码。我们先介绍非 Unicode 编码。

2.3.1 常见非 Unicode 编码

下面我们看一些主要的非 Unicode 编码，包括 ASCII、ISO 8859-1、Windows-1252、GB2312、GBK、GB18030 和 Big5。

1. ASCII

世界上虽然有各种各样的字符，但计算机发明之初没有考虑那么多，基本上只考虑了美国的需求。美国大概只需要 128 个字符，所以就规定了 128 个字符的二进制表示方法。这个方法是一个标准，称为 ASCII 编码，全称是 American Standard Code for Information Interchange，即美国信息互换标准代码。

128 个字符用 7 位刚好可以表示，计算机存储的最小单位是 byte，即 8 位，ASCII 码中最高位设置为 0，用剩下的 7 位表示字符。这 7 位可以看作数字 0～127，ASCII 码规定了从 0～127 的每个数字代表什么含义。

我们先来看数字 32～126 的含义，如图 2-1 所示，除了中文之外，我们平常用的字符基本都涵盖了，键盘上的字符大部分也都涵盖了。

32	空格	33	!	34	"	35	#	36	$	37	%	38	&	39	'
40	(	41	)	42	*	43	+	44	,	45	-	46	.	47	/
48	0	49	1	50	2	51	3	52	4	53	5	54	6	55	7
56	8	57	9	58	:	59	;	60	<	61	=	62	>	63	?
64	@	65	A	66	B	67	C	68	D	69	E	70	F	71	G
72	H	73	I	74	J	75	K	76	L	77	M	78	N	79	O
80	P	81	Q	82	R	83	S	84	T	85	U	86	V	87	W
88	X	89	Y	90	Z	91	[	92	\	93	]	94	^	95	_
96	`	97	a	98	b	99	c	100	d	101	e	102	f	103	g
104	h	105	i	106	j	107	k	108	l	109	m	110	n	111	o
112	p	113	q	114	r	115	s	116	t	117	u	118	v	119	w
120	x	121	y	122	z	123	{	124			125	}	126	~		

图 2-1 ASCII 编码：可打印字符

数字 32～126 表示的字符都是可打印字符，0～31 和 127 表示一些不可以打印的字符，这些字符一般用于控制目的，这些字符中大部分都是不常用的，表 2-4 列出了其中相对常用的字符。

表 2-4 ASCII 编码：常用不可打印字符

数 字	缩写 / 字符	解 释	转义字符
0	NUL（null）	空字符	\0
8	BS（backspace）	退格	\b
9	HT（horizontal tab）	水平制表符	\t
10	LF（NL line feed, new line）	换行键	\n
13	CR（carriage return）	回车键	\r
27	ESC	换码	
127	DEL（delete）	删除	

ASCII 码对美国是够用了，但对其他国家而言却是不够的，于是，各个国家的各种计算机厂商就发明了各种各样编码方式以表示自己国家的字符，为了保持与 ASCII 码的兼容性，一般都是将最高位设置为 1。也就是说，当最高位为 0 时，表示 ASCII 码，当为 1 时就是各个国家自己的字符。在这些扩展的编码中，在西欧国家中流行的是 ISO 8859-1 和 Windows-1252，在中国是 GB2312、GBK、GB18030 和 Big5，我们逐个介绍这些编码。

2. ISO 8859-1

ISO 8859-1 又称 Latin-1，它也是使用一个字节表示一个字符，其中 0～127 与 ASCII 一样，128～255 规定了不同的含义。在 128～255 中，128～159 表示一些控制字符，这些字符也不常用，就不介绍了。160～255 表示一些西欧字符，如图 2-2 所示。

NBSP 00A0 160	¡ 00A1 161	¢ 00A2 162	£ 00A3 163	¤ 00A4 164	¥ 00A5 165	¦ 00A6 166	§ 00A7 167	¨ 00A8 168	© 00A9 169	ª 00AA 170	« 00AB 171	¬ 00AC 172	SHY 00AD 173	® 00AE 174	¯ 00AF 175
° 00B0 176	± 00B1 177	² 00B2 178	³ 00B3 179	´ 00B4 180	µ 00B5 181	¶ 00B6 182	· 00B7 183	¸ 00B8 184	¹ 00B9 185	º 00BA 186	» 00BB 187	¼ 00BC 188	½ 00BD 189	¾ 00BE 190	¿ 00BF 191
À 00C0 192	Á 00C1 193	Â 00C2 194	Ã 00C3 195	Ä 00C4 196	Å 00C5 197	Æ 00C6 198	Ç 00C7 199	È 00C8 200	É 00C9 201	Ê 00CA 202	Ë 00CB 203	Ì 00CC 204	Í 00CD 205	Î 00CE 206	Ï 00CF 207
Ð 00D0 208	Ñ 00D1 209	Ò 00D2 210	Ó 00D3 211	Ô 00D4 212	Õ 00D5 213	Ö 00D6 214	× 00D7 215	Ø 00D8 216	Ù 00D9 217	Ú 00DA 218	Û 00DB 219	Ü 00DC 220	Ý 00DD 221	Þ 00DE 222	ß 00DF 223
à 00E0 224	á 00E1 225	â 00E2 226	ã 00E3 227	ä 00E4 228	å 00E5 229	æ 00E6 230	ç 00E7 231	è 00E8 232	é 00E9 233	ê 00EA 234	ë 00EB 235	ì 00EC 236	í 00ED 237	î 00EE 238	ï 00EF 239
ð 00F0 240	ñ 00F1 241	ò 00F2 242	ó 00F3 243	ô 00F4 244	õ 00F5 245	ö 00F6 246	÷ 00F7 247	ø 00F8 248	ù 00F9 249	ú 00FA 250	û 00FB 251	ü 00FC 252	ý 00FD 253	þ 00FE 254	ÿ 00FF 255

图 2-2 ISO 8859-1

3. Windows-1252

ISO 8859-1 虽然号称是标准，用于西欧国家，但它连欧元（€）这个符号都没有，因为欧元比较晚，而标准比较早。实际中使用更为广泛的是 Windows-1252 编码，这个编码与 ISO 8859-1 基本是一样的，区别只在于数字 128～159。Windows-1252 使用其中的一些数字表示可打印字符，这些数字表示的含义如图 2-3 所示。

€ 20AC 128		' 201A 130	ƒ 0192 131	„ 201E 132	… 2026 133	† 2020 134	‡ 2021 135	ˆ 02C6 136	‰ 2030 137	Š 0160 138	‹ 2039 139	Œ 0152 140		Ž 017D 142
' 2018 145	' 2019 146	" 201C 147	" 201D 148	• 2022 149	– 2013 150	— 2014 151	˜ 02DC 152	™ 2122 153	š 0161 154	› 203A 155	œ 0153 156		ž 017E 158	ÿ 0178 159

图 2-3　Windows-1252 编码：区别于 ISO8859-1 的部分

这个编码中加入了欧元符号以及一些其他常用的字符。基本上可以认为，ISO 8859-1 已被 Windows-1252 取代，在很多应用程序中，即使文件声明它采用的是 ISO 8859-1 编码，解析的时候依然被当作 Windows-1252 编码。

HTML5 甚至明确规定，如果文件声明的是 ISO 8859-1 编码，它应该被看作 Windows-1252 编码。为什么要这样呢？因为大部分人搞不清楚 ISO 8859-1 和 Windows-1252 的区别，当他说 ISO 8859-1 的时候，其实他指的是 Windows-1252，所以标准干脆就这么强制规定了。

4. GB2312

美国和西欧字符用一个字节就够了，但中文显然是不够的。中文第一个标准是 GB2312。GB2312 标准主要针对的是简体中文常见字符，包括约 7000 个汉字和一些罕用词和繁体字。

GB2312 固定使用两个字节表示汉字，在这两个字节中，最高位都是 1，如果是 0，就认为是 ASCII 字符。在这两个字节中，其中高位字节范围是 0xA1～0xF7，低位字节范围是 0xA1～0xFE。

比如，"老马"的 GB2312 编码（十六进制表示）如表 2-5 所示。

5. GBK

GBK 建立在 GB2312 的基础上，向下兼容 GB2312，也就是说，GB2312 编码的字符和二进制表示，在 GBK 编码里是完全一样的。GBK 增加了 14 000 多个汉字，共计约 21 000 个汉字，其中包括繁体字。

GBK 同样使用固定的两个字节表示，其中高位字节范围是 0x81～0xFE，低位字节范围是 0x40～0x7E 和 0x80～0xFE。

需要注意的是，低位字节是从 0x40（也就是 64）开始的，也就是说，低位字节的最高位可能为 0。那怎么知道它是汉字的一部分，还是一个 ASCII 字符呢？其实很简单，因为汉字是用

表 2-5　GB2312 编码示例

老	马
C0 CF	C2 ED

固定两个字节表示的，在解析二进制流的时候，如果第一个字节的最高位为 1，那么就将下一个字节读进来一起解析为一个汉字，而不用考虑它的最高位，解析完后，跳到第三个字节继续解析。

6. GB18030

GB18030 向下兼容 GBK，增加了 55 000 多个字符，共 76 000 多个字符，包括了很多少数民族字符，以及中日韩统一字符。

用两个字节已经表示不了 GB18030 中的所有字符，GB18030 使用变长编码，有的字符是两个字节，有的是四个字节。在两字节编码中，字节表示范围与 GBK 一样。在四字节编码中，第一个字节的值为 0x81～0xFE，第二个字节的值为 0x30～0x39，第三个字节的值为 0x81～0xFE，第四个字节的值为 0x30～0x39。

解析二进制时，如何知道是两个字节还是 4 个字节表示一个字符呢？看第二个字节的范围，如果是 0x30～0x39 就是 4 个字节表示，因为两个字节编码中第二个字节都比这个大。

7. Big5

Big5 是针对繁体中文的，广泛用于我国台湾地区和我国香港特别行政区等地。Big5 包括 13 000 多个繁体字，和 GB2312 类似，一个字符同样固定使用两个字节表示。在这两个字节中，高位字节范围是 0x81～0xFE，低位字节范围是 0x40～0x7E 和 0xA1～0xFE。

8. 编码汇总

我们简单汇总一下前面的内容。

ASCII 码是基础，使用一个字节表示，最高位设为 0，其他 7 位表示 128 个字符。其他编码都是兼容 ASCII 的，最高位使用 1 来进行区分。

西欧主要使用 Windows-1252，使用一个字节，增加了额外 128 个字符。

我国内地的三个主要编码 GB2312、GBK、GB18030 有时间先后关系，表示的字符数越来越多，且后面的兼容前面的，GB2312 和 GBK 都是用两个字节表示，而 GB18030 则使用两个或四个字节表示。

我国香港特别行政区和我国台湾地区的主要编码是 Big5。

如果文本里的字符都是 ASCII 码字符，那么采用以上所说的任一编码方式都是一样的。

但如果有高位为 1 的字符，除了 GB2312、GBK、GB18030 外，其他编码都是不兼容的。比如，Windows-1252 和中文的各种编码是不兼容的，即使 Big5 和 GB18030 都能表示繁体字，其表示方式也是不一样的，而这就会出现所谓的乱码，具体我们稍后介绍。

2.3.2　Unicode 编码

以上我们介绍了中文和西欧的字符与编码，但世界上还有很多其他国家的字符，每个国家的各种计算机厂商都对自己常用的字符进行编码，在编码的时候基本忽略了其他国家的字符和编码，甚至忽略了同一国家的其他计算机厂商，这样造成的结果就是，出现了太多的编码，且互相不兼容。

世界上所有的字符能不能统一编码呢？可以，这就是 Unicode。

Unicode 做了一件事，就是给世界上所有字符都分配了一个唯一的数字编号，这个编号范围从 0x000000～0x10FFFF，包括 110 多万。但大部分常用字符都在 0x0000～0xFFFF 之间，即 65 536 个数字之内。每个字符都有一个 Unicode 编号，这个编号一般写成十六进制，在前面加 U+。大部分中文的编号范围为 U+4E00～U+9FFF，例如，"马"的 Unicode 是 U+9A6C。

简单理解，Unicode 主要做了这么一件事，就是给所有字符分配了唯一数字编号。它并没有规定这个编号怎么对应到二进制表示，这是与上面介绍的其他编码不同的，其他编码都既规定了能表示哪些字符，又规定了每个字符对应的二进制是什么，而 Unicode 本身只规定了每个字符的数字编号是多少。

那编号怎么对应到二进制表示呢？有多种方案，主要有 UTF-32、UTF-16 和 UTF-8。

1. UTF-32

这个最简单，就是字符编号的整数二进制形式，4 个字节。

但有个细节，就是字节的排列顺序，如果第一个字节是整数二进制中的最高位，最后一个字节是整数二进制中的最低位，那这种字节序就叫"大端"（Big Endian，BE），否则，就叫"小端"（Little Endian，LE）。对应的编码方式分别是 UTF-32BE 和 UTF-32LE。

可以看出，每个字符都用 4 个字节表示，非常浪费空间，实际采用的也比较少。

2. UTF-16

UTF-16 使用变长字节表示：

1）对于编号在 U+0000～U+FFFF 的字符（常用字符集），直接用两个字节表示。需要说明的是，U+D800～U+DBFF 的编号其实是没有定义的。

2）字符值在 U+10000～U+10FFFF 的字符（也叫做增补字符集），需要用 4 个字节表示。前两个字节叫高代理项，范围是 U+D800～U+DBFF；后两个字节叫低代理项，范围是 U+DC00～U+DFFF。数字编号和这个二进制表示之间有一个转换算法，本书就不介绍了。

区分是两个字节还是 4 个字节表示一个字符就看前两个字节的编号范围，如果是 U+D800～U+DBFF，就是 4 个字节，否则就是两个字节。

UTF-16 也有和 UTF-32 一样的字节序问题，如果高位存放在前面就叫大端（BE），编码就叫 UTF-16BE，否则就叫小端，编码就叫 UTF-16LE。

UTF-16 常用于系统内部编码，UTF-16 比 UTF-32 节省了很多空间，但是任何一个字符都至少需要两个字节表示，对于美国和西欧国家而言，还是很浪费的。

3. UTF-8

UTF-8 使用变长字节表示，每个字符使用的字节个数与其 Unicode 编号的大小有关，编号小的使用的字节就少，编号大的使用的字节就多，使用的字节个数为 1～4 不等。

具体来说，各个 Unicode 编号范围对应的二进制格式如表 2-6 所示。

表 2-6　UTF-8 编码的编号范围与对应的二进制格式

编 号 范 围	二进制格式
0x00～0x7F（0～127）	0xxxxxxx
0x80～0x7FF（128～2047）	110xxxxx 10xxxxxx
0x800～0xFFFF（2048～65 535）	1110xxxx 10xxxxxx 10xxxxxx
0x10000～0x10FFFF（65 536 以上）	11110xxx 10xxxxxx 10xxxxxx 10xxxxxx

表 2-6 中的 x 表示可以用的二进制位，而每个字节开头的 1 或 0 是固定的。

小于 128 的，编码与 ASCII 码一样，最高位为 0。其他编号的第一个字节有特殊含义，最高位有几个连续的 1 就表示用几个字节表示，而其他字节都以 10 开头。

对于一个 Unicode 编号，具体怎么编码呢？首先将其看作整数，转化为二进制形式（去掉高位的 0），然后将二进制位从右向左依次填入对应的二进制格式 x 中，填完后，如果对应的二进制格式还有没填的 x，则设为 0。

我们来看个例子，"马"的 Unicode 编号是 0x9A6C，整数编号是 39 532，其对应的 UTF-8 二进制格式是：

```
1110xxxx 10xxxxxx 10xxxxxx
```

整数编号 39 532 的二进制格式是：

```
1001 101001 101100
```

将这个二进制位从右到左依次填入二进制格式中，结果就是其 UTF-8 编码：

```
11101001 10101001 10101100
```

十六进制表示为 0xE9A9AC。

和 UTF-32/UTF-16 不同，UTF-8 是兼容 ASCII 的，对大部分中文而言，一个中文字符需要用三个字节表示。

4. Unicode 编码小结

Unicode 给世界上所有字符都规定了一个统一的编号，编号范围达到 110 多万，但大部分字符都在 65 536 以内。Unicode 本身没有规定怎么把这个编号对应到二进制形式。

UTF-32/UTF-16/UTF-8 都在做一件事，就是把 Unicode 编号对应到二进制形式，其对应方法不同而已。UTF-32 使用 4 个字节，UTF-16 大部分是两个字节，少部分是 4 个字节，它们都不兼容 ASCII 编码，都有字节顺序的问题。UTF-8 使用 1～4 个字节表示，兼容 ASCII 编码，英文字符使用 1 个字节，中文字符大多用 3 个字节。

2.3.3　编码转换

有了 Unicode 之后，每一个字符就有了多种不兼容的编码方式，比如说"马"这个字符，它的各种编码方式对应的十六进制如表 2-7 所示。

表 2-7　字符"马"多种编码方式

编 码 方 式	十六进制编码	编 码 方 式	十六进制编码
GB18030	C2 ED	UTF-8	E9 A9 AC
Unicode 编号	9A 6C	UTF-16LE	6C 9A

这几种格式之间可以借助 Unicode 编号进行编码转换。可以认为：每种编码都有一个映射表，存储其特有的字符编码和 Unicode 编号之间的对应关系，这个映射表是一个简化的说法，实际上可能是一个映射或转换方法。

编码转换的具体过程可以是：一个字符从 A 编码转到 B 编码，先找到字符的 A 编码格式，通过 A 的映射表找到其 Unicode 编号，然后通过 Unicode 编号再查 B 的映射表，找到字符的 B 编码格式。

举例来说，"马"从 GB18030 转到 UTF-8，先查 GB18030->Unicode 编号表，得到其编号是 9A 6C，然后查 Uncode 编号 ->UTF-8 表，得到其 UTF-8 编码：E9 A9 AC。

编码转换改变了字符的二进制内容，但并没有改变字符看上去的样子。

2.3.4　乱码的原因

理解了编码，我们来看乱码。乱码有两种常见原因：一种比较简单，就是简单的解析错误；另外一种比较复杂，在错误解析的基础上进行了编码转换。我们分别介绍。

1. 解析错误

看个简单的例子。一个法国人采用 Windows-1252 编码写了个文件，发送给了一个中国人，中国人使用 GB18030 来解析这个字符，看到的可能就是乱码。比如，法国人发送的是 Pékin，Windows-1252 的二进制（采用十六进制）是 50 E9 6B 69 6E，第二个字节 E9 对应 é，其他都是 ASCII 码，中国人收到的也是这个二进制，但是他把它看成了 GB18030 编码，GB18030 中 E9 6B 对应的是字符"闎"，于是他看到的就是" P 闎 in"，这看来就是一个乱码。

反之也是一样的，一个 GB18030 编码的文件如果被看作 Windows-1252 也是乱码。

这种情况下，之所以看起来是乱码，是因为看待或者说解析数据的方式错了。只要使用正确的编码方式进行解读就可以纠正了。很多文件编辑器，如 EditPlus、NotePad++、UltraEdit 都有切换查看编码方式的功能，浏览器也都有切换查看编码方式的功能，如 Firefox，在菜单"查看"→"文字编码"中即可找到该功能。

切换查看编码的方式并没有改变数据的二进制本身，而只是改变了解析数据的方式，从而改变了数据看起来的样子，这与前面提到的编码转换正好相反。很多时候，做这样一个编码查看方式的切换就可以解决乱码的问题，但有的时候这样是不够的。

2. 错误的解析和编码转换

如果怎么改变查看方式都不对，那很有可能就不仅仅是解析二进制的方式不对，而是文本在错误解析的基础上还进行了编码转换。我们举个例子来说明：

1）两个字"老马"，本来的编码格式是 GB18030，编码（十六进制）是 C0 CF C2 ED。

2）这个二进制形式被错误当成了 Windows-1252 编码，解读成了字符"ÀÏÂí"。

3）随后这个字符进行了编码转换，转换成了 UTF-8 编码，形式还是"ÀÏÂí"，但二进制变成了 C3 80 C3 8F C3 82 C3 AD，每个字符两个字节。

4）这个时候再按照 GB18030 解析，字符就变成了乱码形式"胖腴腤铆"，而且这时无论怎么切换查看编码的方式，这个二进制看起来都是乱码。

这种情况是乱码产生的主要原因。

这种情况其实很常见，计算机程序为了便于统一处理，经常会将所有编码转换为一种方式，比如 UTF-8，在转换的时候，需要知道原来的编码是什么，但可能会搞错，而一旦搞错并进行了转换，就会出现这种乱码。这种情况下，无论怎么切换查看编码方式都是不行的，如表 2-8 所示。

表 2-8　用不同编码方式查看错误转换后的二进制

编　码　方　式	结　　果	编　码　方　式	结　　果
十六进制	C3 80 C3 8F C3 82 C3 AD	GB18030	胖腴腤铆
UTF-8	ÀÏÂí	Big5	���穩
Windows-1252	Ã€Ã⊕Ã‚Ã		

虽然有这么多形式，但我们看到的乱码形式很可能是"ÀÏÂí"，因为在例子中 UTF-8 是编码转换的目标编码格式，既然转换为了 UTF-8，一般也是要按 UTF-8 查看。

那有没有办法恢复呢？如果有，怎么恢复呢？

2.3.5　从乱码中恢复

"乱"主要是因为发生了一次错误的编码转换，所谓恢复，是指要恢复两个关键信息：一个是原来的二进制编码方式 A；另一个是错误解读的编码方式 B。

恢复的基本思路是尝试进行逆向操作，假定按一种编码转换方式 B 获取乱码的二进制格式，然后再假定一种编码解读方式 A 解读这个二进制，查看其看上去的形式，这要尝试多种编码，如果能找到看着正常的字符形式，应该就可以恢复。

这听上去可能比较抽象，我们举个例子来说明，假定乱码形式是"ÀÏÂí"，尝试多种 B 和 A 来看字符形式。我们先使用编辑器，以 UltraEdit 为例，然后使用 Java 编程来看。

1. 使用 UltraEdit

UltraEdit 支持编码转换和切换查看编码方式，也支持文件的二进制显示和编辑，所以我们以 UltraEdit 为例，其他一些编辑器可能也有类似功能。

新建一个 UTF-8 编码的文件，复制"ÀÏÂí"到文件中。使用编码转换，转换到 Windows-1252 编码，执行"文件"→"转换到"→"西欧"→WIN-1252 命令。

转换完后，打开十六进制编辑，查看其二进制形式，如图 2-4 所示。

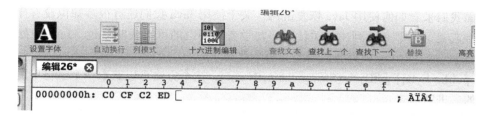

图 2-4　使用 UltraEdit 查看二进制

可以看出，其形式还是"ÀÏÂí"，但二进制格式变成了 C0 CF C2 ED。这个过程相当于假设 B 是 Windows-1252。这个时候，再按照多种编码格式查看这个二进制，在 UltraEdit 中，关闭十六进制编辑，切换查看编码方式为 GB18030，执行"视图"→"查看方式（文件编码）"→"东亚语言"→GB18030 命令，切换完后，同样的二进制神奇地变为了正确的字符形式"老马"，打开十六进制编辑器，可以看出二进制还是 C0 CF C2 ED，这个 GB18030 相当于假设 A 是 GB18030。

这个例子我们碰巧第一次就猜对了。实际中，可能要做多次尝试，过程是类似的，先进行编码转换（使用 B 编码），然后使用不同编码方式查看（使用 A 编码），如果能找到看上去对的形式，就恢复了。表 2-9 列出了主要的 B 编码格式、对应的二进制，以及按 A 编码解读的各种形式。

表 2-9　尝试不同编码方式进行恢复

B 编码（获取二进制）	ÀÏÂí 的二进制（B 编码）	A 编码（解读二进制）	结 果 形 式
Windows-1252	C0 CF C2 ED	GB18030	老马
Windows-1252	C0 CF C2 ED	Big5	槔鎮
Windows-1252	C0 CF C2 ED	UTF-8	????
GB18030	81 30 86 38 81 30 88 33 81 30 87 30 A8 AA	Windows-1252	?0†8?0^3?0‡0¨ª
GB18030	81 30 86 38 81 30 88 33 81 30 87 30 A8 AA	Big5	?????? 赤
GB18030	81 30 86 38 81 30 88 33 81 30 87 30 A8 AA	UTF-8	?0?8?0?3?0?0??
Big5	3F 3F 3F 3F	Windows-1252	????
Big5	3F 3F 3F 3F	GB18030	????
Big5	3F 3F 3F 3F	UTF-8	????
UTF-8	C3 80 C3 8F C3 82 C3 AD	Windows-1252	Ã€Ã?Ã‚Ã
UTF-8	C3 80 C3 8F C3 82 C3 AD	GB18030	脌脧脗铆
UTF-8	C3 80 C3 8F C3 82 C3 AD	Big5	??? 穩

可以看出，第一行是正确的，也就是说原来的编码其实是 A 即 GB18030，但被错误解读成了 B 即 Windows-1252 了。

2. 使用 Java

下面我们来看如何使用 Java 恢复乱码。关于使用 Java 我们还有很多知识没有介绍，为了完整性起见，本节一并列出相关代码，初学者不明白的可以暂时略过。Java 中处理字符串的类有 String，String 中有我们需要的两个重要方法。

1）public byte[] getBytes(String charsetName)，这个方法可以获取一个字符串的给定编码格式的二进制形式。

2）public String(byte bytes[], String charsetName)，这个构造方法以给定的二进制数组 bytes 按照编码格式 charsetName 解读为一个字符串。

将 A 看作 GB18030，将 B 看作 Windows-1252，进行恢复的 Java 代码如下所示：

```
String str = "ÀÎÂÍ";
String newStr = new String(str.getBytes("windows-1252"),"GB18030");
System.out.println(newStr);
```

先按照 B 编码（Windows-1252）获取字符串的二进制，然后按 A 编码（GB18030）解读这个二进制，得到一个新的字符串，然后输出这个字符串的形式，输出为"老马"。

同样，一次碰巧就对了，实际中，我们可以写一个循环，测试不同的 A/B 编码中的结果形式，如代码清单 2-1 所示。

代码清单2-1 恢复乱码的方法

```
public static void recover(String str)
        throws UnsupportedEncodingException{
    String[] charsets = new String[]{
            "windows-1252","GB18030","Big5","UTF-8"};
    for(int i=0;i<charsets.length;i++){
        for(int j=0;j<charsets.length;j++){
            if(i!=j){
                String s = new String(str.getBytes(charsets[i]),charsets[j]);
                System.out.println("---- 原来编码(A)假设是: "
                    +charsets[j]+", 被错误解读为了(B): "+charsets[i]);
                System.out.println(s);
                System.out.println();
            }
        }
    }
}
```

以上代码使用不同的编码格式进行测试，如果输出有正确的，那么就可以恢复。

可以看出，恢复的尝试需要进行很多次，上面例子尝试了常见编码 GB18030、Windows1252、Big5、UTF-8 共 12 种组合。这 4 种编码是常见编码，在大部分实际应用中应该够了。如果有其他编码，可以增加一些尝试。

不是所有的乱码形式都是可以恢复的，如果形式中有很多不能识别的字符（如 � ?），则很难恢复。另外，如果乱码是由于进行了多次解析和转换错误造成的，也很难恢复。

2.4　char 的真正含义

通过前面小节，我们应该对字符和文本的编码和乱码有了一个清晰的认识，但前面小节基本是与编程语言无关的，我们还是不知道怎么在程序中处理字符和文本。本节讨论在 Java 中进行字符处理的基础 char，Java 中还有 Character、String、StringBuilder 等类用于文本处理，它们的基础都是 char，我们在第 7 章再介绍这些类。

char 看上去是很简单的，正如我们在 1.2 节所说，char 用于表示一个字符，这个字符可以是中文字符，也可以是英文字符。赋值时把常量字符用单引号括起来，例如：

```
char c = 'A';
char z = '马';
```

但为什么字符类型也可以进行算术运算和比较呢？它的本质到底是什么呢？

在 Java 内部进行字符处理时，采用的都是 Unicode，具体编码格式是 UTF-16BE。简单回顾一下，UTF-16 使用两个或 4 个字节表示一个字符，Unicode 编号范围在 65 536 以内的占两个字节，超出范围的占 4 个字节，BE 就是先输出高位字节，再输出低位字节，这与整数的内存表示是一致的。

char 本质上是一个固定占用两个字节的无符号正整数，这个正整数对应于 Unicode 编号，用于表示那个 Unicode 编号对应的字符。 由于固定占用两个字节，char 只能表示 Unicode 编号在 65 536 以内的字符，而不能表示超出范围的字符。那超出范围的字符怎么表示呢？使用两个 char。类 Character、String 有一些相关的方法，我们到第 7 章再介绍。

在这个认识的基础上，我们再来看下 char 的一些行为。

char 有多种赋值方式：

```
1. char c = 'A'
2. char c = '马'
3. char c = 39532
4. char c = 0x9a6c
5. char c = '\u9a6c'
```

第 1 种赋值方式是最常见的，将一个能用 ASCII 码表示的字符赋给一个字符变量。第 2 种赋值方式也很常见，但这里是个中文字符，需要注意的是，直接写字符常量的时候应该注意文件的编码，比如，GBK 编码的代码文件按 UTF-8 打开，字符会变成乱码，赋值的时候是按当前的编码解读方式，将这个字符形式对应的 Unicode 编号值赋给变量，"马"对应的 Unicode 编号是 39 532，所以第 2 种赋值方式和第 3 种赋值方式是一样的。第 3 种赋值方式是直接将十进制的常量赋给字符。第 4 种赋值方式是将十六进制常量赋给字符，第 5 种赋值方式是按 Unicode 字符形式。所以，第 2、3、4、5 种赋值方式都是一样的，本质都是将 Unicode 编号 39 532 赋给了字符。

由于 char 本质上是一个整数，所以可以进行整数能做的一些运算，在进行运算时会被看作 int，但由于 char 占两个字节，运算结果不能直接赋值给 char 类型，需要进行强制类型转换，这和 byte、short 参与整数运算是类似的。char 类型的比较就是其 Unicode 编号的比较。

char 的加减运算就是按其 Unicode 编号进行运算，一般对字符做加减运算没什么意义，但 ASCII 码字符是有意义的。比如大小写转换，大写 A~Z 的编号是 65~90，小写 a~z 的编号是 97~122，正好相差 32，所以大写转小写只需加 32，而小写转大写只需减 32。加减运算的另一个应用是加密和解密，将字符进行某种可逆的数学运算可以做加解密。

char 的位运算可以看作是对应整数的位运算，只是它是无符号数，也就是说，有符号右移 >> 和无符号右移 >>> 的结果是一样的。既然 char 本质上是整数，查看 char 的二进制表示，同样可以用 Integer 的方法，如下所示：

```
char c = '马';
System.out.println(Integer.toBinaryString(c));
```

输出为：

```
1001101001101100
```

至此，关于整数、小数以及字符的二进制表示就介绍完了，下一章让我们一起来探索类的世界。

面 向 对 象

类 的 基 础

程序主要就是数据以及对数据的操作，为方便理解和操作，高级语言使用数据类型这个概念，不同的数据类型有不同的特征和操作，Java 定义了 8 种基本数据类型：4 种整型 byte、short、int、long，两种浮点类型 float、double，一种真假类型 boolean，一种字符类型 char。其他类型的数据都用**类**这个概念表达。

类比较复杂，本章主要介绍类的一些基础知识，具体分为 3 节：3.1 节主要介绍类的基本概念；3.2 节主要通过一些例子来演示如何将一些现实概念和问题通过类以及类的组合来表示和处理；3.3 节介绍类代码的组织机制。

3.1 类的基本概念

在第 1 章，我们暂时将类看作函数的容器，在某些情况下，类也确实只是函数的容器，但**类更多表示的是自定义数据类型**。本节我们先从容器的角度，然后从自定义数据类型的角度介绍类。

3.1.1 函数容器

我们看个例子——Java API 中的类 Math，它里面主要包含了若干数学函数，表 3-1 列出了其中一些。

要使用这些函数，直接在前面加 Math. 即可，例如 Math.abs(–1) 返回 1。这些函数都有相同的修饰符：public static。static 表示类方法，也叫静态方法，与类方法相对的是**实例方法**。实例方法没有 static 修饰符，必须通过实例或者对象调用，而类方法可以直接通过类名进行调用，不需要创建实例。public 表示这些函数是公开的，可以在任何地方被外部调用。

表 3-1　Math 类的常用函数

Math 函数	功　　能	Math 函数	功　　能
int round(float a)	四舍五入	int abs(int a)	绝对值
double sqrt(double a)	平方根	int max(int a, int b)	最大值
double ceil(double a)	向上取整	double log(double a)	自然对数
double floor(double a)	向下取整	double random()	产生一个大于等于 0 小于 1 的随机数
double pow(double a, double b)	a 的 b 次方		

与 public 相对的是 private。如果是 private，则表示私有，这个函数只能在同一个类内被别的函数调用，而不能被外部的类调用。在 Math 类中，有一个函数 Random initRNG() 就是 private 的，这个函数被 public 的方法 random() 调用以生成随机数，但不能在 Math 类以外的地方被调用。

将函数声明为 private 可以避免该函数被外部类误用，调用者可以清楚地知道哪些函数是可以调用的，哪些是不可以调用的。类实现者通过 private 函数封装和隐藏内部实现细节，而调用者只需要关心 public 就可以了。可以说，**通过 private 封装和隐藏内部实现细节，避免被误操作，是计算机程序的一种基本思维方式。**

除了 Math 类，我们再来看一个例子 Arrays。Arrays 里面包含很多与数组操作相关的函数，表 3-2 列出了其中一些。

表 3-2　Arrays 类的一些函数

Arrays 函数	功　　能
void sort(int[] a)	排序，按升序排，整数数组
void sort(double[] a)	排序，按升序排，浮点数数组
int binarySearch(long[] a, long key)	二分查找，数组已按升序排列
void fill(int[] a, int val)	给所有数组元素赋相同的值
int[] copyOf(int[] original, int newLength)	数组复制
boolean equals(char[] a, char[] a2)	判断两个数组是否相同

这里将类看作函数的容器，更多的是从语言实现的角度看，从概念的角度看，Math 和 Arrays 也可以看作自定义数据类型，分别表示数学和数组类型，其中的 public static 函数可以看作类型能进行的操作。接下来更为详细地讨论自定义数据类型。

3.1.2　自定义数据类型

我们将类看作自定义数据类型，所谓自定义数据类型就是除了 8 种基本类型以外的其他类型，用于表示和处理基本类型以外的其他数据。一个数据类型由其包含的属性以及该类型可以进行的操作组成，属性又可以分为是类型本身具有的属性，还是一个具体实例具有的属性，同样，操作也可以分为是类型本身可以进行的操作，还是一个具体实例可以进行的操作。

这样，一个数据类型就主要由 4 部分组成：

❑ 类型本身具有的属性，通过**类变量**体现。

❑ 类型本身可以进行的操作，通过**类方法**体现。

❑ 类型实例具有的属性，通过**实例变量**体现。

❑ 类型实例可以进行的操作，通过**实例方法**体现。

不过，对于一个具体类型，每一个部分不一定都有，Arrays 类就只有类方法。

类变量和实例变量都叫**成员变量**，也就是类的成员，类变量也叫**静态变量**或**静态成员变量**。类方法和实例方法都叫**成员方法**，也都是类的成员，类方法也叫**静态方法**。

类方法我们上面已经看过了，Math 和 Arrays 类中定义的方法就是类方法，这些方法的修饰符必须有 static。下面解释类变量、实例变量和实例方法。

1. 类变量

类型本身具有的属性通过类变量体现，经常用于表示一个类型中的常量。比如 Math 类，定义了两个数学中常用的常量，如下所示：

```
public static final double E = 2.7182818284590452354;
public static final double PI = 3.14159265358979323846;
```

E 表示数学中自然对数的底数，自然对数在很多学科中有重要的意义；PI 表示数学中的圆周率 π。与类方法一样，类变量可以直接通过类名访问，如 Math.PI。

这两个变量的修饰符也都有 public static，public 表示外部可以访问，static 表示是类变量。与 public 相对的也是 private，表示变量只能在类内被访问。与 static 相对的是实例变量，没有 static 修饰符。

这里多了一个修饰符 final，final 在修饰变量的时候表示常量，即变量赋值后就不能再修改了。使用 final 可以避免误操作，比如，如果有人不小心将 Math.PI 的值改了，那么很多相关的计算就会出错。另外，Java 编译器可以对 final 变量进行一些特别的优化。所以，如果数据赋值后就不应该再变了，就加 final 修饰符。

表示类变量的时候，static 修饰符是必需的，但 public 和 final 都不是必需的。

2. 实例变量和实例方法

所谓实例，字面意思就是一个实际的例子。实例变量表示具体的实例所具有的属性，实例方法表示具体的实例可以进行的操作。如果将微信订阅号看作一个类型，那"老马说编程"订阅号就是一个实例，订阅号的头像、功能介绍、发布的文章可以看作实例变量，而修改头像、修改功能介绍、发布新文章可以看作实例方法。与基本类型对比，"int a;"这个语句中，int 就是类型，而 a 就是实例。

接下来，我们通过定义和使用类来进一步理解自定义数据类型。

3.1.3 定义第一个类

我们定义一个简单的类，表示在平面坐标轴中的一个点，代码如下：

```
public class Point {
    public int x;
    public int y;
    public double distance(){
        return Math.sqrt(x*x+y*y);
    }
}
```

我们来解释一下：

```
public class Point
```

表示类型的名字是 Point，是可以被外部公开访问的。这个 public 修饰似乎是多余的，不能被外部访问还能有什么用？在这里，确实不能用 private 修饰 Point。但修饰符可以没有（即留空），表示一种包级别的可见性，关于包，3.3 节再介绍。另外，类可以定义在一个类的内部，这时可以使用 private 修饰符，关于内部类我们在第 5 章介绍。

```
public int x;
public int y;
```

定义了两个实例变量 x 和 y，分别表示 x 坐标和 y 坐标，与类变量类似，修饰符也有 public 或 private 修饰符，表示含义类似，public 表示可被外部访问，而 private 表示私有，不能直接被外部访问，实例变量不能有 static 修饰符。

```
public double distance(){
    return Math.sqrt(x*x+y*y);
}
```

定义了实例方法 distance，表示该点到坐标原点的距离。该方法可以直接访问实例变量 x 和 y，这是实例方法和类方法的最大区别。实例方法直接访问实例变量，到底是什么意思呢？其实，在实例方法中，有一个隐含的参数，这个参数就是当前操作的实例自己，直接操作实例变量，实际也需要通过参数进行。实例方法和类方法的更多区别如下所示。

❏ 类方法只能访问类变量，不能访问实例变量，可以调用其他的类方法，不能调用实例方法。

❏ 实例方法既能访问实例变量，也能访问类变量，既可以调用实例方法，也可以调用类方法。

如果这些让你感到困惑，没有关系，关于实例方法和类方法的更多细节，后续会进一步介绍。

3.1.4 使用第一个类

定义了类本身和定义了一个函数类似，本身不会做什么事情，不会分配内存，也不会执行代码。方法要执行需要被调用，而实例方法被调用，首先需要一个实例。实例也称为对象，我们可能会交替使用。下面的代码演示了如何使用：

```
public static void main(String[] args) {
    Point p = new Point();
    p.x = 2;
    p.y = 3;
    System.out.println(p.distance());
}
```

我们解释一下：

```
Point p = new Point();
```

这个语句包含了 Point 类型的变量声明和赋值，它可以分为两部分：

```
1 Point p;
2 p = new Point();
```

Point p 声明了一个变量，这个变量叫 p，是 Point 类型的。这个变量和数组变量是类似的，都有两块内存：一块存放实际内容，一块存放实际内容的位置。**声明变量本身只会分配存放位置的内存空间，这块空间还没有指向任何实际内容。**因为这种变量和数组变量本身不存储数据，而只是存储实际内容的位置，它们也都称为**引用类型**的变量。

p = new Point(); 创建了一个实例或对象，然后赋值给了 Point 类型的变量 p，它至少做了两件事：

1）分配内存，以存储新对象的数据，对象数据包括这个对象的属性，具体包括其实例变量 x 和 y。

2）给实例变量设置默认值，int 类型默认值为 0。

与方法内定义的局部变量不同，在创建对象的时候，所有的实例变量都会分配一个默认值，这与创建数组的时候是类似的，数值类型变量的默认值是 0，boolean 是 false，char 是 "\u0000"，引用类型变量都是 null。null 是一个特殊的值，表示不指向任何对象。这些默认值可以修改，我们稍后介绍。

```
p.x = 2;
p.y = 3;
```

给对象的变量赋值，语法形式是：< 对象变量名 >.< 成员名 >。

```
System.out.println(p.distance());
```

调用实例方法 distance，并输出结果，语法形式是：< 对象变量名 >.< 方法名 >。实例方法内对实例变量的操作，实际操作的就是 p 这个对象的数据。

我们在介绍基本类型的时候，先定义数据，然后赋值，最后是操作，自定义类型与此类似：

❑ Point p = new Point(); 是定义数据并设置默认值。

- ❏　p.x = 2; p.y = 3; 是赋值。
- ❏　p.distance() 是数据的操作。

可以看出，对实例变量和实例方法的访问都通过对象进行，**通过对象来访问和操作其内部的数据是一种基本的面向对象思维**。本例中，我们通过对象直接操作了其内部数据 x 和 y，这是一个不好的习惯，**一般而言，不应该将实例变量声明为 public，而只应该通过对象的方法对实例变量进行操作**。这也是为了减少误操作，直接访问变量没有办法进行参数检查和控制，而通过方法修改，可以在方法中进行检查。

3.1.5　变量默认值

之前我们说实例变量都有一个默认值，如果希望修改这个默认值，可以在定义变量的同时就赋值，或者将代码放入初始化代码块中，代码块用 {} 包围，如下所示：

```
int x = 1;
int y;
{
    y = 2;
}
```

x 的默认值设为了 1，y 的默认值设为了 2。在新建一个对象的时候，会先调用这个初始化，然后才会执行构造方法中的代码，关于构造方法，我们稍后介绍。

静态变量也可以这样初始化：

```
static int STATIC_ONE = 1;
static int STATIC_TWO;
static
{
    STATIC_TWO = 2;
}
```

STATIC_TWO=2; 语句外面包了一个 static {}，这叫静态初始化代码块。静态初始化代码块在类加载的时候执行，这是在任何对象创建之前，且只执行一次。

3.1.6　private 变量

前面我们说一般不应该将实例变量声明为 public，下面我们修改一下类的定义，将实例变量定义为 private，通过实例方法来操作变量，如代码清单 3-1 所示。

代码清单3-1　Point类定义——实例变量定义为private

```
public class Point {
    private int x;
    private int y;
    public void setX(int x) {
        this.x = x;
    }
```

```
    public void setY(int y) {
        this.y = y;
    }
    public int getX() {
        return x;
    }
    public int getY() {
        return y;
    }
    public double distance() {
        return Math.sqrt(x * x + y * y);
    }
}
```

这个定义中，我们加了 4 个方法，setX/setY 用于设置实例变量的值，getX/getY 用于获取实例变量的值。

这里面需要介绍的是 this 这个关键字。**this 表示当前实例**，在语句 this.x=x; 中，this.x 表示实例变量 x，而右边的 x 表示方法参数中的 x。前面我们提到，在实例方法中，有一个隐含的参数，这个参数就是 this，没有歧义的情况下，可以直接访问实例变量，在这个例子中，两个变量名都叫 x，则需要通过加上 this 来消除歧义。

这 4 个方法看上去是非常多余的，直接访问变量不是更简洁吗？而且第 1 章我们也说过，函数调用是有成本的。在这个例子中，意义确实不太大，实际上，Java 编译器一般也会将对这几个方法的调用转换为直接访问实例变量，而避免函数调用的开销。但在很多情况下，通过函数调用可以封装内部数据，避免误操作，我们一般还是不将成员变量定义为 public。

使用这个类的代码如下：

```
public static void main(String[] args) {
    Point p = new Point();
    p.setX(2);
    p.setY(3);
    System.out.println(p.distance());
}
```

上述代码将对实例变量的直接访问改为了方法调用。

3.1.7　构造方法

在初始化对象的时候，前面我们都是直接对每个变量赋值，有一个更简单的方式对实例变量赋初值，就是构造方法，我们先看下代码。在 Point 类定义中增加如下代码：

```
public Point(){
    this(0,0);
}
public Point(int x, int y){
```

```
        this.x = x;
        this.y = y;
    }
```

这两个就是构造方法，构造方法可以有多个。不同于一般方法，构造方法有一些特殊的地方：

1）名称是固定的，与类名相同。这也容易理解，靠这个用户和 Java 系统就都能容易地知道哪些是构造方法。

2）没有返回值，也不能有返回值。构造方法隐含的返回值就是实例本身。

与普通方法一样，构造方法也可以重载。第二个构造方法是比较容易理解的，使用 this 对实例变量赋值。

我们解释下第一个构造方法，this(0,0) 的意思是调用第二个构造方法，并传递参数"0,0"，我们前面解释说 this 表示当前实例，可以通过 this 访问实例变量，这是 this 的第二个用法，用于在构造方法中调用其他构造方法。

这个 this 调用必须放在第一行，这个规定也是为了避免误操作。构造方法是用于初始化对象的，如果要调用别的构造方法，先调别的，然后根据情况自己再做调整，而如果自己先初始化了一部分，再调别的，自己的修改可能就被覆盖了。

这个例子中，不带参数的构造方法通过 this(0,0) 又调用了第二个构造方法，这个调用是多余的，因为 x 和 y 的默认值就是 0，不需要再单独赋值，我们这里主要是演示其语法。

我们来看下如何使用构造方法，代码如下：

```
Point p = new Point(2,3);
```

这个调用就可以将实例变量 x 和 y 的值设为 2 和 3。前面我们介绍 new Point() 的时候说，它至少做了两件事，一件是分配内存，另一件是给实例变量设置默认值，这里我们需要加上一件事，就是调用构造方法。调用构造方法是 new 操作的一部分。

通过构造方法，可以更为简洁地对实例变量进行赋值。关于构造方法，下面我们讨论两个细节概念：一个是默认构造方法；另一个是私有构造方法。

1. 默认构造方法

每个类都至少要有一个构造方法，在通过 new 创建对象的过程中会被调用。但构造方法如果没什么操作要做，可以省略。Java 编译器会自动生成一个默认构造方法，也没有具体操作。但一旦定义了构造方法，Java 就不会再自动生成默认的，具体什么意思呢？在这个例子中，如果我们只定义了第二个构造方法（带参数的），则下面语句：

```
Point p = new Point();
```

就会报错，因为找不到不带参数的构造方法。

为什么 Java 有时候自动生成，有时候不生成呢？在没有定义任何构造方法的时候，Java 认为用户不需要，所以就生成一个空的以被 new 过程调用；定义了构造方法的时候，Java

认为用户知道自己在干什么，认为用户是有意不想要不带参数的构造方法，所以不会自动生成。

2. 私有构造方法

构造方法可以是私有方法，即修饰符可以为 private，为什么需要私有构造方法呢？大致可能有这么几种场景：

1）不能创建类的实例，类只能被静态访问，如 Math 和 Arrays 类，它们的构造方法就是私有的。

2）能创建类的实例，但只能被类的静态方法调用。有一种常见的场景：类的对象有但是只能有一个，即单例（单个实例）。在这种场景中，对象是通过静态方法获取的，而静态方法调用私有构造方法创建一个对象，如果对象已经创建过了，就重用这个对象。

3）只是用来被其他多个构造方法调用，用于减少重复代码。

3.1.8 类和对象的生命周期

了解了类和对象的定义与使用，下面我们再从程序运行的角度理解下类和对象的生命周期。

在程序运行的时候，当第一次通过 new 创建一个类的对象时，或者直接通过类名访问类变量和类方法时，Java 会将类加载进内存，为这个类分配一块空间，这个空间会包括类的定义、它的变量和方法信息，同时还有类的静态变量，并对静态变量赋初始值。下一章会进一步介绍有关细节。

类加载进内存后，一般不会释放，直到程序结束。一般情况下，类只会加载一次，所以静态变量在内存中只有一份。

当通过 new 创建一个对象的时候，对象产生，在内存中，会存储这个对象的实例变量值，每做 new 操作一次，就会产生一个对象，就会有一份独立的实例变量。

每个对象除了保存实例变量的值外，可以理解为还保存着对应类型即类的地址，这样，通过对象能知道它的类，访问到类的变量和方法代码。

实例方法可以理解为一个静态方法，只是多了一个参数 this。通过对象调用方法，可以理解为就是调用这个静态方法，并将对象作为参数传给 this。

对象的释放是被 Java 用垃圾回收机制管理的，大部分情况下，我们不用太操心，当对象不再被使用的时候会被自动释放。

具体来说，对象和数组一样，有两块内存，保存地址的部分分配在栈中，而保存实际内容的部分分配在堆中。栈中的内存是自动管理的，函数调用入栈就会分配，而出栈就会释放。

堆中的内存是被垃圾回收机制管理的，当没有**活跃变量**指向对象的时候，对应的堆空间就可能被释放，具体释放时间是 Java 虚拟机自己决定的。活跃变量就是已加载的类的类变量，以及栈中所有的变量。

3.1.9 小结

本节我们主要从自定义数据类型的角度介绍了类，谈了如何定义和使用类。自定义类型由类变量、类方法、实例变量和实例方法组成，为方便对实例变量赋值，介绍了构造方法，最后介绍了类和对象的生命周期。

通过类实现自定义数据类型，封装该类型的数据所具有的属性和操作，隐藏实现细节，从而在更高的层次（类和对象的层次，而非基本数据类型和函数的层次）上考虑和操作数据，是计算机程序解决复杂问题的一种重要的思维方式。

本节提到了多个关键字，这里汇总一下。

1）public：可以修饰类、类方法、类变量、实例变量、实例方法、构造方法，表示可被外部访问。

2）private：可以修饰类、类方法、类变量、实例变量、实例方法、构造方法，表示不可以被外部访问，只能在类内部被使用。

3）static：修饰类变量和类方法，它也可以修饰内部类（5.3 节介绍）。

4）this：表示当前实例，可以用于调用其他构造方法，访问实例变量，访问实例方法。

5）final：修饰类变量、实例变量，表示只能被赋值一次，也可以修饰实例方法和局部变量（下章会进一步介绍）。

本节介绍的 Point 类，其属性只有基本数据类型，下节介绍类的组合，以表达更为复杂的概念。

3.2 类的组合

程序是用来解决现实问题的，将现实中的概念映射为程序中的概念，是初学编程过程中的一步跨越。本节通过一些例子来演示如何将一些现实概念和问题通过类以及类的组合来表示和处理，涉及的概念包括图形处理、电商、人之间的血缘关系以及计算机中的文件和目录。

我们先介绍两个基础类 String 和 Date，它们都是 Java API 中的类，分别表示文本字符串和日期。

3.2.1 String 和 Date

String 是 Java API 中的一个类，表示多个字符，即一段文本或字符串，它内部是一个 char 的数组，提供了若干方法用于操作字符串。

String 可以用一个字符串常量初始化，字符串常量用双引号括起来（注意与字符常量区别，字符常量是用单引号）。例如，如下语句声明了一个 String 变量 name，并赋值为"老马说编程"。

```
String name = "老马说编程";
```

String 类提供了很多方法，用于操作字符串。在 Java 中，由于 String 用得非常普遍，Java 对它有一些特殊的处理，本节暂不介绍这些内容，只是把它当作一个表示字符串的类型来看待。

Date 也是 Java API 中的一个类，表示日期和时间，它内部是一个 long 类型的值，也提供了若干方法用于操作日期和时间。

用无参的构造方法新建一个 Date 对象，这个对象就表示当前时间。

```
Date now = new Date();
```

日期和时间处理是一个比较大的话题，我们留待第 7 章详解，本节我们只是把它当作表示日期和时间的类型来看待。

3.2.2　图形类

我们先扩展一下 Point 类，在其中增加一个方法，计算到另一个点的距离，代码如下：

```
public double distance(Point p){
    return Math.sqrt(Math.pow(x-p.getX(), 2)+Math.pow(y-p.getY(), 2));
}
```

在类 Point 中，属性 x、y 都是基本类型，但类的属性也可以是类。我们考虑一个表示线的类，它由两个点组成，有一个实例方法计算线的长度，如代码清单 3-2 所示。

代码清单3-2　表示线的类Line

```
public class Line {
    private Point start;
    private Point end;
    public Line(Point start, Point end){
        this.start= start;
        this.end = end;
    }
    public double length(){
        return start.distance(end);
    }
}
```

Line 由两个 Point 组成，在创建 Line 时这两个 Point 是必需的，所以只有一个构造方法，且需传递这两个点，length 方法计算线的长度，它调用了 Point 计算距离的方法获取线的长度。可以看出，**在设计线时，我们考虑的层次是点，而不考虑点的内部细节。每个类封装其内部细节，对外提供高层次的功能，使其他类在更高层次上考虑和解决问题，是程序设计的一种基本思维方式。**

使用这个类的代码如下所示：

```
public static void main(String[] args) {
```

```
    Point start = new Point(2,3);
    Point end = new Point(3,4);
    Line line = new Line(start, end);
    System.out.println(line.length());
}
```

这也很简单。我们再说明一下内存布局，line 的两个实例成员都是引用类型，引用实际的 point，整体内存布局如图 3-1 所示。

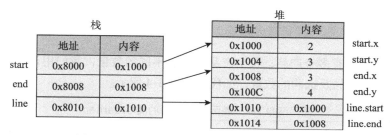

图 3-1　图形类 Point 和 Line 对象的内存布局

start、end、line 三个引用型变量分配在栈中，保存的是实际内容的地址，实际内容保存在堆中，line 的两个实例变量 line.start 和 line.end 还是引用，同样保存的是实际内容的地址。

3.2.3　用类描述电商概念

接下来，我们用类来描述一下电商系统中的一些基本概念，电商系统中最基本的有产品、用户和订单。

1）产品：有产品唯一 id、名称、描述、图片、价格等属性。

2）用户：有用户名、密码等属性。

3）订单：有订单号、下单用户、选购产品列表及数量、下单时间、收货人、收货地址、联系电话、订单状态等属性。

当然，实际情况可能非常复杂，这是一个非常简化的描述。

产品类 Product 如代码清单 3-3 所示。

代码清单3-3　表示产品的类Product

```
public class Product {
    //唯一id
    private String id;
    //产品名称
    private String name;
    //产品图片链接
    private String pictureUrl;
    //产品描述
    private String description;
    //产品价格
```

```
    private double price;
}
```

我们省略了类的构造方法，以及属性的 getter/setter 方法，下面大部分示例代码也都会省略。

这是用户类 User 的代码：

```
public class User {
    private String name;
    private String password;
}
```

一个订单可能会有多个产品，每个产品可能有不同的数量，我们用订单条目 OrderItem 这个类来描述单个产品及选购的数量，如代码清单 3-4 所示。

代码清单3-4　表示订单条目的类OrderItem

```
public class OrderItem {
    //购买产品
    private Product product;
    //购买数量
    private int quantity;
    public OrderItem(Product product, int quantity) {
        this.product = product;
        this.quantity = quantity;
    }
    public double computePrice(){
        return product.getPrice()*quantity;
    }
}
```

OrderItem 引用了产品类 Product，我们定义了一个构造方法，以及计算该订单条目价格的方法。

订单类 Order 如代码清单 3-5 所示。

代码清单3-5　表示订单的类Order

```
public class Order {
    //订单号
    private String id;
    //购买用户
    private User user;
    //购买产品列表及数量
    private OrderItem[] items;
    //下单时间
    private Date createtime;
    //收货人
    private String  receiver;
    //收货地址
    private String address;
```

```
    //联系电话
    private String phone;
    //订单状态
    private String status;
    public double computeTotalPrice(){
        double totalPrice = 0;
        if(items!=null){
            for(OrderItem item : items){
                totalPrice+=item.computePrice();
            }
        }
        return totalPrice;
    }
}
```

Order 类引用了用户类 User，以及一个订单条目的数组 OrderItem，它定义了一个计算总价的方法。这里用一个 String 类表示状态 status，更合适的应该是枚举类型，枚举我们第 5 章再介绍。

以上类定义是非常简化的，但是大致演示了将现实概念映射为类以及类组合的过程，这个过程大概就是，**想想现实问题有哪些概念，这些概念有哪些属性、哪些行为，概念之间有什么关系，然后定义类、定义属性、定义方法、定义类之间的关系。概念的属性和行为可能是非常多的，但定义的类只需要包括那些与现实问题相关的就行了。**

3.2.4 用类描述人之间的血缘关系

上面介绍的图形类和电商类只会引用别的类，但**一个类定义中还可以引用它自己**，比如我们要描述人以及人之间的血缘关系。我们用类 Person 表示一个人，它的实例成员包括其父亲、母亲、和孩子，这些成员也都是 Person 类型，如代码清单 3-6 所示。

代码清单3-6　表示人的类Person

```
public class Person {
    //姓名
    private String name;
    //父亲
    private Person father;
    //母亲
    private Person mother;
    //孩子数组
    private Person[] children;
    public Person(String name) {
        this.name = name;
    }
}
```

这里同样省略了 setter/getter 方法。对初学者，初看起来这是比较难以理解的，有点类似于函数调用中的递归调用，这里面的关键点是，**实例变量不需要一开始就有值。**我们来看下如何使用：

```
public static void main(String[] args){
    Person laoma = new Person("老马");
    Person xiaoma = new Person("小马");
    xiaoma.setFather(laoma);
    laoma.setChildren(new Person[]{xiaoma});
    System.out.println(xiaoma.getFather().getName());
}
```

这段代码先创建了老马（laoma），然后创建了小马（xiaoma），接着调用 xiaoma 的 set-Father 方法和 laoma 的 setChildren 方法设置了父子关系，Person 类对象的内存布局如图 3-2 所示。

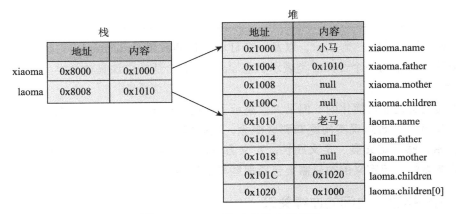

图 3-2　Person 类对象的内存布局

3.2.5　目录和文件

接下来，我们介绍两个类 MyFile 和 MyFolder，分别表示文件管理中的两个概念：文件和文件夹。文件和文件夹都有名称、创建时间、父文件夹，根文件夹没有父文件夹，文件夹还有文件列表和子文件夹列表。文件类 MyFile 如代码清单 3-7 所示。

代码清单3-7　文件类MyFile

```
public class MyFile {
    //文件名称
    private String name;
    //创建时间
    private Date createtime;
    //文件大小
    private int size;
    //上级目录
    private MyFolder parent;
    //其他方法……
    public int getSize() {
        return size;
    }
```

```
    }
}
```

文件夹类 MyFolder 如代码清单 3-8 所示。

代码清单3-8　文件夹类MyFolder

```
public class MyFolder {
    //文件夹名称
    private String name;
    //创建时间
    private Date createtime;
    //上级文件夹
    private MyFolder parent;
    //包含的文件
    private MyFile[] files;
    //包含的子文件夹
    private MyFolder[] subFolders;
    public int totalSize(){
        int totalSize = 0;
        if(files!=null){
            for(MyFile file : files){
                totalSize+=file.getSize();
            }
        }
        if(subFolders!=null){
            for(MyFolder folder : subFolders){
                totalSize+=folder.totalSize();
            }
        }
        return totalSize;
    }
    //其他方法……
}
```

MyFile 和 MyFolder 都省略了构造方法、settter/getter 方法，以及关于父子关系维护的代码，主要演示实例变量间的组合关系。**两个类之间可以互相引用，MyFile 引用了 MyFolder，而 MyFolder 也引用了 MyFile**，这是没有问题的。因为正如之前所说，这些属性不需要一开始就设置，也不是必须设置的。另外，演示了一个递归方法 totalSize()，返回当前文件夹下所有文件的大小，这是使用递归函数的一个很好的场景。

3.2.6　一些说明

类中应该定义哪些变量和方法，这是与要解决的问题密切相关的，本节中并没有特别强调问题是什么，定义的属性和方法主要用于演示基本概念，实际应用中应该根据具体问题进行调整。

类中实例变量的类型可以是当前定义的类型，两个类之间可以互相引用，这些初听起来可能难以理解，但现实世界就是这样的，创建对象的时候这些值不需要一开始就有，也可以没有，所以是没有问题的。

类之间的组合关系在 Java 中实现的都是引用，但在逻辑关系上，有两种明显不同的关系，一种是包含，另一种是单纯引用。比如，在订单类 Order 中，Order 与 User 的关系就是单纯引用，User 是独立存在的；而 Order 与 OrderItem 的关系就是包含，OrderItem 总是从属于某一个 Order。

3.2.7　小结

对初学编程的人来说，不清楚如何用程序概念表示现实问题，本节通过一些简化的例子来解释如何将现实中的概念映射为程序中的类。

分解现实问题中涉及的概念以及概念间的关系，将概念表示为多个类，通过类之间的组合来表达更为复杂的概念以及概念间的关系，是计算机程序的一种基本思维方式。

正所谓，道生一，一生二，二生三，三生万物，如果将二进制表示和运算看作一，将基本数据类型看作二，基本数据类型形成的类看作三，那么，类的组合以及下章介绍的继承则使得三生万物。

3.3　代码的组织机制

使用任何语言进行编程都有一个类似的问题，那就是如何组织代码。具体来说，如何避免命名冲突？如何合理组织各种源文件？如何使用第三方库？各种代码和依赖库如何编译链接为一个完整的程序？本节就来讨论 Java 中的解决机制，具体包括包、jar 包、程序的编译与链接等。

3.3.1　包的概念

使用任何语言进行编程都有一个相同的问题，就是**命名冲突**。程序一般不全是一个人写的，会调用系统提供的代码、第三方库中的代码、项目中其他人写的代码等，不同的人就不同的目的可能定义同样的类名 / 接口名，Java 中解决这个问题的主要方法就是**包**。

即使代码都是一个人写的，将多个关系不太大的类和接口都放在一起，也不便于理解和维护，Java 中组织类和接口的方式也是包。

包是一个比较容易理解的概念，类似于计算机中的文件夹，正如我们在计算机中管理文件，文件放在文件夹中一样，类和接口放在包中，为便于组织，文件夹一般是一个层次结构，包也类似。

包有包名，这个名称以点号（.）分隔表示层次结构。比如，我们之前常用的 String 类就位于包 java.lang 下，其中 java 是上层包名，lang 是下层包名。带完整包名的类名称为其**完全限定名**，比如 String 类的完全限定名为 java.lang.String。Java API 中所有的类和接口都位于包 java 或 javax 下，java 是标准包，javax 是扩展包。

接下来，我们讨论包的细节，包括包的声明、使用和包范围可见性。

1. 声明类所在的包

我们之前定义类的时候没有定义其所在的包，默认情况下，类位于默认包下，使用默认包是不建议的，我们使用默认包只是简单起见。

定义类的时候，应该先使用关键字 package 声明其包名，如下所示：

```
package shuo.laoma;
public class Hello {
    //类的定义
}
```

以上声明类 Hello 的包名为 shuo.laoma，包声明语句应该位于源代码的最前面，前面不能有注释外的其他语句。

包名和文件目录结构必须匹配，如果源文件的根目录为 E:\src\，则上面的 Hello 类对应的文件 Hello.java，其全路径就应该是 E:\src\shuo\laoma\Hello.java。如果不匹配，Java 会提示编译错误。

为避免命名冲突，Java 中命名包名的一个惯例是使用域名作为前缀，因为域名是唯一的，一般按照域名的反序来定义包名，比如，域名是 apache.org，包名就以 org.apache 开头。

没有域名的也没关系，使用一个其他代码不太会用的包名即可，比如本节使用的 shuo.laoma。如果代码需要公开给其他人用，最好有一个域名以确保唯一性，如果只是内部使用，则确保内部没有其他代码使用该包名即可。

除了避免命名冲突，包也是一种方便组织代码的机制。一般而言，同一个项目下的所有代码都有一个相同的包前缀，这个前缀是唯一的，不会与其他代码重名，在项目内部，根据不同目的再细分为子包，子包可能又会分为下一级子包，形成层次结构，内部实现一般位于比较底层的包。

包可以方便模块化开发，不同功能可以位于不同包内，不同开发人员负责不同的包。包也可以方便封装，供外部使用的类可以放在包的上层，而内部的实现细节则可以放在比较底层的子包内。

2. 通过包使用类

同一个包下的类之间互相引用是不需要包名的，可以直接使用。但如果类不在同一个包内，则必须要知道其所在的包。使用有两种方式：一种是通过类的完全限定名；另外一种是将用到的类引入当前类。只有一个例外，java.lang 包下的类可以直接使用，不需要引入，也不需要使用完全限定名，比如 String 类、System 类，其他包内的类则不行。

看个例子，使用 Arrays 类中的 sort 方法，通过完全限定名可以这样使用：

```
int[] arr = new int[]{1,4,2,3};
java.util.Arrays.sort(arr);
```

```
System.out.println(java.util.Arrays.toString(arr));
```

显然，这样比较烦琐，另外一种就是将该类引入当前类。引入的关键字是 import，import 需要放在 package 定义之后，类定义之前，如下所示：

```
package shuo.laoma;
import java.util.Arrays;
public class Hello {
    public static void main(String[] args) {
        int[] arr = new int[]{1,4,2,3};
        Arrays.sort(arr);
        System.out.println(Arrays.toString(arr));
    }
}
```

做 import 操作时，可以一次将某个包下的所有类引入，语法是使用 . *，比如，将 java.util 包下的所有类引入，语法是：import java.util.*。需要注意的是，这个引入不能递归，它只会引入 java.util 包下的直接类，而不会引入 java.util 下嵌套包内的类，比如，不会引入包 java.util.zip 下面的类。试图嵌套引入的形式也是无效的，如 import java.util.*.*。

在一个类内，对其他类的引用必须是唯一确定的，不能有重名的类，如果有，则通过 import 只能引入其中的一个类，其他同名的类则必须要使用完全限定名。

引入类是一个比较烦琐的工作，不过，大多数 Java 开发环境都提供工具自动做这件事。比如，在 Eclipse 中，通过执行 Source → Organize Imports 命令或按对应的快捷键 Ctrl+Shift+O 就可以自动管理引用的类。

有一种特殊类型的导入，称为静态导入，它有一个 static 关键字，可以直接导入类的公开静态方法和成员。看个例子：

```
import java.util.Arrays;
import static java.util.Arrays.*; //静态导入Arrays中的所有静态方法
import static java.lang.System.out; //导入静态变量out
public class Hello {
    public static void main(String[] args) {
        int[] arr = new int[]{1,4,2,3};
        sort(arr);   //可以直接使用Arrays中的sort方法
        out.println(Arrays.toString(arr)); //可以直接使用out变量
    }
}
```

静态导入不应过度使用，否则难以区分访问的是哪个类的代码。

3. 包范围可见性

前面章节我们介绍过，对于类、变量和方法，都可以有一个可见性修饰符 public/private，我们还提到，可以不写修饰符。如果什么修饰符都不写，它的可见性范围就是同一个包内，同一个包内的其他类可以访问，而其他包内的类则不可以访问。

需要说明的是，同一个包指的是同一个直接包，子包下的类并不能访问。比如，类

shuo.laoma.Hello 和 shuo.laoma.inner.Test，其所在的包 shuo.laoma 和 shuo.laoma.inner 是两个完全独立的包，并没有逻辑上的联系，Hello 类和 Test 类不能互相访问对方的包可见性方法和属性。

除了 public 和 private 修饰符，还有一个与继承有关的修饰符 protected。关于 protected 的细节我们下章介绍，这里需要说明的是，**protected 可见性包括包可见性**，也就是说，声明为 protected 不仅表明子类可以访问，还表明同一个包内的其他类可以访问，即使这些类不是子类也可以。

总结来说，可见性范围从小到大是：private < 默认（包）< protected < public。

3.3.2　jar 包

为方便使用第三方代码，也为了方便我们写的代码给其他人使用，各种程序语言大多有打包的概念，打包的一般不是源代码，而是编译后的代码。打包将多个编译后的文件打包为一个文件，方便其他程序调用。

在 Java 中，编译后的一个或多个包的 Java class 文件可以打包为一个文件，Java 中打包命令为 jar，打包后的文件扩展名为 .jar，一般称之为 jar 包。

可以使用如下方式打包，首先到编译后的 java class 文件根目录，然后运行如下命令：

```
jar -cvf <包名>.jar <最上层包名>
```

比如，对前面介绍的类打包，如果 Hello.class 位于 E:\bin\shuo\laoma\Hello.class，则可以到目录 E:\bin 下，然后运行：

```
jar -cvf hello.jar shuo
```

hello.jar 就是 jar 包，jar 包其实就是一个压缩文件，可以使用解压缩工具打开。

Java 类库、第三方类库都是以 jar 包形式提供的。如何使用 jar 包呢？将其加入**类路径**（classpath）中即可。类路径是什么呢？我们下面来看。

3.3.3　程序的编译与链接

从 Java 源代码到运行的程序，有编译和链接两个步骤。编译是将源代码文件变成扩展名是 .class 的一种字节码，这个工作一般是由 javac 命令完成的。链接是在运行时动态执行的，.class 文件不能直接运行，运行的是 Java 虚拟机，虚拟机听起来比较抽象，执行的就是 Java 命令，这个命令解析 .class 文件，转换为机器能识别的二进制代码，然后运行。所谓链接就是根据引用到的类加载相应的字节码并执行。

Java 编译和运行时，都需要以参数指定一个 classpath，即类路径。类路径可以有多个，对于直接的 class 文件，路径是 class 文件的根目录；对于 jar 包，路径是 jar 包的完整名称（包括路径和 jar 包名）。在 Windows 系统中，多个路径用分号 " ; " 分隔；在其他系统中，以冒号 " : " 分隔。

在 Java 源代码编译时，Java 编译器会确定引用的每个类的完全限定名，确定的方式是根据 import 语句和 classpath。如果导入的是完全限定类名，则可以直接比较并确定。如果是模糊导入（import 带 .*)，则根据 classpath 找对应父包，再在父包下寻找是否有对应的类。如果多个模糊导入的包下都有同样的类名，则 Java 会提示编译错误，此时应该明确指定导入哪个类。

Java 运行时，会根据类的完全限定名寻找并加载类，寻找的方式就是在类路径中寻找，如果是 class 文件的根目录，则直接查看是否有对应的子目录及文件，如果是 jar 文件，则首先在内存中解压文件，然后再查看是否有对应的类。

总结来说，**import 是编译时概念，用于确定完全限定名，在运行时，只根据完全限定名寻找并加载类**，编译和运行时都依赖类路径，类路径中的 jar 文件会被解压缩用于寻找和加载类。

3.3.4 小结

本节介绍了 Java 中代码组织的机制、包和 jar 包，以及程序的编译和链接。将类和接口放在合适的具有层次结构的包内，避免命名冲突，代码可以更为清晰，便于实现封装和模块化开发；通过 jar 包使用第三方代码，将自身代码打包为 jar 包供其他程序使用。这些都是解决复杂问题所必需的。

在 Java 9 中，清晰地引入了**模块**的概念，JDK 和 JRE 都按模块化进行了重构，传统的组织机制依然是支持的，但新的应用可以使用模块。一个应用可由多个模块组成，一个模块可由多个包组成。模块之间可以有一定的依赖关系，一个模块可以导出包给其他模块用，可以提供服务给其他模块用，也可以使用其他模块提供的包，调用其他模块提供的服务。对于复杂的应用，模块化有很多好处，比如更强的封装、更为可靠的配置、更为松散的耦合、更动态灵活等。模块是一个很大的主题，限于篇幅，我们就不详细介绍了。

至此，关于类的基础知识就介绍完了。类之间除了组合关系，还有一种非常重要的关系，那就是继承，我们下章来探讨。

第 4 章 Chapter 4

类 的 继 承

上一章，我们谈到了如何将现实中的概念映射为程序中的概念，我们谈了类以及类之间的组合，现实中的概念间还有一种非常重要的关系，就是**分类**。分类有个根，然后向下不断细化，形成一个层次分类体系，这种例子是非常多的。

1）在自然世界中，生物有动物和植物，动物有不同的科目，食肉动物、食草动物、杂食动物等，食肉动物有狼、豹、虎等，这些又细分为不同的种类。

2）打开电商网站，在显著位置一般都有分类列表，比如家用电器、服装，服装有女装、男装，男装有衬衫、牛仔裤等。

计算机程序经常使用类之间的**继承**关系来表示对象之间的分类关系。在继承关系中，有**父类和子类**，比如动物类 Animal 和狗类 Dog，Animal 是父类，Dog 是子类。父类也叫**基类**，子类也叫**派生类**。父类、子类是相对的，一个类 B 可能是类 A 的子类，但又是类 C 的父类。

之所以叫继承，是因为子类继承了父类的属性和行为，父类有的属性和行为子类都有。但子类可以增加子类特有的属性和行为，某些父类有的行为，子类的实现方式可能与父类也不完全一样。

使用继承一方面可以复用代码，公共的属性和行为可以放到父类中，而子类只需要关注子类特有的就可以了；另一方面，不同子类的对象可以更为方便地被统一处理。

本章详细介绍继承。我们先介绍继承的基本概念，然后详述继承的一些细节，理解了继承的用法之后，我们探讨继承实现的基本原理，最后讨论继承的注意事项，解释为什么说继承是把双刃剑，以及如何正确地使用继承。

4.1 基本概念

本节介绍 Java 中继承的基本概念，在 Java 中，所有类都有一个父类 Object，我们先来看这个类，然后主要通过图形处理中的一些简单例子来介绍继承的基本概念。

4.1.1 根父类 Object

在 Java 中，即使没有声明父类，也有一个隐含的父类，这个父类叫 Object。Object 没有定义属性，但定义了一些方法，如图 4-1 所示。

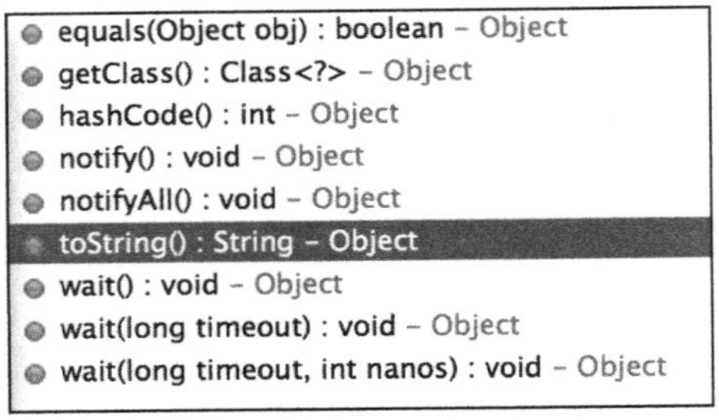

本节我们会介绍 toString() 方法，其他方法我们会在后续章节中逐步介绍。toString() 方法的目的是返回一个对象的文本描述，这个方法可以直接被所有类使用。

```
equals(Object obj) : boolean – Object
getClass() : Class<?> – Object
hashCode() : int – Object
notify() : void – Object
notifyAll() : void – Object
toString() : String – Object
wait() : void – Object
wait(long timeout) : void – Object
wait(long timeout, int nanos) : void – Object
```

图 4-1 类 Object 中的方法

比如，对于我们上一章介绍的 Point 类，可以这样使用 toString 方法：

```
Point p = new Point(2,3);
System.out.println(p.toString());
```

输出类似这样：

```
Point@76f9aa66
```

这是什么意思呢？ @ 之前是类名，@ 之后的内容是什么呢？我们来看下 toString() 方法的代码：

```
public String toString() {
    return getClass().getName() + "@" + Integer.toHexString(hashCode());
}
```

getClass().getName() 返回当前对象的类名，hashCode() 返回一个对象的哈希值，哈希我们会在后续章节进一步介绍，这里可以理解为是一个整数，这个整数默认情况下，通常是对象的内存地址值，Integer.toHexString(hashCode()) 返回这个哈希值的十六进制表示。

为什么要这么写呢？写类名是可以理解的，表示对象的类型，而写哈希值则是不得已的，因为 Object 类并不知道具体对象的属性，不知道怎么用文本描述，但又需要区分不同对象，只能是写一个哈希值。

但子类是知道自己的属性的，子类可以**重写**父类的方法，以反映自己的不同实现。所谓重写，就是定义和父类一样的方法，并重新实现。

4.1.2 方法重写

上一章，我们介绍了一些图形处理类，其中有 Point 类，这次我们重写其 toString() 方法，如代码清单 4-1 所示。

代码清单4-1 Point类：重写toString()方法

```
public class Point {
```

```
        private int x;
        private int y;
        public Point(int x, int y) {
            this.x = x;
            this.y = y;
        }
        public double distance(Point point){
            return Math.sqrt(Math.pow(this.x-point.getX(),2)
                    +Math.pow(this.y-point.getY(), 2));
        }
        public int getX() {
            return x;
        }
        public int getY() {
            return y;
        }
        @Override
        public String toString() {
            return "("+x+","+y+")";
        }
    }
```

toString() 方法前面有一个 @Override，这表示 toString() 这个方法是重写的父类的方法，重写后的方法返回 Point 的 x 和 y 坐标的值。重写后，将调用子类的实现。比如，如下代码的输出就变成了 (2,3)。

```
Point p = new Point(2,3);
System.out.println(p.toString());
```

4.1.3　图形类继承体系

接下来，我们以一些图形处理中的例子来进一步解释。先来看一些图形的例子，如图 4-2 所示。

这都是一些基本的图形，图形有线、正方形、三角形、圆形等，图形有不同的颜色。接下来，我们定义以下类来说明关于继承的一些概念：

❏ 父类 Shape，表示图形。

❏ 类 Circle，表示圆。

❏ 类 Line，表示直线。

❏ 类 ArrowLine，表示带箭头的直线。

1. 图形

所有图形（Shape）都有一个表示颜色的属性，有一个表示绘制的方法，如代码清单 4-2 所示。

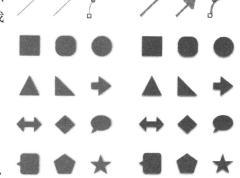

图 4-2　一些图形的例子

代码清单4-2　类Shape

```java
public class Shape {
    private static final String DEFAULT_COLOR = "black";
    private String color;
    public Shape() {
        this(DEFAULT_COLOR);
    }
    public Shape(String color) {
        this.color = color;
    }
    public String getColor() {
        return color;
    }
    public void setColor(String color) {
        this.color = color;
    }
    public void draw(){
        System.out.println("draw shape");
    }
}
```

以上代码非常简单，实例变量 color 表示颜色，draw 方法表示绘制，我们没有写实际的绘制代码，主要是演示继承关系。

2. 圆

圆（Circle）继承自 Shape，但包括了额外的属性：中心点和半径，以及额外的方法 area，用于计算面积，另外，重写了 draw 方法，如代码清单 4-3 所示。

代码清单4-3　类Circle

```java
public class Circle extends Shape {
    //中心点
    private Point center;
    //半径
    private double r;
    public Circle(Point center, double r) {
        this.center = center;
        this.r = r;
    }
    @Override
    public void draw() {
        System.out.println("draw circle at " +center.toString()+" with r "+r
                +", using color : "+getColor());
    }
    public double area(){
        return Math.PI*r*r;
    }
}
```

说明：

1）Java 使用 extends 关键字表示继承关系，一个类最多只能有一个父类；

2）子类不能直接访问父类的私有属性和方法。比如，在 Circle 中，不能直接访问 Shape 的私有实例变量 color；

3）除了私有的外，子类继承了父类的其他属性和方法。比如，在 Circle 的 draw 方法中，可以直接调用 getColor() 方法。

使用它的代码如下：

```java
public static void main(String[] args) {
    Point center = new Point(2,3);
    //创建圆，赋值给circle
    Circle circle = new Circle(center,2);
    //调用draw方法，会执行Circle的draw方法
    circle.draw();
    //输出圆面积
    System.out.println(circle.area());
}
```

程序的输出为：

```
draw circle at (2,3) with r 2.0, using color : black
12.566370614359172
```

这里比较奇怪的是，color 是什么时候赋值的？在 new 的过程中，父类的构造方法也会执行，且会优先于子类执行。在这个例子中，父类 Shape 的默认构造方法会在子类 Circle 的构造方法之前执行。关于 new 过程的细节，我们会在 4.3 节进一步介绍。

3. 直线

线（Line）继承自 Shape，但有两个点，以及一个获取长度的方法，并重写了 draw 方法，如代码清单 4-4 所示。

代码清单4-4 类Line

```java
public class Line extends Shape {
    private Point start;
    private Point end;
    public Line(Point start, Point end, String color) {
        super(color);
        this.start = start;
        this.end = end;
    }
    public double length(){
        return start.distance(end);
    }
    public Point getStart() {
        return start;
    }
    public Point getEnd() {
```

```
        return end;
    }
    @Override
    public void draw() {
        System.out.println("draw line from "
                + start.toString()+" to "+end.toString()
                + ",using color "+super.getColor());
    }
}
```

这里我们要说明的是 super 这个关键字，super 用于指代父类，可用于调用父类构造方法，访问父类方法和变量。

1）在 Line 构造方法中，super(color) 表示调用父类的带 color 参数的构造方法。调用父类构造方法时，super 必须放在第一行。

2）在 draw 方法中，super.getColor() 表示调用父类的 getColor 方法，当然不写 super.也是可以的，因为这个方法子类没有同名的，没有歧义，当有歧义的时候，通过 super. 可以明确表示调用父类的方法。

3）super 同样可以引用父类非私有的变量。

可以看出，super 的使用与 this 有点像，但 super 和 this 是不同的，this 引用一个对象，是实实在在存在的，可以作为函数参数，可以作为返回值，但 super 只是一个关键字，不能作为参数和返回值，它只是用于告诉编译器访问父类的相关变量和方法。

4. 带箭头直线

带箭头直线（ArrowLine）继承自 Line，但多了两个属性，分别表示两端是否有箭头，也重写了 draw 方法，如代码清单 4-5 所示。

代码清单4-5　类ArrowLine

```
public class ArrowLine extends Line {
    private boolean startArrow;
    private boolean endArrow;
    public ArrowLine(Point start, Point end, String color,
            boolean startArrow, boolean endArrow) {
        super(start, end, color);
        this.startArrow = startArrow;
        this.endArrow = endArrow;
    }
    @Override
    public void draw() {
        super.draw();
        if(startArrow){
            System.out.println("draw start arrow");
        }
        if(endArrow){
            System.out.println("draw end arrow");
        }
```

```
        }
    }
```

ArrowLine 继承自 Line，而 Line 继承自 Shape，ArrowLine 的对象也有 Shape 的属性和方法。注意 draw() 方法的第一行，super.draw() 表示调用父类的 draw() 方法，这时候不带 super. 是不行的，因为当前的方法也叫 draw()。

需要说明的是，这里 ArrowLine 继承了 Line，也可以直接在类 Line 里加上属性，而不需要单独设计一个类 ArrowLine，这里主要是演示继承的层级性。

5. 图形管理器

使用继承的一个好处是可以统一处理不同子类型的对象。比如，我们来看一个图形管理者类，它负责管理画板上的所有图形对象并负责绘制，在绘制代码中，只需要将每个对象当作 Shape 并调用 draw 方法就可以了，系统会自动执行子类的 draw 方法。如代码清单 4-6 所示。

代码清单4-6　图形管理器类ShapeManager

```java
public class ShapeManager {
    private static final int MAX_NUM = 100;
    private Shape[] shapes = new Shape[MAX_NUM];
    private int shapeNum = 0;
    public void addShape(Shape shape){
        if(shapeNum<MAX_NUM){
            shapes[shapeNum++] = shape;
        }
    }
    public void draw(){
        for(int i=0; i<shapeNum; i++){
            shapes[i].draw();
        }
    }
}
```

ShapeManager 使用一个数组保存所有的 shape，在 draw 方法中调用每个 shape 的 draw 方法。ShapeManager 并不知道每个 shape 具体的类型，也不关心，但可以调用到子类的 draw 方法。

我们来看下使用 ShapeManager 的一个例子：

```java
public static void main(String[] args) {
    ShapeManager manager = new ShapeManager();
    manager.addShape(new Circle(new Point(4,4),3));
    manager.addShape(new Line(new Point(2,3), new Point(3,4),"green"));
    manager.addShape(new ArrowLine(new Point(1,2),
                    new Point(5,5),"black",false,true));
    manager.draw();
}
```

新建了三个 shape，分别是一个圆、直线和带箭头的线，然后加到了 shape manager 中，然后调用 manager 的 draw 方法。

需要说明的是，在 addShape 方法中，参数 Shape shape，声明的类型是 Shape，而实际的类型则分别是 Circle、Line 和 ArrowLine。子类对象赋值给父类引用变量，这叫**向上转型**，转型就是转换类型，向上转型就是转换为父类类型。

变量 shape 可以引用任何 Shape 子类类型的对象，这叫**多态，即一种类型的变量，可引用多种实际类型对象**。这样，对于变量 shape，它就有两个类型：类型 Shape，我们称之为 shape 的**静态类型**；类型 Circle/Line/ArrowLine，我们称之为 shape 的**动态类型**。在 ShapeManager 的 draw 方法中，shapes[i].draw() 调用的是其对应动态类型的 draw 方法，这称之为方法的**动态绑定**。

为什么要有多态和动态绑定呢？创建对象的代码（ShapeManager 以外的代码）和操作对象的代码（ShapeManager 本身的代码），经常不在一起，操作对象的代码往往只知道对象是某种父类型，也往往只需要知道它是某种父类型就可以了。

可以说，多态和动态绑定是计算机程序的一种重要思维方式，使得操作对象的程序不需要关注对象的实际类型，从而可以统一处理不同对象，但又能实现每个对象的特有行为。在 4.3 节，我们会进一步介绍动态绑定的实现原理。

4.1.4 小结

本节介绍了继承和多态的基本概念。

1）每个类有且只有一个父类，没有声明父类的，其父类为 Object，子类继承了父类非 private 的属性和方法，可以增加自己的属性和方法，以及重写父类的方法实现。

2）new 过程中，父类先进行初始化，可通过 super 调用父类相应的构造方法，没有使用 super 的情况下，调用父类的默认构造方法。

3）子类变量和方法与父类重名的情况下，可通过 super 强制访问父类的变量和方法。

4）子类对象可以赋值给父类引用变量，这叫多态；实际执行调用的是子类实现，这叫动态绑定。

继承和多态的基本概念是比较简单的，子类继承父类，自动拥有父类的属性和行为，并可扩展属性和行为，同时，可重写父类的方法以修改行为。但关于继承，还有很多细节，我们下一节继续讨论。

4.2 继承的细节

本节探讨继续的一些细节，具体包括：

❑ 构造方法；

❑ 重名与静态绑定；

❑ 重载和重写；

❑ 父子类型转换；

❑ 继承访问权限（protected）；

❑ 可见性重写；

❑ 防止继承（final）。

下面我们逐个介绍。

4.2.1 构造方法

前面我们说过，子类可以通过 super 调用父类的构造方法，如果子类没有通过 super 调用，则会自动调动父类的默认构造方法，那如果父类没有默认构造方法呢？如下所示：

```
public class Base {
    private String member;
    public Base(String member){
        this.member = member;
    }
}
```

这个类只有一个带参数的构造方法，没有默认构造方法。这个时候，它的任何子类都必须在构造方法中通过 super 调用 Base 的带参数构造方法，如下所示，否则，Java 会提示编译错误。

```
public class Child extends Base {
    public Child(String member) {
        super(member);
    }
}
```

另外需要注意的是，如果在父类构造方法中调用了可被重写的方法，则可能会出现意想不到的结果。我们来看个例子，下面是基类代码：

```
public class Base {
    public Base(){
        test();
    }
    public void test(){
    }
}
```

构造方法调用了 test() 方法。这是子类代码：

```
public class Child extends Base {
    private int a = 123;
    public Child(){
    }
    public void test(){
        System.out.println(a);
```

```
    }
}
```

子类有一个实例变量 a，初始赋值为 123，重写了 test() 方法，输出 a 的值。看下使用的代码：

```
public static void main(String[] args){
    Child c = new Child();
    c.test();
}
```

输出结果是：

```
0
123
```

第一次输出为 0，第二次输出为 123。第一行为什么是 0 呢？第一次输出是在 new 过程中输出的，在 new 过程中，首先是初始化父类，父类构造方法调用 test() 方法，test() 方法被子类重写了，就会调用子类的 test() 方法，子类方法访问子类实例变量 a，而这个时候子类的实例变量的赋值语句和构造方法还没有执行，所以输出的是其默认值 0。

像这样，在父类构造方法中调用可被子类重写的方法，是一种不好的实践，容易引起混淆，应该只调用 private 的方法。

4.2.2 重名与静态绑定

4.1 节我们提到，子类可以重写父类非 private 的方法，当调用的时候，会动态绑定，执行子类的方法。那实例变量、静态方法和静态变量呢？它们可以重名吗？如果重名，访问的是哪一个呢？

重名是可以的，重名后实际上有两个变量或方法。private 变量和方法只能在类内访问，访问的也永远是当前类的，即：在子类中访问的是子类的；在父类中访问的是父类的，它们只是碰巧名字一样而已，没有任何关系。

public 变量和方法，则要看如何访问它。在类内，访问的是当前类的，但子类可以通过 super. 明确指定访问父类的。在类外，则要看访问变量的静态类型：静态类型是父类，则访问父类的变量和方法；静态类型是子类，则访问的是子类的变量和方法。我们来看个例子，这是基类代码：

```
public class Base {
    public static String s = "static_base";
    public String m = "base";
    public static void staticTest(){
        System.out.println("base static: "+s);
    }
}
```

定义了一个 public 静态变量 s，一个 public 实例变量 m，一个静态方法 staticTest。这是子类代码：

```
public class Child extends Base {
    public static String s = "child_base";
    public String m = "child";
    public static void staticTest(){
        System.out.println("child static: "+s);
    }
}
```

子类定义了和父类重名的变量和方法。对于一个子类对象，它就有了两份变量和方法，在子类内部访问的时候，访问的是子类的，或者说，子类变量和方法隐藏了父类对应的变量和方法，下面看一下外部访问的代码：

```
public static void main(String[] args) {
    Child c = new Child();
    Base b = c;
    System.out.println(b.s);
    System.out.println(b.m);
    b.staticTest();
    System.out.println(c.s);
    System.out.println(c.m);
    c.staticTest();
}
```

以上代码创建了一个子类对象，然后将对象分别赋值给了子类引用变量 c 和父类引用变量 b，然后通过 b 和 c 分别引用变量和方法。这里需要说明的是，静态变量和静态方法一般通过类名直接访问，但也可以通过类的对象访问。程序输出为：

```
static_base
base
base static: static_base
child_base
child
child static: child_base
```

当通过 b（静态类型 Base）访问时，访问的是 Base 的变量和方法，当通过 c（静态类型 Child）访问时，访问的是 Child 的变量和方法，这称之为**静态绑定**，即访问绑定到变量的静态类型。静态绑定在程序编译阶段即可决定，而动态绑定则要等到程序运行时。**实例变量、静态变量、静态方法、private 方法，都是静态绑定的**。

4.2.3　重载和重写

重载是指方法名称相同但参数签名不同（参数个数、类型或顺序不同），重写是指子类重写与父类相同参数签名的方法。对一个函数调用而言，可能有多个匹配的方法，有时候选择哪一个并不是那么明显。我们来看个例子，这是基类代码：

```
public class Base {
```

```java
    public int sum(int a, int b){
        System.out.println("base_int_int");
        return a+b;
    }
}
```

它定义了方法 sum，下面是子类代码：

```java
public class Child extends Base {
    public long sum(long a, long b){
        System.out.println("child_long_long");
        return a+b;
    }
}
```

以下是调用的代码：

```java
public static void main(String[] args){
    Child c = new Child();
    int a = 2;
    int b = 3;
    c.sum(a, b);
}
```

Child 和 Base 都定义了 sum 方法，这里调用的是哪个 sum 方法呢？子类的 sum 方法参数类型虽然不完全匹配但是是兼容的，父类的 sum 方法参数类型是完全匹配的。程序输出为：

```
base_int_int
```

父类类型完全匹配的方法被调用了。如果父类代码改成下面这样呢？

```java
public class Base {
    public long sum(int a, long b){
        System.out.println("base_int_long");
        return a+b;
    }
}
```

父类方法类型也不完全匹配了。程序输出为：

```
base_int_long
```

调用的还是父类的方法。父类和子类的两个方法的类型都不完全匹配，为什么调用父类的呢？因为父类的更匹配一些。现在修改一下子类代码，更改为：

```java
public class Child extends Base {
    public long sum(int a, long b){
        System.out.println("child_int_long");
        return a+b;
    }
}
```

程序输出变为了：

```
child_int_long
```

终于调用了子类的方法。可以看出，**当有多个重名函数的时候，在决定要调用哪个函数的过程中，首先是按照参数类型进行匹配的，换句话说，寻找在所有重载版本中最匹配的，然后才看变量的动态类型，进行动态绑定。**

4.2.4　父子类型转换

之前我们说过，子类型的对象可以赋值给父类型的引用变量，这叫向上转型，那父类型的变量可以赋值给子类型的变量吗？或者说可以**向下转型**吗？语法上可以进行强制类型转换，但不一定能转换成功。我们以前面的例子来看：

```
Base b = new Child();
Child c = (Child)b;
```

Child c = (Child)b 就是将变量 b 的类型强制转换为 Child 并赋值为 c，这是没有问题的，因为 b 的动态类型就是 Child，但下面的代码是不行的：

```
Base b = new Base();
Child c = (Child)b;
```

语法上 Java 不会报错，但运行时会抛出错误，错误为类型转换异常。

一个父类的变量能不能转换为一个子类的变量，取决于这个父类变量的动态类型（即引用的对象类型）是不是这个子类或这个子类的子类。

给定一个父类的变量能不能知道它到底是不是某个子类的对象，从而安全地进行类型转换呢？答案是可以，通过 instanceof 关键字，看下面代码：

```
public boolean canCast(Base b){
    return b instanceof Child;
}
```

这个函数返回 Base 类型变量是否可以转换为 Child 类型，instanceof 前面是变量，后面是类，返回值是 boolean 值，表示变量引用的对象是不是该类或其子类的对象。

4.2.5　继承访问权限 protected

变量和函数有 public/private 修饰符，public 表示外部可以访问，private 表示只能内部使用，还有一种可见性介于中间的修饰符 protected，表示虽然不能被外部任意访问，但可被子类访问。另外，protected 还表示可被同一个包中的其他类访问，不管其他类是不是该类的子类。我们来看个例子，这是基类代码：

```
public class Base {
    protected  int currentStep;
    protected void step1(){
    }
    protected void step2(){
```

```
        }
    public void action(){
        this.currentStep = 1;
        step1();
        this.currentStep = 2;
        step2();
    }
}
```

action 表示对外提供的行为，内部有两个步骤 step1() 和 step2()，使用 currentStep 变量表示当前进行到了哪个步骤，step1()、step2() 和 currentStep 是 protected 的，子类一般不重写 action，而只重写 step1 和 step2，同时，子类可以直接访问 currentStep 查看进行到了哪一步。子类的代码是：

```
public class Child extends Base {
    protected void step1(){
        System.out.println("child step " + this.currentStep);
    }
    protected void step2(){
        System.out.println("child step " + this.currentStep);
    }
}
```

使用 Child 的代码是：

```
public static void main(String[] args){
    Child c = new Child();
    c.action();
}
```

输出为：

```
child step 1
child step 2
```

基类定义了表示对外行为的方法 action，并定义了可以被子类重写的两个步骤 step1() 和 step2()，以及被子类查看的变量 currentStep，子类通过重写 protected 方法 step1() 和 step2() 来修改对外的行为。

这种思路和设计是一种设计模式，称之为**模板方法**。action 方法就是一个模板方法，它定义了实现的模板，而具体实现则由子类提供。**模板方法在很多框架中有广泛的应用，这是使用 protected 的一种常见场景。**

4.2.6 可见性重写

重写方法时，一般并不会修改方法的可见性。但我们还是要说明一点，**重写时，子类方法不能降低父类方法的可见性。**不能降低是指，父类如果是 public，则子类也必须是 public，父类如果是 protected，子类可以是 protected，也可以是 public，即子类可以升级父类方法的可见性但不能降低。看个例子，基类代码为：

```
public class Base {
    protected void protect(){
    }
    public void open(){
    }
}
```

子类代码为：

```
public class Child extends Base {
    //以下是不允许的，会有编译错误
    //private void protect(){
    //}
    //以下是不允许的，会有编译错误
    //protected void open(){
    //}
    public void protect(){
    }
}
```

　　为什么要这样规定呢？继承反映的是"is-a"的关系，即子类对象也属于父类，子类必须支持父类所有对外的行为，将可见性降低就会减少子类对外的行为，从而破坏"is-a"的关系，但子类可以增加父类的行为，所以提升可见性是没有问题的。

4.2.7　防止继承 final

　　4.3 节我们会提到，继承是把双刃剑，带来的影响就是，有的时候我们不希望父类方法被子类重写，有的时候甚至不希望类被继承，可以通过 final 关键字实现。final 关键字可以修饰变量，而这是 final 的另一种用法。一个 Java 类，默认情况下都是可以被继承的，但加了 final 关键字之后就不能被继承了，如下所示：

```
public final class Base {
    //主体代码
}
```

　　一个非 final 的类，其中的 public/protected 实例方法默认情况下都是可以被重写的，但加了 final 关键字后就不能被重写了，如下所示：

```
public class Base {
    public final void test(){
        System.out.println("不能被重写");
    }
}
```

　　至此，关于 Java 继承概念一些细节就介绍完了。但还有些重要的地方我们没有讨论，比如，创建子类对象的具体过程？动态绑定是如何实现的？让我们下节来探讨继承实现的基本原理。

4.3　继承实现的基本原理

本节通过一个例子来介绍继承实现的基本原理。需要说明的是，本节主要从概念上来介绍原理，实际实现细节可能与此不同。

4.3.1　示例

基类 Base 如代码清单 4-7 所示。

代码清单4-7　演示继承原理：Base类

```java
public class Base {
    public static int s;
    private int a;
    static {
        System.out.println("基类静态代码块, s: "+s);
        s = 1;
    }
    {
        System.out.println("基类实例代码块, a: "+a);
        a = 1;
    }
    public Base(){
        System.out.println("基类构造方法, a: "+a);
        a = 2;
    }
    protected void step(){
        System.out.println("base s: " + s +", a: "+a);
    }
    public void action(){
        System.out.println("start");
        step();
        System.out.println("end");
    }
}
```

Base 包括一个静态变量 s，一个实例变量 a，一段静态初始化代码块，一段实例初始化代码块，一个构造方法，两个方法 step 和 action。子类 Child 如代码清单 4-8 所示。

代码清单4-8　演示继承原理：Child类

```java
public class Child extends Base {
    public static int s;
    private int a;
    static {
        System.out.println("子类静态代码块, s: "+s);
        s = 10;
    }
    {
        System.out.println("子类实例代码块, a: "+a);
```

```
            a = 10;
        }
        public Child(){
            System.out.println("子类构造方法, a: "+a);
            a = 20;
        }
        protected void step(){
            System.out.println("child s: " + s +", a: "+a);
        }
    }
```

Child 继承了 Base, 也定义了和基类同名的静态变量 s 和实例变量 a, 静态初始化代码块, 实例初始化代码块, 构造方法, 重写了方法 step。使用的例子如代码清单 4-9 所示。

代码清单4-9　演示继承原理: main方法

```
public static void main(String[] args) {
    System.out.println("---- new Child()");
    Child c = new Child();
    System.out.println("\n---- c.action()");
    c.action();
    Base b = c;
    System.out.println("\n---- b.action()");
    b.action();
    System.out.println("\n---- b.s: " + b.s);
    System.out.println("\n---- c.s: " + c.s);
}
```

上面的代码创建了 Child 类型的对象, 赋值给了 Child 类型的引用变量 c, 通过 c 调用 action 方法, 又赋值给了 Base 类型的引用变量 b, 通过 b 也调用了 action, 最后通过 b 和 c 访问静态变量 s 并输出。这是屏幕的输出结果:

```
---- new Child()
基类静态代码块, s: 0
子类静态代码块, s: 0
基类实例代码块, a: 0
基类构造方法, a: 1
子类实例代码块, a: 0
子类构造方法, a: 10

---- c.action()
start
child s: 10, a: 20
end

---- b.action()
start
child s: 10, a: 20
end
```

```
---- b.s: 1

---- c.s: 10
```

下面我们来解释一下背后都发生了一些什么事情，从类的加载开始。

4.3.2 类加载过程

在 Java 中，所谓类的加载是指将类的相关信息加载到内存。在 Java 中，类是动态加载的，当第一次使用这个类的时候才会加载，加载一个类时，会查看其父类是否已加载，如果没有，则会加载其父类。

1）一个类的信息主要包括以下部分：

❑ 类变量（静态变量）；
❑ 类初始化代码；
❑ 类方法（静态方法）；
❑ 实例变量；
❑ 实例初始化代码；
❑ 实例方法；
❑ 父类信息引用。

2）类初始化代码包括：

❑ 定义静态变量时的赋值语句；
❑ 静态初始化代码块。

3）实例初始化代码包括：

❑ 定义实例变量时的赋值语句；
❑ 实例初始化代码块；
❑ 构造方法。

4）类加载过程包括：

❑ 分配内存保存类的信息；
❑ 给类变量赋默认值；
❑ 加载父类；
❑ 设置父子关系；
❑ 执行类初始化代码。

注意，类初始化代码，是先执行父类的，再执行子类的。不过，父类执行时，子类静态变量的值也是有的，是默认值。对于默认值，我们之前说过，数字型变量都是 0，boolean 是 false，char 是 '\u0000'，引用型变量是 null。

之前我们说过，内存分为栈和堆，栈存放函数的局部变量，而堆存放动态分配的对象，还有一个内存区，存放类的信息，这个区在 Java 中称为**方法区**。

加载后，Java 方法区就有了一份这个类的信息。以我们的例子来说，有 3 份类信息，分别是 Child、Base、Object，内存布局如图 4-3 所示。

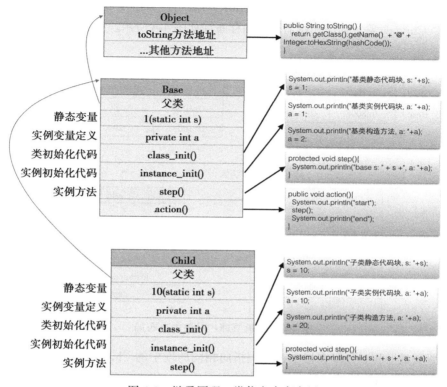

图 4-3 继承原理：类信息内存布局

我们用 class_init() 来表示类初始化代码，用 instance_init() 表示实例初始化代码，实例初始化代码包括了实例初始化代码块和构造方法。例子中只有一个构造方法，实际情况则可能有多个实例初始化方法。

本例中，类的加载大致就是在内存中形成了类似上面的布局，然后分别执行了 Base 和 Child 的类初始化代码。接下来，我们看对象创建的过程。

4.3.3 对象创建的过程

在类加载之后，new Child() 就是创建 Child 对象，创建对象过程包括：

1）分配内存；

2）对所有实例变量赋默认值；

3）执行实例初始化代码。

分配的内存包括本类和所有父类的实例变量，但不包括任何静态变量。实例初始化代码的执行从父类开始，再执行子类的。但在任何类执行初始化代码之前，所有实例变量都已设置完默认值。

每个对象除了保存类的实例变量之外，还保存着实际类信息的引用。

Child c = new Child(); 会将新创建的 Child 对象引用赋给变量 c，而 Base b = c; 会让 b 也引用这个 Child 对象。创建和赋值后，内存布局如图 4-4 所示。

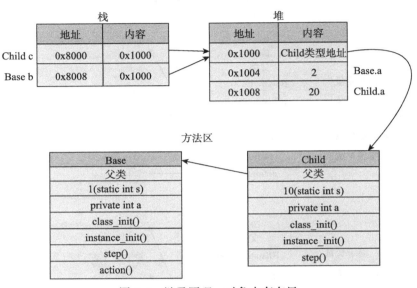

图 4-4　继承原理：对象内存布局

引用型变量 c 和 b 分配在栈中，它们指向相同的堆中的 Child 对象。Child 对象存储着方法区中 Child 类型的地址，还有 Base 中的实例变量 a 和 Child 中的实例变量 a。创建了对象，接下来，来看方法调用的过程。

4.3.4　方法调用的过程

我们先来看 c.action();，这句代码的执行过程：

1）查看 c 的对象类型，找到 Child 类型，在 Child 类型中找 action 方法，发现没有，到父类中寻找；

2）在父类 Base 中找到了方法 action，开始执行 action 方法；

3）action 先输出了 start，然后发现需要调用 step() 方法，就从 Child 类型开始寻找 step() 方法；

4）在 Child 类型中找到了 step() 方法，执行 Child 中的 step() 方法，执行完后返回 action 方法；

5）继续执行 action 方法，输出 end。

寻找要执行的实例方法的时候，是从对象的实际类型信息开始查找的，找不到的时候，再查找父类类型信息。

我们来看 b.action()，这句代码的输出和 c.action() 是一样的，这称为**动态绑定，而动态绑定实现的机制就是根据对象的实际类型查找要执行的方法，子类型中找不到的时候再查找父类**。这里，因为 b 和 c 指向相同的对象，所以执行结果是一样的。

如果继承的层次比较深，要调用的方法位于比较上层的父类，则调用的效率是比较低的，因为每次调用都要进行很多次查找。大多数系统使用一种称为**虚方法表**的方法来优化调用的效率。

所谓虚方法表，就是在类加载的时候为每个类创建一个表，记录该类的对象所有动态绑定的方法（包括父类的方法）及其地址，但一个方法只有一条记录，子类重写了父类方法后只会保留子类的。对于本例来说，Child 和 Base 的虚方法表如图 4-5 所示。

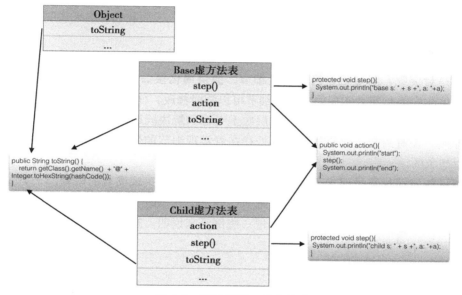

图 4-5　继承原理：虚方法表

对 Child 类型来说，action 方法指向 Base 中的代码，toString 方法指向 Object 中的代码，而 step() 指向本类中的代码。当通过对象动态绑定方法的时候，只需要查找这个表就可以了，而不需要挨个查找每个父类。接下来，我们介绍变量访问的过程。

4.3.5　变量访问的过程

对变量的访问是静态绑定的，无论是类变量还是实例变量。代码中演示的是类变量：b.s 和 c.s，通过对象访问类变量，系统会转换为直接访问类变量 Base.s 和 Child.s。

例子中的实例变量都是 private 的，不能直接访问；如果是 public 的，则 b.a 访问的是对象中 Base 类定义的实例变量 a，而 c.a 访问的是对象中 Child 类定义的实例变量 a。

本节通过一个例子来介绍类的加载、对象创建、方法调用以及变量访问的内部过程。

现在，我们应该对继承的实现有了比较清楚的理解。之前我们提到，继承是把双刃剑，为什么这么说呢？让我们下节来探讨。

4.4 为什么说继承是把双刃剑

继承其实是把双刃剑：一方面继承是非常强大的；另一方面继承的破坏力也是很强的。

继承广泛应用于各种 Java API、框架和类库之中，一方面它们内部大量使用继承，另一方面它们设计了良好的框架结构，提供了大量基类和基础公共代码。使用者可以使用继承，重写适当方法进行定制，就可以简单方便地实现强大的功能。

但，**继承为什么会有破坏力呢？主要是因为继承可能破坏封装，而封装可以说是程序设计的第一原则**；另外，继承可能没有反映出 is-a 关系。下面我们详细来说明。

4.4.1 继承破坏封装

什么是封装呢？封装就是隐藏实现细节，提供简化接口。使用者只需要关注怎么用，而不需要关注内部是怎么实现的。实现细节可以随时修改，而不影响使用者。函数是封装，类也是封装。通过封装，才能在更高的层次上考虑和解决问题。可以说，封装是程序设计的第一原则，没有封装，代码之间会到处存在着实现细节的依赖，则构建和维护复杂的程序是难以想象的。

继承可能破坏封装是因为**子类和父类之间可能存在着实现细节的依赖**。子类在继承父类的时候，往往不得不关注父类的实现细节，而父类在修改其内部实现的时候，如果不考虑子类，也往往会影响到子类。我们通过一些例子来说明。这些例子主要用于演示，可以基本忽略其实际意义。

4.4.2 封装是如何被破坏的

我们来看一个简单的例子，基类 Base 如代码清单 4-10 所示。

代码清单4-10　继承破坏封装：基类Base

```java
public class Base {
    private static final int MAX_NUM = 1000;
    private int[] arr = new int[MAX_NUM];
    private int count;
    public void add(int number){
        if(count<MAX_NUM){
            arr[count++] = number;
        }
    }
    public void addAll(int[] numbers){
        for(int num : numbers){
            add(num);
        }
```

```
    }
}
```

Base 提供了两个方法 add 和 addAll，将输入数字添加到内部数组中。对使用者来说，add 和 addAll 就是能够添加数字，具体是怎么添加的，不用关心。

子类代码 Child 如代码清单 4-11 所示。

代码清单4-11　继承破坏封装：子类Child

```java
public class Child extends Base {
    private long sum;
    @Override
    public void add(int number) {
        super.add(number);
        sum+=number;
    }
    @Override
    public void addAll(int[] numbers) {
        super.addAll(numbers);
        for(int i=0;i<numbers.length;i++){
            sum+=numbers[i];
        }
    }
    public long getSum() {
        return sum;
    }
}
```

子类重写了基类的 add 和 addAll 方法，在添加数字的同时汇总数字，存储数字的和到实例变量 sum 中，并提供了方法 getSum 获取 sum 的值。使用 Child 的代码如下所示：

```java
public static void main(String[] args) {
    Child c = new Child();
    c.addAll(new int[]{1,2,3});
    System.out.println(c.getSum());
}
```

使用 addAll 添加 1、2、3，期望的输出是 1+2+3=6，实际输出为 12！为什么是 12 呢？查看代码不难看出，同一个数字被汇总了两次。子类的 addAll 方法首先调用了父类的 addAll 方法，而父类的 addAll 方法通过 add 方法添加，由于动态绑定，子类的 add 方法会执行，子类的 add 也会做汇总操作。

可以看出，**如果子类不知道基类方法的实现细节，它就不能正确地进行扩展**。知道了错误，现在我们修改子类实现，修改 addAll 方法为：

```java
@Override
public void addAll(int[] numbers) {
    super.addAll(numbers);
}
```

也就是说，addAll 方法不再进行重复汇总。这次，程序就可以输出正确结果 6 了。

但是，基类 Base 决定修改 addAll 方法的实现，改为下面代码：

```
public void addAll(int[] numbers){
    for(int num : numbers){
        if(count<MAX_NUM){
            arr[count++] = num;
        }
    }
}
```

也就是说，它不再通过调用 add 方法添加，这是 Base 类的实现细节。但是，**修改了基类的内部细节后，上面使用子类的程序却错了，输出由正确值 6 变为了 0。**

从这个例子，可以看出，**子类和父类之间是细节依赖，子类扩展父类，仅仅知道父类能做什么是不够的，还需要知道父类是怎么做的，而父类的实现细节也不能随意修改，否则可能影响子类。**

更具体地说，**子类需要知道父类的可重写方法之间的依赖关系**，具体到上例中，就是 add 和 addAll 方法之间的关系，而且这个依赖关系，父类不能随意改变。

但即使这个依赖关系不变，封装还是可能被破坏。还是上面的例子，我们先将 addAll 方法改回去，这次，我们在基类 Base 中添加一个方法 clear，这个方法的作用是将所有添加的数字清空，代码如下：

```
public void clear(){
    for(int i=0;i<count;i++){
        arr[i]=0;
    }
    count = 0;
}
```

基类添加一个方法不需要告诉子类，Child 类不知道 Base 类添加了这么一个方法，但因为继承关系，Child 类却自动拥有了这么一个方法。因此，Child 类的使用者可能会这么使用 Child 类：

```
public static void main(String[] args) {
    Child c = new Child();
    c.addAll(new int[]{1,2,3});
    c.clear();
    c.addAll(new int[]{1,2,3});
    System.out.println(c.getSum());
}
```

先添加一次，之后调用 clear 清空，又添加一次，最后输出 sum，期望结果是 6，但实际输出是 12。因为 Child 没有重写 clear 方法，它需要增加如下代码，重置其内部的 sum 值：

```
@Override
```

```
public void clear() {
    super.clear();
    this.sum = 0;
}
```

可以看出，父类不能随意增加公开方法，因为给父类增加就是给所有子类增加，而子类可能必须要重写该方法才能确保方法的正确性。

总结一下：对于子类而言，通过继承实现是没有安全保障的，因为父类修改内部实现细节，它的功能就可能会被破坏；而对于基类而言，让子类继承和重写方法，就可能丧失随意修改内部实现的自由。

4.4.3 继承没有反映 is-a 关系

继承关系是设计用来反映 is-a 关系的，子类是父类的一种，子类对象也属于父类，父类的属性和行为也适用于子类。就像橙子是水果一样，水果有的属性和行为，橙子也必然都有。

但现实中，设计完全符合 is-a 关系的继承关系是困难的。比如，绝大部分鸟都会飞，可能就想给鸟类增加一个方法 fly() 表示飞，但有一些鸟就不会飞，比如企鹅。

在 is-a 关系中，重写方法时，子类不应该改变父类预期的行为，但是这是没有办法约束的。还是以鸟为例，你可能给父类增加了 fly() 方法，对企鹅，你可能想，企鹅不会飞，但可以走和游泳，就在企鹅的 fly() 方法中，实现了有关走或游泳的逻辑。

继承是应该被当作 is-a 关系使用的，但是，Java 并没有办法约束，父类有的属性和行为，子类并不一定都适用，子类还可以重写方法，实现与父类预期完全不一样的行为。

但对于通过父类引用操作子类对象的程序而言，它是把对象当作父类对象来看待的，期望对象符合父类中声明的属性和行为。如果不符合，结果是什么呢？混乱。

4.4.4 如何应对继承的双面性

继承既强大又有破坏性，那怎么办呢？
1）避免使用继承；
2）正确使用继承。
我们先来看怎么避免继承，有三种方法：
❑ 使用 final 关键字；
❑ 优先使用组合而非继承；
❑ 使用接口。

1. 使用 final 避免继承

在 4.2 节，我们提到过 final 类和 final 方法，final 方法不能被重写，final 类不能被继承，我们没有解释为什么需要它们。通过上面的介绍，我们就应该能够理解其中的一些原因了。

给方法加 final 修饰符，父类就保留了随意修改这个方法内部实现的自由，使用这个方法的程序也可以确保其行为是符合父类声明的。

给类加 final 修饰符，父类就保留了随意修改这个类实现的自由，使用者也可以放心地使用它，而不用担心一个父类引用的变量，实际指向的却是一个完全不符合预期行为的子类对象。

2. 优先使用组合而非继承

使用组合可以抵挡父类变化对子类的影响，从而保护子类，应该优先使用组合。还是上面的例子，我们使用组合来重写一下子类，如代码清单 4-12 所示。

代码清单4-12　使用组合实现子类Child

```
public class Child {
    private Base base;
    private long sum;
    public Child(){
        base = new Base();
    }
    public void add(int number) {
        base.add(number);
        sum+=number;
    }
    public void addAll(int[] numbers) {
        base.addAll(numbers);
        for(int i=0;i<numbers.length;i++){
            sum+=numbers[i];
        }
    }
    public long getSum() {
        return sum;
    }
}
```

这样，子类就不需要关注基类是如何实现的了，基类修改实现细节，增加公开方法，也不会影响到子类了。但组合的问题是，子类对象不能当作基类对象来统一处理了。解决方法是**使用接口**。接口是什么呢？我们留待下章介绍。

3. 正确使用继承

如果要使用继承，怎么正确使用呢？使用继承大概主要有三种场景：

1）基类是别人写的，我们写子类；

2）我们写基类，别人可能写子类；

3）基类、子类都是我们写的。

第 1 种场景中，基类主要是 Java API、其他框架或类库中的类，在这种情况下，我们主要通过扩展基类，实现自定义行为，这种情况下需要注意的是：

❑ 重写方法不要改变预期的行为；

❑ 阅读文档说明，理解可重写方法的实现机制，尤其是方法之间的依赖关系；

❑ 在基类修改的情况下，阅读其修改说明，相应修改子类。

第 2 种场景中，我们写基类给别人用，在这种情况下，需要注意的是：

❑ 使用继承反映真正的 is-a 关系，只将真正公共的部分放到基类；

❑ 对不希望被重写的公开方法添加 final 修饰符；

❑ 写文档，说明可重写方法的实现机制，为子类提供指导，告诉子类应该如何重写；

❑ 在基类修改可能影响子类时，写修改说明。

第 3 种场景，我们既写基类也写子类，关于基类，注意事项和第 2 种场景类似，关于子类，注意事项和第 1 种场景类似，不过程序都由我们控制，要求可以适当放松一些。

至此，关于继承就介绍完了，本章最后，我们提到了一个概念：接口，接口到底是什么呢？让我们下章探讨。

类 的 扩 展

之前我们一直在说，程序主要就是数据以及对数据的操作，而为了方便操作数据，高级语言引入了数据类型的概念。Java 定义了 8 种基本数据类型，而类相当于是自定义数据类型，通过类的组合和继承可以表示和操作各种事物或者说对象。

除了基本的数据类型和类概念，还有一些扩展概念，包括接口、抽象类、内部类和枚举。上一章我们提到，继承有其两面性，替代继承的一种方式是使用接口，接口到底是什么呢？此外，介于接口和类之间，还有一个概念：抽象类，它又是什么呢？一个类可以定义在另一个类内部，称为内部类，为什么要有内部类，它到底是什么呢？枚举是一种特殊的数据类型，它有什么用呢？本章就来探讨这些概念，先来看接口。

5.1　接口的本质

在之前的章节中，我们一直在强调数据类型的概念，**但只是将对象看作属于某种数据类型，并按该类型进行操作，在一些情况下，并不能反映对象以及对对象操作的本质**。

为什么这么说呢？很多时候，我们实际上关心的，并不是对象的类型，而是对象的能力，只要能提供这个能力，类型并不重要。我们来看一些生活中的例子。

比如要拍照，很多时候，只要能拍出符合需求的照片就行，至于是用手机拍，还是用 Pad 拍，或者是用单反相机拍，并不重要，即关心的是对象**是否有拍出照片的能力**，而并不关心对象到底是什么类型，手机、Pad 或单反相机都可以。

又如要计算一组数字，只要能计算出正确结果即可，至于是由人心算，用算盘算，用计算器算，用计算机软件算，并不重要，即关心的是对象**是否有计算的能力**，而并不关心对象到底是算盘还是计算器。

再如要将冷水加热，只要能得到热水即可，至于是用电磁炉加热，用燃气灶加热，还是用电热水壶加热，并不重要，即重要的是对象**是否有加热水的能力**，而并不关心对象到底是什么类型。

在这些情况中，**类型并不重要，重要的是能力**。那如何表示能力呢？接口。下面就来详细介绍接口，包括其概念、用法、一些细节，以及如何用接口替代继承。

5.1.1 接口的概念

接口这个概念在生活中并不陌生，电子世界中一个常见的接口就是 USB 接口。计算机往往有多个 USB 接口，可以插各种 USB 设备，如键盘、鼠标、U 盘、摄像头、手机等。

接口声明了一组能力，但它自己并没有实现这个能力，它只是一个约定。接口涉及交互两方对象，一方需要实现这个接口，另一方使用这个接口，**但双方对象并不直接互相依赖，它们只是通过接口间接交互**，如图 5-1 所示。

拿上面的 USB 接口来说，USB 协议约定了 USB 设备需要实现的能力，每个 USB 设备都需要实现这些能力，计算机使用 USB 协议与
USB 设备交互，计算机和 USB 设备互不依赖，但可以通过 USB 接口相互交互。下面我们来看 Java 中的接口。

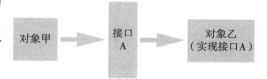

图 5-1　接口的概念

5.1.2 定义接口

我们通过一个例子来说明 Java 中接口的概念。这个例子是"比较"，很多对象都可以比较，对于求最大值、求最小值、排序的程序而言，它们其实并不关心对象的类型是什么，只要对象可以比较就可以了，或者说，它们关心的是对象有没有可比较的能力。Java API 中提供了 Comparable 接口，以表示可比较的能力，但它使用了**泛型**，而我们还没有介绍泛型，所以本节先自己定义一个 Comparable 接口，叫 MyComparable。

首先来定义这个接口，代码如下：

```
public interface MyComparable {
    int compareTo(Object other);
}
```

定义接口的代码解释如下：

1）Java 使用 interface 这个关键字来声明接口，修饰符一般都是 public。

2）interface 后面就是接口的名字 MyComparable。

3）接口定义里面，声明了一个方法 compareTo，但没有定义方法体，Java 8 之前，接口内不能实现方法。接口方法不需要加修饰符，加与不加相当于都是 public abstract。

再来解释 compareTo 方法：

1）方法的参数是一个 Object 类型的变量 other，表示另一个参与比较的对象。

2）第一个参与比较的对象是自己。

3）返回结果是 int 类型，–1 表示自己小于参数对象，0 表示相同，1 表示大于参数对象。

接口与类不同，它的方法没有实现代码。定义一个接口本身并没有做什么，也没有太大的用处，它还需要至少两个参与者：一个需要实现接口，另一个使用接口。我们先来实现接口。

5.1.3　实现接口

类可以实现接口，表示类的对象具有接口所表示的能力。在此以上一章介绍过的 Point 类来说明。我们让 Point 具备可以比较的能力，Point 之间怎么比较呢？我们假设按照与原点的距离进行比较，Point 类代码如代码清单 5-1 所示。

代码清单5-1　Point类代码：实现了MyComparable

```java
public class Point implements MyComparable {
    private int x;
    private int y;
    public Point(int x, int y) {
        this.x = x;
        this.y = y;
    }
    public double distance(){
        return Math.sqrt(x*x+y*y);
    }
    @Override
    public int compareTo(Object other) {
        if(!(other instanceof Point)){
            throw new IllegalArgumentException();
        }
        Point otherPoint = (Point)other;
        double delta = distance() - otherPoint.distance();
        if(delta<0){
            return -1;
        }else if(delta>0){
            return 1;
        }else{
            return 0;
        }
    }
    @Override
    public String toString() {
        return "("+x+","+y+")";
    }
}
```

代码解释如下：

1）Java 使用 implements 这个关键字表示实现接口，前面是类名，后面是接口名。

2）实现接口必须要实现接口中声明的方法，Point 实现了 compareTo 方法。

再来解释 Point 的 compareTo 实现。

1）Point 不能与其他类型的对象进行比较，它首先检查要比较的对象是否是 Point 类型，如果不是，使用 throw 抛出一个**异常**，异常将在下一章介绍，此处可以忽略。

2）如果是 Point 类型，则使用强制类型转换将 Object 类型的参数 other 转换为 Point 类型的参数 otherPoint。

3）这种显式的类型检查和强制转换是可以使用**泛型**机制避免的，第 8 章我们再介绍泛型。

一个类可以实现多个接口，表明类的对象具备多种能力，各个接口之间以逗号分隔，语法如下所示：

```java
public class Test implements Interface1, Interface2 {
    // 主体代码
}
```

定义和实现了接口，接下来我们来看怎么使用接口。

5.1.4 使用接口

与类不同，接口不能 new，不能直接创建一个接口对象，对象只能通过类来创建。但可以声明接口类型的变量，引用实现了接口的类对象。比如，可以这样：

```java
MyComparable p1 = new Point(2,3);
MyComparable p2 = new Point(1,2);
System.out.println(p1.compareTo(p2));
```

p1 和 p2 是 MyComparable 类型的变量，但引用了 Point 类型的对象，之所以能赋值是因为 Point 实现了 MyComparable 接口。如果一个类型实现了多个接口，那么这种类型的对象就可以被赋值给任一接口类型的变量。p1 和 p2 可以调用 MyComparable 接口的方法，也只能调用 MyComparable 接口的方法，实际执行时，执行的是具体实现类的代码。

为什么 Point 类型的对象非要赋值给 MyComparable 类型的变量呢？在以上代码中，确实没必要。但在一些程序中，代码并不知道具体的类型，这才是接口发挥威力的地方。我们来看下面使用 MyComparable 接口的例子，如代码清单 5-2 所示。

代码清单5-2 使用MyComparable的示例：CompUtil

```java
public class CompUtil {
    public static Object max(MyComparable[] objs){
        if(objs==null||objs.length==0){
            return null;
        }
        MyComparable max = objs[0];
        for(int i=1; i<objs.length; i++){
            if(max.compareTo(objs[i])<0){
```

```
                    max = objs[i];
                }
            }
        return max;
    }
    public static void sort(Comparable[] objs){
        for(int i=0; i<objs.length; i++){
            int min = i;
            for(int j=i+1; j<objs.length; j++){
                if(objs[j].compareTo(objs[min])<0){
                    min = j;
                }
            }
            if(min!=i){
                Comparable temp = objs[i];
                objs[i] = objs[min];
                objs[min] = temp;
            }
        }
    }
}
```

类 CompUtil 提供了两个方法，max 获取传入数组中的最大值，sort 对数组升序排序，参数都是 MyComparable 类型的数组，sort 使用的是简单选择排序，具体算法我们就不介绍了。

可以看出，这个类是针对 MyComparable 接口编程，它并不知道具体的类型是什么，也并不关心，但却可以对任意实现了 MyComparable 接口的类型进行操作。我们来看如何对 Point 类型进行操作，代码如下：

```
Point[] points = new Point[]{
        new Point(2,3), new Point(3,4), new Point(1,2)
};
System.out.println("max: " + CompUtil.max(points));
CompUtil.sort(points);
System.out.println("sort: "+ Arrays.toString(points));
```

以上代码创建了一个 Point 类型的数组 points，然后使用 CompUtil 的 max 方法获取最大值，使用 sort 排序，并输出结果，输出如下：

```
max: (3,4)
sort: [(1,2), (2,3), (3,4)]
```

这里演示的是对 Point 数组操作，实际上可以针对任何实现了 MyComparable 接口的类型数组进行操作。这就是接口的威力，可以说，**针对接口而非具体类型进行编程，是计算机程序的一种重要思维方式**。接口很多时候反映了对象以及对对象操作的本质。它的优点有很多，首先是**代码复用**，同一套代码可以处理多种不同类型的对象，只要这些对象都有相同的能力，如 CompUtil。

接口更重要的是降低了耦合，提高了灵活性。使用接口的代码依赖的是接口本身，而非实现接口的具体类型，程序可以根据情况替换接口的实现，而不影响接口使用者。解决复杂问题的关键是分而治之，将复杂的大问题分解为小问题，但小问题之间不可能一点关系没有，分解的核心就是要降低耦合，提高灵活性，接口为恰当分解提供了有力的工具。

5.1.5　接口的细节

前面介绍了接口的基本内容，接口还有一些细节，包括：

- ❑ 接口中的变量。
- ❑ 接口的继承。
- ❑ 类的继承与接口。
- ❑ instanceof。

下面具体介绍。

（1）接口中的变量

接口中可以定义变量，语法如下所示：

```
public interface Interface1 {
    public static final int a = 0;
}
```

这里定义了一个变量 int a，修饰符是 public static final，但这个修饰符是可选的，即使不写，也是 public static final。这个变量可以通过"接口名 . 变量名"的方式使用，如 Interface1.a。

（2）接口的继承

接口也可以继承，一个接口可以继承其他接口，继承的基本概念与类一样，但与类不同的是，接口可以有多个父接口，代码如下所示：

```
public interface IBase1 {
    void method1();
}
public interface IBase2 {
    void method2();
}
public interface IChild extends IBase1, IBase2 {
}
```

IChild 有 IBase1 和 IBase2 两个父接口，接口的继承同样使用 extends 关键字，多个父接口之间以逗号分隔。

（3）类的继承与接口

类的继承与接口可以共存，换句话说，类可以在继承基类的情况下，同时实现一个或多个接口，语法如下所示：

```
public class Child extends Base implements IChild {
```

```
    //主体代码
}
```

关键字 extends 要放在 implements 之前。

（4）instanceof

与类一样，接口也可以使用 instanceof 关键字，用来判断一个对象是否实现了某接口，例如：

```
Point p = new Point(2,3);
if(p instanceof MyComparable){
    System.out.println("comparable");
}
```

5.1.6 使用接口替代继承

上一章我们提到，可以使用组合和接口替代继承。怎么替代呢？

继承至少有两个好处：一个是复用代码；另一个是利用多态和动态绑定统一处理多种不同子类的对象。使用组合替代继承，可以复用代码，但不能统一处理。使用接口替代继承，针对接口编程，可以实现统一处理不同类型的对象，但接口没有代码实现，无法复用代码。将组合和接口结合起来替代继承，就既可以统一处理，又可以复用代码了。

我们还是以 4.4 节的例子来说明，先增加一个接口 IAdd，代码如下：

```
public interface IAdd {
    void add(int number);
    void addAll(int[] numbers);
}
```

修改 Base 代码，让它实现 IAdd 接口，代码基本不变：

```
public class Base implements IAdd {
    //主体代码，与代码清单4-10一样
}
```

修改 Child 代码，也是实现 IAdd 接口，代码基本不变：

```
public class Child implements IAdd {
        //主体代码，组合使用Base，与代码清单4-12一样
}
```

Child 复用了 Base 的代码，又都实现了 IAdd 接口，这样，既复用代码，又可以统一处理，还不用担心破坏封装。

5.1.7 Java 8 和 Java 9 对接口的增强

需要说明的是，前面介绍的都是 Java 8 之前的接口概念，Java 8 和 Java 9 对接口做了一些增强。在 Java 8 之前，接口中的方法都是抽象方法，都没有实现体，Java 8 允许在接口中定义两类新方法：**静态方法和默认方法**，它们有实现体，比如：

```
public interface IDemo {
    void hello();
    public static void test() {
        System.out.println("hello");
    }
    default void hi() {
        System.out.println("hi");
    }
}
```

test() 就是一个静态方法，可以通过 IDemo.test() 调用。在接口不能定义静态方法之前，相关的静态方法往往定义在单独的类中，比如，Java API 中，Collection 接口有一个对应的单独的类 Collections，在 Java 8 中，就可以直接写在接口中了，比如 Comparator 接口就定义了多个静态方法。

hi() 是一个默认方法，用关键字 **default** 表示。默认方法与抽象方法都是接口的方法，不同在于，默认方法有默认的实现，实现类可以改变它的实现，也可以不改变。**引入默认方法主要是函数式数据处理的需求，是为了便于给接口增加功能**。关于函数式数据处理，会在第 26 章介绍。

在没有默认方法之前，Java 是很难给接口增加功能的，比如 List 接口（第 9 章介绍），因为有太多非 Java JDK 控制的代码实现了该接口，如果给接口增加一个方法，则那些接口的实现就无法在新版 Java 上运行，必须改写代码，实现新的方法，这显然是无法接受的。函数式数据处理需要给一些接口增加一些新的方法，所以就有了默认方法的概念，接口增加了新方法，而接口现有的实现类也不需要必须实现。看一些例子，List 接口增加了 sort 方法，其定义为：

```
default void sort(Comparator<? super E> c) {
    Object[] a = this.toArray();
    Arrays.sort(a, (Comparator) c);
    ListIterator<E> i = this.listIterator();
    for(Object e : a) {
        i.next();
        i.set((E) e);
    }
}
```

Collection 接口增加了 stream 方法，其定义为：

```
default Stream<E> stream() {
    return StreamSupport.stream(spliterator(), false);
}
```

在 Java 8 中，静态方法和默认方法都必须是 public 的，Java 9 去除了这个限制，它们都可以是 private 的，引入 private 方法主要是为了方便多个静态或默认方法复用代码，比如：

```java
public interface IDemoPrivate {
    private void common() {
        System.out.println("common");
    }
    default void actionA() {
        common();
    }
    default void actionB() {
        common();
    }
}
```

这里，actionA 和 actionB 两个默认方法共享了相同的 common() 方法的代码。

5.1.8 小结

本节我们谈了数据类型思维的局限，提到了很多时候关心的是能力，而非类型，所以引入了接口，介绍了 Java 中接口的概念和细节。**针对接口编程是一种重要的程序思维方式，这种方式不仅可以复用代码，还可以降低耦合，提高灵活性，是分解复杂问题的一种重要工具。**

接口不能创建对象，没有任何实现代码（Java 8 之前），而之前介绍的类都有完整的实现，都可以创建对象。Java 中还有一个介于接口和类之间的概念：抽象类，它有什么用呢？

5.2 抽象类

顾名思义，**抽象类就是抽象的类。抽象是相对于具体而言的，一般而言，具体类有直接对应的对象，而抽象类没有，它表达的是抽象概念，一般是具体类的比较上层的父类。**比如，狗是具体对象，而动物则是抽象概念；樱桃是具体对象，而水果则是抽象概念；正方形是具体对象，而图形则是抽象概念。下面我们通过图形处理中的一些概念来说明 Java 中的抽象类。

5.2.1 抽象方法和抽象类

之前我们介绍过图形类 Shape，它有一个方法 draw()。Shape 其实是一个抽象概念，它的 draw() 方法其实并不知道如何实现，只有子类才知道。这种只有子类才知道如何实现的方法，一般被定义为**抽象方法**。

抽象方法是相对于具体方法而言的，具体方法有实现代码，而抽象方法只有声明，没有实现。上节介绍的接口中的方法（非 Java 8 引入的静态和默认方法）就都是抽象方法。

抽象方法和抽象类都使用 **abstract** 这个关键字来声明，语法如下所示：

```java
public abstract class Shape {
    //其他代码
```

```
    public abstract void draw();
}
```

　　定义了抽象方法的类必须被声明为抽象类，不过，抽象类可以没有抽象方法。抽象类和具体类一样，可以定义具体方法、实例变量等，它和具体类的核心区别是，**抽象类不能创建对象（比如，不能使用 new Shape()），而具体类可以。**

　　抽象类不能创建对象，要创建对象，必须使用它的具体子类。一个类在继承抽象类后，必须实现抽象类中定义的所有抽象方法，除非它自己也声明为抽象类。圆类的实现代码，如下所示：

```
public class Circle extends Shape {
    //其他代码
    @Override
    public void draw() {
        //主体代码
    }
}
```

　　圆实现了 draw() 方法。与接口类似，抽象类虽然不能使用 new，但可以声明抽象类的变量，引用抽象类具体子类的对象，如下所示：

```
Shape shape = new Circle();
shape.draw();
```

　　shape 是抽象类 Shape 类型的变量，引用了具体子类 Circle 的对象，调用 draw() 方法将调用 Circle 的 draw 代码。

5.2.2　为什么需要抽象类

　　抽象方法和抽象类看上去是多余的，对于抽象方法，不知道如何实现，定义一个空方法体不就行了吗？而抽象类不让创建对象，看上去只是增加了一个不必要的限制。

　　引入抽象方法和抽象类，是 Java 提供的一种语法工具，对于一些类和方法，引导使用者正确使用它们，减少误用。使用抽象方法而非空方法体，子类就知道它必须要实现该方法，而不可能忽略，若忽略 Java 编译器会提示错误。使用抽象类，类的使用者创建对象的时候，就知道必须要使用某个具体子类，而不可能误用不完整的父类。

　　无论是编写程序，还是平时做其他事情，**每个人都可能会犯错，减少错误不能只依赖人的优秀素质，还需要一些机制，使得一个普通人都容易把事情做对，而难以把事情做错。抽象类就是 Java 提供的这样一种机制。**

5.2.3　抽象类和接口

　　抽象类和接口有类似之处：都不能用于创建对象，接口中的方法其实都是抽象方法。如果抽象类中只定义了抽象方法，那抽象类和接口就更像了。但抽象类和接口根本上是不同的，**接口中不能定义实例变量**，而抽象类可以，一个类可以实现多个接口，但只能继承一个类。

抽象类和接口是配合而非替代关系，它们经常一起使用，接口声明能力，抽象类提供默认实现，实现全部或部分方法，一个接口经常有一个对应的抽象类。比如，在 Java 类库中，有：

- ❑ Collection 接口和对应的 AbstractCollection 抽象类。
- ❑ List 接口和对应的 AbstractList 抽象类。
- ❑ Map 接口和对应的 AbstractMap 抽象类。

对于需要实现接口的具体类而言，有两个选择：一个是实现接口，自己实现全部方法；另一个则是继承抽象类，然后根据需要重写方法。

继承的好处是复用代码，只重写需要的部分即可，需要编写的代码比较少，容易实现。不过，如果这个具体类已经有父类了，那就只能选择实现接口了。

我们以一个例子来进一步说明这种配合关系。前面引入了 IAdd 接口，我们实现一个抽象类 AbstractAdder，代码如下：

```java
public abstract class AbstractAdder implements IAdd {
    @Override
    public void addAll(int[] numbers) {
        for(int num : numbers){
            add(num);
        }
    }
}
```

这个抽象类提供了 addAll 方法的实现，它通过调用 add 方法来实现，而 add 方法是一个抽象方法。这样，对于需要实现 IAdd 接口的类来说，它可以选择直接实现 IAdd 接口，或者从 AbstractAdder 类继承，如果继承，只需要实现 add 方法就可以了。这里，我们让原有的 Base 类继承 AbstractAdder，代码如下所示：

```java
public class Base extends AbstractAdder {
    private static final int MAX_NUM = 1000;
    private int[] arr = new int[MAX_NUM];
    private int count;
    @Override
    public void add(int number){
        if(count<MAX_NUM){
            arr[count++] = number;
        }
    }
}
```

5.2.4 小结

本节介绍了抽象类，相对于具体类，它用于表达抽象概念，虽然从语法上抽象类不是必需的，但它能使程序更为清晰，可以减少误用。抽象类和接口经常相互配合，接口定义能力，而抽象类提供默认实现，方便子类实现接口。

在目前关于类的描述中，每个类都是独立的，都对应一个 Java 源代码文件，但在 Java 中，一个类还可以放在另一个类的内部，称之为内部类。为什么要将一个类放到别的类内部呢？让我们下节探讨。

5.3 内部类的本质

之前我们所说的类都对应于一个独立的 Java 源文件，但一个类还可以放在另一个类的内部，称之为内部类，相对而言，包含它的类称之为**外部类**。

一般而言，**内部类与包含它的外部类有比较密切的关系，而与其他类关系不大，定义在类内部，可以实现对外部完全隐藏，可以有更好的封装性，代码实现上也往往更为简洁。**

不过，内部类只是 Java 编译器的概念，对于 Java 虚拟机而言，它是不知道内部类这回事的，**每个内部类最后都会被编译为一个独立的类**，生成一个独立的字节码文件。

也就是说，每个内部类其实都可以被替换为一个独立的类。当然，这是单纯就技术实现而言。**内部类可以方便地访问外部类的私有变量，可以声明为 private 从而实现对外完全隐藏，相关代码写在一起，写法也更为简洁，这些都是内部类的好处。**

在 Java 中，根据定义的位置和方式不同，主要有 4 种内部类。

❑ 静态内部类。
❑ 成员内部类。
❑ 方法内部类。
❑ 匿名内部类。

其中，方法内部类是在一个方法内定义和使用的；匿名内部类使用范围更小，它们都不能在外部使用；成员内部类和静态内部类可以被外部使用，不过它们都可以被声明为 private，这样，外部就不能使用了。接下来，我们逐个介绍这些内部类的语法、实现原理以及使用场景。

5.3.1 静态内部类

静态内部类与静态变量和静态方法定义的位置一样，也带有 static 关键字，只是它定义的是类，下面我们介绍它的语法、实现原理和应用场景。我们看个静态内部类的例子，如代码清单 5-3 所示。

代码清单5-3 静态内部类示例

```
public class Outer {
    private static int shared = 100;
    public static class StaticInner {
```

```
        public void innerMethod(){
            System.out.println("inner " + shared);
        }
    }
    public void test(){
        StaticInner si = new StaticInner();
        si.innerMethod();
    }
}
```

外部类为 Outer，静态内部类为 StaticInner，带有 static 修饰符。语法上，静态内部类除了位置放在其他类内部外，它与一个独立的类差别不大，可以有静态变量、静态方法、成员方法、成员变量、构造方法等。

静态内部类与外部类的联系也不大（与其他内部类相比）。它可以访问外部类的静态变量和方法，如 innerMethod 直接访问 shared 变量，但不可以访问实例变量和方法。在类内部，可以直接使用内部静态类，如 test() 方法所示。

public 静态内部类可以被外部使用，只是需要通过"外部类.静态内部类"的方式使用，如下所示：

```
Outer.StaticInner si = new Outer.StaticInner();
si.innerMethod();
```

静态内部类是怎么实现的呢？代码清单 5-3 所示的代码实际上会生成两个类：一个是 Outer，另一个是 Outer$StaticInner，代码大概如代码清单 5-4 所示。

代码清单5-4　静态内部类示例的内部实现

```
public class Outer {
    private static int shared = 100;
    public void test(){
        Outer$StaticInner si = new Outer$StaticInner();
        si.innerMethod();
    }
    static int access$0(){
        return shared;
    }
}
public class Outer$StaticInner {
    public void innerMethod() {
        System.out.println("inner " + Outer.access$0());
    }
}
```

内部类访问了外部类的一个私有静态变量 shared，而我们知道私有变量是不能被类外部访问的，Java 的解决方法是：自动为 Outer 生成一个非私有访问方法 access$0，它返回这个私有静态变量 shared。

静态内部类的使用场景是很多的，如果它与外部类关系密切，且不依赖于外部类实例，则可以考虑定义为静态内部类。比如，一个类内部，如果既要计算最大值，又要计算最小值，可以在一次遍历中将最大值和最小值都计算出来，但怎么返回呢？可以定义一个类 Pair，包括最大值和最小值，但 Pair 这个名字太普遍，而且它主要是类内部使用的，就可以定义为一个静态内部类。

我们也可以看一些在 Java API 中使用静态内部类的例子：

❑ Integer 类内部有一个私有静态内部类 IntegerCache，用于支持整数的自动装箱。

❑ 表示链表的 LinkedList 类内部有一个私有静态内部类 Node，表示链表中的每个节点。

❑ Character 类内部有一个 public 静态内部类 UnicodeBlock，用于表示一个 Unicode block。

以上一些类的细节我们在后续章节会再介绍。

5.3.2　成员内部类

与静态内部类相比，成员内部类没有 static 修饰符，少了一个 static 修饰符，含义有很大不同，下面我们详细讨论。我们看个成员内部类的例子，如代码清单 5-5 所示。

代码清单5-5　成员内部类示例

```java
public class Outer {
    private int a = 100;
    public class Inner {
        public void innerMethod(){
            System.out.println("outer a " +a);
            Outer.this.action();
        }
    }
    private void action(){
        System.out.println("action");
    }
    public void test(){
        Inner inner = new Inner();
        inner.innerMethod();
    }
}
```

Inner 就是成员内部类，与静态内部类不同，除了静态变量和方法，成员内部类还可以直接访问外部类的实例变量和方法，如 innerMethod 直接访问外部类私有实例变量 a。成员内部类还可以通过"外部类 .this.xxx"的方式引用外部类的实例变量和方法，如 Outer.this.action()，这种写法一般在重名的情况下使用，如果没有重名，那么"外部类 .this."是多余的。

在外部类内，使用成员内部类与静态内部类是一样的，直接使用即可，如 test() 方法所示。与静态内部类不同，**成员内部类对象总是与一个外部类对象相连的**，在外部使用时，它不能直接通过 new Outer.Inner() 的方式创建对象，而是要先将创建一个 Outer 类对象，代码如下所示：

```
Outer outer = new Outer();
Outer.Inner inner = outer.new Inner();
inner.innerMethod();
```

创建内部类对象的语法是"外部类对象 .new 内部类 ()"，如 outer.new Inner()。

与静态内部类不同，成员内部类中不可以定义静态变量和方法（final 变量例外，它等同于常量），下面介绍的方法内部类和匿名内部类也都不可以。Java 为什么要有这个规定呢？可以这么理解，这些内部类是与外部实例相连的，不应独立使用，而静态变量和方法作为类型的属性和方法，一般是独立使用的，在内部类中意义不大，而如果内部类确实需要静态变量和方法，那么也可以挪到外部类中。

成员内部类背后是怎么实现的呢？代码清单 5-5 也会生成两个类：一个是 Outer，另一个是 Outer$Inner，它们的代码大概如代码清单 5-6 所示。

代码清单5-6　成员内部类示例的内部实现

```
public class Outer {
    private int a = 100;
    private void action() {
        System.out.println("action");
    }
    public void test() {
        Outer$Inner inner = new Outer$Inner(this);
        inner.innerMethod();
    }
    static int access$0(Outer outer) {
        return outer.a;
    }
    static void access$1(Outer outer) {
        outer.action();
    }
}
public class Outer$Inner {
    final Outer outer;
    public Outer$Inner(Outer outer){
        this.outer = outer;
    }
    public void innerMethod() {
        System.out.println("outer a " + Outer.access$0(outer));
        Outer.access$1(outer);
    }
}
```

Outer$Inner 类有个实例变量 outer 指向外部类的对象，它在构造方法中被初始化，Outer

在新建 Outer$Inner 对象时给它传递当前对象，由于内部类访问了外部类的私有变量和方法，外部类 Outer 生成了两个非私有静态方法：access$0 用于访问变量 a，access$1 用于访问方法 action。

成员内部类有哪些应用场景呢？如果内部类与外部类关系密切，需要访问外部类的实例变量或方法，则可以考虑定义为成员内部类。外部类的一些方法的返回值可能是某个接口，为了返回这个接口，外部类方法可能使用内部类实现这个接口，这个内部类可以被设为 private，对外完全隐藏。

比如，在 Java API 的类 LinkedList 中，它的两个方法 listIterator 和 descendingIterator 的返回值都是接口 Iterator，调用者可以通过 Iterator 接口对链表遍历，listIterator 和 descendingIterator 内部分别使用了成员内部类 ListItr 和 DescendingIterator，这两个内部类都实现了接口 Iterator。关于 LinkedList，第 9 章会详细介绍。

5.3.3　方法内部类

内部类还可以定义在一个方法体中。我们看个例子，如代码清单 5-7 所示。

代码清单5-7　方法内部类示例

```
public class Outer {
    private int a = 100;
    public void test(final int param){
        final String str = "hello";
        class Inner {
            public void innerMethod(){
                System.out.println("outer a " +a);
                System.out.println("param " +param);
                System.out.println("local var " +str);
            }
        }
        Inner inner = new Inner();
        inner.innerMethod();
    }
}
```

类 Inner 定义在外部类方法 test 中，方法内部类只能在定义的方法内被使用。如果方法是实例方法，则除了静态变量和方法，内部类还可以直接访问外部类的实例变量和方法，如 innerMethod 直接访问了外部私有实例变量 a。如果方法是静态方法，则方法内部类只能访问外部类的静态变量和方法。方法内部类还可以直接访问方法的参数和方法中的局部变量，不过，在 Java 8 之前，这些变量必须被声明为 final，Java 8 不再有这个要求，但变量也不能被重新赋值，否则会有编译错误。如 innerMethod 直接访问了方法参数 param 和局部变量 str。

方法内部类是怎么实现的呢？对于代码清单 5-7，系统生成的两个类代码大概如代码清单 5-8 所示。

代码清单5-8 方法内部类示例的内部实现

```
public class Outer {
    private int a = 100;
    public void test(final int param) {
        final String str = "hello";
        OuterInner inner = new OuterInner(this, param);
        inner.innerMethod();
    }
    static int access$0(Outer outer){
        return outer.a;
    }
}
public class OuterInner {
    Outer outer;
    int param;
    OuterInner(Outer outer, int param){
        this.outer = outer;
        this.param = param;
    }
    public void innerMethod() {
        System.out.println("outer a " + Outer.access$0(this.outer));
        System.out.println("param " + param);
        System.out.println("local var " + "hello");
    }
}
```

与成员内部类类似，OuterInner 类也有一个实例变量 outer 指向外部对象，在构造方法中被初始化，对外部私有实例变量的访问也是通过 Outer 添加的方法 access$0 来进行的。

方法内部类可以访问方法中的参数和局部变量，这是通过在构造方法中传递参数来实现的，如 OuterInner 构造方法中有参数 int param，在新建 OuterInner 对象时，Outer 类将方法中的参数传递给了内部类，如 OuterInner inner = new OuterInner(this, param);。在上面的代码中，String str 并没有被作为参数传递，这是因为它被定义为了常量，在生成的代码中，可以直接使用它的值。

这也解释了为什么方法内部类访问外部方法中的参数和局部变量时，这些变量必须被声明为 final，因为实际上，**方法内部类操作的并不是外部的变量，而是它自己的实例变量，**只是这些变量的值和外部一样，对这些变量赋值，并不会改变外部的值，为避免混淆，所以干脆强制规定必须声明为 final。

如果的确需要修改外部的变量，那么可以将变量改为只含该变量的数组，修改数组中的值，如代码清单 5-9 所示。

代码清单5-9 方法内部类修改外部变量实例

```
public class Outer {
    public void test(){
        final String[] str = new String[]{"hello"};
```

```
class Inner {
    public void innerMethod(){
        str[0] = "hello world";
    }
}
Inner inner = new Inner();
inner.innerMethod();
System.out.println(str[0]);
    }
}
```

str 是一个只含一个元素的数组，方法内部类不能修改 str 本身，但可以修改它的数组元素。

通过前面介绍的语法和原理可以看出，方法内部类可以用成员内部类代替，至于方法参数，也可以作为参数传递给成员内部类。不过，如果类只在某个方法内被使用，使用方法内部类，可以实现更好的封装。

5.3.4　匿名内部类

与前面介绍的内部类不同，匿名内部类没有单独的类定义，它在创建对象的同时定义类，语法如下：

```
new 父类(参数列表) {
    //匿名内部类实现部分
}
```

或者

```
new 父接口() {
    //匿名内部类实现部分
}
```

匿名内部类是与 new 关联的，在创建对象的时候定义类，new 后面是父类或者父接口，然后是圆括号 ()，里面可以是传递给父类构造方法的参数，最后是大括号 {}，里面是类的定义。

看个具体的例子，如代码清单 5-10 所示。

代码清单5-10　匿名内部类示例

```
public class Outer {
    public void test(final int x, final int y){
        Point p = new Point(2,3){
            @Override
            public double distance() {
                return distance(new Point(x,y));
            }
        };
        System.out.println(p.distance());
```

```
        }
    }
```

创建 Point 对象的时候，定义了一个匿名内部类，这个类的父类是 Point，创建对象的时候，给父类构造方法传递了参数 2 和 3，重写了 distance() 方法，在方法中访问了外部方法 final 参数 x 和 y。

匿名内部类只能被使用一次，用来创建一个对象。它没有名字，没有构造方法，但可以根据参数列表，调用对应的父类构造方法。它可以定义实例变量和方法，可以有初始化代码块，初始化代码块可以起到构造方法的作用，只是构造方法可以有多个，而初始化代码块只能有一份。因为没有构造方法，它自己无法接受参数，如果必须要参数，则应该使用其他内部类。与方法内部类一样，匿名内部类也可以访问外部类的所有变量和方法，可以访问方法中的 final 参数和局部变量。

匿名内部类是怎么实现的呢？每个匿名内部类也都被生成为一个独立的类，只是类的名字以外部类加数字编号，没有有意义的名字。代码清单 5-10 会产生两个类 Outer 和 Outer$1，代码大概如代码清单 5-11 所示。

代码清单5-11　匿名内部类示例的内部实现

```java
public class Outer {
    public void test(final int x, final int y){
        Point p = new Outer$1(this,2,3,x,y);
        System.out.println(p.distance());
    }
}
public class Outer$1 extends Point {
    int x2;
    int y2;
    Outer outer;
    Outer$1(Outer outer, int x1, int y1, int x2, int y2){
        super(x1,y1);
        this.outer = outer;
        this.x2 = x2;
        this.y2 = y2;
    }
    @Override
    public double distance() {
        return distance(new Point(this.x2,y2));
    }
}
```

与方法内部类类似，外部实例 this、方法参数 x 和 y 都作为参数传递给了内部类构造方法。此外，new 时的参数 2 和 3 也传递给了构造方法，内部类构造方法又将它们传递给了父类构造方法。

匿名内部类能做的，方法内部类都能做。但如果对象只会创建一次，且不需要构造方法来接受参数，则可以使用匿名内部类，这样代码书写上更为简洁。

在调用方法时，很多方法需要一个接口参数，比如 Arrays.sort 方法，它可以接受一个数组，以及一个 Comparator 接口参数，Comparator 有一个方法 compare 用于比较两个对象。比如，要对一个字符串数组不区分大小写排序，可以使用 Arrays.sort 方法，但需要传递一个实现了 Comparator 接口的对象，这时就可以使用匿名内部类，代码如下所示：

```java
public void sortIgnoreCase(String[] strs){
    Arrays.sort(strs, new Comparator<String>() {
        @Override
        public int compare(String o1, String o2) {
            return o1.compareToIgnoreCase(o2);
        }
    });
}
```

Comparator 后面的 <String> 与泛型有关，表示比较的对象是字符串类型。匿名内部类还经常用于事件处理程序中，用于响应某个事件，比如一个 Button，处理单击事件的代码可能类似如下：

```java
Button bt = new Button();
bt.addActionListener(new ActionListener(){
    @Override
    public void actionPerformed(ActionEvent e) {
        //处理事件
    }
});
```

调用 addActionListener 将事件处理程序注册到了 Button 对象 bt 中，当事件发生时，会调用 actionPerformed 方法，并传递事件详情 ActionEvent 作为参数。

以上 Arrays.sort 和 Button 都是针对接口编程的例子，另外，它们也都是一种**回调**的例子。所谓回调是相对于一般的正向调用而言的，平时一般都是正向调用，但 Arrays.sort 中传递的 Comparator 对象，它的 compare 方法并不是在写代码的时候被调用的，而是在 Arrays.sort 的内部某个地方回过头来调用的。Button 的 addActionListener 中传递的 ActionListener 对象，它的 actionPerformed 方法也一样，是在事件发生的时候回过头来调用的。

将程序分为保持不变的主体框架，和针对具体情况的可变逻辑，通过回调的方式进行协作，是计算机程序的一种常用实践。匿名内部类是实现回调接口的一种简便方式。

至此，关于各种内部类就介绍完了。内部类本质上都会被转换为独立的类，但一般而言，它们可以实现更好的封装，代码实现上也更为简洁。

5.4　枚举的本质

本节探讨 Java 中的枚举类型。枚举是一种特殊的数据，它的取值是有限的，是可以枚举出来的，比如一年有四季、一周有七天。虽然使用类也可以处理这种数据，但枚举类型更为简洁、安全和方便。下面介绍枚举的使用和实现原理。先介绍基础用法和原理，再介绍典型场景。

5.4.1　基础

定义和使用基本的枚举是比较简单的，我们来看个例子。为表示衣服的尺寸，我们定义一个枚举类型 Size，包括三个尺寸：小、中、大，代码如下：

```
public enum Size {
    SMALL, MEDIUM, LARGE
}
```

枚举使用 enum 这个关键字来定义，Size 包括三个值，分别表示小、中、大，值一般是大写的字母，多个值之间以逗号分隔。枚举类型可以定义为一个单独的文件，也可以定义在其他类内部。

可以这样使用 Size：

```
Size size = Size.MEDIUM
```

Size size 声明了一个变量 size，它的类型是 Size，size=Size.MEDIUM 将枚举值 MEDIUM 赋值给 size 变量。枚举变量的 toString 方法返回其字面值，所有枚举类型也都有一个 name() 方法，返回值与 toString() 一样，例如：

```
Size size = Size.SMALL;
System.out.println(size.toString());
System.out.println(size.name());
```

输出都是 SMALL。枚举变量可以使用 equals 和 == 进行比较，结果是一样的，例如：

```
Size size = Size.SMALL;
System.out.println(size==Size.SMALL);
System.out.println(size.equals(Size.SMALL));
System.out.println(size==Size.MEDIUM);
```

上面代码的输出结果为三行，分别是 true、true、false。枚举值是有顺序的，可以比较大小。枚举类型都有一个方法 int ordinal()，表示枚举值在声明时的顺序，从 0 开始，例如，如下代码输出为 1：

```
Size size = Size.MEDIUM;
System.out.println(size.ordinal());
```

另外，枚举类型都实现了 Java API 中的 Comparable 接口，都可以通过方法 compareTo 与其他枚举值进行比较。比较其实就是比较 ordinal 的大小，例如，如下代码输出为 −1，表示 SMALL 小于 MEDIUM：

```
Size size = Size.SMALL;
```

```
System.out.println(size.compareTo(Size.MEDIUM));
```

枚举变量可以用于和其他类型变量一样的地方，如方法参数、类变量、实例变量等。枚举还可以用于 switch 语句，代码如下所示：

```
static void onChosen(Size size){
    switch(size){
    case SMALL:
        System.out.println("chosen small"); break;
    case MEDIUM:
        System.out.println("chosen medium"); break;
    case LARGE:
        System.out.println("chosen large"); break;
    }
}
```

在 switch 语句内部，枚举值不能带枚举类型前缀，例如，直接使用 SMALL，不能使用 Size.SMALL。枚举类型都有一个静态的 valueOf(String) 方法，可以返回字符串对应的枚举值，例如，以下代码输出为 true：

```
System.out.println(Size.SMALL==Size.valueOf("SMALL"));
```

枚举类型也都有一个静态的 values 方法，返回一个包括所有枚举值的数组，顺序与声明时的顺序一致，例如：

```
for(Size size : Size.values()){
    System.out.println(size);
}
```

屏幕输出为三行，分别是 SMALL、MEDIUM、LARGE。

Java 是从 Java 5 才开始支持枚举的，在此之前，一般是在类中定义静态整型变量来实现类似功能，代码如下所示：

```
class Size {
    public static final int SMALL = 0;
    public static final int MEDIUM = 1;
    public static final int LARGE = 2;
}
```

枚举的好处体现在以下几方面。

❏ 定义枚举的语法更为简洁。

❏ 枚举更为安全。一个枚举类型的变量，它的值要么为 null，要么为枚举值之一，不可能为其他值，但使用整型变量，它的值就没有办法强制，值可能就是无效的。

❏ 枚举类型自带很多便利方法（如 values、valueOf、toString 等），易于使用。

枚举是怎么实现的呢？枚举类型实际上会被 Java 编译器转换为一个对应的类，这个类继承了 Java API 中的 java.lang.Enum 类。Enum 类有 name 和 ordinal 两个实例变量，在构造方法中需要传递，name()、toString()、ordinal()、compareTo()、equals() 方法都是由 Enum

类根据其实例变量 name 和 ordinal 实现的。values 和 valueOf 方法是编译器给每个枚举类型自动添加的,上面的枚举类型 Size 转换成的普通类的代码大概如代码清单 5-12 所示。需要说明的是,这只是示意代码,不能直接运行。

代码清单5-12　枚举类Size对应的普通类示意代码

```
public final class Size extends Enum<Size> {
    public static final Size SMALL = new Size("SMALL",0);
    public static final Size MEDIUM = new Size("MEDIUM",1);
    public static final Size LARGE = new Size("LARGE",2);
    private static Size[] VALUES = new Size[]{SMALL,MEDIUM,LARGE};
    private Size(String name, int ordinal){
        super(name, ordinal);
    }
    public static Size[] values(){
        Size[] values = new Size[VALUES.length];
        System.arraycopy(VALUES, 0, values, 0, VALUES.length);
        return values;
    }
    public static Size valueOf(String name){
        return Enum.valueOf(Size.class, name);
    }
}
```

解释几点:

1)Size 是 final 的,不能被继承,Enum<Size> 表示父类,<Size> 是泛型写法;

2)Size 有一个私有的构造方法,接受 name 和 ordinal,传递给父类,私有表示不能在外部创建新的实例;

3)三个枚举值实际上是三个静态变量,也是 final 的,不能被修改;

4)values 方法是编译器添加的,内部有一个 values 数组保持所有枚举值;

5)valueOf 方法调用的是父类的方法,额外传递了参数 Size.class,表示类的类型信息,关于类型信息的详细介绍在第 21 章,父类实际上是回过头来调用 values 方法,根据 name 对比得到对应的枚举值的。

一般枚举变量会被转换为对应的类变量,在 switch 语句中,枚举值会被转换为其对应的 ordinal 值。可以看出,**枚举类型本质上也是类,但由于编译器自动做了很多事情,因此它的使用更为简洁、安全和方便。**

5.4.2　典型场景

以上枚举用法是最简单的,实际中枚举经常会有关联的实例变量和方法。比如,上面的 Size 例子,每个枚举值可能有关联的缩写和中文名称,可能需要静态方法根据缩写返回对应的枚举值,修改后的 Size 代码如代码清单 5-13 所示。

代码清单5-13　带有实例变量和方法的枚举类Size

```java
public enum Size {
    SMALL("S","小号"),
    MEDIUM("M","中号"),
    LARGE("L","大号");
    private String abbr;
    private String title;
    private Size(String abbr, String title){
        this.abbr = abbr;
        this.title = title;
    }
    public String getAbbr() {
        return abbr;
    }
    public String getTitle() {
        return title;
    }
    public static Size fromAbbr(String abbr){
        for(Size size : Size.values()){
            if(size.getAbbr().equals(abbr)){
                return size;
            }
        }
        return null;
    }
}
```

上述代码定义了两个实例变量 abbr 和 title，以及对应的 get 方法，分别表示缩写和中文名称；定义了一个私有构造方法，接受缩写和中文名称，每个枚举值在定义的时候都传递了对应的值；同时定义了一个静态方法 fromAbbr，根据缩写返回对应的枚举值。需要说明的是，枚举值的定义需要放在最上面，枚举值写完之后，要以分号（;）结尾，然后才能写其他代码。

这个枚举定义的使用与其他类类似，比如：

```java
Size s = Size.MEDIUM;
System.out.println(s.getAbbr()); //输出M
s = Size.fromAbbr("L");
System.out.println(s.getTitle()); //输出"大号"
```

加了实例变量和方法后，枚举转换后的类与代码清单 5-12 类似，只是增加了对应的变量和方法，修改了构造方法，代码不同之处大概如代码清单 5-14 所示。

代码清单5-14　增加了实例变量和方法后的枚举类Size对应的普通类示意代码

```java
public final class Size extends Enum<Size> {
    public static final Size SMALL = new Size("SMALL",0, "S", "小号");
    public static final Size MEDIUM = new Size("MEDIUM",1,"M","中号");
    public static final Size LARGE = new Size("LARGE",2,"L","大号");
```

```
    private String abbr;
    private String title;
    private Size(String name, int ordinal, String abbr, String title){
        super(name, ordinal);
        this.abbr = abbr;
        this.title = title;
    }
    //其他代码
}
```

每个枚举值经常有一个关联的标识符（id），通常用 int 整数表示，使用整数可以节约存储空间，减少网络传输。一个自然的想法是使用枚举中自带的 ordinal 值，但 ordinal 值并不是一个好的选择。为什么呢？因为 ordinal 值会随着枚举值在定义中的位置变化而变化，但一般来说，我们希望 id 值和枚举值的关系保持不变，尤其是表示枚举值的 id 已经保存在了很多地方的时候。比如，上面的 Size 例子，Size.SMALL 的 ordinal 值为 0，我们希望 0 表示的就是 Size.SMALL，但如果增加一个表示超小的值 XSMALL：

```
public enum Size {
    XSMALL, SMALL, MEDIUM, LARGE
}
```

这时，0 就表示 XSMALL 了。所以，一般是增加一个实例变量表示 id。使用实例变量的另一个好处是，id 可以自己定义。比如，Size 例子可以写为：

```
public enum Size {
    XSMALL(10), SMALL(20), MEDIUM(30), LARGE(40);
    private int id;
    private Size(int id){
        this.id = id;
    }
    public int getId() {
        return id;
    }
}
```

枚举还有一些高级用法，比如，每个枚举值可以有关联的类定义体，枚举类型可以声明抽象方法，每个枚举值中可以实现该方法，也可以重写枚举类型的其他方法。此外，枚举可以实现接口，也可以在接口中定义枚举，其使用相对较少，我们就不介绍了。

至此，关于枚举，我们就介绍完了，对于枚举类型的数据，虽然直接使用类也可以处理，但枚举类型更为简洁、安全和方便。

本章介绍了类的一些扩展概念，包括接口、抽象类、内部类和枚举。我们之前提到过异常，但并未深入讨论，让我们下一章来探讨。

异　常

之前我们介绍的基本类型、类、接口、枚举都是在表示和操作数据，操作的过程中可能有很多出错的情况，出错的原因可能是多方面的，有的是不可控的内部原因，比如内存不够了、磁盘满了，有的是不可控的外部原因，比如网络连接有问题，更多的可能是程序的编写错误，比如引用变量未初始化就直接调用实例方法。

这些非正常情况在 Java 中统一被认为是异常，Java 使用异常机制来统一处理。本章就来详细讨论 Java 中的异常机制，首先介绍异常的初步概念，以及异常类本身，然后主要介绍异常的处理。

6.1　初识异常

我们先来看两个具体的异常：NullPointerException 和 NumberFormatException。

6.1.1　NullPointerException（空指针异常）

我们来看段代码：

```
public class ExceptionTest {
    public static void main(String[] args) {
        String s = null;
        s.indexOf("a");
        System.out.println("end");
    }
}
```

变量 s 没有初始化就调用其实例方法 indexOf，运行，屏幕输出为：

```
Exception in thread "main" java.lang.NullPointerException
    at ExceptionTest.main(ExceptionTest.java:5)
```

输出是告诉我们：在 ExceptionTest 类的 main 函数中，代码第 5 行，出现了空指针异常（java.lang.NullPointerException）。

但，具体发生了什么呢？当执行 s.indexOf("a") 的时候，Java 虚拟机发现 s 的值为 null，没有办法继续执行了，这时就启用异常处理机制，首先创建一个异常对象，这里是类 NullPointerException 的对象，然后查找看谁能处理这个异常，在示例代码中，没有代码能处理这个异常，因此 Java 启用默认处理机制，即打印异常栈信息到屏幕，并退出程序。

在介绍函数调用原理的时候，我们介绍过栈，异常栈信息就包括了从异常发生点到最上层调用者的轨迹，还包括行号，可以说，这个栈信息是分析异常最为重要的信息。

Java 的默认异常处理机制是退出程序，异常发生点后的代码都不会执行，所以示例代码中的 System.out.println("end") 不会执行。

6.1.2 NumberFormatException（数字格式异常）

我们再来看一个例子，代码如下：

```java
public class ExceptionTest {
    public static void main(String[] args) {
        if(args.length<1){
            System.out.println("请输入数字");
            return;
        }
        int num = Integer.parseInt(args[0]);
        System.out.println(num);
    }
}
```

args 表示命令行参数，这段代码要求参数为一个数字，它通过 Integer.parseInt 将参数转换为一个整数，并输出这个整数。参数是用户输入的，我们没有办法强制用户输入什么，如果用户输入的是数字，比如 123，屏幕会输出 123，但如果用户输的不是数字而是字母，比如 abc，屏幕会输出：

```
Exception in thread "main" java.lang.NumberFormatException: For input string: "abc"
    at java.lang.NumberFormatException.forInputString(NumberFormatException.java:65)
    at java.lang.Integer.parseInt(Integer.java:492)
    at java.lang.Integer.parseInt(Integer.java:527)
    at ExceptionTest.main(ExceptionTest.java:7)
```

出现了异常 NumberFormatException。这个异常是怎么产生的呢？根据异常栈信息，我们看相关代码。NumberFormatException 类 65 行附近代码如下：

```
64 static NumberFormatException forInputString(String s) {
65     return new NumberFormatException("For input string: \"" + s + "\"");
66 }
```

Integer 类 492 行附近代码如下：

```
490 digit = Character.digit(s.charAt(i++),radix);
491 if (digit < 0) {
492     throw NumberFormatException.forInputString(s);
493 }
494 if (result < multmin) {
495     throw NumberFormatException.forInputString(s);
496 }
```

将这两处合为一行，主要代码就是：

```
throw new NumberFormatException(...)
```

new NumberFormatException 是容易理解的，含义是创建了一个类的对象，只是这个类是一个异常类。throw 是什么意思呢？就是抛出异常，它会触发 Java 的异常处理机制。在之前的空指针异常中，我们没有看到 throw 的代码，可以认为 throw 是由 Java 虚拟机自己实现的。

throw 关键字可以与 return 关键字进行对比。return 代表正常退出，throw 代表异常退出；return 的返回位置是确定的，就是上一级调用者，而 throw 后执行哪行代码则经常是不确定的，由异常处理机制动态确定。

异常处理机制会从当前函数开始查找看谁"捕获"了这个异常，当前函数没有就查看上一层，直到主函数，如果主函数也没有，就使用默认机制，即输出异常栈信息并退出，这正是我们在屏幕输出中看到的。

对于屏幕输出中的异常栈信息，程序员是可以理解的，但普通用户无法理解，也不知道该怎么办，我们需要给用户一个更为友好的信息，告诉用户，他应该输入的是数字，要做到这一点，需要自己"捕获"异常。"捕获"是指使用 try/catch 关键字，如代码清单 6-1 所示。

代码清单6-1　捕获异常示例代码

```java
public class ExceptionTest {
    public static void main(String[] args) {
        if(args.length<1){
            System.out.println("请输入数字");
            return;
        }
        try{
            int num = Integer.parseInt(args[0]);
            System.out.println(num);
        }catch(NumberFormatException e){
            System.err.println("参数" + args[0] + "不是有效的数字，请输入数字");
        }
    }
}
```

上述代码使用 try/catch 捕获并处理了异常，try 后面的花括号 {} 内包含可能抛出异常的代码，括号后的 catch 语句包含能捕获的异常和处理代码，catch 后面括号内是异常信息，包括异常类型和变量名，这里是 NumberFormatException e，通过它可以获取更多异常信息，花括号 {} 内是处理代码，这里输出了一个更为友好的提示信息。

捕获异常后，程序就不会异常退出了，但 try 语句内异常点之后的其他代码就不会执行了，执行完 catch 内的语句后，程序会继续执行 catch 花括号外的代码。

至此，我们就对异常有了一个初步的了解。异常是相对于 return 的一种退出机制，可以由系统触发，也可以由程序通过 throw 语句触发，异常可以通过 try/catch 语句进行捕获并处理，如果没有捕获，则会导致程序退出并输出异常栈信息。异常有不同的类型，接下来，我们来认识一下。

6.2 异常类

NullPointerException 和 NumberFormatException 都是异常类，所有异常类都有一个共同的父类 Throwable，我们先来介绍这个父类，然后介绍 Java 中的异常类体系，最后介绍怎么自定义异常。

6.2.1 Throwable

NullPointerException 和 NumberFormatException 有一个共同的父类 Throwable，它有 4个 public 构造方法：

```
1.    public Throwable()
2.    public Throwable(String message)
3.    public Throwable(String message, Throwable cause)
4.    public Throwable(Throwable cause)
```

Throwable 类有两个主要参数：一个是 message，表示异常消息；另一个是 cause，表示触发该异常的其他异常。异常可以形成一个异常链，上层的异常由底层异常触发，cause 表示底层异常。Throwable 还有一个 public 方法用于设置 cause：

```
Throwable initCause(Throwable cause)
```

Throwable 的某些子类没有带 cause 参数的构造方法，就可以通过这个方法来设置，这个方法最多只能被调用一次。在所有构造方法的内部，都有一句重要的函数调用：

```
fillInStackTrace();
```

它会将异常栈信息保存下来，这是我们能看到异常栈的关键。Throwable 有一些常用方法用于获取异常信息，比如：

```
void printStackTrace() //打印异常栈信息到标准错误输出流
//打印栈信息到指定的流，PrintStream和PrintWriter在第13章介绍
```

```
void printStackTrace(PrintStream s)
void printStackTrace(PrintWriter s)
String getMessage() //获取设置的异常message
Throwable getCause() //获取异常的cause
//获取异常栈每一层的信息，每个StackTraceElement包括文件名、类名、函数名、行号等信息
StackTraceElement[] getStackTrace()
```

6.2.2　异常类体系

以 Throwable 为根，Java 定义了非常多的异常类，表示各种类型的异常，部分类如图 6-1 所示。

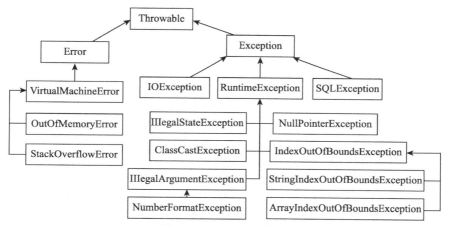

图 6-1　Java 异常类体系

Throwable 是所有异常的基类，它有两个子类：Error 和 Exception。

Error 表示系统错误或资源耗尽，由 Java 系统自己使用，应用程序不应抛出和处理，比如图 6-1 中列出的虚拟机错误（VirtualMacheError）及其子类内存溢出错误（OutOfMemory-Error）和栈溢出错误（StackOverflowError）。

Exception 表示应用程序错误，它有很多子类，应用程序也可以通过继承 Exception 或其子类创建自定义异常，图 6-1 中列出了三个直接子类：IOException（输入输出 I/O 异常）、RuntimeException（运行时异常）、SQLException（数据库 SQL 异常）。

RuntimeException 比较特殊，它的名字有点误导，因为其他异常也是运行时产生的，它表示的实际含义是**未受检异常**（unchecked exception），相对而言，Exception 的其他子类和 Exception 自身则是**受检异常**（checked exception），Error 及其子类也是未受检异常。

受检（checked）和未受检（unchecked）的区别在于 Java 如何处理这两种异常。对于受检异常，Java 会强制要求程序员进行处理，否则会有编译错误，而对于未受检异常则没有这个要求。下文我们会进一步解释。

RuntimeException 也有很多子类，表 6-1 列出了其中常见的一些。

表 6-1　常见的 RuntimeException

异　　常	说　　明	异　　常	说　　明
NullPointerException	空指针异常	NumberFormatException	数字格式错误
IllegalStateException	非法状态	IndexOutOfBoundsException	索引越界
ClassCastException	非法强制类型转换	ArrayIndexOutOfBoundsException	数组索引越界
IllegalArgumentException	参数错误	StringIndexOutOfBoundsException	字符串索引越界

如此多不同的异常类其实并没有比 Throwable 这个基类多多少属性和方法，大部分类在继承父类后只是定义了几个构造方法，这些构造方法也只是调用了父类的构造方法，并没有额外的操作。

那为什么定义这么多不同的类呢？主要是为了名字不同。异常类的名字本身就代表了异常的关键信息，无论是抛出还是捕获异常，使用合适的名字都有助于代码的可读性和可维护性。

6.2.3　自定义异常

除了 Java API 中定义的异常类，也可以自己定义异常类，一般是继承 Exception 或者它的某个子类。如果父类是 RuntimeException 或它的某个子类，则自定义异常也是未受检异常；如果是 Exception 或 Exception 的其他子类，则自定义异常是受检异常。

我们通过继承 Exception 来定义一个异常，如代码清单 6-2 所示。

代码清单6-2　自定义异常示例

```
public class AppException extends Exception {
    public AppException() {
        super();
    }
    public AppException(String message, Throwable cause) {
        super(message, cause);
    }
    public AppException(String message) {
        super(message);
    }
    public AppException(Throwable cause) {
        super(cause);
    }
}
```

和很多其他异常类一样，我们没有定义额外的属性和代码，只是继承了 Exception，定义了构造方法并调用了父类的构造方法。

6.3　异常处理

在了解了异常的基本概念和异常类之后，我们来看 Java 语言对异常处理的支持，包括 catch、throw、finally、try-with-resources 和 throws，最后对比受检和未受检异常。

6.3.1　catch 匹配

在代码清单 6-1 中，我们简单演示了使用 try/catch 捕获异常，其中 catch 只有一条，其实，catch 还可以有多条，每条对应一种异常类型。示例如下面代码所示：

```
try{
    //可能触发异常的代码
}catch(NumberFormatException e){
    System.out.println("not valid number");
}catch(RuntimeException e){
    System.out.println("runtime exception "+e.getMessage());
}catch(Exception e){
    e.printStackTrace();
}
```

异常处理机制将根据抛出的异常类型找第一个匹配的 catch 块，找到后，执行 catch 块内的代码，不再执行其他 catch 块，如果没有找到，会继续到上层方法中查找。需要注意的是，抛出的异常类型是 catch 中声明异常的子类也算匹配，所以需要将最具体的子类放在前面，如果基类 Exception 放在前面，则其他更具体的 catch 代码将得不到执行。

上述示例也演示了对异常信息的利用，e.getMessage() 获取异常消息，e.printStackTrace() 打印异常栈到标准错误输出流。这些信息有助于理解为什么会出现异常，这是解决编程错误的常用方法。示例是直接将信息输出到标准流上，实际系统中更常用的做法是输出到专门的日志中。

在示例中，每种异常类型都有单独的 catch 语句，如果多种异常处理的代码是类似的，这种写法比较烦琐。自 Java 7 开始支持一种新的语法，多个异常之间可以用 "|" 操作符，形如：

```
try {
    //可能抛出 ExceptionA和ExceptionB
} catch (ExceptionA | ExceptionB e) {
    e.printStackTrace();
}
```

6.3.2　重新抛出异常

在 catch 块内处理完后，可以重新抛出异常，异常可以是原来的，也可以是新建的，如下所示：

```
try{
```

```
        //可能触发异常的代码
}catch(NumberFormatException e){
        System.out.println("not valid number");
        throw new AppException("输入格式不正确", e);
}catch(Exception e){
        e.printStackTrace();
        throw e;
}
```

对于 Exception，在打印出异常栈后，就通过 throw e 重新抛出了。

而对于 NumberFormatException，重新抛出了一个 AppException，当前 Exception 作为 cause 传递给了 AppException，这样就形成了一个异常链，捕获到 AppException 的代码可以通过 getCause() 得到 NumberFormatException。

为什么要重新抛出呢？因为当前代码不能够完全处理该异常，需要调用者进一步处理。

为什么要抛出一个新的异常呢？当然是因为当前异常不太合适。不合适可能是信息不够，需要补充一些新信息；还可能是过于细节，不便于调用者理解和使用，如果调用者对细节感兴趣，还可以继续通过 getCause() 获取到原始异常。

6.3.3　finally

异常机制中还有一个重要的部分，就是 finally。catch 后面可以跟 finally 语句，语法如下所示：

```
try{
        //可能抛出异常
}catch(Exception e){
        //捕获异常
}finally{
        //不管有无异常都执行
}
```

finally 内的代码不管有无异常发生，都会执行，具体来说：

❑ 如果没有异常发生，在 try 内的代码执行结束后执行。

❑ 如果有异常发生且被 catch 捕获，在 catch 内的代码执行结束后执行。

❑ 如果有异常发生但没被捕获，则在异常被抛给上层之前执行。

由于 finally 的这个特点，它一般用于释放资源，如数据库连接、文件流等。

try/catch/finally 语法中，catch 不是必需的，也就是可以只有 try/finally，表示不捕获异常，异常自动向上传递，但 finally 中的代码在异常发生后也执行。

finally 语句有一个执行细节，如果在 try 或者 catch 语句内有 return 语句，则 return 语句在 finally 语句执行结束后才执行，但 finally 并不能改变返回值，我们来看下面的代码：

```
public static int test(){
        int ret = 0;
        try{
```

```
        return ret;
    }finally{
        ret = 2;
    }
}
```

这个函数的返回值是 0，而不是 2。实际执行过程是：在执行到 try 内的 return ret; 语句前，会先将返回值 ret 保存在一个临时变量中，然后才执行 finally 语句，最后 try 再返回那个临时变量，finally 中对 ret 的修改不会被返回。

如果在 finally 中也有 return 语句呢？try 和 catch 内的 return 会丢失，实际会返回 finally 中的返回值。finally 中有 return 不仅会覆盖 try 和 catch 内的返回值，还会掩盖 try 和 catch 内的异常，就像异常没有发生一样，比如：

```
public static int test(){
    int ret = 0;
    try{
        int a = 5/0;
        return ret;
    }finally{
        return 2;
    }
}
```

以上代码中，5/0 会触发 ArithmeticException，但是 finally 中有 return 语句，这个方法就会返回 2，而不再向上传递异常了。finally 中，如果 finally 中抛出了异常，则原异常也会被掩盖，看下面的代码：

```
public static void test(){
    try{
        int a = 5/0;
    }finally{
        throw new RuntimeException("hello");
    }
}
```

finally 中抛出了 RuntimeException，则原异常 ArithmeticException 就丢失了。所以，一般而言，为避免混淆，应该避免在 finally 中使用 return 语句或者抛出异常，如果调用的其他代码可能抛出异常，则应该捕获异常并进行处理。

6.3.4　try-with-resources

对于一些使用资源的场景，比如文件和数据库连接，典型的使用流程是首先打开资源，最后在 finally 语句中调用资源的关闭方法，针对这种场景，Java 7 开始支持一种新的语法，称之为 try-with-resources，这种语法针对实现了 java.lang.AutoCloseable 接口的对象，该接口的定义为：

```
public interface AutoCloseable {
    void close() throws Exception;
}
```

没有 try-with-resources 时，使用形式如下：

```
public static void useResource() throws Exception {
    AutoCloseable r = new FileInputStream("hello"); //创建资源
    try {
        //使用资源
    } finally {
        r.close();
    }
}
```

使用 try-with-resources 语法，形式如下：

```
public static void useResource() throws Exception {
    try(AutoCloseable r = new FileInputStream("hello")) { //创建资源
        //使用资源
    }
}
```

资源 r 的声明和初始化放在 try 语句内，不用再调用 finally，在语句执行完 try 语句后，会自动调用资源的 close() 方法。

资源可以定义多个，以分号分隔。在 Java 9 之前，资源必须声明和初始化在 try 语句块内，Java 9 去除了这个限制，资源可以在 try 语句外被声明和初始化，但必须是 final 的或者是事实上 final 的（即虽然没有声明为 final，但也没有被重新赋值）。

6.3.5　throws

异常机制中，还有一个和 throw 很像的关键字 throws，用于声明一个方法可能抛出的异常，语法如下所示：

```
public void test() throws AppException,
    SQLException, NumberFormatException {
    //主体代码
}
```

throws 跟在方法的括号后面，可以声明多个异常，以逗号分隔。这个声明的含义是，这个方法内可能抛出这些异常，且没有对这些异常进行处理，至少没有处理完，调用者必须进行处理。这个声明没有说明具体什么情况会抛出什么异常，作为一个良好的实践，应该将这些信息用注释的方式进行说明，这样调用者才能更好地处理异常。

对于未受检异常，是不要求使用 throws 进行声明的，但对于受检异常，则必须进行声明，换句话说，如果没有声明，则不能抛出。

对于受检异常，不可以抛出而不声明，但可以声明抛出但实际不抛出。这主要用于在父类方法中声明，父类方法内可能没有抛出，但子类重写方法后可能就抛出了，子类不能抛出父类方法中没有声明的受检异常，所以就将所有可能抛出的异常都写到父类上了。

如果一个方法内调用了另一个声明抛出受检异常的方法，则必须处理这些受检异常，处理的方式既可以是 catch，也可以是继续使用 throws，如下所示：

```
public void tester() throws AppException {
    try {
        test();
    }  catch(SQLException e) {
        e.printStackTrace();
    }
}
```

对于 test 抛出的 SQLException，这里使用了 catch，而对于 AppException，则将其添加到了自己方法的 throws 语句中，表示当前方法处理不了，继续由上层处理。

6.3.6　对比受检和未受检异常

通过以上介绍可以看出，未受检异常和受检异常的区别如下：受检异常必须出现在 throws 语句中，调用者必须处理，Java 编译器会强制这一点，而未受检异常则没有这个要求。

为什么要有这个区分呢？我们自己定义异常的时候应该使用受检还是未受检异常呢？对于这个问题，业界有各种各样的观点和争论，没有特别一致的结论。

一种普遍的说法是：未受检异常表示编程的逻辑错误，编程时应该检查以避免这些错误，比如空指针异常，如果真的出现了这些异常，程序退出也是正常的，程序员应该检查程序代码的 bug 而不是想办法处理这种异常。受检异常表示程序本身没问题，但由于 I/O、网络、数据库等其他不可预测的错误导致的异常，调用者应该进行适当处理。

但其实编程错误也是应该进行处理的，尤其是 Java 被广泛应用于服务器程序中，不能因为一个逻辑错误就使程序退出。所以，目前一种更被认同的观点是：Java 中对受检异常和未受检异常的区分是没有太大意义的，可以统一使用未受检异常来代替。

这种观点的基本理由是：**无论是受检异常还是未受检异常，无论是否出现在 throws 声明中，都应该在合适的地方以适当的方式进行处理**，而不只是为了满足编译器的要求盲目处理异常，既然都要进行处理异常，受检异常的强制声明和处理就显得烦琐，尤其是在调用层次比较深的情况下。

其实观点本身并不太重要，更重要的是一致性，一个项目中，应该对如何使用异常达成一致，并按照约定使用。

6.4　如何使用异常

针对异常，我们介绍了 try/catch/finally、catch 匹配、重新抛出、throws、受检 / 未受检

异常，那到底该如何使用异常呢？　下面从异常的适用情况、异常处理的目标和一般逻辑等
多个角度进行介绍。

6.4.1　异常应该且仅用于异常情况

异常应该且仅用于异常情况，是指异常不能代替正常的条件判断。比如，循环处理
数组元素的时候，应该先检查索引是否有效再进行处理，而不是等着抛出索引异常再结束
循环。对于一个引用变量，如果正常情况下它的值也可能为 null，那就应该先检查是不是
null，不为 null 的情况下再进行调用。

另一方面，**真正出现异常的时候，应该抛出异常，而不是返回特殊值**。比如，String 的
substring() 方法返回一个子字符串，如代码清单 6-3 所示。

代码清单6-3　String的substring()方法

```java
public String substring(int beginIndex) {
    if(beginIndex < 0) {
        throw new StringIndexOutOfBoundsException(beginIndex);
    }
    int subLen = value.length - beginIndex;
    if(subLen < 0) {
        throw new StringIndexOutOfBoundsException(subLen);
    }
    return(beginIndex == 0) ? this : new String(value, beginIndex, subLen);
}
```

代码会检查 beginIndex 的有效性，如果无效，会抛出 StringIndexOutOfBoundsExcep-
tion 异常。纯技术上一种可能的替代方法是不抛出异常而返回特殊值 null，但 beginIndex 无
效是异常情况，**异常不能作为正常处理**。

6.4.2　异常处理的目标

异常大概可以分为三种来源：用户、程序员、第三方。用户是指用户的输入有问题；
程序员是指编程错误；第三方泛指其他情况，如 I/O 错误、网络、数据库、第三方服务等。
每种异常都应该进行适当的处理。

处理的目标可以分为恢复和报告。恢复是指通过程序自动解决问题。报告的最终对象
可能是用户，即程序使用者，也可能是系统运维人员或程序员。报告的目的也是为了恢复，
但这个恢复经常需要人的参与。

对用户，如果用户输入不对，可以提示用户具体哪里输入不对，如果是编程错误，可
以提示用户系统错误、建议联系客服，如果是第三方连接问题，可以提示用户稍后重试。

对系统运维人员或程序员，他们一般不关心用户输入错误，而关注编程错误或第三方
错误，对于这些错误，需要报告尽量完整的细节，包括异常链、异常栈等，以便尽快定位
和解决问题。

用户输入或编程错误一般都是难以通过程序自动解决的，第三方错误则可能可以，甚至很多时候，程序都不应该假定第三方是可靠的，应该有容错机制。比如，某个第三方服务连接不上（比如发短信），可能的容错机制是换另一个提供同样功能的第三方试试，还可能是间隔一段时间进行重试，在多次失败之后再报告错误。

6.4.3 异常处理的一般逻辑

如果自己知道怎么处理异常，就进行处理；如果可以通过程序自动解决，就自动解决；如果异常可以被自己解决，就不需要再向上报告。

如果自己不能完全解决，就应该向上报告。如果自己有额外信息可以提供，有助于分析和解决问题，就应该提供，可以以原异常为 cause 重新抛出一个异常。

总有一层代码需要为异常负责，可能是知道如何处理该异常的代码，可能是面对用户的代码，也可能是主程序。如果异常不能自动解决，对于用户，应该根据异常信息提供用户能理解和对用户有帮助的信息；对运维和开发人员，则应该输出详细的异常链和异常栈到日志。

这个逻辑与在公司中处理问题的逻辑是类似的，每个级别都有自己应该解决的问题，自己能处理的自己处理，不能处理的就应该报告上级，把下级告诉他的和他自己知道的一并告诉上级，最终，公司老板必须要为所有问题负责。每个级别既不应该掩盖问题，也不应该逃避责任。

本章介绍了 Java 中的异常机制。在没有异常机制的情况下，唯一的退出机制是 return，判断是否异常的方法就是返回值。方法根据是否异常返回不同的返回值，调用者根据不同返回值进行判断，并进行相应处理。每一层方法都需要对调用的方法的每个不同返回值进行检查和处理，程序的正常逻辑和异常逻辑混杂在一起，代码往往难以阅读理解和维护。另外，因为异常毕竟是少数情况，程序员经常偷懒，假装异常不会发生，而忽略对异常返回值的检查，降低了程序的可靠性。

在有了异常机制后，程序的正常逻辑与异常逻辑可以相分离，异常情况可以集中进行处理，异常还可以自动向上传递，不再需要每层方法都进行处理，异常也不再可能被自动忽略，从而，处理异常情况的代码可以大大减少，代码的可读性、可靠性、可维护性也都可以得到提高。

至此，关于 Java 语言本身的主要概念我们就介绍得差不多了，下一章，我们介绍一些常用的基础类。

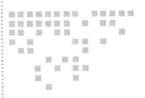

常用基础类

本章介绍 Java 编程中一些常用的基础类，探讨它们的用法、应用和实现原理，这些类有：

- 各种包装类；
- 文本处理的类 String 和 StringBuilder；
- 数组操作的类 Arrays；
- 日期和时间处理；
- 随机。

7.1 包装类

Java 有 8 种基本类型，每种基本类型都有一个对应的包装类。包装类是什么呢？它是一个类，内部有一个实例变量，保存对应的基本类型的值，这个类一般还有一些静态方法、静态变量和实例方法，以方便对数据进行操作。Java 中，基本类型和对应的包装类如表 7-1 所示。

表 7-1 基本类型和对应的包装类

基 本 类 型	包 装 类	基 本 类 型	包 装 类
boolean	Boolean	long	Long
byte	Byte	float	Float
short	Short	double	Double
int	Integer	char	Character

包装类也都很好记，除了 Integer 和 Character 外，其他类名称与基本类型基本一样，只是首字母大写。包装类有什么用呢？Java 中很多代码（比如后续章节介绍的容器类）只能操作对象，为了能操作基本类型，需要使用其对应的包装类。另外，包装类提供了很多有用的方法，可以方便对数据的操作。下面先介绍各个包装类的基本用法及其共同点，然后重点介绍 Integer 和 Character。

7.1.1　基本用法

各个包装类都可以与其对应的基本类型相互转换，方法也是类似的，部分类型如表 7-2 所示。

表 7-2　包装类与基本类型的转换

包装类	与基本类型的转换示例代码	包装类	与基本类型的转换示例代码

Boolean	boolean b1 = false;
	Boolean bObj = Boolean.valueOf(b1);
	boolean b2 = bObj.booleanValue();
		Double	double d1 = 123.45;
			Double dObj = Double.valueOf(d1);
			double d2 = dObj.doubleValue();

Integer	int i1 = 12345;
	Integer iObj = Integer.valueOf(i1);
	int i2 = iObj.intValue();
		Character	char c1 = 'A';
			Character cObj = Character.valueOf(c1);
			char c2 = cObj.charValue();

包装类与基本类型的转换代码结构是类似的，每种包装类都有一个静态方法 valueOf()，接受基本类型，返回引用类型，也都有一个实例方法 xxxValue() 返回对应的基本类型。

将基本类型转换为包装类的过程，一般称为"装箱"，而将包装类型转换为基本类型的过程，则称为"拆箱"。装箱/拆箱写起来比较烦琐，Java 5 以后引入了自动装箱和拆箱技术，可以直接将基本类型赋值给引用类型，反之亦可，比如：

```
Integer a = 100;
int b = a;
```

自动装箱/拆箱是 Java 编译器提供的能力，背后，它会替换为调用对应的 valueOf/xxx-Value 方法，比如，上面的代码会被 Java 编译器替换为：

```
Integer a = Integer.valueOf(100);
int b = a.intValue();
```

每种包装类也都有构造方法，可以通过 new 创建，比如：

```
Integer a = new Integer(100);
Boolean b = new Boolean(true);
Double d = new Double(12.345);
Character c = new Character('马');
```

那到底应该用静态的 valueOf 方法，还是使用 new 呢？一般建议使用 valueOf 方法。new 每次都会创建一个新对象，而除了 Float 和 Double 外的其他包装类，都会缓存包装类对象，减少需要创建对象的次数，节省空间，提升性能。实际上，从 Java 9 开始，这些构造方法已经被标记为过时了，推荐使用静态的 valueOf 方法。

7.1.2 共同点

各个包装类有很多共同点，比如，都重写了 Object 中的一些方法，都实现了 Comparable 接口，都有一些与 String 有关的方法，大部分都定义了一些静态常量，都是不可变的。下面具体介绍。

1. 重写 Object 方法

所有包装类都重写了 Object 类的如下方法：

```
boolean equals(Object obj)
int hashCode()
String toString()
```

我们分别介绍。

（1）equals

equals 用于判断当前对象和参数传入的对象是否相同，Object 类的默认实现是比较地址，对于两个变量，只有这两个变量指向同一个对象时，equals 才返回 true，它和比较运算符（==）的结果是一样的。

equals 应该反映的是对象间的逻辑相等关系，所以这个默认实现一般是不合适的，子类需要重写该实现。所有包装类都重写了该实现，实际比较用的是其包装的基本类型值，比如，对于 Long 类，其 equals 方法代码如下：

```
public boolean equals(Object obj) {
    if(obj instanceof Long) {
        return value == ((Long)obj).longValue();
    }
    return false;
}
```

对于 Float，其实现代码如下：

```
public boolean equals(Object obj) {
    return(obj instanceof Float)
            && (floatToIntBits(((Float)obj).value) == floatToIntBits(value));
}
```

Float 有一个静态方法 floatToIntBits()，将 float 的二进制表示看作 int。需要注意的是，只有两个 float 的二进制表示完全一样的时候，equals 才会返回 true。在 2.2 节的时候，我们提到小数计算是不精确的，数学概念上运算结果一样，但计算机运算结果可能不同，比如下面的代码：

```
Float f1 = 0.01f;
Float f2 = 0.1f*0.1f;
```

```
System.out.println(f1.equals(f2));
System.out.println(Float.floatToIntBits(f1));
System.out.println(Float.floatToIntBits(f2));
```

输出为：

```
false
1008981770
1008981771
```

也就是，两个浮点数不一样，将二进制看作整数也不一样，相差为 1。

Double 的 equals 方法与 Float 类似，它有一个静态方法 doubleToLongBits，将 double 的二进制表示看作 long，然后再按 long 比较。

（2）hashCode

hashCode 返回一个对象的哈希值。哈希值是一个 int 类型的数，由对象中一般不变的属性映射得来，用于快速对对象进行区分、分组等。一个对象的哈希值不能改变，相同对象的哈希值必须一样。不同对象的哈希值一般应不同，但这不是必需的，可以有对象不同但哈希值相同的情况。

比如，对于一个班的学生对象，hashCode 可以是学生的出生日期，出生日期是不变的，不同学生生日一般不同，分布比较均匀，个别生日相同的也没关系。

hashCode 和 equals 方法联系密切，**对两个对象，如果 equals 方法返回 true，则 hashCode 也必须一样**。反之不要求，equal 方法返回 false 时，hashCode 可以一样，也可以不一样，但应该尽量不一样。hashCode 的默认实现一般是将对象的内存地址转换为整数，**子类如果重写了 equals 方法，也必须重写 hashCode**。之所以有这个规定，是因为 Java API 中很多类依赖于这个行为，尤其是容器中的一些类。

包装类都重写了 hashCode，根据包装的基本类型值计算 hashCode，对于 Byte、Short、Integer、Character，hashCode 就是其内部值，代码为：

```
public int hashCode() {
    return (int)value;
}
```

对于 Boolean，hashCode 代码为：

```
public int hashCode() {
    return value ? 1231 : 1237;
}
```

根据基类类型值返回了两个不同的数，为什么选这两个值呢？它们是质数（即只能被 1 和自己整除的数），质数用于哈希时比较好，不容易冲突。

对于 Long，hashCode 代码为：

```
public int hashCode() {
    return(int)(value ^ (value >>> 32));
}
```

是高 32 位与低 32 位进行位异或操作。

对于 Float，hashCode 代码为：

```
public int hashCode() {
    return floatToIntBits(value);
}
```

与 equals 方法类似，将 float 的二进制表示看作 int。

对于 Double，hashCode 代码为：

```
public int hashCode() {
    long bits = doubleToLongBits(value);
    return(int)(bits ^ (bits >>> 32));
}
```

与 equals 方法类似，将 double 的二进制表示看作 long，然后再按 long 计算 hashCode。

每个包装类也都重写了 toString 方法，返回对象的字符串表示，这个一般比较自然，不再赘述。

2. Comparable

每个包装类都实现了 Java API 中的 Comparable 接口。Comparable 接口代码如下：

```
public interface Comparable<T> {
    public int compareTo(T o);
}
```

<T> 是泛型语法，我们在第 8 章介绍，T 表示比较的类型，由实现接口的类传入。接口只有一个方法 compareTo，当前对象与参数对象进行比较，在小于、等于、大于参数时，应分别返回 –1、0、1。

各个包装类的实现基本都是根据基本类型值进行比较，不再赘述。对于 Boolean，false 小于 true。对于 Float 和 Double，存在和 equals 方法一样的问题，0.01 和 0.1*0.1 相比的结果并不为 0。

3. 包装类和 String

除了 toString 方法外，包装类还有一些其他与 String 相关的方法。除了 Character 外，每个包装类都有一个静态的 valueOf(String) 方法，根据字符串表示返回包装类对象，如：

```
Boolean b = Boolean.valueOf("true");
Float f = Float.valueOf("123.45f");
```

也都有一个静态的 parseXXX(String) 方法，根据字符串表示返回基本类型值，如：

```
boolean b = Boolean.parseBoolean("true");
double d = Double.parseDouble("123.45");
```

都有一个静态的 toString 方法，根据基本类型值返回字符串表示，如：

```
System.out.println(Boolean.toString(true));
```

```
System.out.println(Double.toString(123.45));
```

输出：

```
true
123.45
```

对于整数类型，字符串表示除了默认的十进制外，还可以表示为其他进制，如二进制、八进制和十六进制，包装类有静态方法进行相互转换，比如：

```
System.out.println(Integer.toBinaryString(12345));      //输出二进制
System.out.println(Integer.toHexString(12345));         //输出十六进制
System.out.println(Integer.parseInt("3039", 16));       //按十六进制解析
```

输出：

```
11000000111001
3039
12345
```

4. 常用常量

包装类中除了定义静态方法和实例方法外，还定义了一些静态变量。对于 Boolean 类型，有：

```
public static final Boolean TRUE = new Boolean(true);
public static final Boolean FALSE = new Boolean(false);
```

所有数值类型都定义了 MAX_VALUE 和 MIN_VALUE，表示能表示的最大 / 最小值，比如，对 Integer：

```
public static final int    MIN_VALUE = 0x80000000;
public static final int    MAX_VALUE = 0x7fffffff;
```

Float 和 Double 还定义了一些特殊数值，比如正无穷、负无穷、非数值，如 Double 类：

```
public static final double POSITIVE_INFINITY = 1.0 / 0.0; //正无穷
public static final double NEGATIVE_INFINITY = -1.0 / 0.0; //负无穷
public static final double NaN = 0.0d / 0.0; //非数值
```

5. Number

6 种数值类型包装类有一个共同的父类 Number。Number 是一个抽象类，它定义了如下方法：

```
byte byteValue()
short shortValue()
int intValue()
long longValue()
float floatValue()
double doubleValue()
```

通过这些方法，包装类实例可以返回任意的基本数值类型。

6. 不可变性

包装类都是不可变类。所谓不可变是指实例对象一旦创建，就没有办法修改了。这是通过如下方式强制实现的：

❑ 所有包装类都声明为了 final，不能被继承。

❑ 内部基本类型值是私有的，且声明为了 final。

❑ 没有定义 setter 方法。

为什么要定义为不可变类呢？**不可变使得程序更为简单安全**，因为不用操心数据被意外改写的可能，可以安全地共享数据，尤其是在多线程的环境下。关于线程，我们在第 15 章介绍。

7.1.3 剖析 Integer 与二进制算法

本小节主要介绍 Integer 类，Long 与 Integer 类似，就不再单独介绍了。一个简单的 Integer 还有什么要介绍的呢？它有一些二进制操作，包括位翻转和循环移位等，另外，我们也分析一下它的 valueOf 实现。为什么要关心实现代码呢？大部分情况下，确实不用关心，会用它就可以了，我们主要是学习其中的二进制操作。二进制是计算机的基础，但代码往往晦涩难懂，我们希望对其有一个更为清晰深刻的理解。

1. 位翻转

Integer 有两个静态方法，可以按位进行翻转：

```
public static int reverse(int i)
public static int reverseBytes(int i)
```

位翻转就是将 int 当作二进制，左边的位与右边的位进行互换，reverse 是按位进行互换，reverseBytes 是按 byte 进行互换，我们来看个例子：

```
int a = 0x12345678;
System.out.println(Integer.toBinaryString(a));
int r = Integer.reverse(a);
System.out.println(Integer.toBinaryString(r));
int rb = Integer.reverseBytes(a);
System.out.println(Integer.toHexString(rb));
```

a 是整数，用十六进制赋值，首先输出其二进制字符串，接着输出 reverse 后的二进制，最后输出 reverseBytes 后的十六进制，输出为：

```
10010001101000101011001111000
11110011010100010110001001000
78563412
```

reverseBytes 是按字节翻转，78 是十六进制表示的一个字节，12 也是，所以结果 78563412 是比较容易理解的。二进制翻转初看是不对的，这是因为输出不是 32 位，输出时忽略了前面的 0，我们补齐 32 位再看：

```
000100100011010001010110011111000
000111100110101000101100010001000
```

这次结果就对了。这两个方法是怎么实现的呢？

先来看 reverseBytes 的代码：

```
public static int reverseBytes(int i) {
    return ((i >>> 24)              ) |
           ((i >>   8) &   0xFF00) |
           ((i <<   8) & 0xFF0000) |
           ((i << 24));
}
```

代码比较晦涩，以参数 i 等于 0x12345678 为例，我们来分析执行过程：

1）i>>>24 无符号右移，最高字节挪到最低位，结果是 0x00000012；

2）(i>>8) & 0xFF00，左边第二个字节挪到右边第二个，i>>8 结果是 0x00123456，再进行 & 0xFF00，保留的是右边第二个字节，结果是 0x00003400；

3）(i << 8) & 0xFF0000，右边第二个字节挪到左边第二个，i<<8 结果是 0x34567800，再进行 & 0xFF0000，保留的是右边第三个字节，结果是 0x00560000；

4）i<<24，结果是 0x78000000，最右字节挪到最左边。

这 4 个结果再进行或操作 |，结果就是 0x78563412，这样，通过左移、右移、与和或操作，就达到了字节翻转的目的。

我们再来看 reverse 的代码：

```
public static int reverse(int i) {
    //HD, Figure 7-1
    i = (i & 0x55555555) << 1 | (i >>> 1) & 0x55555555;
    i = (i & 0x33333333) << 2 | (i >>> 2) & 0x33333333;
    i = (i & 0x0f0f0f0f) << 4 | (i >>> 4) & 0x0f0f0f0f;
    i = (i << 24) | ((i & 0xff00) << 8) |
        ((i >>> 8) & 0xff00) | (i >>> 24);
    return i;
}
```

这段代码虽然很短，但非常晦涩，到底是什么意思呢？代码第一行是一个注释，HD 表示的是一本书，书名为 *Hacker's Delight*，中文版为《算法心得：高效算法的奥秘》，HD 是它的缩写，Figure 7-1 是书中的图 7-1，reverse 的代码就是复制了这本书中图 7-1 的代码，书中也说明了代码的思路，我们简要说明。

高效实现位翻转的基本思路是：首先交换相邻的单一位，然后以两位为一组，再交换相邻的位，接着是 4 位一组交换、然后是 8 位、16 位，16 位之后就完成了。这个思路不仅适用于二进制，而且适用于十进制，为便于理解，我们看个十进制的例子。比如对数字 12345678 进行翻转。

第一轮，相邻单一数字进行互换，结果为：

```
21 43 65 87
```

第二轮，以两个数字为一组交换相邻的，结果为：

```
43 21 87 65
```

第三轮，以 4 个数字为一组交换相邻的，结果为：

```
8765 4321
```

翻转完成。

对十进制而言，这个效率并不高，但对于二进制而言，却是高效的，因为**二进制可以在一条指令中交换多个相邻位**。下面代码就是对相邻单一位进行互换：

```
x = (x & 0x55555555) <<  1 | (x & 0xAAAAAAAA) >>>  1;
```

5 的二进制表示是 0101，0x55555555 的二进制表示是：

```
01010101010101010101010101010101
```

x & 0x55555555 就是取 x 的奇数位。

A 的二进制表示是 1010，0xAAAAAAAA 的二进制表示是：

```
10101010101010101010101010101010
```

x & 0xAAAAAAAA 就是取 x 的偶数位。

```
(x & 0x55555555) <<  1 | (x & 0xAAAAAAAA) >>>  1;
```

表示的就是 x 的奇数位向左移，偶数位向右移，然后通过 | 合并，达到相邻位互换的目的。这段代码可以有个小的优化，只使用一个常量 0x55555555，后半部分先移位再进行与操作，变为：

```
(i & 0x55555555) << 1 | (i >>> 1) & 0x55555555;
```

同理，如下代码就是以两位为一组，对相邻位进行互换：

```
i = (i & 0x33333333) << 2 | (i & 0xCCCCCCCC)>>>2;
```

3 的二进制表示是 0011，0x33333333 的二进制表示是：

```
00110011001100110011001100110011
```

x & 0x33333333 就是取 x 以两位为一组的低半部分。

C 的二进制表示是 1100，0xCCCCCCCC 的二进制表示是：

```
11001100110011001100110011001100
```

x & 0xCCCCCCCC 就是取 x 以两位为一组的高半部分。

```
(i & 0x33333333) << 2 | (i & 0xCCCCCCCC)>>>2;
```

表示的就是 x 以两位为一组，低半部分向高位移，高半部分向低位移，然后通过 | 合并，达

到交换的目的。同样，可以去掉常量 0xCCCCCCCC，代码可以优化为：

```
(i & 0x33333333) << 2 | (i >>> 2) & 0x33333333;
```

同理，下面代码就是以 4 位为一组进行交换。

```
i = (i & 0x0f0f0f0f) << 4 | (i >>> 4) & 0x0f0f0f0f;
```

到以 8 位为单位交换时，就是字节翻转了，可以写为如下更直接的形式，代码和 reverse-Bytes 基本完全一样。

```
i = (i << 24) | ((i & 0xff00) << 8) |
    ((i >>> 8) & 0xff00) | (i >>> 24);
```

reverse 代码为什么要写得这么晦涩呢？或者说不能用更容易理解的方式写吗？比如，实现翻转，一种常见的思路是：第一个和最后一个交换，第二个和倒数第二个交换，直到中间两个交换完成。如果数据不是二进制位，这个思路是好的，但对于二进制位，这个思路的效率比较低。

CPU 指令并不能高效地操作单个位，它操作的最小数据单位一般是 32 位（32 位机器），另外，CPU 可以高效地实现移位和逻辑运算，但实现加、减、乘、除运算则比较慢。

reverse 是在充分利用 CPU 的这些特性，并行高效地进行相邻位的交换，也可以通过其他更容易理解的方式实现相同功能，但很难比这个代码更高效。

2. 循环移位

Integer 有两个静态方法可以进行循环移位：

```
public static int rotateLeft(int i, int distance)
public static int rotateRight(int i, int distance)
```

rotateLeft 方法是循环左移，rotateRight 方法是循环右移，distance 是移动的位数。所谓循环移位，是相对于普通的移位而言的，普通移位，比如左移 2 位，原来的最高两位就没有了，右边会补 0，而如果是循环左移两位，则原来的最高两位会移到最右边，就像一个左右相接的环一样。看个例子：

```
int a = 0x12345678;
int b = Integer.rotateLeft(a, 8);
System.out.println(Integer.toHexString(b));
int c = Integer.rotateRight(a, 8);
System.out.println(Integer.toHexString(c))
```

b 是 a 循环左移 8 位的结果，c 是 a 循环右移 8 位的结果，所以输出为：

```
34567812
78123456
```

这两个函数的实现代码为：

```
public static int rotateLeft(int i, int distance) {
```

```
        return (i << distance) | (i >>> -distance);
    }
    public static int rotateRight(int i, int distance) {
        return (i >>> distance) | (i << -distance);
    }
```

这两个函数中令人费解的是负数，如果 distance 是 8，那 i>>>-8 是什么意思呢？其实，实际的移位个数不是后面的直接数字，而是直接数字的最低 5 位的值，或者说是直接数字 &0x1f 的结果。之所以这样，是因为 5 位最大表示 31，移位超过 31 位对 int 整数是无效的。

理解了移动负数位的含义，就比较容易理解上面这段代码了，比如，-8 的二进制表示是：

11111111111111111111111111111000

其最低 5 位是 11000，十进制表示就是 24，所以 i>>>-8 就是 i>>>24，i<<8 | i>>>24 就是循环左移 8 位。上面代码中，i>>>-distance 就是 i>>>(32-distance)，i<<-distance 就是 i<<(32-distance)。

Integer 中还有一些其他的位操作，具体可参看 API 文档。关于其实现代码，都有注释指向 Hacker's Delight 这本书的相关章节，不再赘述。

3. valueOf 的实现

在前面，我们提到，创建包装类对象时，可以使用静态的 valueOf 方法，也可以直接使用 new，但建议使用 valueOf 方法，为什么呢？我们来看 Integer 的 valueOf 的代码（基于 Java 7）：

```
public static Integer valueOf(int i) {
    assert IntegerCache.high >= 127;
    if (i >= IntegerCache.low && i <= IntegerCache.high)
        return IntegerCache.cache[i + (-IntegerCache.low)];
    return new Integer(i);
}
```

它使用了 IntegerCache，这是一个私有静态内部类，如代码清单 7-1 所示。

代码清单7-1　IntegerCache

```
private static class IntegerCache {
    static final int low = -128;
    static final int high;
    static final Integer cache[];
    static {
        //high value may be configured by property
        int h = 127;
        String integerCacheHighPropValue =
            sun.misc.VM.getSavedProperty(
            "java.lang.Integer.IntegerCache.high");
        if(integerCacheHighPropValue != null) {
            int i = parseInt(integerCacheHighPropValue);
            i = Math.max(i, 127);
```

```
        //Maximum array size is Integer.MAX_VALUE
        h = Math.min(i, Integer.MAX_VALUE - (-low) -1);
    }
    high = h;

    cache = new Integer[(high - low) + 1];
    int j = low;
    for(int k = 0; k < cache.length; k++)
        cache[k] = new Integer(j++);
}
private IntegerCache() {}
}
```

IntegerCache 表示 Integer 缓存，其中的 cache 变量是一个静态 Integer 数组，在静态初始化代码块中被初始化，默认情况下，保存了 –128～127 共 256 个整数对应的 Integer 对象。

在 valueOf 代码中，如果数值位于被缓存的范围，即默认 –128～127，则直接从 Integer-Cache 中获取已预先创建的 Integer 对象，只有不在缓存范围时，才通过 new 创建对象。

通过共享常用对象，可以节省内存空间，由于 Integer 是不可变的，所以缓存的对象可以安全地被共享。Boolean、Byte、Short、Long、Character 都有类似的实现。这种共享常用对象的思路，是一种常见的设计思路，它有一个名字，叫**享元模式**，英文叫 Flyweight，即共享的轻量级元素。

7.1.4　剖析 Character

本节探讨 Character 类。Character 类除了封装了一个 char 外，还有什么可介绍的呢？它有很多静态方法，封装了 Unicode 字符级别的各种操作，是 Java 文本处理的基础，注意不是 char 级别，Unicode 字符并不等同于 char，本节详细介绍这些方法。在此之前，先来回顾一下 Unicode 知识。

1. Unicode 基础

Unicode 给世界上每个字符分配了一个编号，编号范围为 0x000000～0x10FFFF。编号范围在 0x0000～0xFFFF 的字符为常用字符集，称 BMP（Basic Multilingual Plane）字符。编号范围在 0x10000～0x10FFFF 的字符叫做增补字符（supplementary character）。

Unicode 主要规定了编号，但没有规定如何把编号映射为二进制。UTF-16 是一种编码方式，或者叫映射方式，它将编号映射为两个或 4 个字节，对 BMP 字符，它直接用两个字节表示，对于增补字符，使用 4 个字节表示，前两个字节叫高代理项（high surrogate），范围为 0xD800～0xDBFF，后两个字节叫低代理项（low surrogate），范围为 0xDC00～0xDFFF。UTF-16 定义了一个公式，可以将编号与 4 字节表示进行相互转换。

Java 内部采用 UTF-16 编码，char 表示一个字符，但只能表示 BMP 中的字符，对于增补字符，需要使用两个 char 表示，一个表示高代理项，一个表示低代理项。

使用 int 可以表示任意一个 Unicode 字符，低 21 位表示 Unicode 编号，高 11 位设为 0。

整数编号在 Unicode 中一般称为**代码点**（code point），表示一个 Unicode 字符，与之相对，还有一个词**代码单元**（code unit）表示一个 char。

Character 类中有很多相关静态方法，下面分别介绍。

2. 检查 code point 和 char

```
//判断一个int是不是一个有效的代码点，小于等于0x10FFFF的为有效，大于的为无效
public static boolean isValidCodePoint(int codePoint)
//判断一个int是不是BMP字符，小于等于0xFFFF的为BMP字符，大于的不是
public static boolean isBmpCodePoint(int codePoint)
//判断一个int是不是增补字符，0x010000~0X10FFFF为增补字符
public static boolean isSupplementaryCodePoint(int codePoint)
//判断char是否是高代理项，0xD800~0xDBFF为高代理项
public static boolean isHighSurrogate(char ch)
//判断char是否为低代理项，0xDC00~0xDFFF为低代理项
public static boolean isLowSurrogate(char ch)
//判断char是否为代理项，char为低代理项或高代理项，则返回true
public static boolean isSurrogate(char ch)
//判断两个字符high和low是否分别为高代理项和低代理项
public static boolean isSurrogatePair(char high, char low)
//判断一个代码点由几个char组成，增补字符返回2，BMP字符返回1
public static int charCount(int codePoint)
```

3. code point 与 char 的转换

除了简单的检查外，Character 类中还有很多方法，进行 code point 与 char 的相互转换。

```
//根据高代理项high和低代理项low生成代码点，这个转换有个公式，这个方法封装了这个公式
public static int toCodePoint(char high, char low)
//根据代码点生成char数组，即UTF-16表示，如果code point为BMP字符，则返回的char
//数组长度为1，如果为增补字符，长度为2，char[0]为高代理项，char[1]为低代理项
public static char[] toChars(int codePoint)
//将代码点转换为char数组，与上面方法类似，只是结果存入指定数组dst的指定位置index
public static int toChars(int codePoint, char[] dst, int dstIndex)
//对增补字符codePoint，生成低代理项
public static char lowSurrogate(int codePoint)
//对增补字符codePoint，生成高代理项
public static char highSurrogate(int codePoint)
```

4. 按 code point 处理 char 数组或序列

Character 包含若干方法，以方便按照 code point 处理 char 数组或序列。

返回 char 数组 a 中从 offset 开始 count 个 char 包含的 code point 个数：

```
public static int codePointCount(char[] a, int offset, int count)
```

比如，如下代码输出为 2，char 个数为 3，但 code point 为 2。

```
char[] chs = new char[3];
chs[0] = '马';
Character.toChars(0x1FFFF, chs, 1);
System.out.println(Character.codePointCount(chs, 0, 3));
```

除了接受 char 数组，还有一个重载的方法接受字符序列 CharSequence：

```
public static int codePointCount(CharSequence seq, int beginIndex,
    int endIndex)
```

CharSequence 是一个接口，它的定义如下所示：

```
public interface CharSequence {
    int length();
    char charAt(int index);
    CharSequence subSequence(int start, int end);
    public String toString();
}
```

它与一个 char 数组是类似的，有 length 方法，有 charAt 方法根据索引获取字符，String 类就实现了该接口。

返回 char 数组或序列中指定索引位置的 code point：

```
public static int codePointAt(char[] a, int index)
public static int codePointAt(char[] a, int index, int limit)
public static int codePointAt(CharSequence seq, int index)
```

如果指定索引位置为高代理项，下一个位置为低代理项，则返回两项组成的 code point，检查下一个位置时，下一个位置要小于 limit，没传 limit 时，默认为 a.length。

返回 char 数组或序列中指定索引位置之前的 code point：

```
public static int codePointBefore(char[] a, int index)
public static int codePointBefore(char[] a, int index, int start)
public static int codePointBefore(CharSequence seq, int index)
```

codePointAt 是往后找，codePointBefore 是往前找，如果指定位置为低代理项，且前一个位置为高代理项，则返回两项组成的 code point，检查前一个位置时，前一个位置要大于等于 start，没传 start 时，默认为 0。

根据 code point 偏移数计算 char 索引：

```
public static int offsetByCodePoints(char[] a, int start, int count,
                                     int index, int codePointOffset)
public static int offsetByCodePoints(CharSequence seq, int index,
                                     int codePointOffset)
```

如果字符数组或序列中没有增补字符，返回值为 index+codePointOffset，如果有增补字符，则会将 codePointOffset 看作 code point 偏移，转换为字符偏移，start 和 count 取字符数组的子数组。

比如，如下代码：

```
char[] chs = new char[3];
Character.toChars(0x1FFFF, chs, 1);
System.out.println(Character.offsetByCodePoints(chs, 0, 3, 1, 1));
```

输出结果为 3，index 和 codePointOffset 都为 1，但第二个字符为增补字符，一个 code point 偏移是两个 char 偏移，所以结果为 3。

5. 字符属性

Unicode 在给每个字符分配一个编号之外，还分配了一些属性，Character 类封装了对 Unicode 字符属性的检查和操作，下面介绍一些主要的属性。

获取字符类型（general category）：

```
public static int getType(int codePoint)
public static int getType(char ch)
```

Unicode 给每个字符分配了一个类型，这个类型是非常重要的，很多其他检查和操作都是基于这个类型的。getType 方法的参数可以是 int 类型的 code point，也可以是 char 类型。char 类型只能处理 BMP 字符，而 int 类型可以处理所有字符。Character 类中很多方法都是既可以接受 int 类型，也可以接受 char 类型，后续只列出 int 类型的方法。返回值是 int，表示类型，Character 类中定义了很多静态常量表示这些类型，表 7-3 列出了一些字符、type 值，以及 Character 类中常量的名称。

表 7-3　常见字符类型值

字　符	type 值	常 量 名 称
'A'	1	UPPERCASE_LETTER
'a'	2	LOWERCASE_LETTER
'马'	5	OTHER_LETTER
'1'	9	DECIMAL_DIGIT_NUMBER
' '	12	SPACE_SEPARATOR
'\n'	15	CONTROL
'-'	20	DASH_PUNCTUATION
'{'	21	START_PUNCTUATION
'_'	23	CONNECTOR_PUNCTUATION
'&'	24	OTHER_PUNCTUATION
'<'	25	MATH_SYMBOL
'$'	26	CURRENCY_SYMBOL

检查字符是否在 Unicode 中被定义：

```
public static boolean isDefined(int codePoint)
```

每个被定义的字符，其 getType() 返回值都不为 0，如果返回值为 0，表示无定义。注意与 isValidCodePoint 的区别，后者只要数字不大于 0x10FFFF 都返回 true。

检查字符是否为数字：

```
public static boolean isDigit(int codePoint)
```

getType() 返回值为 DECIMAL_DIGIT_NUMBER 的字符为数字。需要注意的是，不光字符 '0'、'1'、……、'9' 是数字，中文全角字符的 0~9 也是数字。比如：

```
char ch = '9'; //中文全角数字
System.out.println((int)ch+","+Character.isDigit(ch));
```

输出为：

```
65305,true
```

全角字符的 9，Unicode 编号为 65305，它也是数字。

检查是否为字母（Letter）：

```
public static boolean isLetter(int codePoint)
```

如果 getType() 的返回值为下列之一，则为 Letter：

```
UPPERCASE_LETTER
LOWERCASE_LETTER
TITLECASE_LETTER
MODIFIER_LETTER
OTHER_LETTER
```

除了 TITLECASE_LETTER 和 MODIFIER_LETTER，其他在表 7-3 中有示例，而这两个平时碰到的也比较少，就不介绍了。

检查是否为字母或数字：

```
public static boolean isLetterOrDigit(int codePoint)
```

只要其中之一返回 true 就返回 true。

检查是否为字母（Alphabetic）：

```
public static boolean isAlphabetic(int codePoint)
```

这也是检查是否为字母，与 isLetter 的区别是：isLetter 返回 true 时，isAlphabetic 也必然返回 true；此外，getType() 值为 LETTER_NUMBER 时，isAlphabetic 也返回 true，而 isLetter 返回 false。LETTER_NUMBER 中常见的字符有罗马数字字符，如 'Ⅰ'、'Ⅱ'、'Ⅲ'、'Ⅳ'。

检查是否为空格字符：

```
public static boolean isSpaceChar(int codePoint)
```

getType() 值为 SPACE_SEPARATOR，LINE_SEPARATOR 和 PARAGRAPH_SEPARATOR 时，返回 true。这个方法其实并不常用，因为它只能严格匹配空格字符本身，不能匹配实际产生空格效果的字符，如 Tab 控制键 '\t'。

更常用的检查空格的方法：

```
public static boolean isWhitespace(int codePoint)
```

'\t'、'\n'、全角空格 '　' 和半角空格 ' ' 的返回值都为 true。

检查是否为小写字符：

```
public static boolean isLowerCase(int codePoint)
```

常见的小写字符主要是小写英文字母 a～z。

检查是否为大写字符：

```
public static boolean isUpperCase(int codePoint)
```

常见的大写字符主要是大写英文字母 A～Z。

检查是否为表意象形文字：

```
public static boolean isIdeographic(int codePoint)
```

大部分中文都返回为 true。

检查是否为 ISO 8859-1 编码中的控制字符：

```
public static boolean isISOControl(int codePoint)
```

我们在第 2 章介绍过，0～31、127～159 表示控制字符。

检查是否可作为 Java 标识符的第一个字符：

```
public static boolean isJavaIdentifierStart(int codePoint)
```

Java 标识符是 Java 中的变量名、函数名、类名等，字母（Alphabetic）、美元符号（$）、下画线（_）可作为 Java 标识符的第一个字符，但数字字符不可以。

检查是否可作为 Java 标识符的中间字符：

```
public static boolean isJavaIdentifierPart(int codePoint)
```

相比 isJavaIdentifierStart，主要多了数字字符，Java 标识符的中间字符可以包含数字。

检查是否为镜像（mirrored）字符：

```
public static boolean isMirrored(int codePoint)
```

常见镜像字符有 ( )、{ }、< >、[ ]，都有对应的镜像。

6. 字符转换

Unicode 除了规定字符属性外，对有大小写对应的字符，还规定了其对应的大小写，对有数值含义的字符，也规定了其数值。

我们先来看大小写，Character 有两个静态方法，对字符进行大小写转换：

```
public static int toLowerCase(int codePoint)
public static int toUpperCase(int codePoint)
```

这两个方法主要针对英文字符 a～z 和 A～Z，例如：toLowerCase('A') 返回 'a'，toUpper-Case('z') 返回 'Z'。

返回一个字符表示的数值：

```
public static int getNumericValue(int codePoint)
```

字符 '0'～'9' 返回数值 0～9，对于字符 a～z，无论是小写字符还是大写字符，无论是普通英文还是中文全角，数值结果都是 10～35。例如，如下代码的输出结果是一样的，都是 10。

```
System.out.println(Character.getNumericValue('Ａ')); //全角大写A
System.out.println(Character.getNumericValue('A'));
System.out.println(Character.getNumericValue('ａ')); //全角小写a
System.out.println(Character.getNumericValue('a'));
```

返回按给定进制表示的数值：

```
public static int digit(int codePoint, int radix)
```

radix 表示进制，常见的有二进制、八进制、十进制、十六进制，计算方式与 get-NumericValue 类似，只是会检查有效性，数值需要小于 radix，如果无效，返回 −1。例如：digit('F',16) 返回 15，是有效的；但 digit('G',16) 就无效，返回 −1。

返回给定数值的字符形式：

```
public static char forDigit(int digit, int radix)
```

与 digit(int codePoint, int radix) 相比，进行相反转换，如果数字无效，返回 '\0'。例如，Character.forDigit(15, 16) 返回 'F'。

与 Integer 类似，Character 也有按字节翻转：

```
public static char reverseBytes(char ch)
```

例如，翻转字符 0x1234：

```
System.out.println(Integer.toHexString(
                Character.reverseBytes((char)0x1234)));
```

输出为 3412。

至此，Character 类就介绍完了，它在 Unicode 字符级别（而非 char 级别）封装了字符的各种操作，通过将字符处理的细节交给 Character 类，其他类就可以在更高的层次上处理文本了。

7.2　剖析 String

字符串操作是计算机程序中最常见的操作之一。Java 中处理字符串的主要类是 String 和 StringBuilder，本节介绍 String。先介绍基本用法，然后介绍实现原理，随后介绍编码转换，分析 String 的不可变性、常量字符串、hashCode 和正则表达式。

7.2.1 基本用法

字符串的基本使用是比较简单直接的。可以通过常量定义 String 变量：

```
String name = "老马说编程";
```

也可以通过 new 创建 String 变量：

```
String name = new String("老马说编程");
```

String 可以直接使用 + 和 += 运算符，如：

```
String name = "老马";
name+= "说编程";
String descritpion = ",探索编程本质";
System.out.println(name+descritpion);
```

输出为：

老马说编程,探索编程本质

String 类包括很多方法，以方便操作字符串，比如：

```
public boolean isEmpty() //判断字符串是否为空
public int length() //获取字符串长度
public String substring(int beginIndex) //取子字符串
public String substring(int beginIndex, int endIndex) //取子字符串
public int indexOf(int ch) //查找字符，返回第一个找到的索引位置，没找到返回-1
public int indexOf(String str) //查找子串，返回第一个找到的索引位置，没找到返回-1
public int lastIndexOf(int ch) //从后面查找字符
public int lastIndexOf(String str) //从后面查找子字符串
public boolean contains(CharSequence s) //判断字符串中是否包含指定的字符序列
public boolean startsWith(String prefix) //判断字符串是否以给定子字符串开头
public boolean endsWith(String suffix) //判断字符串是否以给定子字符串结尾
public boolean equals(Object anObject) //与其他字符串比较，看内容是否相同
public boolean equalsIgnoreCase(String anotherString) //忽略大小写比较是否相同
public int compareTo(String anotherString) //比较字符串大小
public int compareToIgnoreCase(String str) //忽略大小写比较
public String toUpperCase() //所有字符转换为大写字符，返回新字符串，原字符串不变
public String toLowerCase() //所有字符转换为小写字符，返回新字符串，原字符串不变
public String concat(String str) //字符串连接，返回当前字符串和参数字符串合并结果
public String replace(char oldChar, char newChar) //字符串替换，替换单个字符
//字符串替换，替换字符序列，返回新字符串，原字符串不变
public String replace(CharSequence target, CharSequence replacement)
public String trim() //删掉开头和结尾的空格，返回新字符串，原字符串不变
public String[] split(String regex) //分隔字符串，返回分隔后的子字符串数组
```

看个 String 的简单例子，按逗号分隔 "hello,world"：

```
String str = "hello,world";
String[] arr = str.split(",");
```

arr[0] 为 "hello"，arr[1] 为 "world"。

String 的操作大多简单直接，不再赘述。从调用者的角度了解了 String 的基本用法，下面我们进一步来理解 String 的内部（代码基于 Java 7）。

7.2.2　走进 String 内部

String 类内部用一个字符数组表示字符串，实例变量定义为：

```
private final char value[];
```

String 有两个构造方法，可以根据 char 数组创建 String 变量：

```
public String(char value[])
public String(char value[], int offset, int count)
```

需要说明的是，String 会根据参数新创建一个数组，并复制内容，而不会直接用参数中的字符数组。String 中的大部分方法内部也都是操作的这个字符数组。比如：

1）length() 方法返回的是这个数组的长度。

2）substring() 方法是根据参数，调用构造方法 String(char value[], int offset, int count) 新建了一个字符串。

3）indexOf() 方法查找字符或子字符串时是在这个数组中进行查找。

这些方法的实现大多比较直接，不再赘述。

String 中还有一些方法，与这个 char 数组有关：

```
public char charAt(int index) //返回指定索引位置的char
//返回字符串对应的char数组，注意，返回的是一个复制后的数组，而不是原数组
public char[] toCharArray()
//将char数组中指定范围的字符复制入目标数组指定位置
public void getChars(int srcBegin, int srcEnd, char dst[], int dstBegin)
```

与 Character 类似，String 也提供了一些方法，按代码点对字符串进行处理，具体不再赘述。

```
public int codePointAt(int index)
public int codePointBefore(int index)
public int codePointCount(int beginIndex, int endIndex)
public int offsetByCodePoints(int index, int codePointOffset)
```

7.2.3　编码转换

String 内部是按 UTF-16BE 处理字符的，对 BMP 字符，使用一个 char，两个字节，对于增补字符，使用两个 char，四个字节。我们在第 2.3 节介绍过各种编码，不同编码可能用于不同的字符集，使用不同的字节数目，以及不同的二进制表示。如何处理这些不同的编码呢？这些编码与 Java 内部表示之间如何相互转换呢？

Java 使用 Charset 类表示各种编码，它有两个常用静态方法：

```
public static Charset defaultCharset()
```

```
public static Charset forName(String charsetName)
```

第一个方法返回系统的默认编码，比如，在笔者的计算机中，执行如下语句：

```
System.out.println(Charset.defaultCharset().name());
```

输出为 UTF-8。

第二个方法返回给定编码名称的 Charset 对象，与我们在 2.3 节介绍的编码相对应，其 charset 名称可以是 US-ASCII、ISO-8859-1、windows-1252、GB2312、GBK、GB18030、Big5、UTF-8 等，比如：

```
Charset charset = Charset.forName("GB18030");
```

String 类提供了如下方法，返回字符串按给定编码的字节表示：

```
public byte[] getBytes()
public byte[] getBytes(String charsetName)
public byte[] getBytes(Charset charset)
```

第一个方法没有编码参数，使用系统默认编码；第二个方法参数为编码名称；第三个方法参数为 Charset。

String 类有如下构造方法，可以根据字节和编码创建字符串，也就是说，根据给定编码的字节表示，创建 Java 的内部表示。

```
public String(byte bytes[], int offset, int length, String charsetName)
public String(byte bytes[], Charset charset)
```

除了通过 String 中的方法进行编码转换，Charset 类中也有一些方法进行编码 / 解码，本书就不介绍了。重要的是认识到，Java 的内部表示与各种编码是不同的，但可以相互转换。

7.2.4 不可变性

与包装类类似，String 类也是不可变类，即对象一旦创建，就没有办法修改了。String 类也声明为了 final，不能被继承，内部 char 数组 value 也是 final 的，初始化后就不能再变了。

String 类中提供了很多看似修改的方法，其实是通过创建新的 String 对象来实现的，原来的 String 对象不会被修改。比如，concat() 方法的代码：

```
public String concat(String str) {
    int otherLen = str.length();
    if(otherLen == 0) {
        return this;
    }
    int len = value.length;
    char buf[] = Arrays.copyOf(value, len + otherLen);
    str.getChars(buf, len);
```

```
        return new String(buf, true);
    }
```

通过 Arrays.copyOf 方法创建了一块新的字符数组，复制原内容，然后通过 new 创建了一个新的 String，最后一行调用的是 String 的另一个构造方法，其定义为：

```
String(char[] value, boolean share) {
    //assert share : "unshared not supported";
    this.value = value;
}
```

这是一个非公开的构造方法，直接使用传递过来的数组作为内部数组。关于 Arrays 类，我们在 7.4 节介绍。

与包装类类似，定义为不可变类，程序可以更为简单、安全、容易理解。但如果频繁修改字符串，而每次修改都新建一个字符串，那么性能太低，这时，应该考虑 Java 中的另两个类 StringBuilder 和 StringBuffer。

7.2.5　常量字符串

Java 中的字符串常量是非常特殊的，除了可以直接赋值给 String 变量外，它自己就像一个 String 类型的对象，可以直接调用 String 的各种方法。我们来看代码：

```
System.out.println("老马说编程".length());
System.out.println("老马说编程".contains("老马"));
System.out.println("老马说编程".indexOf("编程"));
```

实际上，这些常量就是 String 类型的对象，在内存中，它们被放在一个共享的地方，这个地方称为**字符串常量池**，它保存所有的常量字符串，每个常量只会保存一份，被所有使用者共享。**当通过常量的形式使用一个字符串的时候，使用的就是常量池中的那个对应的 String 类型的对象。**

比如以下代码：

```
String name1 = "老马说编程";
String name2 = "老马说编程";
System.out.println(name1==name2);
```

输出为 true。为什么呢？可以认为，"老马说编程"在常量池中有一个对应的 String 类型的对象，我们假定名称为 laoma，上面的代码实际上就类似于：

```
String laoma = new String(new char[]{'老','马','说','编','程'});
String name1 = laoma;
String name2 = laoma;
System.out.println(name1==name2);
```

实际上只有一个 String 对象，三个变量都指向这个对象，name1==name2 也就不言而喻了。

需要注意的是，**如果不是通过常量直接赋值，而是通过 new 创建，== 就不会返回 true了**，看下面的代码：

```
String name1 = new String("老马说编程");
String name2 = new String("老马说编程");
System.out.println(name1==name2);
```

输出为 false。为什么呢？上面代码类似于：

```
String laoma = new String(new char[]{'老','马','说','编','程'});
String name1 = new String(laoma);
String name2 = new String(laoma);
System.out.println(name1==name2);
```

String 类中以 String 为参数的构造方法代码如下：

```
public String(String original) {
    this.value = original.value;
    this.hash = original.hash;
}
```

hash 是 String 类中另一个实例变量，表示缓存的 hashCode 值。

可以看出，name1 和 name2 指向两个不同的 String 对象，只是这两个对象内部的 value 值指向相同的 char 数组。其内存布局如图 7-1 所示。

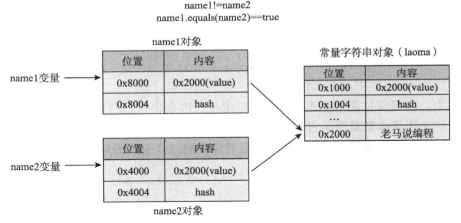

图 7-1 两个 String 对象的内存布局

所以，name1==name2 不成立，但 name1.equals(name2) 是 true。

7.2.6 hashCode

7.2.5 节中提到 hash 这个实例变量，它的定义如下：

```
private int hash; //Default to 0
```

hash 变量缓存了 hashCode 方法的值，也就是说，第一次调用 hashCode 方法的时候，会把结果保存在 hash 这个变量中，以后再调用就直接返回保存的值。

我们来看下 String 类的 hashCode 方法，代码如下：

```
public int hashCode() {
    int h = hash;
    if(h == 0 && value.length > 0) {
        char val[] = value;
        for(int i = 0; i < value.length; i++) {
            h = 31 * h + val[i];
        }
        hash = h;
    }
    return h;
}
```

如果缓存的 hash 不为 0，就直接返回了，否则根据字符数组中的内容计算 hash，计算方法是：

```
s[0]*31^(n-1) + s[1]*31^(n-2) + ... + s[n-1]
```

s 表示字符串，s[0] 表示第一个字符，n 表示字符串长度，s[0]*31^(n-1) 表示 31 的 (n-1) 次方再乘以第一个字符的值。

为什么要用这个计算方法呢？使用这个式子，可以让 hash 值与每个字符的值有关，也与每个字符的位置有关，位置 i（i>=1）的因素通过 31 的（n-i）次方表示。使用 31 大致是因为两个原因：一方面可以产生更分散的散列，即不同字符串 hash 值也一般不同；另一方面计算效率比较高，31*h 与 32*h–h 即（h<<5）–h 等价，可以用更高效率的移位和减法操作代替乘法操作。

在 Java 中，普遍采用以上思路来实现 hashCode。

7.2.7　正则表达式

String 类中，有一些方法接受的不是普通的字符串参数，而是正则表达式。什么是正则表达式呢？正则表达式可以理解为一个字符串，但表达的是一个规则，一般用于文本的匹配、查找、替换等。正则表达式具有丰富和强大的功能，是一个比较大的话题，我们在第 25 章单独介绍。

Java 中有专门的类（如 Pattern 和 Matcher）用于正则表达式，但对于简单的情况，String 类提供了更为简洁的操作，String 中接受正则表达式的方法有：

```
public String[] split(String regex)   //分隔字符串
public boolean matches(String regex)  //检查是否匹配
public String replaceFirst(String regex, String replacement) //字符串替换
public String replaceAll(String regex, String replacement) //字符串替换
```

至此，关于 String 的用法、原理和特性等基本介绍完了。关于 String 的实现原理，值得了解的是，Java 9 对 String 的实现进行了优化，它的内部不是 char 数组，而是 byte 数组，如果字符都是 ASCII 字符，它就可以使用一个字节表示一个字符，而不用 UTF-16BE 编码，节省内存。

7.3 剖析 StringBuilder

7.2.4 节提到，如果字符串修改操作比较频繁，应该采用 StringBuilder 和 StringBuffer 类，这两个类的方法基本是完全一样的，它们的实现代码也几乎一样，唯一的不同就在于 StringBuffer 类是线程安全的，而 StringBuilder 类不是。

关于线程的概念，我们到第 15 章再介绍。这里需要知道的就是，线程安全是有成本的，影响性能，而字符串对象及操作大部分情况下不存在线程安全问题，适合使用 String-Builder 类。所以，本节就只讨论 StringBuilder 类，包括基本用法和基本原理。

7.3.1 基本用法

StringBuilder 的基本用法很简单。创建 StringBuilder 对象：

```
StringBuilder sb = new StringBuilder();
```

通过 append 方法添加字符串：

```
sb.append("老马说编程");
sb.append(",探索编程本质");
```

通过 toString 方法获取构建后的字符串：

```
System.out.println(sb.toString());
```

输出为：

老马说编程,探索编程本质

大部分情况，使用就这么简单，通过 new 新建 StringBuilder 对象，通过 append 方法添加字符串，然后通过 toString 方法获取构建完成的字符串。

7.3.2 基本实现原理

StringBuilder 类是怎么实现的呢？我们来看下它的内部组成，以及一些主要方法的实现，代码基于 Java 7。与 String 类似，StringBuilder 类也封装了一个字符数组，定义如下：

```
char[] value;
```

与 String 不同，它不是 final 的，可以修改。另外，与 String 不同，字符数组中不一定所有位置都已经被使用，它有一个实例变量，表示数组中已经使用的字符个数，定义如下：

```
int count;
```

StringBuilder 继承自 AbstractStringBuilder，它的默认构造方法是：

```
public StringBuilder() {
    super(16);
}
```

调用父类的构造方法，父类对应的构造方法是：

```
AbstractStringBuilder(int capacity) {
    value = new char[capacity];
}
```

也就是说，new StringBuilder() 代码内部会创建一个长度为 16 的字符数组，count 的默认值为 0。来看 append 方法的代码：

```
public AbstractStringBuilder append(String str) {
    if(str == null) str = "null";
    int len = str.length();
    ensureCapacityInternal(count + len);
    str.getChars(0, len, value, count);
    count += len;
    return this;
}
```

append 会直接复制字符到内部的字符数组中，如果字符数组长度不够，会进行扩展，实际使用的长度用 count 体现。具体来说，ensureCapacityInternal(count+len) 会确保数组的长度足以容纳新添加的字符，str.getChars 会复制新添加的字符到字符数组中，count+=len 会增加实际使用的长度。

ensureCapacityInternal 的代码如下：

```
private void ensureCapacityInternal(int minimumCapacity) {
    //overflow-conscious code
    if(minimumCapacity - value.length > 0)
        expandCapacity(minimumCapacity);
}
```

如果字符数组的长度小于需要的长度，则调用 expandCapacity 进行扩展，其代码为：

```
void expandCapacity(int minimumCapacity) {
    int newCapacity = value.length * 2 + 2;
    if(newCapacity - minimumCapacity < 0)
        newCapacity = minimumCapacity;
    if(newCapacity < 0) {
        if (minimumCapacity < 0) //overflow
            throw new OutOfMemoryError();
        newCapacity = Integer.MAX_VALUE;
    }
    value = Arrays.copyOf(value, newCapacity);
}
```

扩展的逻辑是：分配一个足够长度的新数组，然后将原内容复制到这个新数组中，最后让内部的字符数组指向这个新数组，这个逻辑主要靠下面的代码实现：

```
value = Arrays.copyOf(value, newCapacity);
```

关于类 Arrays，我们下一节介绍，这里主要看下 newCapacity 是怎么算出来的。参数

minimumCapacity 表示需要的最小长度，需要多少分配多少不就行了吗？不行，因为那就跟 String 一样了，每 append 一次，都会进行一次内存分配，效率低下。这里的扩展策略是跟当前长度相关的，当前长度乘以 2，再加上 2，如果这个长度不够最小需要的长度，才用 minimumCapacity。

比如，默认长度为 16，长度不够时，会先扩展到 16*2+2 即 34，然后扩展到 34*2+2 即 70，然后是 70*2+2 即 142，这是一种指数扩展策略。为什么要加 2？这样，在原长度为 0 时也可以一样工作。

为什么要这么扩展呢？这是一种折中策略，一方面要减少内存分配的次数，另一方面要避免空间浪费。**在不知道最终需要多长的情况下，指数扩展是一种常见的策略，广泛应用于各种内存分配相关的计算机程序中**。不过，如果预先就知道需要多长，那么可以调用 StringBuilder 的另外一个构造方法：

```
public StringBuilder(int capacity)
```

字符串构建完后，我们来看 toString 方法的代码：

```
public String toString() {
    //Create a copy, don't share the array
    return new String(value, 0, count);
}
```

基于内部数组新建了一个 String。注意，这个 String 构造方法不会直接用 value 数组，而会新建一个，以保证 String 的不可变性。

除了 append 和 toString 方法，StringBuilder 还有很多其他方法，包括更多构造方法、更多 append 方法、插入、删除、替换、翻转、长度有关的方法，限于篇幅，就不一一列举了。主要看下插入方法。在指定索引 offset 处插入字符串 str：

```
public StringBuilder insert(int offset, String str)
```

原来的字符后移，offset 为 0 表示在开头插，为 length() 表示在结尾插，比如：

```
StringBuilder sb = new StringBuilder();
sb.append("老马说编程");
sb.insert(0, "关注");
sb.insert(sb.length(), "老马和你一起探索编程本质");
sb.insert(7, ",");
System.out.println(sb.toString());
```

输出为：

关注老马说编程,老马和你一起探索编程本质

了解了用法，下面来看 insert 的实现代码：

```
public AbstractStringBuilder insert(int offset, String str) {
    if((offset < 0) || (offset > length()))
        throw new StringIndexOutOfBoundsException(offset);
```

```
        if(str == null)
            str = "null";
        int len = str.length();
        ensureCapacityInternal(count + len);
        System.arraycopy(value, offset, value, offset + len, count - offset);
        str.getChars(value, offset);
        count += len;
        return this;
}
```

这个实现思路是：**在确保有足够长度后，首先将原数组中 offset 开始的内容向后挪动 *n* 个位置，*n* 为待插入字符串的长度，然后将待插入字符串复制进 offset 位置。**

挪动位置调用了 System.arraycopy() 方法，这是个比较常用的方法，它的声明如下：

```
public static native void arraycopy(Object src,  int  srcPos,
                Object dest, int destPos, int length);
```

将数组 src 中 srcPos 开始的 length 个元素复制到数组 dest 中 destPos 处。这个方法有个优点：即使 src 和 dest 是同一个数组，它也可以正确处理。比如下面的代码：

```
int[] arr = new int[]{1,2,3,4};
System.arraycopy(arr, 1, arr, 0, 3);
System.out.println(arr[0]+","+arr[1]+","+arr[2]);
```

这里，src 和 dest 都是 arr，srcPos 为 1，destPos 为 0，length 为 3，表示将第二个元素开始的三个元素移到开头，所以输出为：

```
2,3,4
```

arraycopy 的声明有个修饰符 native，表示它的实现是通过 Java 本地接口实现的。Java 本地接口是 Java 提供的一种技术，用于在 Java 中调用非 Java 实现的代码，实际上，array-copy 是用 C++ 语言实现的。为什么要用 C++ 语言实现呢？因为这个功能非常常用，而 C++ 的实现效率要远高于 Java。

7.3.3　String 的 + 和 += 运算符

Java 中，String 可以直接使用 + 和 += 运算符，这是 Java 编译器提供的支持，背后，Java 编译器一般会生成 StringBuilder，+ 和 += 操作会转换为 append。比如，如下代码：

```
String hello = "hello";
hello+=",world";
System.out.println(hello);
```

背后，Java 编译器一般会转换为：

```
StringBuilder hello = new StringBuilder("hello");
hello.append(",world");
System.out.println(hello.toString());
```

既然直接使用 + 和 += 就相当于使用 StringBuilder 和 append，那还有什么必要直接使用 StringBuilder 呢？在简单的情况下，确实没必要。不过，在稍微复杂的情况下，Java 编译器可能没有那么智能，它可能会生成过多的 StringBuilder，尤其是在有循环的情况下，比如，如下代码：

```
String hello = "hello";
for(int i=0;i<3;i++){
    hello+=",world";
}
System.out.println(hello);
```

Java 编译器转换后的代码大致如下所示：

```
String hello = "hello";
for(int i=0;i<3;i++){
    StringBuilder sb = new StringBuilder(hello);
    sb.append(",world");
    hello = sb.toString();
}
System.out.println(hello);
```

在循环内部，每一次 += 操作，都会生成一个 StringBuilder。

所以，对于简单的情况，可以直接使用 String 的 + 和 +=，对于复杂的情况，尤其是有循环的时候，应该直接使用 StringBuilder。

7.4　剖析 Arrays

数组是存储多个同类型元素的基本数据结构，数组中的元素在内存连续存放，可以通过数组下标直接定位任意元素，相比在后续章节介绍的其他容器而言效率非常高。

数组操作是计算机程序中的常见基本操作。Java 中有一个类 Arrays，包含一些对数组操作的静态方法，本节主要就来讨论这些方法。首先介绍怎么用，然后介绍它们的实现原理。学习 Arrays 的用法，就可以"避免重新发明轮子"，直接使用，学习它的实现原理，就可以在需要的时候自己实现它不具备的功能。

7.4.1　用法

Arrays 类中有很多方法，我们主要介绍 toString、排序、查找，对于一些其他方法，如复制、比较、批量设置值和计算哈希值等，我们也进行简单介绍。

1. toString

Arrays 的 toString() 方法可以方便地输出一个数组的字符串形式，以便查看。它有 9 个重载的方法，包括 8 个基本类型数组和 1 个对象类型数组，下面列举两个：

```
public static String toString(int[] a)
public static String toString(Object[] a)
```

例如:

```
int[] arr = {9,8,3,4};
System.out.println(Arrays.toString(arr));
String[] strArr = {"hello", "world"};
System.out.println(Arrays.toString(strArr));
```

输出为:

```
[9, 8, 3, 4]
[hello, world]
```

如果不使用 Arrays.toString 方法, 直接输出数组自身, 即代码改为:

```
int[] arr = {9,8,3,4};
System.out.println(arr);
String[] strArr = {"hello", "world"};
System.out.println(strArr);
```

则输出会变为如下所示:

```
[I@1224b90
[Ljava.lang.String;@728edb84
```

这个输出就难以阅读了, @ 后面的数字表示的是内存的地址。

2. 排序

排序是一种非常常见的操作。同 toString 一样, 对每种基本类型的数组, Arrays 都有 sort 方法 (boolean 除外), 例如:

```
public static void sort(int[] a)
public static void sort(double[] a)
```

排序按照从小到大升序排列, 例如:

```
int[] arr = {4, 9, 3, 6, 10};
Arrays.sort(arr);
System.out.println(Arrays.toString(arr));
```

输出为:

```
[3, 4, 6, 9, 10]
```

数组已经排好序了。

除了基本类型, sort 还可以直接接受对象类型, 但对象需要实现 Comparable 接口。

```
public static void sort(Object[] a)
public static void sort(Object[] a, int fromIndex, int toIndex)
```

我们看个 String 数组的例子:

```
String[] arr = {"hello","world", "Break","abc"};
Arrays.sort(arr);
System.out.println(Arrays.toString(arr));
```

输出为：

```
[Break, abc, hello, world]
```

"Break" 之所以排在最前面，是因为大写字母的 ASCII 码比小写字母都小。那如果排序的时候希望忽略大小写呢？ sort 还有另外两个重载方法，可以接受一个比较器作为参数：

```
public static <T> void sort(T[] a, Comparator<? super T> c)
public static <T> void sort(T[] a, int fromIndex, int toIndex,
                            Comparator<? super T> c)
```

方法声明中的 T 表示泛型，泛型我们在第 8 章介绍，这里表示的是，这个方法可以支持所有对象类型，只要传递这个类型对应的比较器就可以了。Comparator 就是比较器，它是一个接口，Java 7 中的定义是：

```
public interface Comparator<T> {
    int compare(T o1, T o2);
    boolean equals(Object obj);
}
```

最主要的是 compare 这个方法，它比较两个对象，返回一个表示比较结果的值，–1 表示 o1 小于 o2，0 表示 o1 等于 o2，1 表示 o1 大于 o2。排序是通过比较来实现的，sort 方法在排序的过程中需要对对象进行比较的时候，就调用比较器的 compare 方法。Java 8 中 Comparator 增加了多个静态和默认方法，具体可参看 API 文档。

String 类有一个 public 静态成员，表示忽略大小写的比较器：

```
public static final Comparator<String> CASE_INSENSITIVE_ORDER
                                 = new CaseInsensitiveComparator();
```

我们通过这个比较器再来对上面的 String 数组排序：

```
String[] arr = {"hello","world", "Break","abc"};
Arrays.sort(arr, String.CASE_INSENSITIVE_ORDER);
System.out.println(Arrays.toString(arr));
```

这样，大小写就忽略了，输出变为：

```
[abc, Break, hello, world]
```

为进一步理解 Comparator，我们来看下 String 的这个比较器的主要实现代码，如代码清单 7-2 所示。

代码清单7-2 String的CaseInsensitiveComparator实现

```
private static class CaseInsensitiveComparator
        implements Comparator<String> {
    public int compare(String s1, String s2) {
```

```
        int n1 = s1.length();
        int n2 = s2.length();
        int min = Math.min(n1, n2);
        for(int i = 0; i < min; i++) {
            char c1 = s1.charAt(i);
            char c2 = s2.charAt(i);
            if(c1 != c2) {
                c1 = Character.toUpperCase(c1);
                c2 = Character.toUpperCase(c2);
                if(c1 != c2) {
                    c1 = Character.toLowerCase(c1);
                    c2 = Character.toLowerCase(c2);
                    if(c1 != c2) {
                        //No overflow because of numeric promotion
                        return c1 - c2;
                    }
                }
            }
        }
        return n1 - n2;
    }
}
```

代码比较简单直接，就不解释了。

sort 方法默认是从小到大排序，如果希望按照从大到小排序呢？对于对象类型，可以指定一个不同的 Comparator，可以用匿名内部类来实现 Comparator，比如：

```
String[] arr = {"hello","world", "Break","abc"};
Arrays.sort(arr, new Comparator<String>() {
    @Override
    public int compare(String o1, String o2) {
        return o2.compareToIgnoreCase(o1);
    }
});
System.out.println(Arrays.toString(arr));
```

程序输出为：

```
[world, hello, Break, abc]
```

以上代码使用一个匿名内部类实现 Comparator 接口，返回 o2 与 o1 进行忽略大小写比较的结果，这样就能实现忽略大小写且按从大到小排序。

Collections 类中有两个静态方法，可以返回逆序的 Comparator，例如：

```
public static <T> Comparator<T> reverseOrder()
public static <T> Comparator<T> reverseOrder(Comparator<T> cmp)
```

关于 Collections 类，我们在 12.2 节介绍。

这样，上面字符串忽略大小写逆序排序的代码可以改为：

```
String[] arr = {"hello","world", "Break","abc"};
Arrays.sort(arr, Collections.reverseOrder(String.CASE_INSENSITIVE_ORDER));
System.out.println(Arrays.toString(arr));
```

　　传递比较器 Comparator 给 sort 方法，体现了程序设计中一种重要的思维方式。将不变和变化相分离，排序的基本步骤和算法是不变的，但按什么排序是变化的，sort 方法将不变的算法设计为主体逻辑，而将变化的排序方式设计为参数，允许调用者动态指定，这也是一种常见的设计模式，称为策略模式，不同的排序方式就是不同的策略。

3. 查找

　　Arrays 包含很多与 sort 对应的查找方法，可以在已排序的数组中进行二分查找。所谓二分查找就是从中间开始查找，如果小于中间元素，则在前半部分查找，否则在后半部分查找，每比较一次，要么找到，要么将查找范围缩小一半，所以查找效率非常高。

　　二分查找既可以针对基本类型数组，也可以针对对象数组，对对象数组，也可以传递 Comparator，也可以指定查找范围。比如，针对 int 数组：

```
public static int binarySearch(int[] a, int key)
public static int binarySearch(int[] a, int fromIndex, int toIndex, int key)
```

　　针对对象数组：

```
public static int binarySearch(Object[] a, Object key)
```

　　指定自定义比较器：

```
public static <T> int binarySearch(T[] a, T key, Comparator<? super T> c)
```

　　如果能找到，binarySearch 返回找到的元素索引，比如：

```
int[] arr = {3,5,7,13,21};
System.out.println(Arrays.binarySearch(arr, 13));
```

输出为 3。如果没找到，返回一个负数，这个负数等于 –（插入点 +1）。插入点表示，如果在这个位置插入没找到的元素，可以保持原数组有序，比如：

```
int[] arr = {3,5,7,13,21};
System.out.println(Arrays.binarySearch(arr, 11));
```

输出为 –4，表示插入点为 3，如果在 3 这个索引位置处插入 11，可以保持数组有序，即数组会变为 {3,5,7,11,13,21}。

　　需要注意的是，binarySearch 针对的必须是已排序数组，如果指定了 Comparator，需要和排序时指定的 Comparator 保持一致。另外，如果数组中有多个匹配的元素，则返回哪一个是不确定的。

4. 更多方法

　　除了常用的 toString、排序和查找，Arrays 中还有复制、比较、批量设置值和计算哈希值等方法。

基于原数组，复制一个新数组，与 toString 一样，也有多种重载形式，例如：

```
public static long[] copyOf(long[] original, int newLength)
public static <T> T[] copyOf(T[] original, int newLength)
```

判断两个数组是否相同，支持基本类型和对象类型，如下所示：

```
public static boolean equals(boolean[] a, boolean[] a2)
public static boolean equals(Object[] a, Object[] a2)
```

只有数组长度相同，且每个元素都相同，才返回 true，否则返回 false。对于对象，相同是指 equals 返回 true。

Arrays 包含很多 fill 方法，可以给数组中的每个元素设置一个相同的值：

```
public static void fill(int[] a, int val)
```

也可以给数组中一个给定范围的每个元素设置一个相同的值：

```
public static void fill(int[] a, int fromIndex, int toIndex, int val)
```

针对数组，计算一个数组的哈希值：

```
public static int hashCode(int a[])
```

计算 hashCode 的算法和 String 是类似的，我们看下代码：

```
public static int hashCode(int a[]) {
    if(a == null)
        return 0;
    int result = 1;
    for(int element : a)
        result = 31 * result + element;
    return result;
}
```

回顾一下，String 计算 hashCode 的算法也是类似的，数组中的每个元素都影响 hash 值，位置不同，影响也不同，使用 31 一方面产生的哈希值更分散，另一方面计算效率也比较高。

Java 8 和 9 对 Arrays 类又增加了一些方法，比如将数组转换为流、并行排序、数组比较等，具体可参看 API 文档。

7.4.2　多维数组

之前介绍的数组都是一维的，数组还可以是多维的。先来看二维数组，比如：

```
int[][] arr = new int[2][3];
for(int i=0;i<arr.length;i++){
    for(int j=0;j<arr[i].length;j++){
        arr[i][j] = i+j;
    }
}
```

arr 就是一个二维数组，第一维长度为 2，第二维长度为 3，类似于一个矩阵，或者类似于一个表格，第一维表示行，第二维表示列。arr[i] 表示第 i 行，它本身还是一个数组，arr[i][j] 表示第 i 行中的第 j 个元素。

除了二维，数组还可以是三维、四维等，但一般而言，很少用到三维以上的数组，有几维，就有几个 []。比如，一个三维数组的声明为：

```
int[][][] arr = new int[10][10][10];
```

在创建数组时，除了第一维的长度需要指定外，其他维的长度不需要指定，甚至第一维中每个元素的第二维的长度可以不一样，看个例子：

```
int[][] arr = new int[2][];
arr[0] = new int[3];
arr[1] = new int[5];
```

arr 是一个二维数组，第一维的长度为 2，第一个元素的第二维长度为 3，而第二个元素的第二维长度为 5。

多维数组到底是什么呢？其实，可以认为，**多维数组只是一个假象，只有一维数组，只是数组中的每个元素还可以是一个数组**，这样就形成二维数组；如果其中每个元素还都是一个数组，那就是三维数组。

Arrays 中的 toString、equals、hashCode 都有对应的针对多维数组的方法：

```
public static String deepToString(Object[] a)
public static boolean deepEquals(Object[] a1, Object[] a2)
public static int deepHashCode(Object a[])
```

这些 deepXXX 方法，都会判断参数中的元素是否也为数组，如果是，会递归进行操作。

看个例子：

```
int[][] arr = new int[][]{{0,1},{2,3,4},{5,6,7,8}};
System.out.println(Arrays.deepToString(arr));
```

输出为：

```
[[0, 1], [2, 3, 4], [5, 6, 7, 8]]
```

7.4.3　实现原理

下面介绍 Arrays 的方法的实现原理。hashCode() 的实现我们已经介绍了；fill 和 equals 等的实现都很简单，循环操作即可，不再赘述；下面主要介绍二分查找和排序的实现代码。

1. 二分查找

二分查找（binarySearch）的代码比较直接，如代码清单 7-3 所示。

代码清单7-3　Arrays的二分查找实现

```
private static <T> int binarySearch0(T[] a, int fromIndex, int toIndex,
                                     T key, Comparator<? super T> c) {
    int low = fromIndex;
    int high = toIndex - 1;
    while(low <= high) {
        int mid = (low + high) >>> 1;
        T midVal = a[mid];
        int cmp = c.compare(midVal, key);
        if(cmp < 0)
            low = mid + 1;
        else if(cmp > 0)
            high = mid - 1;
        else
            return mid; //key found
    }
    return -(low + 1);  //key not found
}
```

上述代码中有两个标志：low 和 high，表示查找范围，在 while 循环中，与中间值进行对比，大于则在后半部分查找（提高 low），否则在前半部分查找（降低 high）。

2. 排序

与 Arrays 中的其他方法相比，sort 要复杂得多。排序是计算机程序中一个非常重要的方面，几十年来，计算机科学家和工程师们对此进行了大量的研究，设计实现了各种各样的算法，进行了大量的优化。一般而言，没有一个最好的算法，不同算法往往有不同的适用场合。

那 Arrays 的 sort 是如何实现的呢？具体实现非常复杂，我们简单了解下。

对于基本类型的数组，Java 采用的算法是**双枢轴快速排序**（Dual-Pivot Quicksort）。这个算法是 Java 7 引入的，在此之前，Java 采用的算法是普通的快速排序。双枢轴快速排序是对快速排序的优化，新算法的实现代码位于类 java.util.DualPivotQuicksort 中。

对于对象类型，Java 采用的算法是 TimSort。TimSort 也是在 Java 7 引入的，在此之前，Java 采用的是归并排序。TimSort 实际上是对归并排序的一系列优化，TimSort 的实现代码位于类 java.util.TimSort 中。

在这些排序算法中，如果数组长度比较小，它们还会采用效率更高的插入排序。

为什么基本类型和对象类型的算法不一样呢？排序算法有一个稳定性的概念，所谓稳定性就是对值相同的元素，如果排序前和排序后，算法可以保证它们的相对顺序不变，那算法就是稳定的，否则就是不稳定的。

快速排序更快，但不稳定，而归并排序是稳定的。对于基本类型，值相同就是完全相同，所以稳定不稳定没有关系。但对于对象类型，相同只是比较结果一样，它们还是不同的对象，其他实例变量也不见得一样，稳定不稳定可能就很有关系了，所以采用归并排序。

这些算法的实现是比较复杂的，所幸的是，Java 提供了很好的封装，绝大多数情况下，我们会用就可以了。

7.4.4 小结

其实，Arrays 中包含的数组方法是比较少的，很多常用的操作没有，比如，Arrays 的 binarySearch 只能针对已排序数组进行查找，那没有排序的数组怎么方便查找呢？

Apache 有一个开源包（http://commons.apache.org/proper/commons-lang/），里面有一个类 ArrayUtils（位于包 org.apache.commons.lang3），包含了更多的常用数组操作，这里就不列举了。

数组是计算机程序中的基本数据结构，Arrays 类以及 ArrayUtils 类封装了关于数组的常见操作，使用这些方法，避免"重新发明轮子"吧。

7.5 剖析日期和时间

本节，我们讨论 Java 中日期和时间处理相关的 API。日期和时间是一个比较复杂的概念，Java 8 之前的设计有一些不足，业界有一个广泛使用的第三方类库 Joda-Time，Java 8 受 Joda-Time 影响，重新设计了日期和时间 API，新增了一个包 java.time。虽然 Java 8 之前的 API 有一些不足，但依然是被大量使用的，本节只介绍 Java 8 之前的 API。关于 Java 8 的 API，它使用了 Lambda 表达式，我们还没介绍，所以留待到第 26 章介绍。

下面，我们先来看一些基本概念，然后再介绍 Java 的日期和时间 API。

7.5.1 基本概念

关于日期和时间，有一些基本概念，包括时区、时刻、纪元时、年历等。

1. 时区

我们都知道，同一时刻，世界上各个地区的时间可能是不一样的，具体时间与时区有关。全球一共有 24 个时区，英国格林尼治是 0 时区，北京是东八区，也就是说格林尼治凌晨 1 点，北京是早上 9 点。0 时区的时间也称为 GMT+0 时间，GMT 是格林尼治标准时间，北京的时间就是 GMT+8:00。

2. 时刻和纪元时

所有计算机系统内部都用一个整数表示时刻，这个整数是距离格林尼治标准时间 1970 年 1 月 1 日 0 时 0 分 0 秒的毫秒数。为什么要用这个时间呢？更多的是历史原因，本书就不介绍了。

格林尼治标准时间 1970 年 1 月 1 日 0 时 0 分 0 秒也被称为 Epoch Time（纪元时）。

这个整数表示的是一个时刻，与时区无关，世界上各个地方都是同一个时刻，但各个地区对这个时刻的解读（如年月日时分秒）可能是不一样的。

对于 1970 年以前的时间，使用负数表示。

3. 年历

我们都知道，中国有公历和农历之分，公历和农历都是年历，不同的年历，一年有多少月，每月有多少天，甚至一天有多少小时，这些可能都是不一样的。

比如，公历有闰年，闰年 2 月是 29 天，而其他年份则是 28 天，其他月份，有的是 30 天，有的是 31 天。农历有闰月，比如闰 7 月，一年就会有两个 7 月，一共 13 个月。

公历是世界上广泛采用的年历，除了公历，还有其他一些年历，比如日本也有自己的年历。Java API 的设计思想是支持国际化的，支持多种年历，但没有直接支持中国的农历，本书主要讨论公历。

简单总结下，时刻是一个绝对时间，对时刻的解读，则是相对的，与年历和时区相关。

7.5.2　日期和时间 API

Java API 中关于日期和时间，有三个主要的类。

❑ Date：表示时刻，即绝对时间，与年月日无关。

❑ Calendar：表示年历，Calendar 是一个抽象类，其中表示公历的子类是 Gregorian-Calendar。

❑ DateFormat：表示格式化，能够将日期和时间与字符串进行相互转换，DateFormat 也是一个抽象类，其中最常用的子类是 SimpleDateFormat。

还有两个相关的类：

❑ TimeZone：表示时区。

❑ Locale：表示国家（或地区）和语言。

下面，我们来看这些类。

1. Date

Date 是 Java API 中最早引入的关于日期的类，一开始，Date 也承载了关于年历的角色，但由于不能支持国际化，其中的很多方法都已经过时了，被标记为了 @Deprecated，不再建议使用。

Date 表示时刻，内部主要是一个 long 类型的值，如下所示：

```
private transient long fastTime;
```

fastTime 表示距离纪元时的毫秒数，此处，关于 transient 关键字，我们暂时忽略。Date 有两个构造方法：

```
public Date(long date) {
    fastTime = date;
}
```

```
public Date() {
    this(System.currentTimeMillis());
}
```

第一个构造方法是根据传入的毫秒数进行初始化；第二个构造方法是默认构造方法，它根据 System.currentTimeMillis() 的返回值进行初始化。System.currentTimeMillis() 是一个常用的方法，它返回当前时刻距离纪元时的毫秒数。

Date 中的大部分方法都已经过时了，其中没有过时的主要方法有下面这些：

```
public long getTime() //返回毫秒数
public boolean equals(Object obj) //主要就是比较内部的毫秒数是否相同
//与其他Date进行比较,如果当前Date的毫秒数小于参数中的返回-1,相同返回0,否则返回1
public int compareTo(Date anotherDate)
public boolean before(Date when) //判断是否在给定日期之前
public boolean after(Date when) //判断是否在给定日期之后
public int hashCode() //哈希值算法与Long类似
```

2. TimeZone

TimeZone 表示时区，它是一个抽象类，有静态方法用于获取其实例。获取当前的默认时区，代码为：

```
TimeZone tz = TimeZone.getDefault();
System.out.println(tz.getID());
```

获取默认时区，并输出其 ID，在笔者的计算机中，输出为：

```
Asia/Shanghai
```

默认时区是在哪里设置的呢？可以更改吗？ Java 中有一个系统属性 user.timezone，保存的就是默认时区。系统属性可以通过 System.getProperty 获得，如下所示：

```
System.out.println(System.getProperty("user.timezone"));
```

在笔者的计算机中，输出为：

```
Asia/Shanghai
```

系统属性可以在 Java 启动的时候传入参数进行更改，如：

```
java -Duser.timezone=Asia/Shanghai xxxx
```

TimeZone 也有静态方法，可以获得任意给定时区的实例。比如，获取美国东部时区：

```
TimeZone tz = TimeZone.getTimeZone("US/Eastern");
```

ID 除了可以是名称外，还可以是 GMT 形式表示的时区，如：

```
TimeZone tz = TimeZone.getTimeZone("GMT+08:00");
```

3. Locale

Locale 表示国家（或地区）和语言，它有两个主要参数：一个是国家（或地区）；另一个是语言，每个参数都有一个代码，不过国家（或地区）并不是必需的。比如，中国大陆的代码是 CN，中国台湾地区的代码是 TW，美国的代码是 US，中文语言的代码是 zh，英文语言的代码是 en。

Locale 类中定义了一些静态变量，表示常见的 Locale，比如：

❑ Locale.US：表示美国英语。

❑ Locale.ENGLISH：表示所有英语。

❑ Locale.TAIWAN：表示中国台湾地区所用的中文。

❑ Locale.CHINESE：表示所有中文。

❑ Locale.SIMPLIFIED_CHINESE：表示中国大陆所用的中文。

与 TimeZone 类似，Locale 也有静态方法获取默认值，如：

```
Locale locale = Locale.getDefault();
System.out.println(locale.toString());
```

在笔者的计算机中，输出为：

```
zh_CN
```

4. Calendar

Calendar 类是日期和时间操作中的主要类，它表示与 TimeZone 和 Locale 相关的日历信息，可以进行各种相关的运算。我们先来看下它的内部组成，与 Date 类似，Calendar 内部也有一个表示时刻的毫秒数，定义为：

```
protected long   time;
```

除此之外，Calendar 内部还有一个数组，表示日历中各个字段的值，定义为：

```
protected int    fields[];
```

这个数组的长度为 17，保存一个日期中各个字段的值，都有哪些字段呢？ Calendar 类中定义了一些静态变量，表示这些字段，主要有：

❑ Calendar.YEAR：表示年。

❑ Calendar.MONTH：表示月，1 月是 0，Calendar 同样定义了表示各个月份的静态变量，如 Calendar.JULY 表示 7 月。

❑ Calendar.DAY_OF_MONTH：表示日，每月的第一天是 1。

❑ Calendar.HOUR_OF_DAY：表示小时，为 0～23。

❑ Calendar.MINUTE：表示分钟，为 0～59。

❑ Calendar.SECOND：表示秒，为 0～59。

❑ Calendar.MILLISECOND：表示毫秒，为 0～999。

❑ Calendar.DAY_OF_WEEK：表示星期几，周日是 1，周一是 2，周六是 7，Calenar 同样定义了表示各个星期的静态变量，如 Calendar.SUNDAY 表示周日。

Calendar 是抽象类，不能直接创建对象，它提供了多个静态方法，可以获取 Calendar 实例，比如：

```
public static Calendar getInstance()
public static Calendar getInstance(TimeZone zone, Locale aLocale)
```

最终调用的方法都是需要 TimeZone 和 Locale 的，如果没有，则会使用上面介绍的默认值。getInstance 方法会根据 TimeZone 和 Locale 创建对应的 Calendar 子类对象，在中文系统中，子类一般是表示公历的 GregorianCalendar。

getInstance 方法封装了 Calendar 对象创建的细节。TimeZone 和 Locale 不同，具体的子类可能不同，但都是 Calendar。这种隐藏对象创建细节的方式，是计算机程序中一种常见的设计模式，它有一个名字，叫**工厂方法**，getInstance 就是一个工厂方法，它生产对象。

与 new Date() 类似，新创建的 Calendar 对象表示的也是当前时间，与 Date 不同的是，Calendar 对象可以方便地获取年月日等日历信息。来看代码，输出当前时间的各种信息：

```
Calendar calendar = Calendar.getInstance();
System.out.println("year: "+calendar.get(Calendar.YEAR));
System.out.println("month: "+calendar.get(Calendar.MONTH));
System.out.println("day: "+calendar.get(Calendar.DAY_OF_MONTH));
System.out.println("hour: "+calendar.get(Calendar.HOUR_OF_DAY));
System.out.println("minute: "+calendar.get(Calendar.MINUTE));
System.out.println("second: "+calendar.get(Calendar.SECOND));
System.out.println("millisecond: " +calendar.get(Calendar.MILLISECOND));
System.out.println("day_of_week: " + calendar.get(Calendar.DAY_OF_WEEK));
```

具体输出与执行时的时间和默认的 TimeZone 以及 Locale 有关，比如，在笔者的计算机中的一次输出为：

```
year: 2016
month: 7
day: 14
hour: 13
minute: 55
second: 51
millisecond: 564
day_of_week: 2
```

内部，Calendar 会将表示时刻的毫秒数，按照 TimeZone 和 Locale 对应的年历，计算各个日历字段的值，存放在 fields 数组中，Calendar.get 方法获取的就是 fields 数组中对应字段的值。

Calendar 支持根据 Date 或毫秒数设置时间：

```
public final void setTime(Date date)
public void setTimeInMillis(long millis)
```

也支持根据年月日等日历字段设置时间，比如：

```
public final void set(int year, int month, int date)
public final void set(int year, int month, int date,
 int hourOfDay, int minute, int second)
public void set(int field, int value)
```

除了直接设置，Calendar 支持根据字段增加和减少时间：

```
public void add(int field, int amount)
```

amount 为正数表示增加，负数表示减少。

比如，如果想设置 Calendar 为第二天的下午 2 点 15，代码可以为：

```
Calendar calendar = Calendar.getInstance();
calendar.add(Calendar.DAY_OF_MONTH, 1);
calendar.set(Calendar.HOUR_OF_DAY, 14);
calendar.set(Calendar.MINUTE, 15);
calendar.set(Calendar.SECOND, 0);
calendar.set(Calendar.MILLISECOND, 0);
```

Calendar 的这些方法中一个比较方便和强大的地方在于，它能够自动调整相关的字段。比如，我们知道 2 月最多有 29 天，如果当前时间为 1 月 30 号，对 Calendar.MONTH 字段加 1，即增加一月，Calendar 不是简单的只对月字段加 1，那样日期是 2 月 30 号，是无效的，Calendar 会自动调整为 2 月最后一天，即 2 月 28 日或 29 日。

再如，设置的值可以超出其字段最大范围，Calendar 会自动更新其他字段，如：

```
Calendar calendar = Calendar.getInstance();
calendar.add(Calendar.HOUR_OF_DAY, 48);
calendar.add(Calendar.MINUTE, -120);
```

相当于增加了 46 小时。

内部，根据字段设置或修改时间时，Calendar 会更新 fields 数组对应字段的值，但一般不会立即更新其他相关字段或内部的毫秒数的值，不过在获取时间或字段值的时候，Calendar 会重新计算并更新相关字段。

简单总结下，Calenar 做了一项非常烦琐的工作，根据 TimeZone 和 Locale，在绝对时间毫秒数和日历字段之间自动进行转换，且对不同日历字段的修改进行自动同步更新。

除了 add 方法，Calendar 还有一个类似的方法：

```
public void roll(int field, int amount)
```

与 add 方法的区别是，roll 方法不影响时间范围更大的字段值。比如：

```
Calendar calendar = Calendar.getInstance();
calendar.set(Calendar.HOUR_OF_DAY, 13);
calendar.set(Calendar.MINUTE, 59);
calendar.add(Calendar.MINUTE, 3);
```

calendar 首先设置为 13:59，然后分钟字段加 3，执行后的 calendar 时间为 14:02。如果 add 改为 roll，即：

```
calendar.roll(Calendar.MINUTE, 3);
```

则执行后的 calendar 时间会变为 13:02，在分钟字段上执行 roll 方法不会改变小时的值。

Calendar 可以方便地转换为 Date 或毫秒数，方法是：

```
public final Date getTime()
public long getTimeInMillis()
```

与 Date 类似，Calendar 之间也可以进行比较，也实现了 Comparable 接口，相关方法有：

```
public boolean equals(Object obj)
public int compareTo(Calendar anotherCalendar)
public boolean after(Object when)
public boolean before(Object when)
```

5. DateFormat

DateFormat 类主要在 Date 和字符串表示之间进行相互转换，它有两个主要的方法：

```
public final String format(Date date)
public Date parse(String source)
```

format 将 Date 转换为字符串，parse 将字符串转换为 Date。

Date 的字符串表示与 TimeZone 和 Locale 都是相关的，除此之外，还与两个格式化风格有关，一个是日期的格式化风格，另一个是时间的格式化风格。DateFormat 定义了 4 个静态变量，表示 4 种风格：SHORT、MEDIUM、LONG 和 FULL；还定义了一个静态变量 DEFAULT，表示默认风格，值为 MEDIUM，不同风格输出的信息详细程度不同。

与 Calendar 类似，DateFormat 也是抽象类，也用工厂方法创建对象，提供了多个静态方法创建 DateFormat 对象，有三类方法：

```
public final static DateFormat getDateTimeInstance()
public final static DateFormat getDateInstance()
public final static DateFormat getTimeInstance()
```

getDateTimeInstance 方法既处理日期也处理时间，getDateInstance 方法只处理日期，get-TimeInstance 方法只处理时间。看下面的代码：

```
Calendar calendar = Calendar.getInstance();
//2016-08-15 14:15:20
calendar.set(2016, 07, 15, 14, 15, 20);
System.out.println(DateFormat.getDateTimeInstance()
        .format(calendar.getTime()));
System.out.println(DateFormat.getDateInstance()
        .format(calendar.getTime()));
System.out.println(DateFormat.getTimeInstance()
        .format(calendar.getTime()));
```

输出为：

```
2016-8-15 14:15:20
2016-8-15
14:15:20
```

每类工厂方法都有两个重载的方法，接受日期和时间风格以及 Locale 作为参数：

```
DateFormat getDateTimeInstance(int dateStyle, int timeStyle)
```

```
DateFormat getDateTimeInstance(int dateStyle, int timeStyle, Locale aLocale)
```

比如，看下面的代码：

```
Calendar calendar = Calendar.getInstance();
//2016-08-15 14:15:20
calendar.set(2016, 07, 15, 14, 15, 20);
System.out.println(DateFormat.getDateTimeInstance(DateFormat.LONG,
    DateFormat.SHORT,Locale.CHINESE).format(calendar.getTime())));
```

输出为：

2016年8月15日 下午2:15

DateFormat 的工厂方法里，我们没看到 TimeZone 参数，不过，DateFormat 提供了一个 setter 方法，可以设置 TimeZone：

```
public void setTimeZone(TimeZone zone)
```

DateFormat 虽然比较方便，但如果我们要对字符串格式有更精确的控制，则应该使用 SimpleDateFormat 这个类。

6. SimpleDateFormat

SimpleDateFormat 是 DateFormat 的子类，相比 DateFormat，它的一个主要不同是，它可以接受一个自定义的模式（pattern）作为参数，这个模式规定了 Date 的字符串形式。先看个例子：

```
Calendar calendar = Calendar.getInstance();
//2016-08-15 14:15:20
calendar.set(2016, 07, 15, 14, 15, 20);
SimpleDateFormat sdf = new SimpleDateFormat(
    "yyyy年MM月dd日 E HH时mm分ss秒");
System.out.println(sdf.format(calendar.getTime()));
```

输出为：

2016年08月15日 星期一 14时15分20秒

SimpleDateFormat 有个构造方法，可以接受一个 pattern 作为参数，这里 pattern 是：

yyyy年MM月dd日 E HH时mm分ss秒

pattern 中的英文字符 a~z 和 A~Z 表示特殊含义，其他字符原样输出，这里：

❑ yyyy：表示 4 位的年。
❑ MM：表示月，用两位数表示。
❑ dd：表示日，用两位数表示。
❑ HH：表示 24 小时制的小时数，用两位数表示。
❑ mm：表示分钟，用两位数表示。
❑ ss：表示秒，用两位数表示。

❑ E：表示星期几。

这里需要特意提醒一下，hh 也表示小时数，但表示的是 12 小时制的小时数，而 a 表示的是上午还是下午，看代码：

```
Calendar calendar = Calendar.getInstance();
//2016-08-15 14:15:20
calendar.set(2016, 07, 15, 14, 15, 20);
SimpleDateFormat sdf = new SimpleDateFormat("yyyy/MM/dd hh:mm:ss a");
System.out.println(sdf.format(calendar.getTime()));
```

输出为：

2016/08/15 02:15:20 下午

更多的特殊含义可以参看 SimpleDateFormat 的 API 文档。如果想原样输出英文字符，可以将其用单引号括起来。

除了将 Date 转换为字符串，SimpleDateFormat 也可以方便地将字符串转化为 Date，看代码：

```
String str = "2016-08-15 14:15:20.456";
SimpleDateFormat sdf = new SimpleDateFormat("yyyy-MM-dd HH:mm:ss.SSS");
try {
    Date date = sdf.parse(str);
    SimpleDateFormat sdf2 = new SimpleDateFormat("yyyy年M月d h:m:s.S a");
    System.out.println(sdf2.format(date));
} catch (ParseException e) {
    e.printStackTrace();
}
```

输出为：

2016年8月15 2:15:20.456 下午

代码将字符串解析为了一个 Date 对象，然后使用另外一个格式进行了输出，这里 SSS 表示三位的毫秒数。需要注意的是，parse 会抛出一个受检异常，异常类型为 ParseException，调用者必须进行处理。

7.5.3　局限性

至此，关于 Java 8 之前的日期和时间相关 API 的主要内容基本就介绍完了。Date 表示时刻，与年月日无关，Calendar 表示日历，与时区和 Locale 相关，可进行各种运算，是日期时间操作的主要类，DateFormat/SimpleDateFormat 在 Date 和字符串之间进行相互转换。这些 API 存在着一些局限性，下面强调一下。

1. Date 中的过时方法

Date 中的方法参数与常识不符，过时方法标记容易被人忽略，产生误用。比如，看如下代码：

```
Date date = new Date(2016,8,15);
System.out.println(DateFormat.getDateInstance().format(date));
```

想当然的输出为 2016-08-15，但其实输出为：

```
3916-9-15
```

之所以产生这个输出，是因为 Date 构造方法中的 year 表示的是与 1900 年的差，month 是从 0 开始的。

2. Calendar 操作比较烦琐

Calendar API 的设计不是很成功，一些简单的操作都需要多次方法调用，写很多代码，比较臃肿。

另外，Calendar 难以进行比较复杂的日期操作，比如，计算两个日期之间有多少个月，根据生日计算年龄，计算下个月的第一个周一等。

3. DateFormat 的线程安全性

DateFormat/SimpleDateFormat 不是线程安全的。关于线程概念，第 15 章会详细介绍，这里简单说明一下。多个线程同时使用一个 DateFormat 实例的时候，会有问题，因为 DateFormat 内部使用了一个 Calendar 实例对象，多线程同时调用的时候，这个 Calendar 实例的状态可能就会紊乱。

解决这个问题大概有以下方案：

❑ 每次使用 DateFormat 都新建一个对象。
❑ 使用线程同步（第 15 章介绍）。
❑ 使用 ThreadLocal（第 19 章介绍）。
❑ 使用 Joda-Time 或 Java 8 的 API，它们是线程安全的。

7.6 随机

本节，我们来讨论随机，随机是计算机程序中一个非常常见的需求，比如：

❑ 各种游戏中有大量的随机，比如扑克游戏中的洗牌。
❑ 微信抢红包，抢的红包金额是随机的。
❑ 北京购车摇号，谁能摇到是随机的。
❑ 给用户生成随机密码。

我们首先来介绍 Java 对随机的支持，同时介绍其实现原理，然后针对一些实际场景，包括洗牌、抢红包、摇号、随机高强度密码、带权重的随机选择等，讨论如何应用随机。先来看如何使用最基本的随机。

7.6.1 Math.random

Java 中，对随机最基本的支持是 Math 类中的静态方法 random()，它生成一个 0～1 的随机数，类型为 double，包括 0 但不包括 1。比如，随机生成并输出 3 个数：

```
for(int i=0;i<3;i++){
    System.out.println(Math.random());
}
```

笔者的计算机中的一次运行，输出为：

```
0.4784896133823269
0.03012515628333423
0.7921024363953197
```

每次运行，输出都不一样。Math.random() 是如何实现的呢？我们来看相关代码（Java 7）：

```
private static Random randomNumberGenerator;
private static synchronized Random initRNG() {
    Random rnd = randomNumberGenerator;
    return (rnd == null) ? (randomNumberGenerator = new Random()) : rnd;
}
public static double random() {
    Random rnd = randomNumberGenerator;
    if (rnd == null) rnd = initRNG();
    return rnd.nextDouble();
}
```

内部它使用了一个 Random 类型的静态变量 randomNumberGenerator，调用 random() 就是调用该变量的 nextDouble() 方法，这个 Random 变量只有在第一次使用的时候才创建。

下面我们来看这个 Random 类，它位于包 java.util 下。

7.6.2　Random

Random 类提供了更为丰富的随机方法，它的方法不是静态方法，使用 Random，先要创建一个 Random 实例，看个例子：

```
Random rnd = new Random();
System.out.println(rnd.nextInt());
System.out.println(rnd.nextInt(100));
```

笔者计算机中的一次运行，输出为：

```
-1516612608
23
```

nextInt() 产生一个随机的 int，可能为正数，也可能为负数，nextInt(100) 产生一个随机 int，范围是 0～100，包括 0 不包括 100。除了 nextInt，还有一些别的方法：

```
public long nextLong() //随机生成一个long
public boolean nextBoolean() //随机生成一个boolean
public void nextBytes(byte[] bytes) //产生随机字节，字节个数就是bytes的长度
public float nextFloat() //随机浮点数，从0到1，包括0不包括1
public double nextDouble() //随机浮点数，从0到1，包括0不包括1
```

除了默认构造方法，Random 类还有一个构造方法，可以接受一个 long 类型的种子参数：

```
public Random(long seed)
```

种子决定了随机产生的序列，种子相同，产生的随机数序列就是相同的。看个例子：

```
Random rnd = new Random(20160824);
for(int i=0;i<5;i++){
    System.out.print(rnd.nextInt(100)+" ");
}
```

种子为 20160824，产生 5 个 0～100 的随机数，输出为：

```
69 13 13 94 50
```

这个程序无论执行多少遍，在哪执行，输出结果都是相同的。

除了在构造方法中指定种子，Random 类还有一个 setter 实例方法：

```
synchronized public void setSeed(long seed)
```

其效果与在构造方法中指定种子是一样的。

为什么要指定种子呢？指定种子还是真正的随机吗？**指定种子是为了实现可重复的随机**。比如用于模拟测试程序中，模拟要求随机，但测试要求可重复。在北京购车摇号程序中，种子也是指定的，后面我们还会介绍。种子到底扮演了什么角色呢？随机到底是如何产生的呢？让我们看下随机的基本原理。

7.6.3　随机的基本原理

Random 产生的随机数不是真正的随机数，相反，它产生的随机数一般称为**伪随机数**。真正的随机数比较难以产生，计算机程序中的随机数一般都是伪随机数。

伪随机数都是基于一个种子数的，然后每需要一个随机数，都是对当前种子进行一些数学运算，得到一个数，基于这个数得到需要的随机数和新的种子。

数学运算是固定的，所以种子确定后，产生的随机数序列就是确定的，确定的数字序列当然不是真正的随机数，但种子不同，序列就不同，每个序列中数字的分布也都是比较随机和均匀的，所以称之为伪随机数。

Random 的默认构造方法中没有传递种子，它会自动生成一个种子，这个种子数是一个真正的随机数，如下所示（Java 7）：

```
private static final AtomicLong seedUniquifier
    = new AtomicLong(8682522807148012L);
public Random() {
    this(seedUniquifier() ^ System.nanoTime());
}
private static long seedUniquifier() {
    for(;;) {
        long current = seedUniquifier.get();
```

```
        long next = current * 181783497276652981L;
        if(seedUniquifier.compareAndSet(current, next))
            return next;
    }
}
```

种子是 seedUniquifier() 与 System.nanoTime() 按位异或的结果，System.nanoTime() 返回一个更高精度（纳秒）的当前时间，seedUniquifier() 里面的代码涉及一些多线程相关的知识，我们后续章节再介绍，简单地说，就是返回当前 seedUniquifier（current 变量）与一个常数 181783497276652981L 相乘的结果（next 变量），然后，设置 seedUniquifier 的值为 next，使用循环和 compareAndSet 都是为了确保在多线程的环境下不会有两次调用返回相同的值，保证随机性。

有了种子数之后，其他数是怎么生成的呢？我们来看一些代码：

```
public int nextInt() {
    return next(32);
}
public long nextLong() {
    return ((long)(next(32)) << 32) + next(32);
}
public float nextFloat() {
    return next(24) / ((float)(1 << 24));
}
public boolean nextBoolean() {
    return next(1) != 0;
}
```

它们都调用了 next(int bits)，生成指定位数的随机数，我们来看下它的代码：

```
private static final long multiplier = 0x5DEECE66DL;
private static final long addend = 0xBL;
private static final long mask = (1L << 48) - 1;
protected int next(int bits) {
    long oldseed, nextseed;
    AtomicLong seed = this.seed;
    do {
        oldseed = seed.get();
        nextseed = (oldseed * multiplier + addend) & mask;
    } while (!seed.compareAndSet(oldseed, nextseed));
    return (int)(nextseed >>> (48 - bits));
}
```

简单地说，就是使用了如下公式：

```
nextseed = (oldseed * multiplier + addend) & mask;
```

旧的种子（oldseed）乘以一个数（multiplier），加上一个数 addend，然后取低 48 位作为结果（mask 相与）。

为什么采用这个方法？这个方法为什么可以产生随机数？这个方法的名称叫线性同余

随机数生成器（linear congruential pseudorandom number generator），描述在《计算机程序设计艺术》一书中。随机的理论是一个比较复杂的话题，超出了本书的范畴，我们就不讨论了。

我们需要知道的基本原理是：随机数基于一个种子，种子固定，随机数序列就固定，默认构造方法中，种子是一个真正的随机数。

理解了随机的基本概念和原理，我们来看一些应用场景，包括随机密码、洗牌、带权重的随机选择、微信抢红包算法，以及北京购车摇号算法。

7.6.4 随机密码

在给用户生成账号时，经常需要给用户生成一个默认随机密码，然后通过邮件或短信发给用户，作为初次登录使用。我们假定密码是 6 位数字，代码很简单，如代码清单 7-4 所示。

代码清单7-4　生成随机密码：6位数字

```
public static String randomPassword(){
    char[] chars = new char[6];
    Random rnd = new Random();
    for(int i=0; i<6; i++){
        chars[i] = (char)('0'+rnd.nextInt(10));
    }
    return new String(chars);
}
```

代码很简单，就不解释了。如果要求是 8 位密码，字符可能由大写字母、小写字母、数字和特殊符号组成，如代码清单 7-5 所示。

代码清单7-5　生成随机密码：简单8位

```
private static final String SPECIAL_CHARS = "!@#$%^&*_=+-/";
private static char nextChar(Random rnd){
    switch(rnd.nextInt(4)){
    case 0:
        return (char)('a'+rnd.nextInt(26));
    case 1:
        return (char)('A'+rnd.nextInt(26));
    case 2:
        return    (char)('0'+rnd.nextInt(10));
    default:
        return SPECIAL_CHARS.charAt(rnd.nextInt(SPECIAL_CHARS.length()));
    }
}
public static String randomPassword(){
    char[] chars = new char[8];
    Random rnd = new Random();
    for(int i=0; i<8; i++){
```

```
        chars[i] = nextChar(rnd);
    }
    return new String(chars);
}
```

这段代码，对每个字符，先随机选类型，然后在给定类型中随机选字符。在笔者的计算机中，一次的随机运行结果是：

`8Ctp2S4H`

这个结果不含特殊字符。很多环境对密码复杂度有要求，比如，至少要含一个大写字母、一个小写字母、一个特殊符号、一个数字。以上的代码满足不了这个要求，怎么满足呢？一种可能的代码如代码清单7-6所示。

代码清单7-6 生成随机密码：复杂8位

```
private static int nextIndex(char[] chars, Random rnd){
    int index = rnd.nextInt(chars.length);
    while(chars[index]!=0){
        index = rnd.nextInt(chars.length);
    }
    return index;
}
private static char nextSpecialChar(Random rnd){
    return SPECIAL_CHARS.charAt(rnd.nextInt(SPECIAL_CHARS.length()));
}
private static char nextUpperlLetter(Random rnd){
    return (char)('A'+rnd.nextInt(26));
}
private static char nextLowerLetter(Random rnd){
    return (char)('a'+rnd.nextInt(26));
}
private static char nextNumLetter(Random rnd){
    return (char)('0'+rnd.nextInt(10));
}
public static String randomPassword(){
    char[] chars = new char[8];
    Random rnd = new Random();
    chars[nextIndex(chars, rnd)] = nextSpecialChar(rnd);
    chars[nextIndex(chars, rnd)] = nextUpperlLetter(rnd);
    chars[nextIndex(chars, rnd)] = nextLowerLetter(rnd);
    chars[nextIndex(chars, rnd)] = nextNumLetter(rnd);
    for(int i=0; i<8; i++){
        if(chars[i]==0){
            chars[i] = nextChar(rnd);
        }
    }
    return new String(chars);
}
```

nextIndex 随机生成一个未赋值的位置，程序先随机生成 4 个不同类型的字符，放到随机位置上，然后给未赋值的其他位置随机生成字符。

7.6.5 洗牌

一种常见的随机场景是洗牌，就是将一个数组或序列随机重新排列。我们以一个整数数组为例来介绍如何随机重排，如代码清单 7-7 所示。

代码清单7-7 随机重排

```java
private static void swap(int[] arr, int i, int j){
    int tmp = arr[i];
    arr[i] = arr[j];
    arr[j] = tmp;
}
public static void shuffle(int[] arr){
    Random rnd = new Random();
    for(int i=arr.length; i>1; i--) {
        swap(arr, i-1, rnd.nextInt(i));
    }
}
```

shuffle 方法能将参数数组 arr 随机重排，来看使用它的代码：

```java
int[] arr = new int[13];
for(int i=0; i<arr.length; i++){
    arr[i] = i;
}
shuffle(arr);
System.out.println(Arrays.toString(arr));
```

调用 shuffle 方法前，arr 是排好序的，调用后，一次调用的输出为：

```
[3, 8, 11, 10, 7, 9, 4, 1, 6, 12, 5, 0, 2]
```

已经随机重新排序了。shuffle 的基本思路是什么呢？从后往前，逐个给每个数组位置重新赋值，值是从剩下的元素中随机挑选的。在如下关键语句中：

```java
swap(arr, i-1, rnd.nextInt(i));
```

i-1 表示当前要赋值的位置，rnd.nextInt(i) 表示从剩下的元素中随机挑选。

7.6.6 带权重的随机选择

实际场景中，经常要从多个选项中随机选择一个，不过，不同选项经常有不同的权重。比如，给用户随机奖励，三种面额：1 元、5 元和 10 元，权重分别为 70、20 和 10。这个怎么实现呢？实现的基本思路是，使用概率中的累计概率分布。

以上面的例子来说，计算每个选项的累计概率值，首先计算总的权重，这里正好是 100，每个选项的概率是 70%、20% 和 10%，累计概率则分别是 70%、90% 和 100%。

有了累计概率，则随机选择的过程是：使用 nextDouble() 生成一个 0～1 的随机数，然后使用二分查找，看其落入哪个区间，如果小于等于 70% 则选择第一个选项，70% 和 90% 之间选第二个，90% 以上选第三个，如图 7-2 所示。

	1元		5元	10元
	0.7		0.9	1.0

图 7-2　选项的累计概率值

下面来看代码，我们使用一个类 Pair 表示选项和权重，如代码清单 7-8 所示。

代码清单7-8　表示选项和权重的类Pair

```java
class Pair {
    Object item;
    int weight;
    public Pair(Object item, int weight){
        this.item = item;
        this.weight = weight;
    }
    public Object getItem() {
        return item;
    }
    public int getWeight() {
        return weight;
    }
}
```

我们使用一个类 WeightRandom 表示带权重的选择，如代码清单 7-9 所示。

代码清单7-9　带权重的选择WeightRandom

```java
public class WeightRandom {
    private Pair[] options;
    private double[] cumulativeProbabilities;
    private Random rnd;
    public WeightRandom(Pair[] options){
        this.options = options;
        this.rnd = new Random();
        prepare();
    }
    private void prepare(){
        int weights = 0;
        for(Pair pair : options){
            weights += pair.getWeight();
        }
        cumulativeProbabilities = new double[options.length];
        int sum = 0;
        for(int i = 0; i<options.length; i++) {
            sum += options[i].getWeight();
            cumulativeProbabilities[i] = sum / (double)weights;
        }
    }
```

```
public Object nextItem(){
    double randomValue = rnd.nextDouble();
    int index = Arrays.binarySearch(cumulativeProbabilities, randomValue);
    if(index < 0) {
        index = -index-1;
    }
    return options[index].getItem();
}
```

其中，prepare() 方法计算每个选项的累计概率，保存在数组 cumulativeProbabilities 中，nextItem() 方法根据权重随机选择一个，具体就是，首先生成一个 0～1 的数，然后使用二分查找，如果没找到，返回结果是 -（插入点）-1，所以 -index-1 就是插入点，插入点的位置就对应选项的索引。

回到上面的例子，随机选择 10 次，代码为：

```
Pair[] options = new Pair[]{
        new Pair("1元",7), new Pair("2元", 2), new Pair("10元", 1)
};
WeightRandom rnd = new WeightRandom(options);
for(int i=0; i<10; i++){
    System.out.print(rnd.nextItem()+" ");
}
```

在一次运行中，输出正好符合预期，具体为：

1元 1元 1元 2元 1元 10元 1元 2元 1元 1元

不过，需要说明的是，由于随机，每次执行结果比例不一定正好相等。

7.6.7　抢红包算法

我们都知道，微信可以抢红包，红包有一个总金额和总数量，领的时候随机分配金额。金额是怎么随机分配的呢？微信具体是怎么做的，我们并不能确切地知道，但如下思路可以达到该效果。

维护一个剩余总金额和总数量，分配时，如果数量等于 1，直接返回总金额，如果大于 1，则计算平均值，并设定随机最大值为平均值的两倍，然后取一个随机值，如果随机值小于 0.01，则为 0.01，这个随机值就是下一个的红包金额。

我们来看代码，如代码清单 7-10 所示，为计算方便，金额用整数表示，以分为单位。

代码清单7-10　抢红包算法

```
public class RandomRedPacket {
    private int leftMoney;
    private int leftNum;
    private Random rnd;
    public RandomRedPacket(int total, int num){
```

```
        this.leftMoney = total;
        this.leftNum = num;
        this.rnd = new Random();
    }
    public synchronized int nextMoney(){
        if(this.leftNum<=0){
            throw new IllegalStateException("抢光了");
        }
        if(this.leftNum==1){this.leftNum=0;
            return this.leftMoney;
        }
        double max = this.leftMoney/this.leftNum*2d;
        int money = (int)(rnd.nextDouble()*max);
        money = Math.max(1, money);
        this.leftMoney -= money;
        this.leftNum --;
        return money;
    }
}
```

代码比较简单，就不解释了。关于 **synchronized** 修饰符，此处可以忽略，留待第 15 章介绍。看一个使用的例子，总金额为 1000 元，10 个红包，代码如下：

```
RandomRedPacket redPacket = new RandomRedPacket(1000, 10);
for(int i=0; i<10; i++){
    System.out.print(redPacket.nextMoney()+" ");
}
```

一次输出为：

```
136 48 90 151 36 178 92 18 122 129
```

如果是这个算法，那先抢好，还是后抢好呢？先抢肯定抢不到特别大的，不过，后抢也不一定会，这要看前面抢的金额，剩下的多就有可能抢到大的，剩下的少就不可能有大的。

7.6.8 北京购车摇号算法

我们来看下影响很多人的北京购车摇号，它的算法是怎样的呢？思路大概是这样的：

1）每期摇号前，将每个符合摇号资格的人，分配一个从 0 到总数的编号，这个编号是公开的，比如总人数为 2 304 567，则编号为 0～2 304 566。

2）摇号第一步是生成一个随机种子数，这个随机种子数在摇号当天通过一定流程生成，整个过程由公证员公证，就是生成一个真正的随机数。

3）种子数生成后，然后就是循环调用类似 Random.nextInt(int n) 方法，生成中签的编号。

编号是事先确定的，种子数是当场公证随机生成的，是公开的，随机算法是公开透明的，任何人都可以根据公开的种子数和编号验证中签的编号。

7.6.9　小结

本节介绍了随机，介绍了 Java 中对随机的支持 Math.random() 以及 Random 类，介绍了其使用和实现原理，同时，介绍了随机的一些应用场景，包括随机密码、洗牌、带权重的随机选择、微信抢红包和北京购车摇号，完整的代码在 github 上，地址为 https://github.com/swiftma/program-logic，位于包 shuo.laoma.commoncls.c34 下。

需要说明的是，Random 类是线程安全的，也就是说，多个线程可以同时使用一个 Random 实例对象，不过，如果并发性很高，会产生竞争，这时，可以考虑使用多线程库中的 ThreadLocalRandom 类。另外，Java 类库中还有一个随机类 SecureRandom，可以产生安全性更高、随机性更强的随机数，用于安全加密等领域。

至此，关于常用基础类就介绍完了。我们深入分析了各种包装类、String、String-Builder、Arrays、日期和时间、以及随机，这些都是日常程序中经常用到的功能。还有一些基础类，限于篇幅，就不介绍了，比如 UUID、Math 和 Objects，UUID 用于随机生成需要确保唯一性的标识符，Math 用于进行数学运算，Objects 包含一些操作对象、检查条件的方法，具体可参看 API 文档。

之前章节中，我们经常提到泛型这一概念，它到底是什么呢？让我们下一章详细探讨。

第三部分 *Part 3*

泛型与容器

Chapter 8 第8章

泛　　型

之前章节中我们多次提到过泛型这个概念，本章我们就来详细讨论 Java 中的泛型。虽然泛型的基本思维和概念是比较简单的，但它有一些非常令人费解的语法、细节，以及局限性。

后续章节我们会介绍各种容器类。容器类可以说是日常程序开发中天天用到的，没有容器类，难以想象能开发什么真正有用的程序。而容器类是基于泛型的，不理解泛型，就难以深刻理解容器类。那泛型到底是什么呢？本章我们分为三节逐步来讨论：8.1 节主要介绍泛型的基本概念和原理；8.2 节重点介绍令人费解的通配符；8.3 节介绍一些细节和泛型的局限性。

8.1　基本概念和原理

之前我们一直强调数据类型的概念，Java 有 8 种基本类型，可以定义类，类相当于自定义数据类型，类之间还可以有组合和继承。我们也介绍了接口，其中提到，很多时候我们关心的不是类型，而是能力，针对接口和能力编程，不仅可以复用代码，还可以降低耦合，提高灵活性。

泛型将接口的概念进一步延伸，"泛型"的字面意思就是广泛的类型。类、接口和方法代码可以应用于非常广泛的类型，代码与它们能够操作的数据类型不再绑定在一起，同一套代码可以用于多种数据类型，这样，不仅可以复用代码，降低耦合，而且可以提高代码的可读性和安全性。

这么说可能比较抽象，接下来，我们通过一些例子逐步进行说明。在 Java 中，类、接口、方法都可以是泛型的，我们先来看泛型类。

8.1.1　一个简单泛型类

我们通过一个简单的例子来说明泛型类的基本概念、基本原理和泛型的好处。

1. 基本概念

我们直接来看代码：

```
public class Pair<T> {
    T first;
    T second;
    public Pair(T first, T second){
        this.first = first;
        this.second = second;
    }
    public T getFirst() {
        return first;
    }
    public T getSecond() {
        return second;
    }
}
```

Pair 就是一个泛型类，与普通类的区别体现在：

1）类名后面多了一个 <T>；

2）first 和 second 的类型都是 T。

T 是什么呢？T 表示类型参数，**泛型就是类型参数化，处理的数据类型不是固定的，而是可以作为参数传入**。怎么用这个泛型类，并传递类型参数呢？看代码：

```
Pair<Integer> minmax = new Pair<Integer>(1,100);
Integer min = minmax.getFirst();
Integer max = minmax.getSecond();
```

Pair<Integer> 中的 Integer 就是传递的实际类型参数。Pair 类的代码和它处理的数据类型不是绑定的，具体类型可以变化。上面是 Integer，也可以是 String，比如：

```
Pair<String> kv = new Pair<String>("name","老马");
```

类型参数可以有多个，Pair 类中的 first 和 second 可以是不同的类型，多个类型之间以逗号分隔，来看改进后的 Pair 类定义：

```
public class Pair<U, V> {
    U first;
    V second;
    public Pair(U first, V second){
        this.first = first;
        this.second = second;
    }
    public U getFirst() {
        return first;
```

```
    }
    public V getSecond() {
        return second;
    }
}
```

可以这样使用：

```
Pair<String,Integer> pair = new Pair<String,Integer>("老马",100);
```

<String,Integer> 既出现在了声明变量时，也出现在了 new 后面，比较烦琐，从 Java 7 开始，支持省略后面的类型参数，可以如下使用：

```
Pair<String,Integer> pair = new Pair<>("老马",100);
```

2. 基本原理

泛型类型参数到底是什么呢？为什么一定要定义类型参数呢？定义普通类，直接使用 Object 不就行了吗？比如，Pair 类可以写为：

```
public class Pair {
    Object first;
    Object second;
    public Pair(Object first, Object second){
        this.first = first;
        this.second = second;
    }
    public Object getFirst() {
        return first;
    }
    public Object getSecond() {
        return second;
    }
}
```

使用 Pair 的代码可以为：

```
Pair minmax = new Pair(1,100);
Integer min = (Integer)minmax.getFirst();
Integer max = (Integer)minmax.getSecond();
Pair kv = new Pair("name","老马");
String key = (String)kv.getFirst();
String value = (String)kv.getSecond();
```

这样是可以的。实际上，Java 泛型的内部原理就是这样的。

我们知道，Java 有 Java 编译器和 Java 虚拟机，编译器将 Java 源代码转换为 .class 文件，虚拟机加载并运行 .class 文件。对于泛型类，Java 编译器会将泛型代码转换为普通的非泛型代码，就像上面的普通 Pair 类代码及其使用代码一样，将类型参数 T 擦除，替换为 Object，插入必要的强制类型转换。Java 虚拟机实际执行的时候，它是不知道泛型这回事的，只知道普通的类及代码。

再强调一下，Java 泛型是通过擦除实现的，类定义中的类型参数如 T 会被替换为 Object，在程序运行过程中，不知道泛型的实际类型参数，比如 Pair<Integer>，运行中只知道 Pair，而不知道 Integer。认识到这一点是非常重要的，它有助于我们理解 Java 泛型的很多限制。

Java 为什么要这么设计呢？泛型是 Java 5 以后才支持的，这么设计是为了兼容性而不得已的一个选择。

3. 泛型的好处

既然只使用普通类和 Object 就可以，而且泛型最后也转换为了普通类，那为什么还要用泛型呢？或者说，泛型到底有什么好处呢？泛型主要有两个好处：

❑ 更好的安全性。
❑ 更好的可读性。

语言和程序设计的一个重要目标是将 bug 尽量消灭在摇篮里，能消灭在写代码的时候，就不要等到代码写完程序运行的时候。只使用 Object，代码写错的时候，开发环境和编译器不能帮我们发现问题，看代码：

```
Pair pair = new Pair("老马",1);
Integer id = (Integer)pair.getFirst();
String name = (String)pair.getSecond();
```

看出问题了吗？写代码时不小心把类型弄错了，不过，代码编译时是没有任何问题的，但运行时程序抛出了类型转换异常 ClassCastException。如果使用泛型，则不可能犯这个错误，比如下面的代码：

```
Pair<String,Integer> pair = new Pair<>("老马",1);
Integer id = pair.getFirst(); //有编译错误
String name = pair.getSecond(); //有编译错误
```

开发环境（如 Eclipse）会提示类型错误，即使没有好的开发环境，编译时 Java 编译器也会提示。这称之为**类型安全**，也就是说，通过使用泛型，开发环境和编译器能确保不会用错类型，为程序多设置一道安全防护网。使用泛型，还可以省去烦琐的强制类型转换，再加上明确的类型信息，代码可读性也会更好。

8.1.2　容器类

泛型类最常见的用途是作为容器类。所谓容器类，简单地说，就是容纳并管理多项数据的类。数组就是用来管理多项数据的，但数组有很多限制，比如，长度固定，插入、删除操作效率比较低。计算机技术有一门课程叫数据结构，专门讨论管理数据的各种方式。

这些数据结构在 Java 中的实现主要就是 Java 中的各种容器类，甚至 Java 泛型的引入主要也是为了更好地支持 Java 容器。后续章节我们会详细讨论主要的 Java 容器，本节先实现一个非常简单的 Java 容器，来解释泛型的一些概念。

我们来实现一个简单的动态数组容器。所谓动态数组，就是长度可变的数组。底层数组的长度当然是不可变的，但我们提供一个类，对这个类的使用者而言，好像就是一个长度可变的数组。Java 容器中有一个对应的类 ArrayList，本节我们来实现一个简化版，如代码清单 8-1 所示。

代码清单8-1　动态数组DynamicArray

```java
public class DynamicArray<E> {
    private static final int DEFAULT_CAPACITY = 10;
    private int size;
    private Object[] elementData;
    public DynamicArray() {
        this.elementData = new Object[DEFAULT_CAPACITY];
    }
    private void ensureCapacity(int minCapacity) {
        int oldCapacity = elementData.length;
        if(oldCapacity >= minCapacity){
            return;
        }
        int newCapacity = oldCapacity * 2;
        if(newCapacity < minCapacity)
            newCapacity = minCapacity;
        elementData = Arrays.copyOf(elementData, newCapacity);
    }
    public void add(E e) {
        ensureCapacity(size + 1);
        elementData[size++] = e;
    }
    public E get(int index) {
        return (E)elementData[index];
    }
    public int size() {
        return size;
    }
    public E set(int index, E element) {
        E oldValue = get(index);
        elementData[index] = element;
        return oldValue;
    }
}
```

DynamicArray 就是一个动态数组，内部代码与我们之前分析过的 StringBuilder 类似，通过 ensureCapacity 方法来根据需要扩展数组。作为一个容器类，它容纳的数据类型是作为参数传递过来的，比如，存放 Double 类型：

```java
DynamicArray<Double> arr = new DynamicArray<Double>();
Random rnd = new Random();
int size = 1+rnd.nextInt(100);
for(int i=0; i<size; i++){
```

```
        arr.add(Math.random());
    }
    Double d = arr.get(rnd.nextInt(size));
```

这就是一个简单的容器类，适用于各种数据类型，且类型安全。后文还会以 Dynamic-Array 为例进行扩展，以解释泛型概念。

具体的类型还可以是一个泛型类，比如，可以这样写：

```
DynamicArray<Pair<Integer,String>> arr = new DynamicArray<>()
```

arr 表示一个动态数组，每个元素是 Pair<Integer,String> 类型。

8.1.3　泛型方法

除了泛型类，方法也可以是泛型的，而且，一个方法是不是泛型的，与它所在的类是不是泛型没有什么关系。我们看个例子：

```
public static <T> int indexOf(T[] arr, T elm){
    for(int i=0; i<arr.length; i++){
        if(arr[i].equals(elm)){
            return i;
        }
    }
    return -1;
}
```

这个方法就是一个泛型方法，类型参数为 T，放在返回值前面，它可以如下调用：

```
indexOf(new Integer[]{1,3,5}, 10)
```

也可以如下调用：

```
indexOf(new String[]{"hello","老马","编程"}, "老马")
```

indexOf 表示一个算法，在给定数组中寻找某个元素，这个算法的基本过程与具体数据类型没有什么关系，通过泛型，它可以方便地应用于各种数据类型，且由编译器保证类型安全。

与泛型类一样，类型参数可以有多个，以逗号分隔，比如：

```
public static <U,V> Pair<U,V> makePair(U first, V second){
    Pair<U,V> pair = new Pair<>(first, second);
    return pair;
}
```

与泛型类不同，调用方法时一般并不需要特意指定类型参数的实际类型，比如调用 make-Pair：

```
makePair(1,"老马");
```

并不需要告诉编译器 U 的类型是 Integer，V 的类型是 String，Java 编译器可以自动推断出来。

8.1.4 泛型接口

接口也可以是泛型的，我们之前介绍过的 Comparable 和 Comparator 接口都是泛型的，它们的代码如下：

```
public interface Comparable<T> {
    public int compareTo(T o);
}
public interface Comparator<T> {
    int compare(T o1, T o2);
    boolean equals(Object obj);
}
```

与前面一样，T 是类型参数。实现接口时，应该指定具体的类型，比如，对 Integer 类，实现代码是：

```
public final class Integer extends Number implements Comparable<Integer>{
    public int compareTo(Integer anotherInteger) {
        return compare(this.value, anotherInteger.value);
    }
    //其他代码
}
```

通过 implements Comparable<Integer>，Integer 实现了 Comparable 接口，指定了实际类型参数为 Integer，表示 Integer 只能与 Integer 对象进行比较。

再看 Comparator 的一个例子，String 类内部一个 Comparator 的接口实现为：

```
private static class CaseInsensitiveComparator
        implements Comparator<String> {
    public int compare(String s1, String s2) {
        //省略主体代码
    }
}
```

这里，指定了实际类型参数为 String。

8.1.5 类型参数的限定

在之前的介绍中，无论是泛型类、泛型方法还是泛型接口，关于类型参数，我们都知之甚少，只能把它当作 Object，但 Java 支持限定这个参数的一个上界，也就是说，参数必须为给定的上界类型或其子类型，这个限定是通过 extends 关键字来表示的。这个上界可以是某个具体的类或者某个具体的接口，也可以是其他的类型参数，我们逐个介绍其应用。

1. 上界为某个具体类

比如，上面的 Pair 类，可以定义一个子类 NumberPair，限定两个类型参数必须为 Number，代码如下：

```
public class NumberPair<U extends Number, V extends Number>
```

```
            extends Pair<U, V> {
    public NumberPair(U first, V second) {
        super(first, second);
    }
}
```

限定类型后，就可以使用该类型的方法了。比如，对于 NumberPair 类，first 和 second 变量就可以当作 Number 进行处理了。比如可以定义一个求和方法，如下所示：

```
public double sum(){
    return getFirst().doubleValue() +getSecond().doubleValue();
}
```

可以这么用：

```
NumberPair<Integer, Double> pair = new NumberPair<>(10, 12.34);
double sum = pair.sum();
```

限定类型后，如果类型使用错误，编译器会提示。指定边界后，类型擦除时就不会转换为 Object 了，而是会转换为它的边界类型，这也是容易理解的。

2. 上界为某个接口

在泛型方法中，一种常见的场景是限定类型必须实现 Comparable 接口，我们来看代码：

```
public static <T extends Comparable> T max(T[] arr){
    T max = arr[0];
    for(int i=1; i<arr.length; i++){
        if(arr[i].compareTo(max)>0){
            max = arr[i];
        }
    }
    return max;
}
```

max 方法计算一个泛型数组中的最大值。计算最大值需要进行元素之间的比较，要求元素实现 Comparable 接口，所以给类型参数设置了一个上边界 Comparable，T 必须实现 Comparable 接口。

不过，直接这么编写代码，Java 中会给一个警告信息，因为 Comparable 是一个泛型接口，它也需要一个类型参数，所以完整的方法声明应该是：

```
public static <T extends Comparable<T>> T max(T[] arr){
    //主体代码
}
```

<T extends Comparable<T>> 是一种令人费解的语法形式，这种形式称为**递归类型限制**，可以这么解读：T 表示一种数据类型，必须实现 Comparable 接口，且必须可以与相同类型的元素进行比较。

3. 上界为其他类型参数

上面的限定都是指定了一个明确的类或接口，Java 支持一个类型参数以另一个类型参数作为上界。为什么需要这个呢？我们看个例子，给上面的 DynamicArray 类增加一个实例方法 addAll，这个方法将参数容器中的所有元素都添加到当前容器里来，直觉上，代码可以如下书写：

```
public void addAll(DynamicArray<E> c) {
    for(int i=0; i<c.size; i++){
        add(c.get(i));
    }
}
```

但这么写有一些局限性，我们看使用它的代码：

```
DynamicArray<Number> numbers = new DynamicArray<>();
DynamicArray<Integer> ints = new DynamicArray<>();
ints.add(100);
ints.add(34);
numbers.addAll(ints); //会提示编译错误
```

numbers 是一个 Number 类型的容器，ints 是一个 Integer 类型的容器，我们希望将 ints 添加到 numbers 中，因为 Integer 是 Number 的子类，应该说，这是一个合理的需求和操作。

但 Java 会在 numbers.addAll(ints) 这行代码上提示编译错误：addAll 需要的参数类型为 DynamicArray<Number>，而传递过来的参数类型为 DynamicArray<Integer>，不适用。Integer 是 Number 的子类，怎么会不适用呢？

事实就是这样，确实不适用，而且是很有道理的，假设适用，我们看下会发生什么。

```
DynamicArray<Integer> ints = new DynamicArray<>();
DynamicArray<Number> numbers = ints; //假设这行是合法的
numbers.add(new Double(12.34));
```

那最后一行就是合法的，这时，DynamicArray<Integer> 中就会出现 Double 类型的值，而这显然破坏了 Java 泛型关于类型安全的保证。

我们强调一下，虽然 Integer 是 Number 的子类，但 DynamicArray<Integer> 并不是 DynamicArray<Number> 的子类，DynamicArray<Integer> 的对象也不能赋值给 DynamicArray<Number> 的变量，这一点初看上去是违反直觉的，但这是事实，必须要理解这一点。

不过，我们的需求是合理的，将 Integer 添加到 Number 容器中并没有问题。这个问题可以通过类型限定来解决：

```
public <T extends E> void addAll(DynamicArray<T> c) {
    for(int i=0; i<c.size; i++){
        add(c.get(i));
    }
}
```

E 是 DynamicArray 的类型参数，T 是 addAll 的类型参数，T 的上界限定为 E，这样，下面的代码就没有问题了：

```
DynamicArray<Number> numbers = new DynamicArray<>();
DynamicArray<Integer> ints = new DynamicArray<>();
ints.add(100);
ints.add(34);
numbers.addAll(ints);
```

对于这个例子，这种写法有点烦琐，8.2 节中我们会介绍一种简化的方式。

8.1.6　小结

泛型是计算机程序中一种重要的思维方式，它将数据结构和算法与数据类型相分离，使得同一套数据结构和算法能够应用于各种数据类型，而且可以保证类型安全，提高可读性。在 Java 中，泛型广泛应用于各种容器类中，理解泛型是深刻理解容器的基础。

本节介绍了泛型的基本概念，包括泛型类、泛型方法和泛型接口，关于类型参数，我们介绍了多种上界限定，限定为某具体类、某具体接口或其他类型参数。泛型类最常见的用途是容器类，我们实现了一个简单的容器类 DynamicArray，以解释泛型概念。

在 Java 中，泛型是通过类型擦除来实现的，它是 Java 编译器的概念，Java 虚拟机运行时对泛型基本一无所知，理解这一点是很重要的，它有助于我们理解 Java 泛型的很多局限性。

关于泛型，Java 中有一个通配符的概念，用得很广泛，但语法非常令人费解，而且容易混淆，8.2 节中，我们力图对它进行清晰的剖析。

8.2　解析通配符

本节主要讨论泛型中的通配符概念。通配符有着令人费解和混淆的语法，但通配符大量应用于 Java 容器类中，它到底是什么？下面我们逐步来解析。

8.2.1　更简洁的参数类型限定

在 8.1 节最后，我们提到一个例子，为了将 Integer 对象添加到 Number 容器中，我们的类型参数使用了其他类型参数作为上界，我们提到，这种写法有点烦琐，它可以替换为更为简洁的通配符形式：

```
public void addAll(DynamicArray<? extends E> c) {
    for(int i=0; i<c.size; i++){
        add(c.get(i));
    }
}
```

这个方法没有定义类型参数，c 的类型是 DynamicArray<? extends E>，? 表示通配符，<? extends E> 表示**有限定通配符**，匹配 E 或 E 的某个子类型，具体什么子类型是未知的。使用这个方法的代码不需要做任何改动，还可以是：

```
DynamicArray<Number> numbers = new DynamicArray<>();
DynamicArray<Integer> ints = new DynamicArray<>();
ints.add(100);
ints.add(34);
numbers.addAll(ints);
```

这里，E 是 Number 类型，DynamicArray<? extends E> 可以匹配 DynamicArray<Integer>。

那么问题来了，同样是 extends 关键字，同样应用于泛型，<T extends E> 和 <? extends E> 到底有什么关系？它们用的地方不一样，我们解释一下：

1）<T extends E> 用于**定义**类型参数，它声明了一个类型参数 T，可放在泛型类定义中类名后面、泛型方法返回值前面。

2）<? extends E> 用于**实例化**类型参数，它用于实例化泛型变量中的类型参数，只是这个具体类型是未知的，只知道它是 E 或 E 的某个子类型。

虽然它们不一样，但两种写法经常可以达成相同目标，比如，前面例子中，下面两种写法都可以：

```
public void addAll(DynamicArray<? extends E> c)
public <T extends E> void addAll(DynamicArray<T> c)
```

那么，到底应该用哪种形式呢？我们先进一步理解通配符，然后再解释。

8.2.2　理解通配符

除了有限定通配符，还有一种通配符，形如 DynamicArray<?>，称为**无限定通配符**。我们来看个例子，在 DynamicArray 中查找指定元素，代码如下：

```
public static int indexOf(DynamicArray<?> arr, Object elm){
    for(int i=0; i<arr.size(); i++){
        if(arr.get(i).equals(elm)){
            return i;
        }
    }
    return -1;
}
```

其实，这种无限定通配符形式也可以改为使用类型参数。也就是说，下面的写法：

```
public static int indexOf(DynamicArray<?> arr, Object elm)
```

可以改为：

```
public static <T> int indexOf(DynamicArray<T> arr, Object elm)
```

不过，通配符形式更为简洁。虽然通配符形式更为简洁，但上面两种通配符都有一个重要的限制：**只能读，不能写**。怎么理解呢？看下面的例子：

```
DynamicArray<Integer> ints = new DynamicArray<>();
DynamicArray<? extends Number> numbers = ints;
Integer a = 200;
numbers.add(a); //错误!
numbers.add((Number)a);  //错误!
numbers.add((Object)a); //错误!
```

三种 add 方法都是非法的，无论是 Integer，还是 Number 或 Object，编译器都会报错。为什么呢？问号就是表示类型安全无知，? extends Number 表示是 Number 的某个子类型，但不知道具体子类型，如果允许写入，Java 就无法确保类型安全性，所以干脆禁止。我们来看个例子，看看如果允许写入会发生什么：

```
DynamicArray<Integer> ints = new DynamicArray<>();
DynamicArray<? extends Number> numbers = ints;
Number n = new Double(23.0);
Object o = new String("hello world");
numbers.add(n);
numbers.add(o);
```

如果允许写入 Object 或 Number 类型，则最后两行编译就是正确的，也就是说，Java 将允许把 Double 或 String 对象放入 Integer 容器，这显然违背了 Java 关于类型安全的承诺。

大部分情况下，这种限制是好的，但这使得一些理应正确的基本操作无法完成，比如交换两个元素的位置，看如下代码：

```
public static void swap(DynamicArray<?> arr, int i, int j){
    Object tmp = arr.get(i);
    arr.set(i, arr.get(j));
    arr.set(j, tmp);
}
```

这个代码看上去应该是正确的，但 Java 会提示编译错误，两行 set 语句都是非法的。不过，借助带类型参数的泛型方法，这个问题可以如下解决：

```
private static <T> void swapInternal(DynamicArray<T> arr, int i, int j){
    T tmp = arr.get(i);
    arr.set(i, arr.get(j));
    arr.set(j, tmp);
}
public static void swap(DynamicArray<?> arr, int i, int j){
    swapInternal(arr, i, j);
}
```

swap 可以调用 swapInternal，而带类型参数的 swapInternal 可以写入。Java 容器类中就有类似这样的用法，公共的 API 是通配符形式，形式更简单，但内部调用带类型参数的方法。

除了这种需要写的场合，如果参数类型之间有依赖关系，也只能用类型参数，比如，将 src 容器中的内容复制到 dest 中：

```
public static <D,S extends D> void copy(DynamicArray<D> dest,
        DynamicArray<S> src){
    for(int i=0; i<src.size(); i++){
        dest.add(src.get(i));
    }
}
```

S 和 D 有依赖关系，要么相同，要么 S 是 D 的子类，否则类型不兼容，有编译错误。不过，上面的声明可以使用通配符简化，两个参数可以简化为一个，如下所示：

```
public static <D> void copy(DynamicArray<D> dest,
        DynamicArray<? extends D> src){
    for(int i=0; i<src.size(); i++){
        dest.add(src.get(i));
    }
}
```

如果返回值依赖于类型参数，也不能用通配符，比如，计算动态数组中的最大值，如下所示：

```
public static <T extends Comparable<T>> T max(DynamicArray<T> arr){
    T max = arr.get(0);
    for(int i=1; i<arr.size(); i++){
        if(arr.get(i).compareTo(max)>0){
            max = arr.get(i);
        }
    }
    return max;
}
```

上面的代码就难以用通配符代替。

现在我们再来看泛型方法到底应该用通配符的形式还是加类型参数。两者到底有什么关系？我们总结如下。

1）通配符形式都可以用类型参数的形式来替代，通配符能做的，用类型参数都能做。

2）通配符形式可以减少类型参数，形式上往往更为简单，可读性也更好，所以，能用通配符的就用通配符。

3）如果类型参数之间有依赖关系，或者返回值依赖类型参数，或者需要写操作，则只能用类型参数。

4）通配符形式和类型参数往往配合使用，比如，上面的 copy 方法，定义必要的类型参数，使用通配符表达依赖，并接受更广泛的数据类型。

8.2.3 超类型通配符

还有一种通配符，与形式 <? extends E> 正好相反，它的形式为 <? super E>，称为**超类型通配符**，表示 E 的某个父类型。它有什么用呢？有了它，我们就可以更灵活地写入了。

如果没有这种语法，写入会有一些限制。来看个例子，我们给 DynamicArray 添加一个方法：

```
public void copyTo(DynamicArray<E> dest){
    for(int i=0; i<size; i++){
        dest.add(get(i));
    }
}
```

这个方法也很简单，将当前容器中的元素添加到传入的目标容器中。我们可能希望这么使用：

```
DynamicArray<Integer> ints = new DynamicArray<Integer>();
ints.add(100);
ints.add(34);
DynamicArray<Number> numbers = new DynamicArray<Number>();
ints.copyTo(numbers);
```

Integer 是 Number 的子类，将 Integer 对象拷贝入 Number 容器，这种用法应该是合情合理的，但 Java 会提示编译错误，理由我们之前也说过了，期望的参数类型是 Dynamic-Array<Integer>，DynamicArray<Number> 并不适用。

如之前所说，一般而言，不能将 DynamicArray<Integer> 看作 DynamicArray<Number>，但我们这里的用法是没有问题的，Java 解决这个问题的方法就是超类型通配符，可以将 copyTo 代码改为：

```
public void copyTo(DynamicArray<? super E> dest){
    for(int i=0; i<size; i++){
        dest.add(get(i));
    }
}
```

这样，就没有问题了。

超类型通配符另一个常用的场合是 Comparable/Comparator 接口。同样，我们先来看下如果不使用会有什么限制。以前面计算最大值的方法为例，它的方法声明是：

```
public static <T extends Comparable<T>> T max(DynamicArray<T> arr)
```

这个声明有什么限制呢？举个简单的例子，有两个类 Base 和 Child，Base 的代码是：

```
class Base implements Comparable<Base>{
    private int sortOrder;
    public Base(int sortOrder) {
        this.sortOrder = sortOrder;
    }
    @Override
    public int compareTo(Base o) {
        if(sortOrder < o.sortOrder){
            return -1;
        }else if(sortOrder > o.sortOrder){
            return 1;
```

```
        }else{
            return 0;
        }
    }
}
```

Base 代码很简单，实现了 Comparable 接口，根据实例变量 sortOrder 进行比较。Child
代码是：

```
class Child extends Base {
    public Child(int sortOrder) {
        super(sortOrder);
    }
}
```

这里，Child 非常简单，只是继承了 Base。注意：Child 没有重新实现 Comparable 接口，
因为 Child 的比较规则和 Base 是一样的。我们可能希望使用前面的 max 方法操作 Child 容
器，如下所示：

```
DynamicArray<Child> childs = new DynamicArray<Child>();
childs.add(new Child(20));
childs.add(new Child(80));
Child maxChild = max(childs);
```

遗憾的是，Java 会提示编译错误，类型不匹配。为什么不匹配呢？我们可能会认
为，Java 会将 max 方法的类型参数 T 推断为 Child 类型，但类型 T 的要求是 extends
Comparable<T>，而 Child 并没有实现 Comparable<Child>，它实现的是 Comparable<Base>。

但我们的需求是合理的，Base 类的代码已经有了关于比较所需的全部数据，它应该
可以用于比较 Child 对象。解决这个问题的方法，就是修改 max 的方法声明，使用超类型
通配符，如下所示：

```
public static <T extends Comparable<? super T>> T max(DynamicArray<T> arr)
```

这么修改一下就可以了，这种写法比较抽象，将 T 替换为 Child，就是：

Child extends Comparable<? super Child>

<? super Child> 可以匹配 Base，所以整体就是匹配的。

我们比较一下类型参数限定与超类型通配符，类型参数限定只有 extends 形式，没有
super 形式，比如，前面的 copyTo 方法的通配符形式的声明为：

```
public void copyTo(DynamicArray<? super E> dest)
```

如果类型参数限定支持 super 形式，则应该是：

```
public <T super E> void copyTo(DynamicArray<T> dest)
```

事实是，Java 并不支持这种语法。

前面我们说过，对于有限定的通配符形式 <? extends E>，可以用类型参数限定替代，

但是对于类似上面的**超类型通配符，则无法用类型参数替代。**

8.2.4　通配符比较

本节介绍了泛型中的三种通配符形式 <?>、<? super E> 和 <? extends E>，并分析了与类型参数形式的区别和联系，它们比较容易混淆，我们总结比较如下：

1）它们的目的都是为了使方法接口更为灵活，可以接受更为广泛的类型。

2）**<? super E> 用于灵活写入或比较**，使得对象可以写入父类型的容器，使得父类型的比较方法可以应用于子类对象，它不能被类型参数形式替代。

3）**<?> 和 <? extends E> 用于灵活读取**，使得方法可以读取 E 或 E 的任意子类型的容器对象，它们可以用类型参数的形式替代，但通配符形式更为简洁。

Java 容器类的实现中，有很多使用通配符的例子，比如，类 Collections 中就有如下方法：

```
public static <T extends Comparable<? super T>> void sort(List<T> list)
public static <T> void sort(List<T> list, Comparator<? super T> c)
public static <T> void copy(List<? super T> dest, List<? extends T> src)
public static <T> T max(Collection<? extends T> coll,
    Comparator<? super T> comp)
```

通过前面两节，我们应该可以理解这些方法声明的含义了。关于泛型，还有一些细节以及限制，让我们下一节继续探讨。

8.3　细节和局限性

本节介绍泛型中的一些细节和局限性，这些局限性主要与 Java 的实现机制有关。Java 中，泛型是通过类型擦除来实现的，类型参数在编译时会被替换为 Object，运行时 Java 虚拟机不知道泛型这回事，这带来了很多局限性，其中有的部分是比较容易理解的，有的则是非常违反直觉的。

一项技术，往往只有理解了其局限性，才算是真正理解了它，才能更好地应用它。下面我们将从以下几个方面来介绍这些细节和局限性：

❑ 使用泛型类、方法和接口。

❑ 定义泛型类、方法和接口。

❑ 泛型与数组。

8.3.1　使用泛型类、方法和接口

在使用泛型类、方法和接口时，有一些值得注意的地方，比如：

❑ 基本类型不能用于实例化类型参数。

❑ 运行时类型信息不适用于泛型。

❑ 类型擦除可能会引发一些冲突。

我们逐个来看下。Java 中，因为类型参数会被替换为 Object，所以 Java 泛型中不能使用基本数据类型，也就是说，类似下面的写法是不合法的：

```
Pair<int> minmax = new Pair<int>(1,100);
```

解决方法是使用基本类型对应的包装类。

在介绍继承的实现原理时，我们提到在内存中每个类都有一份类型信息，而每个对象也都保存着其对应类型信息的引用。关于运行时信息，后续章节我们会进一步详细介绍，这里简要说明一下。在 Java 中，这个类型信息也是一个对象，它的类型为 Class，Class 本身也是一个泛型类，每个类的类型对象可以通过 < 类名 >.class 的方式引用，比如 String.class、Integer.class。这个类型对象也可以通过对象的 getClass() 方法获得，比如：

```
Class<?> cls = "hello".getClass();
```

这个类型对象只有一份，与泛型无关，所以 Java 不支持类似如下写法：

```
Pair<Integer>.class
```

一个泛型对象的 getClass 方法的返回值与原始类型对象也是相同的，比如，下面代码的输出都是 true：

```
Pair<Integer> p1 = new Pair<Integer>(1,100);
Pair<String> p2 = new Pair<String>("hello","world");
System.out.println(Pair.class==p1.getClass()); //true
System.out.println(Pair.class==p2.getClass()); //true
```

之前，我们介绍过 instanceof 关键字，instanceof 后面是接口或类名，instanceof 是运行时判断，也与泛型无关，所以，Java 也不支持类似如下写法：

```
if(p1 instanceof Pair<Integer>)
```

不过，Java 支持如下写法：

```
if(p1 instanceof Pair<?>)
```

由于类型擦除，可能会引发一些编译冲突，这些冲突初看上去并不容易理解，我们通过一些例子介绍。8.2.3 节我们介绍过一个例子，有两个类 Base 和 Child，Base 的声明为：

```
class Base implements Comparable<Base>
```

Child 的声明为：

```
class Child extends Base
```

Child 没有专门实现 Comparable 接口，8.2.3 节我们说 Base 类已经有了比较所需的全部信息，所以 Child 没有必要实现，可是如果 Child 希望自定义这个比较方法呢？直觉上，可以这样修改 Child 类：

```
class Child extends Base implements Comparable<Child>{
    //主体代码
}
```

遗憾的是，Java 编译器会提示错误，Comparable 接口不能被实现两次，且两次实现的类型参数还不同，一次是 Comparable<Base>，一次是 Comparable<Child>。为什么不允许呢？因为类型擦除后，实际上只能有一个。

那 Child 有什么办法修改比较方法呢？只能是重写 Base 类的实现，如下所示：

```
class Child extends Base {
    @Override
    public int compareTo(Base o) {
        if(!(o instanceof Child)){
            throw new IllegalArgumentException();
        }
        Child c = (Child)o;
        //比较代码
        return 0;
    }
    //其他代码
}
```

另外，你可能认为可以如下定义重载方法：

```
public static void test(DynamicArray<Integer> intArr)
public static void test(DynamicArray<String> strArr)
```

虽然参数都是 DynamicArray，但实例化类型不同，一个是 DynamicArray<Integer>，另一个是 DynamicArray<String>，同样，遗憾的是，Java 不允许这种写法，理由同样是类型擦除后它们的声明是一样的。

8.3.2　定义泛型类、方法和接口

在定义泛型类、方法和接口时，也有一些需要注意的地方，比如：

❑ 不能通过类型参数创建对象。

❑ 泛型类类型参数不能用于静态变量和方法。

❑ 了解多个类型限定的语法。

我们逐个介绍。不能通过类型参数创建对象，比如，T 是类型参数，下面的写法都是非法的：

```
T elm = new T();
T[] arr = new T[10];
```

为什么非法呢？因为如果允许，那么用户会以为创建的就是对应类型的对象，但由于类型擦除，Java 只能创建 Object 类型的对象，而无法创建 T 类型的对象，容易引起误解，所以 Java 干脆禁止这么做。

那如果确实希望根据类型创建对象呢？需要设计 API 接受类型对象，即 Class 对象，并使用 Java 中的反射机制。第 21 章会介绍反射，这里简要说明一下。如果类型有默认构造方法，可以调用 Class 的 newInstance 方法构建对象，类似这样：

```
public static <T> T create(Class<T> type){
    try {
        return type.newInstance();
    } catch (Exception e) {
        return null;
    }
}
```

比如：

```
Date date = create(Date.class);
StringBuilder sb = create(StringBuilder.class);
```

对于泛型类声明的类型参数，可以在实例变量和方法中使用，但在静态变量和静态方法中是不能使用的。类似下面这种写法是非法的：

```
public class Singleton<T> {
    private static T instance;
    public synchronized static T getInstance(){
        if(instance==null){
                //创建实例
        }
        return instance;
    }
}
```

如果合法，那么对于每种实例化类型，都需要有一个对应的静态变量和方法。但由于类型擦除，Singleton 类型只有一份，静态变量和方法都是类型的属性，且与类型参数无关，所以不能使用泛型类类型参数。

不过，对于静态方法，它可以是泛型方法，可以声明自己的类型参数，这个参数与泛型类的类型参数是没有关系的。

之前介绍类型参数限定的时候，我们提到上界可以为某个类、某个接口或者其他类型参数，但上界都是只有一个，Java 中还支持多个上界，多个上界之间以 & 分隔，类似这样：

```
T extends Base & Comparable & Serializable
```

Base 为上界类，Comparable 和 Serializable 为上界接口。如果有上界类，类应该放在第一个，类型擦除时，会用第一个上界替换。

8.3.3　泛型与数组

泛型与数组的关系稍微复杂一些，我们单独介绍。

引入泛型后，一个令人惊讶的事实是，**不能创建泛型数组**。比如，我们可能想这样创建一个 Pair 的泛型数组，以表示 7.6 节中介绍的奖励面额和权重。

```
Pair<Object,Integer>[] options = new Pair<Object,Integer>[]{
        new Pair("1元",7), new Pair("2元", 2), new Pair("10元", 1)
};
```

Java 会提示编译错误，不能创建泛型数组。这是为什么呢？我们先来进一步理解一下数组。

前面我们解释过，类型参数之间有继承关系的容器之间是没有关系的，比如，一个 DynamicArray<Integer> 对象不能赋值给一个 DynamicArray<Number> 变量。不过，数组是可以的，看代码：

```
Integer[] ints = new Integer[10];
Number[] numbers = ints;
Object[] objs = ints;
```

后面两种赋值都是允许的。数组为什么可以呢？数组是 Java 直接支持的概念，它知道数组元素的实际类型，知道 Object 和 Number 都是 Integer 的父类型，所以这个操作是允许的。

虽然 Java 允许这种转换，但如果使用不当，可能会引起运行时异常，比如：

```
Integer[] ints = new Integer[10];
Object[] objs = ints;
objs[0] = "hello";
```

编译是没有问题的，运行时会抛出 ArrayStoreException，因为 Java 知道实际的类型是 Integer，所以写入 String 会抛出异常。

理解了数组的这个行为，我们再来看泛型数组。如果 Java 允许创建泛型数组，则会发生非常严重的问题，我们看看具体会发生什么：

```
Pair<Object,Integer>[] options = new Pair<Object,Integer>[3];
Object[] objs = options;
objs[0] = new Pair<Double,String>(12.34,"hello");
```

如果可以创建泛型数组 options，那它就可以赋值给其他类型的数组 objs，而最后一行明显错误的赋值操作，则既不会引起编译错误，也不会触发运行时异常，因为 Pair<Double,String> 的运行时类型是 Pair，和 objs 的运行时类型 Pair[] 是匹配的。但我们知道，它的实际类型是不匹配的，在程序的其他地方，当把 objs[0] 作为 Pair<Object,Integer> 进行处理的时候，一定会触发异常。

也就是说，如果允许创建泛型数组，那就可能会有上面这种错误操作，它既不会引起编译错误，也不会立即触发运行时异常，却相当于埋下了一颗炸弹，不定什么时候爆发，为避免这种情况，Java 干脆就禁止创建泛型数组。

但现实需要能够存放泛型对象的容器，怎么办呢？可以使用原始类型的数组，比如：

```
Pair[] options = new Pair[]{
    new Pair<String,Integer>("1元",7),
```

```
    new Pair<String,Integer>("2元", 2),
    new Pair<String,Integer>("10元", 1)};
```

更好的选择是，使用后续章节介绍的泛型容器。目前，可以使用我们自己实现的 DynamicArray，比如：

```
DynamicArray<Pair<String,Integer>> options = new DynamicArray<>();
options.add(new Pair<String,Integer>("1元",7));
options.add(new Pair<String,Integer>("2元",2));
options.add(new Pair<String,Integer>("10元",1));
```

DynamicArray 内部的数组为 Object 类型，一些操作插入了强制类型转换，外部接口是类型安全的，对数组的访问都是内部代码，可以避免误用和类型异常。

有时，我们希望转换泛型容器为一个数组，比如，对于 DynamicArray，我们可能希望它有这么一个方法：

```
public E[] toArray()
```

而希望可以这么用：

```
DynamicArray<Integer> ints = new DynamicArray<Integer>();
ints.add(100);
ints.add(34);
Integer[] arr = ints.toArray();
```

先使用动态容器收集一些数据，然后转换为一个固定数组，这也是一个常见的合理需求，怎么来实现这个 toArray 方法呢？可能想先这样：

```
E[] arr = new E[size];
```

遗憾的是，如之前所述，这是不合法的。Java 运行时根本不知道 E 是什么，也就无法做到创建 E 类型的数组。另一种想法是这样：

```
public E[] toArray(){
    Object[] copy = new Object[size];
    System.arraycopy(elementData, 0, copy, 0, size);
    return (E[])copy;
}
```

或者使用之前介绍的 Arrays 方法：

```
public E[] toArray(){
    return (E[])Arrays.copyOf(elementData, size);
}
```

结果都是一样的，没有编译错误了，但运行时会抛出 ClassCastException 异常，原因是 Object 类型的数组不能转换为 Integer 类型的数组。

那怎么办呢？可以利用 Java 中的运行时类型信息和反射机制，这些概念我们后续章节再详细介绍。这里我们简要介绍下。Java 必须在运行时知道要转换成的数组类型，类型可以作为参数传递给 toArray 方法，比如：

```
public E[] toArray(Class<E> type){
    Object copy = Array.newInstance(type, size);
    System.arraycopy(elementData, 0, copy, 0, size);
    return (E[])copy;
}
```

Class<E> 表示要转换成的数组类型信息，有了这个类型信息，Array 类的 newInstance 方法就可以创建出真正类型的数组对象。调用 toArray 方法时，需要传递需要的类型，比如，可以这样：

```
Integer[] arr = ints.toArray(Integer.class);
```

我们来稍微总结下泛型与数组的关系：

❏ Java 不支持创建泛型数组。

❏ 如果要存放泛型对象，可以使用原始类型的数组，或者使用泛型容器。

❏ 泛型容器内部使用 Object 数组，如果要转换泛型容器为对应类型的数组，需要使用反射。

8.3.4　小结

本节介绍了泛型的一些细节和局限性，这些局限性主要是由于 Java 泛型的实现机制引起的，这些局限性包括：不能使用基本类型，没有运行时类型信息，类型擦除会引发一些冲突，不能通过类型参数创建对象，不能用于静态变量等。我们还单独讨论了泛型与数组的关系。

我们需要理解这些局限性，幸运的是，一般并不需要特别去记忆，因为用错的时候，Java 开发环境和编译器会进行提示，当被提示时能够理解并从容应对即可。

至此，关于泛型的介绍就结束了。泛型是 Java 容器类的基础，理解了泛型，接下来，就让我们开始探索 Java 中的容器类。

列表和队列

从本章开始，我们探讨 Java 中的容器类。所谓容器，顾名思义就是容纳其他数据的。计算机课程中有一门课叫数据结构，可以粗略对应于 Java 中的容器类。容器类可以说是日常程序开发中天天用到的，没有容器类，难以想象能开发什么真正有用的程序。

我们不会介绍所有数据结构的内容，但会介绍 Java 中的主要实现。在本章中，我们先介绍关于列表和队列的一些主要类，具体包括 ArrayList、LinkedList 以及 ArrayDeque，我们会介绍它们的用法、背后的实现原理、数据结构和算法，以及应用场景等。

9.1 剖析 ArrayList

第 8 章介绍泛型的时候，我们自己实现了一个简单的动态数组容器类 DynaArray，本节将介绍 Java 中真正的动态数组容器类 ArrayList。本节会介绍它的基本用法、迭代操作、实现的一些接口（Collection、List 和 RandAccess），最后分析它的特点。

9.1.1 基本用法

ArrayList 是一个泛型容器，新建 ArrayList 需要实例化泛型参数，比如：

```
ArrayList<Integer> intList = new ArrayList<Integer>();
ArrayList<String> strList = new ArrayList<String>();
```

ArrayList 的主要方法有：

```
public boolean add(E e) //添加元素到末尾
public boolean isEmpty() //判断是否为空
public int size() //获取长度
public E get(int index) //访问指定位置的元素
```

```
public int indexOf(Object o) //查找元素，如果找到，返回索引位置，否则返回-1
public int lastIndexOf(Object o) //从后往前找
public boolean contains(Object o) //是否包含指定元素,依据是equals方法的返回值
public E remove(int index) //删除指定位置的元素，返回值为被删对象
//删除指定对象，只删除第一个相同的对象，返回值表示是否删除了元素
//如果o为null，则删除值为null的元素
public boolean remove(Object o)
public void clear() //删除所有元素
//在指定位置插入元素，index为0表示插入最前面，index为ArrayList的长度表示插到最后面
public void add(int index, E element)
public E set(int index, E element) //修改指定位置的元素内容
```

这些方法简单直接，就不多解释了，我们看个简单示例：

```
ArrayList<String> strList = new ArrayList<String>();
strList.add("老马");
strList.add("编程");
for(int i=0; i<strList.size(); i++){
    System.out.println(strList.get(i));
}
```

9.1.2　基本原理

可以看出，ArrayList 的基本用法是比较简单的，它的基本原理也是比较简单的。Array-List 的基本原理与我们在上一章介绍的 DynamicArray 类似，内部有一个数组 elementData，一般会有一些预留的空间，有一个整数 size 记录实际的元素个数（基于 Java 7），如下所示：

```
private transient Object[] elementData;
private int size;
```

我们暂时可以忽略 transient 这个关键字。各种 public 方法内部操作的基本都是这个数组和这个整数，elementData 会随着实际元素个数的增多而重新分配，而 size 则始终记录实际的元素个数。

下面，我们具体来看下 add 和 remove 方法的实现。add 方法的主要代码为：

```
public boolean add(E e) {
    ensureCapacityInternal(size + 1);
    elementData[size++] = e;
    return true;
}
```

它首先调用 ensureCapacityInternal 确保数组容量是够的，ensureCapacityInternal 的代码是：

```
private void ensureCapacityInternal(int minCapacity) {
    if(elementData == EMPTY_ELEMENTDATA) {
        minCapacity = Math.max(DEFAULT_CAPACITY, minCapacity);
    }
    ensureExplicitCapacity(minCapacity);
```

```
}
```

它先判断数组是不是空的，如果是空的，则首次至少要分配的大小为 DEFAULT_
CAPACITY，DEFAULT_CAPACITY 的值为 10，接下来调用 ensureExplicitCapacity，主要代
码为：

```
private void ensureExplicitCapacity(int minCapacity) {
    modCount++;
    if(minCapacity - elementData.length > 0)
        grow(minCapacity);
}
```

modCount++ 是什么意思呢？ modCount 表示内部的修改次数，modCount++ 当然就是
增加修改次数，为什么要记录修改次数呢？我们待会解释。

如果需要的长度大于当前数组的长度，则调用 grow 方法，其主要代码为：

```
private void grow(int minCapacity) {
    int oldCapacity = elementData.length;
    //右移一位相当于除2，所以，newCapacity相当于oldCapacity的1.5倍
    int newCapacity = oldCapacity + (oldCapacity >> 1);
    //如果扩展1.5倍还是小于minCapacity，就扩展为minCapacity
    if(newCapacity - minCapacity < 0)
        newCapacity = minCapacity;
    elementData = Arrays.copyOf(elementData, newCapacity);
}
```

代码中已有注释说明，不再赘述。我们再来看 remove 方法的代码：

```
public E remove(int index) {
    rangeCheck(index);
    modCount++;
    E oldValue = elementData(index);
    int numMoved = size - index - 1; //计算要移动的元素个数
    if(numMoved > 0)
        System.arraycopy(elementData, index+1, elementData, index, numMoved);
    elementData[--size] = null; //将size减1，同时释放引用以便原对象被垃圾回收
    return oldValue;
}
```

它也增加了 modCount，然后计算要移动的元素个数，从 index 往后的元素都往前移动
一位，实际调用 System.arraycopy 方法移动元素。elementData[--size] = null; 这行代码将 size
减 1，同时将最后一个位置设为 null，设为 null 后不再引用原来对象，如果原来对象也不再
被其他对象引用，就可以被垃圾回收。

其他方法大多是比较简单的，我们就不赘述了。上面的代码中，为便于理解，我们删
减了一些边界情况处理的代码，完整代码要晦涩复杂一些，但接口一般都是简单直接的，
这就是使用容器类的好处，这也是计算机程序中的基本思维方式，**封装复杂操作，提供简
化接口**。

9.1.3　迭代

理解了 ArrayList 的基本用法和原理，接下来，我们来看一个 ArrayList 的常见操作：迭代。我们看一个迭代操作的例子，循环打印 ArrayList 中的每个元素，ArrayList 支持 foreach 语法：

```
ArrayList<Integer> intList = new ArrayList<Integer>();
intList.add(123);
intList.add(456);
intList.add(789);
for(Integer a : intList){
    System.out.println(a);
}
```

当然，这种循环也可以使用如下代码实现：

```
for(int i=0; i<intList.size(); i++){
    System.out.println(intList.get(i));
}
```

不过，foreach 看上去更为简洁，而且它适用于各种容器，更为通用。

这种 foreach 语法背后是怎么实现的呢？其实，编译器会将它转换为类似如下代码：

```
Iterator<Integer> it = intList.iterator();
while(it.hasNext()){
    System.out.println(it.next());
}
```

接下来，我们解释其中的代码。

1. 迭代器接口

ArrayList 实现了 Iterable 接口，Iterable 表示可迭代，Java 7 中的定义为：

```
public interface Iterable<T> {
    Iterator<T> iterator();
}
```

定义很简单，就是要求实现 iterator 方法。iterator 方法的声明为：

```
public Iterator<E> iterator()
```

它返回一个实现了 Iterator 接口的对象，Java 7 中 Iterator 接口的定义为：

```
public interface Iterator<E> {
    boolean hasNext();
    E next();
    void remove();
}
```

hasNext() 判断是否还有元素未访问，next() 返回下一个元素，remove() 删除最后返回的元素，只读访问的基本模式类似于：

```
Iterator<Integer> it = intList.iterator();
while(it.hasNext()){
    System.out.println(it.next());
}
```

我们待会再看迭代中间要删除元素的情况。

只要对象实现了 Iterable 接口，就可以使用 foreach 语法，编译器会转换为调用 Iterable 和 Iterator 接口的方法。初次见到 Iterable 和 Iterator，可能会比较容易混淆，我们再澄清一下：

❏ Iterable 表示对象可以被迭代，它有一个方法 iterator()，返回 Iterator 对象，实际通过 Iterator 接口的方法进行遍历；

❏ 如果对象实现了 Iterable，就可以使用 foreach 语法；

❏ 类可以不实现 Iterable，也可以创建 Iterator 对象。

需要了解的是，Java 8 对 Iterable 添加了默认方法 forEach 和 spliterator，对 Iterator 增加了默认方法 forEachRemaining 和 remove，具体可参见 API 文档，我们就不介绍了。

2. ListIterator

除了 iterator()，ArrayList 还提供了两个返回 Iterator 接口的方法：

```
public ListIterator<E> listIterator()
public ListIterator<E> listIterator(int index)
```

ListIterator 扩展了 Iterator 接口，增加了一些方法，向前遍历、添加元素、修改元素、返回索引位置等，添加的方法有：

```
public interface ListIterator<E> extends Iterator<E> {
    boolean hasPrevious();
    E previous();
    int nextIndex();
    int previousIndex();
    void set(E e);
    void add(E e);
}
```

listIterator() 方法返回的迭代器从 0 开始，而 listIterator(int index) 方法返回的迭代器从指定位置 index 开始。比如，从末尾往前遍历，代码为：

```
public void reverseTraverse(List<Integer> list){
    ListIterator<Integer> it = list.listIterator(list.size());
    while(it.hasPrevious()){
        System.out.println(it.previous());
    }
}
```

3. 迭代的陷阱

关于迭代器，有一种常见的误用，就是在迭代的中间调用容器的删除方法。比如，要删除一个整数 ArrayList 中所有小于 100 的数，直觉上，代码可以这么写：

```
public void remove(ArrayList<Integer> list){
    for(Integer a : list){
        if(a<=100){
            list.remove(a);
        }
    }
}
```

但运行时会抛出异常：

```
java.util.ConcurrentModificationException
```

发生了并发修改异常，为什么呢？因为迭代器内部会维护一些索引位置相关的数据，要求在迭代过程中，容器不能发生结构性变化，否则这些索引位置就失效了。所谓结构性变化就是添加、插入和删除元素，只是修改元素内容不算结构性变化。

如何避免异常呢？可以使用迭代器的 remove 方法，如下所示：

```
public static void remove(ArrayList<Integer> list){
    Iterator<Integer> it = list.iterator();
    while(it.hasNext()){
        if(it.next()<=100){
            it.remove();
        }
    }
}
```

迭代器如何知道发生了结构性变化，并抛出异常？它自己的 remove 方法为何又可以使用呢？我们需要看下迭代器实现的原理。

4. 迭代器实现的原理

我们来看下 ArrayList 中 iterator 方法的实现，代码为：

```
public Iterator<E> iterator() {
    return new Itr();
}
```

新建了一个 Itr 对象，Itr 是一个成员内部类，实现了 Iterator 接口，声明为：

```
private class Itr implements Iterator<E>
```

它有三个实例成员变量，为：

```
int cursor;           //下一个要返回的元素位置
int lastRet = -1; //最后一个返回的索引位置，如果没有，为-1
int expectedModCount = modCount;
```

cursor 表示下一个要返回的元素位置，lastRet 表示最后一个返回的索引位置，expected-ModCount 表示期望的修改次数，初始化为外部类当前的修改次数 modCount，回顾一下，成员内部类可以直接访问外部类的实例变量。每次发生结构性变化的时候 modCount 都会增加，而每次迭代器操作的时候都会检查 expectedModCount 是否与 modCount 相同，这样就能检测出结构性变化。

我们来具体看下，它是如何实现 Iterator 接口中的每个方法的，先看 hasNext()，代码为：

```
public boolean hasNext() {
    return cursor != size;
}
```

cursor 与 size 比较，比较直接，看 next 方法：

```
public E next() {
    checkForComodification();
    int i = cursor;
    if(i >= size)
        throw new NoSuchElementException();
    Object[] elementData = ArrayList.this.elementData;
    if(i >= elementData.length)
        throw new ConcurrentModificationException();
    cursor = i + 1;
    return (E) elementData[lastRet = i];
}
```

首先调用了 checkForComodification，它的代码为：

```
final void checkForComodification() {
    if(modCount != expectedModCount)
        throw new ConcurrentModificationException();
}
```

所以，next 前面部分主要就是在检查是否发生了结构性变化，如果没有变化，就更新 cursor 和 lastRet 的值，以保持其语义，然后返回对应的元素。remove 的代码为：

```
public void remove() {
    if(lastRet < 0)
        throw new IllegalStateException();
    checkForComodification();
    try {
        ArrayList.this.remove(lastRet);
        cursor = lastRet;
        lastRet = -1;
        expectedModCount = modCount;
    } catch (IndexOutOfBoundsException ex) {
        throw new ConcurrentModificationException();
    }
}
```

它调用了 ArrayList 的 remove 方法，但同时更新了 cursor、lastRet 和 expectedModCount 的值，所以它可以正确删除。不过，需要注意的是，调用 remove 方法前必须先调用 next，比如，通过迭代器删除所有元素，直觉上，可以这么写：

```
public static void removeAll(ArrayList<Integer> list){
    Iterator<Integer> it = list.iterator();
    while(it.hasNext()){
        it.remove();
    }
}
```

实际运行，会抛出异常 java.lang.IllegalStateException，正确写法是：

```
public static void removeAll(ArrayList<Integer> list){
    Iterator<Integer> it = list.iterator();
    while(it.hasNext()){
        it.next();
        it.remove();
    }
}
```

当然，如果只是要删除所有元素，ArrayList 有现成的方法 clear()。

listIterator() 的实现使用了另一个内部类 ListItr，它继承自 Itr，基本思路类似，我们就不赘述了。

5. 迭代器的好处

为什么要通过迭代器这种方式访问元素呢？直接使用 size()/get(index) 语法不也可以吗？在一些场景下，确实没有什么差别，两者都可以。不过，foreach 语法更为简洁一些，更重要的是，迭代器语法更为通用，它适用于各种容器类。

此外，**迭代器表示的是一种关注点分离的思想，将数据的实际组织方式与数据的迭代遍历相分离，是一种常见的设计模式**。需要访问容器元素的代码只需要一个 Iterator 接口的引用，不需要关注数据的实际组织方式，可以使用一致和统一的方式进行访问。

而提供 Iterator 接口的代码了解数据的组织方式，可以提供高效的实现。在 ArrayList 中，size/get(index) 语法与迭代器性能是差不多的，但在后续介绍的其他容器中，则不一定，比如 LinkedList，迭代器性能就要高很多。

从封装的思路上讲，迭代器封装了各种数据组织方式的迭代操作，提供了简单和一致的接口。

9.1.4　ArrayList 实现的接口

Java 的各种容器类有一些共性的操作，这些共性以接口的方式体现，我们刚刚介绍的 Iterable 接口就是，此外，ArrayList 还实现了三个主要的接口：Collection、List 和 Random-Access，我们逐个介绍。

1. Collection

Collection 表示一个数据集合，数据间没有位置或顺序的概念，Java 7 中的接口定义为：

```
public interface Collection<E> extends Iterable<E> {
    int size();
    boolean isEmpty();
    boolean contains(Object o);
    Iterator<E> iterator();
    Object[] toArray();
    <T> T[] toArray(T[] a);
    boolean add(E e);
    boolean remove(Object o);
    boolean containsAll(Collection<?> c);
    boolean addAll(Collection<? extends E> c);
    boolean removeAll(Collection<?> c);
    boolean retainAll(Collection<?> c);
    void clear();
    boolean equals(Object o);
    int hashCode();
}
```

这些方法中，除了两个 toArray 方法和几个 xxxAll() 方法外，其他我们已经介绍过了。toArray 方法我们待会再介绍。这几个 xxxAll() 方法的含义基本也是可以顾名思义的，addAll 表示添加，removeAll 表示删除，containsAll 表示检查是否包含了参数容器中的所有元素，只有全包含才返回 true，retainAll 表示只保留参数容器中的元素，其他元素会进行删除。Java 8 对 Collection 接口添加了几个默认方法，包括 removeIf、stream、spliterator 等，具体可参见 API 文档。

抽象类 AbstractCollection 对这几个方法都提供了默认实现，实现的方式就是利用迭代器方法逐个操作。比如，我们看 removeAll 方法，代码为：

```
public boolean removeAll(Collection<?> c) {
    boolean modified = false;
    Iterator<?> it = iterator();
    while(it.hasNext()) {
        if(c.contains(it.next())) {
            it.remove();
            modified = true;
        }
    }
    return modified;
}
```

代码比较简单，就不解释了。ArrayList 继承了 AbstractList，而 AbstractList 又继承了 AbstractCollection，ArrayList 对其中一些方法进行了重写，以提供更为高效的实现，具体不再介绍。

2. List

List 表示有顺序或位置的数据集合，它扩展了 Collection，增加的主要方法有（Java 7）：

```
boolean addAll(int index, Collection<? extends E> c);
```

```
E get(int index);
E set(int index, E element);
void add(int index, E element);
E remove(int index);
int indexOf(Object o);
int lastIndexOf(Object o);
ListIterator<E> listIterator();
ListIterator<E> listIterator(int index);
List<E> subList(int fromIndex, int toIndex);
```

这些方法都与位置有关，容易理解，就不介绍了。Java 8 对 List 接口增加了几个默认方法，包括 sort、replaceAll 和 spliterator；Java 9 增加了多个重载的 of 方法，可以根据一个或多个元素生成一个不变的 List，具体就不介绍了，可参看 API 文档。

3. RandomAccess

RandomAccess 的定义为：

```
public interface RandomAccess {
}
```

没有定义任何代码。这有什么用呢？这种没有任何代码的接口在 Java 中被称为**标记接口**，用于声明类的一种属性。

这里，实现了 RandomAccess 接口的类表示可以随机访问，可随机访问就是具备类似数组那样的特性，数据在内存是连续存放的，根据索引值就可以直接定位到具体的元素，访问效率很高。下节我们会介绍 LinkedList，它就不能随机访问。

有没有声明 RandomAccess 有什么关系呢？主要用于一些通用的算法代码中，它可以根据这个声明而选择效率更高的实现。比如，Collections 类中有一个方法 binarySearch，在 List 中进行二分查找，它的实现代码就根据 list 是否实现了 RandomAccess 而采用不同的实现机制，如下所示：

```
public static <T>
int binarySearch(List<? extends Comparable<? super T>> list, T key) {
    if(list instanceof RandomAccess || list.size()<BINARYSEARCH_THRESHOLD)
        return Collections.indexedBinarySearch(list, key);
    else
        return Collections.iteratorBinarySearch(list, key);
}
```

9.1.5 ArrayList 的其他方法

ArrayList 中还有一些其他方法，包括构造方法、与数组的相互转换、容量大小控制等，我们来看下。ArrayList 还有两个构造方法：

```
public ArrayList(int initialCapacity)
public ArrayList(Collection<? extends E> c)
```

第一个方法以指定的大小 initialCapacity 初始化内部的数组大小，代码为：

```
this.elementData = new Object[initialCapacity];
```

在事先知道元素长度的情况下，或者，预先知道长度上限的情况下，使用这个构造方法可以避免重新分配和复制数组。第二个构造方法以一个已有的 Collection 构建，数据会新复制一份。

ArrayList 中有两个方法可以返回数组：

```
public Object[] toArray()
public <T> T[] toArray(T[] a)
```

第一个方法返回是 Object 数组，代码为：

```
public Object[] toArray() {
    return Arrays.copyOf(elementData, size);
}
```

第二个方法返回对应类型的数组，如果参数数组长度足以容纳所有元素，就使用该数组，否则就新建一个数组，比如：

```
ArrayList<Integer> intList = new ArrayList<Integer>();
intList.add(123);
intList.add(456);
intList.add(789);
Integer[] arrA = new Integer[3];
intList.toArray(arrA);
Integer[] arrB = intList.toArray(new Integer[0]);
System.out.println(Arrays.equals(arrA, arrB));
```

输出为 true，表示两种方式都是可以的。

Arrays 中有一个静态方法 asList 可以返回对应的 List，如下所示：

```
Integer[] a = {1,2,3};
List<Integer> list = Arrays.asList(a);
```

需要注意的是，这个方法返回的 List，它的实现类并不是本节介绍的 ArrayList，而是 Arrays 类的一个内部类，在这个内部类的实现中，内部用的数组就是传入的数组，没有拷贝，也不会动态改变大小，所以对数组的修改也会反映到 List 中，对 List 调用 add、remove 方法会抛出异常。

要使用 ArrayList 完整的方法，应该新建一个 ArrayList，如下所示：

```
List<Integer> list = new ArrayList<Integer>(Arrays.asList(a));
```

ArrayList 还提供了两个 public 方法，可以控制内部使用的数组大小，一个是：

```
public void ensureCapacity(int minCapacity)
```

它可以确保数组的大小至少为 minCapacity，如果不够，会进行扩展。如果已经预知 ArrayList 需要比较大的容量，调用这个方法可以减少 ArrayList 内部分配和扩展的次数。

另一个方法是：

```
public void trimToSize()
```

它会重新分配一个数组，大小刚好为实际内容的长度。调用这个方法可以节省数组占用的空间。

9.1.6 ArrayList 特点分析

后续我们会介绍各种容器类和数据组织方式。之所以有各种不同的方式，是因为不同方式有不同特点，而不同特点有不同适用场合。考虑特点时，性能是其中一个很重要的部分，但性能不是一个简单的高低之分，对于一种数据结构，有的操作性能高，有的操作性能比较低。

作为程序员，就是要理解每种数据结构的特点，根据场合的不同，选择不同的数据结构。

对于 ArrayList，它的特点是内部采用动态数组实现，这决定了以下几点。

1）可以随机访问，按照索引位置进行访问效率很高，用算法描述中的术语，效率是 $O(1)$，简单说就是可以一步到位。

2）除非数组已排序，否则按照内容查找元素效率比较低，具体是 $O(N)$，N 为数组内容长度，也就是说，性能与数组长度成正比。

3）添加元素的效率还可以，重新分配和复制数组的开销被平摊了，具体来说，添加 N 个元素的效率为 $O(N)$。

4）插入和删除元素的效率比较低，因为需要移动元素，具体为 $O(N)$。

9.1.7 小结

本节详细介绍了 ArrayList，ArrayList 是日常开发中最常用的类之一。我们介绍了 ArrayList 的用法、基本实现原理、迭代器及其实现、Collection/List/RandomAccess 接口、ArrayList 与数组的相互转换，最后分析了 ArrayList 的特点。

需要说明的是，ArrayList 不是线程安全的，关于线程我们在第 15 章介绍，实现线程安全的一种方式是使用 Collections 提供的方法装饰 ArrayList，这个我们会在 12.2 节介绍。此外，需要了解的是，还有一个类 Vector，它是 Java 最早实现的容器类之一，也实现了 List 接口，基本原理与 ArrayList 类似，内部使用 synchronized（15.2 节介绍）实现了线程安全，不需要线程安全的情况下，推荐使用 ArrayList。

ArrayList 的插入和删除的性能比较低，下一节，我们来看另一个同样实现了 List 接口的容器类：LinkedList，它的特点可以说与 ArrayList 正好相反。

9.2 剖析 LinkedList

ArrayList 随机访问效率很高，但插入和删除性能比较低；LinkedList 同样实现了 List

接口，它的特点与 ArrayList 几乎正好相反，本节我们就来详细介绍 LinkedList。

除了实现了 List 接口外，LinkedList 还实现了 Deque 和 Queue 接口，可以按照队列、栈和双端队列的方式进行操作。本节会介绍这些用法，同时介绍其实现原理。我们先来看它的用法。

9.2.1 用法

LinkedList 的构造方法与 ArrayList 类似，有两个：一个是默认构造方法，另外一个可以接受一个已有的 Collection，如下所示：

```
public LinkedList()
public LinkedList(Collection<? extends E> c)
```

比如，可以这么创建：

```
List<String> list = new LinkedList<>();
List<String> list2 = new LinkedList<>(
        Arrays.asList(new String[]{"a","b","c"}));
```

LinkedList 与 ArrayList 一样，同样实现了 List 接口，而 List 接口扩展了 Collection 接口，Collection 又扩展了 Iterable 接口，所有这些接口的方法都是可以使用的，使用方法与上节介绍的一样，本节不再赘述。LinkedList 还实现了队列接口 Queue，所谓队列就类似于日常生活中的各种排队，特点就是先进先出，在尾部添加元素，从头部删除元素，它的接口定义为：

```
public interface Queue<E> extends Collection<E> {
    boolean add(E e);
    boolean offer(E e);
    E remove();
    E poll();
    E element();
    E peek();
}
```

Queue 扩展了 Collection，它的主要操作有三个：

❑ 在尾部添加元素（add、offer）；
❑ 查看头部元素（element、peek），返回头部元素，但不改变队列；
❑ 删除头部元素（remove、poll），返回头部元素，并且从队列中删除。

每种操作都有两种形式，有什么区别呢？区别在于，对于特殊情况的处理不同。特殊情况是指队列为空或者队列为满，为空容易理解，为满是指队列有长度大小限制，而且已经占满了。LinkedList 的实现中，队列长度没有限制，但别的 Queue 的实现可能有。在队列为空时，element 和 remove 会抛出异常 NoSuchElementException，而 peek 和 poll 返回特殊值 null；在队列为满时，add 会抛出异常 IllegalStateException，而 offer 只是返回 false。

把 LinkedList 当作 Queue 使用也很简单，比如，可以这样：

```
Queue<String> queue = new LinkedList<>();
queue.offer("a");
queue.offer("b");
queue.offer("c");
while(queue.peek()!=null){
    System.out.println(queue.poll());
}
```

输出有三行，依次为 a、b 和 c。

我们在介绍函数调用原理的时候介绍过栈。栈也是一种常用的数据结构，与队列相反，它的特点是先进后出、后进先出，类似于一个储物箱，放的时候是一件件往上放，拿的时候则只能从上面开始拿。Java 中没有单独的栈接口，栈相关方法包括在了表示双端队列的接口 Deque 中，主要有三个方法：

```
void push(E e);
E pop();
E peek();
```

解释如下。

1）push 表示入栈，在头部添加元素，栈的空间可能是有限的，如果栈满了，push 会抛出异常 IllegalStateException。

2）pop 表示出栈，返回头部元素，并且从栈中删除，如果栈为空，会抛出异常 NoSuch-ElementException。

3）peek 查看栈头部元素，不修改栈，如果栈为空，返回 null。

把 LinkedList 当作栈使用也很简单，比如，可以这样：

```
Deque<String> stack = new LinkedList<>();
stack.push("a");
stack.push("b");
stack.push("c");
while(stack.peek()!=null){
    System.out.println(stack.pop());
}
```

输出有三行，依次为 c、b 和 a。

Java 中有一个类 Stack，单词意思是栈，它也实现了栈的一些方法，如 push/pop/peek 等，但它没有实现 Deque 接口，它是 Vector 的子类，它增加的这些方法也通过 synchronized 实现了线程安全，具体就不介绍了。不需要线程安全的情况下，推荐使用 LinkedList 或下节介绍的 ArrayDeque。

栈和队列都是在两端进行操作，栈只操作头部，队列两端都操作，但尾部只添加、头部只查看和删除。有一个更为通用的操作两端的接口 Deque。Deque 扩展了 Queue，包括了栈的操作方法，此外，它还有如下更为明确的操作两端的方法：

```
void addFirst(E e);
void addLast(E e);
```

```
E getFirst();
E getLast();
boolean offerFirst(E e);
boolean offerLast(E e);
E peekFirst();
E peekLast();
E pollFirst();
E pollLast();
E removeFirst();
E removeLast();
```

xxxFirst 操作头部，xxxLast 操作尾部。与队列类似，每种操作有两种形式，区别也是在队列为空或满时处理不同。为空时，getXXX/removeXXX 会抛出异常，而 peekXXX/pollXXX 会返回 null。队列满时，addXXX 会抛出异常，offerXXX 只是返回 false。

栈和队列只是双端队列的特殊情况，它们的方法都可以使用双端队列的方法替代，不过，使用不同的名称和方法，概念上更为清晰。

Deque 接口还有一个迭代器方法，可以从后往前遍历：

```
Iterator<E> descendingIterator();
```

比如，看如下代码：

```
Deque<String> deque = new LinkedList<>(
        Arrays.asList(new String[]{"a","b","c"}));
Iterator<String> it = deque.descendingIterator();
while(it.hasNext()){
    System.out.print(it.next()+" ");
}
```

输出为：

```
c b a
```

简单总结下：LinkedList 的用法是比较简单的，与 ArrayList 用法类似，支持 List 接口，只是，LinkedList 增加了一个接口 Deque，可以把它看作队列、栈、双端队列，方便地在两端进行操作。如果只是用作 List，那应该用 ArrayList 还是 LinkedList 呢？我们需要了解 LinkedList 的实现原理。

9.2.2　实现原理

我们先来看 LinkedList 的内部组成，然后分析它的一些主要方法的实现，代码基于 Java 7。

1. 内部组成

我们知道，ArrayList 内部是数组，元素在内存是连续存放的，但 LinkedList 不是。 LinkedList 直译就是链表，确切地说，它的内部实现是**双向链表**，每个元素在内存都是单独存放的，元素之间通过链接连在一起，类似于小朋友之间手拉手一样。

为了表示链接关系，需要一个**节点**的概念。节点包括实际的元素，但同时有两个链接，分别指向前一个节点（前驱）和后一个节点（后继）。节点是一个内部类，具体定义为：

```
private static class Node<E> {
    E item;
    Node<E> next;
    Node<E> prev;
    Node(Node<E> prev, E element, Node<E> next) {
        this.item = element;
        this.next = next;
        this.prev = prev;
    }
}
```

Node 类表示节点，item 指向实际的元素，next 指向后一个节点，prev 指向前一个节点。LinkedList 内部组成就是如下三个实例变量：

```
transient int size = 0;
transient Node<E> first;
transient Node<E> last;
```

我们暂时忽略 transient 关键字，size 表示链表长度，默认为 0，first 指向头节点，last 指向尾节点，初始值都为 null。

LinkedList 的所有 public 方法内部操作的都是这三个实例变量，具体是怎么操作的？链接关系是如何维护的？我们看一些主要的方法，先来看 add 方法。

2. add 方法

add 方法的代码为：

```
public boolean add(E e) {
    linkLast(e);
    return true;
}
```

主要就是调用了 linkLast，它的代码为：

```
void linkLast(E e) {
    final Node<E> l = last;
    final Node<E> newNode = new Node<>(l, e, null);
    last = newNode;
    if(l == null)
        first = newNode;
    else
        l.next = newNode;
    size++;
    modCount++;
}
```

代码的基本步骤如下。

1）创建一个新的节点 newNode。l 和 last 指向原来的尾节点，如果原来链表为空，则为 null。代码为：

```
Node<E> newNode = new Node<>(l, e, null);
```

2）修改尾节点 last，指向新的最后节点 newNode。代码为：

```
last = newNode;
```

3）修改前节点的后向链接，如果原来链表为空，则让头节点指向新节点，否则让前一个节点的 next 指向新节点。代码为：

```
if(l == null)
    first = newNode;
else
    l.next = newNode;
```

4）增加链表大小。代码为：

```
size++
```

modCount++ 的目的与 ArrayList 是一样的，记录修改次数，便于迭代中间检测结构性变化。

我们通过一些图示来进行介绍。比如，代码为：

```
List<String> list = new LinkedList<String>();
list.add("a");
list.add("b");
```

执行完第一行后，内部结构如图 9-1 所示。

添加完 "a" 后，内部结构如图 9-2 所示。

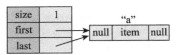

图 9-1　LinkedList 对象内部结构：初始状态　图 9-2　LinkedList 对象内部结构：添加一个元素后

添加完 "b" 后，内部结构如图 9-3 所示。

可以看出，与 ArrayList 不同，Linked-List 的内存是按需分配的，不需要预先分配多余的内存，添加元素只需分配新元素的空间，然后调节几个链接即可。

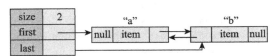

图 9-3　LinkedList 对象内部结构：添加两个元素后

3. 根据索引访问元素 get

添加了元素，如何根据索引访问元素呢？我们看下 get 方法的代码：

```
public E get(int index) {
    checkElementIndex(index);
    return node(index).item;
}
```

checkElementIndex 检查索引位置的有效性，如果无效，则抛出异常，代码为：

```
private void checkElementIndex(int index) {
    if(!isElementIndex(index))
        throw new IndexOutOfBoundsException(outOfBoundsMsg(index));
}
private boolean isElementIndex(int index) {
    return index >= 0 && index < size;
}
```

如果 index 有效，则调用 node 方法查找对应的节点，其 item 属性就指向实际元素内容，node 方法的代码为：

```
Node<E> node(int index) {
    if(index < (size >> 1)) {
        Node<E> x = first;
        for(int i = 0; i < index; i++)
            x = x.next;
        return x;
    } else {
        Node<E> x = last;
        for(int i = size - 1; i > index; i--)
            x = x.prev;
        return x;
    }
}
```

size>>1 等于 size/2，如果索引位置在前半部分（index<(size>>1)），则从头节点开始查找，否则，从尾节点开始查找。可以看出，与 ArrayList 明显不同，ArrayList 中数组元素连续存放，可以根据索引直接定位，而在 LinkedList 中，则必须从头或尾顺着链接查找，效率比较低。

4. 根据内容查找元素

我们看下 indexOf 的代码：

```
public int indexOf(Object o) {
    int index = 0;
    if(o == null) {
        for(Node<E> x = first; x != null; x = x.next) {
            if(x.item == null)
                return index;
            index++;
        }
    } else {
        for(Node<E> x = first; x != null; x = x.next) {
            if(o.equals(x.item))
                return index;
            index++;
        }
    }
    return -1;
}
```

代码也很简单，从头节点顺着链接往后找，如果要找的是 null，则找第一个 item 为 null 的节点，否则使用 equals 方法进行比较。

5. 插入元素

add 是在尾部添加元素，如果在头部或中间插入元素呢？可以使用如下方法：

```
public void add(int index, E element)
```

它的代码是：

```
public void add(int index, E element) {
    checkPositionIndex(index);
    if(index == size)
        linkLast(element);
    else
        linkBefore(element, node(index));
}
```

如果 index 为 size，添加到最后面，一般情况，是插入到 index 对应节点的前面，调用方法为 linkBefore，它的代码为：

```
void linkBefore(E e, Node<E> succ) {
    final Node<E> pred = succ.prev;
    final Node<E> newNode = new Node<>(pred, e, succ);
    succ.prev = newNode;
    if(pred == null)
        first = newNode;
    else
        pred.next = newNode;
    size++;
    modCount++;
}
```

参数 succ 表示后继节点，变量 pred 表示前驱节点，目标是在 pred 和 succ 中间插入一个节点。插入步骤是：

1）新建一个节点 newNode，前驱为 pred，后继为 succ。代码为：

```
Node<E> newNode = new Node<>(pred, e, succ);
```

2）让后继的前驱指向新节点。代码为：

```
succ.prev = newNode;
```

3）让前驱的后继指向新节点，如果前驱为空，那么修改头节点指向新节点。代码为：

```
if (pred == null)
    first = newNode;
else
    pred.next = newNode;
```

4）增加长度。

我们通过图示来进行介绍。还是上面的例子，比如，添加一个元素：

```
list.add(1, "c");
```

内存结构如图 9-4 所示。

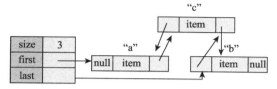

图 9-4　LinkedList 对象内部结构：在中间插入元素后

可以看出，在中间插入元素，LinkedList 只需按需分配内存，修改前驱和后继节点的链接，而 ArrayList 则可能需要分配很多额外空间，且移动所有后续元素。

6. 删除元素

我们再来看删除元素，代码为：

```
public E remove(int index) {
    checkElementIndex(index);
    return unlink(node(index));
}
```

通过 node 方法找到节点后，调用了 unlink 方法，代码为：

```
E unlink(Node<E> x) {
    final E element = x.item;
    final Node<E> next = x.next;
    final Node<E> prev = x.prev;
    if(prev == null) {
        first = next;
    } else {
        prev.next = next;
        x.prev = null;
    }
    if(next == null) {
        last = prev;
    } else {
        next.prev = prev;
        x.next = null;
    }
    x.item = null;
    size--;
    modCount++;
    return element;
}
```

删除 x 节点，基本思路就是让 x 的前驱和后继直接链接起来，next 是 x 的后继，prev 是 x 的前驱，具体分为两步。

1）让 x 的前驱的后继指向 x 的后继。如果 x 没有前驱，说明删除的是头节点，则修改头节点指向 x 的后继。

2）让 x 的后继的前驱指向 x 的前驱。如果 x 没有后继，说明删除的是尾节点，则修改尾节点指向 x 的前驱。

通过图示进行说明。还是上面的例子，如果删除一个元素：

```
list.remove(1);
```

内存结构如图 9-5 所示。

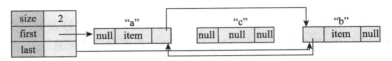

图 9-5　LinkedList 对象内部结构：删除元素后

以上，我们介绍了 LinkedList 的内部组成，以及几个主要方法的实现代码，其他方法的原理也都类似，我们就不赘述了。

前面我们提到，对于队列、栈和双端队列接口，长度可能有限制，LinkedList 实现了这些接口，不过 LinkedList 对长度并没有限制。

9.2.3　LinkedList 特点分析

用法上，LinkedList 是一个 List，但也实现了 Deque 接口，可以作为队列、栈和双端队列使用。实现原理上，LinkedList 内部是一个双向链表，并维护了长度、头节点和尾节点，这决定了它有如下特点。

1）按需分配空间，不需要预先分配很多空间。

2）不可以随机访问，按照索引位置访问效率比较低，必须从头或尾顺着链接找，效率为 $O(N/2)$。

3）不管列表是否已排序，只要是按照内容查找元素，效率都比较低，必须逐个比较，效率为 $O(N)$。

4）在两端添加、删除元素的效率很高，为 $O(1)$。

5）在中间插入、删除元素，要先定位，效率比较低，为 $O(N)$，但修改本身的效率很高，效率为 $O(1)$。

理解了 LinkedList 和 ArrayList 的特点，就能比较容易地进行选择了，如果列表长度未知，添加、删除操作比较多，尤其经常从两端进行操作，而按照索引位置访问相对比较少，则 LinkedList 是比较理想的选择。

9.3 剖析 ArrayDeque

LinkedList 实现了队列接口 Queue 和双端队列接口 Deque，Java 容器类中还有一个双端队列的实现类 ArrayDeque，它是基于数组实现的。我们知道，一般而言，由于需要移动元素，数组的插入和删除效率比较低，但 ArrayDeque 的效率却非常高，它是怎么实现的呢？本节就来详细探讨。

ArrayDeque 有如下构造方法：

```
public ArrayDeque()
public ArrayDeque(int numElements)
public ArrayDeque(Collection<? extends E> c)
```

numElements 表示元素个数，初始分配的空间会至少容纳这么多元素，但空间不是正好 numElements 这么大，待会我们会介绍其实现细节。

ArrayDeque 实现了 Deque 接口，同 LinkedList 一样，它的队列长度也是没有限制的，Deque 扩展了 Queue，有队列的所有方法，还可以看作栈，有栈的基本方法 push/pop/peek，还有明确的操作两端的方法如 addFirst/removeLast 等，具体用法与 LinkedList 一节介绍的类似，就不赘述了，下面看其实现原理（基于 Java 7）。

9.3.1 实现原理

ArrayDeque 内部主要有如下实例变量：

```
private transient E[] elements;
private transient int head;
private transient int tail;
```

elements 就是存储元素的数组。ArrayDeque 的高效来源于 head 和 tail 这两个变量，它们使得物理上简单的从头到尾的数组变为了一个逻辑上循环的数组，避免了在头尾操作时的移动。我们来解释下循环数组的概念。

1. 循环数组

对于一般数组，比如 arr，第一个元素为 arr[0]，最后一个为 arr[arr.length−1]。但对于 ArrayDeque 中的数组，它是一个逻辑上的循环数组，所谓循环是指元素到数组尾之后可以接着从数组头开始，数组的长度、第一个和最后一个元素都与 head 和 tail 这两个变量有关，具体来说：

1）如果 head 和 tail 相同，则数组为空，长度为 0。

2）如果 tail 大于 head，则第一个元素为 elements[head]，最后一个为 elements[tail−1]，长度为 tail−head，元素索引从 head 到 tail−1。

3）如果 tail 小于 head，且为 0，则第一个元素为 elements[head]，最后一个为 elements[elements.length−1]，元素索引从 head 到 elements.length−1。

4）如果 tail 小于 head，且大于 0，则会形成循环，第一个元素为 elements[head]，最后一个是 elements[tail-1]，元素索引从 head 到 elements.length-1，然后再从 0 到 tail-1。

我们来看一些图示。第一种情况，数组为空，head 和 tail 相同，如图 9-6 所示。

第二种情况，tail 大于 head，如图 9-7 所示，都包含三个元素。

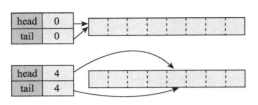

图 9-6 循环数组：head 和 tail 相同

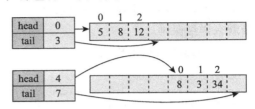

图 9-7 循环数组：tail 大于 head

第三种情况，tail 为 0，如图 9-8 所示。

第四种情况，tail 不为 0，且小于 head，如图 9-9 所示。

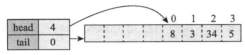

图 9-8 循环数组：tail 为 0

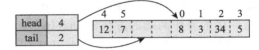

图 9-9 循环数组：tail 不为 0 且小于 head

理解了循环数组的概念，我们来看 ArrayDeque 一些主要操作的代码，先来看构造方法。

2. 构造方法

默认构造方法的代码为：

```
public ArrayDeque() {
    elements = (E[]) new Object[16];
}
```

分配了一个长度为 16 的数组。如果有参数 numElements，代码为：

```
public ArrayDeque(int numElements) {
    allocateElements(numElements);
}
```

不是简单地分配给定的长度，而是调用了 allocateElements。这个方法的代码看上去比较复杂，我们就不列举了，它主要就是在计算应该分配的数组的长度，计算逻辑如下：

1）如果 numElements 小于 8，就是 8。

2）在 numElements 大于等于 8 的情况下，分配的实际长度是严格大于 numElements 并且为 2 的整数次幂的最小数。比如，如果 numElements 为 10，则实际分配 16，如果 numElements 为 32，则为 64。

为什么要为 2 的幂次数呢？我们待会会看到，这样会使得很多操作的效率很高。为什么要严格大于 numElements 呢？因为循环数组必须时刻至少留一个空位，tail 变量指向下一个空位，为了容纳 numElements 个元素，至少需要 numElements+1 个位置。

看最后一个构造方法：

```
public ArrayDeque(Collection<? extends E> c) {
    allocateElements(c.size());
    addAll(c);
}
```

同样调用 allocateElements 分配数组，随后调用了 addAll，而 addAll 只是循环调用了 add 方法。下面我们来看 add 的实现。

3. 从尾部添加

add 方法的代码为：

```
public boolean add(E e) {
    addLast(e);
    return true;
}
```

addLast 的代码为：

```
public void addLast(E e) {
    if(e == null)
        throw new NullPointerException();
    elements[tail] = e;
    if( (tail = (tail + 1) & (elements.length - 1)) == head)
        doubleCapacity();
}
```

将元素添加到 tail 处，然后 tail 指向下一个位置，如果队列满了，则调用 doubleCapa-city 扩展数组。tail 的下一个位置是 (tail+1) & (elements.length−1)，如果与 head 相同，则队列就满了。

进行与操作保证了索引在正确范围，与 (elements.length−1) 相与就可以得到下一个正确位置，是因为 elements.length 是 2 的幂次方，(elements.length−1) 的后几位全是 1，无论是正数还是负数，与 (elements.length−1) 相与都能得到期望的下一个正确位置。

比如，如果 elements.length 为 8，则 (elements.length−1) 为 7，二进制表示为 0111，对于负数 −1，与 7 相与，结果为 7，对于正数 8，与 7 相与，结果为 0，都能达到循环数组中找下一个正确位置的目的。这种位操作是循环数组中一种常见的操作，效率也很高，后续代码中还会看到。

doubleCapacity 将数组扩大为两倍，代码为：

```
private void doubleCapacity() {
    assert head == tail;
    int p = head;
    int n = elements.length;
    int r = n - p; //number of elements to the right of p
    int newCapacity = n << 1;
```

```
    if(newCapacity < 0)
        throw new IllegalStateException("Sorry, deque too big");
    Object[] a = new Object[newCapacity];
    System.arraycopy(elements, p, a, 0, r);
    System.arraycopy(elements, 0, a, r, p);
    elements = (E[])a;
    head = 0;
    tail = n;
}
```

分配一个长度翻倍的新数组 a，将 head 右边的元素复制到新数组开头处，再复制左边的元素到新数组中，最后重新设置 head 和 tail，head 设为 0，tail 设为 n。

我们来看一个例子，假设原长度为 8，head 和 tail 为 4，现在开始扩大数组，扩大前后的结构如图 9-10 所示。

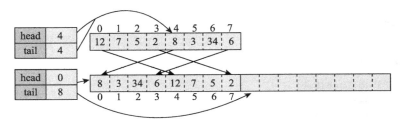

图 9-10　循环数组：扩容前后对比

add 是在末尾添加，我们再看在头部添加的代码。

4. 从头部添加
addFirst() 方法的代码为：

```
public void addFirst(E e) {
    if(e == null)
        throw new NullPointerException();
    elements[head = (head - 1) & (elements.length - 1)] = e;
    if(head == tail)
        doubleCapacity();
}
```

在头部添加，要先让 head 指向前一个位置，然后再赋值给 head 所在位置。head 的前一个位置是 (head−1) & (elements.length−1)。刚开始 head 为 0，如果 elements.length 为 8，则 (head−1) & (elements.length−1) 的结果为 7。比如，执行如下代码：

```
Deque<String> queue = new ArrayDeque<>(7);
queue.addFirst("a");
queue.addFirst("b");
```

执行完后，内部结构如图 9-11 所示。

介绍完了添加，下面来看删除。

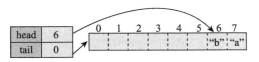

图 9-11　循环数组：从头部添加后

5. 从头部删除

removeFirst 方法的代码为：

```
public E removeFirst() {
    E x = pollFirst();
    if(x == null)
        throw new NoSuchElementException();
    return x;
}
```

主要调用了 pollFirst 方法，pollFirst 方法的代码为：

```
public E pollFirst() {
    int h = head;
    E result = elements[h]; //Element is null if deque empty
    if(result == null)
        return null;
    elements[h] = null;        //Must null out slot
    head = (h + 1) & (elements.length - 1);
    return result;
}
```

代码比较简单，将原头部位置置为 null，然后 head 置为下一个位置，下一个位置为 (h+1) & (elements.length–1)。从尾部删除的代码是类似的，就不赘述了。

6. 查看长度

ArrayDeque 没有单独的字段维护长度，其 size 方法的代码为：

```
public int size() {
    return (tail - head) & (elements.length - 1);
}
```

通过该方法即可计算出 size。

7. 检查给定元素是否存在

contains 方法的代码为：

```
public boolean contains(Object o) {
    if(o == null)
        return false;
    int mask = elements.length - 1;
    int i = head;
    E x;
    while( (x = elements[i]) != null) {
        if(o.equals(x))
            return true;
        i = (i + 1) & mask;
    }
    return false;
}
```

就是从 head 开始遍历并进行对比，循环过程中没有使用 tail，而是到元素为 null 就结束了，这是因为在 ArrayDeque 中，有效元素不允许为 null。

8. toArray 方法

toArray 方法的代码为：

```
public Object[] toArray() {
    return copyElements(new Object[size()]);
}
```

copyElements 的代码为：

```
private <T> T[] copyElements(T[] a) {
    if(head < tail) {
        System.arraycopy(elements, head, a, 0, size());
    } else if(head > tail) {
        int headPortionLen = elements.length - head;
        System.arraycopy(elements, head, a, 0, headPortionLen);
        System.arraycopy(elements, 0, a, headPortionLen, tail);
    }
    return a;
}
```

如果 head 小于 tail，就是从 head 开始复制 size 个，否则，复制逻辑与 doubleCapacity 方法中的类似，先复制从 head 到末尾的部分，然后复制从 0 到 tail 的部分。

9. 原理小结

以上就是 ArrayDeque 的基本原理，内部它是一个动态扩展的循环数组，通过 head 和 tail 变量维护数组的开始和结尾，数组长度为 2 的幂次方，使用高效的位操作进行各种判断，以及对 head 和 tail 进行维护。

9.3.2 ArrayDeque 特点分析

ArrayDeque 实现了双端队列，内部使用循环数组实现，这决定了它有如下特点。

1）在两端添加、删除元素的效率很高，动态扩展需要的内存分配以及数组复制开销可以被平摊，具体来说，添加 N 个元素的效率为 $O(N)$。

2）根据元素内容查找和删除的效率比较低，为 $O(N)$。

3）与 ArrayList 和 LinkedList 不同，没有索引位置的概念，不能根据索引位置进行操作。

ArrayDeque 和 LinkedList 都实现了 Deque 接口，应该用哪一个呢？如果只需要 Deque 接口，从两端进行操作，一般而言，ArrayDeque 效率更高一些，应该被优先使用；如果同时需要根据索引位置进行操作，或者经常需要在中间进行插入和删除，则应该选 LinkedList。

至此，关于列表和队列的内容就介绍完了，无论是 ArrayList、LinkedList 还是 Array-Deque，按内容查找元素的效率都很低，都需要逐个进行比较，有没有更有效的方式呢？让我们下一章来看各种 Map 和 Set。

第 10 章 *Chapter 10*

Map 和 Set

上一章介绍了 ArrayList、LinkedList 和 ArrayDeque，它们的一个共同特点是：查找元素的效率都比较低，都需要逐个进行比较，本章介绍各种 Map 和 Set，它们的查找效率要高得多。Map 和 Set 都是接口，Java 中有多个实现类，主要包括 HashMap、HashSet、TreeMap、TreeSet、LinkedHashMap、LinkedHashSet、EnumMap、EnumSet 等，它们都有什么用？有什么不同？是如何实现的？本章进行深入剖析，我们先从最常用的 HashMap 开始。

10.1 剖析 HashMap

字面上看，HashMap 由 Hash 和 Map 两个单词组成，这里 Map 不是地图的意思，而是表示映射关系，是一个接口，实现 Map 接口有多种方式，HashMap 实现的方式利用了哈希（Hash）。下面先来看 Map 接口，接着看 HashMap 的用法，然后看实现原理，最后总结分析 HashMap 的特点。

10.1.1 Map 接口

Map 有**键**和**值**的概念。一个键映射到一个值，Map 按照键存储和访问值，键不能重复，即一个键只会存储一份，给同一个键重复设值会覆盖原来的值。使用 Map 可以方便地处理需要根据键访问对象的场景，比如：

- ❏ 一个词典应用，键可以为单词，值可以为单词信息类，包括含义、发音、例句等；
- ❏ 统计和记录一本书中所有单词出现的次数，可以以单词为键，以出现次数为值；
- ❏ 管理配置文件中的配置项，配置项是典型的键值对；
- ❏ 根据身份证号查询人员信息，身份证号为键，人员信息为值。

数组、ArrayList、LinkedList 可以视为一种特殊的 Map，键为索引，值为对象。
Java 7 中 Map 接口的定义如代码清单 10-1 所示，用注释表示方法的含义。

代码清单10-1　Map接口

```
public interface Map<K,V> { //K和V是类型参数，分别表示键(Key)和值(Value)的类型
    V put(K key, V value); //保存键值对，如果原来有key，覆盖，返回原来的值
    V get(Object key); //根据键获取值，没找到，返回null
    V remove(Object key); //根据键删除键值对，返回key原来的值，如果不存在，返回null
    int size(); //查看Map中键值对的个数
    boolean isEmpty(); //是否为空
    boolean containsKey(Object key); //查看是否包含某个键
    boolean containsValue(Object value); //查看是否包含某个值
    void putAll(Map<? extends K, ? extends V> m);//保存m中的所有键值对到当前Map
    void clear(); //清空Map中所有键值对
    Set<K> keySet(); //获取Map中键的集合
    Collection<V> values(); //获取Map中所有值的集合
    Set<Map.Entry<K, V>> entrySet(); //获取Map中的所有键值对
    interface Entry<K,V> { //嵌套接口，表示一条键值对
        K getKey(); //键值对的键
        V getValue(); //键值对的值
        V setValue(V value);
        boolean equals(Object o);
        int hashCode();
    }
    boolean equals(Object o);
    int hashCode();
}
```

Java 8 增加了一些默认方法，如 getOrDefault、forEach、replaceAll、putIfAbsent、replace、computeIfAbsent、merge 等，Java 9 增加了多个重载的 of 方法，可以方便地根据一个或多个键值对构建不变的 Map，具体可参见 API 文档，我们就不介绍了。

Set 是一个接口，表示的是数学中的集合概念，即没有重复的元素集合。Java 7 中的 Set 定义为：

```
public interface Set<E> extends Collection<E> {
}
```

它扩展了 Collection，但没有定义任何新的方法，不过，它要求所有实现者都必须确保 Set 的语义约束，即不能有重复元素。Java 9 增加了多个重载的 of 方法，可以根据一个或多个元素生成不变的 Set，具体可参见 API 文档。关于 Set，10.2 节我们再详细介绍。

Map 中的键是没有重复的，所以 ketSet() 返回了一个 Set。keySet()、values()、entrySet() 有一个共同的特点，它们返回的都是视图，不是复制的值，基于返回值的修改会直接修改 keySet 自身，比如：

```
map.keySet().clear();
```

会删除所有键值对。

10.1.2　HashMap

HashMap 实现了 Map 接口，我们通过一个简单的例子来看如何使用。在 7.6 节，我们介绍过如何产生随机数，现在，我们写一个程序，来看随机产生的数是否均匀。比如，随机产生 1000 个 0～3 的数，统计每个数的次数，如代码清单 10-2 所示。

代码清单10-2　使用HashMap统计随机数

```
Random rnd = new Random();
Map<Integer, Integer> countMap = new HashMap<>();
for(int i=0; i<1000; i++){
    int num = rnd.nextInt(4);
    Integer count = countMap.get(num);
    if(count==null){
        countMap.put(num, 1);
    }else{
        countMap.put(num, count+1);
    }
}
for(Map.Entry<Integer, Integer> kv : countMap.entrySet()){
    System.out.println(kv.getKey()+","+kv.getValue());
}
```

一次运行的输出为：

```
0,269
1,236
2,261
3,234
```

次数分别是 269、236、261、234，代码比较简单，就不解释了。除了默认构造方法，HashMap 还有如下构造方法：

```
public HashMap(int initialCapacity)
public HashMap(int initialCapacity, float loadFactor)
public HashMap(Map<? extends K, ? extends V> m)
```

最后一个以一个已有的 Map 构造，复制其中的所有键值对到当前 Map。前两个涉及参数 initialCapacity 和 loadFactor，它们是什么意思呢？我们需要看下 HashMap 的实现原理。

10.1.3　实现原理

我们先来看 HashMap 的内部组成，然后分析一些主要方法的实现，代码基于 Java 7。

1. 内部组成

HashMap 内部有如下几个主要的实例变量：

```
transient Entry<K,V>[] table = (Entry<K,V>[]) EMPTY_TABLE;
transient int size;
int threshold;
final float loadFactor;
```

size 表示实际键值对的个数。table 是一个 Entry 类型的数组，称为哈希表或哈希桶，其中的每个元素指向一个单向链表，链表中的每个节点表示一个键值对。Entry 是一个内部类，它的实例变量和构造方法代码如下：

```
static class Entry<K,V> implements Map.Entry<K,V> {
    final K key;
    V value;
    Entry<K,V> next;
    int hash;
    Entry(int h, K k, V v, Entry<K,V> n) {
        value = v;
        next = n;
        key = k;
        hash = h;
    }
}
```

其中，key 和 value 分别表示键和值，next 指向下一个 Entry 节点，hash 是 key 的 hash 值，待会我们会介绍其计算方法。直接存储 hash 值是为了在比较的时候加快计算，待会我们看代码。

table 的初始值为 EMPTY_TABLE，是一个空表，具体定义为：

```
static final Entry<?,?>[] EMPTY_TABLE = {};
```

当添加键值对后，table 就不是空表了，它会随着键值对的添加进行扩展，扩展的策略类似于 ArrayList。添加第一个元素时，默认分配的大小为 16，不过，并不是 size 大于 16 时再进行扩展，下次什么时候扩展与 threshold 有关。

threshold 表示阈值，当键值对个数 size 大于等于 threshold 时考虑进行扩展。threshold 是怎么算出来的呢？一般而言，threshold 等于 table.length 乘以 loadFactor。比如，如果 table.length 为 16，loadFactor 为 0.75，则 threshold 为 12。loadFactor 是负载因子，表示整体上 table 被占用的程度，是一个浮点数，默认为 0.75，可以通过构造方法进行修改。

下面，我们通过一些主要方法的代码来介绍 HashMap 是如何利用这些内部数据实现 Map 接口的。先看默认构造方法。需要说明的是，为清晰和简单起见，我们可能会省略一些非主要代码。

2. 默认构造方法

默认构造方法的代码为：

```
public HashMap() {
    this(DEFAULT_INITIAL_CAPACITY, DEFAULT_LOAD_FACTOR);
}
```

DEFAULT_INITIAL_CAPACITY 为 16，DEFAULT_LOAD_FACTOR 为 0.75，默认构造方法调用的构造方法主要代码为：

```
public HashMap(int initialCapacity, float loadFactor) {
    this.loadFactor = loadFactor;
    threshold = initialCapacity;
}
```

主要就是设置 loadFactor 和 threshold 的初始值。

3. 保存键值对

下面，我们来看 HashMap 是如何把一个键值对保存起来的，代码为：

```
public V put(K key, V value) {
    if(table == EMPTY_TABLE) {
        inflateTable(threshold);
    }
    if(key == null)
        return putForNullKey(value);
    int hash = hash(key);
    int i = indexFor(hash, table.length);
    for(Entry<K,V> e = table[i]; e != null; e = e.next) {
        Object k;
        if(e.hash == hash && ((k = e.key) == key || key.equals(k))) {
            V oldValue = e.value;
            e.value = value;
            e.recordAccess(this);
            return oldValue;
        }
    }
    modCount++;
    addEntry(hash, key, value, i);
    return null;
}
```

如果是第一次保存，首先调用 inflateTable() 方法给 table 分配实际的空间，inflateTable 的主要代码为：

```
private void inflateTable(int toSize) {
    //Find a power of 2 >= toSize
    int capacity = roundUpToPowerOf2(toSize);
    threshold = (int) Math.min(capacity * loadFactor, MAXIMUM_CAPACITY + 1);
    table = new Entry[capacity];
}
```

默认情况下，capacity 的值为 16，threshold 会变为 12，table 会分配一个长度为 16 的 Entry 数组。接下来，检查 key 是否为 null，如果是，调用 putForNullKey 单独处理，我们暂时忽略这种情况。在 key 不为 null 的情况下，下一步调用 hash 方法计算 key 的 hash 值。hash 方法的代码为：

```
final int hash(Object k) {
    int h = 0
    h ^= k.hashCode();
    h ^= (h >>> 20) ^ (h >>> 12);
    return h ^ (h >>> 7) ^ (h >>> 4);
}
```

基于 key 自身的 hashCode 方法的返回值又进行了一些位运算，目的是为了随机和均匀性。有了 hash 值之后，调用 indexFor 方法，计算应该将这个键值对放到 table 的哪个位置，代码为：

```
static int indexFor(int h, int length) {
    return h & (length-1);
}
```

HashMap 中，length 为 2 的幂次方，h&(length–1) 等同于求模运算 h%length。找到了保存位置 i，table[i] 指向一个单向链表。接下来，就是在这个链表中逐个查找是否已经有这个键了，遍历代码为：

```
for (Entry<K,V> e = table[i]; e != null; e = e.next)
```

而比较的时候，是先比较 hash 值，hash 相同的时候，再使用 equals 方法进行比较，代码为：

```
if(e.hash == hash && ((k = e.key) == key || key.equals(k)))
```

为什么要先比较 hash 呢？因为 hash 是整数，比较的性能一般要比 equals 高很多，hash 不同，就没有必要调用 equals 方法了，这样整体上可以提高比较性能。如果能找到，直接修改 Entry 中的 value 即可。modCount++ 的含义与 ArrayList 和 LinkedList 中介绍一样，为记录修改次数，方便在迭代中检测结构性变化。如果没找到，则调用 addEntry 方法在给定的位置添加一条，代码为：

```
void addEntry(int hash, K key, V value, int bucketIndex) {
    if((size >= threshold) && (null != table[bucketIndex])) {
        resize(2 * table.length);
        hash = (null != key) ? hash(key) : 0;
        bucketIndex = indexFor(hash, table.length);
    }
    createEntry(hash, key, value, bucketIndex);
}
```

如果空间是够的，不需要 resize，则调用 createEntry 方法添加。createEntry 的代码为：

```
void createEntry(int hash, K key, V value, int bucketIndex) {
    Entry<K,V> e = table[bucketIndex];
    table[bucketIndex] = new Entry<>(hash, key, value, e);
```

```
        size++;
    }
```

代码比较直接，新建一个 Entry 对象，插入单向链表的头部，并增加 size。如果空间不够，即 size 已经要超过阈值 threshold 了，并且对应的 table 位置已经插入过对象了，具体检查代码为：

```
if((size >= threshold) && (null != table[bucketIndex]))
```

则调用 resize 方法对 table 进行扩展，扩展策略是乘 2，resize 的主要代码为：

```
void resize(int newCapacity) {
    Entry[] oldTable = table;
    int oldCapacity = oldTable.length;
    Entry[] newTable = new Entry[newCapacity];
    transfer(newTable, initHashSeedAsNeeded(newCapacity));
    table = newTable;
    threshold = (int)Math.min(newCapacity * loadFactor, MAXIMUM_CAPACITY + 1);
}
```

分配一个容量为原来两倍的 Entry 数组，调用 transfer 方法将原来的键值对移植过来，然后更新内部的 table 变量，以及 threshold 的值。transfer 方法的代码为：

```
void transfer(Entry[] newTable, boolean rehash) {
    int newCapacity = newTable.length;
    for(Entry<K,V> e : table) {
        while(null != e) {
            Entry<K,V> next = e.next;
            if(rehash) {
                e.hash = null == e.key ? 0 : hash(e.key);
            }
            int i = indexFor(e.hash, newCapacity);
            e.next = newTable[i];
            newTable[i] = e;
            e = next;
        }
    }
}
```

参数 rehash 一般为 false。这段代码遍历原来的每个键值对，计算新位置，并保存到新位置，具体代码比较直接，就不解释了。

以上就是保存键值对的主要代码，简单总结一下，基本步骤为：

1）计算键的哈希值；

2）根据哈希值得到保存位置（取模）；

3）插到对应位置的链表头部或更新已有值；

4）根据需要扩展 table 大小。

以上描述可能比较抽象，我们通过一个例子，用图示的方式进行说明，代码如下：

```
Map<String,Integer> countMap = new HashMap<>();
countMap.put("hello", 1);
countMap.put("world", 3);
countMap.put("position", 4);
```

在通过 new HashMap() 创建一个对象后，内存中的结构如图 10-1 所示。

接下来执行保存键值对的代码，"hello" 的 hash 值为 96207088，模 16 的结果为 0，所以插入 table[0] 指向的链表头部，内存结构变为图 10-2 所示。

"world" 的 hash 值为 111207038，模 16 结果为 14，所以保存完 "world" 后，内存结构如图 10-3 所示。

图 10-1　HashMap：初始结构

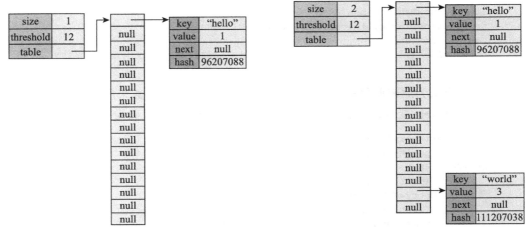

图 10-2　HashMap 对象示例：保存一个键值对后　　图 10-3　HashMap 对象示例：保存两个键值对后

"position" 的 hash 值为 771782464，模 16 结果也为 0，table[0] 已经有节点了，新节点会插到链表头部，内存结构变为如图 10-4 所示。理解了键值对在内存是如何存放的，就比较容易理解其他方法了。

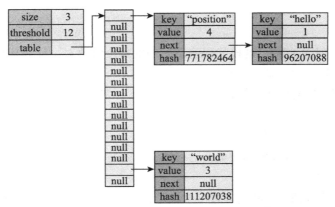

图 10-4　HashMap 对象示例：保存三个键值对后

4. 查找方法

根据键获取值的 get 方法的代码为：

```
public V get(Object key) {
    if(key == null)
        return getForNullKey();
    Entry<K,V> entry = getEntry(key);
    return null == entry ? null : entry.getValue();
}
```

HashMap 支持 key 为 null，key 为 null 的时候，放在 table[0]，调用 getForNullKey() 获取值；如果 key 不为 null，则调用 getEntry() 获取键值对节点 entry，然后调用节点的 getValue() 方法获取值。getEntry 方法的代码是：

```
final Entry<K,V> getEntry(Object key) {
    if(size == 0) {
        return null;
    }
    int hash = (key == null) ? 0 : hash(key);
    for(Entry<K,V> e = table[indexFor(hash, table.length)];
            e != null; e = e.next) {
        Object k;
        if(e.hash == hash &&
            ((k = e.key) == key || (key != null && key.equals(k))))
            return e;
    }
    return null;
}
```

逻辑也比较简单，具体如下。

1）计算键的 hash 值，代码为：

```
int hash = (key == null) ? 0 : hash(key);
```

2）根据 hash 找到 table 中的对应链表，代码为：

```
table[indexFor(hash, table.length)];
```

3）在链表中遍历查找，遍历代码：

```
for(Entry<K,V> e = table[indexFor(hash, table.length)];
        e != null; e = e.next)
```

4）逐个比较，先通过 hash 快速比较，hash 相同再通过 equals 比较，代码为：

```
if(e.hash == hash &&
    ((k = e.key) == key || (key != null && key.equals(k))))
```

containsKey 方法的逻辑与 get 是类似的，节点不为 null 就表示存在，具体代码为：

```
public boolean containsKey(Object key) {
    return getEntry(key) != null;
```

```
}
```

HashMap 可以方便高效地按照键进行操作，但如果要根据值进行操作，则需要遍历，containsValue 方法的代码为：

```
public boolean containsValue(Object value) {
    if(value == null)
        return containsNullValue();
    Entry[] tab = table;
    for(int i = 0; i < tab.length ; i++)
        for(Entry e = tab[i] ; e != null ; e = e.next)
            if(value.equals(e.value))
                return true;
    return false;
}
```

如果要查找的值为 null，则调用 containsNullValue 单独处理；如果要查找的值不为 null，遍历的逻辑也很简单，就是从 table 的第一个链表开始，从上到下，从左到右逐个节点进行访问，通过 equals 方法比较值，直到找到为止。

5. 根据键删除键值对

根据键删除键值对的代码为：

```
public V remove(Object key) {
    Entry<K,V> e = removeEntryForKey(key);
    return(e == null ? null : e.value);
}
```

removeEntryForKey 的代码为：

```
final Entry<K,V> removeEntryForKey(Object key) {
    if(size == 0) {
        return null;
    }
    int hash = (key == null) ? 0 : hash(key);
    int i = indexFor(hash, table.length);
    Entry<K,V> prev = table[i];
    Entry<K,V> e = prev;
    while(e != null) {
        Entry<K,V> next = e.next;
        Object k;
        if(e.hash == hash &&
            ((k = e.key) == key || (key != null && key.equals(k)))) {
            modCount++;
            size--;
            if(prev == e)
                table[i] = next;
            else
                prev.next = next;
            e.recordRemoval(this);
```

```
            return e;
        }
        prev = e;
        e = next;
    }
    return e;
}
```

基本逻辑分析如下。

1）计算 hash，根据 hash 找到对应的 table 索引，代码为：

```
int hash = (key == null) ? 0 : hash(key);
int i = indexFor(hash, table.length);
```

2）遍历 table[i]，查找待删节点，使用变量 prev 指向前一个节点，next 指向后一个节点，e 指向当前节点，遍历结构代码为：

```
Entry<K,V> prev = table[i];
Entry<K,V> e = prev;
while(e != null) {
    Entry<K,V> next = e.next;
    if(找到了){
        //删除
        return;
    }
    prev = e;
    e = next;
}
```

3）判断是否找到，依然是先比较 hash 值，hash 值相同时再用 equals 方法比较。

4）删除的逻辑就是让长度减小，然后让待删节点的前后节点链起来，如果待删节点是第一个节点，则让 table[i] 直接指向后一个节点，代码为：

```
size--;
if(prev == e)
    table[i] = next;
else
    prev.next = next;
```

e.recordRemoval(this); 在 HashMap 中代码为空，主要是为了 HashMap 的子类扩展使用。

6. 实现原理小结

以上就是 HashMap 的基本实现原理，内部有一个哈希表，即数组 table，每个元素 table[i] 指向一个单向链表，根据键存取值，用键算出 hash 值，取模得到数组中的索引位置 bucketIndex，然后操作 table[bucketIndex] 指向的单向链表。

存取的时候依据键的 hash 值，只在对应的链表中操作，不会访问别的链表，在对应链表操作时也是先比较 hash 值，如果相同再用 equals 方法比较。这就要求，相同的对象其 hashCode 返回值必须相同，如果键是自定义的类，就特别需要注意这一点。这也是 hash-

Code 和 equals 方法的一个关键约束。

需要说明的是，Java 8 对 HashMap 的实现进行了优化，在哈希冲突比较严重的情况下，即大量元素映射到同一个链表的情况下（具体是至少 8 个元素，且总的键值对个数至少是 64），Java 8 会将该链表转换为一个平衡的排序二叉树，以提高查询的效率，关于排序二叉树我们在 10.3 节介绍，Java 8 的具体代码就不介绍了。

10.1.4 小结

本节介绍了 HashMap 的用法和实现原理，它实现了 Map 接口，可以方便地按照键存取值，内部使用数组链表和哈希的方式进行实现，这决定了它有如下特点：

1）根据键保存和获取值的效率都很高，为 $O(1)$，每个单向链表往往只有一个或少数几个节点，根据 hash 值就可以直接快速定位；

2）HashMap 中的键值对没有顺序，因为 hash 值是随机的。

如果经常需要根据键存取值，而且不要求顺序，那么 HashMap 就是理想的选择。如果要保持添加的顺序，可以使用 HashMap 的一个子类 LinkedHashMap，我们在 10.6 节介绍。Map 还有一个重要的实现类 TreeMap，它可以排序，我们在 10.4 节介绍。

需要说明的是，HashMap 不是线程安全的，Java 中还有一个类 Hashtable，它是 Java 最早实现的容器类之一，实现了 Map 接口，实现原理与 HashMap 类似，但没有特别的优化，它内部通过 synchronized 实现了线程安全。在 HashMap 中，键和值都可以为 null，而在 Hashtable 中不可以。在不需要并发安全的场景中，推荐使用 HashMap。在高并发的场景中，推荐使用 17.2 节介绍的 ConcurrentHashMap。

根据哈希值存取对象、比较对象是计算机程序中一种重要的思维方式，它使得存取对象主要依赖于自身 Hash 值，而不是与其他对象进行比较，存取效率也与集合大小无关，高达 $O(1)$，即使进行比较，也利用 Hash 值提高比较性能。

10.2 剖析 HashSet

10.1 节提到了 Set 接口，Map 接口的两个方法 keySet 和 entrySet 返回的都是 Set，本节介绍 Set 接口的一个重要实现类 HashSet。与 HashMap 类似，字面上看，HashSet 由两个单词组成：Hash 和 Set。其中，Set 表示接口，实现 Set 接口也有多种方式，各有特点，HashSet 实现的方式利用了 Hash。下面，我们先来看 HashSet 的用法，然后看实现原理，最后总结分析 HashSet 的特点。

10.2.1 用法

我们先介绍 Set 接口，然后介绍 HashSet 的使用和应用场景。

Set 表示的是没有重复元素、且不保证顺序的容器接口，它扩展了 Collection，但没有定义任何新的方法，不过，对于其中的一些方法，它有自己的规范。Set 接口的完整定义如代码清单 10-3 所示。

代码清单10-3　Set接口

```
public interface Set<E> extends Collection<E> {
    int size();
    boolean isEmpty();
    boolean contains(Object o);
    //迭代遍历时，不要求元素之间有特别的顺序
    //HashSet的实现就是没有顺序，但有的Set实现可能会有特定的顺序，比如TreeSet
    Iterator<E> iterator();
    Object[] toArray();
    <T> T[] toArray(T[] a);
    //添加元素，如果集合中已经存在相同元素了，则不会改变集合，直接返回false，
    //只有不存在时，才会添加，并返回true
    boolean add(E e);
    boolean remove(Object o);
    boolean containsAll(Collection<?> c);
    //重复的元素不添加，不重复的添加，如果集合有变化，返回true，没变化返回false
    boolean addAll(Collection<? extends E> c);
    boolean retainAll(Collection<?> c);
    boolean removeAll(Collection<?> c);
    void clear();
    boolean equals(Object o);
    int hashCode();
}
```

与 HashMap 类似，HashSet 的构造方法有：

```
public HashSet()
public HashSet(int initialCapacity)
public HashSet(int initialCapacity, float loadFactor)
public HashSet(Collection<? extends E> c)
```

initialCapacity 和 loadFactor 的含义与 HashMap 中的是一样的。

HashSet 的使用也很简单，比如：

```
Set<String> set = new HashSet<String>();
set.add("hello");
set.add("world");
set.addAll(Arrays.asList(new String[]{"hello","老马"}));
for(String s : set){
    System.out.print(s+" ");
}
```

输出为：

```
hello 老马 world
```

"hello" 被添加了两次，但只会保存一份，输出也没有什么特别的顺序。

与 HashMap 类似，HashSet 要求元素重写 hashCode 和 equals 方法，且对于两个对象，如果 equals 相同，则 hashCode 也必须相同，如果元素是自定义的类，需要注意这一点。比如，有一个表示规格的类 Spec，有大小和颜色两个属性：

```
class Spec {
    String size;
    String color;
    public Spec(String size, String color) {
        this.size = size;
        this.color = color;
    }
    @Override
    public String toString() {
        return "[size=" + size + ", color=" + color + "]";
    }
}
```

Spec 的 Set 为：

```
Set<Spec> set = new HashSet<Spec>();
set.add(new Spec("M","red"));
set.add(new Spec("M","red"));
System.out.println(set);
```

输出为：

```
[[size=M, color=red], [size=M, color=red]]
```

同一个规格输出了两次，为避免这一点，需要为 Spec 重写 hashCode 和 equals 方法。利用 IDE 开发工具往往可以自动生成这两个方法，比如 Eclipse 中，可以通过 "Source"-> "Generate hashCode() and equals() ..."，我们就不赘述了。

HashSet 有很多应用场景，比如：

1）排重，如果对排重后的元素没有顺序要求，则 HashSet 可以方便地用于排重；

2）保存特殊值，Set 可以用于保存各种特殊值，程序处理用户请求或数据记录时，根据是否为特殊值判断是否进行特殊处理，比如保存 IP 地址的黑名单或白名单；

3）集合运算，使用 Set 可以方便地进行数学集合中的运算，如交集、并集等运算，这些运算有一些很现实的意义。比如，用户标签计算，每个用户都有一些标签，两个用户的标签交集就表示他们的共同特征，交集大小除以并集大小可以表示他们的相似程度。

10.2.2 实现原理

HashSet 内部是用 HashMap 实现的，它内部有一个 HashMap 实例变量，如下所示：

```
private transient HashMap<E,Object> map;
```

我们知道，Map 有键和值，HashSet 相当于只有键，值都是相同的固定值，这个值的定义为：

```
private static final Object PRESENT = new Object();
```

理解了这个内部组成，它的实现方法也就比较容易理解了，我们来看下代码。

HashSet 的构造方法，主要就是调用了对应的 HashMap 的构造方法，比如：

```
public HashSet(int initialCapacity, float loadFactor) {
    map = new HashMap<>(initialCapacity, loadFactor);
}
```

接受 Collection 参数的构造方法稍微不一样，代码为：

```
public HashSet(Collection<? extends E> c) {
    map = new HashMap<>(Math.max((int) (c.size()/.75f) + 1, 16));
    addAll(c);
}
```

也很容易理解，c.size()/.75f 用于计算 initialCapacity，0.75f 是 loadFactor 的默认值。我们看 add 方法的代码：

```
public boolean add(E e) {
    return map.put(e, PRESENT)==null;
}
```

就是调用 map 的 put 方法，元素 e 用于键，值就是固定值 PRESENT，put 返回 null 表示原来没有对应的键，添加成功了。HashMap 中一个键只会保存一份，所以重复添加 HashMap 不会变化。

检查是否包含元素，代码为：

```
public boolean contains(Object o) {
    return map.containsKey(o);
}
```

就是检查 map 中是否包含对应的键。

删除元素的代码为：

```
public boolean remove(Object o) {
    return map.remove(o)==PRESENT;
}
```

就是调用 map 的 remove 方法，返回值为 PRESENT 表示原来有对应的键且删除成功了。

迭代器的代码为：

```
public Iterator<E> iterator() {
    return map.keySet().iterator();
}
```

就是返回 map 的 keySet 的迭代器。

10.2.3　小结

本节介绍了 HashSet 的用法和实现原理，它实现了 Set 接口，内部实现利用了 HashMap，有如下特点：

1）没有重复元素；

2）可以高效地添加、删除元素、判断元素是否存在，效率都为 $O(1)$；

3）没有顺序。

HashSet 可以方便高效地实现去重、集合运算等功能。如果要保持添加的顺序，可以使用 HashSet 的一个子类 LinkedHashSet。Set 还有一个重要的实现类 TreeSet，它可以排序。这两个类，我们在后续小节介绍。

10.3 排序二叉树

HashMap 和 HashSet 的共同实现机制是哈希表，一个共同的限制是没有顺序，我们提到，它们都有一个能保持顺序的对应类 TreeMap 和 TreeSet，这两个类的共同实现基础是排序二叉树。为了更好地理解 TreeMap 和 TreeSet，本节先介绍排序二叉树的一些基本概念和算法。

10.3.1 基本概念

先来说树的概念。现实中，树是从下往上长的，树会分叉，在计算机程序中，一般而言，与现实相反，树是从上往下长的，也会分叉，有个根节点，每个节点可以有一个或多个孩子节点，没有孩子节点的节点一般称为叶子节点。

二叉树是一棵树，每个节点最多有两个孩子节点，一左一右，左边的称为左孩子，右边的称为右孩子，示例如图 10-5 所示。

图 10-5 中，两棵树都是二叉树，图 10-5(a) 所示二叉树的根节点为 5，除了叶子节点外，每个节点都有两个孩子节点；图 10-5(b) 所示二叉树的根节点为 7，有的节点有两个孩子节点，有的只有一个。树有一个高度或深度的概念，是从根到叶子节点经过的节点个数的最大值，左边树的高度为 3，右边树的高度为 5。

排序二叉树也是二叉树，但它没有重复元素，而且是有序的二叉树。什么顺序呢？对每个节点而言：

❑ 如果左子树不为空，则左子树上的所有节点都小于该节点；

❑ 如果右子树不为空，则右子树上的所有节点都大于该节点。

图 10-5 中的两棵二叉树都是排序二叉树。比如左边的树，根节点为 5，左边的都小于 5，右边的都大于 5。再看右边的树，根节点为 7，左边的都小于 7，右边的都大于 7，在以 3 为根的左子树中，其右

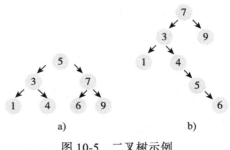

a)   b)

图 10-5　二叉树示例

子树的值都大于 3。

10.3.2　基本算法

排序二叉树有什么优点？如何在树中进行基本操作（如查找、遍历、插入和删除）呢？我们来看一下基本的算法。

1. 查找

排序二叉树有一个很好的优点，在其中查找一个元素时很方便、也很高效，基本步骤为：

1）首先与根节点比较，如果相同，就找到了；

2）如果小于根节点，则到左子树中递归查找；

3）如果大于根节点，则到右子树中递归查找。

这个步骤与在数组中进行二分查找的思路是类似的，如果二叉树是比较平衡的，类似图 10-5(a) 所示二叉树，则每次比较都能将比较范围缩小一半，效率很高。

此外，在排序二叉树中，可以方便地查找最小值和最大值。最小值即为最左边的节点，从根节点一路查找左孩子即可；最大值即为最右边的节点，从根节点一路查找右孩子即可。

2. 遍历

排序二叉树也可以方便地按序遍历。用递归的方式，用如下算法即可按序遍历：

1）访问左子树；

2）访问当前节点；

3）访问右子树。

比如，遍历访问图 10-6 所示的二叉树。

从根节点开始，但先访问根节点的左子树，一直到最左边的节

点，所以第一个访问的是 1，1 没有右子树，返回上一层，访问 3，　图 10-6　排序二叉树示例

然后访问 3 的右子树，4 没有左子树，所以访问 4，然后是 4 的右子树 6，以此类推，访问顺序就是有序的：1、3、4、6、7、8、9。

不用递归的方式，也可以实现按序遍历，第一个节点为最左边的节点，从第一个节点开始，依次找后继节点。给定一个节点，找其后继节点的算法为：

1）如果该节点有右孩子，则后继节点为右子树中最小的节点。

2）如果该节点没有右孩子，则后继节点为父节点或某个祖先节点，从当前节点往上找，如果它是父节点的右孩子，则继续找父节点，直到它不是

右孩子或父节点为空，第一个非右孩子节点的父节点就是后继

节点，如果找不到这样的祖先节点，则后继为空，遍历结束。

文字描述比较抽象，我们来看个图，以图 10-6 为例，每

个节点的后继节点如图 10-7 浅色箭头所示。

对每个节点，对照算法，我们再详细解释下：

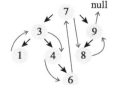

图 10-7　排序二叉树节点后继

1）第一个节点 1 没有右孩子，它不是父节点的右孩子，所以它的后继节点就是其父节点 3；

2）3 有右孩子，右子树中最小的就是 4，所以 3 的后继节点为 4；

3）4 有右孩子，右子树中只有一个节点 6，所以 4 的后继节点为 6；

4）6 没有右孩子，往上找父节点，它是父节点 4 的右孩子，4 又是父节点 3 的右孩子，3 不是父节点 7 的右孩子，所以 6 的后继节点为 3 的父节点 7；

5）7 有右孩子，右子树中最小的是 8，所以 7 的后继节点为 8；

6）8 没有右孩子，往上找父节点，它不是父节点 9 的右孩子，所以它的后继节点就是其父节点 9；

7）9 没有右孩子，往上找父节点，它是父节点 7 的右孩子，接着往上找，但 7 已经是根节点，父节点为空，所以后继为空。

怎么构建排序二叉树呢？可以在插入、删除元素的过程中形成和保持。

3. 插入

在排序二叉树中，插入元素首先要找插入位置，即新节点的父节点，怎么找呢？与查找元素类似，从根节点开始往下找，其步骤为：

1）与当前节点比较，如果相同，表示已经存在了，不能再插入；

2）如果小于当前节点，则到左子树中寻找，如果左子树为空，则当前节点即为要找的父节点；

3）如果大于当前节点，则到右子树中寻找，如果右子树为空，则当前节点即为要找的父节点。

找到父节点后，即可插入，如果插入元素小于父节点，则作为左孩子插入，否则作为右孩子插入。我们来看个例子，依次插入 7、3、4、1、9、6、8 的过程，这个过程如图 10-8 所示。

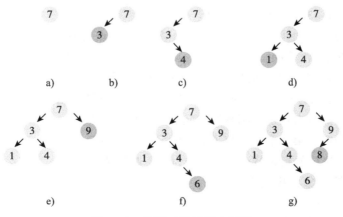

图 10-8　排序二叉树插入过程

4. 删除

从排序二叉树中删除一个节点要复杂一些，有三种情况：

❑ 节点为叶子节点；

❑ 节点只有一个孩子节点；

❑ 节点有两个孩子节点。

我们分别介绍。

如果节点为叶子节点，则很简单，可以直接删掉，修改父节点的对应孩子节点为空即可。

如果节点只有一个孩子节点，则替换待删节点为孩子节点，或者说，在孩子节点和父节点之间直接建立链接。比如，在图 10-9 中，左边二叉树中删除节点 4，就是让 4 的父节点 3 与 4 的孩子节点 6 直接建立链接。

如果节点有两个孩子节点，则首先找该节点的后继节点$^{\ominus}$，找到后继节点后，替换待删节点为后继节点的内容，然后再删除后继节点。后继节点没有左孩子，这就将两个孩子节点的情况转换为了叶子节点或只有一个孩子节点的情况。比如，在图 10-10 中，从左边二叉树中删除节点 3，3 有两个孩子节点，后继节点为 4，首先替换 3 的内容为 4，然后再删除节点 4。

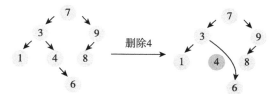

图 10-9　排序二叉树删除节点：节点只有一个
　　　　　孩子节点的情况

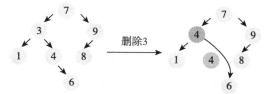

图 10-10　排序二叉树删除节点：节点有两个
　　　　　孩子节点的情况

10.3.3　平衡的排序二叉树

从前面的描述中可以看出，排序二叉树的形状与插入和删除的顺序密切相关，极端情况下，排序二叉树可能退化为一个链表。比如，如果插入顺序为 1、3、4、6、7、8、9，则排序二叉树如图 10-11 所示。

退化为链表后，排序二叉树的优点就都没有了，即使没有退化为链表，如果排序二叉树高度不**平衡**，效率也会变得很低。

平衡具体定义是什么呢？有一种高度平衡的定义，即任何节点的左右子树的高度差最多为一。满足这个平衡定义的排序二叉树又被称为 AVL 树，这个名字源于它的发明

图 10-11　退化的排序二叉树

　　$\ominus$　根据之前介绍的后继算法，后继节点为右子树中最小的节点，这个后继节点一定没有左孩子节点。

者 G.M. Adelson-Velsky 和 E.M. Landis。在他们的算法中，在插入和删除节点时，通过一次或多次旋转操作来重新平衡树。

在 TreeMap 的实现中，用的并不是 AVL 树，而是**红黑树**，与 AVL 树类似，红黑树也是一种平衡的排序二叉树，也是在插入和删除节点时通过旋转操作来平衡的，但它并不是高度平衡的，而是大致平衡的。所谓大致是指，它确保任意一条从根到叶子节点的路径，没有任何一条路径的长度会比其他路径长过两倍。红黑树减弱了对平衡的要求，但降低了保持平衡需要的开销，在实际应用中，统计性能高于 AVL 树。

为什么叫红黑树呢？因为它对每个节点进行着色，颜色或黑或红，并对节点的着色有一些约束，满足这个约束即可以确保树是大致平衡的。

对 AVL 树和红黑树，它们保持平衡的细节都是比较复杂的，我们就不介绍了，需要知道的是，它们都是排序二叉树，都通过在插入和删除时执行开销不大的旋转操作保持了树的高度平衡或大致平衡，从而保证了树的查找效率。

10.3.4　小结

本小节介绍了排序二叉树的基本概念和算法。

排序二叉树保持了元素的顺序，而且是一种综合效率很高的数据结构，基本的保存、删除、查找的效率都为 $O(h)$，h 为树的高度。在树平衡的情况下，h 为 $\log_2(N)$，N 为节点数。比如，如果 N 为 1024，则 $\log_2(N)$ 为 10。

基本的排序二叉树不能保证树的平衡，可能退化为一个链表。有很多保持树平衡的算法，AVL 树能保证树的高度平衡，但红黑树是实际中使用更为广泛的，虽然红黑树只能保证大致平衡，但降低了维持树平衡需要的开销，整体统计效果更好。

与哈希表一样，树也是计算机程序中一种重要的数据结构和思维方式。为了能够快速操作数据，哈希和树是两种基本的思维方式，不需要顺序，优先考虑哈希，需要顺序，考虑树。除了容器类 TreeMap/TreeSet，数据库中的索引结构也是基于树的（不过基于 B 树，而不是二叉树），而索引是能够在大量数据中快速访问数据的关键。

理解了排序二叉树的基本概念和算法，理解 TreeMap 和 TreeSet 就比较容易了，让我们在接下来的小节中探讨这两个类。

10.4　剖析 TreeMap

在介绍 HashMap 时，我们提到，HashMap 有一个重要局限，键值对之间没有特定的顺序，我们还提到，Map 接口有另一个重要的实现类 TreeMap，在 TreeMap 中，键值对之间按键有序，TreeMap 的实现基础是排序二叉树，10.3 节介绍了排序二叉树的基本概念和算法，本节我们来详细讨论 TreeMap。除了 Map 接口，因为有序，TreeMap 还实现了更多接口和方法。下面，我们先来介绍 TreeMap 的用法，然后介绍其内部实现。

10.4.1　基本用法

TreeMap 有两个基本构造方法：

```
public TreeMap()
public TreeMap(Comparator<? super K> comparator)
```

第一个为默认构造方法，如果使用默认构造方法，要求 Map 中的键实现 Comparable 接口，TreeMap 内部进行各种比较时会调用键的 Comparable 接口中的 compareTo 方法。

第二个接受一个比较器对象 comparator，如果 comparator 不为 null，在 TreeMap 内部进行比较时会调用这个 comparator 的 compare 方法，而不再调用键的 compareTo 方法，也不再要求键实现 Comparable 接口。

应该用哪一个呢？第一个更为简单，但要求键实现 Comparable 接口，且期望的排序和键的比较结果是一致的；第二个更为灵活，不要求键实现 Comparable 接口，比较器可以用灵活复杂的方式进行实现。

需要强调的是，TreeMap 是按键而不是按值有序，无论哪一种，都是对键而非值进行比较。

看段简单的示例代码：

```
Map<String, String> map  = new TreeMap<>();
map.put("a", "abstract");
map.put("c", "call");
map.put("b", "basic");
map.put("T", "tree");
for(Entry<String,String> kv : map.entrySet()){
    System.out.print(kv.getKey()+"="+kv.getValue()+" ");
}
```

创建了一个 TreeMap，但只是当作 Map 使用，不过迭代时，其输出却是按键排序的，输出为：

```
T=tree a=abstract b=basic c=call
```

T 排在最前面，是因为大写字母的 ASCII 码都小于小写字母。如果希望忽略大小写呢？可以传递一个比较器，String 类有一个静态成员 CASE_INSENSITIVE_ORDER，它就是一个忽略大小写的 Comparator 对象，替换第一行代码为：

```
Map<String, String> map  = new TreeMap<>(String.CASE_INSENSITIVE_ORDER);
```

输出就会变为：

```
a=abstract b=basic c=call T=tree
```

正常排序是从小到大，如果希望逆序呢？可以传递一个不同的 Comparator 对象，第一行代码可以替换为：

```
Map<String, String> map  = new TreeMap<>(new Comparator<String>(){
```

```
    @Override
    public int compare(String o1, String o2) {
        return o2.compareTo(o1);
    }
});
```

这样，输出会变为：

```
c=call b=basic a=abstract T=tree
```

为什么这样就可以逆序呢？正常排序中，compare 方法内是 o1.compareTo(o2)，两个对象翻过来，自然就是逆序了，Collections 类有一个静态方法 reverseOrder() 可以返回一个逆序比较器，也就是说，上面的代码也可以替换为：

```
Map<String, String> map  = new TreeMap<>(Collections.reverseOrder());
```

如果希望逆序且忽略大小写呢？第一行可以替换为：

```
Map<String, String> map  = new TreeMap<>(
        Collections.reverseOrder(String.CASE_INSENSITIVE_ORDER));
```

需要说明的是，TreeMap 使用键的比较结果对键进行排重，即使键实际上不同，但只要比较结果相同，它们就会被认为相同，键只会保存一份。比如，如下代码：

```
Map<String, String> map  = new TreeMap<>(String.CASE_INSENSITIVE_ORDER);
map.put("T", "tree");
map.put("t", "try");
for(Entry<String,String> kv : map.entrySet()){
    System.out.print(kv.getKey()+"="+kv.getValue()+" ");
}
```

看上去有两个不同的键 "T" 和 "t"，但因为比较器忽略大小写，所以只会有一个，输出会是：

```
T=try
```

键为第一次 put 时的，这里即 "T"，而值为最后一次 put 时的，这里即 "try"。

我们再来看一个例子，键为字符串形式的日期，值为一个统计数字，希望按照日期输出，代码为：

```
Map<String, Integer> map  = new TreeMap<>();
map.put("2016-7-3", 100);
map.put("2016-7-10", 120);
map.put("2016-8-1", 90);
for(Entry<String,Integer> kv : map.entrySet()){
    System.out.println(kv.getKey()+","+kv.getValue());
}
```

输出为：

```
2016-7-10,120
```

```
2016-7-3,100
2016-8-1,90
```

7 月 10 号的排在了 7 月 3 号的前面，与期望的不符，这是因为，它们是按照字符串比较的，按字符串，2016-7-10 就是小于 2016-7-3，因为第一个不同之处 1 小于 3。

怎么解决呢？可以使用一个自定义的比较器，将字符串转换为日期，按日期进行比较，第一行代码可以改为：

```
Map<String, Integer> map  = new TreeMap<>(new Comparator<String>() {
    SimpleDateFormat sdf = new SimpleDateFormat("yyyy-MM-dd");
    @Override
    public int compare(String o1, String o2) {
        try {
            return sdf.parse(o1).compareTo(sdf.parse(o2));
        } catch (ParseException e) {
            e.printStackTrace();
            return 0;
        }
    }
});
```

这样，输出就符合期望了，会变为：

```
2016-7-3,100
2016-7-10,120
2016-8-1,90
```

以上就是 TreeMap 的基本用法，与 HashMap 相比：相同的是，它们都实现了 Map 接口，都可以按 Map 进行操作。不同的是，迭代时，TreeMap 按键有序，为了实现有序，它要求要么键实现 Comparable 接口，要么创建 TreeMap 时传递一个 Comparator 对象。

由于 TreeMap 按键有序，它还支持更多接口和方法，具体来说，它还实现了 Sorted-Map 和 NavigableMap 接口，而 NavigableMap 接口扩展了 SortedMap，通过这两个接口，可以方便地根据键的顺序进行查找，如第一个、最后一个、某一范围的键、邻近键等，限于篇幅，我们就不介绍了，具体可参见 API 文档。

10.4.2　实现原理

TreeMap 内部是用红黑树实现的，红黑树是一种大致平衡的排序二叉树，10.3 节我们介绍了排序二叉树的基本概念和算法，本节主要看 TreeMap 的一些代码实现（基于 Java 7），先来看 TreeMap 的内部组成。

1. 内部组成

TreeMap 内部主要有如下成员：

```
private final Comparator<? super K> comparator;
private transient Entry<K,V> root = null;
```

```
private transient int size = 0;
```

comparator 就是比较器，在构造方法中传递，如果没传，就是 null。size 为当前键值对个数。root 指向树的根节点，从根节点可以访问到每个节点，节点的类型为 Entry。Entry 是 TreeMap 的一个内部类，其内部成员和构造方法为：

```
static final class Entry<K,V> implements Map.Entry<K,V> {
    K key;
    V value;
    Entry<K,V> left = null;
    Entry<K,V> right = null;
    Entry<K,V> parent;
    boolean color = BLACK;
    Entry(K key, V value, Entry<K,V> parent) {
        this.key = key;
        this.value = value;
        this.parent = parent;
    }
}
```

每个节点除了键（key）和值（value）之外，还有三个引用，分别指向其左孩子（left）、右孩子（right）和父节点（parent），对于根节点，父节点为 null，对于叶子节点，孩子节点都为 null，还有一个成员 color 表示颜色，TreeMap 是用红黑树实现的，每个节点都有一个颜色，非黑即红。

了解了 TreeMap 的内部组成，我们来看一些主要方法的实现代码。

2. 保存键值对

put 方法的代码稍微有点长，我们分段来看。先看第一段，添加第一个节点的情况：

```
public V put(K key, V value) {
    Entry<K,V> t = root;
    if(t == null) {
        compare(key, key); // type (and possibly null) check
        root = new Entry<>(key, value, null);
        size = 1;
        modCount++;
        return null;
    }
    //…
```

当添加第一个节点时，root 为 null，执行的就是这段代码，主要就是新建一个节点，设置 root 指向它，size 设置为 1，modCount++ 的含义与之前章节介绍的类似，用于迭代过程中检测结构性变化。

令人费解的是 compare 调用，compare(key, key);，key 与 key 比，有什么意义呢？我们看 compare 方法的代码：

```
final int compare(Object k1, Object k2) {
```

```
        return comparator==null ? ((Comparable<? super K>)k1).compareTo((K)k2)
            : comparator.compare((K)k1, (K)k2);
    }
```

其实，这里的目的不是为了比较，而是为了检查 key 的类型和 null，如果类型不匹配或为 null，那么 compare 方法会抛出异常。

如果不是第一次添加，会执行后面的代码，添加的关键步骤是寻找父节点。寻找父节点根据是否设置了 comparator 分为两种情况，我们先来看已设置的情况，代码为：

```
int cmp;
Entry<K,V> parent;
//split comparator and comparable paths
Comparator<? super K> cpr = comparator;
if(cpr != null) {
    do {
        parent = t;
        cmp = cpr.compare(key, t.key);
        if(cmp < 0)
            t = t.left;
        else if(cmp > 0)
            t = t.right;
        else
            return t.setValue(value);
    } while (t != null);
}
```

寻找是一个从根节点开始循环的过程，在循环中，cmp 保存比较结果，t 指向当前比较节点，parent 为 t 的父节点，循环结束后 parent 就是要找的父节点。t 一开始指向根节点，从根节点开始比较键，如果小于根节点，就将 t 设为左孩子，与左孩子比较，大于就与右孩子比较，就这样一直比，直到 t 为 null 或比较结果为 0。如果比较结果为 0，表示已经有这个键了，设置值，然后返回。如果 t 为 null，则当退出循环时，parent 就指向待插入节点的父节点。

我们再来看没有设置 comparator 的情况，代码为：

```
else {
    if(key == null)
        throw new NullPointerException();
    Comparable<? super K> k = (Comparable<? super K>) key;
    do {
        parent = t;
        cmp = k.compareTo(t.key);
        if(cmp < 0)
            t = t.left;
        else if(cmp > 0)
            t = t.right;
        else
            return t.setValue(value);
    } while(t != null);
}
```

基本逻辑是一样的，当退出循环时 parent 指向父节点，只是如果没有设置 comparator，则假设 key 一定实现了 Comparable 接口，使用 Comparable 接口的 compareTo 方法进行比较。

找到父节点后，就是新建一个节点，根据新的键与父节点键的比较结果，插入作为左孩子或右孩子，并增加 size 和 modCount，代码如下：

```
Entry<K,V> e = new Entry<>(key, value, parent);
if(cmp < 0)
    parent.left = e;
else
    parent.right = e;
fixAfterInsertion(e);
size++;
modCount++;
```

代码大部分都容易理解，不过，里面有一行重要调用 fixAfterInsertion(e);，它就是在调整树的结构，使之符合红黑树的约束，保持大致平衡，其代码我们就不介绍了。

稍微总结一下，其基本思路就是：循环比较找到父节点，并插入作为其左孩子或右孩子，然后调整保持树的大致平衡。

3. 根据键获取值

根据键获取值的代码为：

```
public V get(Object key) {
    Entry<K,V> p = getEntry(key);
    return(p==null ? null : p.value);
}
```

就是根据 key 找对应节点 p，找到节点后获取值 p.value，来看 getEntry 的代码：

```
final Entry<K,V> getEntry(Object key) {
    // Offload comparator-based version for sake of performance
    if(comparator != null)
        return getEntryUsingComparator(key);
    if(key == null)
        throw new NullPointerException();
    Comparable<? super K> k = (Comparable<? super K>) key;
    Entry<K,V> p = root;
    while(p != null) {
        int cmp = k.compareTo(p.key);
        if(cmp < 0)
            p = p.left;
        else if(cmp > 0)
            p = p.right;
        else
            return p;
    }
    return null;
}
```

如果 comparator 不为空，调用单独的方法 getEntryUsingComparator，否则，假定 key 实现了 Comparable 接口，使用接口的 compareTo 方法进行比较，找的逻辑也很简单，从根开始找，小于往左边找，大于往右边找，直到找到为止，如果没找到，返回 null。getEntry-UsingComparator 方法的逻辑类似，就不赘述了。

4. 查看是否包含某个值

TreeMap 可以高效地按键进行查找，但如果要根据值进行查找，则需要遍历，我们来看代码：

```
public boolean containsValue(Object value) {
    for(Entry<K,V> e = getFirstEntry(); e != null; e = successor(e))
        if(valEquals(value, e.value))
            return true;
    return false;
}
```

主体就是一个循环遍历，getFirstEntry 方法返回第一个节点，successor 方法返回给定节点的后继节点，valEquals 就是比较值，从第一个节点开始，逐个进行比较，直到找到为止，如果循环结束也没找到则返回 false。getFirstEntry 的代码为：

```
final Entry<K,V> getFirstEntry() {
    Entry<K,V> p = root;
    if(p != null)
        while (p.left != null)
            p = p.left;
    return p;
}
```

代码很简单，第一个节点就是最左边的节点。

10.3 节我们介绍过找后继节点的算法，successor 的具体代码为：

```
static <K,V> TreeMap.Entry<K,V> successor(Entry<K,V> t) {
    if(t == null)
        return null;
    else if(t.right != null) {
        Entry<K,V> p = t.right;
        while (p.left != null)
            p = p.left;
        return p;
    } else {
        Entry<K,V> p = t.parent;
        Entry<K,V> ch = t;
        while(p != null && ch == p.right) {
            ch = p;
            p = p.parent;
        }
        return p;
    }
}
```

如 10.3 节后继算法所述，有两种情况：

1）如果有右孩子（t.right!=null），则后继节点为右子树中最小的节点。

2）如果没有右孩子，后继节点为某祖先节点，从当前节点往上找，如果它是父节点的右孩子，则继续找父节点，直到它不是右孩子或父节点为空，第一个非右孩子节点的父亲节点就是后继节点，如果父节点为空，则后继节点为 null。

代码与算法是对应的，就不再赘述了，这个描述比较抽象，可以参考图 10-7，进行对照。

5. 根据键删除键值对

根据键删除键值对的代码为：

```
public V remove(Object key) {
    Entry<K,V> p = getEntry(key);
    if(p == null)
        return null;
    V oldValue = p.value;
    deleteEntry(p);
    return oldValue;
}
```

根据 key 找到节点，调用 deleteEntry 删除节点，然后返回原来的值。

10.3 节介绍过节点删除的算法，节点有三种情况：

1）叶子节点：这个容易处理，直接修改父节点对应引用置 null 即可。

2）只有一个孩子：就是在父亲节点和孩子节点直接建立链接。

3）有两个孩子：先找到后继节点，找到后，替换当前节点的内容为后继节点，然后再删除后继节点，因为这个后继节点一定没有左孩子，所以就将两个孩子的情况转换为了前面两种情况。

deleteEntry 的具体代码也稍微有点长，我们分段来看：

```
private void deleteEntry(Entry<K,V> p) {
    modCount++;
    size--;
    //If strictly internal, copy successor's element to p and then make p
    //point to successor.
    if(p.left != null && p.right != null) {
        Entry<K,V> s = successor(p);
        p.key = s.key;
        p.value = s.value;
        p = s;
    } //p has 2 children
```

这里处理的就是两个孩子的情况，s 为后继，当前节点 p 的 key 和 value 设置为了 s 的 key 和 value，然后将待删节点 p 指向了 s，这样就转换为了一个孩子或叶子节点的情况。

再往下看一个孩子情况的代码：

```
//Start fixup at replacement node, if it exists.
Entry<K,V> replacement = (p.left != null ? p.left : p.right);
if(replacement != null) {
    //Link replacement to parent
    replacement.parent = p.parent;
    if(p.parent == null)
        root = replacement;
    else if(p == p.parent.left)
        p.parent.left  = replacement;
    else
        p.parent.right = replacement;
    // Null out links so they are OK to use by fixAfterDeletion.
    p.left = p.right = p.parent = null;
    // Fix replacement
    if(p.color == BLACK)
        fixAfterDeletion(replacement);
} else if (p.parent == null) { // return if we are the only node.
```

p 为待删节点，replacement 为要替换 p 的孩子节点，主体代码就是在 p 的父节点 p.parent 和 replacement 之间建立链接，以替换 p.parent 和 p 原来的链接，如果 p.parent 为 null，则修改 root 以指向新的根。fixAfterDeletion 重新平衡树。

最后来看叶子节点的情况：

```
} else if(p.parent == null) { // return if we are the only node.
    root = null;
} else { //  No children. Use self as phantom replacement and unlink.
    if(p.color == BLACK)
        fixAfterDeletion(p);
    if(p.parent != null) {
        if(p == p.parent.left)
            p.parent.left = null;
        else if(p == p.parent.right)
            p.parent.right = null;
        p.parent = null;
    }
}
```

再具体分为两种情况：一种是删除最后一个节点，修改 root 为 null；另一种是根据待删节点是父节点的左孩子还是右孩子，相应的设置孩子节点为 null。

以上就是 TreeMap 的基本实现原理，与 10.3 节介绍的排序二叉树的基本概念和算法是一致的，只是 TreeMap 用了红黑树。

10.4.3　小结

本节介绍了 TreeMap 的用法和实现原理，与 HashMap 相比，TreeMap 同样实现了 Map 接口，但内部使用红黑树实现。红黑树是统计效率比较高的大致平衡的排序二叉树，这决定了它有如下特点：

1）按键有序，TreeMap 同样实现了 SortedMap 和 NavigableMap 接口，可以方便地根据键的顺序进行查找，如第一个、最后一个、某一范围的键、邻近键等。

2）为了按键有序，TreeMap 要求键实现 Comparable 接口或通过构造方法提供一个 Comparator 对象。

3）根据键保存、查找、删除的效率比较高，为 $O(h)$，h 为树的高度，在树平衡的情况下，h 为 $\log_2(N)$，N 为节点数。

应该用 HashMap 还是 TreeMap 呢？不要求排序，优先考虑 HashMap，要求排序，考虑 TreeMap。HashMap 有对应的 TreeMap，HashSet 也有对应的 TreeSet，下节，我们来看 TreeSet。

10.5　剖析 TreeSet

在介绍 HashSet 时，我们提到，HashSet 有一个重要局限，元素之间没有特定的顺序，我们还提到，Set 接口还有另一个重要的实现类 TreeSet，它是有序的，与 HashSet 和 HashMap 的关系一样，TreeSet 是基于 TreeMap 的，本节我们来详细讨论 TreeSet。下面，我们先介绍 TreeSet 的用法，然后介绍实现原理，最后总结分析 TreeSet 的特点。

10.5.1　基本用法

TreeSet 的基本构造方法有两个：

```
public TreeSet()
public TreeSet(Comparator<? super E> comparator)
```

第一个是默认构造方法，假定元素实现了 Comparable 接口；第二个使用传入的比较器，不要求元素实现 Comparable。TreeSet 经常也只是当作 Set 使用，只是希望迭代输出有序，如下面代码所示：

```
Set<String> words = new TreeSet<String>();
words.addAll(Arrays.asList(new String[]{
    "tree", "map", "hash", "map",
}));
for(String w : words){
    System.out.print(w+" ");
}
```

输出为：

```
hash map tree
```

TreeSet 实现了两点：**排重和有序**。如果希望不同的排序，可以传递一个 Comparator，比如：

```
Set<String> words = new TreeSet<String>(new Comparator<String>(){
    @Override
    public int compare(String o1, String o2) {
        return o1.compareToIgnoreCase(o2);
    }});
words.addAll(Arrays.asList(new String[]{
    "tree", "map", "hash", "Map",
}));
System.out.println(words);
```

忽略大小写进行比较，输出为：

```
[hash, map, tree]
```

需要注意的是，Set 是排重的，排重是基于比较结果的，结果为 0 即视为相同，"map"
和 "Map" 虽然不同，但比较结果为 0，所以只会保留第一个元素。

以上就是 TreeSet 的基本用法，简单易用。因为有序，TreeSet 还实现了 NavigableSet
和 SortedSet 接口，NavigableSet 扩展了 SortedSet，可以方便地根据顺序进行查找和操作，
如第一个、最后一个、某一取值范围、某一值的邻近元素等，限于篇幅，我们就不介绍了，
具体可参见 API 文档。

10.5.2　实现原理

之前章节介绍过，HashSet 是基于 HashMap 实现的，元素就是 HashMap 中的键，值是
一个固定的值，TreeSet 是类似的，它是基于 TreeMap 实现的。我们具体来看一下代码，先
看其内部组成。

TreeSet 的内部有如下成员：

```
private transient NavigableMap<E,Object> m;
private static final Object PRESENT = new Object();
```

m 就是背后的那个 TreeMap，这里用的是更为通用的接口类型 NavigableMap，PRESENT
就是那个固定的共享值。TreeSet 的方法实现主要就是调用 m 的方法，我们具体来看下。

默认构造方法的代码为：

```
TreeSet(NavigableMap<E,Object> m) {
    this.m = m;
}
public TreeSet() {
    this(new TreeMap<E,Object>());
}
```

代码都比较简单，就不解释了。添加元素，add 方法的代码为：

```
public boolean add(E e) {
    return m.put(e, PRESENT)==null;
}
```

就是调用 map 的 put 方法, 元素 e 用作键, 值就是固定值 PRESENT, put 返回 null 表示原来没有对应的键, 添加成功了。检查是否包含元素, 代码为:

```
public boolean contains(Object o) {
    return m.containsKey(o);
}
```

就是检查 map 中是否包含对应的键。删除元素, 代码为:

```
public boolean remove(Object o) {
    return m.remove(o)==PRESENT;
}
```

就是调用 map 的 remove 方法, 返回值为 PRESENT 表示原来有对应的键且删除成功了。

TreeSet 的实现代码都比较简单, 主要就是调用内部 NavigatableMap 的方法。

10.5.3　小结

本节介绍了 TreeSet 的用法和实现原理, 在用法方面, 它实现了 Set 接口, 但有序, 在内部实现上, 它基于 TreeMap 实现, 而 TreeMap 基于大致平衡的排序二叉树: 红黑树, 这决定了它有如下特点。

1）没有重复元素。

2）添加、删除元素、判断元素是否存在, 效率比较高, 为 $O(\log_2(N))$, N 为元素个数。

3）有序, TreeSet 同样实现了 SortedSet 和 NavigatableSet 接口, 可以方便地根据顺序进行查找和操作, 如第一个、最后一个、某一取值范围、某一值的邻近元素等。

4）为了有序, TreeSet 要求元素实现 Comparable 接口或通过构造方法提供一个 Comparator 对象。

10.6　剖析 LinkedHashMap

前面我们介绍了 Map 接口的两个实现类 HashMap 和 TreeMap, 本节介绍另一个实现类 LinkedHashMap。它是 HashMap 的子类, 但可以保持元素按插入或访问有序, 这与 TreeMap 按键排序不同。按插入有序容易理解, 按访问有序是什么意思呢? 这两个有序有什么用呢? 内部是怎么实现的? 本节就来探讨这些问题, 从用法开始。

10.6.1　基本用法

LinkedHashMap 是 HashMap 的子类, 但内部还有一个双向链表维护键值对的顺序, 每个键值对既位于哈希表中, 也位于这个双向链表中。LinkedHashMap 支持两种顺序: 一种是插入顺序; 另外一种是访问顺序。

插入顺序容易理解, 先添加的在前面, 后添加的在后面, 修改操作不影响顺序。访问顺序是什么意思呢？所谓访问是指 get/put 操作，对一个键执行 get/put 操作后，其对应的键值对会移到链表末尾，所以，最末尾的是最近访问的，最开始的最久没被访问的，这种顺序就是访问顺序。

LinkedHashMap 有 5 个构造方法，其中 4 个都是按插入顺序，只有一个构造方法可以指定按访问顺序，如下所示：

```
public LinkedHashMap(int initialCapacity, float loadFactor,
                     boolean accessOrder)
```

其中参数 accessOrder 就是用来指定是否按访问顺序，如果为 true，就是访问顺序。

默认情况下，LinkedHashMap 是按插入有序的，我们看个例子：

```
Map<String,Integer> seqMap = new LinkedHashMap<>();
seqMap.put("c", 100);
seqMap.put("d", 200);
seqMap.put("a", 500);
seqMap.put("d", 300);
for(Entry<String,Integer> entry : seqMap.entrySet()){
    System.out.println(entry.getKey()+" "+entry.getValue());
}
```

键是按照 "c"、"d"、"a" 的顺序插入的，修改 "d" 的值不会修改顺序，所以输出为：

```
c 100
d 300
a 500
```

什么时候希望保持插入顺序呢？

Map 经常用来处理一些数据，其处理模式是：接收一些键值对作为输入，处理，然后输出，输出时希望保持原来的顺序。比如一个配置文件，其中有一些键值对形式的配置项，但其中有一些键是重复的，希望保留最后一个值，但还是按原来的键顺序输出，LinkedHashMap 就是一个合适的数据结构。

再如，希望的数据模型可能就是一个 Map，但希望保持添加的顺序，如一个购物车，键为购买项目，值为购买数量，按用户添加的顺序保存。

另外一种常见的场景是：希望 Map 能够按键有序，但在添加到 Map 前，键已经通过其他方式排好序了，这时，就没有必要使用 TreeMap 了，毕竟 TreeMap 的开销要大一些。比如，在从数据库查询数据放到内存时，可以使用 SQL 的 order by 语句让数据库对数据排序。

我们来看按访问有序的例子，代码如下：

```
Map<String,Integer> accessMap = new LinkedHashMap<>(16, 0.75f, true);
accessMap.put("c", 100);
accessMap.put("d", 200);
accessMap.put("a", 500);
accessMap.get("c");
accessMap.put("d", 300);
```

```
for(Entry<String,Integer> entry : accessMap.entrySet()){
    System.out.println(entry.getKey()+" "+entry.getValue());
}
```

每次访问都会将该键值对移到末尾，所以输出为：

```
a 500
c 100
d 300
```

什么时候希望按访问有序呢？一种典型的应用是 LRU 缓存，它是什么呢？

缓存是计算机技术中一种非常有用的技术，是一个通用的提升数据访问性能的思路，一般用来保存常用的数据，容量较小，但访问更快。缓存是相对主存而言的，主存的容量更大，但访问更慢。缓存的基本假设是：数据会被多次访问，一般访问数据时都先从缓存中找，缓存中没有再从主存中找，找到后再放入缓存，这样下次如果再找相同数据访问就快了。

缓存用于计算机技术的各个领域，比如 CPU 里有缓存，有一级缓存、二级缓存、三级缓存等，一级缓存非常小、非常贵、也非常快，三级缓存则大一些、便宜一些、也慢一些，CPU 缓存是相对于内存而言的，它们都比内存快。内存里也有缓存，内存的缓存一般是相对于硬盘数据而言的。硬盘也可能是缓存，缓存网络上其他机器的数据，比如浏览器访问网页时，会把一些网页缓存到本地硬盘。

LinkedHashMap 可以用于缓存，比如缓存用户基本信息，键是用户 Id，值是用户信息，所有用户的信息可能保存在数据库中，部分活跃用户的信息可能保存在缓存中。

一般而言，缓存容量有限，不能无限存储所有数据，如果缓存满了，当需要存储新数据时，就需要一定的策略将一些老的数据清理出去，这个策略一般称为替换算法。LRU 是一种流行的替换算法，它的全称是 Least Recently Used，即最近最少使用。它的思路是，最近刚被使用的很快再次被用的可能性最高，而最久没被访问的很快再次被用的可能性最低，所以被优先清理。

使用 LinkedHashMap，可以非常容易地实现 LRU 缓存，默认情况下，LinkedHashMap 没有对容量做限制，但它可以容易地做到，它有一个 protected 方法，如下所示：

```
protected boolean removeEldestEntry(Map.Entry<K,V> eldest) {
    return false;
}
```

在添加元素到 LinkedHashMap 后，LinkedHashMap 会调用这个方法，传递的参数是最久没被访问的键值对，如果这个方法返回 true，则这个最久的键值对就会被删除。Linked-HashMap 的实现总是返回 false，所有容量没有限制，但子类可以重写该方法，在满足一定条件的情况，返回 true。

代码清单 10-4 就是一个简单的 LRU 缓存的实现，它有一个容量限制，这个限制在构造方法中传递。

代码清单10-4　LRU缓存

```
public class LRUCache<K, V> extends LinkedHashMap<K, V> {
    private int maxEntries;
    public LRUCache(int maxEntries){
        super(16, 0.75f, true);
        this.maxEntries = maxEntries;
    }
    @Override
    protected boolean removeEldestEntry(Entry<K, V> eldest) {
        return size() > maxEntries;
    }
}
```

这个缓存可以这么用：

```
LRUCache<String,Object> cache = new LRUCache<>(3);
cache.put("a", "abstract");
cache.put("b", "basic");
cache.put("c", "call");
cache.get("a");
cache.put("d", "call");
System.out.println(cache);
```

限定缓存容量为 3，先后添加了 4 个键值对，最久没被访问的键是 "b"，会被删除，所以输出为：

```
{c=call, a=abstract, d=call}
```

10.6.2　实现原理

理解了 LinkedHashMap 的用法，下面我们来看其实现代码（基于 Java 7）。先来看内部组成，再看一些主要方法的实现。LinkedHashMap 是 HashMap 的子类，内部增加了如下实例变量：

```
private transient Entry<K,V> header;
private final boolean accessOrder;
```

accessOrder 表示是按访问顺序还是插入顺序。header 表示双向链表的头，它的类型 Entry 是一个内部类，这个类是 HashMap.Entry 的子类，增加了两个变量 before 和 after，指向链表中的前驱和后继，Entry 的完整定义如代码清单 10-5 所示。

代码清单10-5　LinkedHashMap中的Entry

```
private static class Entry<K,V> extends HashMap.Entry<K,V> {
    Entry<K,V> before, after;
    Entry(int hash, K key, V value, HashMap.Entry<K,V> next) {
        super(hash, key, value, next);
    }
    private void remove() {
```

```
            before.after = after;
            after.before = before;
        }
        private void addBefore(Entry<K,V> existingEntry) {
            after  = existingEntry;
            before = existingEntry.before;
            before.after = this;
            after.before = this;
        }
        void recordAccess(HashMap<K,V> m) {
            LinkedHashMap<K,V> lm = (LinkedHashMap<K,V>)m;
            if(lm.accessOrder) {
                lm.modCount++;
                remove();
                addBefore(lm.header);
            }
        }
        void recordRemoval(HashMap<K,V> m) {
            remove();
        }
    }
```

recordAccess 和 recordRemoval 是 HashMap.Entry 中定义的方法，在 HashMap 中，这两个方法的实现为空，它们就是被设计用来被子类重写的。在 put 被调用且键存在时，HashMap 会调用 Entry 的 recordAccess 方法；在键被删除时，HashMap 会调用 Entry 的 recordRemoval 方法。

LinkedHashMap.Entry 重写了这两个方法。在 recordAccess 方法中，如果是按访问顺序的，则将该节点移到链表的末尾；在 recordRemoval 方法中，将该节点从链表中移除。

了解了内部组成，我们来看操作方法，先看构造方法。

在 HashMap 的构造方法中，会调用 init 方法，init 方法在 HashMap 的实现中为空，也是被设计用来被重写的。LinkedHashMap 重写了该方法，用于初始化链表的头节点，代码如下：

```
void init() {
    header = new Entry<>(-1, null, null, null);
    header.before = header.after = header;
}
```

header 被初始化为一个 Entry 对象，前驱和后继都指向自己，如图 10-12 所示。

header.after 指向第一个节点，header.before 指向最后一个节点，指向 header 表示链表为空。

在 LinkedHashMap 中，put 方法还会将节点加入到链表中来，如果是按访问有序的，还会调整节点到末尾，并根据情况删除最

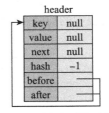

图 10-12　LinkedHashMap 初始内存结构

久没被访问的节点。

HashMap 的 put 实现中，如果是新的键，会调用 addEntry 方法添加节点，LinkedHash-Map 重写了该方法，代码为：

```
void addEntry(int hash, K key, V value, int bucketIndex) {
    super.addEntry(hash, key, value, bucketIndex);
    //Remove eldest entry if instructed
    Entry<K,V> eldest = header.after;
    if(removeEldestEntry(eldest)) {
        removeEntryForKey(eldest.key);
    }
}
```

它先调用父类的 addEntry 方法，父类的 addEntry 会调用 createEntry 创建节点，Linked-HashMap 重写了 createEntry，代码为：

```
void createEntry(int hash, K key, V value, int bucketIndex) {
    HashMap.Entry<K,V> old = table[bucketIndex];
    Entry<K,V> e = new Entry<>(hash, key, value, old);
    table[bucketIndex] = e;
    e.addBefore(header);
    size++;
}
```

新建节点，加入哈希表中，同时加入链表中，加到链表末尾的代码是：

```
e.addBefore(header)
```

比如，执行如下代码：

```
Map<String,Integer> countMap = new
    LinkedHashMap<>();
countMap.put("hello", 1);
```

执行后，内存结构如图 10-13 所示。

添加完后，调用 removeEldestEntry 检查是否应该删除老节点，如果返回值为 true，则调用 removeEntryForKey 进行删除，remove-EntryForKey 是 HashMap 中定义的方法，删除节点时会调用 HashMap.Entry 的 record-Removal 方法，该方法被 LinkedHashMap.Entry 重写了，会将节点从链表中删除。

在 HashMap 的 put 实现中，如果键已经存在了，则会调用节点的 recordAccess 方法。LinkedHashMap.Entry 重写了该方法，如果是

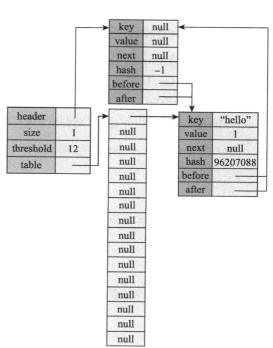

图 10-13　LinkedHashMap 插入一个元素后的内存结构

按访问有序，则调整该节点到链表末尾。

LinkedHashMap 重写了 get 方法，代码为：

```
public V get(Object key) {
    Entry<K,V> e = (Entry<K,V>)getEntry(key);
    if(e == null)
        return null;
    e.recordAccess(this);
    return e.value;
}
```

与 HashMap 的 get 方法的区别，主要是调用了节点的 recordAccess 方法，如果是按访问有序，recordAccess 调整该节点到链表末尾。

查看 HashMap 中是否包含某个值需要进行遍历，由于 LinkedHashMap 维护了单独的链表，它可以使用链表进行更为高效的遍历，具体代码比较简单，我们就不列举了。

以上就是 LinkedHashMap 的基本实现原理，它是 HashMap 的子类，它的节点类 LinkedHashMap.Entry 是 HashMap.Entry 的子类，LinkedHashMap 内部维护了一个单独的双向链表，每个节点既位于哈希表中，也位于双向链表中，在链表中的顺序默认是插入顺序，也可以配置为访问顺序，LinkedHashMap 及其节点类 LinkedHashMap.Entry 重写了若干方法以维护这种关系。

10.6.3 LinkedHashSet

之前介绍的 Map 接口的实现类都有一个对应的 Set 接口的实现类，比如 HashMap 有 HashSet，TreeMap 有 TreeSet，LinkedHashMap 也不例外，它也有一个对应的 Set 接口的实现类 LinkedHashSet。LinkedHashSet 是 HashSet 的子类，它内部的 Map 的实现类是 LinkedHashMap，所以它也可以保持插入顺序，比如：

```
Set<String> set = new LinkedHashSet<>();
set.add("b");
set.add("c");
set.add("a");
set.add("c");
System.out.println(set);
```

输出为：

```
[b, c, a]
```

LinkedHashSet 的实现比较简单，我们就不再介绍了。

10.6.4 小结

本节主要介绍了 LinkedHashMap 的用法和实现原理，用法上，它可以保持插入顺序或访问顺序。插入顺序经常用于处理键值对的数据，并保持其输入顺序，也经常用于键已经排好序的场景，相比 TreeMap 效率更高；访问顺序经常用于实现 LRU 缓存。实现原理上，它是 HashMap 的子类，但内部有一个双向链表以维护节点的顺序。最后，我们简单介绍了 LinkedHashSet，它是 HashSet 的子类，但内部使用 LinkedHashMap。

10.7　剖析 EnumMap

如果需要一个 Map 的实现类，并且键的类型为枚举类型，可以使用 HashMap，但应该使用一个专门的实现类 EnumMap。为什么要有一个专门的类呢？我们之前介绍过枚举的本质，主要是因为枚举类型有两个特征：一是它可能的值是有限的且预先定义的；二是枚举值都有一个顺序，这两个特征使得可以更为高效地实现 Map 接口。我们先来看 EnumMap 的用法，然后看它到底是怎么实现的。

10.7.1　基本用法

举个简单的例子。比如，有一批关于衣服的记录，我们希望按尺寸统计衣服的数量。定义一个简单的枚举类 Size，表示衣服的尺寸：

```
public enum Size {
    SMALL, MEDIUM, LARGE
}
```

定义一个简单类 Clothes，表示衣服：

```
class Clothes {
    String id;
    Size size;
    //省略getter/setter和构造方法
}
```

有一个表示衣服记录的列表 List<Clothes>，我们希望按尺寸统计数量，统计方法可以为：

```
public static Map<Size, Integer> countBySize(List<Clothes> clothes){
    Map<Size, Integer> map = new EnumMap<>(Size.class);
    for(Clothes c : clothes){
        Size size = c.getSize();
        Integer count = map.get(size);
        if(count!=null){
            map.put(size, count+1);
        }else{
            map.put(size, 1);
        }
    }
    return map;
}
```

大部分代码都很简单，需要注意的是 EnumMap 的构造方法，如下所示：

```
Map<Size, Integer> map = new EnumMap<>(Size.class);
```

与 HashMap 不同，它需要传递一个类型信息，Size.class 表示枚举类 Size 的运行时类型信息，Size.class 也是一个对象，它的类型是 Class。为什么需要这个参数呢？没有这个，EnumMap 就不知道具体的枚举类是什么，也无法初始化内部的数据结构。

使用以上的统计方法也是很简单的，比如：

```
List<Clothes> clothes = Arrays.asList(new Clothes[]{
        new Clothes("C001",Size.SMALL), new Clothes("C002", Size.LARGE),
        new Clothes("C003", Size.LARGE), new Clothes("C004", Size.MEDIUM),
        new Clothes("C005", Size.SMALL), new Clothes("C006", Size.SMALL)
});
System.out.println(countBySize(clothes));
```

输出为：

```
{SMALL=3, MEDIUM=1, LARGE=2}
```

需要说明的是，与 HashMap 不同，EnumMap 是保证顺序的，输出是按照键在枚举中的顺序的。

你可能认为，对于枚举，使用 Map 是没有必要的，比如对于上面的统计例子，可以使用一个简单的数组：

```
public static int[] countBySize(List<Clothes> clothes){
    int[] stat = new int[Size.values().length];
    for(Clothes c : clothes){
        Size size = c.getSize();
        stat[size.ordinal()]++;
    }
    return stat;
}
```

这个方法可以这么使用：

```
List<Clothes> clothes = Arrays.asList(new Clothes[]{
        new Clothes("C001",Size.SMALL), new Clothes("C002", Size.LARGE),
        new Clothes("C003", Size.LARGE), new Clothes("C004", Size.MEDIUM),
        new Clothes("C005", Size.SMALL), new Clothes("C006", Size.SMALL)
});
int[] stat = countBySize(clothes);
for(int i=0; i<stat.length; i++){
    System.out.println(Size.values()[i]+": "+ stat[i]);
}
```

输出为：

```
SMALL 3
MEDIUM 1
LARGE 2
```

可以达到同样的目的。但，直接使用数组需要自己维护数组索引和枚举值之间的关系，正如枚举的优点是简洁、安全、方便一样，EnumMap 同样是更为简洁、安全、方便，它内部也是基于数组实现的，但隐藏了细节，提供了更为方便安全的接口。

10.7.2　实现原理

下面我们来看下具体的代码（基于 Java 7）。从内部组成开始。EnumMap 有如下实例变量：

```
private final Class<K> keyType;
private transient K[] keyUniverse;
private transient Object[] vals;
private transient int size = 0;
```

keyType 表示类型信息，keyUniverse 表示键，是所有可能的枚举值，vals 表示键对应的值，size 表示键值对个数。EnumMap 的基本构造方法代码为：

```
public EnumMap(Class<K> keyType) {
    this.keyType = keyType;
    keyUniverse = getKeyUniverse(keyType);
    vals = new Object[keyUniverse.length];
}
```

调用了 getKeyUniverse 以初始化键数组，这段代码又调用了其他一些比较底层的代码，就不列举了，原理是最终调用了枚举类型的 values 方法，values 方法返回所有可能的枚举值。关于 values 方法，我们在枚举一节介绍过其用法和实现原理，这里就不赘述了。

保存键值对的方法是 put，代码为：

```
public V put(K key, V value) {
    typeCheck(key);
    int index = key.ordinal();
    Object oldValue = vals[index];
    vals[index] = maskNull(value);
    if(oldValue == null)
        size++;
    return unmaskNull(oldValue);
}
```

首先调用 typeCheck 检查键的类型，其代码为：

```
private void typeCheck(K key) {
    Class keyClass = key.getClass();
    if(keyClass != keyType && keyClass.getSuperclass() != keyType)
        throw new ClassCastException(keyClass + " != " + keyType);
}
```

如果类型不对，会抛出异常。如果类型正确，调用 ordinal 获取索引 index，并将值 value 放入值数组 vals[index] 中。EnumMap 允许值为 null，为了区别 null 值与没有值，EnumMap 将 null 值包装成了一个特殊的对象，有两个辅助方法用于 null 的打包和解包，打包方法为

maskNull，解包方法为 unmaskNull。这个特殊对象及两个方法的代码为：

```
private static final Object NULL = new Object() {
    public int hashCode() {
        return 0;
    }
    public String toString() {
        return "java.util.EnumMap.NULL";
    }
};
private Object maskNull(Object value) {
    return (value == null ? NULL : value);
}
private V unmaskNull(Object value) {
    return(V) (value == NULL ? null : value);
}
```

根据键获取值的方法是 get，代码为：

```
public V get(Object key) {
    return (isValidKey(key)
            unmaskNull(vals[((Enum)key).ordinal()]) : null);
}
```

如果键有效，通过 ordinal 方法取索引，然后直接在值数组 vals 里找。isValidKey 的代码与 typeCheck 类似，但是返回 boolean 值而不是抛出异常，代码为：

```
private boolean isValidKey(Object key) {
    if(key == null)
        return false;
    //Cheaper than instanceof Enum followed by getDeclaringClass
    Class keyClass = key.getClass();
    return keyClass == keyType || keyClass.getSuperclass() == keyType;
}
```

查看是否包含某个值的方法是 containsValue，代码为：

```
public boolean containsValue(Object value) {
    value = maskNull(value);
    for(Object val : vals)
        if(value.equals(val))
            return true;
    return false;
}
```

就是遍历值数组进行比较。

根据键删除的方法是 remove，其代码为：

```
public V remove(Object key) {
    if(!isValidKey(key))?
        return null;
    int index = ((Enum)key).ordinal();
```

```
        Object oldValue = vals[index];
        vals[index] = null;
        if(oldValue != null)
            size--;
        return unmaskNull(oldValue);
}
```

代码也很简单，就不解释了。

10.7.3　小结

本节介绍了 EnumMap 的用法和实现原理，用法上，如果需要一个 Map 且键是枚举类型，则应该用它，简洁、方便、安全；实现原理上，内部有两个数组，长度相同，一个表示所有可能的键，一个表示对应的值，值为 null 表示没有该键值对，键都有一个对应的索引，根据索引可直接访问和操作其键和值，效率很高。

下一节，我们来看枚举类型的 Set 接口的实现类 EnumSet，与之前介绍的 Set 的实现类不同，它内部没有用对应的 Map 类 EnumMap，而是使用了一种极为高效的方式，什么方式呢？

10.8　剖析 EnumSet

本节介绍同样针对枚举类型的 Set 接口的实现类 EnumSet。与 EnumMap 类似，之所以会有一个专门的针对枚举类型的实现类，主要是因为它可以非常高效地实现 Set 接口。

之前介绍的 Set 接口的实现类 HashSet/TreeSet，它们内部都是用对应的 HashMap/TreeMap 实现的，但 EnumSet 不是，它的实现与 EnumMap 没有任何关系，而是用极为精简和高效的**位向量**实现的。**位向量是计算机程序中解决问题的一种常用方式，我们有必要理解和掌握。**

除了实现机制，EnumSet 的用法也有一些不同。EnumSet 可以说是处理枚举类型数据的一把利器，在一些应用领域，它非常方便和高效。

下面，我们先来看 EnumSet 的基本用法，然后通过一个场景来看 EnumSet 的应用，最后分析 EnumSet 的实现机制。

10.8.1　基本用法

与 TreeSet/HashSet 不同，**EnumSet 是一个抽象类**，不能直接通过 new 新建，也就是说，类似下面代码是错误的：

```
EnumSet<Size> set = new EnumSet<Size>();
```

不过，EnumSet 提供了若干静态工厂方法，可以创建 EnumSet 类型的对象，比如：

```
public static <E extends Enum<E>> EnumSet<E> noneOf(Class<E> elementType)
```

noneOf 方法会创建一个指定枚举类型的 EnumSet，不含任何元素。创建的 EnumSet 对象的实际类型是 EnumSet 的子类，待会我们再分析其具体实现。

为方便举例，我们定义一个表示星期几的枚举类 Day，值从周一到周日，如下所示：

```
enum Day {
    MONDAY, TUESDAY, WEDNESDAY, THURSDAY, FRIDAY, SATURDAY, SUNDAY
}
```

可以这么用 noneOf 方法：

```
Set<Day> weekend = EnumSet.noneOf(Day.class);
weekend.add(Day.SATURDAY);
weekend.add(Day.SUNDAY);
System.out.println(weekend);
```

weekend 表示休息日，noneOf 返回的 Set 为空，添加了周六和周日，所以输出为：

```
[SATURDAY, SUNDAY]
```

EnumSet 还有很多其他静态工厂方法，如下所示（省略了修饰 public static）：

```
//初始集合包括指定枚举类型的所有枚举值
<E extends Enum<E>> EnumSet<E> allOf(Class<E> elementType)
//初始集合包括枚举值中指定范围的元素
<E extends Enum<E>> EnumSet<E> range(E from, E to)
//初始集合包括指定集合的补集
<E extends Enum<E>> EnumSet<E> complementOf(EnumSet<E> s)
//初始集合包括参数中的所有元素
<E extends Enum<E>> EnumSet<E> of(E e)
<E extends Enum<E>> EnumSet<E> of(E e1, E e2)
<E extends Enum<E>> EnumSet<E> of(E e1, E e2, E e3)
<E extends Enum<E>> EnumSet<E> of(E e1, E e2, E e3, E e4)
<E extends Enum<E>> EnumSet<E> of(E e1, E e2, E e3, E e4, E e5)
<E extends Enum<E>> EnumSet<E> of(E first, E... rest)
//初始集合包括参数容器中的所有元素
<E extends Enum<E>> EnumSet<E> copyOf(EnumSet<E> s)
<E extends Enum<E>> EnumSet<E> copyOf(Collection<E> c)
```

可以看到，EnumSet 有很多重载形式的 of 方法，最后一个接受的是可变参数，其他重载方法看上去是多余的，之所以有其他重载方法是因为可变参数的运行效率低一些。

10.8.2　应用场景

下面，我们通过一个场景来看 EnumSet 的应用。想象一个场景，在一些工作中（如医生、客服），不是每个工作人员每天都在的，每个人可工作的时间是不一样的，比如张三可能是周一和周三，李四可能是周四和周六，给定每个人可工作的时间，我们可能有一些问题需要回答。比如：

❑ 有没有哪天一个人都不会来？
❑ 有哪些天至少会有一个人来？

❑ 有哪些天至少会有两个人来？

❑ 有哪些天所有人都会来，以便开会？

❑ 哪些人周一和周二都会来？

使用 EnumSet，可以方便高效地回答这些问题，怎么做呢？我们先来定义一个表示工作人员的类 Worker，如下所示：

```
class Worker {
    String name;
    Set<Day> availableDays;
    public Worker(String name, Set<Day> availableDays) {
        this.name = name;
        this.availableDays = availableDays;
    }
    //省略getter方法
}
```

为演示方便，将所有工作人员的信息放到一个数组 workers 中，如下所示：

```
Worker[] workers = new Worker[]{
        new Worker("张三", EnumSet.of(
                Day.MONDAY, Day.TUESDAY, Day.WEDNESDAY, Day.FRIDAY)),
        new Worker("李四", EnumSet.of(
                Day.TUESDAY, Day.THURSDAY, Day.SATURDAY)),
        new Worker("王五", EnumSet.of(Day.TUESDAY, Day.THURSDAY))
};
```

每个工作人员的可工作时间用一个 EnumSet 表示。有了这个信息，我们就可以回答以上的问题了。哪些天一个人都不会来？代码可以为：

```
Set<Day> days = EnumSet.allOf(Day.class);
for(Worker w : workers){
    days.removeAll(w.getAvailableDays());
}
System.out.println(days);
```

days 初始化为所有值，然后遍历 workers，从 days 中删除可工作的所有时间，最终剩下的就是一个人都不会来的时间，这实际是在求 worker 时间并集的补集，输出为：

```
[SUNDAY]
```

有哪些天至少会有一个人来？就是求 worker 时间的并集，代码可以为：

```
Set<Day> days = EnumSet.noneOf(Day.class);
for(Worker w : workers){
    days.addAll(w.getAvailableDays());
}
System.out.println(days);
```

输出为：

```
[MONDAY, TUESDAY, WEDNESDAY, THURSDAY, FRIDAY, SATURDAY]
```

有哪些天所有人都会来？就是求 worker 时间的交集，代码可以为：

```
Set<Day> days = EnumSet.allOf(Day.class);
for(Worker w : workers){
    days.retainAll(w.getAvailableDays());
}
System.out.println(days);
```

输出为：

```
[TUESDAY]
```

哪些人周一和周二都会来？使用 containsAll 方法，代码可以为：

```
Set<Worker> availableWorkers = new HashSet<Worker>();
for(Worker w : workers){
    if(w.getAvailableDays().containsAll(
            EnumSet.of(Day.MONDAY,Day.TUESDAY))){
        availableWorkers.add(w);
    }
}
for(Worker w : availableWorkers){
    System.out.println(w.getName());
}
```

输出为：

张三

哪些天至少会有两个人来？我们先使用 EnumMap 统计每天的人数，然后找出至少有两个人的天，代码可以为：

```
Map<Day, Integer> countMap = new EnumMap<>(Day.class);
for(Worker w : workers){
    for(Day d : w.getAvailableDays()){
        Integer count = countMap.get(d);
        countMap.put(d, count==null?1:count+1);
    }
}
Set<Day> days = EnumSet.noneOf(Day.class);
for(Map.Entry<Day, Integer> entry : countMap.entrySet()){
    if(entry.getValue()>=2){
        days.add(entry.getKey());
    }
}
System.out.println(days);
```

输出为：

```
[TUESDAY, THURSDAY]
```

理解了 EnumSet 的使用，下面我们来看它是怎么实现的（基于 Java 7）。

10.8.3　实现原理

　　EnumSet 是使用位向量实现的，什么是位向量呢？就是用一个位表示一个元素的状态，用一组位表示一个集合的状态，每个位对应一个元素，而状态只可能有两种。

　　对于之前的枚举类 Day，它有 7 个枚举值，一个 Day 的集合就可以用一个字节 byte 表示，最高位不用，设为 0，最右边的位对应顺序最小的枚举值，从右到左，每位对应一个枚举值，1 表示包含该元素，0 表示不含该元素。

　　比如，表示包含 Day.MONDAY、Day.TUESDAY、Day.WEDNESDAY、Day.FRIDAY 的集合，位向量结构如图 10-14 所示。

　　对应的整数是 23。

　　位向量能表示的元素个数与向量长度有关，一个 byte 类型能表示 8 个元素，一个 long 类型能表示 64 个元素，那 EnumSet 用的长度是多少呢？

0	0	0	1	0	1	1	1
周日	周六	周五	周四	周三	周二	周一	

图 10-14　位向量示例

　　EnumSet 是一个抽象类，它没有定义使用的向量长度，它有两个子类：RegularEnumSet 和 JumboEnumSet。RegularEnumSet 使用一个 long 类型的变量作为位向量，long 类型的位长度是 64，而 JumboEnumSet 使用一个 long 类型的数组。如果枚举值个数小于等于 64，则静态工厂方法中创建的就是 RegularEnumSet，如果大于 64 就是 JumboEnumSet。

　　理解了位向量的基本概念，下面我们来看 EnumSet 的实现，包括其内部组成和一些主要方法的实现。同 EnumMap 一样，EnumSet 也有表示类型信息和所有枚举值的实例变量，如下所示：

```
final Class<E> elementType;
final Enum[] universe;
```

　　elementType 表示类型信息，universe 表示枚举类的所有枚举值。

　　EnumSet 自身没有记录元素个数的变量，也没有位向量，它们是子类维护的。对于 RegularEnumSet，它用一个 long 类型表示位向量，代码为：

```
private long elements = 0L;
```

　　它没有定义表示元素个数的变量，是实时计算出来的，计算的代码是：

```
public int size() {
    return Long.bitCount(elements);
}
```

　　对于 JumboEnumSet，它用一个 long 数组表示，有单独的 size 变量，代码为：

```
private long elements[];
private int size = 0;
```

　　我们来看 EnumSet 的静态工厂方法 noneOf，代码为：

```
public static <E extends Enum<E>> EnumSet<E> noneOf(Class<E> elementType) {
```

```
    Enum[] universe = getUniverse(elementType);
    if(universe == null)
        throw new ClassCastException(elementType + " not an enum");
    if(universe.length <= 64)
        return new RegularEnumSet<>(elementType, universe);
    else
        return new JumboEnumSet<>(elementType, universe);
}
```

getUniverse 的代码与 EnumMap 是一样的，就不赘述了。如果元素个数不超过 64，就创建 RegularEnumSet，否则创建 JumboEnumSet。

RegularEnumSet 和 JumboEnumSet 的构造方法为：

```
RegularEnumSet(Class<E>elementType, Enum[] universe) {
    super(elementType, universe);
}
JumboEnumSet(Class<E>elementType, Enum[] universe) {
    super(elementType, universe);
    elements = new long[(universe.length + 63) >>> 6];
}
```

它们都调用了父类 EnumSet 的构造方法，其代码为：

```
EnumSet(Class<E>elementType, Enum[] universe) {
    this.elementType = elementType;
    this.universe   = universe;
}
```

就是给实例变量赋值，JumboEnumSet 根据元素个数分配足够长度的 long 数组。

其他工厂方法基本都是先调用 noneOf 方法构造一个空的集合，然后再调用添加方法。我们来看添加方法，RegularEnumSet 的 add 方法的代码为：

```
public boolean add(E e) {
    typeCheck(e);
    long oldElements = elements;
    elements |= (1L << ((Enum)e).ordinal());
    return elements != oldElements;
}
```

主要代码是按位或操作：

```
elements |= (1L << ((Enum)e).ordinal());
```

(1L << ((Enum)e).ordinal()) 将元素 e 对应的位设为 1，与现有的位向量 elements 相或，就表示添加 e 了。JumboEnumSet 的 add 方法的代码为：

```
public boolean add(E e) {
    typeCheck(e);
    int eOrdinal = e.ordinal();
    int eWordNum = eOrdinal >>> 6;
    long oldElements = elements[eWordNum];
```

```
        elements[eWordNum] |= (1L << eOrdinal);
        boolean result = (elements[eWordNum] != oldElements);
        if(result)
            size++;
        return result;
    }
```

与 RegularEnumSet 的 add 方法的区别是，它先找对应的数组位置，eOrdinal >>> 6 就是 eOrdinal 除以 64，eWordNum 就表示数组索引，有了索引之后，其他操作与 Regular-EnumSet 就类似了。

对于其他操作，JumboEnumSet 的思路是类似的，主要算法与 RegularEnumSet 一样，主要是增加了寻找对应 long 位向量的操作，或者有一些循环处理，逻辑也都比较简单，后文就只介绍 RegularEnumSet 的实现了。

RegularEnumSet 的 remove 方法的代码为：

```
public boolean remove(Object e) {
    if(e == null)
        return false;
    Class eClass = e.getClass();
    if(eClass != elementType && eClass.getSuperclass() != elementType)
        return false;
    long oldElements = elements;
    elements &= ~(1L << ((Enum)e).ordinal());
    return elements != oldElements;
}
```

主要代码是：

```
elements &= ~(1L << ((Enum)e).ordinal());
```

~ 是取反，该代码将元素 e 对应的位设为了 0，这样就完成了删除。

查看是否包含某元素的方法是 contains，其代码为：

```
public boolean contains(Object e) {
    if(e == null)
        return false;
    Class eClass = e.getClass();
    if(eClass != elementType && eClass.getSuperclass() != elementType)
        return false;
    return (elements & (1L << ((Enum)e).ordinal())) != 0;
}
```

代码也很简单，按位与操作，不为 0，则表示包含。

EnumSet 的静态工厂方法 complementOf 是求补集，它调用的代码是：

```
void complement() {
    if(universe.length != 0) {
        elements = ~elements;
        elements &= -1L >>> -universe.length;  // Mask unused bits
```

```
        }
    }
```

这段代码有点晦涩，elements=~elements 比较容易理解，就是按位取反，相当于就是取补集，但我们知道 elements 是 64 位的，当前枚举类可能没有用那么多位，取反后高位部分都变为了 1，需要将超出 universe.length 的部分设为 0。下面的代码就是在做这件事：

```
elements &= -1L >>> -universe.length;
```

-1L 是 64 位全 1 的二进制，我们在剖析 Integer 一节介绍过移动位数是负数的情况，上面代码相当于：

```
elements &= -1L >>> (64-universe.length);
```

如果 universe.length 为 7，则 -1L>>>(64-7) 就是二进制的 1111111，与 elements 相与，就会将超出 universe.length 部分的右边的 57 位都变为 0。

以上就是 EnumSet 的基本实现原理，内部使用位向量，表示很简洁，节省空间，大部分操作都是按位运算，效率极高。

10.8.4　小结

本节介绍了 EnumSet 的用法和实现原理，用法上，它是处理枚举类型数据的一把利器，简洁方便，实现原理上，它使用位向量，精简高效。

对于只有两种状态，且需要进行集合运算的数据，使用位向量进行表示、位运算进行处理，是计算机程序中一种常用的思维方式。

Java 中有一个更为通用的可动态扩展长度的位向量容器类 BitSet，可以方便地对指定位置的位进行操作，与其他位向量进行位运算，具体可参看 API 文档，我们就不介绍了。

至此，关于 Map 和 Set 的实现类就介绍完了，关于它们的系统总结，我们留待到介绍完所有容器类之后，下一章，我们来看另一种数据结构：堆。

第 11 章 *Chapter 11*

堆与优先级队列

前面两章介绍了 Java 中的基本容器类，每个容器类背后都有一种数据结构，ArrayList 是动态数组，LinkedList 是链表，HashMap/HashSet 是哈希表，TreeMap/TreeSet 是红黑树，本章介绍另一种数据结构：堆。之前我们提到过堆，那里，堆指的是内存中的区域，保存动态分配的对象，与栈相对应。这里的堆是一种数据结构，与内存区域和分配无关。

堆到底是什么结构呢？这个待会再细看。我们先来说明，堆有什么用？为什么要介绍它？**堆可以非常高效方便地解决很多问题**，比如：

1）优先级队列，我们之前介绍的队列实现类 LinkedList 是按添加顺序排列的，但现实中，经常需要按优先级来，每次都应该处理当前队列中优先级最高的，高优先级的即使来得晚，也应该被优先处理。

2）求前 K 个最大的元素，元素个数不确定，数据量可能很大，甚至源源不断到来，但需要知道到目前为止的最大的前 K 个元素。这个问题的变体有：求前 K 个最小的元素，求第 K 个最大的元素，求第 K 个最小的元素。

3）求中值元素，中值不是平均值，而是排序后中间那个元素的值，同样，数据量可能很大，甚至源源不断到来。

堆还可以实现排序，称之为堆排序，不过有比它更好的排序算法，所以，我们就不介绍其在排序中的应用了。

Java 容器中有一个类 PriorityQueue，表示优先级队列，它实现了堆，本章我们会详细介绍。关于如何使用堆高效解决求前 K 个最大的元素和求中值元素，我们也会在本章中用代码实现并详细解释。

说了这么多好处，堆到底是什么呢？我们先来看堆的基本概念与算法。

11.1 堆的概念与算法

我们先来了解堆的概念，然后介绍堆的一些主要算法。

11.1.1 基本概念

堆首先是一棵二叉树，但它是**完全二叉树**。什么是完全二叉树呢？我们先来看另一个相似的概念：**满二叉树**。满二叉树是指除了最后一层外，每个节点都有两个孩子，而最后一层都是叶子节点，都没有孩子。比如，图11-1所示两棵二叉树都是满二叉树。

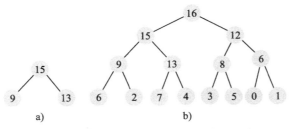

图 11-1　满二叉树示例

满二叉树一定是完全二叉树，但完全二叉树不要求最后一层是满的，但如果不满，则要求所有节点必须集中在最左边，从左到右是连续的，中间不能有空的。比如，图11-2所示几棵二叉树都是完全二叉树。

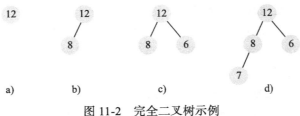

图 11-2　完全二叉树示例

而图11-3所示的几棵二叉树则都不是完全二叉树。

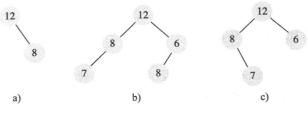

图 11-3　非完全二叉树示例

在完全二叉树中，可以给每个节点一个编号，编号从1开始连续递增，从上到下，从左到右，如图 11-4 所示。

　　完全二叉树有一个重要的特点：给定任意一个节点，可以根据其编号直接快速计算出其父节点和孩子节点编号。如果编号为 i，则父节点编号即为 $i/2$，左孩子编号即为 $2×i$，右孩子编号即为 $2×i+1$。比如，对于 5 号节点，父节点为 5/2 即 2，左孩子为 $2×5$ 即 10，右孩子为 $2×5+1$ 即 11。

　　这个特点为什么重要呢？**它使得逻辑概念上的二叉树可以方便地存储到数组中，**数组中的元素索引

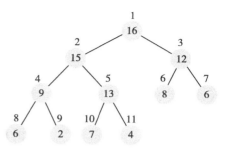

图 11-4　完全二叉树编号

就对应节点的编号，树中的父子关系通过其索引关系隐含维持，不需要单独保持。比如，图 11-4 所示的逻辑二叉树，保存到数组中，其结构如图 11-5 所示。

1	2	3	4	5	6	7	8	9	10	11
16	15	12	9	13	8	6	6	2	7	4

图 11-5　用数组表示完全二叉树

　　父子关系是隐含的，比如对于第 5 个元素 13，其父节点就是第 2 个元素 15，左孩子就是第 10 个元素 7，右孩子就是第 11 个元素 4。

　　这种存储二叉树的方法与之前介绍的 TreeMap 是不一样的。在 TreeMap 中，有一个单独的内部类 Entry，Entry 有三个引用，分别指向父节点、左孩子、右孩子。使用数组存储的优点是节省空间，而且访问效率高。堆逻辑概念上是一棵完全二叉树，而物理存储上使用数组，还有一定的顺序要求。

　　之前介绍过排序二叉树。排序二叉树是完全有序的，每个节点都有确定的前驱和后继，而且不能有重复元素。与排序二叉树不同，在堆中，可以有重复元素，元素间不是完全有序的，但对于父子节点之间，有一定的顺序要求。根据顺序分为两种堆：一种是**最大堆**，另一种是**最小堆**。

　　最大堆是指每个节点都不大于其父节点。这样，对每个父节点，一定不小于其所有孩子节点，而根节点就是所有节点中最大的，对每个子树，子树的根也是子树所有节点中最大的。最小堆与最大堆正好相反，每个节点都不小于其父节点。这样，对每个父节点，一定不大于其所有孩子节点，而根节点就是所有节点中最小的，对每个子树，子树的根也是子树所有节点中最小的。我们看个例子，如图 11-6 所示。

　　总结来说，逻辑概念上，堆是完全二叉树，父子节点间有特定顺序，分为最大堆和最小堆，最大堆根是最大的，最小堆根是最小的，堆使用数组进行物理存储。

　　为什么堆可以高效地解决之前我们说的问题呢？在回答之前，我们需要先看下，如何在堆上进行数据的基本操作，在操作过程中如何保持堆的属性不变。

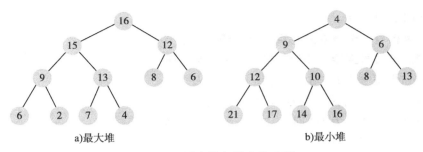

a)最大堆　　　　　　　　　　　　b)最小堆

图 11-6　最大堆与最小堆示例

11.1.2　堆的算法

下面，我们介绍如何在堆上进行数据的基本操作。最大堆和最小堆的算法是类似的，我们以最小堆来说明。先来看如何添加元素。

1. 添加元素

如果堆为空，则直接添加一个根就行了。我们假定已经有一个堆，要在其中添加元素，基本步骤为：

1）添加元素到最后位置。

2）与父节点比较，如果大于等于父节点，则满足堆的性质，结束，否则与父节点进行交换，然后再与父节点比较和交换，直到父节点为空或者大于等于父节点。

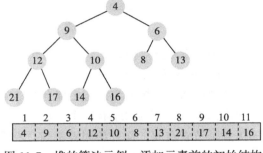

图 11-7　堆的算法示例：添加元素前的初始结构

我们来看个例子。图 11-7 是添加元素前的初始结构。

添加元素 3，第一步后，结构如图 11-8 所示。

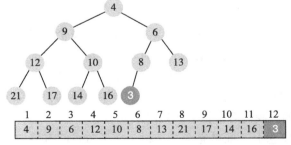

图 11-8　堆的算法示例：添加元素 3 第一步后的结构

3 小于父节点 8，不满足最小堆的性质，所以与父节点交换，变为图 11-9 所示。

交换后，3 还是小于父节点 6，所以继续交换，变为图 11-10 所示。

交换后，3 还是小于父节点，也是根节点 4，继续交换，变为图 11-11 所示。

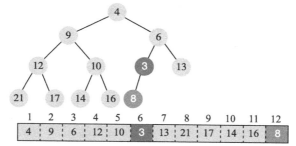

图 11-9　堆的算法示例：添加元素 3 第一次交换后的结构

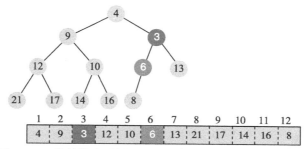

图 11-10　堆的算法示例：添加元素 3 第二次交换后的结构

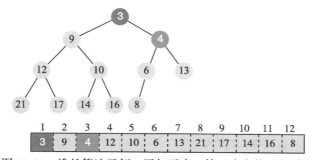

图 11-11　堆的算法示例：添加元素 3 第三次交换后的结构

至此，调整结束，树保持了堆的性质。

从以上过程可以看出，添加一个元素，需要比较和交换的次数最多为树的高度，即 $\log_2(N)$，N 为节点数。这种自底向上比较、交换，使得树重新满足堆的性质的过程，我们称为向上调整（siftup）。

2. 从头部删除元素

在队列中，一般是从头部删除元素，Java 中用堆实现优先级队列。下面介绍如何在堆中删除头部，其基本步骤为：

1）用最后一个元素替换头部元素，并删掉最后一个元素；

2）将新的头部与两个孩子节点中较小的比较，如果不大于该孩子节点，则满足堆的性质，结束，否则与较小的孩子节点进行交换，交换后，再与较小的孩子节点比较和交换，一直到没有孩子节点，或者不大于两个孩子节点。这个过程称为向下调整（siftdown）。

我们来看个例子。图 11-12 是删除元素前的初始结构。

执行第一步，用最后元素替换头部，如图 11-13 所示。

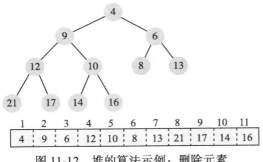

图 11-12　堆的算法示例：删除元素
前的初始结构

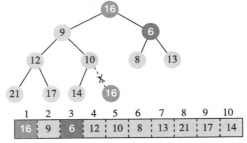

图 11-13　堆的算法示例：删除头部
元素第一步后的结构

现在根节点 16 大于孩子节点，与更小的孩子节点 6 进行替换，结构变为图 11-14 所示。16 还是大于孩子节点，与更小的孩子 8 进行交换，结构如图 11-15 所示。

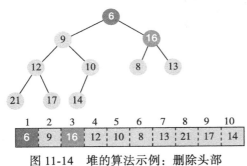

图 11-14　堆的算法示例：删除头部
元素第一次交换后的结构

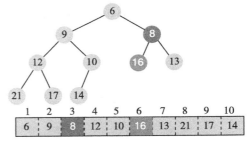

图 11-15　堆的算法示例：删除头部元素
第二次交换后的结构

至此，就满足堆的性质了。

3. 从中间删除元素

那如果需要从中间删除某个节点呢？与从头部删除一样，都是先用最后一个元素替换待删元素。不过替换后，有两种情况：如果该元素大于某孩子节点，则需向下调整（sift-down）；如果小于父节点，则需向上调整（siftup）。

我们来看个例子，删除值为 21 的节点，第一步如图 11-16 所示。

替换后，6 没有子节点，小于父节点 12，执行向上调整（siftup）过程，最后结果如图 11-17 所示。

我们再来看个例子，删除值为 9 的节点，第一步如图 11-18 所示。

交换后，11 大于右孩子 10，所以执行向下调整（siftdown）过程，执行结束后如图 11-19 所示。

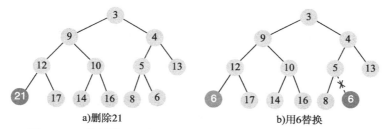

a)删除21　　　　　　　　b)用6替换

图 11-16　堆的算法示例：从中间删除元素 21 第一步后的结构

4. 构建初始堆

给定一个无序数组，如何使之成为一个最小堆呢？将普通无序数组变为堆的过程称为 heapify。基本思路是：从最后一个非叶子节点开始，一直往前直到根，对每个节点，执行向下调整（siftdown）。换句话说，是自底向上，先使每个最小子树为堆，然后每对左右子树和其父节点合并，调整为更大的堆，因为每个子树已经为堆，所以调整就是对父节点执行向下调整（siftdown），这样一直合并调整直到根。这个算法的伪代码是：

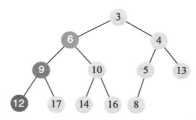

图 11-17　堆的算法示例：从中间删除元素 21 调整后的结构

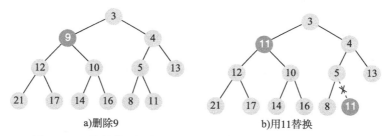

a)删除9　　　　　　　　b)用11替换

图 11-18　堆的算法示例：从中间删除元素 9 第一步后的结构

```
void heapify() {
    for(int i=size/2; i >= 1; i--)
        siftdown(i);
}
```

size 表示节点个数，节点编号从 1 开始，size/2 表示最后一个非叶子节点的编号。

这个构建的时间效率为 $O(N)$，N 为节点个数，具体就不证明了。

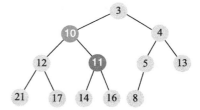

图 11-19　堆的算法示例：从中间删除元素 9 调整后的结构

5. 查找和遍历

在堆中进行查找没有特殊的算法，就是从数组的头找到尾，效率为 $O(N)$。

在堆中进行遍历也是类似的，堆就是数组，堆的遍历就是数组的遍历，第一个元素是最大值或最小值，但后面的元素没有特定的顺序。

需要说明的是，如果是逐个从头部删除元素，那么堆可以确保输出是有序的。

6. 算法小结

以上就是堆操作的主要算法，小结如下。

1）在添加和删除元素时，有两个关键的过程以保持堆的性质，一个是向上调整（siftup），另一个是向下调整（siftdown），它们的效率都为 $O(\log_2(N))$。由无序数组构建堆的过程 heapify 是一个自底向上循环的过程，效率为 $O(N)$。

2）查找和遍历就是对数组的查找和遍历，效率为 $O(N)$。

11.1.3 小结

本节介绍了堆这一数据结构的基本概念和算法。**堆是一种比较神奇的数据结构，概念上是树，存储为数组，父子有特殊顺序，根是最大值/最小值，构建/添加/删除效率都很高，可以高效解决很多问题**。但在 Java 中，堆到底是如何实现的呢？本章开头提到的那些问题，用堆到底如何解决呢？让我们在接下来的小节中继续探讨。

11.2 剖析 PriorityQueue

本节探讨堆在 Java 中的具体实现类：PriorityQueue。顾名思义，PriorityQueue 是优先级队列，它首先实现了队列接口（Queue），与 LinkedList 类似，它的队列长度也没有限制，与一般队列的区别是，它有优先级的概念，每个元素都有优先级，队头的元素永远都是优先级最高的。

PriorityQueue 内部是用堆实现的，内部元素不是完全有序的，不过，逐个出队会得到有序的输出。虽然名字叫优先级队列，但也可以将 PriorityQueue 看作一种比较通用的实现了堆的性质的数据结构，可以用 PriorityQueue 来解决适合用堆解决的问题，下一小节我们会来看一些具体的例子。下面，我们先介绍其用法，接着分析实现代码，最后总结分析其特点。

11.2.1 基本用法

PriorityQueue 实现了 Queue 接口，我们在 LinkedList 一节介绍过 Queue，为便于阅读，这里重复下其定义：

```
public interface Queue<E> extends Collection<E> {
    boolean add(E e); //在尾部添加元素,队列满时抛异常
    boolean offer(E e); //在尾部添加元素,队列满时返回false
    E remove(); //删除头部元素,队列空时抛异常
    E poll(); //删除头部元素,队列空时返回null
    E element(); //查看头部元素,队列空时抛异常
```

```
    E peek();  //查看头部元素，队列空时返回null
}
```

PriorityQueue 有多个构造方法，部分构造方法如下所示：

```
public PriorityQueue()
public PriorityQueue(int initialCapacity, Comparator<? super E> comparator)
public PriorityQueue(Collection<? extends E> c)
```

PriorityQueue 是用堆实现的，堆物理上就是数组，与 ArrayList 类似，PriorityQueue 同样使用动态数组，根据元素个数动态扩展，initialCapacity 表示初始的数组大小，可以通过参数传入。对于默认构造方法，initialCapacity 使用默认值 11。对于最后的构造方法，数组大小等于参数容器中的元素个数。与 TreeMap/TreeSet 类似，为了保持一定顺序，PriorityQueue 要求要么元素实现 Comparable 接口，要么传递一个比较器 Comparator。

我们来看个基本的例子：

```
Queue<Integer> pq = new PriorityQueue<>();
pq.offer(10);
pq.add(22);
pq.addAll(Arrays.asList(new Integer[]{
    11, 12, 34, 2, 7, 4, 15, 12, 8, 6, 19, 13 }));
while(pq.peek()!=null){
    System.out.print(pq.poll() + " ");
}
```

代码很简单，添加元素，然后逐个从头部删除，与普通队列不同，输出是从小到大有序的：

```
2 4 6 7 8 10 11 12 12 13 15 19 22 34
```

如果希望是从大到小呢？传递一个逆序的 Comparator，将第一行代码替换为：

```
Queue<Integer> pq = new PriorityQueue<>(11, Collections.reverseOrder());
```

输出就会变为：

```
34 22 19 15 13 12 12 11 10 8 7 6 4 2
```

我们再来看个例子。模拟一个任务队列，定义一个内部类 Task 表示任务，如下所示：

```
static class Task {
    int priority;
    String name;
    //省略构造方法和getter方法
}
```

Task 有两个实例变量：priority 表示优先级，值越大优先级越高；name 表示任务名称。Task 没有实现 Comparable，我们定义一个单独的静态成员 taskComparator 表示比较器，如下所示：

```java
private static Comparator<Task> taskComparator = new Comparator<Task>() {
    @Override
    public int compare(Task o1, Task o2) {
        if(o1.getPriority()>o2.getPriority()){
            return -1;
        }else if(o1.getPriority()<o2.getPriority()){
            return 1;
        }
        return 0;
    }
};
```

下面来看任务队列的示例代码：

```java
Queue<Task> tasks = new PriorityQueue<Task>(11, taskComparator);
tasks.offer(new Task(20, "写日记"));
tasks.offer(new Task(10, "看电视"));
tasks.offer(new Task(100, "写代码"));
Task task = tasks.poll();
while(task!=null){
    System.out.print("处理任务: "+task.getName()
                    +", 优先级:"+task.getPriority()+"\n");
    task = tasks.poll();
}
```

代码很简单，就不解释了，输出任务按优先级排列：

```
处理任务：写代码，优先级:100
处理任务：写日记，优先级:20
处理任务：看电视，优先级:10
```

11.2.2　实现原理

理解了 PriorityQueue 的用法和特点，我们来看其具体实现代码（基于 Java 7），从内部组成开始。内部有如下成员：

```java
private transient Object[] queue;
private int size = 0;
private final Comparator<? super E> comparator;
private transient int modCount = 0;
```

queue 就是实际存储元素的数组。size 表示当前元素个数。comparator 为比较器，可以为 null。modCount 记录修改次数，在介绍第一个容器类 ArrayList 时已介绍过。

如何实现各种操作，且保持堆的性质呢？我们来看代码，从基本构造方法开始。

几个基本构造方法的代码是：

```java
public PriorityQueue() {
    this(DEFAULT_INITIAL_CAPACITY, null);
}
public PriorityQueue(int initialCapacity) {
    this(initialCapacity, null);
```

```
    }
    public PriorityQueue(int initialCapacity,
                         Comparator<? super E> comparator) {
        if(initialCapacity < 1)
            throw new IllegalArgumentException();
        this.queue = new Object[initialCapacity];
        this.comparator = comparator;
    }
```

代码很简单，就是初始化了 queue 和 comparator。下面介绍一些操作的代码，大部分的算法和图示我们在 11.1 节已经介绍过了。

添加元素（入队）的代码如下所示，我们添加了一些注释：

```
public boolean offer(E e) {
    if(e == null)
        throw new NullPointerException();
    modCount++;
    int i = size;
    if(i >= queue.length) //首先确保数组长度是够的，如果不够，调用grow方法动态扩展
        grow(i + 1);
    size = i + 1; //增加长度
    if(i == 0) //如果是第一次添加，直接添加到第一个位置即可
        queue[0] = e;
    else  //否则将其放入最后一个位置，但同时向上调整（siftUp），直至满足堆的性质
        siftUp(i, e);
    return true;
}
```

有两步复杂一些，一步是 grow，另一步是 siftUp，我们来细看下。grow() 方法的代码为：

```
private void grow(int minCapacity) {
    int oldCapacity = queue.length;
    // Double size if small; else grow by 50%
    int newCapacity = oldCapacity + ((oldCapacity < 64)?
                                     (oldCapacity + 2) :
                                     (oldCapacity >> 1));
    // overflow-conscious code
    if(newCapacity - MAX_ARRAY_SIZE > 0)
        newCapacity = hugeCapacity(minCapacity);
    queue = Arrays.copyOf(queue, newCapacity);
}
```

如果原长度比较小，大概就是扩展为两倍，否则就是增加 50%，使用 Arrays.copyOf 方法复制数组。siftUp 的基本思路我们在 11.1 节介绍过了，其实际代码为：

```
private void siftUp(int k, E x) {
    if(comparator != null)
        siftUpUsingComparator(k, x);
    else
        siftUpComparable(k, x);
}
```

根据是否有 comparator 分为了两种情况，代码类似，我们只看一种：

```
private void siftUpUsingComparator(int k, E x) {
    while(k > 0) {
        int parent = (k - 1) >>> 1;
        Object e = queue[parent];
        if(comparator.compare(x, (E) e) >= 0)
            break;
        queue[k] = e;
        k = parent;
    }
    queue[k] = x;
}
```

参数 k 表示插入位置，x 表示新元素。k 初始等于数组大小，即在最后一个位置插入。代码的主要部分是：往上寻找 x 真正应该插入的位置，这个位置用 k 表示。

怎么找呢？新元素（x）不断与父节点（e）比较，如果新元素（x）大于等于父节点（e），则已满足堆的性质，退出循环，k 就是新元素最终的位置，否则，将父节点往下移（queue[k]=e），继续向上寻找。这与 11.1 节介绍的算法和图示是对应的。

查看头部元素的代码为：

```
public E peek() {
    if(size == 0)
        return null;
    return (E) queue[0];
}
```

就是返回第一个元素。

删除头部元素（出队）的代码为：

```
public E poll() {
    if(size == 0)
        return null;
    int s = --size;
    modCount++;
    E result = (E) queue[0];
    E x = (E) queue[s];
    queue[s] = null;
    if(s != 0)
        siftDown(0, x);
    return result;
}
```

返回结果 result 为第一个元素，x 指向最后一个元素，将最后位置设置为 null（queue[s] = null），最后调用 siftDown 将原来的最后元素 x 插入头部并调整堆，siftDown 的代码为：

```
private void siftDown(int k, E x) {
    if(comparator != null)
        siftDownUsingComparator(k, x);
```

```
    else
        siftDownComparable(k, x);
}
```

同样分为两种情况，代码类似，我们只看一种：

```
private void siftDownComparable(int k, E x) {
    Comparable<? super E> key = (Comparable<? super E>)x;
    int half = size >>> 1;            //loop while a non-leaf
    while(k < half) {
        int child = (k << 1) + 1; //assume left child is least
        Object c = queue[child];
        int right = child + 1;
        if(right < size &&
            ((Comparable<? super E>) c).compareTo((E) queue[right]) > 0)
            c = queue[child = right];
        if(key.compareTo((E) c) <= 0)
            break;
        queue[k] = c;
        k = child;
    }
    queue[k] = key;
}
```

k 表示最终的插入位置，初始为 0，x 表示原来的最后元素。代码的主要部分是：向下寻找 x 真正应该插入的位置，这个位置用 k 表示。

怎么找呢？新元素 key 不断与较小的孩子节点比较，如果小于等于较小的孩子节点，则已满足堆的性质，退出循环，k 就是最终位置，否则将较小的孩子节点往上移，继续向下寻找。这与 11.1 节介绍的算法和图示也是对应的。

解释下其中的一些代码：

1）k<half 表示编号为 k 的节点有孩子节点，没有孩子节点，就不需要继续找了；

2）child 表示较小的孩子节点编号，初始为左孩子，如果有右孩子（编号 right）且小于左孩子则 child 会变为 right；

3）c 表示较小的孩子节点。

根据值删除元素的代码为：

```
public boolean remove(Object o) {
    int i = indexOf(o);
    if(i == -1)
        return false;
    else {
        removeAt(i);
        return true;
    }
}
```

先查找元素的位置 i，然后调用 removeAt 进行删除，removeAt 的代码为：

```
private E removeAt(int i) {
    assert i >= 0 && i < size;
    modCount++;
    int s = --size;
    if(s == i) // removed last element
        queue[i] = null;
    else {
        E moved = (E) queue[s];
        queue[s] = null;
        siftDown(i, moved);
        if(queue[i] == moved) {
            siftUp(i, moved);
            if(queue[i] != moved)
                return moved;
        }
    }
    return null;
}
```

如果是删除最后一个位置，直接删即可，否则移动最后一个元素到位置 i 并进行堆调整，调整有两种情况，如果大于孩子节点，则向下调整，否则如果小于父节点则向上调整。代码先向下调整 (siftDown(i, moved))，如果没有调整过 (queue[i] == moved)，可能需向上调整，调用 siftUp(i, moved)。如果向上调整过，返回值为 moved，其他情况返回 null，这个主要用于正确实现 PriorityQueue 迭代器的删除方法，迭代器的细节我们就不介绍了。

如果从一个既不是 PriorityQueue 也不是 SortedSet 的容器构造堆，代码为：

```
private void initFromCollection(Collection<? extends E> c) {
    initElementsFromCollection(c);
    heapify();
}
```

initElementsFromCollection 的主要代码为：

```
private void initElementsFromCollection(Collection<? extends E> c) {
    Object[] a = c.toArray();
    if(a.getClass() != Object[].class)
        a = Arrays.copyOf(a, a.length, Object[].class);
    this.queue = a;
    this.size = a.length;
}
```

主要是初始化 queue 和 size。heapify 的代码为：

```
private void heapify() {
    for(int i = (size >>> 1) - 1; i >= 0; i--)
        siftDown(i, (E) queue[i]);
}
```

与之前算法一样，heapify 也在 11.1 节介绍过了，就是从最后一个非叶子节点开始，自底向上合并构建堆。如果构造方法中的参数是 PriorityQueue 或 SortedSet，则它们的 toArray

方法返回的数组就是有序的，就满足堆的性质，就不需要执行 heapify 了。

11.2.3　小结

本节介绍了 Java 中堆的实现类 PriorityQueue，它实现了队列接口 Queue，但按优先级出队，内部是用堆实现的，有如下特点：

1）实现了优先级队列，最先出队的总是优先级最高的，即排序中的第一个。

2）优先级可以有相同的，内部元素不是完全有序的，如果遍历输出，除了第一个，其他没有特定顺序。

3）查看头部元素的效率很高，为 $O(1)$，入队、出队效率比较高，为 $O(\log_2(N))$，构建堆 heapify 的效率为 $O(N)$。

4）根据值查找和删除元素的效率比较低，为 $O(N)$。

除了用作基本的优先级队列，PriorityQueue 还可以作为一种比较通用的数据结构，用于解决一些其他问题，让我们在下一节继续探讨。

11.3　堆和 PriorityQueue 的应用

PriorityQueue 除了用作优先级队列，还可以用来解决一些别的问题，本章开头提到了如下两个应用。

1）求前 K 个最大的元素，元素个数不确定，数据量可能很大，甚至源源不断到来，但需要知道到目前为止的最大的前 K 个元素。这个问题的变体有：求前 K 个最小的元素，求第 K 个最大的元素，求第 K 个最小的元素。

2）求中值元素，中值不是平均值，而是排序后中间那个元素的值，同样，数据量可能很大，甚至源源不断到来。

本节，我们就来探讨如何解决这两个问题。

11.3.1　求前 K 个最大的元素

一个简单的思路是排序，排序后取最大的 K 个就可以了，排序可以使用 Arrays.sort() 方法，效率为 $O(N\times\log_2(N))$。不过，如果 K 很小，比如是 1，就是取最大值，对所有元素完全排序是毫无必要的。另一个简单的思路是选择，循环选择 K 次，每次从剩下的元素中选择最大值，这个效率为 $O(N\times K)$，如果 K 的值大于 $\log_2(N)$，这个就不如完全排序了。

不过，这两个思路都假定所有元素都是已知的，而不是动态添加的。如果元素个数不确定，且源源不断到来呢？

一个基本的思路是维护一个长度为 K 的数组，最前面的 K 个元素就是目前最大的 K 个元素，以后每来一个新元素的时候，都先找数组中的最小值，将新元素与最小值相比，如果小于最小值，则什么都不用变，如果大于最小值，则将最小值替换为新元素。

这有点类似于生活中的末位淘汰，新元素与原来最末尾的比即可，要么不如最末尾，上不去，要么替掉原来的末尾。

这样，数组中维护的永远是最大的 K 个元素，而且不管源数据有多少，需要的内存开销是固定的，就是长度为 K 的数组。不过，每来一个元素，都需要找最小值，都需要进行 K 次比较，能不能减少比较次数呢？

解决方法是使用最小堆维护这 K 个元素，最小堆中，根即第一个元素永远都是最小的，新来的元素与根比就可以了，如果小于根，则堆不需要变化，否则用新元素替换根，然后向下调整堆即可，调整的效率为 $O(\log_2(K))$，这样，总体的效率就是 $O(N \times \log_2(K))$，这个效率非常高，而且存储成本也很低。

使用最小堆之后，第 K 个最大的元素也很容易获得，它就是堆的根。

理解了思路，下面我们来看代码。我们实现一个简单的 TopK 类，如代码清单 11-1 所示。

代码清单11-1　求前K个最大的元素：TopK

```java
public class TopK <E> {
    private PriorityQueue<E> p;
    private int k;
    public TopK(int k){
        this.k = k;
        this.p = new PriorityQueue<>(k);
    }
    public void addAll(Collection<? extends E> c){
        for(E e : c){
            add(e);
        }
    }
    public void add(E e) {
        if(p.size()<k){
            p.add(e);
            return;
        }
        Comparable<? super E> head = (Comparable<? super E>)p.peek();
        if(head.compareTo(e)>0){
            //小于TopK中的最小值，不用变
            return;
        }
        //新元素替换掉原来的最小值成为TopK之一
        p.poll();
        p.add(e);
    }
    public <T> T[] toArray(T[] a){
        return p.toArray(a);
    }
    public E getKth(){
        return p.peek();
```

```
    }
}
```

我们稍微解释一下。TopK 内部使用一个优先级队列和 k，构造方法接受一个参数 k，使用 PriorityQueue 的默认构造方法，假定元素实现了 Comparable 接口。

add 方法实现向其中动态添加元素，如果元素个数小于 k 直接添加，否则与最小值比较，只在大于最小值的情况下添加，添加前，先删掉原来的最小值。addAll 方法循环调用 add 方法。

toArray 方法返回当前的最大的 K 个元素，getKth 方法返回第 K 个最大的元素。

我们来看一下使用的例子：

```
TopK<Integer> top5 = new TopK<>(5);
top5.addAll(Arrays.asList(new Integer[]{
        100, 1, 2, 5, 6, 7, 34, 9, 3, 4, 5, 8, 23, 21, 90, 1, 0
}));
System.out.println(Arrays.toString(top5.toArray(new Integer[0])));
System.out.println(top5.getKth());
```

保留 5 个最大的元素，输出为：

```
[21, 23, 34, 100, 90]
21
```

代码比较简单，就不解释了。

11.3.2　求中值

中值就是排序后中间那个元素的值，如果元素个数为奇数，中值是没有歧义的，但如果是偶数，中值可能有不同的定义，可以为偏小的那个，也可以是偏大的那个，或者两者的平均值，或者任意一个，这里，我们假定任意一个都可以。

一个简单的思路是排序，排序后取中间那个值就可以了，排序可以使用 Arrays.sort() 方法，效率为 $O(N \times \log_2(N))$。

不过，这要求所有元素都是已知的，而不是动态添加的。如果元素源源不断到来，如何实时得到当前已经输入的元素序列的中位数？

可以使用两个堆，一个最大堆，一个最小堆，思路如下。

1）假设当前的中位数为 m，最大堆维护的是 <=m 的元素，最小堆维护的是 >=m 的元素，但两个堆都不包含 m。

2）当新的元素到达时，比如为 e，将 e 与 m 进行比较，若 e<=m，则将其加入最大堆中，否则将其加入最小堆中。

3）第 2 步后，如果此时最小堆和最大堆的元素个数的差值 >=2，则将 m 加入元素个数少的堆中，然后从元素个数多的堆将根节点移除并赋值给 m。

我们通过一个例子来解释下。比如输入元素依次为：

34, 90, 67, 45,1

　　输入第 1 个元素时，m 即为 34。

　　输入第 2 个元素时，90 大于 34，加入最小堆，中值不变，如图 11-20 所示。

　　输入第 3 个元素时，67 大于 34，加入最小堆，但加入最小堆后，最小堆的元素个数为 2，需调整中值和堆，现有中值 34 加入最大堆中，最小堆的根 67 从最小堆中删除并赋值给 m，如图 11-21 所示。

图 11-20　求中值：输入第 2 个元素后

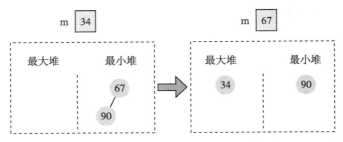

图 11-21　求中值：输入第三个元素后

　　输入第 4 个元素 45 时，45 小于 67，加入最大堆，中值不变，如图 11-22 所示。

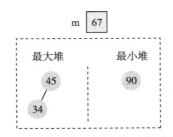

图 11-22　求中值：输入第四个元素后

　　输入第 5 个元素 1 时，1 小于 67，加入最大堆，此时需调整中值和堆，现有中值 67 加入最小堆中，最大堆的根 45 从最大堆中删除并赋值给 m，如图 11-23 所示。

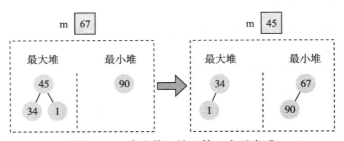

图 11-23　求中值：输入第五个元素后

理解了基本思路，我们来实现一个简单的中值类 Median，如代码清单 11-2 所示。

代码清单11-2　求中值：Median

```java
public class Median <E> {
    private PriorityQueue<E> minP; //最小堆
    private PriorityQueue<E> maxP; //最大堆
    private E m; //当前中值
    public Median(){
        this.minP = new PriorityQueue<>();
        this.maxP = new PriorityQueue<>(11, Collections.reverseOrder());
    }
    private int compare(E e, E m){
        Comparable<? super E> cmpr = (Comparable<? super E>)e;
        return cmpr.compareTo(m);
    }
    public void add(E e){
        if(m==null){ //第一个元素
            m = e;
            return;
        }
        if(compare(e, m)<=0){
            //小于中值，加入最大堆
            maxP.add(e);
        }else{
            minP.add(e);
        }
        if(minP.size()-maxP.size()>=2){
            //最小堆元素个数多，即大于中值的数多
            //将m加入到最大堆中，然后将最小堆中的根移除赋给m
            maxP.add(this.m);
            this.m = minP.poll();
        }else if(maxP.size()-minP.size()>=2){
            minP.add(this.m);
            this.m = maxP.poll();
        }
    }
    public void addAll(Collection<? extends E> c){
        for(E e : c){
            add(e);
        }
    }
    public E getM() {
        return m;
    }
}
```

代码和思路基本是对应的，比较简单，就不解释了。我们来看一个使用的例子：

```java
Median<Integer> median = new Median<>();
List<Integer> list = Arrays.asList(new Integer[]{
```

```
        34, 90, 67, 45, 1, 4, 5, 6, 7, 9, 10
});
median.addAll(list);
System.out.println(median.getM());
```

输出为中值 9。

11.3.3 小结

本节介绍了堆和 PriorityQueue 的两个应用，求前 K 个最大的元素和求中值，介绍了基本思路和实现代码，相比使用排序，使用堆不仅实现效率更高，而且可以应对数据量不确定且源源不断到来的情况，可以给出实时结果。

之前章节我们还介绍过 ArrayDeque。PriorityQueue 和 ArrayDeque 都是队列，都是基于数组的，但都不是简单的数组，通过一些特殊的约束、辅助成员和算法，它们都能高效地解决一些特定的问题，这大概是计算机程序中使用数据结构和算法的一种艺术吧。

至此，关于堆的概念与算法、优先级队列 PriorityQueue 及其应用，就介绍完了。之前的章节中，我们介绍的基本都是具体的容器类，下一章，我们看一些抽象容器类，以及针对容器接口的通用功能，并对整个容器类体系进行总结。

第 12 章 Chapter 12

通用容器类和总结

之前的章节中，我们介绍的都是具体的容器类，本章介绍一些抽象容器类、一些通用的算法和功能，并对整个容器类体系进行梳理总结。

之前介绍的具体容器类其实都不是从头构建的，它们都继承了一些抽象容器类。这些抽象类提供了容器接口的部分实现，方便了 Java 具体容器类的实现。此外，通过继承抽象类，自定义的类也可以更为容易地实现容器接口。为什么需要实现容器接口呢？至少有两个原因。

1）容器类是一个大家庭，它们之间可以方便地协作，比如很多方法的参数和返回值都是容器接口对象，实现了容器接口，就可以方便地参与这种协作。

2）Java 有一个类 Collections，提供了很多针对容器接口的通用算法和功能，实现了容器接口，可以直接利用 Collections 中的算法和功能。

本章首先介绍抽象容器类，然后介绍 Collections 中的通用功能，最后对整个容器类体系进行梳理总结。

12.1　抽象容器类

抽象容器类与之前介绍的接口和具体容器类的关系如图 12-1 所示。

虚线框表示接口，有 Collection、List、Set、Queue、Deque 和 Map。有 6 个抽象容器类。

1）AbstractCollection：实现了 Collection 接口，被抽象类 AbstractList、AbstractSet、AbstractQueue 继承，ArrayDeque 也继承自 AbstractCollection（图中未画出）。

2）AbstractList：父类是 AbstractCollection，实现了 List 接口，被 ArrayList、Abstract-SequentialList 继承。

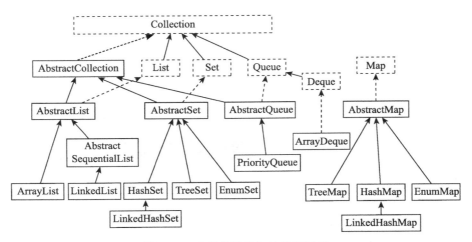

图 12-1　容器类体系与抽象容器类

3）AbstractSequentialList：父类是 AbstractList，被 LinkedList 继承。

4）AbstractMap：实现了 Map 接口，被 TreeMap、HashMap、EnumMap 继承。

5）AbstractSet：父类是 AbstractCollection，实现了 Set 接口，被 HashSet、TreeSet 和 EnumSet 继承。

6）AbstractQueue：父类是 AbstractCollection，实现了 Queue 接口，被 PriorityQueue 继承。

下面，我们分别来介绍这些抽象类，包括它们提供的基础功能、如何实现、如何进行扩展等，代码分析基于 Java 7。

12.1.1　AbstractCollection

AbstractCollection 提供了 Collection 接口的基础实现，具体来说，它实现了如下方法：

```
public boolean addAll(Collection<? extends E> c)
public boolean contains(Object o)
public boolean containsAll(Collection<?> c)
public boolean isEmpty()
public boolean remove(Object o)
public boolean removeAll(Collection<?> c)
public boolean retainAll(Collection<?> c)
public void clear()
public Object[] toArray()
public <T> T[] toArray(T[] a)
public String toString()
```

AbstractCollection 又不知道数据是怎么存储的，它是如何实现这些方法的呢？它依赖于如下更为基础的方法：

```
public boolean add(E e)
public abstract int size();
public abstract Iterator<E> iterator();
```

add 方法的默认实现是：

```
public boolean add(E e) {
    throw new UnsupportedOperationException();
}
```

抛出"操作不支持"异常，如果子类集合是不可被修改的，这个默认实现就可以了，否则，必须重写 add 方法。addAll 方法的实现就是循环调用 add 方法。

size 方法是抽象方法，子类必须重写。isEmpty 方法就是检查 size 方法的返回值是否为 0。toArray 方法依赖 size 方法的返回值分配数组大小。

iterator 方法也是抽象方法，它返回一个实现了迭代器接口的对象，子类必须重写。我们知道，迭代器定义了三个方法：

```
boolean hasNext();
E next();
void remove();
```

如果子类集合是不可被修改的，迭代器不用实现 remove 方法，否则，三个方法都必须实现。

AbstractCollection 中的大部分方法都是基于迭代器的方法实现的，比如 contains 方法，其代码为：

```
public boolean contains(Object o) {
    Iterator<E> it = iterator();
    if(o==null) {
        while(it.hasNext())
            if(it.next()==null)
                return true;
    } else {
        while(it.hasNext())
            if(o.equals(it.next()))
                return true;
    }
    return false;
}
```

通过迭代器方法循环进行比较。

除了接口中的方法，Collection 接口文档建议，每个 Collection 接口的实现类都应该提供至少两个标准的构造方法，一个是默认构造方法，另一个接受一个 Collection 类型的参数。

具体如何通过继承 AbstractCollection 来实现自定义容器呢？我们通过一个简单的例子来说明。我们使用在 8.1 节自己实现的动态数组容器类 DynamicArray 来实现一个简单的 Collection。

DynamicArray 当时没有实现根据索引添加和删除的方法，我们先来补充一下，如代码清单 12-1 所示。

代码清单12-1　添加方法后的DynamicArray

```
public class DynamicArray<E> {
    //…
    public E remove(int index) {
        E oldValue = get(index);
        int numMoved = size - index - 1;
        if(numMoved > 0)
            System.arraycopy(elementData, index + 1, elementData, index,
                    numMoved);
        elementData[--size] = null;
        return oldValue;
    }
    public void add(int index, E element) {
        ensureCapacity(size + 1);
        System.arraycopy(elementData, index, elementData, index + 1,
                    size - index);
        elementData[index] = element;
        size++;
    }
}
```

基于 DynamicArray，我们实现一个简单的迭代器类 DynamicArrayIterator，如代码清单 12-2 所示。

代码清单12-2　一个简单的迭代器类DynamicArrayIterator

```
public class DynamicArrayIterator<E>  implements Iterator<E>{
    DynamicArray<E> darr;
    int cursor;
    int lastRet = -1;
    public DynamicArrayIterator(DynamicArray<E> darr){
        this.darr = darr;
    }
    @Override
    public boolean hasNext() {
        return cursor != darr.size();
    }
    @Override
    public E next() {
        int i = cursor;
        if(i >= darr.size())
            throw new NoSuchElementException();
        cursor = i + 1;
        lastRet = i;
        return darr.get(i);
    }
    @Override
    public void remove() {
        if(lastRet < 0)
            throw new IllegalStateException();
```

```
        darr.remove(lastRet);
        cursor = lastRet;
        lastRet = -1;
    }
}
```

代码很简单，就不解释了，为简单起见，我们没有实现实际容器类中的有关检测结构性变化的逻辑。

基于 DynamicArray 和 DynamicArrayIterator，通过继承 AbstractCollection，我们来实现一个简单的容器类 MyCollection，如代码清单 12-3 所示。

代码清单12-3 一个简单的容器类MyCollection

```
public class MyCollection<E> extends AbstractCollection<E> {
    DynamicArray<E> darr;
    public MyCollection(){
        darr = new DynamicArray<>();
    }
    public MyCollection(Collection<? extends E> c){
        this();
        addAll(c);
    }
    @Override
    public Iterator<E> iterator() {
        return new DynamicArrayIterator<>(darr);
    }
    @Override
    public int size() {
        return darr.size();
    }
    @Override
    public boolean add(E e) {
        darr.add(e);
        return true;
    }
}
```

代码很简单，就是按建议提供了两个构造方法，并重写了 size、add 和 iterator 方法，这些方法内部使用了 DynamicArray 和 DynamicArrayIterator。

12.1.2　AbstractList

AbstractList 提供了 List 接口的基础实现，具体来说，它实现了如下方法：

```
public boolean add(E e)
public boolean addAll(int index, Collection<? extends E> c)
public void clear()
public boolean equals(Object o)
public int hashCode()
```

```
public int indexOf(Object o)
public Iterator<E> iterator()
public int lastIndexOf(Object o)
public ListIterator<E> listIterator()
public ListIterator<E> listIterator(final int index)
public List<E> subList(int fromIndex, int toIndex)
```

AbstractList 是怎么实现这些方法的呢？它依赖于如下更为基础的方法：

```
public abstract int size();
abstract public E get(int index);
public E set(int index, E element)
public void add(int index, E element)
public E remove(int index)
```

size 方法与 AbstractCollection 一样，也是抽象方法，子类必须重写。get 方法根据索引 index 获取元素，它也是抽象方法，子类必须重写。

set、add、remove 方法都是修改容器内容，它们不是抽象方法，但默认实现都是抛出异常 UnsupportedOperationException。如果子类容器不可被修改，这个默认实现就可以了。如果可以根据索引修改内容，应该重写 set 方法。如果容器是长度可变的，应该重写 add 和 remove 方法。

与 AbstractCollection 不同，继承 AbstractList 不需要实现迭代器类和相关方法，AbstractList 内部实现了两个迭代器类，一个实现了 Iterator 接口，另一个实现了 ListIterator 接口，它们是基于以上的这些基础方法实现的，逻辑比较简单，就不赘述了。

具体如何扩展 AbstractList 呢？我们来看个例子，也通过 DynamicArray 来实现一个简单的 List，如代码清单 12-4 所示。

代码清单12-4　扩展AbstractList的List实现

```
public class MyList<E> extends AbstractList<E> {
    private DynamicArray<E> darr;
    public MyList(){
        darr = new DynamicArray<>();
    }
    public MyList(Collection<? extends E> c){
        this();
        addAll(c);
    }
    @Override
    public E get(int index) {
        return darr.get(index);
    }
    @Override
    public int size() {
        return darr.size();
    }
    @Override
```

```
    public E set(int index, E element) {
        return darr.set(index, element);
    }
    @Override
    public void add(int index, E element) {
        darr.add(index, element);
    }
    @Override
    public E remove(int index) {
        return darr.remove(index);
    }
}
```

代码很简单，就是按建议提供了两个构造方法，并重写了 size、get、set、add 和 remove
方法，这些方法内部使用了 DynamicArray。

12.1.3　AbstractSequentialList

AbstractSequentialList 是 AbstractList 的子类，也提供了 List 接口的基础实现，具体来
说，它实现了如下方法：

```
public void add(int index, E element)
public boolean addAll(int index, Collection<? extends E> c)
public E get(int index)
public Iterator<E> iterator()
public E remove(int index)
public E set(int index, E element)
```

可以看出，它实现了根据索引位置进行操作的 get、set、add、remove 方法，它是怎么实
现的呢？它是基于 ListIterator 接口的方法实现的，在 AbstractSequentialList 中，listIterator
方法被重写为了一个抽象方法：

```
public abstract ListIterator<E> listIterator(int index)
```

子类必须重写该方法，并实现迭代器接口。

我们来看段具体的代码，看 get、set、add、remove 是如何基于 ListIterator 实现的。get
方法代码为：

```
public E get(int index) {
    try {
        return listIterator(index).next();
    } catch (NoSuchElementException exc) {
        throw new IndexOutOfBoundsException("Index: "+index);
    }
}
```

代码很简单，其他方法也都类似，就不赘述了。

注意与 AbstractList 相区别，可以说，虽然 AbstractSequentialList 是 AbstractList 的子

类，但实现逻辑和用法上，与 AbstractList 正好相反。

❑ AbstractList 需要具体子类重写根据索引操作的方法 get、set、add、remove，它提供了迭代器，但迭代器是基于这些方法实现的。它假定子类可以高效地根据索引位置进行操作，适用于内部是随机访问类型的存储结构（如数组），比如 ArrayList 就继承自 AbstractList。

❑ AbstractSequentialList 需要具体子类重写迭代器，它提供了根据索引操作的方法 get、set、add、remove，但这些方法是基于迭代器实现的。它适用于内部是顺序访问类型的存储结构（如链表），比如 LinkedList 就继承自 AbstractSequentialList。

具体如何扩展 AbstractSequentialList 呢？我们还是以 DynamicArray 举例来说明，在实际应用中，如果内部存储结构类似 DynamicArray，应该继承 AbstractList，这里主要是演示其用法。

扩展 AbstractSequentialList 需要实现 ListIterator，前面介绍的 DynamicArrayIterator 只实现了 Iterator 接口，通过继承 DynamicArrayIterator，我们实现一个新的实现了 List-Iterator 接口的类 DynamicArrayListIterator，如代码清单 12-5 所示。

代码清单12-5 实现了ListIterator接口的类DynamicArrayListIterator

```java
public class DynamicArrayListIterator<E>
    extends DynamicArrayIterator<E> implements ListIterator<E>{
    public DynamicArrayListIterator(int index, DynamicArray<E> darr){
        super(darr);
        this.cursor = index;
    }
    @Override
    public boolean hasPrevious() {
        return cursor > 0;
    }
    @Override
    public E previous() {
        if(!hasPrevious())
            throw new NoSuchElementException();
        cursor--;
        lastRet = cursor;
        return darr.get(lastRet);
    }
    @Override
    public int nextIndex() {
        return cursor;
    }
    @Override
    public int previousIndex() {
        return cursor - 1;
    }
    @Override
    public void set(E e) {
```

```
            if(lastRet==-1){
                throw new IllegalStateException();
            }
            darr.set(lastRet, e);
        }
        @Override
        public void add(E e) {
            darr.add(cursor, e);
            cursor++;
            lastRet = -1;
        }
    }
}
```

逻辑比较简单，就不解释了。有了 DynamicArrayListIterator，我们看基于 Abstract-SequentialList 的 List 实现，如代码清单 22-6 所示。

代码清单12-6　基于AbstractSequentialList的List实现

```
public class MySeqList<E> extends AbstractSequentialList<E> {
    private DynamicArray<E> darr;
    public MySeqList(){
        darr = new DynamicArray<>();
    }
    public MySeqList(Collection<? extends E> c){
        this();
        addAll(c);
    }
    @Override
    public ListIterator<E> listIterator(int index) {
        return new DynamicArrayListIterator<>(index, darr);
    }
    @Override
    public int size() {
        return darr.size();
    }
}
```

代码很简单，就是按建议提供了两个构造方法，并重写了 size 和 listIterator 方法，迭代器的实现是 DynamicArrayListIterator。

12.1.4　AbstractMap

AbstractMap 提供了 Map 接口的基础实现，具体来说，它实现了如下方法：

```
public void clear()
public boolean containsKey(Object key)
public boolean containsValue(Object value)
public boolean equals(Object o)
public V get(Object key)
public int hashCode()
```

```
public boolean isEmpty()
public Set<K> keySet()
public void putAll(Map<? extends K, ? extends V> m)
public V remove(Object key)
public int size()
public String toString()
public Collection<V> values()
```

AbstractMap 是如何实现这些方法的呢？它依赖于如下更为基础的方法：

```
public V put(K key, V value)
public abstract Set<Entry<K,V>> entrySet();
```

putAll 就是循环调用 put。put 方法的默认实现是抛出异常 UnsupportedOperation-Exception，如果 Map 是允许写入的，则需要重写该方法。

其他方法都基于 entrySet 方法。entrySet 方法是一个抽象方法，子类必须重写，它返回所有键值对的 Set 视图，如果 Map 是允许删除的，这个 Set 的迭代器实现类，即 entrySet().iterator() 的返回对象，必须实现迭代器的 remove 方法，这是因为 AbstractMap 的 remove 方法是通过 entrySet().iterator().remove() 实现的。

除了提供基础方法的实现，AbstractMap 类内部还定义了两个公有的静态内部类，表示键值对：

```
AbstractMap.SimpleEntry implements Entry<K,V>
AbstractMap.SimpleImmutableEntry implements Entry<K,V>
```

SimpleImmutableEntry 用于表示只读的键值对，而 SimpleEntry 用于表示可写的。

Map 接口文档建议：每个 Map 接口的实现类都应该提供至少两个标准的构造方法，一个是默认构造方法，另一个接受一个 Map 类型的参数。

具体如何扩展 AbstractMap 呢？我们定义一个简单的 Map 实现类 MyMap，内部还是用 DynamicArray，如代码清单 12-7 所示。

代码清单12-7　一个简单的Map实现类MyMap

```
public class MyMap<K, V> extends AbstractMap<K, V> {
    private DynamicArray<Map.Entry<K, V>> darr;
    private Set<Map.Entry<K, V>> entrySet = null;
    public MyMap() {
        darr = new DynamicArray<>();
    }
    public MyMap(Map<? extends K, ? extends V> m) {
        this();
        putAll(m);
    }
    @Override
    public Set<Entry<K, V>> entrySet() {
        Set<Map.Entry<K, V>> es = entrySet;
        return es != null ? es : (entrySet = new EntrySet());
```

```
    }
    @Override
    public V put(K key, V value) {
        for(int i = 0; i < darr.size(); i++) {
            Map.Entry<K, V> entry = darr.get(i);
            if((key == null && entry.getKey() == null)
                    || (key != null && key.equals(entry.getKey()))) {
                V oldValue = entry.getValue();
                entry.setValue(value);
                return oldValue;
            }
        }
        Map.Entry<K, V> newEntry = new AbstractMap.SimpleEntry<>(key, value);
        darr.add(newEntry);
        return null;
    }
    class EntrySet extends AbstractSet<Map.Entry<K, V>> {
        public Iterator<Map.Entry<K, V>> iterator() {
            return new DynamicArrayIterator<Map.Entry<K, V>>(darr);
        }
        public int size() {
            return darr.size();
        }
    }
}
```

我们定义了两个构造方法，实现了 put 和 entrySet 方法。put 方法先通过循环查找是否已存在对应的键，如果存在则修改值，否则新建一个键值对（类型为 AbstractMap.Simple-Entry）并添加。entrySet 返回的类型是一个内部类 EntrySet，它继承自 AbstractSet，重写了size 和 iterator 方法，iterator 方法中，返回的是迭代器类型是 DynamicArrayIterator，它支持 remove 方法。

12.1.5　AbstractSet

AbstractSet 提供了 Set 接口的基础实现，它继承自 AbstractCollection，增加了 equals和 hashCode 方法的默认实现。Set 接口要求容器内不能包含重复元素，AbstractSet 并没有实现该约束，子类需要自己实现。

扩展 AbstractSet 与 AbstractCollection 是类似的，只是需要实现无重复元素的约束，比如，add 方法内需要检查元素是否已经添加过了。具体实现比较简单，我们就不赘述了。

12.1.6　AbstractQueue

AbstractQueue 提供了 Queue 接口的基础实现，它继承自 AbstractCollection，实现了如下方法：

```
public boolean add(E e)
public boolean addAll(Collection<? extends E> c)
public void clear()
public E element()
public E remove()
```

这些方法是基于 Queue 接口的其他方法实现的，包括：

```
E peek();
E poll();
boolean offer(E e);
```

扩展 AbstractQueue 需要实现这些方法，具体逻辑也比较简单，我们就不赘述了。

12.1.7 小结

本小节介绍了 Java 容器类中的抽象类 AbstractCollection、AbstractList、AbstractSequentialList、AbstractSet、AbstractQueue 以及 AbstractMap，介绍了它们与容器接口和具体类的关系，对每个抽象类，介绍了它提供的基础功能，如何实现，并举例说明了如何进行扩展，完整的代码在 github 上，地址为 https://github.com/swiftma/program-logic，位于包 shuo.lao-ma.collection.c52 下。

前面我们提到，**实现了容器接口，就可以方便地参与到容器类这个大家庭中进行相互协作，也可以方便地利用 Collections 这个类实现的通用算法和功能**。

但 Collections 都实现了哪些算法和功能？都有什么用途？如何使用？内部又是如何实现的？有何参考价值？让我们下一小节来探讨。

12.2 Collections

类 Collections 以静态方法的方式提供了很多通用算法和功能，这些功能大概可以分为两类。

1）对容器接口对象进行操作。

2）返回一个容器接口对象。

对于第 1 类，操作大概可以分为三组。

❑ 查找和替换。

❑ 排序和调整顺序。

❑ 添加和修改。

对于第 2 类，大概可以分为两组。

❑ 适配器：将其他类型的数据转换为容器接口对象。

❑ 装饰器：修饰一个给定容器接口对象，增加某种性质。

它们都是围绕容器接口对象的，第 1 类是针对容器接口的通用操作，这是面向接口编程的一种体现，是接口的典型用法；第 2 类是为了使更多类型的数据更为方便和安全地参与到容器类协作体系中。下面我们分别介绍这两类操作及其实现原理，代码分析基于 Java 7。

12.2.1　查找和替换

查找和替换包含多组方法。查找包括二分查找、查找最大值 / 最小值、查找元素出现次数、查找子 List、查看两个集合是否有交集等，下面具体介绍。

1. 二分查找

我们在介绍 Arrays 类的时候介绍过二分查找，Arrays 类有针对数组对象的二分查找方法，Collections 提供了针对 List 接口的二分查找，如下所示：

```
public static <T> int binarySearch(
    List<? extends Comparable<? super T>> list, T key)
public static <T> int binarySearch(List<? extends T> list,
    T key, Comparator<? super T> c)
```

从方法参数角度而言，一个要求 List 的每个元素实现 Comparable 接口，另一个不需要，但要求提供 Comparator。二分查找假定 List 中的元素是从小到大排序的。如果是从大到小排序的，需要传递一个逆序 Comparator 对象，Collections 提供了返回逆序 Comparator 的方法，之前我们也用过：

```
public static <T> Comparator<T> reverseOrder()
public static <T> Comparator<T> reverseOrder(Comparator<T> cmp)
```

比如，可以这么用：

```
List<Integer> list = new ArrayList<>(Arrays.asList(new Integer[]{
        35, 24, 13, 12, 8, 7, 1
}));
System.out.println(Collections.binarySearch(list, 7,
    Collections.reverseOrder()));
```

输出为：5。List 的二分查找的基本思路与 Arrays 中的是一样的，数组可以根据索引直接定位任意元素，实现效率很高，但 List 就不一定了，具体分为两种情况，如果 List 可以随机访问（如数组），即实现了 RandomAccess 接口，或者元素个数比较少，则实现思路与 Arrays 一样，根据索引直接访问中间元素进行比较，否则使用迭代器的方式移动到中间元素进行比较。从效率角度，如果 List 支持随机访问，效率为 $O(\log_2(N))$，如果通过迭代器，那么比较的次数为 $O(\log_2(N))$，但遍历移动的次数为 $O(N)$，N 为列表长度。

2. 查找最大值 / 最小值

Collections 提供了如下查找最大值 / 最小值的方法（省略了修饰符 public static）：

```
<T extends Object & Comparable<? super T>> T max(Collection<? extends T> coll)
```

```
<T> T max(Collection<? extends T> coll, Comparator<? super T> comp)
<T extends Object & Comparable<? super T>> T min(Collection<? extends T> coll)
<T> T min(Collection<? extends T> coll, Comparator<? super T> comp)
```

含义和用法都很直接，实现思路也很简单，就是通过迭代器进行比较，比如：

```
public static <T extends Object & Comparable<? super T>> T max(
    Collection<? extends T> coll) {
    Iterator<? extends T> i = coll.iterator();
    T candidate = i.next();
    while(i.hasNext()) {
        T next = i.next();
        if(next.compareTo(candidate) > 0)
            candidate = next;
    }
    return candidate;
}
```

3. 其他方法

查找元素出现次数，方法为：

```
public static int frequency(Collection<?> c, Object o)
```

返回元素 o 在容器 c 中出现的次数，o 可以为 null。含义很简单，实现思路也很简单，就是通过迭代器进行比较计数。

Collections 提供了如下方法，在 source List 中查找 target List 的位置：

```
public static int indexOfSubList(List<?> source, List<?> target)
public static int lastIndexOfSubList(List<?> source, List<?> target)
```

indexOfSubList 从开头找，lastIndexOfSubList 从结尾找，没找到返回 –1，找到返回第一个匹配元素的索引位置。这两个方法的实现都是属于"暴力破解"型的，将 target 列表与 source 从第一个元素开始的列表逐个元素进行比较，如果不匹配，则与 source 从第二个元素开始的列表比较，再不匹配，与 source 从第三个元素开始的列表比较，以此类推。

查看两个集合是否有交集，方法为：

```
public static boolean disjoint(Collection<?> c1, Collection<?> c2)
```

如果 c1 和 c2 有交集，返回值为 false；没有交集，返回值为 true。实现原理也很简单，遍历其中一个容器，对每个元素，在另一个容器里通过 contains 方法检查是否包含该元素，如果包含，返回 false，如果最后不包含任何元素返回 true。这个方法的代码会根据容器是否为 Set 以及集合大小进行性能优化，即选择哪个容器进行遍历，哪个容器进行检查，以减少总的比较次数，具体我们就不介绍了。

替换方法为：

```
public static <T> boolean replaceAll(List<T> list, T oldVal, T newVal)
```

将 List 中的所有 oldVal 替换为 newVal，如果发生了替换，返回值为 true，否则为

false。用法和实现都比较简单，就不赘述了。

12.2.2　排序和调整顺序

针对 List 接口对象，Collections 除了提供基础的排序，还提供了若干调整顺序的方法，包括交换元素位置、翻转列表顺序、随机化重排、循环移位等，下面具体介绍。

1. 排序、交换位置与翻转

Arrays 类有针对数组对象的排序方法，Collections 提供了针对 List 接口的排序方法，如下所示：

```
public static <T extends Comparable<? super T>> void sort(List<T> list)
public static <T> void sort(List<T> list, Comparator<? super T> c)
```

使用很简单，就不举例了，内部它是通过 Arrays.sort 实现的，先将 List 元素复制到一个数组中，然后使用 Arrays.sort，排序后，再复制回 List。代码如下所示：

```
public static <T extends Comparable<? super T>> void sort(List<T> list) {
    Object[] a = list.toArray();
    Arrays.sort(a);
    ListIterator<T> i = list.listIterator();
    for(int j=0; j<a.length; j++) {
        i.next();
        i.set((T)a[j]);
    }
}
```

交换元素位置的方法为：

```
public static void swap(List<?> list, int i, int j)
```

交换 list 中第 i 个和第 j 个元素的内容。实现代码为：

```
public static void swap(List<?> list, int i, int j) {
    final List l = list;
    l.set(i, l.set(j, l.get(i)));
}
```

翻转列表顺序的方法为：

```
public static void reverse(List<?> list)
```

将 list 中的元素顺序翻转过来。实现思路就是将第一个和最后一个交换，第二个和倒数第二个交换，以此类推，直到中间两个元素交换完毕。如果 list 实现了 RandomAccess 接口或列表比较小，根据索引位置，使用上面的 swap 方法进行交换，否则，由于直接根据索引位置定位元素效率比较低，使用一前一后两个 listIterator 定位待交换的元素，具体代码为：

```
public static void reverse(List<?> list) {
    int size = list.size();
    if(size < REVERSE_THRESHOLD || list instanceof RandomAccess) {
```

```
        for(int i=0, mid=size>>1, j=size-1; i<mid; i++, j--)
            swap(list, i, j);
    } else {
        ListIterator fwd = list.listIterator();
        ListIterator rev = list.listIterator(size);
        for(int i=0, mid=list.size()>>1; i<mid; i++) {
            Object tmp = fwd.next();
            fwd.set(rev.previous());
            rev.set(tmp);
        }
    }
}
```

2. 随机化重排

我们在随机一节介绍过洗牌算法，Collections 直接提供了对 List 元素洗牌的方法：

```
public static void shuffle(List<?> list)
public static void shuffle(List<?> list, Random rnd)
```

实现思路与随机一节介绍的是一样的：从后往前遍历列表，逐个给每个位置重新赋值，值从前面的未重新赋值的元素中随机挑选。如果列表实现了 RandomAccess 接口，或者列表比较小，直接使用前面 swap 方法进行交换，否则，先将列表内容复制到一个数组中，洗牌，再复制回列表。代码为：

```
public static void shuffle(List<?> list, Random rnd) {
    int size = list.size();
    if(size < SHUFFLE_THRESHOLD || list instanceof RandomAccess) {
        for(int i=size; i>1; i--)
            swap(list, i-1, rnd.nextInt(i));
    } else {
        Object arr[] = list.toArray();
        //对数组进行洗牌
        for(int i=size; i>1; i--)
            swap(arr, i-1, rnd.nextInt(i));
        //将数组中洗牌后的结果保存回list
        ListIterator it = list.listIterator();
        for(int i=0; i<arr.length; i++) {
            it.next();
            it.set(arr[i]);
        }
    }
}
```

3. 循环移位

我们解释下循环移位的概念，比如列表为：

```
[8, 5, 3, 6, 2]
```

循环右移 2 位，会变为：

```
[6, 2, 8, 5, 3]
```

如果是循环左移 2 位，会变为：

```
[3, 6, 2, 8, 5]
```

因为列表长度为 5，循环左移 3 位和循环右移 2 位的效果是一样的。

循环移位的方法是：

```
public static void rotate(List<?> list, int distance)
```

distance 表示循环移位个数，一般正数表示向右移，负数表示向左移，比如：

```
List<Integer> list1 = Arrays.asList(new Integer[]{
        8, 5, 3, 6, 2
});
Collections.rotate(list1, 2);
System.out.println(list1);
List<Integer> list2 = Arrays.asList(new Integer[]{
        8, 5, 3, 6, 2
});
Collections.rotate(list2, -2);
System.out.println(list2);
```

输出为：

```
[6, 2, 8, 5, 3]
[3, 6, 2, 8, 5]
```

这个方法很有用的一点是：它也可以用于子列表，可以调整子列表内的顺序而不改变其他元素的位置。比如，将第 j 个元素向前移动到 k (k>j)，可以这么写：

```
Collections.rotate(list.subList(j, k+1), -1);
```

再举个例子：

```
List<Integer> list = Arrays.asList(new Integer[]{
        8, 5, 3, 6, 2, 19, 21
});
Collections.rotate(list.subList(1, 5), 2);
System.out.println(list);
```

输出为：

```
[8, 6, 2, 5, 3, 19, 21]
```

这个类似于列表内的"剪切"和"粘贴"，将子列表 [5, 3] "剪切"，"粘贴"到 2 后面。如果需要实现类似"剪切"和"粘贴"的功能，可以使用 rotate() 方法。

循环移位的内部实现比较巧妙，根据列表大小和是否实现了 RandomAccess 接口，有两个算法，都比较巧妙，两个算法在《编程珠玑》这本书的 2.3 节有描述。

限于篇幅，我们只解释下其中的第二个算法，**它将循环移位看作列表的两个子列表进行顺序交换**。再来看上面的例子，循环左移 2 位：

```
[8, 5, 3, 6, 2] -> [3, 6, 2, 8, 5]
```

就是将 [8, 5] 和 [3, 6, 2] 两个子列表的顺序进行交换。循环右移两位：

```
[8, 5, 3, 6, 2] -> [6, 2, 8, 5, 3]
```

就是将 [8, 5, 3] 和 [6, 2] 两个子列表的顺序进行交换。

根据列表长度 size 和移位个数 distance，可以计算出两个子列表的分隔点，有了两个子列表后，两个子列表的顺序交换可以通过三次翻转实现。比如，有 A 和 B 两个子列表，A 有 m 个元素，B 有 n 个元素：$a_1a_2\cdots a_mb_1b_2\cdots b_n$，要变为 $b_1b_2\cdots b_na_1a_2\cdots a_m$，可经过三次翻转实现：

（1）翻转子列表 A

$a_1a_2\cdots a_mb_1b_2\cdots b_n \rightarrow a_m\cdots a_2a_1b_1b_2\cdots b_n$

（2）翻转子列表 B

$a_m\cdots a_2a_1b_1b_2\cdots b_n \rightarrow a_m\cdots a_2a_1b_n\cdots b_2b_1$

（3）翻转整个列表

$a_m\cdots a_2a_1b_n\cdots b_2b_1 \rightarrow b_1b_2\cdots b_na_1a_2\cdots a_m$

这个算法的整体实现代码为：

```
private static void rotate2(List<?> list, int distance) {
    int size = list.size();
    if(size == 0)
        return;
    int mid =  -distance % size;
    if(mid < 0)
        mid += size;
    if(mid == 0)
        return;
    reverse(list.subList(0, mid));
    reverse(list.subList(mid, size));
    reverse(list);
}
```

mid 为两个子列表的分割点，调用了三次 reverse 方法以实现子列表顺序交换。

12.2.3　添加和修改

Collections 也提供了几个批量添加和修改的方法，逻辑都比较简单，我们看下。

批量添加，方法为：

```
public static <T> boolean addAll(Collection<? super T> c, T... elements)
```

elements 为可变参数，将所有元素添加到容器 c 中。这个方法很方便，比如：

```
List<String> list = new ArrayList<String>();
String[] arr = new String[]{"深入", "浅出"};
Collections.addAll(list, "hello", "world", "老马", "编程");
```

```
Collections.addAll(list, arr);
System.out.println(list);
```

输出为：

```
[hello, world, 老马, 编程, 深入, 浅出]
```

批量填充固定值，方法为：

```
public static <T> void fill(List<? super T> list, T obj)
```

这个方法与 Arrays 类中的 fill 方法是类似的，给每个元素设置相同的值。

批量复制，方法为：

```
public static <T> void copy(List<? super T> dest, List<? extends T> src)
```

将列表 src 中的每个元素复制到列表 dest 的对应位置处，覆盖 dest 中原来的值，dest 的列表长度不能小于 src，dest 中超过 src 长度部分的元素不受影响。

12.2.4　适配器

所谓适配器，就是将一种类型的接口转换成另一种接口，类似于电子设备中的各种 USB 转接头，一端连接某种特殊类型的接口，一端连接标准的 USB 接口。Collections 类提供了几组类似于适配器的方法：

❑ 空容器方法：类似于将 null 或"空"转换为一个标准的容器接口对象。
❑ 单一对象方法：将一个单独的对象转换为一个标准的容器接口对象。
❑ 其他适配方法：将 Map 转换为 Set 等。

它们接受其他类型的数据，转换为一个容器接口，目的是使其他类型的数据更为方便地参与到容器类协作体系中，下面，我们分别来看下。

1. 空容器方法

Collections 中有一组方法，返回一个不包含任何元素的容器接口对象，如下所示：

```
public static final <T> List<T> emptyList()
public static final <T> Set<T> emptySet()
public static final <K,V> Map<K,V> emptyMap()
public static <T> Iterator<T> emptyIterator()
```

分别返回一个空的 List、Set、Map 和 Iterator 对象。比如，可以这么用：

```
List<String> list = Collections.emptyList();
Map<String, Integer> map = Collections.emptyMap();
Set<Integer> set = Collections.emptySet();
```

一个空容器对象有什么用呢？空容器对象经常用作方法返回值。比如，有一个方法，可以将可变长度的整数转换为一个 List，方法声明为：

```
public static List<Integer> asList(int... elements)
```

在参数为空时，这个方法应该返回 null 还是一个空的 List 呢？如果返回 null，方法调用者必须进行检查，然后分别处理，代码结构大概如下所示：

```
int[] arr = …; //从别的地方获取到的arr
List<Integer> list = asList(arr);
if(list==null){
    //…
}else{
    //…
}
```

这段代码比较烦琐，而且如果不小心忘记检查，则有可能会抛出空指针异常，所以推荐做法是返回一个空的 List，以便调用者安全地进行统一处理，比如，asList 可以这样实现：

```
public static List<Integer> asList(int... elements){
    if(elements.length==0){
        return Collections.emptyList();
    }
    List<Integer> list = new ArrayList<>(elements.length);
    for(int e : elements){
        list.add(e);
    }
    return list;
}
```

返回一个空的 List。也可以这样实现：

```
return new ArrayList<Integer>();
```

这与 emptyList 方法有什么区别呢？emptyList 方法返回的是一个静态不可变对象，它可以节省创建新对象的内存和时间开销。我们来看下 emptyList 方法的具体定义：

```
public static final <T> List<T> emptyList() {
    return (List<T>) EMPTY_LIST;
}
```

EMPTY_LIST 的定义为：

```
public static final List EMPTY_LIST = new EmptyList<>();
```

是一个静态不可变对象，类型为 EmptyList，它是一个私有静态内部类，继承自 Abstract-List，主要代码为：

```
private static class EmptyList<E>
    extends AbstractList<E>
    implements RandomAccess {
    public Iterator<E> iterator() {
        return emptyIterator();
    }
    public ListIterator<E> listIterator() {
        return emptyListIterator();
```

```
    }
    public int size() {return 0;}
    public boolean isEmpty() {return true;}
    public boolean contains(Object obj) {return false;}
    public boolean containsAll(Collection<?> c) { return c.isEmpty(); }
    public Object[] toArray() { return new Object[0]; }
    public <T> T[] toArray(T[] a) {
        if(a.length > 0)
            a[0] = null;
        return a;
    }
    public E get(int index) {
        throw new IndexOutOfBoundsException("Index: "+index);
    }
    public boolean equals(Object o) {
        return (o instanceof List) && ((List<?>)o).isEmpty();
    }
    public int hashCode() { return 1; }
}
```

emptyIterator 和 emptyListIterator 返回空的迭代器。emptyIterator 的代码为：

```
public static <T> Iterator<T> emptyIterator() {
    return (Iterator<T>) EmptyIterator.EMPTY_ITERATOR;
}
```

EmptyIterator 是一个静态内部类，代码为：

```
private static class EmptyIterator<E> implements Iterator<E> {
    static final EmptyIterator<Object> EMPTY_ITERATOR
        = new EmptyIterator<>();
    public boolean hasNext() { return false; }
    public E next() { throw new NoSuchElementException(); }
    public void remove() { throw new IllegalStateException(); }
}
```

以上这些代码都比较简单，就不赘述了。需要注意的是，EmptyList 不支持修改操作，比如：

```
Collections.emptyList().add("hello");
```

会抛出异常 UnsupportedOperationException。

如果返回值只是用于读取，可以使用 emptyList 方法，但如果返回值还用于写入，则需要新建一个对象。其他空容器方法与 emptyList 方法类似，我们就不赘述了。它们都可以被用于方法返回值，以便调用者统一进行处理，同时节省时间和内存开销，它们的共同限制是返回值不能用于写入。我们将空容器方法看作适配器，是因为它将 null 或 "空" 转换为了容器对象。

需要说明的是，在 Java 9 中，可以使用 List、Map 和 Set 不带参数的 of 方法返回一个空的只读容器对象，也就是说，如下两行代码的效果是相同的：

```
1. List list = Collections.emptyList();
2. List list = List.of();
```

2. 单一对象方法

Collections 中还有一组方法，可以将一个单独的对象转换为一个标准的容器接口对象，比如：

```
public static <T> Set<T> singleton(T o)
public static <T> List<T> singletonList(T o)
public static <K,V> Map<K,V> singletonMap(K key, V value)
```

比如，可以这么用：

```
Collection<String> coll = Collections.singleton("编程");
Set<String> set = Collections.singleton("编程");
List<String> list = Collections.singletonList("老马");
Map<String, String> map = Collections.singletonMap("老马", "编程");
```

这些方法也经常用于构建方法返回值，相比新建容器对象并添加元素，这些方法更为简洁方便，此外，它们的实现更为高效，它们的实现类都针对单一对象进行了优化。比如，singleton 方法的代码：

```
public static <T> Set<T> singleton(T o) {
    return new SingletonSet<>(o);
}
```

新建了一个 SingletonSet 对象，SingletonSet 是一个静态内部类，主要代码为：

```
private static class SingletonSet<E>
    extends AbstractSet<E> {
    private final E element;
    SingletonSet(E e) {element = e;}
    public Iterator<E> iterator() {
        return singletonIterator(element);
    }
    public int size() {return 1;}
    public boolean contains(Object o) {return eq(o, element);}
}
```

singletonIterator 是一个内部方法，将单一对象转换为了一个迭代器接口对象，代码为：

```
static <E> Iterator<E> singletonIterator(final E e) {
    return new Iterator<E>() {
        private boolean hasNext = true;
        public boolean hasNext() {
            return hasNext;
        }
        public E next() {
            if(hasNext) {
                hasNext = false;
                return e;
```

```
        }
        throw new NoSuchElementException();
    }
    public void remove() {
        throw new UnsupportedOperationException();
    }
};
}
```

eq 方法就是比较两个对象是否相同，考虑了 null 的情况，代码为：

```
static boolean eq(Object o1, Object o2) {
    return o1==null ? o2==null : o1.equals(o2);
}
```

需要注意的是，singleton 方法返回的也是不可变对象，只能用于读取，写入会抛出 UnsupportedOperationException 异常。其他 singletonXXX 方法的实现思路是类似的，返回值也都只能用于读取，不能写入，我们就不赘述了。

除了用于构建返回值，这些方法还可用于构建方法参数。比如，从容器中删除对象，Collection 有如下方法：

```
boolean remove(Object o);
boolean removeAll(Collection<?> c);
```

remove 方法只会删除第一条匹配的记录，removeAll 方法可以删除所有匹配的记录，但需要一个容器接口对象，如果需要从一个 List 中删除所有匹配的某一对象呢？这时，就可以使用 Collections.singleton 封装这个要删除的对象。比如，从 list 中删除所有的 "b"，代码如下所示：

```
List<String> list = new ArrayList<>();
Collections.addAll(list, "a", "b", "c", "d", "b");
list.removeAll(Collections.singleton("b"));
System.out.println(list);
```

需要说明的是，在 Java 9 中，可以使用 List、Map 和 Set 的 of 方法达到 singleton 同样的功能，也就是说，如下两行代码的效果是相同的：

```
1. Set<String> b = Collections.singleton("b");
2. Set<String> b = Set.of("b");
```

除了以上两组方法，Collections 中还有如下适配器方法，用的相对较少，我们就不详细介绍了。

```
//将Map接口转换为Set接口
public static <E> Set<E> newSetFromMap(Map<E,Boolean> map)
//将Deque接口转换为后进先出的队列接口
public static <T> Queue<T> asLifoQueue(Deque<T> deque)
//返回包含n个相同对象o的List接口
public static <T> List<T> nCopies(int n, T o)
```

12.2.5 装饰器

装饰器接受一个接口对象，并返回一个同样接口的对象，不过，新对象可能会扩展一些新的方法或属性，扩展的方法或属性就是所谓的"装饰"，也可能会对原有的接口方法做一些修改，达到一定的"装饰"目的。Collections 有三组装饰器方法，它们的返回对象都没有新的方法或属性，但改变了原有接口方法的性质，经过"装饰"后，它们更为安全了，具体分别是写安全、类型安全和线程安全，我们分别来看下。

1. 写安全

写安全的主要方法有：

```
public static <T> Collection<T> unmodifiableCollection(
    Collection<? extends T> c)
public static <T> List<T> unmodifiableList(List<? extends T> list)
public static <K,V> Map<K,V> unmodifiableMap(Map<? extends K, ? extends V> m)
public static <T> Set<T> unmodifiableSet(Set<? extends T> s)
```

顾名思义，这组 unmodifiableXXX 方法就是使容器对象变为只读的，写入会抛出 UnsupportedOperationException 异常。为什么要变为只读的呢？典型场景是：需要传递一个容器对象给一个方法，这个方法可能是第三方提供的，为避免第三方误写，所以在传递前，变为只读的，如下所示：

```
public static void thirdMethod(Collection<String> c){
    c.add("bad");
}
public static void mainMethod(){
    List<String> list = new ArrayList<>(Arrays.asList(
            new String[]{"a", "b", "c", "d"}));
    thirdMethod(Collections.unmodifiableCollection(list));
}
```

这样，调用就会触发异常，从而避免了将错误数据插入。

这些方法是如何实现的呢？每个方法内部都对应一个类，这个类实现了对应的容器接口，它内部是待装饰的对象，只读方法传递给这个内部对象，写方法抛出异常。比如，unmodifiableCollection 方法的代码为：

```
public static <T> Collection<T> unmodifiableCollection(
    Collection<? extends T> c) {
    return new UnmodifiableCollection<>(c);
}
```

UnmodifiableCollection 是一个静态内部类，代码为：

```
static class UnmodifiableCollection<E> implements Collection<E>,
    Serializable {
    private static final long serialVersionUID = 1820017752578914078L;
    final Collection<? extends E> c;
```

```
UnmodifiableCollection(Collection<? extends E> c) {
    if(c==null)
        throw new NullPointerException();
    this.c = c;
}
public int size()                      {return c.size();}
public boolean isEmpty()               {return c.isEmpty();}
public boolean contains(Object o)      {return c.contains(o);}
public Object[] toArray()              {return c.toArray();}
public <T> T[] toArray(T[] a)          {return c.toArray(a);}
public String toString()               {return c.toString();}
public Iterator<E> iterator() {
    return new Iterator<E>() {
        private final Iterator<? extends E> i = c.iterator();
        public boolean hasNext() {return i.hasNext();}
        public E next()          {return i.next();}
        public void remove() {
            throw new UnsupportedOperationException();
        }
    };
}
public boolean add(E e) {
    throw new UnsupportedOperationException();
}
public boolean remove(Object o) {
    throw new UnsupportedOperationException();
}
public boolean containsAll(Collection<?> coll) {
    return c.containsAll(coll);
}
public boolean addAll(Collection<? extends E> coll) {
    throw new UnsupportedOperationException();
}
public boolean removeAll(Collection<?> coll) {
    throw new UnsupportedOperationException();
}
public boolean retainAll(Collection<?> coll) {
    throw new UnsupportedOperationException();
}
public void clear() {
    throw new UnsupportedOperationException();
}
}
```

代码比较简单，其他 unmodifiableXXX 方法的实现也都类似，我们就不赘述了。

2. 类型安全

所谓类型安全是指确保容器中不会保存错误类型的对象。容器怎么会允许保存错误类型的对象呢？我们看段代码：

```
List list = new ArrayList<Integer>();
list.add("hello");
System.out.println(list);
```

我们创建了一个 Integer 类型的 List 对象，但添加了字符串类型的对象 "hello"，编译没有错误，运行也没有异常，程序输出为 "[hello]"。

之所以会出现这种情况，是因为 Java 是通过擦除来实现泛型的，而且类型参数是可选的。正常情况下，我们会加上类型参数，让泛型机制来保证类型的正确性。但是，由于泛型是 Java 5 以后才加入的，之前的代码可能没有类型参数，而新的代码可能需要与老的代码互动。

为了避免老的代码用错类型，确保在泛型机制失灵的情况下类型的正确性，可以在传递容器对象给老代码之前，使用类似如下方法 "装饰" 容器对象：

```
public static <E> List<E> checkedList(List<E> list, Class<E> type)
public static <K, V> Map<K, V> checkedMap(Map<K, V> m,
    Class<K> keyType, Class<V> valueType)
public static <E> Set<E> checkedSet(Set<E> s, Class<E> type)
```

使用这组 checkedXXX 方法，都需要传递类型对象，这些方法都会使容器对象的方法在运行时检查类型的正确性，如果不匹配，会抛出 ClassCastException 异常。比如：

```
List list = new ArrayList<Integer>();
list = Collections.checkedList(list, Integer.class);
list.add("hello");
```

这次，运行就会抛出异常，从而避免错误类型的数据插入：

```
java.lang.ClassCastException: Attempt to insert class java.lang.String element
    into collection with element type class java.lang.Integer
```

这些 checkedXXX 方法的实现机制是类似的，每个方法内部都对应一个类，这个类实现了对应的容器接口，它内部是待装饰的对象，大部分方法只是传递给这个内部对象，但对添加和修改方法，会首先进行类型检查，类型不匹配会抛出异常，类型匹配才传递给内部对象。以 checkedCollection 为例，我们来看下代码：

```
public static <E> Collection<E> checkedCollection(
    Collection<E> c, Class<E> type) {
    return new CheckedCollection<>(c, type);
}
```

CheckedCollection 是一个静态内部类，主要代码为：

```
static class CheckedCollection<E> implements Collection<E>, Serializable {
    private static final long serialVersionUID = 1578914078182001775L;
    final Collection<E> c;
    final Class<E> type;
    void typeCheck(Object o) {
        if(o != null && !type.isInstance(o))
```

```
            throw new ClassCastException(badElementMsg(o));
    }

    private String badElementMsg(Object o) {
        return "Attempt to insert " + o.getClass() +
            " element into collection with element type " + type;
    }
    CheckedCollection(Collection<E> c, Class<E> type) {
        if(c==null || type == null)
            throw new NullPointerException();
        this.c = c;
        this.type = type;
    }
    public int size()                     { return c.size(); }
    public boolean isEmpty()              { return c.isEmpty(); }
    public boolean contains(Object o) { return c.contains(o); }
    public Object[] toArray()             { return c.toArray(); }
    public <T> T[] toArray(T[] a)       { return c.toArray(a); }
    public String toString()              { return c.toString(); }
    public boolean remove(Object o)     { return c.remove(o); }
    public void clear()                   {          c.clear(); }
    public boolean containsAll(Collection<?> coll) {
        return c.containsAll(coll);
    }
    public boolean removeAll(Collection<?> coll) {
        return c.removeAll(coll);
    }
    public boolean retainAll(Collection<?> coll) {
        return c.retainAll(coll);
    }
    public Iterator<E> iterator() {
        final Iterator<E> it = c.iterator();
        return new Iterator<E>() {
            public boolean hasNext() { return it.hasNext(); }
            public E next()          { return it.next(); }
            public void remove()     {          it.remove(); }};
    }
    public boolean add(E e) {
        typeCheck(e);
        return c.add(e);
    }
}
```

代码比较简单，add 方法中，会先调用 typeCheck 进行类型检查。其他 checkedXXX 方法的实现也都类似，我们就不赘述了。

3. 线程安全

关于线程，我们后续章节会详细介绍，这里简要说明下。之前我们介绍的各种容器类基本都不是线程安全的，也就是说，如果多个线程同时读写同一个容器对象，是不安全的。

Collections 提供了一组方法，可以将一个容器对象变为线程安全的，比如：

```
public static <T> Collection<T> synchronizedCollection(Collection<T> c)
public static <T> List<T> synchronizedList(List<T> list)
public static <K,V> Map<K,V> synchronizedMap(Map<K,V> m)
public static <T> Set<T> synchronizedSet(Set<T> s)
```

需要说明的是，这些方法都是通过给所有容器方法加锁来实现的，这种实现并不是最优的。Java 提供了很多专门针对并发访问的容器类，我们在第 17 章介绍。

12.2.6 小结

本节介绍了类 Collections 中的两类操作。第一类操作是一些通用算法，包括查找、替换、排序、调整顺序、添加、修改等，这些算法操作的都是容器接口对象，这是面向接口编程的一种体现，只要对象实现了这些接口，就可以使用这些算法。第二类操作都返回一个容器接口对象，这些方法代表两种设计模式，一种是适配器，另一种是装饰器，我们介绍了这两种设计模式，以及这些方法的用法、适用场合和实现机制。

12.3 容器类总结

前面章节中，我们介绍了多种容器类，本节进行简要总结，我们主要从三个角度进行总结：

❑ 用法和特点；
❑ 数据结构和算法；
❑ 设计思维和模式。

12.3.1 用法和特点

图 12-1 包含了容器类主要的接口和类，我们还是用该图进行总结。容器类有两个根接口，分别是 Collection 和 Map，Collection 表示单个元素的集合，Map 表示键值对的集合。

Collection 表示的数据集合有基本的增、删、查、遍历等方法，但没有定义元素间的顺序或位置，也没有规定是否有重复元素。

List 是 Collection 的子接口，表示有顺序或位置的数据集合，增加了根据索引位置进行操作的方法。它有两个主要的实现类：ArrayList 和 LinkedList。ArrayList 基于数组实现，LinkedList 基于链表实现；ArrayList 的随机访问效率很高，但从中间插入和删除元素需要移动元素，效率比较低，LinkedList 则正好相反，随机访问效率比较低，但增删元素只需要调整邻近节点的链接。

Set 也是 Collection 的子接口，它没有增加新的方法，但保证不含重复元素。它有两个主要的实现类：HashSet 和 TreeSet。HashSet 基于哈希表实现，要求键重写 hashCode 方法，效率更高，但元素间没有顺序；TreeSet 基于排序二叉树实现，元素按比较有序，元素需要实现 Comparable 接口，或者创建 TreeSet 时提供一个 Comparator 对象。HashSet 还有一个子类 LinkedHashSet 可以按插入有序。还有一个针对枚举类型的实现类 EnumSet，它基于位向量实现，效率很高。

Queue 是 Collection 的子接口，表示先进先出的队列，在尾部添加，从头部查看或删除。Deque 是 Queue 的子接口，表示更为通用的双端队列，有明确的在头或尾进行查看、添加和删除的方法。普通队列有两个主要的实现类：LinkedList 和 ArrayDeque。LinkedList 基于链表实现，ArrayDeque 基于循环数组实现。一般而言，如果只需要 Deque 接口，Array-Deque 的效率更高一些。

Queue 还有一个特殊的实现类 PriorityQueue，表示优先级队列，内部是用堆实现的。堆除了用于实现优先级队列，还可以高效方便地解决很多其他问题，比如求前 K 个最大的元素、求中值等。

Map 接口表示键值对集合，经常根据键进行操作，它有两个主要的实现类：HashMap 和 TreeMap。HashMap 基于哈希表实现，要求键重写 hashCode 方法，操作效率很高，但元素没有顺序。TreeMap 基于排序二叉树实现，要求键实现 Comparable 接口，或提供一个 Comparator 对象，操作效率稍低，但可以按键有序。

HashMap 还有一个子类 LinkedHashMap，它可以按插入或访问有序。之所以能有序，是因为每个元素还加入到了一个双向链表中。如果键本来就是有序的，使用 LinkedHashMap 而非 TreeMap 可以提高效率。按访问有序的特点可以方便地用于实现 LRU 缓存。

如果键为枚举类型，可以使用专门的实现类 EnumMap，它使用效率更高的数组实现。

需要说明的是，除了 Hashtable、Vector 和 Stack，我们介绍的各种容器类都不是线程安全的，也就是说，如果多个线程同时读写同一个容器对象，是不安全的。如果需要线程安全，可以使用 Collections 提供的 synchronizedXXX 方法对容器对象进行同步，或者使用线程安全的专门容器类。

此外，容器类提供的迭代器都有一个特点，都会在迭代中间进行结构性变化检测，如果容器发生了结构性变化，就会抛出 ConcurrentModificationException，所以不能在迭代中间直接调用容器类提供的 add/remove 方法，如需添加和删除，应调用迭代器的相关方法。

在解决一个特定问题时，经常需要综合使用多种容器类。比如，要统计一本书中出现次数最多的前 10 个单词，可以先使用 HashMap 统计每个单词出现的次数，再使用 TopK 类用 PriorityQueue 求前 10 个单词，或者使用 Collections 提供的 sort 方法。

在之前各节介绍的例子中，为简单起见，容器中的元素类型往往是简单的，但需要说明的是，它们也可以是复杂的自定义类型，还可以是容器类型。比如在一个新闻应用中，表示当天的前十大新闻可以用一个 List 表示，形如 List<News>，而为了表示每个分类的前十大新闻，可以用一个 Map 表示，键为分类 Category，值为 List<News>，形如

Map<Category, List<News>>，而表示每天的每个分类的前十大新闻，可以在 Map 中使用 Map，键为日期，值也是一个 Map，形如 Map<Date, Map<Category, List<News>>>。

12.3.2 数据结构和算法

在容器类中，我们看到了如下数据结构的应用：

1）**动态数组**：ArrayList 内部就是动态数组，HashMap 内部的链表数组也是动态扩展的，ArrayDeque 和 PriorityQueue 内部也都是动态扩展的数组。

2）**链表**：LinkedList 是用双向链表实现的，HashMap 中映射到同一个链表数组的键值对是通过单向链表链接起来的，LinkedHashMap 中每个元素还加入到了一个双向链表中以维护插入或访问顺序。

3）**哈希表**：HashMap 是用哈希表实现的，HashSet、LinkedHashSet 和 LinkedHashMap 基于 HashMap，内部当然也是哈希表。

4）**排序二叉树**：TreeMap 是用红黑树（基于排序二叉树）实现的，TreeSet 内部使用 TreeMap，当然也是红黑树，红黑树能保持元素的顺序且综合性能很高。

5）**堆**：PriorityQueue 是用堆实现的，堆逻辑上是树，物理上是动态数组，堆可以高效地解决一些其他数据结构难以解决的问题。

6）**循环数组**：ArrayDeque 是用循环数组实现的，通过对头尾变量的维护，实现了高效的队列操作。

7）**位向量**：EnumSet 和 BitSet 是用位向量实现的，对于只有两种状态，且需要进行集合运算的数据，使用位向量进行表示、位运算进行处理，精简且高效。

每种数据结构中往往包含一定的算法策略，这种策略往往是一种折中，比如：

1）动态扩展算法：动态数组的扩展策略，一般是指数级扩展的，是在两方面进行平衡，一方面是希望减少内存消耗，另一方面希望减少内存分配、移动和复制的开销。

2）哈希算法：哈希表中键映射到链表数组索引的算法，算法要快，同时要尽量随机和均匀。

3）排序二叉树的平衡算法：排序二叉树的平衡非常重要，红黑树是一种平衡算法，AVL 树是另一种平衡算法。平衡算法一方面要保证尽量平衡，另一方面要尽量减少综合开销。

Collections 实现了一些通用算法，比如二分查找、排序、翻转列表顺序、随机化重排等，在实现大部分算法时，Collections 也都根据容器大小和是否实现了 RandomAccess 接口采用了不同的实现方式。

12.3.3 设计思维和模式

在容器类中，我们也看到了 Java 的多种语言机制和设计思维的运用：

1）**封装**：封装就是提供简单接口，并隐藏实现细节，这是程序设计的最重要思维。在容器类中，很多类、方法和变量都是私有的，比如迭代器方法，基本都是通过私有内部类或匿名内部类实现的。

2）**继承和多态**：继承可以复用代码，便于按父类统一处理，但继承是一把双刃剑。在容器类中，Collection 是父接口，List/Set/Queue 继承自 Collection，通过 Collection 接口可以统一处理多种类型的集合对象。容器类定义了很多抽象容器类，具体类通过继承它们以复用代码，每个抽象容器类都有详细的文档说明，描述其实现机制，以及子类应该如何重写方法。容器类的设计展示了接口继承、类继承，以及抽象类的恰当应用。

3）**组合**：一般而言，组合应该优先于继承，我们看到 HashSet 通过组合的方式使用 HashMap，TreeSet 通过组合使用 TreeMap，适配器和装饰器模式也都是通过组合实现的。

4）**接口**：面向接口编程是一种重要的思维，可降低代码间的耦合，提高代码复用程度，在容器类方法中，接受的参数和返回值往往都是接口，Collections 提供的通用算法，操作的也都是接口对象，我们平时在使用容器类时，一般也只在创建对象时使用具体类，而其他地方都使用接口。

5）**设计模式**：我们在容器类中看到了迭代器、工厂方法、适配器、装饰器等多种设计模式的应用。

本节从用法和特点、数据结构和算法以及设计思维和模式三个角度简要总结了之前介绍的各种容器类。至此，关于容器类就介绍完了。到目前为止，我们还没有接触过文件处理，而我们在日常的计算机操作中，接触最多的就是各种文件了，让我们从下一章开始，一起探讨文件操作。

第四部分 *Part 4*

文　件

文件基本技术

我们在日常计算机操作中，接触和处理最多的，除了上网，大概就是各种各样的文件了，从本章开始，我们就来探讨文件处理。文件处理的内容比较多，我们先在 13.1 节进行概述，并介绍后续章节的安排。

13.1 文件概述

在本节，我们主要介绍文件有关的一些基本概念和常识，Java 中处理文件的基本思路和类结构，以及接下来的章节安排。

13.1.1 基本概念和常识

下面，我们先介绍一些基本概念和常识，包括二进制思维、文件类型、文本文件的编码、文件系统和文件读写等。

1. 二进制思维

为了透彻理解文件，**我们首先要有一个二进制思维**。所有文件，不论是可执行文件、图片文件、视频文件、Word 文件、压缩文件、txt 文件，都没什么可神秘的，它们都是以 0 和 1 的二进制形式保存的。我们所看到的图片、视频、文本，都是应用程序对这些二进制的解析结果。

作为程序员，我们应该有一个编辑器，能查看文件的二进制形式，比如 UltraEdit，它支持以十六进制进行查看和编辑。比如，一个文本文件，看到的内容为：

```
hello, 123, 老马
```

打开十六进制编辑，看到的内容如图 13-1 所示。

图 13-1　使用 UltraEdit 查看十六进制

左边的部分就是其对应的十六进制，"hello" 对应的十六进制是 "68 65 6C 6C 6F"，对应 ASCII 码编号 "104 101 108 108 111"，"马" 对应的十六进制是 "E9 A9 AC"，这是 "马" 的 UTF-8 编码。

2. 文件类型

虽然所有数据都是以二进制形式保存的，但为了方便处理数据，高级语言引入了数据类型的概念。文件处理也类似，所有文件都是以二进制形式保存的，但为了便于理解和处理文件，文件也有文件类型的概念。

文件类型通常以扩展名的形式体现，比如，PDF 文件类型的扩展名是 .pdf，图片文件的一种常见扩展名是 .jpg，压缩文件的一种常见扩展名是 .zip。每种文件类型都有一定的格式，代表着文件含义和二进制之间的映射关系。比如一个 Word 文件，其中有文本、图片、表格，文本可能有颜色、字体、字号等，doc 文件类型就定义了这些内容和二进制表示之间的映射关系。有的文件类型的格式是公开的，有的可能是私有的，我们也可以定义自己私有的文件格式。

对于一种文件类型，往往有一种或多种应用程序可以解读它，进行查看和编辑，一个应用程序往往可以解读一种或多种文件类型。在操作系统中，一种扩展名往往关联一个应用程序，比如 .doc 后缀关联 Word 应用。用户通过双击试图打开某扩展名的文件时，操作系统查找关联的应用程序，启动该程序，传递该文件路径给它，程序再打开该文件。

需要说明的是，给文件加正确的扩展名是一种惯例，但并不是强制的，如果扩展名和文件类型不匹配，应用程序试图打开该文件时可能会报错。另外，一个文件可以选择使用多种应用程序进行解读，在操作系统中，一般通过右键单击文件，选择打开方式即可。

文件类型可以粗略分为两类：一类是文本文件；另一类是二进制文件。文本文件的例子有普通的文本文件（.txt），程序源代码文件（.java）、HTML 文件（.html）等；二进制文件的例子有压缩文件（.zip）、PDF 文件（.pdf）、MP3 文件（.mp3）、Excel 文件（.xlsx）等。

基本上，文本文件里的每个二进制字节都是某个可打印字符的一部分，都可以用最基本的文本编辑器进行查看和编辑，如 Windows 上的 notepad、Linux 上的 vi。二进制文件中，每个字节就不一定表示字符，可能表示颜色、字体、声音大小等，如果用基本的文本编辑器打开，一般都是满屏的乱码，需要专门的应用程序进行查看和编辑。

3. 文本文件的编码

对于文本文件，我们还必须注意文件的编码方式。文本文件中包含的基本都是可打印字符，但字符到二进制的映射（即编码）却有多种方式，如 GB18030、UTF-8，我们在第 2 章详细介绍过各种编码，这里就不赘述了。

对于一个给定的文本文件，它采用的是什么编码方式呢？一般而言，我们是不知道的。那应用程序用什么编码方式进行解读呢？一般使用某种默认的编码方式，可能是应用程序默认的，也可能是操作系统默认的，当然也可能采用一些比较智能的算法自动推断编码方式。

对于 UTF-8 编码的文件，我们需要特别说明。有一种方式，可以标记该文件是 UTF-8 编码的，那就是在文件最开头加入三个特殊字节（0xEF 0xBB 0xBF），这三个特殊字节被称为 BOM 头，BOM 是 Byte Order Mark（即字节序标记）的缩写。比如，对前面的 hello.txt 文件，带 BOM 头的 UTF-8 编码的十六进制形式如图 13-2 所示。

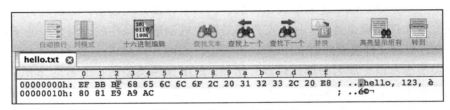

图 13-2　带 BOM 头的文件

图 13-1 和图 13-2 所示都是 UTF-8 编码，看到的字符内容也一样，但二进制内容不一样，一个带 BOM 头，一个不带 BOM 头。

需要注意的是，不是所有应用程序都支持带 BOM 头的 UTF-8 编码文件，比如 PHP 就不支持 BOM，如果 PHP 源代码文件带 BOM 头，PHP 运行就会出错。碰到这种问题时，前面介绍的**二进制思维就特别重要，不要只看文件的显示，还要看文件背后的二进制**。

另外，我们需要说明下文本文件的换行符。在 Windows 系统中，换行符一般是两个字符 "\r\n"，即 ASCII 码的 13（'\r'）和 10（'\n'），在 Linux 系统中，换行符一般是一个字符 "\n"。

4. 文件系统

文件一般是放在硬盘上的，一个机器上可能有多个硬盘，但各种操作系统都会隐藏物理硬盘概念，提供一个逻辑上的统一结构。在 Windows 中，可以有多个逻辑盘，如 C、D、E 等，每个盘可以被格式化为一种不同的文件系统，常见的文件系统有 FAT32 和 NTFS。在 Linux 中，只有一个逻辑的根目录，用斜线 / 表示。Linux 支持多种不同的文件系统，如 Ext2/Ext3/Ext4 等。不同的文件系统有不同的文件组织方式、结构和特点，不过，一般编程时，语言和类库为我们提供了统一的 API，我们并不需要关心其细节。

在逻辑上，Windows 中有多个根目录，Linux 中有一个根目录，每个根目录下有一棵子目录和文件构成的树。每个文件都有**文件路径**的概念，路径有两种形式：一种是**绝对路径**，另一种是**相对路径**。

所谓绝对路径，是从根目录开始到当前文件的完整路径，在 Windows 中，目录之间用反斜线分隔，如 C:\code\hello.java，在 Linux 中，目录之间用斜线分隔，如 /Users/laoma/Desktop/code/hello.java。在 Java 中，java.io.File 类定义了一个静态变量 File.separator，表示路径分隔符，编程时应使用该变量而避免硬编码。

所谓相对路径，是相对于**当前目录**而言的。在命令行终端上，通过 cd 命令进入的目录就是当前目录；在 Java 中，通过 System.getProperty("user.dir") 可以得到运行 Java 程序的当前目录。相对路径不以根目录开头，比如在 Windows 上，当前目录为 D:\laoma，相对路径为 code\hello.java，则完整路径为 D:\laoma\code\hello.java。

每个文件除了有具体内容，还有**元数据信息**，如文件名、创建时间、修改时间、文件大小等。文件还有一个**是否隐藏**的性质。在 Linux 系统中，如果文件名以 . 开头，则为隐藏文件；在 Windows 系统中，隐藏是文件的一个属性，可以进行设置。

大部分文件系统的文件和目录具有**访问权限**的概念，对所有者、用户组可以有不同的权限，具体权限包括读、写、执行。

文件名有**大小写是否敏感**的概念。在 Windows 系统中，一般是大小写不敏感的，而 Linux 则一般是大小写敏感的。也就是说，同一个目录下，abc.txt 和 ABC.txt 在 Windows 中被视为同一个文件，而在 Linux 中则被视为不同的文件。

操作系统中有一个**临时文件**的概念。临时文件位于一个特定目录，比如 Windows 7 中，临时文件一般位于 " C:\Users\ 用户名 \AppData\Local\Temp"；Linux 系统中，临时文件位于 /tmp。操作系统会有一定的策略自动清理不用的临时文件。临时文件一般不是用户手工创建的，而是应用程序产生的，用于临时目的。

5. 文件读写

文件是放在硬盘上的，程序处理文件需要将文件读入内存，修改后，需要写回硬盘。操作系统提供了对文件读写的基本 API，不同操作系统的接口和实现是不一样的，不过，有一些共同的概念。Java 封装了操作系统的功能，提供了统一的 API。

一个基本常识是：**硬盘的访问延时，相比内存，是很慢的**。操作系统和硬盘一般是按块批量传输，而不是按字节，以摊销延时开销，块大小一般至少为 512 字节，即使应用程序只需要文件的一个字节，操作系统也会至少将一个块读进来。一般而言，应尽量减少接触硬盘，接触一次，就一次多做一些事情。对于网络请求和其他输入输出设备，原则都是类似的。

另一个基本常识是：**一般读写文件需要两次数据复制**，比如读文件，需要先从硬盘复制到操作系统内核，再从内核复制到应用程序分配的内存中。操作系统运行所在的环境和应用程序是不一样的，操作系统所在的环境是内核态，应用程序是用户态，应用程序调用操作系统的功能，需要两次环境的切换，先从用户态切到内核态，再从内核态切到用户态。

这种用户态 / 内核态的切换是有开销的，应尽量减少这种切换。

为了提升文件操作的效率，应用程序经常使用一种常见的策略，即**使用缓冲区**。读文件时，即使目前只需要少量内容，但预知还会接着读取，就一次读取比较多的内容，放到读缓冲区，下次读取时，如果缓冲区有，就直接从缓冲区读，减少访问操作系统和硬盘。写文件时，先写到写缓冲，写缓冲区满了之后，再一次性调用操作系统写到硬盘。不过，需要注意的是，在写结束的时候，要记住将缓冲区的剩余内容同步到硬盘。操作系统自身也会使用缓冲区，不过，应用程序更了解读写模式，恰当使用往往可以有更高的效率。

操作系统操作文件**一般有打开和关闭的概念**。打开文件会在操作系统内核建立一个有关该文件的内存结构，这个结构一般通过一个整数索引来引用，这个索引一般称为**文件描述符**。这个结构是消耗内存的，操作系统能同时打开的文件一般也是有限的，在不用文件的时候，应该记住**关闭文件**。关闭文件一般会同步缓冲区内容到硬盘，并释放占据的内存结构。

操作系统一般支持一种称为**内存映射文件**的高效的随机读写大文件的方法，将文件直接映射到内存，操作内存就是操作文件。在内存映射文件中，只有访问到的数据才会被实际复制到内存，且数据只会复制一次，被操作系统以及多个应用程序共享。

13.1.2 Java 文件概述

在 Java 中处理文件有一些基本概念和类，包括流、装饰器设计模式、Reader/Writer、随机读写文件、File、NIO、序列化和反序列化，下面分别介绍。

1. 流

在 Java 中（很多其他语言也类似），文件一般不是单独处理的，而是视为输入输出（Input/Output，IO）设备的一种。Java 使用基本统一的概念处理所有的 IO，包括键盘、显示终端、网络等。

这个统一的概念是**流**，流有**输入流**和**输出流**之分。输入流就是可以从中获取数据，输入流的实际提供者可以是键盘、文件、网络等；输出流就是可以向其中写入数据，输出流的实际目的地可以是显示终端、文件、网络等。

Java IO 的基本类大多位于包 java.io 中。类 InputStream 表示输入流，OutputStream 表示输出流，而 FileInputStream 表示文件输入流，FileOutputStream 表示文件输出流。

有了流的概念，就有了很多面向流的代码，比如对流做加密、压缩、计算信息摘要、计算检验和等，这些代码接受的参数和返回结果都是抽象的流，**它们构成了一个协作体系，这类似于之前介绍的接口概念、面向接口的编程，以及容器类协作体系。**一些实际上不是 IO 的数据源和目的地也转换为了流，以方便参与这种协作，比如字节数组，也包装为了流 ByteArrayInputStream 和 ByteArrayOutputStream。

2. 装饰器设计模式

基本的流按字节读写，没有缓冲区，这不方便使用。Java 解决这个问题的方法是使用

装饰器设计模式，引入了很多装饰类，对基本的流增加功能，以方便使用。一般一个类只关注一个方面，实际使用时，经常会需要多个装饰类。

Java 中有很多装饰类，有两个基类：过滤器输入流 FilterInputStream 和过滤器输出流 FilterOutputStream。过滤类似于自来水管道，流入的是水，流出的也是水，功能不变，或者只是增加功能。它有很多子类，这里列举一些：

1）对流起缓冲装饰的子类是 BufferedInputStream 和 BufferedOutputStream。

2）可以按 8 种基本类型和字符串对流进行读写的子类是 DataInputStream 和 DataOutput-Stream。

3）可以对流进行压缩和解压缩的子类有 GZIPInputStream、ZipInputStream、GZIPOutput-Stream 和 ZipOutputStream。

4）可以将基本类型、对象输出为其字符串表示的子类有 PrintStream。

众多的装饰类使得整个类结构变得比较复杂，完成基本的操作也需要比较多的代码；其优点是非常灵活，在解决某些问题时也很优雅。

3. Reader/Writer

以 InputStream/OutputStream 为基类的流基本都是以二进制形式处理数据的，不能够方便地处理文本文件，没有编码的概念，能够方便地按字符处理文本数据的基类是 Reader 和 Writer，它也有很多子类：

1）读写文件的子类是 FileReader 和 FileWriter。

2）起缓冲装饰的子类是 BufferedReader 和 BufferedWriter。

3）将字符数组包装为 Reader/Writer 的子类是 CharArrayReader 和 CharArrayWriter。

4）将字符串包装为 Reader/Writer 的子类是 StringReader 和 StringWriter。

5）将 InputStream/OutputStream 转换为 Reader/Writer 的子类是 InputStreamReader 和 OutputStreamWriter。

6）将基本类型、对象输出为其字符串表示的子类是 PrintWriter。

4. 随机读写文件

大部分情况下，使用流或 Reader/Writer 读写文件内容，但 Java 提供了一个独立的可以随机读写文件的类 RandomAccessFile，适用于大小已知的记录组成的文件。该类在日常应用开发中用得比较少，但在一些系统程序中用得比较多。

5. File

上面介绍的都是操作数据本身，而关于文件路径、文件元数据、文件目录、临时文件、访问权限管理等，Java 使用 File 这个类来表示。

6. NIO

以上介绍的类基本都位于包 java.io 下，Java 还有一个关于 IO 操作的包 java.nio，nio 表示 New IO，这个包下同样包含大量的类。

NIO 代表一种不同的看待 IO 的方式，它有缓冲区和通道的概念。利用缓冲区和通道往往可以达成和流类似的目的，不过，它们更接近操作系统的概念，某些操作的性能也更高。比如，复制文件到网络，通道可以利用操作系统和硬件提供的 DMA 机制（Direct Memory Access，直接内存存取），不用 CPU 和应用程序参与，直接将数据从硬盘复制到网卡。

除了看待方式不同，**NIO 还支持一些比较底层的功能，如内存映射文件、文件加锁、自定义文件系统、非阻塞式 IO、异步 IO 等。**

不过，这些功能要么是比较底层，普通应用程序用到得比较少，要么主要适用于网络 IO 操作，我们大多不会介绍，只会介绍内存映射文件。

7. 序列化和反序列化

简单来说，序列化就是将内存中的 Java 对象持久保存到一个流中，反序列化就是从流中恢复 Java 对象到内存。序列化和反序列化主要有两个用处：一是对象状态持久化，二是网络远程调用，用于传递和返回对象。

Java 主要通过接口 Serializable 和类 ObjectInputStream/ObjectOutputStream 提供对序列化的支持，基本的使用是比较简单的，但也有一些复杂的地方。不过，Java 的默认序列化有一些缺点，比如，序列化后的形式比较大、浪费空间，序列化 / 反序列化的性能也比较低，更重要的问题是，它是 Java 特有的技术，不能与其他语言交互。

XML 是前几年最为流行的描述结构性数据的语言和格式，Java 对象也可以序列化为 XML 格式。XML 容易阅读和编辑，且可以方便地与其他语言进行交互。XML 强调格式化但比较 "笨重"，JSON 是近几年来逐渐流行的轻量级的数据交换格式，在很多场合替代了 XML，也非常容易阅读和编辑。Java 对象也可以序列化为 JSON 格式，且与其他语言进行交互。

XML 和 JSON 都是文本格式，人容易阅读，但占用的空间相对大一些，在只用于网络远程调用的情况下，有很多流行的、跨语言的、精简且高效的对象序列化机制，如 ProtoBuf、Thrift、MessagePack 等。其中，MessagePack 是二进制形式的 JSON，更小更快。

文件看起来是一件非常简单的事情，但实际却没有那么简单，Java 的设计也不是太完美，包含了大量的类，这使得对于文件的理解变得困难。为便于理解，我们将采用以下思路在接下来的章节中进行探讨。

首先，我们介绍如何处理二进制文件，或者将所有文件看作二进制，介绍如何操作，对于常见操作，我们会封装，提供一些简单易用的方法。下一步，我们介绍如何处理文本文件，我们会考虑编码、按行处理等，同样，对于常见操作，我们会封装，提供简单易用的方法。接下来，我们介绍文件本身和目录操作 File 类，我们也会封装常见操作。以上这些内容是文件处理的基本技术，我们会在本章进行讨论。

在日常编程中，我们经常会需要处理一些具体类型的文件，如属性文件、CSV 文件、Excel 文件、HTML 文件和压缩文件，直接使用字节流 / 字符流来处理一般是很不方便的，往往有一些更为高层的 API，关于这些，我们下章介绍。此外，下章还会介绍比较底层的对文件的操作 RandomAccessFile 类、内存映射文件，以及序列化。文件看上去应该很简单，但实际却包含很多内容，让我们耐住性子，下一节，先从二进制开始。

13.2　二进制文件和字节流

本节介绍在 Java 中如何以二进制字节的方式来处理文件，前面我们提到 Java 中有流的概念，以二进制方式读写的主要流有：

❑ InputStream/OutputStream：这是基类，它们是抽象类。

❑ FileInputStream/FileOutputStream：输入源和输出目标是文件的流。

❑ ByteArrayInputStream/ByteArrayOutputStream：输入源和输出目标是字节数组的流。

❑ DataInputStream/DataOutputStream：装饰类，按基本类型和字符串而非只是字节读写流。

❑ BufferedInputStream/BufferedOutputStream：装饰类，对输入输出流提供缓冲功能。

下面，我们就来介绍这些类的功能、用法、原理和使用场景，最后总结一些简单的实用方法。

13.2.1　InputStream/OutputStream

我们分别看下 InputStream 和 OutputStream。

1. InputStream

（1）InputStream 的基本方法

InputStream 是抽象类，主要方法是：

```
public abstract int read() throws IOException;
```

read 方法从流中读取下一个字节，返回类型为 int，但取值为 0～255，当读到流结尾的时候，返回值为 –1，如果流中没有数据，read 方法会阻塞直到数据到来、流关闭或异常出现。异常出现时，read 方法抛出异常，类型为 IOException，这是一个受检异常，调用者必须进行处理。read 是一个抽象方法，具体子类必须实现，FileInputStream 会调用本地方法。所谓本地方法，一般不是用 Java 写的，大多使用 C 语言实现，具体实现往往与虚拟机和操作系统有关。

InputStream 还有如下方法，可以一次读取多个字节：

```
public int read(byte b[]) throws IOException
```

读入的字节放入参数数组 b 中，第一个字节存入 b[0]，第二个存入 b[1]，以此类推，一次最多读入的字节个数为数组 b 的长度，但实际读入的个数可能小于数组长度，返回值为实际读入的字节个数。如果刚开始读取时已到流结尾，则返回 –1；否则，只要数组长度大于 0，该方法都会尽力至少读取一个字节，如果流中一个字节都没有，它会阻塞，异常出现时也是抛出 IOException。该方法不是抽象方法，InputStream 有一个默认实现，主要就是循环调用读一个字节的 read 方法，但子类如 FileInputStream 往往会提供更为高效的实现。

批量读取还有一个更为通用的重载方法：

```
public int read(byte b[], int off, int len) throws IOException
```

读入的第一个字节放入 b[off]，最多读取 len 个字节，read(byte b[]) 就是调用了该方法：

```
public int read(byte b[]) throws IOException {
    return read(b, 0, b.length);
}
```

流读取结束后，应该关闭，以释放相关资源，关闭方法为：

```
public void close() throws IOException
```

不管 read 方法是否抛出了异常，都应该调用 close 方法，所以 close 方法通常应该放在 finally 语句内。close 方法自己可能也会抛出 IOException，但通常可以捕获并忽略。

（2）InputStream 的高级方法

InputStream 还定义了如下方法：

```
public long skip(long n) throws IOException
public int available() throws IOException
public synchronized void mark(int readlimit)
public boolean markSupported()
public synchronized void reset() throws IOException
```

skip 跳过输入流中 n 个字节，因为输入流中剩余的字节个数可能不到 n，所以返回值为实际略过的字节个数。InputStream 的默认实现就是尽力读取 n 个字节并扔掉，子类往往会提供更为高效的实现，FileInputStream 会调用本地方法。在处理数据时，对于不感兴趣的部分，skip 往往比读取然后扔掉的效率要高。

available 返回下一次不需要阻塞就能读取到的大概字节个数。InputStream 的默认实现是返回 0，子类会根据具体情况返回适当的值，FileInputStream 会调用本地方法。在文件读写中，这个方法一般没什么用，但在从网络读取数据时，可以根据该方法的返回值在网络有足够数据时才读，以避免阻塞。

一般的流读取都是一次性的，且只能往前读，不能往后读，但有时可能希望能够先看一下后面的内容，根据情况再重新读取。比如，处理一个未知的二进制文件，我们不确定它的类型，但可能可以通过流的前几十个字节判断出来，判读出来后，再重置到流开头，交给相应类型的代码进行处理。

InputStream 定义了三个方法：mark、reset、markSupported，用于支持从读过的流中重复读取。怎么重复读取呢？先使用 mark() 方法将当前位置标记下来，在读取了一些字节，希望重新从标记位置读时，调用 reset 方法。能够重复读取不代表能够回到任意的标记位置，mark 方法有一个参数 readLimit，表示在设置了标记后，能够继续往后读的最多字节数，如果超过了，标记会无效。为什么会这样呢？因为之所以能够重读，是因为流能够将从标记位置开始的字节保存起来，而保存消耗的内存不能无限大，流只保证不会小于 readLimit。

不是所有流都支持 mark、reset 方法，是否支持可以通过 markSupported 的返回值进行判断。InpuStream 的默认实现是不支持，FileInputStream 也不直接支持，但 BufferedInput-Stream 和 ByteArrayInputStream 可以支持。

2. OutputStream

OutputStream 的基本方法是：

```
public abstract void write(int b) throws IOException;
```

向流中写入一个字节，参数类型虽然是 int，但其实只会用到最低的 8 位。这个方法是抽象方法，具体子类必须实现，FileInputStream 会调用本地方法。

OutputStream 还有两个批量写入的方法：

```
public void write(byte b[]) throws IOException
public void write(byte b[], int off, int len) throws IOException
```

在第二个方法中，第一个写入的字节是 b[off]，写入个数为 len，最后一个是 b[off+len−1]，第一个方法等同于调用 write(b, 0, b.length);。OutputStream 的默认实现是循环调用单字节的 write() 方法，子类往往有更为高效的实现，FileOutpuStream 会调用对应的批量写本地方法。

OutputStream 还有两个方法：

```
public void flush() throws IOException
public void close() throws IOException
```

flush 方法将缓冲而未实际写的数据进行实际写入，比如，在 BufferedOutputStream 中，调用 flush 方法会将其缓冲区的内容写到其装饰的流中，并调用该流的 flush 方法。基类 OutputStream 没有缓冲，flush 方法代码为空。

需要说明的是文件输出流 FileOutputStream，你可能会认为，调用 flush 方法会强制确保数据保存到硬盘上，但实际上不是这样，FileOutputStream 没有缓冲，没有重写 flush 方法，调用 flush 方法没有任何效果，数据只是传递给了操作系统，但操作系统什么时候保存到硬盘上，这是不一定的。要确保数据保存到了硬盘上，可以调用 FileOutputStream 中的特有方法，具体待会介绍。

close 方法一般会首先调用 flush 方法，然后再释放流占用的系统资源。同 InputStream 一样，close 方法一般应该放在 finally 语句内。

13.2.2　FileInputStream/FileOutputStream

FileInputStream 和 FileOutputStream 的输入源和输出目标是文件，我们分别介绍。

1. FileOutputStream

FileOutputStream 有多个构造方法，其中两个如下所示：

```
public FileOutputStream(File file, boolean append)
             throws FileNotFoundException
public FileOutputStream(String name) throws FileNotFoundException
```

File 类型的参数 file 和字符串的类型的参数 name 都表示文件路径，路径可以是绝对路径，也可以是相对路径，如果文件已存在，append 参数指定是追加还是覆盖，true 表示追加，false 表示覆盖，第二个构造方法没有 append 参数，表示覆盖。new 一个 FileOutputStream 对象会实际打开文件，操作系统会分配相关资源。如果当前用户没有写权限，会抛出异常 SecurityException，它是一种 RuntimeException。如果指定的文件是一个已存在的目录，或者由于其他原因不能打开文件，会抛出异常 FileNotFoundException，它是 IOException 的一个子类。

我们看一段简单的代码，将字符串 "hello, 123, 老马 " 写到文件 hello.txt 中：

```
OutputStream output =  new FileOutputStream("hello.txt");
try{
    String data = "hello, 123, 老马";
    byte[] bytes = data.getBytes(Charset.forName("UTF-8"));
    output.write(bytes);
}finally{
    output.close();
}
```

OutputStream 只能以 byte 或 byte 数组写文件，为了写字符串，我们调用 String 的 get-Bytes 方法得到它的 UTF-8 编码的字节数组，再调用 write() 方法，写的过程放在 try 语句内，在 finally 语句中调用 close 方法。

FileOutputStream 还有两个额外的方法：

```
public FileChannel getChannel()
public final FileDescriptor getFD()
```

FileChannel 定义在 java.nio 中，表示文件通道概念。我们不会深入介绍通道，但内存映射文件方法定义在 FileChannel 中，我们会在下章介绍。FileDescriptor 表示文件描述符，它与操作系统的一些文件内存结构相连，在大部分情况下，我们不会用到它，不过它有一个方法 sync：

```
public native void sync() throws SyncFailedException;
```

这是一个本地方法，它会确保将操作系统缓冲的数据写到硬盘上。注意与 Output-Stream 的 flush 方法相区别，flush 方法只能将应用程序缓冲的数据写到操作系统，sync 方法则确保数据写到硬盘，不过一般情况下，我们并不需要手工调用它，只要操作系统和硬件设备没问题，数据迟早会写入。在一定特定情况下，一定需要确保数据写入硬盘，则可以调用该方法。

2. FileInputStream

FileInputStream 的主要构造方法有：

```
public FileInputStream(String name) throws FileNotFoundException
public FileInputStream(File file) throws FileNotFoundException
```

参数与 FileOutputStream 类似，可以是文件路径或 File 对象，但必须是一个已存在的文件，不能是目录。new 一个 FileInputStream 对象也会实际打开文件，操作系统会分配相关资源，如果文件不存在，会抛出异常 FileNotFoundException，如果当前用户没有读的权限，会抛出异常 SecurityException。我们看一段简单的代码，将上面写入的文件 "hello.txt" 读到内存并输出：

```
InputStream input = new FileInputStream("hello.txt");
try{
    byte[] buf = new byte[1024];
    int bytesRead = input.read(buf);
    String data = new String(buf, 0, bytesRead, "UTF-8");
    System.out.println(data);
}finally{
    input.close();
}
```

读入到的是 byte 数组，我们使用 String 的带编码参数的构造方法将其转换为了 String。这段代码假定一次 read 调用就读到了所有内容，且假定字节长度不超过 1024。为了确保读到所有内容，可以逐个字节读取直到文件结束：

```
int b = -1;
int bytesRead = 0;
while((b=input.read())!=-1){
    buf[bytesRead++] = (byte)b;
}
```

在没有缓冲的情况下逐个字节读取性能很低，可以使用批量读入且确保读到结尾，如下所示：

```
byte[] buf = new byte[1024];
int off = 0;
int bytesRead = 0;
while((bytesRead=input.read(buf, off, 1024-off ))!=-1){
    off += bytesRead;
}
String data = new String(buf, 0, off, "UTF-8");
```

不过，这还是假定文件内容长度不超过一个固定的大小 1024。如果不确定文件内容的长度，但不希望一次性分配过大的 byte 数组，又希望将文件内容全部读入，怎么做呢？可以借助 ByteArrayOutputStream，我们下面进行介绍。

13.2.3　ByteArrayInputStream/ByteArrayOutputStream

它们的输入源和输出目标是字节数组，我们分别介绍。

1. ByteArrayOutputStream

ByteArrayOutputStream 的输出目标是一个 byte 数组，这个数组的长度是根据数据内容动态扩展的，它有两个构造方法：

```
public ByteArrayOutputStream()
public ByteArrayOutputStream(int size)
```

第二个构造方法中的 size 指定的就是初始的数组大小，如果没有指定，则长度为 32。在调用 write 方法的过程中，如果数组大小不够，会进行扩展，扩展策略同样是指数扩展，每次至少增加一倍。

ByteArrayOutputStream 有如下方法，可以方便地将数据转换为字节数组或字符串：

```
public synchronized byte[] toByteArray()
public synchronized String toString()
public synchronized String toString(String charsetName)
```

toString() 方法使用系统默认编码。

ByteArrayOutputStream 中的数据也可以方便地写到另一个 OutputStream：

```
public synchronized void writeTo(OutputStream out) throws IOException
```

ByteArrayOutputStream 还有如下额外方法：

```
public synchronized int size()
public synchronized void reset()
```

size 方法返回当前写入的字节个数。reset 方法重置字节个数为 0，reset 后，可以重用已分配的数组。

使用 ByteArrayOutputStream，我们可以改进前面的读文件代码，确保将所有文件内容读入：

```
InputStream input = new FileInputStream("hello.txt");
try{
    ByteArrayOutputStream output = new ByteArrayOutputStream();
    byte[] buf = new byte[1024];
    int bytesRead = 0;
    while((bytesRead=input.read(buf))!=-1){
        output.write(buf, 0, bytesRead);
    }
    String data = output.toString("UTF-8");
    System.out.println(data);
}finally{
    input.close();
}
```

读入的数据先写入 ByteArrayOutputStream 中，读完后，再调用其 toString 方法获取完整数据。

2. ByteArrayInputStream

ByteArrayInputStream 将 byte 数组包装为一个输入流，是一种适配器模式，它的构造方法有：

```
public ByteArrayInputStream(byte buf[])
public ByteArrayInputStream(byte buf[], int offset, int length)
```

第二个构造方法以 buf 中 offset 开始的 length 个字节为背后的数据。ByteArrayInput-Stream 的所有数据都在内存，支持 mark/reset 重复读取。

为什么要将 byte 数组转换为 InputStream 呢？这与容器类中要将数组、单个元素转换为容器接口的原因是类似的，有很多代码是以 InputStream/OutputSteam 为参数构建的，它们构成了一个协作体系，将 byte 数组转换为 InputStream 可以方便地参与这种体系，复用代码。

13.2.4　DataInputStream/DataOutputStream

上面介绍的类都只能以字节为单位读写，如何以其他类型读写呢？比如 int、double。可以使用 DataInputStream/DataOutputStream，它们都是装饰类。

1. DataOutputStream

DataOutputStream 是装饰类基类 FilterOutputStream 的子类，FilterOutputStream 是 Output-Stream 的子类，它的构造方法是：

```
public FilterOutputStream(OutputStream out)
```

它接受一个已有的 OutputStream，基本上将所有操作都代理给了它。DataOutputStream 实现了 DataOutput 接口，可以以各种基本类型和字符串写入数据，部分方法如下：

```
void writeBoolean(boolean v) throws IOException;
void writeInt(int v) throws IOException;
void writeUTF(String s) throws IOException;
```

在写入时，DataOutputStream 会将这些类型的数据转换为其对应的二进制字节，比如：

1）writeBoolean：写入一个字节，如果值为 true，则写入 1，否则 0。

2）writeInt：写入 4 个字节，最高位字节先写入，最低位最后写入。

3）writeUTF：将字符串的 UTF-8 编码字节写入，这个编码格式与标准的 UTF-8 编码略有不同，不过，我们不用关心这个细节。

与 FilterOutputStream 一样，DataOutputStream 的构造方法也是接受一个已有的 Output-Stream：

```
public DataOutputStream(OutputStream out)
```

我们来看一个例子，保存一个学生列表到文件中，学生类的定义为：

```
class Student {
    String name;
    int age;
    double score;
    //省略构造方法和getter/setter方法
}
```

学生列表内容为：

```
List<Student> students = Arrays.asList(new Student[]{
        new Student("张三", 18, 80.9d), new Student("李四", 17, 67.5d)
});
```

将该列表内容写到文件 students.dat 中的代码可以为：

```
public static void writeStudents(List<Student> students) throws IOException{
    DataOutputStream output = new DataOutputStream(
            new FileOutputStream("students.dat"));
    try{
        output.writeInt(students.size());
        for(Student s : students){
            output.writeUTF(s.getName());
            output.writeInt(s.getAge());
            output.writeDouble(s.getScore());
        }
    }finally{
        output.close();
    }
}
```

我们先写了列表的长度，然后针对每个学生、每个字段，根据其类型调用了相应的 write
方法。

2. DataInputStream

DataInputStream 是装饰类基类 FilterInputStream 的子类，FilterInputStream 是 Input-Stream 的子类。DataInputStream 实现了 DataInput 接口，可以以各种基本类型和字符串读取数据，部分方法有：

```
boolean readBoolean() throws IOException;
int readInt() throws IOException;
String readUTF() throws IOException;
```

在读取时，DataInputStream 会先按字节读进来，然后转换为对应的类型。

DataInputStream 的构造方法接受一个 InputStream：

```
public DataInputStream(InputStream in)
```

还是以上面的学生列表为例，我们来看怎么从文件中读进来：

```
public static List<Student> readStudents() throws IOException{
    DataInputStream input = new DataInputStream(
```

```
            new FileInputStream("students.dat"));
    try{
        int size = input.readInt();
        List<Student> students = new ArrayList<Student>(size);
        for(int i=0; i<size; i++){
            Student s = new Student();
            s.setName(input.readUTF());
            s.setAge(input.readInt());
            s.setScore(input.readDouble());
            students.add(s);
        }
        return students;
    }finally{
        input.close();
    }
}
```

读基本是写的逆过程，代码比较简单，就不赘述了。使用 DataInputStream/DataOutput-Stream 读写对象，非常灵活，但比较麻烦，所以 Java 提供了序列化机制，我们在下章介绍。

13.2.5　BufferedInputStream/BufferedOutputStream

FileInputStream/FileOutputStream 是没有缓冲的，按单个字节读写时性能比较低，虽然可以按字节数组读取以提高性能，但有时必须要按字节读写，怎么解决这个问题呢？方法是将文件流包装到缓冲流中。BufferedInputStream 内部有个字节数组作为缓冲区，读取时，先从这个缓冲区读，缓冲区读完了再调用包装的流读，它的构造方法有两个：

```
public BufferedInputStream(InputStream in)
public BufferedInputStream(InputStream in, int size)
```

size 表示缓冲区大小，如果没有，默认值为 8192。除了提高性能，BufferedInputStream 也支持 mark/reset，可以重复读取。与 BufferedInputStream 类似，BufferedOutputStream 的构造方法也有两个，默认的缓冲区大小也是 8192，它的 flush 方法会将缓冲区的内容写到包装的流中。

在使用 FileInputStream/FileOutputStream 时，应该几乎总是在它的外面包上对应的缓冲类，如下所示：

```
InputStream input = new BufferedInputStream(
    new FileInputStream("hello.txt"));
OutputStream output =  new BufferedOutputStream(
    new FileOutputStream("hello.txt"));
```

再比如：

```
DataOutputStream output = new DataOutputStream(
        new BufferedOutputStream(new FileOutputStream("students.dat")));
```

```
DataInputStream input = new DataInputStream(
        new BufferedInputStream(new FileInputStream("students.dat")));
```

13.2.6　实用方法

可以看出，即使只是按二进制字节读写流，Java 也包括了很多的类，虽然很灵活，但对于一些简单的需求，却需要写很多代码。实际开发中，经常需要将一些常用功能进行封装，提供更为简单的接口。下面我们提供一些实用方法，以供参考，这些代码都比较简单易懂，我们就不解释了。

复制输入流的内容到输出流，代码为：

```
public static void copy(InputStream input,
        OutputStream output) throws IOException{
    byte[] buf = new byte[4096];
    int bytesRead = 0;
    while((bytesRead = input.read(buf))!=-1){
        output.write(buf, 0, bytesRead);
    }
}
```

实际上，在 Java 9 中，InputStream 类增加了一个方法 transferTo，可以实现相同功能，实现是类似的，具体代码为：

```
public long transferTo(OutputStream out) throws IOException {
    Objects.requireNonNull(out, "out");
    long transferred = 0;
    byte[] buffer = new byte[DEFAULT_BUFFER_SIZE]; //buf大小是8192
    int read;
    while((read = this.read(buffer, 0, DEFAULT_BUFFER_SIZE)) >= 0) {
        out.write(buffer, 0, read);
        transferred += read;
    }
    return transferred;
}
```

将文件读入字节数组，这个方法调用了上面的复制方法，具体代码为：

```
public static byte[] readFileToByteArray(String fileName) throws IOException{
    InputStream input = new FileInputStream(fileName);
    ByteArrayOutputStream output = new ByteArrayOutputStream();
    try{
        copy(input, output);
        return output.toByteArray();
    }finally{
        input.close();
    }
}
```

将字节数组写到文件，代码为：

```
public static void writeByteArrayToFile(String fileName,
        byte[] data) throws IOException{
    OutputStream output = new FileOutputStream(fileName);
    try{
        output.write(data);
    }finally{
        output.close();
    }
}
```

Apache 有一个类库 Commons IO，里面提供了很多简单易用的方法，实际开发中，可以考虑使用。

13.2.7　小结

本节介绍了如何在 Java 中以二进制字节的方式读写文件，介绍了主要的流。

1）InputStream/OutputStream：是抽象基类，有很多面向流的代码，以它们为参数，比如本节介绍的 copy 方法。

2）FileInputStream/FileOutputStream：流的源和目的地是文件。

3）ByteArrayInputStream/ByteArrayOutputStream：源和目的地是字节数组，作为输入相当于适配器，作为输出封装了动态数组，便于使用。

4）DataInputStream/DataOutputStream：装饰类，按基本类型和字符串读写流。

5）BufferedInputStream/BufferedOutputStream：装饰类，提供缓冲，FileInputStream/FileOutputStream 一般总是应该用该类装饰。

最后，我们提供了一些实用方法，以方便常见的操作，在实际开发中，可以考虑使用专门的类库，如 Apache Commons IO (http://commons.apache.org/proper/commons-io/)。本节完整的代码在 github 上，地址为 https://github.com/swiftma/program-logic，位于包 shuo.laoma. file.c57 下。

13.3　文本文件和字符流

上节介绍了如何以字节流的方式处理文件，对于文本文件，字节流没有编码的概念，不能按行处理，使用不太方便，更适合的是使用字符流，本节就来介绍字符流。

我们首先简要介绍文本文件的基本概念、与二进制文件的区别、编码，以及字符流和字节流的区别，然后介绍 Java 中的主要字符流，它们有：

1）Reader/Writer：字符流的基类，它们是抽象类；

2）InputStreamReader/OutputStreamWriter：适配器类，将字节流转换为字符流；

3）FileReader/FileWriter：输入源和输出目标是文件的字符流；

4）CharArrayReader/CharArrayWriter: 输入源和输出目标是 char 数组的字符流；

5）StringReader/StringWriter：输入源和输出目标是 String 的字符流；

6）BufferedReader/BufferedWriter：装饰类，对输入 / 输出流提供缓冲，以及按行读写功能；

7）PrintWriter：装饰类，可将基本类型和对象转换为其字符串形式输出的类。

除了这些类，Java 中还有一个类 Scanner，类似于一个 Reader，但不是 Reader 的子类，可以读取基本类型的字符串形式，类似于 PrintWriter 的逆操作。理解了字节流和字符流后，我们介绍 Java 中的标准输入输出和错误流。最后，我们总结一些简单的实用方法。

13.3.1 基本概念

我们先来看一些基本概念，包括文本文件、编码和字符流。

1. 文本文件

上节提到，**处理文件要有二进制思维**。从二进制角度，我们通过一个简单的例子解释下文本文件与二进制文件的区别。比如，要存储整数 123，使用二进制形式保存到文件 test.dat，代码为：

```
DataOutputStream output = new DataOutputStream(
    new FileOutputStream("test.dat"));
try{
    output.writeInt(123);
}finally{
    output.close();
}
```

使用 UltraEdit 打开该文件，显示的却是：

{

打开十六进制编辑器，显示如图 13-3 所示。

图 13-3 整数 123 的二进制存储

在文件中存储的实际有 4 个字节，最低位字节 7B 对应的十进制数是 123，也就是说，对 int 类型，二进制文件保存的直接就是 int 的二进制形式。这个二进制形式，如果当成字符来解释，显示成什么字符则与编码有关，如果当成 UTF-32BE 编码，解释成的就是一个字符，即 {。

如果使用文本文件保存整数 123，则代码为：

```
OutputStream output = new FileOutputStream("test.txt");
try{
```

```
        String data = Integer.toString(123);
        output.write(data.getBytes("UTF-8"));
    }finally{
        output.close();
    }
```

代码将整数 123 转换为字符串，然后将它的 UTF-8 编码输出到了文件中，使用 Ultra-Edit 打开该文件，显示的就是期望的：

123

打开十六进制编辑器，显示如图 13-4 所示。

图 13-4　整数 123 的文本存储

文件中实际存储的有三个字节：31、32、33，对应的十进制数分别是 49、50、51，分别对应字符 '1'、'2'、'3' 的 ASCII 编码。

2. 编码

在文本文件中，编码非常重要，同一个字符，不同编码方式对应的二进制形式可能是不一样的。我们看个例子，对同样的文本：

hello, 123, 老马

1）UTF-8 编码，十六进制如图 13-5 所示。

```
00000000h: 68 65 6C 6C 6F 2C 20 31 32 33 2C 20 E8 80 81 E9 ; hello, 123, è..é
00000010h: A9 AC                                           ; ©¬
```

图 13-5　示例文本的 UTF-8 编码

英文和数字字符每个占一个字节，而每个中文占三个字节。

2）GB18030 编码，十六进制如图 13-6 所示。

```
00000000h: 68 65 6C 6C 6F 2C 20 31 32 33 2C 20 C0 CF C2 ED ; hello, 123, ÀÏÂí
00000010h:                                                 ;
```

图 13-6　示例文本的 GB18030 编码

英文和数字字符与 UTF-8 编码是一样的，但中文不一样，每个中文占两个字节。

3）UTF-16BE 编码，十六进制为如图 13-7 所示。

```
00000000h: 00 68 00 65 00 6C 00 6C 00 6F 00 2C 00 20 00 31 ; .h.e.l.l.o.,. .1
00000010h: 00 32 00 33 00 2C 00 20 80 01 9A 6C             ; .2.3.,. ...l
```

图 13-7　示例文本的 UTF-16BE 编码

无论是英文还是中文字符，每个字符都占两个字节。UTF-16BE 也是 Java 内存中对字符的编码方式。

3. 字符流

字节流是按字节读取的，而**字符流则是按 char 读取的**，一个 char 在文件中保存的是几个字节与编码有关，但字符流封装了这种细节，我们操作的对象就是 char。

需要说明的是，**一个 char 不完全等同于一个字符**，对于绝大部分字符，一个字符就是一个 char，但我们之前介绍过，对于增补字符集中的字符，需要两个 char 表示，对于这种字符，Java 中的字符流是按 char 而不是一个完整字符处理的。

理解了文本文件、编码和字符流的概念，我们再来看 Java 中的相关类，从基类开始。

13.3.2 Reader/Writer

Reader 与字节流的 InputStream 类似，也是抽象类，部分主要方法有：

```
public int read() throws IOException
public int read(char cbuf[]) throws IOException
abstract public void close() throws IOException
public long skip(long n) throws IOException
public boolean ready() throws IOException
```

方法的名称和含义与 InputStream 中的对应方法基本类似，但 Reader 中处理的单位是 char，比如 read 读取的是一个 char，取值范围为 0～65 535。Reader 没有 available 方法，对应的方法是 ready()。

Writer 与字节流的 OutputStream 类似，也是抽象类，部分主要方法有：

```
public void write(int c)
public void write(char cbuf[])
public void write(String str) throws IOException
abstract public void close() throws IOException;
abstract public void flush() throws IOException;
```

含义与 OutputStream 的对应方法基本类似，但 Writer 处理的单位是 char，Writer 还接受 String 类型，我们知道，String 的内部就是 char 数组，处理时，会调用 String 的 getChar 方法先获取 char 数组。

13.3.3 InputStreamReader/OutputStreamWriter

InputStreamReader 和 OutputStreamWriter 是适配器类，能将 InputStream/OutputStream 转换为 Reader/Writer。

1. OutputStreamWriter

OutputStreamWriter 的主要构造方法为：

```
public OutputStreamWriter(OutputStream out)
```

```
public OutputStreamWriter(OutputStream out, String charsetName)
```

一个重要的参数是编码类型，可以通过名字 charsetName 或 Charset 对象传入，如果没有传入，则为系统默认编码，默认编码可以通过 Charset.defaultCharset() 得到。Output-StreamWriter 内部有一个类型为 StreamEncoder 的编码器，能将 char 转换为对应编码的字节。

我们看一段简单的代码，将字符串 "hello, 123, 老马 " 写到文件 hello.txt 中，编码格式为 GB2312：

```
Writer writer = new OutputStreamWriter(
        new FileOutputStream("hello.txt"), "GB2312");
try{
    String str = "hello, 123, 老马";
    writer.write(str);
}finally{
    writer.close();
}
```

创建一个 FileOutputStream，然后将其包在一个 OutputStreamWriter 中，就可以直接以字符串写入了。

2. InputStreamReader

InputStreamReader 的主要构造方法为：

```
public InputStreamReader(InputStream in)
public InputStreamReader(InputStream in, String charsetName)
```

与 OutputStreamWriter 一样，一个重要的参数是编码类型。InputStreamReader 内部有一个类型为 StreamDecoder 的解码器，能将字节根据编码转换为 char。

我们看一段简单的代码，将上面写入的文件读进来：

```
Reader reader = new InputStreamReader(
        new FileInputStream("hello.txt"), "GB2312");
try{
    char[] cbuf = new char[1024];
    int charsRead = reader.read(cbuf);
    System.out.println(new String(cbuf, 0, charsRead));
}finally{
    reader.close();
}
```

这段代码假定一次 read 调用就读到了所有内容，且假定长度不超过 1024。为了确保读到所有内容，可以借助待会介绍的 CharArrayWriter 或 StringWriter。

13.3.4　FileReader/FileWriter

FileReader/FileWriter 的输入和目的是文件。FileReader 是 InputStreamReader 的子类，

它的主要构造方法有：

```
public FileReader(File file) throws FileNotFoundException
public FileReader(String fileName) throws FileNotFoundException
```

FileWriter 是 **OutputStreamWriter** 的子类，它的主要构造方法有：

```
public FileWriter(File file) throws IOException
public FileWriter(String fileName, boolean append) throws IOException
```

append 参数指定是追加还是覆盖，如果没传，则为覆盖。

需要注意的是，**FileReader/FileWriter 不能指定编码类型，只能使用默认编码，如果需要指定编码类型，可以使用 InputStreamReader/OutputStreamWriter。**

13.3.5　CharArrayReader/CharArrayWriter

CharArrayWriter 与 **ByteArrayOutputStream** 类似，它的输出目标是 char 数组，这个数组的长度可以根据数据内容动态扩展。

CharArrayWriter 有如下方法，可以方便地将数据转换为 char 数组或字符串：

```
public char[] toCharArray()
public String toString()
```

使用 **CharArrayWriter**，我们可以改进上面的读文件代码，确保将所有文件内容读入：

```
Reader reader = new InputStreamReader(
        new FileInputStream("hello.txt"), "GB2312");
try{
    CharArrayWriter writer = new CharArrayWriter();
    char[] cbuf = new char[1024];
    int charsRead = 0;
    while((charsRead=reader.read(cbuf))!=-1){
        writer.write(cbuf, 0, charsRead);
    }
    System.out.println(writer.toString());
}finally{
    reader.close();
}
```

读入的数据先写入 **CharArrayWriter** 中，读完后，再调用其 toString() 方法获取完整数据。

CharArrayReader 与上节介绍的 **ByteArrayInputStream** 类似，它将 char 数组包装为一个 **Reader**，是一种适配器模式，它的构造方法有：

```
public CharArrayReader(char buf[])
public CharArrayReader(char buf[], int offset, int length)
```

13.3.6　StringReader/StringWriter

StringReader/StringWriter 与 **CharArrayReader/CharArrayWriter** 类似，只是输入源为 String，

输出目标为 StringBuffer，而且，String/StringBuffer 内部是由 char 数组组成的，所以它们本质上是一样的，具体我们就不赘述了。之所以要将 char 数组和 String 与 Reader/Writer 进行转换，也是为了能够方便地参与 Reader/Writer 构成的协作体系，复用代码。

13.3.7 BufferedReader/BufferedWriter

BufferedReader/BufferedWriter 是装饰类，提供缓冲，以及按行读写功能。Buffered-Writer 的构造方法有：

```
public BufferedWriter(Writer out)
public BufferedWriter(Writer out, int sz)
```

参数 sz 是缓冲大小，如果没有提供，默认为 8192。它有如下方法，可以输出平台特定的换行符：

```
public void newLine() throws IOException
```

BufferedReader 的构造方法有：

```
public BufferedReader(Reader in)
public BufferedReader(Reader in, int sz)
```

参数 sz 是缓冲大小，如果没有提供，默认为 8192。它有如下方法，可以读入一行：

```
public String readLine() throws IOException
```

字符 '\r' 或 '\n' 或 '\r\n' 被视为换行符，readLine 返回一行内容，但不会包含换行符，当读到流结尾时，返回 null。

FileReader/FileWriter 是没有缓冲的，也不能按行读写，所以，一般应该在它们的外面包上对应的缓冲类。 我们来看个例子，还是学生列表，这次我们使用可读的文本进行保存，一行保存一条学生信息，学生字段之间用逗号分隔，保存的代码为：

```
public static void writeStudents(List<Student> students) throws IOException{
    BufferedWriter writer = null;
    try{
        writer = new BufferedWriter(new FileWriter("students.txt"));
        for(Student s : students){
            writer.write(s.getName()+","+s.getAge()+","+s.getScore());
            writer.newLine();
        }
    }finally{
        if(writer!=null){
            writer.close();
        }
    }
}
```

保存后的文件内容显示为：

```
张三,18,80.9
李四,17,67.5
```

从文件中读取的代码为：

```java
public static List<Student> readStudents() throws IOException{
    BufferedReader reader = null;
    try{
        reader = new BufferedReader(
                new FileReader("students.txt"));
        List<Student> students = new ArrayList<>();
        String line = reader.readLine();
        while(line!=null){
            String[] fields = line.split(",");
            Student s = new Student();
            s.setName(fields[0]);
            s.setAge(Integer.parseInt(fields[1]));
            s.setScore(Double.parseDouble(fields[2]));
            students.add(s);
            line = reader.readLine();
        }
        return students;
    }finally{
        if(reader!=null){
            reader.close();
        }
    }
}
```

使用 readLine 读入每一行，然后使用 String 的方法分隔字段，再调用 Integer 和 Double 的方法将字符串转换为 int 和 double。这种对每一行的解析可以使用类 Scanner 进行简化，待会我们介绍。

13.3.8 PrintWriter

PrintWriter 有很多重载的 print 方法，如：

```java
public void print(int i)
public void print(Object obj)
```

它会将这些参数转换为其字符串形式，即调用 String.valueOf()，然后再调用 write。它也有很多重载形式的 println 方法，println 除了调用对应的 print，还会输出一个换行符。除此之外，PrintWriter 还有格式化输出方法，如：

```java
public PrintWriter printf(String format, Object ... args)
```

format 表示格式化形式，比如，保留小数点后两位，格式可以为：

```java
PrintWriter writer = …
writer.format("%.2f", 123.456f);
```

输出为：

```
123.45
```

更多格式化的内容可以参看 API 文档，本节就不赘述了。

PrintWriter 的方便之处在于，它有很多构造方法，可以接受文件路径名、文件对象、OutputStream、Writer 等，对于文件路径名和 File 对象，还可以接受编码类型作为参数，比如：

```
public PrintWriter(File file) throws FileNotFoundException
public PrintWriter(String fileName, String csn)
public PrintWriter(OutputStream out, boolean autoFlush)
public PrintWriter(Writer out)
```

参数 csn 表示编码类型，对于以文件对象和文件名为参数的构造方法，PrintWriter 内部会构造一个 BufferedWriter，比如：

```
public PrintWriter(String fileName) throws FileNotFoundException {
    this(new BufferedWriter(new OutputStreamWriter(
        new FileOutputStream(fileName))), false);
}
```

对于以 OutputSream 为参数的构造方法，PrintWriter 也会构造一个 BufferedWriter，比如：

```
public PrintWriter(OutputStream out, boolean autoFlush) {
    this(new BufferedWriter(new OutputStreamWriter(out)), autoFlush);
    …
}
```

对于以 Writer 为参数的构造方法，PrintWriter 就不会包装 BufferedWriter 了。

构造方法中的 autoFlush 参数表示同步缓冲区的时机，如果为 true，则在调用 println、printf 或 format 方法的时候，同步缓冲区，如果没有传，则不会自动同步，需要根据情况调用 flush 方法。

可以看出，PrintWriter 是一个非常方便的类，可以直接指定文件名作为参数，可以指定编码类型，可以自动缓冲，可以自动将多种类型转换为字符串，在输出到文件时，可以优先选择该类。

上面的保存学生列表代码，使用 PrintWriter，可以写为：

```
public static void writeStudents(List<Student> students) throws IOException{
    PrintWriter writer = new PrintWriter("students.txt");
    try{
        for(Student s : students){
            writer.println(s.getName()+","+s.getAge()+","+s.getScore());
        }
    }finally{
        writer.close();
    }
}
```

PrintWriter 有一个非常相似的类 PrintStream，除了不能接受 Writer 作为构造方法外，PrintStream 的其他构造方法与 PrintWriter 一样。PrintStream 也有几乎一样的重载的 print 和 println 方法，只是自动同步缓冲区的时机略有不同，在 PrintStream 中，只要碰到一个换行字符 '\n'，就会自动同步缓冲区。PrintStream 与 PrintWriter 的另一个区别是，虽然它们都有如下方法：

```
public void write(int b)
```

但含义是不一样的，PrintStream 只使用最低的 8 位，输出一个字节，而 PrintWriter 是使用最低的两位，输出一个 char。

13.3.9　Scanner

Scanner 是一个单独的类，它是一个简单的文本扫描器，能够分析基本类型和字符串，它需要一个分隔符来将不同数据区分开来，默认是使用空白符，可以通过 useDelimiter() 方法进行指定。Scanner 有很多形式的 next() 方法，可以读取下一个基本类型或行，如：

```
public float nextFloat()
public int nextInt()
public String nextLine()
```

Scanner 也有很多构造方法，可以接受 File 对象、InputStream、Reader 作为参数，它也可以将字符串作为参数，这时，它会创建一个 StringReader。比如，以前面的解析学生记录为例，使用 Scanner，代码可以改为：

```
public static List<Student> readStudents() throws IOException{
    BufferedReader reader = new BufferedReader(
            new FileReader("students.txt"));
    try{
        List<Student> students = new ArrayList<Student>();
        String line = reader.readLine();
        while(line!=null){
            Student s = new Student();
            Scanner scanner = new Scanner(line).useDelimiter(",");
            s.setName(scanner.next());
            s.setAge(scanner.nextInt());
            s.setScore(scanner.nextDouble());
            students.add(s);
            line = reader.readLine();
        }
        return students;
    }finally{
        reader.close();
    }
}
```

13.3.10　标准流

我们之前一直在使用 System.out 向屏幕上输出，它是一个 PrintStream 对象，输出目标就是所谓的"标准"输出，经常是屏幕。除了 System.out，Java 中还有两个标准流：System.in 和 System.err。

System.in 表示标准输入，它是一个 InputStream 对象，输入源经常是键盘。比如，从键盘接受一个整数并输出，代码可以为：

```
Scanner in = new Scanner(System.in);
int num = in.nextInt();
System.out.println(num);
```

System.err 表示标准错误流，一般异常和错误信息输出到这个流，它也是一个 Print-Stream 对象，输出目标默认与 System.out 一样，一般也是屏幕。

标准流的一个重要特点是，它们可以**重定向**，比如可以重定向到文件，从文件中接受输入，输出也写到文件中。在 Java 中，可以使用 System 类的 setIn、setOut、setErr 进行重定向，比如：

```
System.setIn(new ByteArrayInputStream("hello".getBytes("UTF-8")));
System.setOut(new PrintStream("out.txt"));
System.setErr(new PrintStream("err.txt"));
try{
    Scanner in = new Scanner(System.in);
    System.out.println(in.nextLine());
    System.out.println(in.nextLine());
}catch(Exception e){
    System.err.println(e.getMessage());
}
```

标准输入重定向到了一个 ByteArrayInputStream，标准输出和错误重定向到了文件，所以第一次调用 in.nextLine 就会读取到 "hello"，输出文件 out.txt 中也包含该字符串，第二次调用 in.nextLine 会触发异常，异常消息会写到错误流中，即文件 err.txt 中会包含异常消息，为 "No line found"。

在实际开发中，经常需要重定向标准流。比如，在一些自动化程序中，经常需要重定向标准输入流，以从文件中接受参数，自动执行，避免人手工输入。在后台运行的程序中，一般都需要重定向标准输出和错误流到日志文件，以记录和分析运行的状态和问题。

在 Linux 系统中，**标准输入输出流也是一种重要的协作机制**。很多命令都很小，只完成单一功能，实际完成一项工作经常需要组合使用多条命令，它们协作的模式就是通过标准输入输出流，每个命令都可以从标准输入接受参数，处理结果写到标准输出，这个标准输出可以连接到下一个命令作为标准输入，构成管道式的处理链条。比如，查找一个日志文件 access.log 中 127.0.0.1 出现的行数，可以使用命令：

```
cat access.log | grep 127.0.0.1 | wc -l
```

有三个程序 cat、grep、wc，|是管道符号，它将 cat 的标准输出重定向为了 grep 的标准输入，而 grep 的标准输出又成了 wc 的标准输入。

13.3.11　实用方法

可以看出，字符流也包含了很多的类，虽然很灵活，但对于一些简单的需求，却需要写很多代码，实际开发中，经常需要将一些常用功能进行封装，提供更为简单的接口。下面我们提供一些实用方法，以供参考，代码比较简单，就不解释了。

复制 Reader 到 Writer，代码为：

```
public static void copy(final Reader input,
        final Writer output) throws IOException {
    char[] buf = new char[4096];
    int charsRead = 0;
    while((charsRead = input.read(buf)) != -1) {
        output.write(buf, 0, charsRead);
    }
}
```

将文件全部内容读入到一个字符串，参数为文件名和编码类型，代码为：

```
public static String readFileToString(final String fileName,
        final String encoding) throws IOException{
    BufferedReader reader = null;
    try{
        reader = new BufferedReader(new InputStreamReader(
                new FileInputStream(fileName), encoding));
        StringWriter writer = new StringWriter();
        copy(reader, writer);
        return writer.toString();
    }finally{
        if(reader!=null){
            reader.close();
        }
    }
}
```

这个方法利用了 StringWriter，并调用了上面的复制方法。

将字符串写到文件，参数为文件名、字符串内容和编码类型，代码为：

```
public static void writeStringToFile(final String fileName,
        final String data, final String encoding) throws IOException {
    Writer writer = null;
    try{
        writer = new OutputStreamWriter(
                new FileOutputStream(fileName), encoding);
        writer.write(data);
    }finally{
        if(writer!=null){
            writer.close();
        }
    }
}
```

按行将多行数据写到文件，参数为文件名、编码类型、行的集合，代码为：

```
public static void writeLines(final String fileName, final String encoding,
    final Collection<?> lines) throws IOException {
    PrintWriter writer = null;
    try{
        writer = new PrintWriter(fileName, encoding);
        for(Object line : lines){
            writer.println(line);
        }
    }finally{
        if(writer!=null){
            writer.close();
        }
    }
}
```

按行将文件内容读到一个列表中，参数为文件名、编码类型，代码为：

```
public static List<String> readLines(final String fileName,
        final String encoding) throws IOException{
    BufferedReader reader = null;
    try{
        reader = new BufferedReader(new InputStreamReader(
                new FileInputStream(fileName), encoding));
        List<String> list = new ArrayList<>();
        String line = reader.readLine();
        while(line!=null){
            list.add(line);
            line = reader.readLine();
        }
        return list;
    }finally{
        if(reader!=null){
            reader.close();
        }
    }
}
```

13.3.12　小结

本节介绍了如何在 Java 中以字符流的方式读写文本文件，我们强调了二进制思维、文本与二进制文件的区别、编码，以及字符流与字节流的不同，介绍了个各种字符流、Scanner 以及标准流，最后总结了一些实用方法。完整的代码在 github 上，地址为 https://github.com/swiftma/program-logic，位于包 shuo.laoma.file.c58 下。

写文件时，可以优先考虑 PrintWriter，因为它使用方便，支持自动缓冲、指定编码类型、类型转换等。读文件时，如果需要指定编码类型，需要使用 InputStreamReader；如果不需要指定编码类型，可使用 FileReader，但都应该考虑在外面包上缓冲类 Buffered-

Reader。

通过前面两个小节，我们应该可以从容地读写文件内容了，但文件和目录本身的操作，如查看元数据信息、文件重命名、遍历文件、查找文件、新建目录等，又该如何进行呢？让我们下节介绍。

13.4 文件和目录操作

文件和目录操作最终是与操作系统和文件系统相关的，不同系统的实现是不一样的，但 Java 中的 java.io.File 类提供了统一的接口，底层会通过本地方法调用操作系统和文件系统的具体实现，本节，我们就来介绍 File 类。File 类中的操作大概可以分为三类：文件元数据、文件操作、目录操作，在介绍这些操作之前，我们先来看下 File 的构造方法。

13.4.1 构造方法

File 既可以表示文件，也可以表示目录，它的主要构造方法有：

```
//pathname表示完整路径，该路径可以是相对路径，也可以是绝对路径
public File(String pathname)
//parent表示父目录，child表示孩子
public File(String parent, String child)
public File(File parent, String child)
```

File 中的路径可以是已经存在的，也可以是不存在的。通过 new 新建一个 File 对象，不会实际创建一个文件，只是创建一个表示文件或目录的对象，new 之后，File 对象中的路径是不可变的。

13.4.2 文件元数据

文件元数据主要包括文件名和路径、文件基本信息以及一些安全和权限相关的信息。文件名和路径相关的主要方法有：

```
public String getName() //返回文件或目录名称，不含路径名
public boolean isAbsolute() //判断File中的路径是否是绝对路径
public String getPath() //返回构造File对象时的完整路径名，包括路径和文件名称
public String getAbsolutePath() //返回完整的绝对路径名
//返回标准的完整路径名，它会去掉路径中的冗余名称如".",".."，跟踪软链接(Unix系统概念)等
public String getCanonicalPath() throws IOException
public String getParent() //返回父目录路径
public File getParentFile() //返回父目录的File对象
//返回一个新的File对象，新的File对象使用getAbsolutePath()的返回值作为参数构造
public File getAbsoluteFile()
//返回一个新的File对象，新的File对象使用getCanonicalPath()的返回值作为参数构造
public File getCanonicalFile() throws IOException
```

这些方法比较直观，我们就不解释了。File 类中有 4 个静态变量，表示路径分隔符，它

们是：

```
public static final String separator
public static final char separatorChar
public static final String pathSeparator
public static final char pathSeparatorChar
```

separator 和 separatorChar 表示文件路径分隔符，在 Windows 系统中，一般为 '\'，Linux 系统中一般为 '/'。pathSeparator 和 pathSeparatorChar 表示多个文件路径中的分隔符，比如，环境变量 PATH 中的分隔符，Java 类路径变量 classpath 中的分隔符，在执行命令时，操作系统会从 PATH 指定的目录中寻找命令，Java 运行时加载 class 文件时，会从 classpath 指定的路径中寻找类文件。在 Windows 系统中，这个分隔符一般为 ';'，在 Linux 系统中，这个分隔符一般为 ':'。

除了文件名和路径，File 对象还有如下方法，以获取文件或目录的基本信息：

```
public boolean exists() //文件或目录是否存在
public boolean isDirectory() //是否为目录
public boolean isFile() //是否为文件
public long length() //文件长度，字节数，对目录没有意义
public long lastModified() //最后修改时间，从纪元时开始的毫秒数
public boolean setLastModified(long time) //设置最后修改时间，返回是否修改成功
```

需要说明的是，File 对象没有返回创建时间的方法，因为创建时间不是一个公共概念，Linux/Unix 就没有创建时间的概念。

File 类中与安全和权限相关的主要方法有：

```
public boolean isHidden() //是否为隐藏文件
public boolean canExecute() //是否可执行
public boolean canRead() //是否可读
public boolean canWrite() //是否可写
public boolean setReadOnly() //设置文件为只读文件
//修改文件读权限
public boolean setReadable(boolean readable, boolean ownerOnly)
public boolean setReadable(boolean readable)
//修改文件写权限
public boolean setWritable(boolean writable, boolean ownerOnly)
public boolean setWritable(boolean writable)
//修改文件可执行权限
public boolean setExecutable(boolean executable, boolean ownerOnly)
public boolean setExecutable(boolean executable)
```

在修改方法中，如果修改成功，返回 true，否则返回 false。在设置权限方法中，ownerOnly 为 true 表示只针对 owner，为 false 表示针对所有用户，没有指定 ownerOnly 的方法中，ownerOnly 相当于是 true。

13.4.3　文件操作

文件操作主要有创建、删除、重命名。

新建一个 File 对象不会实际创建文件，但如下方法可以：

```
public boolean createNewFile() throws IOException
```

创建成功返回 true，否则返回 false，新创建的文件内容为空。如果文件已存在，不会创建。

File 对象还有两个静态方法，可以创建临时文件：

```
public static File createTempFile(String prefix, String suffix)
    throws IOException
public static File createTempFile(String prefix, String suffix,
    File directory) throws IOException
```

临时文件的完整路径名是系统指定的、唯一的，但可以通过参数指定前缀（prefix）、后缀（suffix）和目录（directory）。prefix 是必需的，且至少要三个字符；suffix 如果为 null，则默认为 .tmp；directory 如果不指定或指定为 null，则使用系统默认目录。

File 类的删除方法为：

```
public boolean delete()
public void deleteOnExit()
```

delete 删除文件或目录，删除成功返回 true，否则返回 false。如果 File 是目录且不为空，则 delete 不会成功，返回 false，换句话说，要删除目录，先要删除目录下的所有子目录和文件。deleteOnExit 将 File 对象加入到待删列表，在 Java 虚拟机正常退出的时候进行实际删除。

File 类的重命名方法为：

```
public boolean renameTo(File dest)
```

参数 dest 代表重命名后的文件，重命名能否成功与系统有关，返回值代表是否成功。

13.4.4 目录操作

当 File 对象代表目录时，可以执行目录相关的操作，如创建、遍历。

有两个方法用于创建目录：

```
public boolean mkdir()
public boolean mkdirs()
```

它们都是创建目录，创建成功返回 true，失败返回 false。需要注意的是，如果目录已存在，返回值是 false。这两个方法的区别在于：如果某一个中间父目录不存在，则 mkdir 会失败，返回 false，而 mkdirs 则会创建必需的中间父目录。

有如下方法访问一个目录下的子目录和文件：

```
public String[] list()
public String[] list(FilenameFilter filter)
public File[] listFiles()
```

```
public File[] listFiles(FileFilter filter)
public File[] listFiles(FilenameFilter filter)
```

它们返回的都是直接子目录或文件，不会返回子目录下的文件。list 返回的是文件名数组，而 listFiles 返回的是 File 对象数组。FilenameFilter 和 FileFilter 都是接口，用于过滤，FileFilter 的定义为：

```
public interface FileFilter {
    boolean accept(File pathname);
}
```

FilenameFilter 的定义为：

```
public interface FilenameFilter {
    boolean accept(File dir, String name);
}
```

在遍历子目录和文件时，针对每个文件，会调用 FilenameFilter 或 FileFilter 的 accept 方法，只有 accept 方法返回 true 时，才将该子目录或文件包含到返回结果中。Filename-Filter 和 FileFilter 的区别在于：FileFilter 的 accept 方法参数只有一个 File 对象，而 File-nameFilter 的 accept 方法参数有两个，dir 表示父目录，name 表示子目录或文件名。我们来看个例子，列出当前目录下的所有扩展名为 .txt 的文件，代码可以为：

```
File f = new File(".");
File[] files = f.listFiles(new FilenameFilter(){
    @Override
    public boolean accept(File dir, String name) {
        if(name.endsWith(".txt")){
            return true;
        }
        return false;
    }
});
```

我们创建了个 FilenameFilter 的匿名内部类对象并传递给了 listFiles。

使用遍历方法，可以方便地进行递归遍历，完成一些更为高级的功能。比如，计算一个目录下的所有文件的大小（包括子目录），代码可以为：

```
public static long sizeOfDirectory(final File directory) {
    long size = 0;
    if(directory.isFile()) {
        return directory.length();
    } else {
        for(File file : directory.listFiles()) {
            if(file.isFile()) {
                size += file.length();
            } else {
                size += sizeOfDirectory(file);
            }
```

```
            }
        }
        return size;
    }
```

再如，在一个目录下，查找所有给定文件名的文件，代码可以为：

```
public static Collection<File> findFile(final File directory,
        final String fileName) {
    List<File> files = new ArrayList<>();
    for(File f : directory.listFiles()) {
        if(f.isFile() && f.getName().equals(fileName)) {
            files.add(f);
        } else if(f.isDirectory()) {
            files.addAll(findFile(f, fileName));
        }
    }
    return files;
}
```

前面介绍了 File 类的 delete 方法，我们提到，如果要删除目录而目录不为空，需要先清空目录，利用遍历方法，我们可以写一个删除非空目录的方法，代码可以为：

```
public static void deleteRecursively(final File file) throws IOException {
    if(file.isFile()) {
        if(!file.delete()) {
            throw new IOException("Failed to delete "
                    + file.getCanonicalPath());
        }
    } else if(file.isDirectory()) {
        for(File child : file.listFiles()) {
            deleteRecursively(child);
        }
        if(!file.delete()) {
            throw new IOException("Failed to delete "
                    + file.getCanonicalPath());
        }
    }
}
```

完整的代码在 github 上，地址为 https://github.com/swiftma/program-logic，位于包 shuo.laoma.file.c59 下。至此，关于 File 类就介绍完了，File 类封装了操作系统和文件系统的差异，提供了统一的文件和目录 API。

关于文件处理的基本技术，包括文件的基本概念、二进制文件与字节流、文本文件与字符流，以及文件和目录操作，至此，我们就介绍完了。下一章，我们来看文件处理相关的一些高级技术。

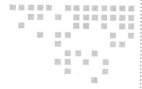

第 14 章 *Chapter 14*

文件高级技术

在日常编程中，我们经常会需要处理一些具体类型的文件，如属性文件、CSV、Excel、HTML 和压缩文件，直接使用上一章介绍的方式来处理一般是很不方便的。一些第三方的类库基于之前介绍的技术提供了更为方便易用的接口，本章会简要介绍这几种文件类型的处理。

上一章介绍了字节流和字符流，它们都是以流的方式读写文件，流的方式有几个限制：

1）要么读，要么写，不能同时读和写。

2）不能随机读写，只能从头读到尾，且不能重复读，虽然通过缓冲可以实现部分重读，但是有限制。

Java 中还有一个类 RandomAccessFile，它没有这两个限制，既可以读，也可以写，还可以随机读写，是一个更接近于操作系统 API 的封装类。

访问文件还有一种方式：内存映射文件，它可以高效处理非常大的文件，而且可以被多个不同的应用程序共享，特别适合用于不同应用程序之间的通信。

在前面章节，我们在将对象保存到文件时，使用的是 DataOutputStream，从文件读入对象时，使用的是 DataInputStream，使用它们，需要逐个处理对象中的每个字段，我们提到，这种方式比较啰嗦，Java 中有一种更为简单的机制，那就是序列化。

Java 的标准序列化机制有一些重要的限制，而且不能跨语言，实践中经常使用一些替代方案，比如 XML/JSON/MessagePack。Java SDK 中对这些格式的支持有限，有很多第三方的类库提供了更为方便的支持，Jackson 是其中一种，它支持多种格式。

本章主要就来介绍以上这些技术，具体分为 5 个小节：14.1 节介绍几种常见文件类型的处理；14.2 节介绍 RandomAccessFile，演示它的一个应用，实现一个简单的键值对数据库；14.3 节介绍内存映射文件，演示它的一个应用，设计和实现一个简单的、持久化的、跨程序的消息队列；14.4 节介绍 Java 标准序列化机制；14.5 节介绍利用 Jackson 序列化为 XML/JSON/MessagePack。

14.1 常见文件类型处理

本节简要介绍如何利用 Java API 和一些第三方类库，来处理如下 5 种类型的文件：

1）属性文件：属性文件是常见的配置文件，用于在不改变代码的情况下改变程序的行为。

2）CSV：CSV 是 Comma-Separated Values 的缩写，表示逗号分隔值，是一种非常常见的文件类型。大部分日志文件都是 CSV，CSV 也经常用于交换表格类型的数据，待会我们会看到，**CSV 看上去很简单，但处理的复杂性经常被低估。**

3）Excel：在编程中，经常需要将表格类型的数据导出为 Excel 格式，以方便用户查看，也经常需要接受 Excel 类型的文件作为输入以批量导入数据。

4）HTML：所有网页都是 HTML 格式，我们经常需要分析 HTML 网页，以从中提取感兴趣的信息。

5）压缩文件：压缩文件有多种格式，也有很多压缩工具，大部分情况下，我们可以借助工具而不需要自己写程序处理压缩文件，但某些情况下，需要自己编程压缩文件或解压缩文件。

14.1.1 属性文件

属性文件一般很简单，一行表示一个属性，属性就是键值对，键和值用等号（=）或冒号（:）分隔，一般用于配置程序的一些参数。在需要连接数据库的程序中，经常使用配置文件配置数据库信息。比如，设有文件 config.properties，内容大概如下所示：

```
db.host = 192.168.10.100
db.port : 3306
db.username = zhangsan
db.password = mima1234
```

处理这种文件使用字符流是比较容易的，但 Java 中有一个专门的类 java.util.Properties，它的使用也很简单，有如下主要方法：

```
public synchronized void load(InputStream inStream)
public String getProperty(String key)
public String getProperty(String key, String defaultValue)
```

load 用于从流中加载属性，getProperty 用于获取属性值，可以提供一个默认值，如果没有找到配置的值，则返回默认值。对于上面的配置文件，可以使用类似下面的代码进行读取：

```
Properties prop = new Properties();
prop.load(new FileInputStream("config.properties"));
String host = prop.getProperty("db.host");
int port = Integer.valueOf(prop.getProperty("db.port", "3306"));
```

使用类 Properties 处理属性文件的好处是：

❑ 可以自动处理空格，分隔符 = 前后的空格会被自动忽略。

❑ 可以自动忽略空行。

❑ 可以添加注释，以字符 # 或 ! 开头的行会被视为注释，进行忽略。

使用 Properties 也有限制，**它不能直接处理中文，在配置文件中，所有非 ASCII 字符需要使用 Unicode 编码**。比如，不能在配置文件中直接这么写：

name=老马

"老马"需要替换为 Unicode 编码，如下所示：

name=\u8001\u9A6C

在 Java IDE（如 Eclipse）中，如果使用属性文件编辑器，它会自动替换中文为 Unicode 编码；如果使用其他编辑器，可以先写成中文，然后使用 JDK 提供的命令 native2ascii 转换为 Unicode 编码。用法如下例所示：

native2ascii -encoding UTF-8 native.properties ascii.properties

native.properties 是输入，其中包含中文；ascii.properties 是输出，中文替换为了 Unicode 编码；-encoding 指定输入文件的编码，这里指定为了 UTF-8。

14.1.2 CSV 文件

CSV 是 Comma-Separated Values 的缩写，表示逗号分隔值。一般而言，一行表示一条记录，一条记录包含多个字段，字段之间用逗号分隔。不过，一般而言，分隔符不一定是逗号，可能是其他字符，如 tab 符 '\t'、冒号 ':'、分号 ';' 等。程序中的各种日志文件通常是 CSV 文件，在导入导出表格类型的数据时，CSV 也是经常用的一种格式。

CSV 格式看上去很简单。比如，我们在上一章保存学生列表时，使用的就是 CSV 格式：

```
张三,18,80.9
李四,17,67.5
```

使用之前介绍的字符流，看上去就可以很容易处理 CSV 文件，按行读取，对每一行，使用 String.split 进行分隔即可。但其实 CSV 有一些复杂的地方，最重要的是：

❑ 字段内容中包含分隔符怎么办？

❑ 字段内容中包含换行符怎么办？

对于这些问题，CSV 有一个参考标准：RFC-4180（https://tools.ietf.org/html/rfc4180），但实践中不同程序往往有其他处理方式，所幸的是，处理方式大体类似，大概有以下两种处理方式。

1）使用引用符号比如 "，在字段内容两边加上 "，如果内容中包含 " 本身，则使用两个 "。

2）使用转义字符，常用的是 \，如果内容中包含 \，则使用两个 \。

比如，如果字段内容有两行，内容为：

```
hello, world \ abc
"老马"
```

使用第一种方式，内容会变为：

```
"hello, world \ abc
""老马"""
```

使用第二种方式，内容会变为：

```
hello\, world \\ abc\n"老马"
```

CSV 还有其他一些细节，不同程序的处理方式也不一样，比如：

❏ 怎么表示 null 值

❏ 空行和字段之间的空格怎么处理

❏ 怎么表示注释

对于以上这些复杂问题，使用简单的字符流就难以处理了。有一个第三方类库：Apache Commons CSV，对处理 CSV 提供了良好的支持，它的官网地址是 http://commons.apache.org/proper/commons-csv/index.html。本节使用其 1.4 版本，简要介绍其用法。Apache Commons CSV 中有一个重要的类 CSVFormat，它表示 CSV 格式，它有很多方法以定义具体的 CSV 格式，如：

```
//定义分隔符
public CSVFormat withDelimiter(final char delimiter)
//定义引号符
public CSVFormat withQuote(final char quoteChar)
//定义转义符
public CSVFormat withEscape(final char escape)
//定义值为null的对象对应的字符串值
public CSVFormat withNullString(final String nullString)
//定义记录之间的分隔符
public CSVFormat withRecordSeparator(final char recordSeparator)
//定义是否忽略字段之间的空白
public CSVFormat withIgnoreSurroundingSpaces(
    final boolean ignoreSurroundingSpaces)
```

比如，如果 CSV 格式使用分号;作为分隔符，使用 " 作为引号符，使用 N/A 表示 null 对象，忽略字段之间的空白，那么 CSVFormat 可以如下创建：

```
CSVFormat format = CSVFormat.newFormat(';')
        .withQuote('"').withNullString("N/A")
```

```
              .withIgnoreSurroundingSpaces(true);
```

除了自定义 CSVFormat，CSVFormat 类中也定义了一些预定义的格式，如 CSVFormat.DEFAULT, CSVFormat.RFC4180。

CSVFormat 有一个方法，可以分析字符流：

```
public CSVParser parse(final Reader in) throws IOException
```

返回值类型为 CSVParser，它有如下方法获取记录信息：

```
public Iterator<CSVRecord> iterator()
public List<CSVRecord> getRecords() throws IOException
public long getRecordNumber()
```

CSVRecord 表示一条记录，它有如下方法获取每个字段的信息：

```
//根据字段列索引获取值，索引从0开始
public String get(final int i)
//根据列名获取值
public String get(final String name)
//字段个数
public int size()
//字段的迭代器
public Iterator<String> iterator()
```

分析 CSV 文件的基本代码如下所示：

```
CSVFormat format = CSVFormat.newFormat(';')
        .withQuote('"').withNullString("N/A")
        .withIgnoreSurroundingSpaces(true);
Reader reader = new FileReader("student.csv");
try{
    for(CSVRecord record : format.parse(reader)){
        int fieldNum = record.size();
        for(int i=0; i<fieldNum; i++){
            System.out.print(record.get(i)+" ");
        }
        System.out.println();
    }
}finally{
    reader.close();
}
```

除了分析 CSV 文件，Apache Commons CSV 也可以写 CSV 文件，有一个 CSVPrinter，它有很多打印方法，比如：

```
//输出一条记录，参数可变，每个参数是一个字段值
public void printRecord(final Object... values) throws IOException
//输出一条记录
public void printRecord(final Iterable<?> values) throws IOException
```

代码示例：

```
CSVPrinter out = new CSVPrinter(new FileWriter("student.csv"),
        CSVFormat.DEFAULT);
out.printRecord("老马", 18, "看电影,看书,听音乐");
out.printRecord("小马", 16, "乐高;赛车;");
out.close();
```

输出文件 student.csv 中的内容为：

```
"老马",18,"看电影,看书,听音乐"
"小马",16,乐高;赛车;
```

14.1.3 Excel

Excel 主要有两种格式，扩展名分别为 .xls 和 .xlsx。.xlsx 是 Office 2007 以后的 Excel 文件的默认扩展名。Java 中处理 Excel 文件及其他微软文档广泛使用 POI 类库，其官网是 http://poi.apache.org/。本节使用其 3.15 版本，简要介绍其用法。使用 POI 处理 Excel 文件，有如下主要类。

1）Workbook：表示一个 Excel 文件对象，它是一个接口，有两个主要类 HSSFWorkbook 和 XSSFWorkbook，前者对应 .xls 格式，后者对应 .xlsx 格式。

2）Sheet：表示一个工作表。

3）Row：表示一行。

4）Cell：表示一个单元格。

比如，保存学生列表到 student.xls，代码可以为：

```
public static void saveAsExcel(List<Student> list) throws IOException {
    Workbook wb = new HSSFWorkbook();
    Sheet sheet = wb.createSheet();
    for(int i = 0; i < list.size(); i++) {
        Student student = list.get(i);
        Row row = sheet.createRow(i);
        row.createCell(0).setCellValue(student.getName());
        row.createCell(1).setCellValue(student.getAge());
        row.createCell(2).setCellValue(student.getScore());
    }
    OutputStream out = new FileOutputStream("student.xls");
    wb.write(out);
    out.close();
    wb.close();
}
```

如果要保存为 .xlsx 格式，只需要替换第一行为：

```
Workbook wb = new XSSFWorkbook();
```

使用 POI 也可以方便的解析 Excel 文件，使用 WorkbookFactory 的 create 方法即可，如下所示：

```
public static List<Student> readAsExcel() throws Exception  {
```

```
Workbook wb = WorkbookFactory.create(new File("student.xls"));
List<Student> list = new ArrayList<Student>();
for(Sheet sheet : wb){
    for(Row row : sheet){
        String name = row.getCell(0).getStringCellValue();
        int age = (int)row.getCell(1).getNumericCellValue();
        double score = row.getCell(2).getNumericCellValue();
        list.add(new Student(name, age, score));
    }
}
wb.close();
return list;
}
```

以上只是介绍了基本用法，如果需要更多信息，如配置单元格的格式、颜色、字体，可参看 http://poi.apache.org/spreadsheet/quick-guide.html。

14.1.4　HTML

HTML 是网页的格式，如果不熟悉，可以参看 http://www.w3school.com.cn/html/html_intro.asp。在日常工作中，可能需要分析 HTML 页面，抽取其中感兴趣的信息。有很多 HTML 分析器，我们简要介绍一种：jsoup，其官网地址为 https://jsoup.org/。本节使用其 1.10.2 版本。我们通过一个简单例子来看 jsoup 的使用，我们要分析的网页地址是 http://www.cnblogs.com/swiftma/p/5631311.html。浏览器中看起来的样子（部分截图）如图 14-1 所示。

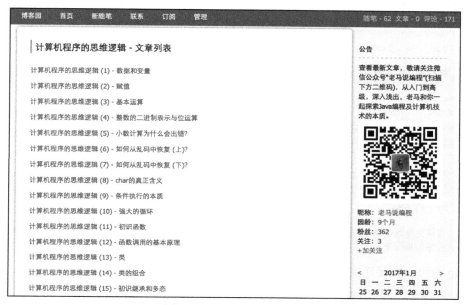

图 14-1　HTML 网页示例

将网页保存下来，其 HTML 代码（部分截图）看上去如图 14-2 所示。

```
44    </ul>
45⊟    <div class="blogStats">
46
47⊟      <div id="blog_stats">
48 <span id="stats_post_count">随笔 - 62  </span>
49 <span id="stats_article_count">文章 - 0  </span>
50 <span id="stats-comment_count">评论 - 171</span>
51 </div>
52
53    </div><!--end: blogStats -->
54    </div><!--end: navigator 博客导航栏 -->
55 </div><!--end: header 头部 -->
56
57⊟ <div id="main">
58⊟    <div id="mainContent">
59⊟    <div class="forFlow">
60
61⊟ <div id="post_detail">
62    <!--done-->
63⊟ <div id="topics">
64⊟    <div class="post">
65⊟      <h1 class="postTitle">
66        <a id="cb_post_title_url" class="postTitle2"
.         href="http://www.cnblogs.com/swiftma/p/5631311.html">计算机程序的思维逻辑 - 文章列表
.         </a>
67      </h1>
68      <div class="clear"></div>
69⊟      <div class="postBody">
70        <div id="cnblogs_post_body"><p><a id="post_title_link_5396551"
.         href="http://www.cnblogs.com/swiftma/p/5396551.html">计算机程序的思维逻辑 (1) -
.         数据和变量</a></p>
71 <p><a id="post_title_link_5399315"
.  href="http://www.cnblogs.com/swiftma/p/5399315.html">计算机程序的思维逻辑 (2) - 赋值</a>
.  </p>
72 <p><a id="post_title_link_5405417"
.  href="http://www.cnblogs.com/swiftma/p/5405417.html">计算机程序的思维逻辑 (3) - 基本运算</a>
.  </p>
```

图 14-2　HTML 网页代码示例

假定我们要抽取网页主题内容中每篇文章的标题和链接，怎么实现呢？ jsoup 支持使用 CSS 选择器语法查找元素，如果不了解 CSS 选择器，可参看 http://www.w3school.com.cn/cssref/css_selectors.asp。

定位文章列表的 CSS 选择器可以是：

```
#cnblogs_post_body p a
```

我们来看代码（假定文件为 articles.html）：

```java
Document doc = Jsoup.parse(new File("articles.html"), "UTF-8");
Elements elements = doc.select("#cnblogs_post_body p a");
for(Element e : elements){
    String title = e.text();
    String href = e.attr("href");
    System.out.println(title+", "+href);
}
```

输出为（部分）：

```
计算机程序的思维逻辑 (1) - 数据和变量, http://www.cnblogs.com/swiftma/p/5396551.html
计算机程序的思维逻辑 (2) - 赋值, http://www.cnblogs.com/swiftma/p/5399315.html
```

jsoup 也可以直接连接 URL 进行分析，比如，上面代码的第一行可以替换为：

```java
String url = "http://www.cnblogs.com/swiftma/p/5631311.html";
Document doc = Jsoup.connect(url).get();
```

关于 jsoup 的更多用法，请参看其官网。

14.1.5　压缩文件

压缩文件有多种格式，Java SDK 支持两种：gzip 和 zip，gzip 只能压缩一个文件，而 zip 文件中可以包含多个文件。下面介绍 Java API 中的基本用法，如果需要更多格式，可以考虑 Apache Commons Compress，网址为 http://commons.apache.org/proper/commons-compress/。

先来看 gzip，有两个主要的类：

```
java.util.zip.GZIPOutputStream
java.util.zip.GZIPInputStream
```

它们分别是 OutputStream 和 InputStream 的子类，都是装饰类，GZIPOutputStream 加到已有的流上，就可以实现压缩，而 GZIPInputStream 加到已有的流上，就可以实现解压缩。比如，压缩一个文件的代码可以为：

```
public static void gzip(String fileName) throws IOException {
    InputStream in = null;
    String gzipFileName = fileName + ".gz";
    OutputStream out = null;
    try {
        in = new BufferedInputStream(new FileInputStream(fileName));
        out = new GZIPOutputStream(new BufferedOutputStream(
                new FileOutputStream(gzipFileName)));
        copy(in, out);
    } finally {
        if(out != null) {
            out.close();
        }
        if(in != null) {
            in.close();
        }
    }
}
```

调用的 copy 方法是我们在上一章介绍的。解压缩文件的代码可以为：

```
public static void gunzip(String gzipFileName, String unzipFileName)
        throws IOException {
    InputStream in = null;
    OutputStream out = null;
    try {
        in = new GZIPInputStream(new BufferedInputStream(
                new FileInputStream(gzipFileName)));
        out = new BufferedOutputStream(new FileOutputStream(
                unzipFileName));
        copy(in, out);
    } finally {
        if(out != null) {
            out.close();
        }
```

```
            if(in != null) {
                in.close();
            }
        }
    }
}
```

zip 文件支持一个压缩文件中包含多个文件，Java API 中主要的类是：

```
java.util.zip.ZipOutputStream
java.util.zip.ZipInputStream
```

它们也分别是 OutputStream 和 InputStream 的子类，也都是装饰类，但不能像 GZIP-OutputStream/GZIPInputStream 那样简单使用。

ZipOutputStream 可以写入多个文件，它有一个重要方法：

```
public void putNextEntry(ZipEntry e) throws IOException
```

在写入每一个文件前，必须要先调用该方法，表示准备写入一个压缩条目 ZipEntry，每个压缩条目有个名称，这个名称是压缩文件的相对路径，如果名称以字符 '/' 结尾，表示目录，它的构造方法是：

```
public ZipEntry(String name)
```

我们看一段代码，压缩一个文件或一个目录：

```
public static void zip(File inFile, File zipFile) throws IOException {
    ZipOutputStream out = new ZipOutputStream(new BufferedOutputStream(
            new FileOutputStream(zipFile)));
    try {
        if(!inFile.exists()) {
            throw new FileNotFoundException(inFile.getAbsolutePath());
        }
        inFile = inFile.getCanonicalFile();
        String rootPath = inFile.getParent();
        if(!rootPath.endsWith(File.separator)) {
            rootPath += File.separator;
        }
        addFileToZipOut(inFile, out, rootPath);
    } finally {
        out.close();
    }
}
```

参数 inFile 表示输入，可以是普通文件或目录，zipFile 表示输出，rootPath 表示父目录，用于计算每个文件的相对路径，主要调用了 addFileToZipOut 将文件加入到 ZipOutput-Stream 中，代码为：

```
private static void addFileToZipOut(File file, ZipOutputStream out,
        String rootPath) throws IOException {
    String relativePath = file.getCanonicalPath().substring(
```

```
                    rootPath.length());
        if(file.isFile()) {
            out.putNextEntry(new ZipEntry(relativePath));
            InputStream in = new BufferedInputStream(new FileInputStream(file));
            try {
                copy(in, out);
            } finally {
                in.close();
            }
        } else {
            out.putNextEntry(new ZipEntry(relativePath + File.separator));
            for(File f : file.listFiles()) {
                addFileToZipOut(f, out, rootPath);
            }
        }
    }
```

它同样调用了 copy 方法将文件内容写入 ZipOutputStream，对于目录，进行递归调用。
ZipInputStream 用于解压 zip 文件，它有一个对应的方法，获取压缩条目：

```
public ZipEntry getNextEntry() throws IOException
```

如果返回值为 null，表示没有条目了。使用 ZipInputStream 解压文件，可以使用类似
如下代码：

```
public static void unzip(File zipFile, String destDir) throws IOException {
    ZipInputStream zin = new ZipInputStream(new BufferedInputStream(
            new FileInputStream(zipFile)));
    if(!destDir.endsWith(File.separator)) {
        destDir += File.separator;
    }
    try {
        ZipEntry entry = zin.getNextEntry();
        while(entry != null) {
            extractZipEntry(entry, zin, destDir);
            entry = zin.getNextEntry();
        }
    } finally {
        zin.close();
    }
}
```

调用 extractZipEntry 处理每个压缩条目，代码为：

```
private static void extractZipEntry(ZipEntry entry, ZipInputStream zin,
        String destDir) throws IOException {
    if(!entry.isDirectory()) {
        File parent = new File(destDir + entry.getName()).getParentFile();
        if(!parent.exists()) {
            parent.mkdirs();
        }
```

```
        OutputStream entryOut = new BufferedOutputStream(
                new FileOutputStream(destDir + entry.getName())));
        try {
            copy(zin, entryOut);
        } finally {
            entryOut.close();
        }
    } else {
        new File(destDir + entry.getName()).mkdirs();
    }
}
```

至此，关于 5 种常见文件类型的处理：属性文件、CSV、Excel、HTML 和压缩文件，就介绍完了。完整的代码在 github 上，地址为 https://github.com/swiftma/program-logic，位于包 shuo.laoma.file.c64 下。

14.2　随机读写文件

我们先介绍 RandomAccessFile 的用法，然后介绍怎么利用它实现一个简单的键值对数据库。

14.2.1　用法

RandomAccessFile 有如下构造方法：

```
public RandomAccessFile(String name, String mode)
    throws FileNotFoundException
public RandomAccessFile(File file, String mode)
    throws FileNotFoundException
```

参数 name 和 file 容易理解，表示文件路径和 File 对象，mode 是什么意思呢？它表示打开模式，可以有 4 个取值。

1）"r"：只用于读。

2）"rw"：用于读和写。

3）"rws"：和 "rw" 一样，用于读和写，另外，它要求文件内容和元数据的任何更新都同步到设备上。

4）"rwd"：和 "rw" 一样，用于读和写，另外，它要求文件内容的任何更新都同步到设备上，和 "rws" 的区别是，元数据的更新不要求同步。

RandomAccessFile 虽然不是 InputStream/OutputStream 的子类，但它也有类似于读写字节流的方法。另外，它还实现了 DataInput/DataOutput 接口。这些方法我们之前基本都介绍过，这里列举部分方法，以增强直观感受：

```
//读一个字节，取最低8位，0～255
```

```
public int read() throws IOException
public int read(byte b[]) throws IOException
public final int readInt() throws IOException
public final void writeInt(int v) throws IOException
public void write(byte b[]) throws IOException
```

RandomAccessFile 还有另外两个 read 方法：

```
public final void readFully(byte b[]) throws IOException
public final void readFully(byte b[], int off, int len) throws IOException
```

与对应的 read 方法的区别是，它们可以确保读够期望的长度，如果到了文件结尾也没读够，它们会抛出 EOFException 异常。

RandomAccessFile 内部有一个文件指针，指向当前读写的位置，各种 read/write 操作都会自动更新该指针。与流不同的是，RandomAccessFile 可以获取该指针，也可以更改该指针，相关方法是：

```
//获取当前文件指针
public native long getFilePointer() throws IOException
//更改当前文件指针到pos
public native void seek(long pos) throws IOException
```

RandomAccessFile 是通过本地方法，最终调用操作系统的 API 来实现文件指针调整的。

InputStream 有一个 skip 方法，可以跳过输入流中 n 个字节，默认情况下，它是通过实际读取 n 个字节实现的。RandomAccessFile 有一个类似方法，不过它是通过更改文件指针实现的：

```
public int skipBytes(int n) throws IOException
```

RandomAccessFile 可以直接获取文件长度，返回文件字节数，方法为：

```
public native long length() throws IOException
```

它还可以直接修改文件长度，方法为：

```
public native void setLength(long newLength) throws IOException
```

如果当前文件的长度小于 newLength，则文件会扩展，扩展部分的内容未定义。如果当前文件的长度大于 newLength，则文件会收缩，多出的部分会截取，如果当前文件指针比 newLength 大，则调用后会变为 newLength。

RandomAccessFile 中有如下方法，需要注意一下：

```
public final void writeBytes(String s) throws IOException
public final String readLine() throws IOException
```

看上去，writeBytes 方法可以直接写入字符串，而 readLine 方法可以按行读入字符串，实际上，这两个方法都是有问题的，它们都没有编码的概念，都假定一个字节就代表一个字符，这对于中文显然是不成立的，所以，应避免使用这两个方法。

14.2.2 设计一个键值数据库 BasicDB

在日常的一般文件读写中，使用流就可以了，但在一些系统程序中，流是不适合的，RandomAccessFile 因为更接近操作系统，更为方便和高效。

下面，我们来看怎么利用 RandomAccessFile 实现一个简单的键值数据库，我们称之为BasicDB。我们从功能、接口、使用和设计等几个方面进行介绍，完整的代码在 github 上，地址为 https://github.com/swiftma/program-logic，位于包 shuo.laoma.file.c60 下。

1. 功能

BasicDB 提供的接口类似于 Map 接口，可以按键保存、查找、删除，但数据可以持久化保存到文件上。此外，不像 HashMap/TreeMap，它们将所有数据保存在内存，BasicDB只把元数据如索引信息保存在内存，值的数据保存在文件上。相比 HashMap/TreeMap，BasicDB 的内存消耗可以大大降低，存储的键值对个数大大提高，尤其当值数据比较大的时候。BasicDB 通过索引，以及 RandomAccessFile 的随机读写功能保证效率。

2. 接口

对外，BasicDB 提供的构造方法是：

```
public BasicDB(String path, String name) throws IOException
```

path 表示数据库文件所在的目录，该目录必须已存在。name 表示数据库的名称，BasicDB 会使用以 name 开头的两个文件，一个存储元数据，扩展名是 .meta，一个存储键值对中的值数据，扩展名是 .data。比如，如果 name 为 student，则两个文件为 student.meta和 student.data，这两个文件不一定存在，如果不存在，则创建新的数据库，如果已存在，则加载已有的数据库。

BasicDB 提供的公开方法有：

```
//保存键值对，键为String类型，值为byte数组
public void put(String key, byte[] value) throws IOException
//根据键获取值，如果键不存在，返回null
public byte[] get(String key) throws IOException
public void remove(String key) //根据键删除
public void flush() throws IOException //确保将所有数据保存到文件
public void close() throws IOException //关闭数据库
```

为便于实现，我们假定值即 byte 数组的长度不超过 1020，如果超过，会抛出异常，当然，这个长度在代码中可以调整。在调用 put 和 remove 后，修改不会马上反映到文件中，如果需要确保保存到文件中，需要调用 flush。

3. 使用

在 BasicDB 中，我们设计的值为 byte 数组，这看上去是一个限制，不便使用，我们主要是为了简化，而且任何数据都可以转化为 byte 数组保存。对于字符串，可以使用

getBytes() 方法，对于对象，可以使用之前介绍的流转换为 byte 数组。

比如，保存一些学生信息到数据库，代码可以为：

```
private static byte[] toBytes(Student student) throws IOException {
    ByteArrayOutputStream bout = new ByteArrayOutputStream();
    DataOutputStream dout = new DataOutputStream(bout);
    dout.writeUTF(student.getName());
    dout.writeInt(student.getAge());
    dout.writeDouble(student.getScore());
    return bout.toByteArray();
}
public static void saveStudents(Map<String, Student> students)
        throws IOException {
    BasicDB db = new BasicDB("./", "students");
    for(Map.Entry<String, Student> kv : students.entrySet()) {
        db.put(kv.getKey(), toBytes(kv.getValue()));
    }
    db.close();
}
```

保存学生信息到当前目录下的 students 数据库，toBytes 方法将 Student 转换为了字节。14.3 节会介绍序列化，使用序列化，toBytes 方法的代码可以更为简洁。

4. 设计

我们采用如下简单的设计。

1）将键值对分为两部分，值保存在单独的 .data 文件中，值在 .data 文件中的位置和键称为索引，索引保存在 .meta 文件中。

2）在 .data 文件中，每个值占用的空间固定，固定长度为 1024，前 4 个字节表示实际长度，然后是实际内容，实际长度不够 1020 的，后面是补白字节 0。

3）索引信息既保存在 .meta 文件中，也保存在内存中，在初始化时，全部读入内存，对索引的更新不立即更新文件，调用 flush 方法才更新。

4）删除键值对不修改 .data 文件，但会从索引中删除并记录空白空间，下次添加键值对的时候会重用空白空间，所有的空白空间也记录到 .meta 文件中。

我们暂不考虑由于并发访问、异常关闭等引起的一致性问题。这个设计虽然是比较粗糙的，但可以演示一些基本概念。

14.2.3　BasicDB 的实现

下面，我们来看实现代码，先来看内部组成和构造方法，然后看一些主要方法的实现。BasicDB 定义了如下静态变量：

```
private static final int MAX_DATA_LENGTH = 1020;
//补白字节
private static final byte[] ZERO_BYTES = new byte[MAX_DATA_LENGTH];
```

```
//数据文件扩展名
private static final String DATA_SUFFIX = ".data";
//元数据文件扩展名，包括索引和空白空间数据
private static final String META_SUFFIX = ".meta";
```

内存中表示索引和空白空间的数据结构是：

```
Map<String, Long> indexMap; //索引信息，键->值在.data文件中的位置
Queue<Long> gaps; //空白空间，值为在.data文件中的位置
```

表示文件的数据结构是：

```
RandomAccessFile db; //值数据文件
File metaFile;  //元数据文件
```

构造方法的代码为：

```
public BasicDB(String path, String name) throws IOException{
    File dataFile = new File(path + name + DATA_SUFFIX);
    metaFile = new File(path + name + META_SUFFIX);
    db = new RandomAccessFile(dataFile, "rw");
    if(metaFile.exists()){
        loadMeta();
    }else{
        indexMap = new HashMap<>();
        gaps = new ArrayDeque<>();
    }
}
```

元数据文件存在时，会调用 loadMeta 将元数据加载到内存，我们先假定不存在，先来看其他代码。保存键值对的方法是 put，其代码为：

```
public void put(String key, byte[] value) throws IOException{
    Long index = indexMap.get(key);
    if(index==null){
        index = nextAvailablePos();
        indexMap.put(key, index);
    }
    writeData(index, value);
}
```

先通过索引查找键是否存在，如果不存在，调用 nextAvailablePos 方法为值找一个存储位置，并将键和存储位置保存到索引中，最后，调用 writeData 方法将值写到数据文件中。

nextAvailablePos 的代码是：

```
private long nextAvailablePos() throws IOException{
    if(!gaps.isEmpty()){
        return gaps.poll();
    }else{
        return db.length();
```

```
    }
}
```

它首先查找空白空间，如果有，则重用，否则定位到文件末尾。

writeData 方法实际写值数据，它的代码是：

```
private void writeData(long pos, byte[] data) throws IOException {
    if(data.length > MAX_DATA_LENGTH) {
        throw new IllegalArgumentException("maximum allowed length is "
                + MAX_DATA_LENGTH + ", data length is " + data.length);
    }
    db.seek(pos);
    db.writeInt(data.length);
    db.write(data);
    db.write(ZERO_BYTES, 0, MAX_DATA_LENGTH - data.length);
}
```

它先检查长度，长度满足的情况下，定位到指定位置，写实际数据的长度、写内容、最后补白。

可以看出，在这个实现中，索引信息和空白空间信息并没有实时保存到文件中，要保存，需要调用 flush 方法，待会我们再看这个方法。

根据键获取值的方法是 get，其代码为：

```
public byte[] get(String key) throws IOException{
    Long index = indexMap.get(key);
    if(index!=null){
        return getData(index);
    }
    return null;
}
```

如果键存在，就调用 getData 方法获取数据。getData 方法的代码为：

```
private byte[] getData(long pos) throws IOException{
    db.seek(pos);
    int length = db.readInt();
    byte[] data = new byte[length];
    db.readFully(data);
    return data;
}
```

代码也很简单，定位到指定位置，读取实际长度，然后调用 readFully 方法读够内容。

删除键值对的方法是 remove，其代码为：

```
public void remove(String key){
    Long index = indexMap.remove(key);
    if(index!=null){
        gaps.offer(index);
    }
}
```

从索引结构中删除，并添加到空白空间队列中。

同步元数据的方法是 flush()，其代码为：

```java
public void flush() throws IOException{
    saveMeta();
    db.getFD().sync();
}
```

回顾一下，getFD 方法会返回文件描述符，其 sync 方法会确保文件内容保存到设备上，saveMeta 方法的代码为：

```java
private void saveMeta() throws IOException{
    DataOutputStream out = new DataOutputStream(
            new BufferedOutputStream(new FileOutputStream(metaFile)));
    try{
        saveIndex(out);
        saveGaps(out);
    }finally{
        out.close();
    }
}
```

索引信息和空白空间保存在一个文件中，saveIndex 保存索引信息，代码为：

```java
private void saveIndex(DataOutputStream out) throws IOException{
    out.writeInt(indexMap.size());
    for(Map.Entry<String, Long> entry : indexMap.entrySet()){
        out.writeUTF(entry.getKey());
        out.writeLong(entry.getValue());
    }
}
```

先保存键值对个数，然后针对每条索引信息，保存键及值在 .data 文件中的位置。

saveGaps 方法保存空白空间信息，代码为：

```java
private void saveGaps(DataOutputStream out) throws IOException{
    out.writeInt(gaps.size());
    for(Long pos : gaps){
        out.writeLong(pos);
    }
}
```

也是先保存长度，然后保存每条空白空间信息。

我们使用了之前介绍的流来保存，这些代码比较烦琐，如果使用后续介绍的序列化，代码会更为简洁。

在构造方法中，我们提到了 loadMeta 方法，它是 saveMeta 的逆操作，代码为：

```java
private void loadMeta() throws IOException{
    DataInputStream in = new DataInputStream(
```

```
                new BufferedInputStream(new FileInputStream(metaFile)));
        try{
            loadIndex(in);
            loadGaps(in);
        }finally{
            in.close();
        }
    }
```

loadIndex 加载索引，代码为：

```
private void loadIndex(DataInputStream in) throws IOException{
    int size = in.readInt();
    indexMap = new HashMap<String, Long>((int) (size / 0.75f) + 1, 0.75f);
    for(int i=0; i<size; i++){
        String key = in.readUTF();
        long index = in.readLong();
        indexMap.put(key, index);
    }
}
```

loadGaps 加载空白空间，代码为：

```
private void loadGaps(DataInputStream in) throws IOException{
    int size = in.readInt();
    gaps = new ArrayDeque<>(size);
    for(int i=0; i<size; i++){
        long index = in.readLong();
        gaps.add(index);
    }
}
```

数据库关闭的代码为：

```
public void close() throws IOException{
    flush();
    db.close();
}
```

就是同步数据，并关闭数据文件。

14.2.4　小结

本节介绍了 RandomAccessFile 的用法，它可以随机读写，更为接近操作系统的 API，在实现一些系统程序时，它比流要更为方便高效。利用 RandomAccessFile，我们实现了一个非常简单的键值对数据库，我们演示了这个数据库的用法、接口、设计和实现代码。在这个例子中，我们同时展示了之前介绍的容器和流的一些用法。

这个数据库虽然简单粗糙，但也具备了一些优良特点，比如占用的内存空间比较小，可以存储大量键值对，可以根据键高效访问值等。

14.3　内存映射文件

本节介绍内存映射文件，内存映射文件不是 Java 引入的概念，而是操作系统提供的一种功能，大部分操作系统都支持。我们先来介绍内存映射文件的基本概念，它是什么，能解决什么问题，然后介绍如何在 Java 中使用。我们会设计和实现一个简单的、持久化的、跨程序的消息队列来演示内存映射文件的应用。

14.3.1　基本概念

所谓内存映射文件，就是将文件映射到内存，文件对应于内存中的一个字节数组，对文件的操作变为对这个字节数组的操作，而字节数组的操作直接映射到文件上。这种映射可以是映射文件全部区域，也可以是只映射一部分区域。

不过，这种映射是操作系统提供的一种假象，文件一般不会马上加载到内存，操作系统只是记录下了这回事，当实际发生读写时，才会按需加载。操作系统一般是按页加载的，页可以理解为就是一块，页的大小与操作系统和硬件相关，典型的配置可能是 4K、8K 等，当操作系统发现读写区域不在内存时，就会加载该区域对应的一个页到内存。

这种按需加载的方式，使得内存映射文件可以**方便高效地处理非常大的文件**，内存放不下整个文件也不要紧，操作系统会自动进行处理，将需要的内容读到内存，将修改的内容保存到硬盘，将不再使用的内存释放。

在应用程序写的时候，它写的是内存中的字节数组，这个内容什么时候同步到文件上呢？这个时机是不确定的，由操作系统决定，不过，只要操作系统不崩溃，操作系统会保证同步到文件上，即使映射这个文件的应用程序已经退出了。

在一般的文件读写中，会有两次数据复制，一次是从硬盘复制到操作系统内核，另一次是从操作系统内核复制到用户态的应用程序。而在内存映射文件中，一般情况下，只有一次复制，且内存分配在操作系统内核，应用程序访问的就是操作系统的内核内存空间，这显然要**比普通的读写效率更高**。

内存映射文件的另一个重要特点是：它可以被多个不同的应用程序共享，多个程序可以映射同一个文件，映射到同一块内存区域，一个程序对内存的修改，可以让其他程序也看到，这使得它**特别适合用于不同应用程序之间的通信**。

操作系统自身在加载可执行文件的时候，一般都利用了内存映射文件，比如：

❑ 按需加载代码，只有当前运行的代码在内存，其他暂时用不到的代码还在硬盘。

❑ 同时启动多次同一个可执行文件，文件代码在内存也只有一份。

❑ 不同应用程序共享的动态链接库代码在内存也只有一份。

内存映射文件也有局限性。比如，它不太适合处理小文件，它是按页分配内存的，对于小文件，会浪费空间；另外，映射文件要消耗一定的操作系统资源，初始化比较慢。

简单总结下，对于一般的文件读写不需要使用内存映射文件，但如果处理的是大文件，要求极高的读写效率，比如数据库系统，或者需要在不同程序间进行共享和通信，那就可以考虑内存映射文件。理解了内存映射文件的基本概念，接下来，我们看怎么在 Java 中使用它。

14.3.2 用法

内存映射文件需要通过 FileInputStream/FileOutputStream 或 RandomAccessFile，它们都有一个方法：

```
public FileChannel getChannel()
```

FileChannel 有如下方法：

```
public MappedByteBuffer map(MapMode mode, long position,
    long size) throws IOException
```

map 方法将当前文件映射到内存，映射的结果就是一个 MappedByteBuffer 对象，它代表内存中的字节数组，待会我们再来详细看它。map 有三个参数，mode 表示映射模式，positon 表示映射的起始位置，size 表示长度。mode 有三个取值：

❑ MapMode.READ_ONLY：只读。

❑ MapMode.READ_WRITE：既读也写。

❑ MapMode.PRIVATE：私有模式，更改不反映到文件，也不被其他程序看到。

这个模式受限于背后的流或 RandomAccessFile，比如，对于 FileInputStream，或者 RandomAccessFile 但打开模式是 "r"，mode 就不能设为 MapMode.READ_WRITE，否则会抛出异常。如果映射的区域超过了现有文件的范围，则文件会自动扩展，扩展出的区域字节内容为 0。映射完成后，文件就可以关闭了，后续对文件的读写可以通过 Mapped-ByteBuffer。看段代码，比如以读写模式映射文件 "abc.dat"，代码可以为：

```
RandomAccessFile file = new RandomAccessFile("abc.dat","rw");
try {
    MappedByteBuffer buf = file.getChannel()
            .map(MapMode.READ_WRITE, 0, file.length());
    //使用buf...
} catch (IOException e) {
    e.printStackTrace();
}finally{
    file.close();
}
```

怎么来使用 MappedByteBuffer 呢？它是 ByteBuffer 的子类，而 ByteBuffer 是 Buffer 的子类。ByteBuffer 和 Buffer 不只是给内存映射文件提供的，它们是 Java NIO 中操作数据的一种方式，用于很多地方，方法也比较多，我们只介绍一些主要相关的。

ByteBuffer 可以简单理解为封装了一个字节数组，这个字节数组的长度是不可变的，在内存映射文件中，这个长度由 map 方法中的参数 size 决定。ByteBuffer 有一个基本属性

position，表示当前读写位置，这个位置可以改变，相关方法是：

```
public final int position() //获取当前读写位置
public final Buffer position(int newPosition) //修改当前读写位置
```

ByteBuffer 中有很多基于当前位置读写数据的方法，部分方法如下：

```
public abstract byte get() //从当前位置获取一个字节
public ByteBuffer get(byte[] dst) //从当前位置复制dst.length长度的字节到dst
public abstract int getInt() //从当前位置读取一个int
public final ByteBuffer put(byte[] src) //将字节数组src写入当前位置
public abstract ByteBuffer putLong(long value); //将value写入当前位置
```

这些方法在读写后，都会自动增加 position。与这些方法相对应的，还有一组方法，可以在参数中直接指定 position，比如：

```
public abstract int getInt(int index) //从index处读取一个int
public abstract double getDouble(int index) //从index处读取一个double
//在index处写入一个double
public abstract ByteBuffer putDouble(int index, double value)
//在index处写入一个long
public abstract ByteBuffer putLong(int index, long value)
```

这些方法在读写时，不会改变当前读写位置 position。

MappedByteBuffer 自己还定义了一些方法：

```
//检查文件内容是否真实加载到了内存，这个值是一个参考值，不一定精确
public final boolean isLoaded()
public final MappedByteBuffer load() //尽量将文件内容加载到内存
public final MappedByteBuffer force() //将对内存的修改强制同步到硬盘上
```

14.3.3　设计一个消息队列 BasicQueue

了解了内存映射文件的用法，接下来，我们来看怎么用它设计和实现一个简单的消息队列，我们称之为 BasicQueue。本小节先介绍它的功能、用法和设计，下小节介绍它的具体代码。完整的代码在 github 上，地址为 https://github.com/swiftma/program-logic，位于包 shuo.laoma.file.c61 下。

1. 功能

BasicQueue 是一个先进先出的循环队列，长度固定，接口主要是出队和入队，与之前介绍的容器类的区别是：

1）消息持久化保存在文件中，重启程序消息不会丢失。

2）可以供不同的程序进行协作。典型场景是，有两个不同的程序，一个是生产者，另一个是消费者，生成者只将消息放入队列，而消费者只从队列中取消息，两个程序通过队列进行协作。这种协作方式更灵活，相互依赖性小，是一种常见的协作方式。

BasicQueue 的构造方法是：

```
public BasicQueue(String path, String queueName) throws IOException
```

path 表示队列所在的目录，必须已存在；queueName 表示队列名，BasicQueue 会使用以 queueName 开头的两个文件来保存队列信息，一个扩展名是 .data，保存实际的消息，另一个扩展名是 .meta，保存元数据信息，如果这两个文件存在，则会使用已有的队列，否则会建立新队列。

BasicQueue 主要提供出队和入队两个方法，如下所示：

```
public void enqueue(byte[] data) throws IOException //入队
public byte[] dequeue() throws IOException //出队
```

与上节介绍的 BasicDB 类似，消息格式也是 byte 数组。BasicQueue 的队列长度是有限的，如果满了，调用 enqueue 方法会抛出异常；消息的最大长度也是有限的，不能超过 1020，如果超了，也会抛出异常。如果队列为空，那么 dequeue 方法返回 null。

2. 用法示例

BasicQueue 的典型用法是生产者和消费者之间的协作，我们来看下简单的示例代码。生产者程序向队列上放消息，每放一条，就随机休息一会儿，代码为：

```
public class Producer {
    public static void main(String[] args) throws InterruptedException {
        try {
            BasicQueue queue = new BasicQueue("./", "task");
            int i = 0;
            Random rnd = new Random();
            while(true) {
                String msg = new String("task " + (i++));
                queue.enqueue(msg.getBytes("UTF-8"));
                System.out.println("produce: " + msg);
                Thread.sleep(rnd.nextInt(1000));
            }
        } catch (IOException e) {
            e.printStackTrace();
        }
    }
}
```

消费者程序从队列中取消息，如果队列为空，也随机休息一会儿，代码为：

```
public class Consumer {
    public static void main(String[] args) throws InterruptedException {
        try {
            BasicQueue queue = new BasicQueue("./", "task");
            Random rnd = new Random();
            while (true) {
                byte[] bytes = queue.dequeue();
                if(bytes == null) {
                    Thread.sleep(rnd.nextInt(1000));
```

```
                    continue;
                }
                System.out.println("consume: " + new String(bytes, "UTF-8"));
            }
        } catch (IOException e) {
            e.printStackTrace();
        }
    }
}
```

假定这两个程序的当前目录一样，它们会使用同样的队列 "task"。同时运行这两个程序，会看到它们的输出交替出现。

3. 设计

我们采用如下简单方式来设计 BasicQueue。

1）使用两个文件来保存消息队列：一个为数据文件，扩展为 .data；一个是元数据文件 .meta。

2）在 .data 文件中使用固定长度存储每条信息，长度为 1024，前 4 个字节为实际长度，后面是实际内容，每条消息的最大长度不能超过 1020。

3）在 .meta 文件中保存队列头和尾，指向 .data 文件中的位置，初始都是 0，入队增加尾，出队增加头，到结尾时，再从 0 开始，模拟循环队列。

4）为了区分队列满和空的状态，始终留一个位置不保存数据，当队列头和队列尾一样的时候表示队列为空，当队列尾的下一个位置是队列头的时候表示队列满。

BasicQueue 的基本设计如图 14-3 所示。

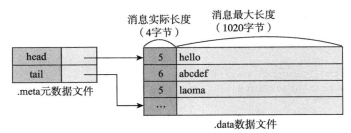

图 14-3　BasicQueue 的基本设计

为简化起见，我们暂不考虑由于并发访问等引起的一致性问题。

14.3.4　实现消息队列

下面来看 BasicQueue 的具体实现代码，包括常量定义、内部组成、构造方法、入队、出队等。

BasicQueue 中定义了如下常量，名称和含义如下：

```
//队列最多消息个数，实际个数还会减1
```

```
private static final int MAX_MSG_NUM = 1020*1024;
//消息体最大长度
private static final int MAX_MSG_BODY_SIZE = 1020;
//每条消息占用的空间
private static final int MSG_SIZE = MAX_MSG_BODY_SIZE + 4;
//队列消息体数据文件大小
private static final int DATA_FILE_SIZE = MAX_MSG_NUM * MSG_SIZE;
//队列元数据文件大小 (head + tail)
private static final int META_SIZE = 8;
```

BasicQueue 的内部成员主要就是两个 MappedByteBuffer，分别表示数据和元数据：

```
private MappedByteBuffer dataBuf;
private MappedByteBuffer metaBuf;
```

BasicQueue 的构造方法代码是：

```
public BasicQueue(String path, String queueName) throws IOException {
    if(!path.endsWith(File.separator)) {
        path += File.separator;
    }
    RandomAccessFile dataFile = null;
    RandomAccessFile metaFile = null;
    try {
        dataFile = new RandomAccessFile(path + queueName + ".data", "rw");
        metaFile = new RandomAccessFile(path + queueName + ".meta", "rw");
        dataBuf = dataFile.getChannel().map(MapMode.READ_WRITE, 0,
                DATA_FILE_SIZE);
        metaBuf = metaFile.getChannel().map(MapMode.READ_WRITE, 0,
                META_SIZE);
    } finally {
        if(dataFile != null) {
            dataFile.close();
        }
        if(metaFile != null) {
            metaFile.close();
        }
    }
}
```

为了方便访问和修改队列头尾指针，我们定义了如下辅助方法：

```
private int head() {
    return metaBuf.getInt(0);
}
private void head(int newHead) {
    metaBuf.putInt(0, newHead);
}
private int tail() {
    return metaBuf.getInt(4);
}
private void tail(int newTail) {
```

```
    metaBuf.putInt(4, newTail);
}
```

为了便于判断队列是空还是满，我们定义了如下方法：

```
private boolean isEmpty(){
    return head() == tail();
}
private boolean isFull(){
    return (tail() + MSG_SIZE) % DATA_FILE_SIZE) == head();
}
```

入队的代码为：

```
public void enqueue(byte[] data) throws IOException {
    if(data.length > MAX_MSG_BODY_SIZE) {
        throw new IllegalArgumentException("msg size is " + data.length
                + ", while maximum allowed length is " + MAX_MSG_BODY_SIZE);
    }
    if(isFull()) {
        throw new IllegalStateException("queue is full");
    }
    int tail = tail();
    dataBuf.position(tail);
    dataBuf.putInt(data.length);
    dataBuf.put(data);
    if(tail + MSG_SIZE >= DATA_FILE_SIZE) {
        tail(0);
    } else {
        tail(tail + MSG_SIZE);
    }
}
```

基本逻辑是：

1）如果消息太长或队列满，抛出异常；

2）找到队列尾，定位到队列尾，写消息长度，写实际数据；

3）更新队列尾指针，如果已到文件尾，再从头开始。

出队的代码为：

```
public byte[] dequeue() throws IOException {
    if(isEmpty()) {
        return null;
    }
    int head = head();
    dataBuf.position(head);
    int length = dataBuf.getInt();
    byte[] data = new byte[length];
    dataBuf.get(data);
    if(head + MSG_SIZE >= DATA_FILE_SIZE) {
        head(0);
```

```
    } else {
        head(head + MSG_SIZE);
    }
    return data;
}
```

基本逻辑是：

1）如果队列为空，返回 null；

2）找到队列头，定位到队列头，读消息长度，读实际数据；

3）更新队列头指针，如果已到文件尾，再从头开始；

4）最后返回实际数据。

14.3.5　小结

本节介绍了内存映射文件的基本概念及在 Java 中的用法，在日常普通的文件读写中，我们用到得比较少，但**在一些系统程序中，它却是经常被用到的一把利器**，可以高效地读写大文件，且能实现不同程序间的共享和通信。

利用内存映射文件，我们设计和实现了一个简单的消息队列，消息可以持久化，可以实现跨程序的生产者/消费者通信，我们演示了这个消息队列的功能、用法、设计和实现代码。

14.4　标准序列化机制

在前面几节，我们在将对象保存到文件时，使用的是 DataOutputStream，从文件读入对象时，使用的是 DataInputStream，使用它们，需要逐个处理对象中的每个字段，我们提到，这种方式比较烦琐，Java 中有一种更为简单的机制，那就是序列化。

简单来说，序列化就是将对象转化为字节流，反序列化就是将字节流转化为对象。在 Java 中，具体如何来使用呢？它是如何实现的？有什么优缺点？本节就来探讨这些问题，我们先从它的基本用法谈起。

14.4.1　基本用法

要让一个类支持序列化，只需要让这个类实现接口 java.io.Serializable。Serializable 没有定义任何方法，只是一个标记接口。比如，对于前面章节提到的 Student 类，为支持序列化，可改为：

```
public class Student implements Serializable {
    //省略主体代码
}
```

声明实现了 Serializable 接口后，保存 / 读取 Student 对象就可以使用 ObjectOutput-

Stream/ObjectInputStream 流了。ObjectOutputStream 是 OutputStream 的子类，但实现了 Object-Output 接口。ObjectOutput 是 DataOutput 的子接口，增加了一个方法：

```
public void writeObject(Object obj) throws IOException
```

这个方法能够将对象 obj 转化为字节，写到流中。

ObjectInputStream 是 InputStream 的子类，它实现了 ObjectInput 接口。ObjectInput 是 DataInput 的子接口，增加了一个方法：

```
public Object readObject() throws ClassNotFoundException, IOException
```

这个方法能够从流中读取字节，转化为一个对象。

使用这两个流，保存学生列表的代码就可以变为：

```
public static void writeStudents(List<Student> students)
    throws IOException {
    ObjectOutputStream out = new ObjectOutputStream(
        new BufferedOutputStream(new FileOutputStream("students.dat")));
    try {
        out.writeInt(students.size());
        for(Student s : students) {
            out.writeObject(s);
        }
    } finally {
        out.close();
    }
}
```

而从文件中读入学生列表的代码可以变为：

```
public static List<Student> readStudents() throws IOException,
        ClassNotFoundException {
    ObjectInputStream in = new ObjectInputStream(new BufferedInputStream(
        new FileInputStream("students.dat")));
    try {
        int size = in.readInt();
        List<Student> list = new ArrayList<>(size);
        for(int i = 0; i < size; i++) {
            list.add((Student) in.readObject());
        }
        return list;
    } finally {
        in.close();
    }
}
```

实际上，只要 List 对象也实现了 Serializable（ArrayList/LinkedList 都实现了），上面代码还可以进一步简化，读写只需要一行代码，如下所示：

```
public static void writeStudents(List<Student> students)
```

```
        throws IOException {
        ObjectOutputStream out = new ObjectOutputStream(
                new BufferedOutputStream(new FileOutputStream("students.dat")));
        try {
            out.writeObject(students);
        } finally {
            out.close();
        }
    }
    public static List<Student> readStudents() throws IOException,
            ClassNotFoundException {
        ObjectInputStream in = new ObjectInputStream(new BufferedInputStream(
                new FileInputStream("students.dat")));
        try {
            return (List<Student>) in.readObject();
        } finally {
            in.close();
        }
    }
}
```

是不是很神奇? 只要将类声明实现 Serializable 接口, 然后就可以使用 ObjectOutput-Stream/ObjectInputStream 直接读写对象了。我们之前介绍的各种类, 如 String、Date、Double、ArrayList、LinkedList、HashMap、TreeMap 等, 都实现了 Serializable。

14.4.2 复杂对象

上面例子中的 Student 对象是非常简单的, 如果对象比较复杂呢? 比如:

1) 如果 a、b 两个对象都引用同一个对象 c, 序列化后 c 是保存两份还是一份? 在反序列化后还能让 a、b 指向同一个对象吗? 答案是, c 只会保存一份, 反序列化后指向相同对象。

2) 如果 a、b 两个对象有循环引用呢? 即 a 引用了 b, 而 b 也引用了 a。这种情况 Java 也没问题, 可以保持引用关系。

这就是 Java 序列化机制的神奇之处, 它能自动处理引用同一个对象的情况, 也能自动处理循环引用的情况, 具体例子我们就不介绍了, 感兴趣可以参看微信公众号 "老马说编程" 第 62 篇文章。

14.4.3 定制序列化

默认的序列化机制已经很强大了, 它可以自动将对象中的所有字段自动保存和恢复, 但这种默认行为有时候不是我们想要的。

对于有些字段, 它的值可能与内存位置有关, 比如默认的 hashCode() 方法的返回值, 当恢复对象后, 内存位置肯定变了, 基于原内存位置的值也就没有了意义。还有一些字段, 可能与当前时间有关, 比如表示对象创建时的时间, 保存和恢复这个字段就是不正确的。

还有一些情况, **如果类中的字段表示的是类的实现细节, 而非逻辑信息, 那默认序列**

化也是不适合的。为什么不适合呢？因为序列化格式表示一种契约，应该描述类的逻辑结构，而非与实现细节相绑定，绑定实现细节将使得难以修改，破坏封装。

比如，我们在容器类中介绍的 LinkedList，它的默认序列化就是不适合的。为什么呢？因为 LinkedList 表示一个 List，它的逻辑信息是列表的长度，以及列表中的每个对象，但 LinkedList 类中的字段表示的是链表的实现细节，如头尾节点指针，对每个节点，还有前驱和后继节点指针等。

那怎么办呢？ Java 提供了多种定制序列化的机制，主要的有两种：一种是 transient 关键字，另外一种是实现 writeObject 和 readObject 方法。

将字段声明为 transient，默认序列化机制将忽略该字段，不会进行保存和恢复。比如，类 LinkedList 中，它的字段都声明为了 transient，如下所示：

```
transient int size = 0;
transient Node<E> first;
transient Node<E> last;
```

声明为了 transient，不是说就不保存该字段了，而是告诉 Java 默认序列化机制，不要**自动**保存该字段了，可以实现 writeObject/readObject 方法来自己保存该字段。

类可以实现 writeObject 方法，以自定义该类对象的序列化过程，其声明必须为：

```
private void writeObject(java.io.ObjectOutputStream s)
    throws java.io.IOException
```

可以在这个方法中，调用 ObjectOutputStream 的方法向流中写入对象的数据。比如，LinkedList 使用如下代码序列化列表的逻辑数据：

```
private void writeObject(java.io.ObjectOutputStream s)

    throws java.io.IOException {
    s.defaultWriteObject();
    //写元素个数
    s.writeInt(size);
    //循环写每个元素
    for(Node<E> x = first; x != null; x = x.next)
        s.writeObject(x.item);
}
```

需要注意的是代码：

```
s.defaultWriteObject();
```

这一行是必需的，它会调用默认的序列化机制，默认机制会保存所有没声明为 transient 的字段，即使类中的所有字段都是 transient，也应该写这一行，因为 Java 的序列化机制不仅会保存纯粹的数据信息，还会保存一些元数据描述等隐藏信息，这些隐藏的信息是序列化之所以能够神奇的重要原因。

与 writeObject 对应的是 readObject 方法，通过它自定义反序列化过程，其声明必须为：

```
private void readObject(java.io.ObjectInputStream s)
    throws java.io.IOException, ClassNotFoundException
```

在这个方法中，调用 ObjectInputStream 的方法从流中读入数据，然后初始化类中的成员变量。比如，LinkedList 的反序列化代码为：

```
private void readObject(java.io.ObjectInputStream s)
    throws java.io.IOException, ClassNotFoundException {
    s.defaultReadObject();
    //读元素个数
    int size = s.readInt();
    //循环读入每个元素
    for (int i = 0; i < size; i++)
        linkLast((E)s.readObject());
}
```

注意代码：

```
s.defaultReadObject();
```

这一行代码也是必需的。

除了自定义 writeObject/readObject 方法，还有一些自定义序列化过程的机制：Externalizable 接口、readResolve 方法和 writeReplace 方法，这些机制用得相对较少，我们就不介绍了。

14.4.4　序列化的基本原理

稍微总结一下。

1）如果类的字段表示的就是类的逻辑信息，如上面的 Student 类，那就可以使用默认序列化机制，只要声明实现 Serializable 接口即可。

2）否则的话，如 LinkedList，那就可以使用 transient 关键字，实现 writeObject 和 readObject 自定义序列化过程。

3）Java 的序列化机制可以自动处理如引用同一个对象、循环引用等情况。

序列化到底是如何发生的呢？关键在 ObjectOutputStream 的 writeObject 和 ObjectInputStream 的 readObject 方法内。它们的实现都非常复杂，正因为这些复杂的实现才使得序列化看上去很神奇，我们简单介绍其基本逻辑。

writeObject 的基本逻辑是：

1）如果对象没有实现 Serializable，抛出异常 NotSerializableException。

2）每个对象都有一个编号，如果之前已经写过该对象了，则本次只会写该对象的引用，这可以解决对象引用和循环引用的问题。

3）如果对象实现了 writeObject 方法，调用它的自定义方法。

4）默认是利用反射机制（反射在第 21 章介绍），遍历对象结构图，对每个没有标记为 transient 的字段，根据其类型，分别进行处理，写出到流，流中的信息包括字段的类型，即完整类名、字段名、字段值等。

readObject 的基本逻辑是：

1）不调用任何构造方法；

2）它自己就相当于是一个独立的构造方法，根据字节流初始化对象，利用的也是反射机制；

3）在解析字节流时，对于引用到的类型信息，会动态加载，如果找不到类，会抛出 ClassNotFoundException。

14.4.5　版本问题

前面的介绍，我们忽略了一个问题，那就是版本问题。我们知道，代码是在不断演化的，而序列化的对象可能是持久保存在文件上的，如果类的定义发生了变化，那持久化的对象还能反序列化吗？

默认情况下，Java 会给类定义一个版本号，这个版本号是根据类中一系列的信息自动生成的。在反序列化时，如果类的定义发生了变化，版本号就会变化，与流中的版本号就会不匹配，反序列化就会抛出异常，类型为 java.io.InvalidClassException。

通常情况下，我们希望自定义这个版本号，而非让 Java 自动生成，一方面是为了更好地控制，另一方面是为了性能，因为 Java 自动生成的性能比较低。怎么自定义呢？在类中定义如下变量：

```
private static final long serialVersionUID = 1L;
```

在 Java IDE 如 Eclipse 中，如果声明实现了 Serializable 而没有定义该变量，IDE 会提示自动生成。这个变量的值可以是任意的，代表该类的版本号。在序列化时，会将该值写入流，在反序列化时，会将流中的值与类定义中的值进行比较，如果不匹配，会抛出 InvalidClassException。

那如果版本号一样，但实际的字段不匹配呢？ Java 会分情况自动进行处理，以尽量保持兼容性，大概分为三种情况：

❑ 字段删掉了：即流中有该字段，而类定义中没有，该字段会被忽略；

❑ 新增了字段：即类定义中有，而流中没有，该字段会被设为默认值；

❑ 字段类型变了：对于同名的字段，类型变了，会抛出 InvalidClassException。

14.4.6　序列化特点分析

序列化的主要用途有两个：一个是对象持久化；另一个是跨网络的数据交换、远程过程调用。Java 标准的序列化机制有很多优点，使用简单，可自动处理对象引用和循环引用，也可以方便地进行定制，处理版本问题等，但它也有一些重要的局限性。

1）Java 序列化格式是一种私有格式，是一种 Java 特有的技术，不能被其他语言识别，

不能实现跨语言的数据交换。

2）Java 在序列化字节中保存了很多描述信息，使得序列化格式比较大。

3）Java 的默认序列化使用反射分析遍历对象结构，性能比较低。

4）Java 的序列化格式是二进制的，不方便查看和修改。

由于这些局限性，实践中往往会使用一些替代方案。在跨语言的数据交换格式中，XML/JSON 是被广泛采用的文本格式，各种语言都有对它们的支持，文件格式清晰易读。有很多查看和编辑工具，它们的不足之处是性能和序列化大小，在性能和大小敏感的领域，往往会采用更为精简高效的二进制方式，如 ProtoBuf、Thrift、MessagePack 等。

至此，关于 Java 的标准序列化机制就介绍完了。我们介绍了它的用法和基本原理，最后分析了它的特点，它是一种神奇的机制，通过简单的 Serializable 接口就能自动处理很多复杂的事情，但它也有一些重要的限制，最重要的是不能跨语言。

14.5　使用 Jackson 序列化为 JSON/XML/MessagePack

由于 Java 标准序列化机制的一些限制，实践中经常使用一些替代方案，比如 XML/JSON/MessagePack。Java SDK 中对这些格式的支持有限，有很多第三方的类库提供了更为方便的支持，Jackson 是其中一种，它支持多种格式，包括 XML/JSON/MessagePack 等，本节就来介绍如何使用 Jackson 进行序列化。我们先来简单了解下这些格式以及 Jackson。

14.5.1　基本概念

XML/JSON 都是文本格式，都容易阅读和理解，格式细节我们就不介绍了，后面我们会看到一些例子，来演示其基本格式。XML 是最早流行的跨语言数据交换标准格式，如果不熟悉，可以查看 http://www.w3school.com.cn/xml/ 快速了解。JSON 是一种更为简单的格式，最近几年来越来越流行，如果不熟悉，可以查看 http://json.org/json-zh.html。MessagePack 是一种二进制形式的 JSON，编码更为精简高效，官网地址是 http://msgpack.org/。JSON 有多种二进制形式，MessagePack 只是其中一种。

Jackson 的 Wiki 地址是 http://wiki.fasterxml.com/JacksonHome，它起初主要是用来支持 JSON 格式的，现在也支持很多其他格式，它的各种方式的使用方式是类似的。要使用 Jackson，需要下载相应的库。对于 JSON/XML，本节使用 2.8.5 版本，对于 MessagePack，本节使用 0.8.11 版本，所有依赖库均可从以下地址下载：https://github.com/swiftma/program-logic/tree/master/jackson_libs。配置好依赖库后，下面我们就来介绍如何使用。

14.5.2　基本用法

我们还是通过 Student 类来演示 Jackson 的基本用法，格式包括 JSON、XML 和 Message-Pack。

1. JSON

序列化一个 Student 对象的基本代码为：

```
Student student = new Student("张三", 18, 80.9d);
ObjectMapper mapper = new ObjectMapper();
mapper.enable(SerializationFeature.INDENT_OUTPUT);
String str = mapper.writeValueAsString(student);
System.out.println(str);
```

Jackson 序列化的主要类是 ObjectMapper，它是一个线程安全的类，可以初始化并配置一次，被多个线程共享，SerializationFeature.INDENT_OUTPUT 的目的是格式化输出，以便于阅读。ObjectMapper 的 writeValueAsString 方法就可以将对象序列化为字符串，输出为：

```
{
  "name" : "张三",
  "age" : 18,
  "score" : 80.9
}
```

ObjectMapper 还有其他方法，可以输出字节数组，写出到文件、OutputStream、Writer 等，方法声明如下：

```
public byte[] writeValueAsBytes(Object value)
public void writeValue(OutputStream out, Object value)
public void writeValue(Writer w, Object value)
public void writeValue(File resultFile, Object value)
```

比如，输出到文件 "student.json"，代码为：

```
mapper.writeValue(new File("student.json"), student);
```

ObjectMapper 怎么知道要保存哪些字段呢？与 Java 标准序列化机制一样，它也使用反射，默认情况下，它会保存所有声明为 public 的字段，或者有 public getter 方法的字段。

反序列化的代码如下所示：

```
ObjectMapper mapper = new ObjectMapper();
Student s = mapper.readValue(new File("student.json"), Student.class);
System.out.println(s.toString());
```

使用 readValue 方法反序列化，有两个参数：一个是输入源，这里是文件 student.json；另一个是反序列化后的对象类型，这里是 Student.class，输出为：

```
Student [name=张三, age=18, score=80.9]
```

说明反序列化的结果是正确的，除了接受文件，还可以是字节数组、字符串、Input-Stream、Reader 等，如下所示：

```
public <T> T readValue(InputStream src, Class<T> valueType)
public <T> T readValue(Reader src, Class<T> valueType)
public <T> T readValue(String content, Class<T> valueType)
```

```
public <T> T readValue(byte[] src, Class<T> valueType)
```

在反序列化时，默认情况下，Jackson 假定对象类型有一个无参的构造方法，它会先调用该构造方法创建对象，然后解析输入源进行反序列化。

2. XML

使用类似的代码，格式可以为 XML，唯一需要改变的是替换 ObjectMapper 为 XmlMapper。XmlMapper 是 ObjectMapepr 的子类，序列化代码为：

```
Student student = new Student("张三", 18, 80.9d);
ObjectMapper mapper = new XmlMapper();
mapper.enable(SerializationFeature.INDENT_OUTPUT);
String str = mapper.writeValueAsString(student);
mapper.writeValue(new File("student.xml"), student);
System.out.println(str);
```

输出为：

```
<Student>
  <name>张三</name>
  <age>18</age>
  <score>80.9</score>
</Student>
```

反序列化代码为：

```
ObjectMapper mapper = new XmlMapper();
Student s = mapper.readValue(new File("student.xml"), Student.class);
System.out.println(s.toString());
```

3. MessagePack

类似的代码，格式可以为 MessagePack，同样使用 ObjectMapper 类，但传递一个 MessagePackFactory 对象。另外，MessagePack 是二进制格式，不能写出为 String，可以写出为文件、OutpuStream 或字节数组。序列化代码为：

```
Student student = new Student("张三", 18, 80.9d);
ObjectMapper mapper = new ObjectMapper(new MessagePackFactory());
byte[] bytes = mapper.writeValueAsBytes(student);
mapper.writeValue(new File("student.bson"), student);
```

序列后的字节如图 14-4 所示。

```
            0  1  2  3  4  5  6  7  8  9  a  b  c  d  e  f
00000000h: 83 A4 6E 61 6D 65 A6 E5 BC A0 E4 B8 89 A3 61 67 ; .¤name¦å¼.ä¸.£ag
00000010h: 65 12 A5 73 63 6F 72 65 CB 40 54 39 99 99 99 99 ; e.¥scoreË@T9....
00000020h: 9A                                              ; .
```

图 14-4　MessagePack 序列化示例

反序列化代码为：

```
ObjectMapper mapper = new ObjectMapper(new MessagePackFactory());
```

```
Student s = mapper.readValue(new File("student.bson"), Student.class);
System.out.println(s.toString());
```

14.5.3 容器对象

对于容器对象，Jackson 也是可以自动处理的，但用法稍有不同，我们来看下 List 和 Map。

1. List

序列化一个学生列表的代码为：

```
List<Student> students = Arrays.asList(new Student[] {
        new Student("张三", 18, 80.9d), new Student("李四", 17, 67.5d) });
ObjectMapper mapper = new ObjectMapper();
mapper.enable(SerializationFeature.INDENT_OUTPUT);
String str = mapper.writeValueAsString(students);
mapper.writeValue(new File("students.json"), students);
System.out.println(str);
```

这与序列化一个学生对象的代码是类似的，输出为：

```
[ {
  "name" : "张三",
  "age" : 18,
  "score" : 80.9
}, {
  "name" : "李四",
  "age" : 17,
  "score" : 67.5
} ]
```

反序列化代码不同，要新建一个 TypeReference 匿名内部类对象来指定类型，代码如下所示：

```
ObjectMapper mapper = new ObjectMapper();
List<Student> list = mapper.readValue(new File("students.json"),
        new TypeReference<List<Student>>() {});
System.out.println(list.toString());
```

XML/MessagePack 的代码是类似的，我们就不赘述了。

2. Map

Map 与 List 类似，序列化不需要特殊处理，但反序列化需要通过 TypeReference 指定类型，我们看一个 XML 的例子。序列化一个学生 Map 的代码为：

```
Map<String, Student> map = new HashMap<String, Student>();
map.put("zhangsan", new Student("张三", 18, 80.9d));
map.put("lisi", new Student("李四", 17, 67.5d));
ObjectMapper mapper = new XmlMapper();
mapper.enable(SerializationFeature.INDENT_OUTPUT);
```

```
String str = mapper.writeValueAsString(map);
mapper.writeValue(new File("students_map.xml"), map);
System.out.println(str);
```

输出为：

```
<HashMap>
  <lisi>
    <name>李四</name>
    <age>17</age>
    <score>67.5</score>
  </lisi>
  <zhangsan>
    <name>张三</name>
    <age>18</age>
    <score>80.9</score>
  </zhangsan>
</HashMap>
```

反序列化的代码为：

```
ObjectMapper mapper = new XmlMapper();
Map<String, Student> map = mapper.readValue(new File("students_map.xml"),
        new TypeReference<Map<String, Student>>() {});
System.out.println(map.toString());
```

14.5.4　复杂对象

对于复杂一些的对象，Jackson 也是可以自动处理的，我们让 Student 类稍微复杂一些，改为如下定义：

```
public class ComplexStudent {
    String name;
    int age;
    Map<String, Double> scores;
    ContactInfo contactInfo;
    //省略构造方法和getter/setter方法
}
```

分数改为一个 Map，键为课程，ContactInfo 表示联系信息，是一个单独的类，定义如下：

```
public class ContactInfo {
    String phone;
    String address;
    String email;
    //省略构造方法和getter/setter方法
}
```

构建一个 ComplexStudent 对象，代码为：

```
ComplexStudent student = new ComplexStudent("张三", 18);
Map<String, Double> scoreMap = new HashMap<>();
```

```
scoreMap.put("语文", 89d);
scoreMap.put("数学", 83d);
student.setScores(scoreMap);
ContactInfo contactInfo = new ContactInfo();
contactInfo.setPhone("18500308990");
contactInfo.setEmail("zhangsan@sina.com");
contactInfo.setAddress("中关村");
student.setContactInfo(contactInfo);
```

我们看 JSON 序列化，代码没有特殊的，如下所示：

```
ObjectMapper mapper = new ObjectMapper();
mapper.enable(SerializationFeature.INDENT_OUTPUT);
mapper.writeValue(System.out, student);
```

输出为：

```
{
  "name" : "张三",
  "age" : 18,
  "scores" : {
    "语文" : 89.0,
    "数学" : 83.0
  },
  "contactInfo" : {
    "phone" : "18500308990",
    "address" : "中关村",
    "email" : "zhangsan@sina.com"
  }
}
```

XML 格式的代码也是类似的，替换 ObjectMapper 为 XmlMapper 即可，输出为：

```
<ComplexStudent>
  <name>张三</name>
  <age>18</age>
  <scores>
    <语文>89.0</语文>
    <数学>83.0</数学>
  </scores>
  <contactInfo>
    <phone>18500308990</phone>
    <address>中关村</address>
    <email>zhangsan@sina.com</email>
  </contactInfo>
</ComplexStudent>
```

反序列化的代码也不需要特殊处理，指定类型为 ComplexStudent.class 即可。

14.5.5 定制序列化

上面的例子中，我们没有做任何定制，默认的配置就是可以的。但很多情况下，我们需要做一些配置，Jackson 主要支持两种配置方法。

1）注解，后续章节会详细介绍注解，这里主要是介绍 Jackson 一些注解的用法。

2）配置 ObjectMapper 对象，ObjectMapper 支持对序列化和反序列化过程做一些配置，前面使用的 SerializationFeature.INDENT_OUTPUT 是其中一种。

哪些情况需要配置呢？我们看一些典型的场景。

1）配置达到类似标准序列化中 transient 关键字的效果，忽略一些字段。

2）在标准序列化中，可以自动处理引用同一个对象、循环引用的情况，反序列化时，可以自动忽略不认识的字段，可以自动处理继承多态，但 Jackson 都不能自动处理，这些情况都需要进行配置。

3）标准序列化的结果是二进制、不可读的，但 XML/JSON 格式是可读的，有时我们希望控制这个显示的格式。

4）默认情况下，反序列时，Jackson 要求类有一个无参构造方法，但有时类没有无参构造方法，Jackson 支持配置其他构造方法。

针对这些场景，我们分别介绍。

1. 忽略字段

在 Java 标准序列化中，如果字段标记为了 transient，就会在序列化中被忽略，在 Jackson 中，可以使用以下两个注解之一。

❑ @JsonIgnore：用于字段、getter 或 setter 方法，任一地方的效果都一样。

❑ @JsonIgnoreProperties：用于类声明，可指定忽略一个或多个字段。

比如，上面的 Student 类，忽略分数字段，可以为：

```
@JsonIgnore
double score;
```

也可以修饰 getter 方法，如：

```
@JsonIgnore
public double getScore() {
    return score;
}
```

也可以修饰 Student 类，如：

```
@JsonIgnoreProperties("score")
public class Student {
```

加了以上任一标记后，序列化后的结果中将不再包含 score 字段，在反序列化时，即使输入源中包含 score 字段的内容，也不会给 score 字段赋值。

2. 引用同一个对象

我们看个简单的例子，有两个类 Common 和 A，A 中有两个 Common 对象，为便于演示，我们将所有属性定义为了 public，它们的类定义如下：

```
static class Common {
    public String name;
}
static class A {
    public Common first;
    public Common second;
}
```

有一个 A 对象，如下所示：

```
Common c = new Common();
c.name= "common";
A a = new A();
a.first = a.second = c;
```

a 对象的 first 和 second 都指向都一个 c 对象，不加额外配置，序列化 a 的代码为：

```
ObjectMapper mapper = new ObjectMapper();
mapper.enable(SerializationFeature.INDENT_OUTPUT);
String str = mapper.writeValueAsString(a);
System.out.println(str);
```

输出为：

```
{
  "first" : {
    "name" : "abc"
  },
  "second" : {
    "name" : "abc"
  }
}
```

在反序列化后，first 和 second 将指向不同的对象，如下所示：

```
A a2 = mapper.readValue(str, A.class);
if(a2.first == a2.second){
    System.out.println("reference same object");
}else{
    System.out.println("reference different objects");
}
```

输出为：

```
reference different objects
```

那怎样才能保持这种对同一个对象的引用关系呢？可以使用注解 @JsonIdentityInfo，对 Common 类做注解，如下所示：

```
@JsonIdentityInfo(
        generator = ObjectIdGenerators.IntSequenceGenerator.class,
        property="id")
static class Common {
```

```
    public String name;
}
```

@JsonIdentityInfo 中指定了两个属性，property="id" 表示在序列化输出中新增一个属性 "id" 以表示对象的唯一标示，generator 表示对象唯一 ID 的产生方法，这里是使用整数顺序数产生器 IntSequenceGenerator。

加了这个标记后，序列化输出会变为：

```
{
  "first" : {
    "id" : 1,
    "name" : "common"
  },
  "second" : 1
}
```

注意："first" 中加了一个属性 "id"，而 "second" 的值只是 1，表示引用第一个对象，这个格式反序列化后，first 和 second 会指向同一个对象。

3. 循环引用

我们看个循环引用的例子。有两个类 Parent 和 Child，它们相互引用，为便于演示，我们将所有属性定义为了 public，类定义如下：

```
static class Parent  {
    public String name;
    public Child child;
}
static class Child {
    public String name;
    public Parent parent;
}
```

有一个对象，如下所示：

```
Parent parent = new Parent();
parent.name = "老马";
Child child = new Child();
child.name = "小马";
parent.child = child;
child.parent = parent;
```

如果序列化 parent 这个对象，Jackson 会进入无限循环，最终抛出异常，解决这个问题，可以分别标记 Parent 类中的 child 和 Child 类中的 parent 字段，将其中一个标记为主引用，而另一个标记为反向引用，主引用使用 @JsonManagedReference，反向引用使用 @JsonBackReference，如下所示：

```
static class Parent  {
    public String name;
    @JsonManagedReference
```

```
    public Child child;
}
static class Child {
    public String name;
    @JsonBackReference
    public Parent parent;
}
```

加了这个注解后，序列化就没有问题了。我们看 XML 格式的序列化代码：

```
ObjectMapper mapper = new XmlMapper();
mapper.enable(SerializationFeature.INDENT_OUTPUT);
String str = mapper.writeValueAsString(parent);
System.out.println(str);
```

输出为：

```
<Parent>
  <name>老马</name>
  <child>
    <name>小马</name>
  </child>
</Parent>
```

在输出中，反向引用没有出现。不过，在反序列化时，Jackson 会自动设置 Child 对象中的 parent 字段的值，比如：

```
Parent parent2 = mapper.readValue(str, Parent.class);
System.out.println(parent2.child.parent.name);
```

输出为：老马。说明标记为反向引用的字段的值也被正确设置了。

4. 反序列化时忽略未知字段

在 Java 标准序列化中，反序列化时，对于未知字段会自动忽略，但在 Jackson 中，默认情况下会抛出异常。还是以 Student 类为例，如果 student.json 文件的内容为：

```
{
  "name" : "张三",
  "age" : 18,
  "score": 333,
  "other": "其他信息"
}
```

其中，other 属性是 Student 类没有的，如果使用标准的反序列化代码：

```
ObjectMapper mapper = new ObjectMapper();
Student s = mapper.readValue(new File("student.json"), Student.class);
```

Jackson 会抛出异常：

```
com.fasterxml.jackson.databind.exc.UnrecognizedPropertyException: Unrecognized
    field "other"  ...
```

怎样才能忽略不认识的字段呢? 可以配置 ObjectMapper, 如下所示:

```
ObjectMapper mapper = new ObjectMapper();
mapper.disable(DeserializationFeature.FAIL_ON_UNKNOWN_PROPERTIES);
Student s = mapper.readValue(new File("student.json"), Student.class);
```

这样就没问题了, 这个属性是配置在整个 ObjectMapper 上的, 如果只是希望配置
Student 类, 可以在 Student 类上使用如下注解:

```
@JsonIgnoreProperties(ignoreUnknown=true)
public class Student {
//...
}
```

5. 继承和多态

Jackson 也不能自动处理多态的情况。我们看个例子, 有 4 个类, 定义如下, 我们忽略了
构造方法和 getter/setter 方法:

```
static class Shape {
}
static class Circle extends Shape {
    private int r;
}
static class Square extends Shape {
    private int l;
}
static class ShapeManager {
    private List<Shape> shapes;
}
```

ShapeManager 中的 Shape 列表中的对象可能是 Circle, 也可能是 Square。比如, 有一
个 ShapeManager 对象, 如下所示:

```
ShapeManager sm =  new ShapeManager();
List<Shape> shapes = new ArrayList<Shape>();
shapes.add(new Circle(10));
shapes.add(new Square(5));
sm.setShapes(shapes);
```

使用 JSON 格式序列化, 输出为:

```
{
  "shapes" : [ {
    "r" : 10
  }, {
    "l" : 5
  } ]
}
```

这个输出看上去是没有问题的, 但由于输出中没有类型信息, 反序列化时, Jackson 不
知道具体的 Shape 类型是什么, 就会抛出异常。

解决方法是在输出中包含类型信息，在基类 Shape 前使用如下注解：

```
@JsonTypeInfo(use = Id.NAME, include = As.PROPERTY, property = "type")
@JsonSubTypes({
    @JsonSubTypes.Type(value = Circle.class, name = "circle"),
    @JsonSubTypes.Type(value = Square.class, name = "square") })
static class Shape {
}
```

这些注解看上去比较多，含义是指在输出中增加属性 "type"，表示对象的实际类型，对 Circle 类，使用 "circle" 表示其类型，而对于 Square 类，使用 "square"。加了注解后，序列化输出变为：

```
{
  "shapes" : [ {
    "type" : "circle",
    "r" : 10
  }, {
    "type" : "square",
    "l" : 5
  } ]
}
```

这样，反序列化时就可以正确解析了。

6. 修改字段名称

对于 XML/JSON 格式，有时，我们希望修改输出的名称，比如对 Student 类，我们希望输出的字段名变为对应的中文，可以使用 @JsonProperty 进行注解，如下所示：

```
public class Student {
    @JsonProperty("名称")
    String name;
    @JsonProperty("年龄")
    int age;
    @JsonProperty("分数")
    double score;
    //……
}
```

加了这个注解后，输出的 JSON 格式变为：

```
{
  "名称" : "张三",
  "年龄" : 18,
  "分数" : 80.9
}
```

对于 XML 格式，一个常用的修改是根元素的名称。默认情况下，它是对象的类名，比如对 Student 对象，它是 "Student"，如果希望修改，比如改为小写 "student"，可以使用 @JsonRootName 修饰整个类，如下所示：

```
@JsonRootName("student")
public class Student {
```

7. 格式化日期

默认情况下，日期的序列化格式为一个长整数，比如：

```
static class MyDate {
    public Date date = new Date();
}
```

序列化代码：

```
MyDate date = new MyDate();
ObjectMapper mapper = new ObjectMapper();
mapper.writeValue(System.out, date);
```

输出如下所示：

```
{"date":1482758152509}
```

这个格式是不可读的，怎样才能可读呢？使用 @JsonFormat 注解，如下所示：

```
static class MyDate {
    @JsonFormat(pattern="yyyy-MM-dd HH:mm:ss", timezone="GMT+8")
    public Date date = new Date();
}
```

加注解后，输出变为如下所示：

```
{"date":"2016-12-26 21:26:18"}
```

8. 配置构造方法

前面的 Student 类，如果没有定义默认构造方法，只有如下构造方法：

```
public Student(String name, int age, double score) {
    this.name = name;
    this.age = age;
    this.score = score;
}
```

则反序列化时会抛异常，提示找不到合适的构造方法，可以使用 @JsonCreator 和 @Json-Property 标记该构造方法，如下所示：

```
@JsonCreator
public Student(
        @JsonProperty("name") String name,
        @JsonProperty("age") int age,
        @JsonProperty("score") double score) {
    this.name = name;
    this.age = age;
    this.score = score;
}
```

这样，反序列化就没有问题了。

14.5.6　Jackson 对 XML 支持的局限性

需要说明的是，对于 XML 格式，Jackson 的支持不是太全面。比如，对于一个 Map
<String, List<String>> 对象，Jackson 可以序列化，但不能反序列化，如下所示：

```
Map<String, List<String>> map = new HashMap<>();
map.put("hello", Arrays.asList(new String[]{"老马","小马"}));
ObjectMapper mapper = new XmlMapper();
String str = mapper.writeValueAsString(map);
System.out.println(str);
Map<String, List<String>> map2 = mapper.readValue(str,
        new TypeReference<Map<String, List<String>>>() {});
System.out.println(map2);
```

在反序列化时，代码会抛出异常，如果 mapper 是一个 ObjectMapper 对象，反序列化
就没有问题。如果 Jackson 不能满足需求，可以考虑其他库，如 XStream（http://x-stream.
github.io/）。

14.5.7　小结

本节介绍了如何使用 Jackson 来实现 JSON/XML/MessagePack 序列化。使用方法是类
似的，主要是创建的 ObjectMapper 对象不一样，很多情况下，不需要做额外配置，但也有
很多情况，需要做额外配置，配置方式主要是注解，我们介绍了 Jackson 中的很多典型注
解，大部分注解适用于所有格式。本节完整的代码在 github 上，地址为 https://github.com/
swiftma/program-logic，位于包 shuo.laoma.file.c63 下。

Jackson 还支持很多其他格式，如 YAML、AVRO、Protobuf、Smile 等。Jackson 中也
还有很多其他配置和注解，用得相对较少，限于篇幅，我们就不介绍了。

从注解的用法，我们可以看出，它也是一种神奇的特性，它类似于注释，但却能实实
在在改变程序的行为，它是怎么做到的呢？我们暂且搁置这个问题，留待到第 22 章介绍。

至此，关于文件的整个内容就介绍完了，从下一章开始，让我们一起探索并发和线程
的世界！

第五部分 *Part 5*

并　发

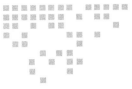

并发基础知识

在之前的章节中，我们都是假设程序中只有一条执行流，程序从 main 方法的第一条语句逐条执行直到结束。从本章开始，我们讨论并发，在程序中创建线程来启动多条执行流。并发和线程是一个复杂的话题，在本章中，我们讨论关于并发和线程的基础知识，具体来说，分为 4 个小节：15.1 节介绍关于线程的一些基本概念；15.2 节介绍线程间安全竞争同一资源的机制：synchronized；15.3 节介绍线程间的基本协作机制：wait/notify；15.4 节介绍取消 / 关闭线程的机制：中断。

15.1　线程的基本概念

本节，我们介绍 Java 中线程的一些基本概念，包括创建线程、线程的基本属性和方法、共享内存及问题、线程的优点及成本。

15.1.1　创建线程

线程表示一条单独的执行流，它有自己的程序执行计数器，有自己的栈。 下面，我们通过创建线程来对线程建立一个直观感受。在 Java 中创建线程有两种方式：一种是继承 Thread；另外一种是实现 Runnable 接口。

1. 继承 Thread

Java 中 java.lang.Thread 这个类表示线程，一个类可以继承 Thread 并重写其 run 方法来实现一个线程，如下所示：

```
public class HelloThread extends Thread {
```

```
    @Override
    public void run() {
        System.out.println("hello");
    }
}
```

HelloThread 这个类继承了 Thread，并重写了 run 方法。run 方法的方法签名是固定的，public，没有参数，没有返回值，不能抛出受检异常。run 方法类似于单线程程序中的 main 方法，线程从 run 方法的第一条语句开始执行直到结束。

定义了这个类不代表代码就会开始执行，线程需要被启动，启动需要先创建一个 HelloThread 对象，然后调用 Thread 的 start 方法，如下所示：

```
public static void main(String[] args) {
    Thread thread = new HelloThread();
    thread.start();
}
```

我们在 main 方法中创建了一个线程对象，并调用了其 start 方法，调用 start 方法后，HelloThread 的 run 方法就会开始执行，屏幕输出为：

```
hello
```

为什么调用的是 start，执行的却是 run 方法呢？ start 表示启动该线程，使其成为一条单独的执行流，操作系统会分配线程相关的资源，每个线程会有单独的程序执行计数器和栈，操作系统会把这个线程作为一个独立的个体进行调度，分配时间片让它执行，执行的起点就是 run 方法。

如果不调用 start，而直接调用 run 方法呢？屏幕的输出并不会发生变化，但并不会启动一条单独的执行流，run 方法的代码依然是在 main 线程中执行的，run 方法只是 main 方法调用的一个普通方法。怎么确认代码是在哪个线程中执行的呢？ Thread 有一个静态方法 currentThread，返回当前执行的线程对象：

```
public static native Thread currentThread();
```

每个 Thread 都有一个 id 和 name：

```
public long getId()
public final String getName()
```

这样，我们就可以判断代码是在哪个线程中执行的。修改 HelloThread 的 run 方法：

```
@Override
public void run() {
    System.out.println("thread name: "+ Thread.currentThread().getName());
    System.out.println("hello");
}
```

如果在 main 方法中通过 start 方法启动线程，程序输出为：

```
thread name: Thread-0
hello
```

如果在 main 方法中直接调用 run 方法，程序输出为：

```
thread name: main
hello
```

调用 start 后，就有了两条执行流，新的一条执行 run 方法，旧的一条继续执行 main 方法，两条执行流并发执行，操作系统负责调度，在单 CPU 的机器上，同一时刻只能有一个线程在执行，在多 CPU 的机器上，同一时刻可以有多个线程同时执行，但操作系统给我们屏蔽了这种差异，给程序员的感觉就是多个线程并发执行，但哪条语句先执行哪条后执行是不一定的。当所有线程都执行完毕的时候，程序退出。

2. 实现 Runnable 接口

通过继承 Thread 来实现线程虽然比较简单，但 Java 中只支持单继承，每个类最多只能有一个父类，如果类已经有父类了，就不能再继承 Thread，这时，可以通过实现 java.lang. Runnable 接口来实现线程。Runnable 接口的定义很简单，只有一个 run 方法，如下所示：

```
public interface Runnable {
    public abstract void run();
}
```

一个类可以实现该接口，并实现 run 方法，如下所示：

```
public class HelloRunnable implements Runnable {
    @Override
    public void run() {
        System.out.println("hello");
    }
}
```

仅仅实现 Runnable 是不够的，要启动线程，还是要创建一个 Thread 对象，但传递一个 Runnable 对象，如下所示：

```
public static void main(String[] args) {
    Thread helloThread = new Thread(new HelloRunnable());
    helloThread.start();
}
```

无论是通过继承 Thead 还是实现 Runnable 接口来创建线程，启动线程都是调用 start 方法。

15.1.2　线程的基本属性和方法

线程有一些基本属性和方法，包括 id、name、优先级、状态、是否 daemon 线程、sleep 方法、yield 方法、join 方法、过时方法等，我们简要介绍。

1. id 和 name

前面我们提到，每个线程都有一个 id 和 name。id 是一个递增的整数，每创建一个线程就加一。name 的默认值是 Thread- 后跟一个编号，name 可以在 Thread 的构造方法中进行指定，也可以通过 setName 方法进行设置，给 Thread 设置一个友好的名字，可以方便调试。

2. 优先级

线程有一个优先级的概念，在 Java 中，优先级从 1 到 10，默认为 5，相关方法是：

```
public final void setPriority(int newPriority)
public final int getPriority()
```

这个优先级会被映射到操作系统中线程的优先级，不过，因为操作系统各不相同，不一定都是 10 个优先级，Java 中不同的优先级可能会被映射到操作系统中相同的优先级。另外，优先级对操作系统而言主要是一种建议和提示，而非强制。简单地说，在编程中，不要过于依赖优先级。

3. 状态

线程有一个状态的概念，Thread 有一个方法用于获取线程的状态：

```
public State getState()
```

返回值类型为 Thread.State，它是一个枚举类型，有如下值：

```
public enum State {
  NEW,
  RUNNABLE,
  BLOCKED,
  WAITING,
  TIMED_WAITING,
  TERMINATED;
}
```

关于这些状态，我们简单解释下：

1）NEW：没有调用 start 的线程状态为 NEW。

2）TERMINATED：线程运行结束后状态为 TERMINATED。

3）RUNNABLE：调用 start 后线程在执行 run 方法且没有阻塞时状态为 RUNNABLE，不过，RUNNABLE 不代表 CPU 一定在执行该线程的代码，可能正在执行也可能在等待操作系统分配时间片，只是它没有在等待其他条件。

4）BLOCKED、WAITING、TIMED_WAITING：都表示线程被阻塞了，在等待一些条件，其中的区别我们在后续章节再介绍。

Thread 还有一个方法，返回线程是否活着：

```
public final native boolean isAlive()
```

线程被启动后，run 方法运行结束前，返回值都是 true。

4. 是否 daemon 线程

Thread 有一个是否 daemon 线程的属性，相关方法是：

```
public final void setDaemon(boolean on)
public final boolean isDaemon()
```

前面我们提到，启动线程会启动一条单独的执行流，整个程序只有在所有线程都结束的时候才退出，但 daemon 线程是例外，当整个程序中剩下的都是 daemon 线程的时候，程序就会退出。

daemon 线程有什么用呢？它一般是其他线程的辅助线程，在它辅助的主线程退出的时候，它就没有存在的意义了。在我们运行一个即使最简单的 "hello world" 类型的程序时，实际上，Java 也会创建多个线程，除了 main 线程外，至少还有一个负责垃圾回收的线程，这个线程就是 daemon 线程，在 main 线程结束的时候，垃圾回收线程也会退出。

5. sleep 方法

Thread 有一个静态的 sleep 方法，调用该方法会让当前线程睡眠指定的时间，单位是毫秒：

```
public static native void sleep(long millis) throws InterruptedException;
```

睡眠期间，该线程会让出 CPU，但睡眠的时间不一定是确切的给定毫秒数，可能有一定的偏差，偏差与系统定时器和操作系统调度器的准确度和精度有关。睡眠期间，线程可以被中断，如果被中断，sleep 会抛出 InterruptedException，关于中断以及中断处理，我们在 15.4 节介绍。

6. yield 方法

Thread 还有一个让出 CPU 的方法：

```
public static native void yield();
```

这也是一个静态方法，调用该方法，是告诉操作系统的调度器：我现在不着急占用 CPU，你可以先让其他线程运行。不过，这对调度器也仅仅是建议，调度器如何处理是不一定的，它可能完全忽略该调用。

7. join 方法

在前面 HelloThread 的例子中，HelloThread 没执行完，main 线程可能就执行完了，Thread 有一个 join 方法，可以让调用 join 的线程等待该线程结束，join 方法的声明为：

```
public final void join() throws InterruptedException
```

在等待线程结束的过程中，这个等待可能被中断，如果被中断，会抛出 Interrupted-Exception。

join 方法还有一个变体，可以限定等待的最长时间，单位为毫秒，如果为 0，表示无期限等待：

```
public final synchronized void join(long millis) throws InterruptedException
```

在前面 HelloThread 示例中，如果希望 main 线程在子线程结束后再退出，main 方法可以改为：

```
public static void main(String[] args) throws InterruptedException {
    Thread thread = new HelloThread();
    thread.start();
    thread.join();
}
```

8. 过时方法

Thread 类中还有一些看上去可以控制线程生命周期的方法，如：

```
public final void stop()
public final void suspend()
public final void resume()
```

这些方法因为各种原因已被标记为了过时，我们不应该在程序中使用它们。

15.1.3 共享内存及可能存在的问题

前面我们提到，每个线程表示一条单独的执行流，有自己的程序计数器，有自己的栈，但线程之间可以共享内存，它们可以访问和操作相同的对象。我们看个例子，如代码清单 15-1 所示。

代码清单15-1 共享内存示例

```
public class ShareMemoryDemo {
    private static int shared = 0;
    private static void incrShared(){
        shared ++;
    }
    static class ChildThread extends Thread {
        List<String> list;
        public ChildThread(List<String> list) {
            this.list = list;
        }
        @Override
        public void run() {
            incrShared();
            list.add(Thread.currentThread().getName());
        }
    }
    public static void main(String[] args) throws InterruptedException {
        List<String> list = new ArrayList<String>();
        Thread t1 = new ChildThread(list);
```

```
        Thread t2 = new ChildThread(list);
        t1.start();
        t2.start();
        t1.join();
        t2.join();
        System.out.println(shared);
        System.out.println(list);
    }
}
```

在代码中，定义了一个静态变量 shared 和静态内部类 ChildThread，在 main 方法中，创建并启动了两个 ChildThread 对象，传递了相同的 list 对象，ChildThread 的 run 方法访问了共享的变量 shared 和 list，main 方法最后输出了共享的 shared 和 list 的值，大部分情况下，会输出期望的值：

```
2
[Thread-0, Thread-1]
```

通过这个例子，我们想强调说明执行流、内存和程序代码之间的关系。

1）该例中有三条执行流，一条执行 main 方法，另外两条执行 ChildThread 的 run 方法。

2）不同执行流可以访问和操作相同的变量，如本例中的 shared 和 list 变量。

3）不同执行流可以执行相同的程序代码，如本例中 incrShared 方法，ChildThread 的 run 方法，被两条 ChildThread 执行流执行，incrShared 方法是在外部定义的，但被 ChildThread 的执行流执行。**在分析代码执行过程时，理解代码在被哪个线程执行是很重要的。**

4）当多条执行流执行相同的程序代码时，每条执行流都有单独的栈，方法中的参数和局部变量都有自己的一份。

当多条执行流可以操作相同的变量时，可能会出现一些意料之外的结果，包括竞态条件和内存可见性问题，我们来看下。

1. 竞态条件

所谓**竞态条件**（race condition）是指，当多个线程访问和操作同一个对象时，最终执行结果与执行时序有关，可能正确也可能不正确。我们看一个例子，如代码清单 15-2 所示。

代码清单15-2　竞态条件示例

```
public class CounterThread extends Thread {
    private static int counter = 0;
    @Override
    public void run() {
        for(int i = 0; i < 1000; i++) {
            counter++;
        }
    }
    public static void main(String[] args) throws InterruptedException {
```

```
        int num = 1000;
        Thread[] threads = new Thread[num];
        for(int i = 0; i < num; i++) {
            threads[i] = new CounterThread();
            threads[i].start();
        }
        for(int i = 0; i < num; i++) {
            threads[i].join();
        }
        System.out.println(counter);
    }
}
```

这段代码容易理解，有一个共享静态变量 counter，初始值为 0，在 main 方法中创建了 1000 个线程，每个线程对 counter 循环加 1000 次，main 线程等待所有线程结束后输出 counter 的值。

期望的结果是 100 万，但实际执行，发现每次输出的结果都不一样，一般都不是 100 万，经常是 99 万多。为什么会这样呢？因为 **counter++** 这个操作不是原子操作，它分为三个步骤：

1）取 counter 的当前值；

2）在当前值基础上加 1；

3）将新值重新赋值给 counter。

两个线程可能同时执行第一步，取到了相同的 counter 值，比如都取到了 100，第一个线程执行完后 counter 变为 101，而第二个线程执行完后还是 101，最终的结果就与期望不符。

怎么解决这个问题呢？有多种方法：

❑ 使用 synchronized 关键字；

❑ 使用显式锁；

❑ 使用原子变量。

关于这些方法，我们在后续章节会逐步介绍。

2. 内存可见性

多个线程可以共享访问和操作相同的变量，但**一个线程对一个共享变量的修改，另一个线程不一定马上就能看到，甚至永远也看不到**。这可能有悖直觉，我们来看一个例子，如代码清单 15-3 所示。

代码清单15-3　内存可见性示例

```
public class VisibilityDemo {
    private static boolean shutdown = false;
    static class HelloThread extends Thread {
        @Override
        public void run() {
```

```
            while(!shutdown){
                // do nothing
            }
            System.out.println("exit hello");
        }
    }
    public static void main(String[] args) throws InterruptedException {
        new HelloThread().start();
        Thread.sleep(1000);
        shutdown = true;
        System.out.println("exit main");
    }
}
```

在这个程序中，有一个共享的 boolean 变量 shutdown，初始为 false，HelloThread 在 shutdown 不为 true 的情况下一直死循环，当 shutdown 为 true 时退出并输出 "exit hello"，main 线程启动 HelloThread 后休息了一会儿，然后设置 shutdown 为 true，最后输出 "exit main"。

期望的结果是两个线程都退出，但实际执行时，很可能会发现 HelloThread 永远都不会退出，也就是说，在 HelloThread 执行流看来，shutdown 永远为 false，即使 main 线程已经更改为了 true。

这是怎么回事呢？这就是**内存可见性问题**。在计算机系统中，除了内存，数据还会被缓存在 CPU 的寄存器以及各级缓存中，当访问一个变量时，可能直接从寄存器或 CPU 缓存中获取，而不一定到内存中去取，当修改一个变量时，也可能是先写到缓存中，稍后才会同步更新到内存中。在单线程的程序中，这一般不是问题，但在多线程的程序中，尤其是在有多 CPU 的情况下，这就是严重的问题。一个线程对内存的修改，另一个线程看不到，一是修改没有及时同步到内存，二是另一个线程根本就没从内存读。

怎么解决这个问题呢？有多种方法：

❑ 使用 volatile 关键字。
❑ 使用 synchronized 关键字或显式锁同步。

关于这些方法，我们在后续章节会逐步介绍。

15.1.4 线程的优点及成本

为什么要创建单独的执行流？或者说线程有什么优点呢？至少有以下几点：

1）充分利用多 CPU 的计算能力，单线程只能利用一个 CPU，使用多线程可以利用多 CPU 的计算能力。

2）充分利用硬件资源，CPU 和硬盘、网络是可以同时工作的，一个线程在等待网络 IO 的同时，另一个线程完全可以利用 CPU，对于多个独立的网络请求，完全可以使用多个线程同时请求。

3）在用户界面（GUI）应用程序中，保持程序的响应性，界面和后台任务通常是不同的线程，否则，如果所有事情都是一个线程来执行，当执行一个很慢的任务时，整个界面将停止响应，也无法取消该任务。

4）简化建模及 IO 处理，比如，在服务器应用程序中，对每个用户请求使用一个单独的线程进行处理，相比使用一个线程，处理来自各种用户的各种请求，以及各种网络和文件 IO 事件，建模和编写程序要容易得多。

关于线程，我们需要知道，它是有成本的。创建线程需要消耗操作系统的资源，操作系统会为每个线程创建必要的数据结构、栈、程序计数器等，创建也需要一定的时间。

此外，线程调度和切换也是有成本的，当有大量可运行线程的时候，操作系统会忙于调度，为一个线程分配一段时间，执行完后，再让另一个线程执行，一个线程被切换出去后，操作系统需要保存它的当前上下文状态到内存，上下文状态包括当前 CPU 寄存器的值、程序计数器的值等，而一个线程被切换回来后，操作系统需要恢复它原来的上下文状态，整个过程称为**上下文切换**，这个切换不仅耗时，而且使 CPU 中的很多缓存失效。

当然，这些成本是相对而言的，如果线程中实际执行的事情比较多，这些成本是可以接受的；但如果只是执行本节示例中的 counter++，那相对成本就太高了。

另外，如果执行的任务都是 CPU 密集型的，即主要消耗的都是 CPU，那创建超过 CPU 数量的线程就是没有必要的，并不会加快程序的执行。

15.2　理解 synchronized

上一节，我们提到，共享内存有两个重要问题，一个是竞态条件，另一个是内存可见性，解决这两个问题的一个方案是使用 synchronized 关键字，本节就来讨论这个关键字。我们先来了解 synchronized 的用法和基本原理，然后再从多个角度进一步理解，最后介绍使用 synchronized 实现的同步容器及其注意事项。

15.2.1　用法和基本原理

synchronized 可以用于修饰类的实例方法、静态方法和代码块，我们分别介绍。

1. 实例方法

上节我们介绍了一个计数的例子，当多个线程并发执行 counter++ 的时候，由于该语句不是原子操作，出现了意料之外的结果，这个问题可以用 synchronized 解决，如代码清单 15-4 所示。

代码清单15-4　用synchronized修饰的Counter类

```
public class Counter {
    private int count;
    public synchronized void incr(){
```

```
        count ++;
    }
    public synchronized int getCount() {
        return count;
    }
}
```

Counter 是一个简单的计数器类，incr 方法和 getCount 方法都加了 synchronized 修饰。加了 synchronized 后，方法内的代码就变成了原子操作，当多个线程并发更新同一个 Counter 对象的时候，也不会出现问题。使用的代码如代码清单 15-5 所示。

代码清单15-5　多线程访问synchronized保护的Counter对象

```
public class CounterThread extends Thread {
    Counter counter;
    public CounterThread(Counter counter) {
        this.counter = counter;
    }
    @Override
    public void run() {
        for(int i = 0; i < 1000; i++) {
            counter.incr();
        }
    }
    public static void main(String[] args) throws InterruptedException {
        int num = 1000;
        Counter counter = new Counter();
        Thread[] threads = new Thread[num];
        for(int i = 0; i < num; i++) {
            threads[i] = new CounterThread(counter);
            threads[i].start();
        }
        for (int i = 0; i < num; i++) {
            threads[i].join();
        }
        System.out.println(counter.getCount());
    }
}
```

与上节类似，我们创建了 1000 个线程，传递了相同的 counter 对象，每个线程主要就是调用 Counter 的 incr 方法 1000 次，main 线程等待子线程结束后输出 counter 的值，这次，不论运行多少次，结果都是正确的 100 万。

这里，synchronized 到底做了什么呢？看上去，synchronized 使得同时只能有一个线程执行实例方法，但这个理解是不确切的。**多个线程是可以同时执行同一个 synchronized 实例方法的，只要它们访问的对象是不同的即可**，比如：

```
Counter counter1 = new Counter();
Counter counter2 = new Counter();
```

```
Thread t1 = new CounterThread(counter1);
Thread t2 = new CounterThread(counter2);
t1.start();
t2.start();
```

这里，t1 和 t2 两个线程是可以同时执行 Counter 的 incr 方法的，因为它们访问的是不同的 Counter 对象，一个是 counter1，另一个是 counter2。

所以，**synchronized 实例方法实际保护的是同一个对象的方法调用**，确保同时只能有一个线程执行。再具体来说，synchronized 实例方法保护的是当前实例对象，即 this，this 对象有一个锁和一个等待队列，锁只能被一个线程持有，其他试图获得同样锁的线程需要等待。执行 synchronized 实例方法的过程大致如下：

1）尝试获得锁，如果能够获得锁，继续下一步，否则加入等待队列，阻塞并等待唤醒。

2）执行实例方法体代码。

3）释放锁，如果等待队列上有等待的线程，从中取一个并唤醒，如果有多个等待的线程，唤醒哪一个是不一定的，不保证公平性。

synchronized 的实际执行过程比这要复杂得多，而且 Java 虚拟机采用了多种优化方式以提高性能，但从概念上，我们可以这么简单理解。

当前线程不能获得锁的时候，它会加入等待队列等待，线程的状态会变为 BLOCKED。

我们再强调下，**synchronized 保护的是对象而非代码**，只要访问的是同一个对象的 **synchronized 方法**，即使是不同的代码，也会被同步顺序访问。比如，对于 Counter 中的两个实例方法 getCount 和 incr，对同一个 Counter 对象，一个线程执行 getCount，另一个执行 incr，它们是不能同时执行的，会被 synchronized 同步顺序执行。

此外，需要说明的是，synchronized 方法不能防止非 synchronized 方法被同时执行。比如，如果给 Counter 类增加一个非 synchronized 方法：

```
public void decr(){
    count --;
}
```

则该方法可以和 synchronized 的 incr 方法同时执行，这通常会出现非期望的结果，所以，**一般在保护变量时，需要在所有访问该变量的方法上加上 synchronized**。

2. 静态方法

synchronized 同样可以用于静态方法，如代码清单 15-6 所示。

代码清单15-6　synchronized修饰静态方法

```
public class StaticCounter {
    private static int count = 0;
    public static synchronized void incr() {
        count++;
    }
    public static synchronized int getCount() {
```

```
        return count;
    }
}
```

前面我们说，synchronized 保护的是对象，对实例方法，保护的是当前实例对象 this，对静态方法，保护的是哪个对象呢？是类对象，这里是 StaticCounter.class。实际上，每个对象都有一个锁和一个等待队列，类对象也不例外。

synchronized 静态方法和 synchronized 实例方法保护的是不同的对象，不同的两个线程，可以一个执行 synchronized 静态方法，另一个执行 synchronized 实例方法。

3. 代码块

除了用于修饰方法外，synchronized 还可以用于包装代码块，比如对于代码清单 15-4 的 Counter 类，等价的代码如代码清单 15-7 所示。

代码清单15-7　synchronized代码块修饰的Counter类

```
public class Counter {
    private int count;
    public void incr(){
        synchronized(this){
            count ++;
        }
    }
    public int getCount() {
        synchronized(this){
            return count;
        }
    }
}
```

synchronized 括号里面的就是保护的对象，对于实例方法，就是 this，{} 里面是同步执行的代码。对于前面的 StaticCounter 类，等价的代码如代码清单 15-8 所示。

代码清单15-8　synchronized代码块修饰的StaticCounter类

```
public class StaticCounter {
    private static int count = 0;
    public static void incr() {
        synchronized(StaticCounter.class){
            count++;
        }
    }
    public static int getCount() {
        synchronized(StaticCounter.class){
            return count;
        }
    }
}
```

synchronized 同步的对象可以是任意对象，**任意对象都有一个锁和等待队列**，或者说，任何对象都可以作为锁对象。比如，Counter 类的等价代码还可以如代码清单 15-9 所示。

代码清单15-9　使用单独对象作为锁的Counter类

```
public class Counter {
    private int count;
    private Object lock = new Object();
    public void incr(){
        synchronized(lock){
            count ++;
        }
    }
    public int getCount() {
        synchronized(lock){
            return count;
        }
    }
}
```

15.2.2　进一步理解 synchronized

介绍了 synchronized 的基本用法和原理之后，我们再从下面几个角度来进一步介绍 synchronized：

- ❑ 可重入性。
- ❑ 内存可见性。
- ❑ 死锁。

1. 可重入性

synchronized 有一个重要的特征，它是**可重入的**，也就是说，对同一个执行线程，它在获得了锁之后，在调用其他需要同样锁的代码时，可以直接调用。比如，在一个 synchronized 实例方法内，可以直接调用其他 synchronized 实例方法。可重入是一个非常自然的属性，应该是很容易理解的，之所以强调，是因为并不是所有锁都是可重入的，后续章节我们会看到不可重入的锁。

可重入是通过记录锁的持有线程和持有数量来实现的，当调用被 synchronized 保护的代码时，检查对象是否已被锁，如果是，再检查是否被当前线程锁定，如果是，增加持有数量，如果不是被当前线程锁定，才加入等待队列，当释放锁时，减少持有数量，当数量变为 0 时才释放整个锁。

2. 内存可见性

对于复杂一些的操作，synchronized 可以实现原子操作，避免出现竞态条件，但对于明显的本来就是原子的操作方法，也需要加 synchronized 吗？比如，下面的开关类 Switcher 只有一个 boolean 变量 on 和对应的 setter/getter 方法：

```
public class Switcher {
    private boolean on;
    public boolean isOn() {
        return on;
    }
    public void setOn(boolean on) {
        this.on = on;
    }
}
```

当多线程同时访问同一个 Switcher 对象时，会有问题吗？没有竞态条件问题，但正如上节所说，有内存可见性问题，而加上 synchronized 可以解决这个问题。

synchronized 除了保证原子操作外，它还有一个重要的作用，就是**保证内存可见性**，在释放锁时，所有写入都会写回内存，而获得锁后，都会从内存中读最新数据。

不过，如果只是为了保证内存可见性，使用 synchronized 的成本有点高，有一个更轻量级的方式，那就是给变量加修饰符 volatile，如下所示：

```
public class Switcher {
    private volatile boolean on;
    public boolean isOn() {
        return on;
    }
    public void setOn(boolean on) {
        this.on = on;
    }
}
```

加了 volatile 之后，Java 会在操作对应变量时插入特殊的指令，保证读写到内存最新值，而非缓存的值。

3. 死锁

使用 synchronized 或者其他锁，要注意死锁。所谓死锁就是类似这种现象，比如，有 a、b 两个线程，a 持有锁 A，在等待锁 B，而 b 持有锁 B，在等待锁 A，a 和 b 陷入了互相等待，最后谁都执行不下去，如代码清单 15-10 所示。

代码清单15-10　死锁示例

```
public class DeadLockDemo {
    private static Object lockA = new Object();
    private static Object lockB = new Object();
    private static void startThreadA() {
        Thread aThread = new Thread() {
            @Override
            public void run() {
                synchronized (lockA) {
                    try {
                        Thread.sleep(1000);
                    } catch (InterruptedException e) {
```

```
                }
                synchronized (lockB) {
                }
            }
        }
    };
    aThread.start();
}
private static void startThreadB() {
    Thread bThread = new Thread() {
        @Override
        public void run() {
            synchronized (lockB) {
                try {
                    Thread.sleep(1000);
                } catch (InterruptedException e) {
                }
                synchronized (lockA) {
                }
            }
        }
    };
    bThread.start();
}
public static void main(String[] args) {
    startThreadA();
    startThreadB();
}
}
```

运行后 aThread 和 bThread 陷入了相互等待。怎么解决呢？首先，**应该尽量避免在持有一个锁的同时去申请另一个锁，如果确实需要多个锁，所有代码都应该按照相同的顺序去申请锁。** 比如，对于上面的例子，可以约定都先申请 lockA，再申请 lockB。

不过，在复杂的项目代码中，这种约定可能难以做到。还有一种方法是使用后续章节介绍的显式锁接口 Lock，它支持尝试获取锁（tryLock）和带时间限制的获取锁方法，使用这些方法可以在获取不到锁的时候释放已经持有的锁，然后再次尝试获取锁或干脆放弃，以避免死锁。

如果还是出现了死锁，怎么办呢？ Java 不会主动处理，不过，借助一些工具，我们可以发现运行中的死锁，比如，Java 自带的 jstack 命令会报告发现的死锁。对于上面的程序，在笔者的计算机中，jstack 会生成图 15-1 所示的报告。

15.2.3 同步容器及其注意事项

我们知道，类 Collections 中有一些方法，可以返回线程安全的同步容器，比如：

```
public static <T> Collection<T> synchronizedCollection(Collection<T> c)
```

```
public static <T> List<T> synchronizedList(List<T> list)
public static <K,V> Map<K,V> synchronizedMap(Map<K,V> m)
```

```
Found one Java-level deadlock:
=============================
"Thread-1":
  waiting to lock monitor 0x00007ff95102d368 (object 0x00000007d56693f0, a java.lang.Object),
  which is held by "Thread-0"
"Thread-0":
  waiting to lock monitor 0x00007ff95102e758 (object 0x00000007d5669400, a java.lang.Object),
  which is held by "Thread-1"

Java stack information for the threads listed above:
===================================================
"Thread-1":
        at shuo.laoma.concurrent.c66.DeadLockDemo$2.run(DeadLockDemo.java:34)
        - waiting to lock <0x00000007d56693f0> (a java.lang.Object)
        - locked <0x00000007d5669400> (a java.lang.Object)
"Thread-0":
        at shuo.laoma.concurrent.c66.DeadLockDemo$1.run(DeadLockDemo.java:17)
        - waiting to lock <0x00000007d5669400> (a java.lang.Object)
        - locked <0x00000007d56693f0> (a java.lang.Object)

Found 1 deadlock.
```

图 15-1 jstack 的死锁检测

它们是给所有容器方法都加上 synchronized 来实现安全的，比如 Synchronized-Collection，其部分代码如下所示：

```
static class SynchronizedCollection<E> implements Collection<E> {
    final Collection<E> c;   //Backing Collection
    final Object mutex;       //Object on which to synchronize
    SynchronizedCollection(Collection<E> c) {
        if(c==null)
            throw new NullPointerException();
        this.c = c;
        mutex = this;
    }
    public int size() {
        synchronized (mutex) {return c.size();}
    }
    public boolean add(E e) {
        synchronized (mutex) {return c.add(e);}
    }
    public boolean remove(Object o) {
        synchronized (mutex) {return c.remove(o);}
    }
    //…
}
```

这里线程安全针对的是容器对象，指的是当多个线程并发访问同一个容器对象时，不需要额外的同步操作，也不会出现错误的结果。

加了 synchronized，所有方法调用变成了原子操作，客户端在调用时，是不是就绝对安全了呢？不是的，至少有以下情况需要注意：

❑ 复合操作，比如先检查再更新。

❑ 伪同步。
❑ 迭代。

我们分别介绍。

1. 复合操作

先来看复合操作，我们看段代码：

```
public class EnhancedMap <K, V> {
    Map<K, V> map;
    public EnhancedMap(Map<K,V> map){
        this.map = Collections.synchronizedMap(map);
    }
    public V putIfAbsent(K key, V value){
        V old = map.get(key);
        if(old!=null){
            return old;
        }
        return map.put(key, value);
     }
    public V put(K key, V value){
        return map.put(key, value);
    }
    //…
}
```

EnhancedMap 是一个装饰类，接受一个 Map 对象，调用 synchronizedMap 转换为了同步容器对象 map，增加了一个方法 putIfAbsent，该方法只有在原 Map 中没有对应键的时候才添加（在 Java 8 之后，Map 接口增加了 putIfAbsent 默认方法，这是针对 Java 8 之前的 Map 接口演示概念）。

map 的每个方法都是安全的，但这个复合方法 putIfAbsent 是安全的吗？显然是否定的，这是一个检查然后再更新的复合操作，在多线程的情况下，可能有多个线程都执行完了检查这一步，都发现 Map 中没有对应的键，然后就会都调用 put，这就破坏了 putIf-Absent 方法期望保持的语义。

2. 伪同步

那给该方法加上 synchronized 就能实现安全吗？如下所示：

```
public synchronized V putIfAbsent(K key, V value){
    V old = map.get(key);
    if(old!=null){
        return old;
    }
    return map.put(key, value);
}
```

答案是否定的！为什么呢？**同步错对象了**。putIfAbsent 同步使用的是 EnhancedMap

对象，而其他方法（如代码中的 put 方法）使用的是 Collections.synchronizedMap 返回的对象 map，两者是不同的对象。要解决这个问题，**所有方法必须使用相同的锁**，可以使用 EnhancedMap 的对象锁，也可以使用 map。使用 EnhancedMap 对象作为锁，则 Enhanced-Map 中的所有方法都需要加上 synchronized。使用 map 作为锁，putIfAbsent 方法可以改为：

```java
public V putIfAbsent(K key, V value){
    synchronized(map){
        V old = map.get(key);
        if(old!=null){
            return old;
        }
        return map.put(key, value);
    }
}
```

3. 迭代

对于同步容器对象，虽然单个操作是安全的，但迭代并不是。我们看个例子，创建一个同步 List 对象，一个线程修改 List，另一个遍历，看看会发生什么，如代码清单 15-11 所示。

代码清单15-11　同步容器迭代问题

```java
private static void startModifyThread(final List<String> list) {
    Thread modifyThread = new Thread(new Runnable() {
        @Override
        public void run() {
            for(int i = 0; i < 100; i++) {
                list.add("item " + i);
                try {
                    Thread.sleep((int) (Math.random() * 10));
                } catch (InterruptedException e) {
                }
            }
        }
    });
    modifyThread.start();
}
private static void startIteratorThread(final List<String> list) {
    Thread iteratorThread = new Thread(new Runnable() {
        @Override
        public void run() {
            while (true) {
                for(String str : list) {
                }
            }
        }
    });
    iteratorThread.start();
}
```

```
public static void main(String[] args) {
    final List<String> list = Collections
            .synchronizedList(new ArrayList<String>());
    startIteratorThread(list);
    startModifyThread(list);
}
```

运行该程序，程序抛出并发修改异常：

```
Exception in thread "Thread-0" java.util.ConcurrentModificationException
    at java.util.ArrayList$Itr.checkForComodification(ArrayList.java:859)
    at java.util.ArrayList$Itr.next(ArrayList.java:831)
```

我们之前介绍过这个异常，如果在遍历的同时容器发生了结构性变化，就会抛出该异常。同步容器并没有解决这个问题，如果要避免这个异常，**需要在遍历的时候给整个容器对象加锁**。比如，上面的代码 startIteratorThread 可以改为：

```
private static void startIteratorThread(final List<String> list) {
    Thread iteratorThread = new Thread(new Runnable() {
        @Override
        public void run() {
            while(true) {
                synchronized(list){
                    for(String str : list) {
                    }
                }
            }
        }
    });
    iteratorThread.start();
}
```

4. 并发容器

除了以上这些注意事项，同步容器的性能也是比较低的，当并发访问量比较大的时候性能比较差。所幸的是，Java 中还有很多专为并发设计的容器类，比如：

- ❏ CopyOnWriteArrayList。
- ❏ ConcurrentHashMap。
- ❏ ConcurrentLinkedQueue。
- ❏ ConcurrentSkipListSet。

这些容器类都是线程安全的，但都没有使用 synchronized，没有迭代问题，直接支持一些复合操作，性能也高得多，它们能解决什么问题？怎么使用？实现原理是什么？我们后续章节介绍。

至此，关于 synchronized 就介绍完了。本节详细介绍了 synchronized 的用法和实现原理，为进一步理解 synchronized，介绍了可重入性、内存可见性、死锁等，最后，介绍了同步容器及其注意事项，如复合操作、伪同步、迭代异常、并发容器等。

15.3 线程的基本协作机制

多线程之间除了竞争访问同一个资源外，也经常需要相互协作，怎么协作呢？本节就来介绍 Java 中多线程协作的基本机制 wait/notify。

都有哪些场景需要协作？ wait/notify 是什么？如何使用？实现原理是什么？协作的核心是什么？如何实现各种典型的协作场景？本节进行详细讨论，我们先来看看都有哪些协作的场景。

15.3.1 协作的场景

多线程之间需要协作的场景有很多，比如：

1）生产者 / 消费者协作模式：这是一种常见的协作模式，生产者线程和消费者线程通过共享队列进行协作，生产者将数据或任务放到队列上，而消费者从队列上取数据或任务，如果队列长度有限，在队列满的时候，生产者需要等待，而在队列为空的时候，消费者需要等待。

2）同时开始：类似运动员比赛，在听到比赛开始枪响后同时开始，在一些程序，尤其是模拟仿真程序中，要求多个线程能同时开始。

3）等待结束：主从协作模式也是一种常见的协作模式，主线程将任务分解为若干子任务，为每个子任务创建一个线程，主线程在继续执行其他任务之前需要等待每个子任务执行完毕。

4）异步结果：在主从协作模式中，主线程手工创建子线程的写法往往比较麻烦，一种常见的模式是将子线程的管理封装为异步调用，异步调用马上返回，但返回的不是最终的结果，而是一个一般称为 Future 的对象，通过它可以在随后获得最终的结果。

5）集合点：类似于学校或公司组团旅游，在旅游过程中有若干集合点，比如出发集合点，每个人从不同地方来到集合点，所有人到齐后进行下一项活动，在一些程序，比如并行迭代计算中，每个线程负责一部分计算，然后在集合点等待其他线程完成，所有线程到齐后，交换数据和计算结果，再进行下一次迭代。

我们会探讨如何实现这些协作场景，在此之前，我们先来了解协作的基本方法 wait/notify。

15.3.2 wait/notify

我们知道，Java 的根父类是 Object，Java 在 Object 类而非 Thread 类中定义了一些线程协作的基本方法，使得每个对象都可以调用这些方法，这些方法有两类，一类是 wait，另一类是 notify。

主要有两个 wait 方法：

```
public final void wait() throws InterruptedException
```

```
public final native void wait(long timeout) throws InterruptedException;
```

一个带时间参数，单位是毫秒，表示最多等待这么长时间，参数为 0 表示无限期等待；一个不带时间参数，表示无限期等待，实际就是调用 wait(0)。在等待期间都可以被中断，如果被中断，会抛出 InterruptedException。关于中断及中断处理，我们在下节介绍，本节暂时忽略该异常。

wait 实际上做了什么呢？它在等待什么？上节我们说过，每个对象都有一把锁和等待队列，一个线程在进入 synchronized 代码块时，会尝试获取锁，如果获取不到则会把当前线程加入等待队列中，其实，**除了用于锁的等待队列，每个对象还有另一个等待队列，表示条件队列，该队列用于线程间的协作**。调用 wait 就会把当前线程放到条件队列上并阻塞，表示当前线程执行不下去了，它需要等待一个条件，这个条件它自己改变不了，需要其他线程改变。当其他线程改变了条件后，应该调用 Object 的 notify 方法：

```
public final native void notify();
public final native void notifyAll();
```

notify 做的事情就是从条件队列中选一个线程，将其从队列中移除并唤醒，notifyAll 和 notify 的区别是，它会移除条件队列中所有的线程并全部唤醒。

我们来看个简单的例子，一个线程启动后，在执行一项操作前，它需要等待主线程给它指令，收到指令后才执行，如代码清单 15-12 所示。

代码清单15-12　简单协作示例WaitThread

```java
public class WaitThread extends Thread {
    private volatile boolean fire = false;
    @Override
    public void run() {
        try {
            synchronized (this) {
                while(!fire) {
                    wait();
                }
            }
            System.out.println("fired");
        } catch(InterruptedException e) {
        }
    }
    public synchronized void fire() {
        this.fire = true;
        notify();
    }
    public static void main(String[] args) throws InterruptedException {
        WaitThread waitThread = new WaitThread();
        waitThread.start();
        Thread.sleep(1000);
        System.out.println("fire");
```

```
        waitThread.fire();
    }
}
```

示例代码中有两个线程，一个是主线程，一个是 WaitThread，协作的条件变量是 fire，WaitThread 等待该变量变为 true，在不为 true 的时候调用 wait，主线程设置该变量并调用 notify。

两个线程都要访问协作的变量 fire，容易出现竞态条件，所以相关代码都需要被 synchronized 保护。实际上，**wait/notify 方法只能在 synchronized 代码块内被调用**，如果调用 wait/notify 方法时，当前线程没有持有对象锁，会抛出异常 java.lang.IllegalMonitor-StateException。

你可能会有疑问，如果 wait 必须被 synchronized 保护，那一个线程在 wait 时，另一个线程怎么可能调用同样被 synchronized 保护的 notify 方法呢？它不需要等待锁吗？我们需要进一步理解 wait 的内部过程，**虽然是在 synchronized 方法内，但调用 wait 时，线程会释放对象锁**。wait 的具体过程是：

1）把当前线程放入条件等待队列，释放对象锁，阻塞等待，线程状态变为 WAITING 或 TIMED_WAITING。

2）等待时间到或被其他线程调用 notify/notifyAll 从条件队列中移除，这时，要重新竞争对象锁：

❏ 如果能够获得锁，线程状态变为 RUNNABLE，并从 wait 调用中返回。

❏ 否则，该线程加入对象锁等待队列，线程状态变为 BLOCKED，只有在获得锁后才会从 wait 调用中返回。

线程从 wait 调用中返回后，不代表其等待的条件就一定成立了，它需要重新检查其等待的条件，一般的调用模式是：

```
synchronized (obj) {
    while(条件不成立)
        obj.wait();
    …//执行条件满足后的操作
}
```

比如，上例中的代码是：

```
synchronized (this) {
    while(!fire) {
        wait();
    }
}
```

调用 notify 会把在条件队列中等待的线程唤醒并从队列中移除，但它不会释放对象锁，也就是说，只有在包含 notify 的 synchronized 代码块执行完后，等待的线程才会从 wait 调用中返回。

简单总结一下，wait/notify 方法看上去很简单，但往往难以理解 wait 等的到底是什么，而 notify 通知的又是什么，我们需要知道，**它们被不同的线程调用，但共享相同的锁和条件等待队列（相同对象的 synchronized 代码块内）**，它们围绕一个共享的条件变量进行协作，这个条件变量是程序自己维护的，当条件不成立时，线程调用 wait 进入条件等待队列，另一个线程修改了条件变量后调用 notify，调用 wait 的线程唤醒后需要重新检查条件变量。从多线程的角度看，它们围绕共享变量进行协作，从调用 wait 的线程角度看，它阻塞等待一个条件的成立。**我们在设计多线程协作时，需要想清楚协作的共享变量和条件是什么，这是协作的核心。** 接下来，我们通过一些场景进一步理解 wait/notify 的应用。

15.3.3 生产者 / 消费者模式

在生产者 / 消费者模式中，协作的共享变量是队列，生产者往队列上放数据，如果满了就 wait，而消费者从队列上取数据，如果队列为空也 wait。我们将队列作为单独的类进行设计，如代码清单 15-13 所示。

代码清单15-13　生产者/消费者协作队列

```
static class MyBlockingQueue<E> {
    private Queue<E> queue = null;
    private int limit;
    public MyBlockingQueue(int limit) {
        this.limit = limit;
        queue = new ArrayDeque<>(limit);
    }
    public synchronized void put(E e) throws InterruptedException {
        while(queue.size() == limit) {
            wait();
        }
        queue.add(e);
        notifyAll();
    }
    public synchronized E take() throws InterruptedException {
        while(queue.isEmpty()) {
            wait();
        }
        E e = queue.poll();
        notifyAll();
        return e;
    }
}
```

MyBlockingQueue 是一个长度有限的队列，长度通过构造方法的参数进行传递，有两个方法：put 和 take。put 是给生产者使用的，往队列上放数据，满了就 wait，放完之后调用 notifyAll，通知可能的消费者。take 是给消费者使用的，从队列中取数据，如果为空就 wait，取完之后调用 notifyAll，通知可能的生产者。

我们看到，put 和 take 都调用了 wait，但它们的目的是不同的，或者说，它们等待的条件是不一样的，put 等待的是队列不为满，而 take 等待的是队列不为空，但它们都会加入相同的条件等待队列。由于条件不同但又使用相同的等待队列，所以要调用 notifyAll 而不能调用 notify，因为 notify 只能唤醒一个线程，如果唤醒的是同类线程就起不到协调的作用。

只能有一个条件等待队列，这是 Java wait/notify 机制的局限性，这使得对于等待条件的分析变得复杂，后续章节我们会介绍显式的锁和条件，它可以解决该问题。

一个简单的生产者代码如代码清单 15-14 所示。

代码清单15-14　一个简单的生产者

```java
static class Producer extends Thread {
    MyBlockingQueue<String> queue;
    public Producer(MyBlockingQueue<String> queue) {
        this.queue = queue;
    }
    @Override
    public void run() {
        int num = 0;
        try {
            while(true) {
                String task = String.valueOf(num);
                queue.put(task);
                System.out.println("produce task " + task);
                num++;
                Thread.sleep((int) (Math.random() * 100));
            }
        } catch (InterruptedException e) {
        }
    }
}
```

Producer 向共享队列中插入模拟的任务数据。一个简单的消费者代码如代码清单 15-15 所示。

代码清单15-15　一个简单的消费者

```java
static class Consumer extends Thread {
    MyBlockingQueue<String> queue;
    public Consumer(MyBlockingQueue<String> queue) {
        this.queue = queue;
    }
    @Override
    public void run() {
        try {
            while(true) {
                String task = queue.take();
                System.out.println("handle task " + task);
                Thread.sleep((int)(Math.random()*100));
```

```
            }
        } catch(InterruptedException e) {
        }
    }
}
```

主程序的示例代码如下所示：

```
public static void main(String[] args) {
    MyBlockingQueue<String> queue = new MyBlockingQueue<>(10);
    new Producer(queue).start();
    new Consumer(queue).start();
}
```

运行该程序，会看到生产者和消费者线程的输出交替出现。

我们实现的 MyBlockingQueue 主要用于演示，Java 提供了专门的阻塞队列实现，包括：

❏ 接口 BlockingQueue 和 BlockingDeque。

❏ 基于数组的实现类 ArrayBlockingQueue。

❏ 基于链表的实现类 LinkedBlockingQueue 和 LinkedBlockingDeque。

❏ 基于堆的实现类 PriorityBlockingQueue。

我们会在后续章节介绍这些类，在实际系统中，应该优先考虑使用这些类。

15.3.4 同时开始

同时开始，类似于运动员比赛，在听到比赛开始枪响后同时开始，下面，我们模拟这个过程。这里，有一个主线程和 N 个子线程，每个子线程模拟一个运动员，主线程模拟裁判，它们协作的共享变量是一个开始信号。我们用一个类 FireFlag 来表示这个协作对象，如代码清单 15-16 所示。

代码清单15-16 协作对象FireFlag

```
static class FireFlag {
    private volatile boolean fired = false;
    public synchronized void waitForFire() throws InterruptedException {
        while(!fired) {
            wait();
        }
    }
    public synchronized void fire() {
        this.fired = true;
        notifyAll();
    }
}
```

子线程应该调用 waitForFire() 等待枪响，而主线程应该调用 fire() 发射比赛开始信号。表示比赛运动员的类如代码清单 15-17 所示。

代码清单15-17　表示比赛运动员的类

```
static class Racer extends Thread {
    FireFlag fireFlag;
    public Racer(FireFlag fireFlag) {
        this.fireFlag = fireFlag;
    }
    @Override
    public void run() {
        try {
            this.fireFlag.waitForFire();
            System.out.println("start run "
                    + Thread.currentThread().getName());
        } catch (InterruptedException e) {
        }
    }
}
```

主程序代码如下所示：

```
public static void main(String[] args) throws InterruptedException {
    int num = 10;
    FireFlag fireFlag = new FireFlag();
    Thread[] racers = new Thread[num];
    for(int i = 0; i < num; i++) {
        racers[i] = new Racer(fireFlag);
        racers[i].start();
    }
    Thread.sleep(1000);
    fireFlag.fire();
}
```

这里，启动了 10 个子线程，每个子线程启动后等待 fire 信号，主线程调用 fire() 后各个子线程才开始执行后续操作。

15.3.5　等待结束

在 15.1.2 节中我们使用 join 方法让主线程等待子线程结束，join 实际上就是调用了wait，其主要代码是：

```
while (isAlive()) {
    wait(0);
}
```

只要线程是活着的，isAlive() 返回 true，join 就一直等待。谁来通知它呢？当线程运行结束的时候，Java 系统调用 notifyAll 来通知。

使用 join 有时比较麻烦，需要主线程逐一等待每个子线程。这里，我们演示一种新的写法。主线程与各个子线程协作的共享变量是一个数，这个数表示未完成的线程个数，初始值为子线程个数，主线程等待该值变为 0，而每个子线程结束后都将该值减一，当减为 0

时调用 notifyAll，我们用 MyLatch 来表示这个协作对象，如代码清单 15-18 所示。

代码清单15-18　协作对象MyLatch

```
public class MyLatch {
    private int count;
    public MyLatch(int count) {
        this.count = count;
    }
    public synchronized void await() throws InterruptedException {
        while(count > 0) {
            wait();
        }
    }
    public synchronized void countDown() {
        count--;
        if(count <= 0) {
            notifyAll();
        }
    }
}
```

这里，MyLatch 构造方法的参数 count 应初始化为子线程的个数，主线程应该调用 await()，而子线程在执行完后应该调用 countDown()。工作子线程的示例代码如代码清单 15-19 所示。

代码清单15-19　使用MyLatch的工作子线程

```
static class Worker extends Thread {
    MyLatch latch;
    public Worker(MyLatch latch) {
        this.latch = latch;
    }
    @Override
    public void run() {
        try {
            //simulate working on task
            Thread.sleep((int) (Math.random() * 1000));
            this.latch.countDown();
        } catch (InterruptedException e) {
        }
    }
}
```

主线程的示例代码如下：

```
public static void main(String[] args) throws InterruptedException {
    int workerNum = 100;
    MyLatch latch = new MyLatch(workerNum);
    Worker[] workers = new Worker[workerNum];
    for(int i = 0; i < workerNum; i++) {
```

```
        workers[i] = new Worker(latch);
        workers[i].start();
    }
    latch.await();
    System.out.println("collect worker results");
}
```

MyLatch 是一个用于同步协作的工具类，主要用于演示基本原理，在 Java 中有一个专门的同步类 CountDownLatch，在实际开发中应该使用它。关于 CountDownLatch，我们会在后续章节介绍。

MyLatch 的功能是比较通用的，它也可以应用于上面"同时开始"的场景，初始值设为 1，Racer 类调用 await()，主线程调用 countDown() 即可，如代码清单 15-20 所示。

代码清单15-20　使用MyLatch实现同时开始

```
public class RacerWithLatchDemo {
    static class Racer extends Thread {
        MyLatch latch;
        public Racer(MyLatch latch) {
            this.latch = latch;
        }
        @Override
        public void run() {
            try {
                this.latch.await();
                System.out.println("start run "
                        + Thread.currentThread().getName());
            } catch (InterruptedException e) {
            }
        }
    }
    public static void main(String[] args) throws InterruptedException {
        int num = 10;
        MyLatch latch = new MyLatch(1);
        Thread[] racers = new Thread[num];
        for(int i = 0; i < num; i++) {
            racers[i] = new Racer(latch);
            racers[i].start();
        }
        Thread.sleep(1000);
        latch.countDown();
    }
}
```

15.3.6　异步结果

在主从模式中，手工创建线程往往比较麻烦，一种常见的模式是异步调用，异步调用返回一个一般称为 Future 的对象，通过它可以获得最终的结果。在 Java 中，表示子任务的接口是 Callable，声明为：

```
public interface Callable<V> {
    V call() throws Exception;
}
```

为表示异步调用的结果，我们定义一个接口 MyFuture，如下所示：

```
public interface MyFuture <V> {
    V get() throws Exception ;
}
```

这个接口的 get 方法返回真正的结果，如果结果还没有计算完成，get 方法会阻塞直到计算完成，如果调用过程发生异常，则 get 方法抛出调用过程中的异常。

为方便主线程调用子任务，我们定义一个类 MyExecutor，其中定义一个 public 方法 execute，表示执行子任务并返回异步结果，声明如下：

```
public <V> MyFuture<V> execute(final Callable<V> task)
```

利用该方法，对于主线程，就不需要创建并管理子线程了，并且可以方便地获取异步调用的结果。 比如，在主线程中，可以类似代码清单 15-21 那样启动异步调用并获取结果：

代码清单15-21　异步调用示例

```
public static void main(String[] args) {
    MyExecutor executor = new MyExecutor();
    //子任务
    Callable<Integer> subTask = new Callable<Integer>() {
        @Override
        public Integer call() throws Exception {
            //…执行异步任务
            int millis = (int) (Math.random() * 1000);
            Thread.sleep(millis);
            return millis;
        }
    };
    //异步调用，返回一个MyFuture对象
    MyFuture<Integer> future = executor.execute(subTask);
    //…执行其他操作
    try {
        //获取异步调用的结果
        Integer result = future.get();
        System.out.println(result);
    } catch(Exception e) {
        e.printStackTrace();
    }
}
```

MyExecutor 的 execute 方法是怎么实现的呢？它封装了创建子线程，同步获取结果的过程，它会创建一个执行子线程，该子线程如代码清单 15-22 所示。

代码清单15-22　执行子线程ExecuteThread

```
static class ExecuteThread<V> extends Thread {
    private V result = null;
    private Exception exception = null;
    private boolean done = false;
    private Callable<V> task;
    private Object lock;
    public ExecuteThread(Callable<V> task, Object lock) {
        this.task = task;
        this.lock = lock;
    }
    @Override
    public void run() {
        try {
            result = task.call();
        } catch (Exception e) {
            exception = e;
        } finally {
            synchronized (lock) {
                done = true;
                lock.notifyAll();
            }
        }
    }
    public V getResult() {
        return result;
    }
    public boolean isDone() {
        return done;
    }
    public Exception getException() {
        return exception;
    }
}
```

这个子线程执行实际的子任务，记录执行结果到 result 变量、异常到 exception 变量，执行结束后设置共享状态变量 done 为 true，并调用 notifyAll，以唤醒可能在等待结果的主线程。

MyExecutor 的 execute 方法如代码清单 15-23 所示。

代码清单15-23　异步执行任务

```
public <V> MyFuture<V> execute(final Callable<V> task) {
    final Object lock = new Object();
    final ExecuteThread<V> thread = new ExecuteThread<>(task, lock);
    thread.start();
    MyFuture<V> future = new MyFuture<V>() {
        @Override
        public V get() throws Exception {
            synchronized (lock) {
                while(!thread.isDone()) {
```

```
                        try {
                            lock.wait();
                        } catch (InterruptedException e) {
                        }
                    }
                    if(thread.getException() != null) {
                        throw thread.getException();
                    }
                    return thread.getResult();
                }
            }
        };
        return future;
    }
```

execute 启动一个线程，并返回 MyFuture 对象，MyFuture 的 get 方法会阻塞等待直到线程运行结束。

以上的 MyExecutore 和 MyFuture 主要用于演示基本原理，实际上，Java 中已经包含了一套完善的框架 Executors，相关的部分接口和类有：

❏ 表示异步结果的接口 Future 和实现类 FutureTask。

❏ 用于执行异步任务的接口 Executor，以及有更多功能的子接口 ExecutorService。

❏ 用于创建 Executor 和 ExecutorService 的工厂方法类 Executors。

后续章节，我们会详细介绍这套框架。

15.3.7 集合点

各个线程先是分头行动，各自到达一个集合点，在集合点需要集齐所有线程，交换数据，然后再进行下一步动作。怎么表示这种协作呢？协作的共享变量依然是一个数，这个数表示未到集合点的线程个数，初始值为子线程个数，每个线程到达集合点后将该值减一，如果不为 0，表示还有别的线程未到，进行等待，如果变为 0，表示自己是最后一个到的，调用 notifyAll 唤醒所有线程。我们用 AssemblePoint 类来表示这个协作对象，如代码清单 15-24 所示。

代码清单15-24   协作对象AssemblePoint

```
public class AssemblePoint {
    private int n;
    public AssemblePoint(int n) {
        this.n = n;
    }
    public synchronized void await() throws InterruptedException {
        if(n > 0) {
            n--;
            if(n == 0) {
                notifyAll();
```

```
        } else {
            while(n != 0) {
                wait();
            }
        }
    }
}
```

多个游客线程各自先独立运行,然后使用该协作对象到达集合点进行同步的示例如代码清单 15-25 所示。

代码清单15-25 集合点协作示例

```
public class AssemblePointDemo {
    static class Tourist extends Thread {
        AssemblePoint ap;
        public Tourist(AssemblePoint ap) {
            this.ap = ap;
        }
        @Override
        public void run() {
            try {
                //模拟先各自独立运行
                Thread.sleep((int) (Math.random() * 1000));
                //集合
                ap.await();
                System.out.println("arrived");
                //…集合后执行其他操作
            } catch (InterruptedException e) {
            }
        }
    }
    public static void main(String[] args) {
        int num = 10;
        Tourist[] threads = new Tourist[num];
        AssemblePoint ap = new AssemblePoint(num);
        for(int i = 0; i < num; i++) {
            threads[i] = new Tourist(ap);
            threads[i].start();
        }
    }
}
```

这里实现的 AssemblePoint 主要用于演示基本原理,Java 中有一个专门的同步工具类 CyclicBarrier 可以替代它,关于该类,我们后续章节介绍。

15.3.8 小结

本节介绍了 Java 中线程间协作的基本机制 wait/notify,协作关键要想清楚协作的共享变量和条件是什么，为进一步理解，针对多种协作场景，我们演示了 wait/notify 的用法及基本协作原理。Java 中有专门为协作而建的阻塞队列、同步工具类，以及 Executors 框架，我们会在后续章节介绍。在实际开发中，应该尽量使用这些现成的类，而非"重新发明轮子"。

15.4　线程的中断

本节主要讨论一个问题，如何在 Java 中取消或关闭一个线程？我们先介绍都有哪些场景需要取消 / 关闭线程，再介绍取消 / 关闭的机制，以及线程对中断的反应，最后讨论如何正确地取消 / 关闭线程。

15.4.1　取消 / 关闭的场景

我们知道，通过线程的 start 方法启动一个线程后，线程开始执行 run 方法，run 方法运行结束后线程退出，那为什么还需要结束一个线程呢？有多种情况，比如：

1）很多线程的运行模式是死循环，比如在生产者 / 消费者模式中，消费者主体就是一个死循环，它不停地从队列中接受任务，执行任务，在停止程序时，我们需要一种"优雅"的方法以关闭该线程。

2）在一些图形用户界面程序中，线程是用户启动的，完成一些任务，比如从远程服务器上下载一个文件，在下载过程中，用户可能会希望取消该任务。

3）在一些场景中，比如从第三方服务器查询一个结果，我们希望在限定的时间内得到结果，如果得不到，我们会希望取消该任务。

4）有时，我们会启动多个线程做同一件事，比如类似抢火车票，我们可能会让多个好友帮忙从多个渠道买火车票，只要有一个渠道买到了，我们会通知取消其他渠道。

15.4.2　取消 / 关闭的机制

Java 的 Thread 类定义了如下方法：

```
public final void stop()
```

这个方法看上去就可以停止线程，但这个方法被标记为了过时，简单地说，我们不应该使用它，可以忽略它。

在 Java 中，**停止一个线程的主要机制是中断，中断并不是强迫终止一个线程，它是一种协作机制，是给线程传递一个取消信号，但是由线程来决定如何以及何时退出**。本节我们主要就是来理解 Java 的中断机制。

Thread 类定义了如下关于中断的方法：

```
public boolean isInterrupted()
```

```
public void interrupt()
public static boolean interrupted()
```

这三个方法名字类似，比较容易混淆，我们解释一下。isInterrupted() 和 interrupt() 是实例方法，调用它们需要通过线程对象；interrupted() 是静态方法，实际会调用 Thread.currentThread() 操作当前线程。

每个线程都有一个标志位，表示该线程是否被中断了。

1）isInterrupted：返回对应线程的中断标志位是否为 true。

2）interrupted：返回当前线程的中断标志位是否为 true，**但它还有一个重要的副作用，就是清空中断标志位**，也就是说，连续两次调用 interrupted()，第一次返回的结果为 true，第二次一般就是 false（除非同时又发生了一次中断）。

3）interrupt：表示中断对应的线程。中断具体意味着什么呢？下面我们进一步来说明。

15.4.3　线程对中断的反应

interrupt() 对线程的影响与线程的状态和在进行的 IO 操作有关。我们主要考虑线程的状态，IO 操作的影响和具体 IO 以及操作系统有关，我们就不讨论了。线程状态有：

❑ RUNNABLE：线程在运行或具备运行条件只是在等待操作系统调度。

❑ WAITING/TIMED_WAITING：线程在等待某个条件或超时。

❑ BLOCKED：线程在等待锁，试图进入同步块。

❑ NEW/TERMINATED：线程还未启动或已结束。

1. RUNNABLE

如果线程在运行中，且没有执行 IO 操作，interrupt() 只是会设置线程的中断标志位，没有任何其他作用。线程应该在运行过程中合适的位置检查中断标志位，比如，如果主体代码是一个循环，可以在循环开始处进行检查，如下所示：

```
public class InterruptRunnableDemo extends Thread {
    @Override
    public void run() {
        while(!Thread.currentThread().isInterrupted()) {
            //…单次循环代码
        }
        System.out.println("done ");
    }
    //其他代码
}
```

2. WAITING/TIMED_WAITING

线程调用 join/wait/sleep 方法会进入 WAITING 或 TIMED_WAITING 状态，在这些状态时，对线程对象调用 interrupt() 会使得该线程抛出 InterruptedException。需要注意的是，**抛出异常后，中断标志位会被清空，而不是被设置**。比如，执行如下代码：

```
Thread t = new Thread (){
    @Override
    public void run() {
        try {
            Thread.sleep(1000);
        } catch (InterruptedException e) {
            System.out.println(isInterrupted());
        }
    }
};
t.start();
try {
    Thread.sleep(100);
} catch (InterruptedException e) {
}
t.interrupt();
```

程序的输出为 false。

InterruptedException 是一个受检异常，线程必须进行处理。我们在异常处理中介绍过，处理异常的基本思路是：如果知道怎么处理，就进行处理，如果不知道，就应该向上传递，通常情况下不应该捕获异常然后忽略。

捕获到 InterruptedException，通常表示希望结束该线程，线程大致有两种处理方式：

1）向上传递该异常，这使得该方法也变成了一个可中断的方法，需要调用者进行处理；

2）有些情况，不能向上传递异常，比如 Thread 的 run 方法，它的声明是固定的，不能抛出任何受检异常，这时，应该捕获异常，进行合适的清理操作，清理后，一般应该调用 Thread 的 interrupt 方法设置中断标志位，使得其他代码有办法知道它发生了中断。

第一种方式的示例代码如下：

```
public void interruptibleMethod() throws InterruptedException{
    //…包含wait, join 或 sleep 方法
    Thread.sleep(1000);
}
```

第二种方式的示例代码如下：

```
public class InterruptWaitingDemo extends Thread {
    @Override
    public void run() {
        while(!Thread.currentThread().isInterrupted()) {
            try {
                //模拟任务代码
                Thread.sleep(2000);
            } catch(InterruptedException e) {
                //…清理操作
                //重设中断标志位
                Thread.currentThread().interrupt();
            }
```

```
        }
        System.out.println(isInterrupted());
    }
    //其他代码
}
```

3. BLOCKED

如果线程在等待锁，对线程对象调用 interrupt() 只是会设置线程的中断标志位，线程依然会处于 BLOCKED 状态，也就是说，interrupt() 并不能使一个在等待锁的线程真正"中断"。我们看段代码：

```
public class InterruptSynchronizedDemo {
    private static Object lock = new Object();
    private static class A extends Thread {
        @Override
        public void run() {
            synchronized (lock) {
                while (!Thread.currentThread().isInterrupted()) {
                }
                System.out.println("exit");
            }
        }
    }
    public static void test() throws InterruptedException {
        synchronized (lock) {
            A a = new A();
            a.start();
            Thread.sleep(1000);
            a.interrupt();
            a.join();
        }
    }
    public static void main(String[] args) throws InterruptedException {
        test();
    }
}
```

test 方法在持有锁 lock 的情况下启动线程 a，而线程 a 也去尝试获得锁 lock，所以会进入锁等待队列，随后 test 调用线程 a 的 interrupt 方法并调用 join 等待线程 a 结束，线程 a 会结束吗？不会，interrupt 方法只会设置线程的中断标志，而并不会使它从锁等待队列中出来。

在使用 synchronized 关键字获取锁的过程中不响应中断请求，这是 synchronized 的局限性。如果这对程序是一个问题，应该使用显式锁。第 16 章会介绍显式锁 Lock 接口，它支持以响应中断的方式获取锁。

4. NEW/TERMINATE

如果线程尚未启动（NEW），或者已经结束（TERMINATED），则调用 interrupt() 对它没有任何效果，中断标志位也不会被设置。

15.4.4　如何正确地取消 / 关闭线程

interrupt 方法不一定会真正"中断"线程，它只是一种协作机制，**如果不明白线程在做什么，不应该贸然地调用线程的 interrupt 方法，**以为这样就能取消线程。

对于以线程提供服务的程序模块而言，它**应该封装取消 / 关闭操作，提供单独的取消 / 关闭方法给调用者，外部调用者应该调用这些方法而不是直接调用 interrupt。**Java 并发库的一些代码就提供了单独的取消 / 关闭方法，比如，Future 接口提供了如下方法以取消任务：

```
boolean cancel(boolean mayInterruptIfRunning);
```

再如，ExecutorService 提供了如下两个关闭方法：

```
void shutdown();
List<Runnable> shutdownNow();
```

Future 和 ExecutorService 的 API 文档对这些方法都进行了详细说明，这是我们应该学习的方式。关于这两个接口，我们后续章节介绍。

15.4.5　小结

本节主要介绍了在 Java 中如何取消 / 关闭线程，主要依赖的技术是中断，但它是一种协作机制，不会强迫终止线程，我们介绍了线程在不同状态下对中断的反应。作为线程的实现者，应该提供明确的取消 / 关闭方法，并用文档描述清楚其行为；作为线程的调用者，应该使用其取消 / 关闭方法，而不是贸然调用 interrupt。

至此，关于线程的基础内容就介绍完了。在 Java 中还有一套并发工具包，位于包 java. util.concurrent 下，里面包括很多易用且高性能的并发开发工具，从下一章开始，我们就来讨论它，先从最基本的原子变量和 CAS（Compare And Set）操作开始。

并发包的基石

15 章介绍了线程的基本内容，在 Java 中还有一套并发工具包，位于包 java.util.concurrent 下，里面包括很多易用且高性能的并发开发工具。从本章开始，我们就来探讨 Java 并发工具包。

本章主要介绍并发包的一些基础内容，分为 3 个小节：16.1 节介绍最基本的原子变量及其背后的原理和思维；16.2 节介绍可以替代 synchronized 的显式锁；16.3 节介绍可以替代 wait/notify 的显式条件。

16.1 原子变量和 CAS

什么是原子变量？为什么需要它们呢？我们从 synchronized 说起。在 15.2 节，我们介绍过 Counter 类，使用 synchronized 关键字保证原子更新操作，代码如下：

```
public class Counter {
    private int count;
    public synchronized void incr(){
        count ++;
    }
    public synchronized int getCount() {
        return count;
    }
}
```

对于 count++ 这种操作来说，使用 synchronized 成本太高了，需要先获取锁，最后需要释放锁，获取不到锁的情况下需要等待，还会有线程的上下文切换，这些都需要成本。

对于这种情况，完全可以使用原子变量代替，Java 并发包中的基本原子变量类型有以下几种。

- ❑ AtomicBoolean：原子 Boolean 类型，常用来在程序中表示一个标志位。
- ❑ AtomicInteger：原子 Integer 类型。
- ❑ AtomicLong：原子 Long 类型，常用来在程序中生成唯一序列号。
- ❑ AtomicReference：原子引用类型，用来以原子方式更新复杂类型。

限于篇幅，我们主要介绍 AtomicInteger。除了这 4 个类，还有一些其他类，如针对数组类型的类 AtomicLongArray、AtomicReferenceArray，以及用于以原子方式更新对象中的字段的类，如 AtomicIntegerFieldUpdater、AtomicReferenceFieldUpdater 等。Java 8 增加了几个类，在高并发统计汇总的场景中更为适合，包括 LongAdder、LongAccumulator、Double-Adder 和 DoubleAccumulator，具体可参见 API 文档，我们就不介绍了。

16.1.1　AtomicInteger

我们先介绍 AtomicInteger 的基本用法，然后介绍它的基本原理和逻辑，以及应用。

1. 基本用法

AtomicInteger 有两个构造方法：

```
public AtomicInteger(int initialValue)
public AtomicInteger()
```

第一个构造方法给定了一个初始值，第二个构造方法的初始值为 0。

可以直接获取或设置 AtomicInteger 中的值，方法是：

```
public final int get()
public final void set(int newValue)
```

之所以称为原子变量，是因为它包含一些以原子方式实现组合操作的方法，部分方法如下：

```
//以原子方式获取旧值并设置新值
public final int getAndSet(int newValue)
//以原子方式获取旧值并给当前值加1
public final int getAndIncrement()
//以原子方式获取旧值并给当前值减1
public final int getAndDecrement()
//以原子方式获取旧值并给当前值加delta
public final int getAndAdd(int delta)
//以原子方式给当前值加1并获取新值
public final int incrementAndGet()
//以原子方式给当前值减1并获取新值
public final int decrementAndGet()
//以原子方式给当前值加delta并获取新值
public final int addAndGet(int delta)
```

这些方法的实现都依赖另一个 public 方法：

```
public final boolean compareAndSet(int expect, int update)
```

compareAndSet 是一个非常重要的方法，比较并设置，我们以后将简称为 CAS。该方法有两个参数 expect 和 update，以原子方式实现了如下功能：如果当前值等于 expect，则更新为 update，否则不更新，如果更新成功，返回 true，否则返回 false。

AtomicInteger 可以在程序中用作一个计数器，多个线程并发更新，也总能实现正确性。我们看个例子，如代码清单 16-1 所示。

代码清单16-1　AtomicInteger的应用示例

```
public class AtomicIntegerDemo {
    private static AtomicInteger counter = new AtomicInteger(0);
    static class Visitor extends Thread {
        @Override
        public void run() {
            for(int i = 0; i < 1000; i++) {
                counter.incrementAndGet();
            }
        }
    }
    public static void main(String[] args) throws InterruptedException {
        int num = 1000;
        Thread[] threads = new Thread[num];
        for(int i = 0; i < num; i++) {
            threads[i] = new Visitor();
            threads[i].start();
        }
        for(int i = 0; i < num; i++) {
            threads[i].join();
        }
        System.out.println(counter.get());
    }
}
```

程序的输出总是正确的，为 1000000。

2. 基本原理和思维

AtomicInteger 的使用方法是简单直接的，它是怎么实现的呢？它的主要内部成员是：

```
private volatile int value;
```

注意：它的声明带有 volatile，这是必需的，以保证内存可见性。

它的大部分更新方法实现都类似，我们看一个方法 incrementAndGet，其代码为：

```
public final int incrementAndGet() {
    for(;;) {
        int current = get();
        int next = current + 1;
        if(compareAndSet(current, next))
```

```
            return next;
        }
    }
```

代码主体是个死循环，先获取当前值 current，计算期望的值 next，然后调用 CAS 方法进行更新，如果更新没有成功，说明 value 被别的线程改了，则再去取最新值并尝试更新直到成功为止。

与 synchronized 锁相比，这种原子更新方式代表一种不同的思维方式。synchronized 是悲观的，它假定更新很可能冲突，所以先获取锁，得到锁后才更新。**原子变量的更新逻辑是乐观的**，它假定冲突比较少，但使用 CAS 更新，也就是进行冲突检测，如果确实冲突了，那也没关系，继续尝试就好了。**synchronized 代表一种阻塞式算法**，得不到锁的时候，进入锁等待队列，等待其他线程唤醒，有上下文切换开销。**原子变量的更新逻辑是非阻塞式的**，更新冲突的时候，它就重试，不会阻塞，不会有上下文切换开销。对于大部分比较简单的操作，无论是在低并发还是高并发情况下，这种乐观非阻塞方式的性能都远高于悲观阻塞式方式。

原子变量相对比较简单，但对于复杂一些的数据结构和算法，非阻塞方式往往难于实现和理解，幸运的是，Java 并发包中已经提供了一些非阻塞容器，我们只需要会使用就可以了，比如：

❑ ConcurrentLinkedQueue 和 ConcurrentLinkedDeque：非阻塞并发队列。

❑ ConcurrentSkipListMap 和 ConcurrentSkipListSet：非阻塞并发 Map 和 Set。

这些容器我们在后续章节介绍。

但 compareAndSet 是怎么实现的呢？我们看代码：

```
public final boolean compareAndSet(int expect, int update) {
    return unsafe.compareAndSwapInt(this, valueOffset, expect, update);
}
```

它调用了 unsafe 的 compareAndSwapInt 方法，unsafe 是什么呢？它的类型为 sun.misc. Unsafe，定义为：

```
private static final Unsafe unsafe = Unsafe.getUnsafe();
```

它是 Sun 的私有实现，从名字看，表示的也是"不安全"，一般应用程序不应该直接使用。原理上，**一般的计算机系统都在硬件层次上直接支持 CAS 指令**，而 Java 的实现都会利用这些特殊指令。从程序的角度看，可以将 compareAndSet 视为计算机的基本操作，直接接纳就好。

3. 实现锁

基于 CAS，除了可以实现乐观非阻塞算法之外，还可以实现悲观阻塞式算法，比如锁。实际上，Java 并发包中的所有阻塞式工具、容器、算法也都是基于 CAS 的（不过，也需要一些别的支持）。怎么实现锁呢？我们演示一个简单的例子，用 AtomicInteger 实现一个锁

MyLock，如代码清单 16-2 所示。

代码清单16-2 使用AtomicInteger实现锁MyLock

```
public class MyLock {
    private AtomicInteger status = new AtomicInteger(0);
    public void lock() {
        while(!status.compareAndSet(0, 1)) {
            Thread.yield();
        }
    }
    public void unlock() {
        status.compareAndSet(1, 0);
    }
}
```

在 MyLock 中，使用 status 表示锁的状态，0 表示未锁定，1 表示锁定，lock()、unlock() 使用 CAS 方法更新，lock() 只有在更新成功后才退出，实现了阻塞的效果，不过一般而言，这种阻塞方式过于消耗 CPU，我们后续章节介绍更为高效的方式。MyLock 只是用于演示基本概念，实际开发中应该使用 Java 并发包中的类，如 ReentrantLock。

16.1.2 ABA 问题

使用 CAS 方式更新有一个 ABA 问题。该问题是指，假设当前值为 A，如果另一个线程先将 A 修改成 B，再修改回成 A，当前线程的 CAS 操作无法分辨当前值发生过变化。

ABA 是不是一个问题与程序的逻辑有关，一般不是问题。而如果确实有问题，解决方法是使用 AtomicStampedReference，在修改值的同时附加一个时间戳，只有值和时间戳都相同才进行修改，其 CAS 方法声明为：

```
public boolean compareAndSet(
    V expectedReference, V newReference, int expectedStamp, int newStamp)
```

比如：

```
Pair pair = new Pair(100, 200);
int stamp = 1;
AtomicStampedReference<Pair> pairRef = new
            AtomicStampedReference<Pair>(pair, stamp);
int newStamp = 2;
pairRef.compareAndSet(pair, new Pair(200, 200), stamp, newStamp);
```

AtomicStampedReference 在 compareAndSet 中要同时修改两个值：一个是引用，另一个是时间戳。它怎么实现原子性呢？实际上，内部 AtomicStampedReference 会将两个值组合为一个对象，修改的是一个值，我们看代码：

```
public boolean compareAndSet(V  expectedReference, V  newReference,
                             int expectedStamp, int newStamp) {
    Pair<V> current = pair;
```

```
    return
        expectedReference == current.reference &&
        expectedStamp == current.stamp &&
        ((newReference == current.reference &&
          newStamp == current.stamp) ||
          casPair(current, Pair.of(newReference, newStamp)));
}
```

这个 Pair 是 AtomicStampedReference 的一个内部类，成员包括引用和时间戳，具体定义为：

```
private static class Pair<T> {
    final T reference;
    final int stamp;
    private Pair(T reference, int stamp) {
        this.reference = reference;
        this.stamp = stamp;
    }
    static <T> Pair<T> of(T reference, int stamp) {
        return new Pair<T>(reference, stamp);
    }
}
```

AtomicStampedReference 将对引用值和时间戳的组合比较和修改转换为了对这个内部类 Pair 单个值的比较和修改。

16.1.3　小结

本节介绍了原子变量的基本用法以及背后的原理 CAS，对于并发环境中的计数、产生序列号等需求，应该使用原子变量而非锁，**CAS 是 Java 并发包的基础，基于它可以实现高效的、乐观、非阻塞式数据结构和算法，它也是并发包中锁、同步工具和各种容器的基础。**

16.2　显式锁

15.2 节介绍了利用 synchronized 实现锁，我们提到了 synchronized 的一些局限性，本节探讨 Java 并发包中的显式锁，它可以解决 synchronized 的限制。

Java 并发包中的显式锁接口和类位于包 java.util.concurrent.locks 下，主要接口和类有：

❑ 锁接口 Lock，主要实现类是 ReentrantLock；

❑ 读写锁接口 ReadWriteLock，主要实现类是 ReentrantReadWriteLock。

本节主要介绍接口 Lock 和实现类 ReentrantLock，关于读写锁，我们后续章节介绍。

16.2.1　接口 Lock

显式锁接口 Lock 的定义为：

```
public interface Lock {
    void lock();
    void lockInterruptibly() throws InterruptedException;
    boolean tryLock();
    boolean tryLock(long time, TimeUnit unit) throws InterruptedException;
    void unlock();
    Condition newCondition();
}
```

下面解释一下。

1）lock()/unlock()：就是普通的获取锁和释放锁方法，lock()会阻塞直到成功。

2）lockInterruptibly()：与 lock() 的不同是，它可以响应中断，如果被其他线程中断了，则抛出 InterruptedException。

3）tryLock()：只是尝试获取锁，立即返回，不阻塞，如果获取成功，返回 true，否则返回 false。

4）tryLock(long time, TimeUnit unit)：先尝试获取锁，如果能成功则立即返回 true，否则阻塞等待，但等待的最长时间由指定的参数设置，在等待的同时响应中断，如果发生了中断，抛出 InterruptedException，如果在等待的时间内获得了锁，返回 true，否则返回 false。

5）newCondition：新建一个条件，一个 Lock 可以关联多个条件，关于条件，我们留待 16.3 节介绍。

可以看出，**相比 synchronized，显式锁支持以非阻塞方式获取锁、可以响应中断、可以限时，这使得它灵活得多**。

16.2.2 可重入锁 ReentrantLock

下面，先介绍 ReentrantLock 的基本用法，然后重点介绍如何使用 tryLock 避免死锁。

1. 基本用法

Lock 接口的主要实现类是 ReentrantLock，它的基本用法 lock/unlock 实现了与 synchronized 一样的语义，包括：

❑ 可重入，一个线程在持有一个锁的前提下，可以继续获得该锁；

❑ 可以解决竞态条件问题；

❑ 可以保证内存可见性。

ReentrantLock 有两个构造方法：

```
public ReentrantLock()
public ReentrantLock(boolean fair)
```

参数 fair 表示是否保证公平，不指定的情况下，默认为 false，表示不保证公平。所谓公平是指，等待时间最长的线程优先获得锁。**保证公平会影响性能，一般也不需要，所以**

默认不保证，synchronized 锁也是不保证公平的，16.2.3 节还会再分析实现细节。

使用显式锁，一定要记得调用 unlock。一般而言，应该将 lock 之后的代码包装到 try 语句内，在 finally 语句内释放锁。比如，使用 ReentrantLock 实现 Counter，代码可以为：

```
public class Counter {
    private final Lock lock = new ReentrantLock();
    private volatile int count;
    public void incr() {
        lock.lock();
        try {
            count++;
        } finally {
            lock.unlock();
        }
    }
    public int getCount() {
        return count;
    }
}
```

2. 使用 tryLock 避免死锁

使用 tryLock()，可以避免死锁。 在持有一个锁获取另一个锁而获取不到的时候，可以释放已持有的锁，给其他线程获取锁的机会，然后重试获取所有锁。

我们来看个例子，银行账户之间转账，用类 Account 表示账户，如代码清单 16-3 所示。

代码清单16-3 表示账户的类Account

```
public class Account {
    private Lock lock = new ReentrantLock();
    private volatile double money;
    public Account(double initialMoney) {
        this.money = initialMoney;
    }
    public void add(double money) {
        lock.lock();
        try {
            this.money += money;
        } finally {
            lock.unlock();
        }
    }
    public void reduce(double money) {
        lock.lock();
        try {
            this.money -= money;
        } finally {
            lock.unlock();
        }
    }
```

```
    public double getMoney() {
        return money;
    }
    void lock() {
        lock.lock();
    }
    void unlock() {
        lock.unlock();
    }
    boolean tryLock() {
        return lock.tryLock();
    }
}
```

Account 里的 money 表示当前余额，add/reduce 用于修改余额。在账户之间转账，需要两个账户都锁定，如果不使用 tryLock，而直接使用 lock，则代码如代码清单 16-4 所示。

代码清单16-4 转账的错误写法

```
public class AccountMgr {
    public static class NoEnoughMoneyException extends Exception {}
    public static void transfer(Account from, Account to, double money)
            throws NoEnoughMoneyException {
        from.lock();
        try {
            to.lock();
            try {
                if(from.getMoney() >= money) {
                    from.reduce(money);
                    to.add(money);
                } else {
                    throw new NoEnoughMoneyException();
                }
            } finally {
                to.unlock();
            }
        } finally {
            from.unlock();
        }
    }
}
```

但这么写是有问题的，如果两个账户都同时给对方转账，都先获取了第一个锁，则会发生死锁。我们写段代码来模拟这个过程，如代码清单 16-5 所示。

代码清单16-5 模拟账户转账的死锁过程

```
public static void simulateDeadLock() {
    final int accountNum = 10;
    final Account[] accounts = new Account[accountNum];
```

```
final Random rnd = new Random();
for(int i = 0; i < accountNum; i++) {
    accounts[i] = new Account(rnd.nextInt(10000));
}
int threadNum = 100;
Thread[] threads = new Thread[threadNum];
for(int i = 0; i < threadNum; i++) {
    threads[i] = new Thread() {
        public void run() {
            int loopNum = 100;
            for(int k = 0; k < loopNum; k++) {
                int i = rnd.nextInt(accountNum);
                int j = rnd.nextInt(accountNum);
                int money = rnd.nextInt(10);
                if(i != j) {
                    try {
                        transfer(accounts[i], accounts[j], money);
                    } catch (NoEnoughMoneyException e) {
                    }
                }
            }
        }
    };
    threads[i].start();
}
}
```

以上代码创建了 10 个账户，100 个线程，每个线程执行 100 次循环，在每次循环中，随机挑选两个账户进行转账。在笔者的计算机中，每次执行该段代码都会发生死锁。读者可以更改这些数值进行试验。

我们使用 tryLock 来进行修改，先定义一个 tryTransfer 方法，如代码清单 16-6 所示。

代码清单16-6　使用tryLock尝试转账

```
public static boolean tryTransfer(Account from, Account to, double money)
        throws NoEnoughMoneyException {
    if(from.tryLock()) {
        try {
            if(to.tryLock()) {
                try {
                    if(from.getMoney() >= money) {
                        from.reduce(money);
                        to.add(money);
                    } else {
                        throw new NoEnoughMoneyException();
                    }
                    return true;
                } finally {
                    to.unlock();
                }
```

```
        }
    } finally {
        from.unlock();
    }
}
return false;
}
```

如果两个锁都能够获得，且转账成功，则返回 true，否则返回 false。不管怎样，结束都会释放所有锁。transfer 方法可以循环调用该方法以避免死锁，代码可以为：

```
public static void transfer(Account from, Account to, double money)
        throws NoEnoughMoneyException {
    boolean success = false;
    do {
        success = tryTransfer(from, to, money);
        if(!success) {
            Thread.yield();
        }
    } while (!success);
}
```

除了实现 Lock 接口中的方法，ReentrantLock 还有一些其他方法，通过它们，可以获取关于锁的一些信息，这些信息可以用于监控和调试目的，具体可参看 API 文档，就不介绍了。

16.2.3 ReentrantLock 的实现原理

ReentrantLock 的用法是比较简单的，它是怎么实现的呢？在最底层，它依赖于 16.1 节介绍的 CAS 方法，另外，它依赖于类 LockSupport 中的一些方法。我们先介绍 Lock-Support。

1. LockSupport

类 LockSupport 也位于包 java.util.concurrent.locks 下，它的基本方法有：

```
public static void park()
public static void parkNanos(long nanos)
public static void parkUntil(long deadline)
public static void unpark(Thread thread)
```

park 使得当前线程放弃 CPU，进入等待状态（WAITING），操作系统不再对它进行调度，什么时候再调度呢？有其他线程对它调用了 unpark，unpark 使参数指定的线程恢复可运行状态。我们看个例子：

```
public static void main(String[] args) throws InterruptedException {
    Thread t = new Thread (){
        public void run(){
            LockSupport.park();     //放弃CPU
```

```
                System.out.println("exit");
        }
    };
    t.start();        //启动子线程
    Thread.sleep(1000);       //睡眠1秒确保子线程先运行
    LockSupport.unpark(t);
}
```

上述例子中，主线程启动子线程 t，线程 t 启动后调用 park，放弃 CPU，主线程睡眠 1 秒以确保子线程已执行 LockSupport.park()，调用 unpark，线程 t 恢复运行，输出 exit。

park 不同于 Thread.yield()，yield 只是告诉操作系统可以先让其他线程运行，但自己依然是可运行状态，而 park 会放弃调度资格，使线程进入 WAITING 状态。

需要说明的是，**park 是响应中断的**，当有中断发生时，park 会返回，线程的中断状态会被设置。另外还需要说明，park 可能会无缘无故地返回，程序应该重新检查 park 等待的条件是否满足。

park 有两个变体：

❑ parkNanos：可以指定等待的最长时间，参数是相对于当前时间的纳秒数；

❑ parkUntil：可以指定最长等到什么时候，参数是绝对时间，是相对于纪元时的毫秒数。

当等待超时的时候，它们也会返回。

这些 park 方法还有一些变体，可以指定一个对象，表示是由于该对象而进行等待的，以便于调试，通常传递的值是 this，比如：

```
public static void park(Object blocker)
```

LockSupport 有一个方法，可以返回一个线程的 blocker 对象：

```
public static Object getBlocker(Thread t)
```

这些 park/unpark 方法是怎么实现的呢？与 CAS 方法一样，它们也调用了 Unsafe 类中的对应方法。**Unsafe 类最终调用了操作系统的 API，从程序员的角度，我们可以认为 LockSupport 中的这些方法就是基本操作。**

2. AQS

利用 CAS 和 LockSupport 提供的基本方法，就可以用来实现 ReentrantLock 了。但 Java 中还有很多其他并发工具，如 ReentrantReadWriteLock、Semaphore、CountDownLatch，它们的实现有很多类似的地方，为了复用代码，Java 提供了一个抽象类 AbstractQueued-Synchronizer，简称 AQS，它简化了并发工具的实现。AQS 的整体实现比较复杂，我们主要以 ReentrantLock 的使用为例进行简要介绍。

AQS 封装了一个状态，给子类提供了查询和设置状态的方法：

```
private volatile int state;
protected final int getState()
protected final void setState(int newState)
```

```
protected final boolean compareAndSetState(int expect, int update)
```

用于实现锁时，AQS 可以保存锁的当前持有线程，提供了方法进行查询和设置：

```
private transient Thread exclusiveOwnerThread;
protected final void setExclusiveOwnerThread(Thread t)
protected final Thread getExclusiveOwnerThread()
```

AQS 内部维护了一个等待队列，借助 CAS 方法实现了无阻塞算法进行更新。

下面，我们以 ReentrantLock 的使用为例简要介绍 AQS 的原理。

3. ReentrantLock

ReentrantLock 内部使用 AQS，有三个内部类：

```
abstract static class Sync extends AbstractQueuedSynchronizer
static final class NonfairSync extends Sync
static final class FairSync extends Sync
```

Sync 是抽象类，NonfairSync 是 fair 为 false 时使用的类，FairSync 是 fair 为 true 时使用的类。ReentrantLock 内部有一个 Sync 成员：

```
private final Sync sync;
```

在构造方法中 sync 被赋值，比如：

```
public ReentrantLock() {
    sync = new NonfairSync();
}
```

我们来看 ReentrantLock 中的基本方法 lock/unlock 的实现。先看 lock 方法，代码为：

```
public void lock() {
    sync.lock();
}
```

sync 默认类型是 NonfairSync，NonfairSync 的 lock 代码为：

```
final void lock() {
    if(compareAndSetState(0, 1))
        setExclusiveOwnerThread(Thread.currentThread());
    else
        acquire(1);
}
```

ReentrantLock 使用 state 表示是否被锁和持有数量，如果当前未被锁定，则立即获得锁，否则调用 acquire(1) 获得锁。acquire 是 AQS 中的方法，代码为：

```
public final void acquire(int arg) {
    if(!tryAcquire(arg) &&
        acquireQueued(addWaiter(Node.EXCLUSIVE), arg))
        selfInterrupt();
}
```

它调用 tryAcquire 获取锁，tryAcquire 必须被子类重写。NonfairSync 的实现为：

```
protected final boolean tryAcquire(int acquires) {
    return nonfairTryAcquire(acquires);
}
```

nonfairTryAcquire 是 sync 中实现的，代码为：

```
final boolean nonfairTryAcquire(int acquires) {
    final Thread current = Thread.currentThread();
    int c = getState();
    if(c == 0) {
        if(compareAndSetState(0, acquires)) {
            setExclusiveOwnerThread(current);
            return true;
        }
    }
    else if(current == getExclusiveOwnerThread()) {
        int nextc = c + acquires;
        if(nextc < 0) // overflow
            throw new Error("Maximum lock count exceeded");
        setState(nextc);
        return true;
    }
    return false;
}
```

这段代码容易理解，如果未被锁定，则使用 CAS 进行锁定；如果已被当前线程锁定，则增加锁定次数。如果 tryAcquire 返回 false，则 AQS 会调用：

```
acquireQueued(addWaiter(Node.EXCLUSIVE), arg)
```

其中，addWaiter 会新建一个节点 Node，代表当前线程，然后加入内部的等待队列中，限于篇幅，具体代码就不列出来了。放入等待队列后，调用 acquireQueued 尝试获得锁，代码为：

```
final boolean acquireQueued(final Node node, int arg) {
    boolean failed = true;
    try {
        boolean interrupted = false;
        for(;;) {
            final Node p = node.predecessor();
            if(p == head && tryAcquire(arg)) {
                setHead(node);
                p.next = null; // help GC
                failed = false;
                return interrupted;
            }
            if(shouldParkAfterFailedAcquire(p, node) &&
                parkAndCheckInterrupt())
                interrupted = true;
```

```
        }
    } finally {
        if(failed)
            cancelAcquire(node);
    }
}
```

主体是一个死循环，在每次循环中，首先检查当前节点是不是第一个等待的节点，如果是且能获得到锁，则将当前节点从等待队列中移除并返回，否则最终调用 LockSupport.park 放弃 CPU，进入等待，被唤醒后，检查是否发生了中断，记录中断标志，在最终方法返回时返回中断标志。如果发生过中断，acquire 方法最终会调用 selfInterrupt 方法设置中断标志位，其代码为：

```
private static void selfInterrupt() {
    Thread.currentThread().interrupt();
}
```

以上就是 lock 方法的基本过程，能获得锁就立即获得，否则加入等待队列，被唤醒后检查自己是否是第一个等待的线程，如果是且能获得锁，则返回，否则继续等待。这个过程中如果发生了中断，lock 会记录中断标志位，但不会提前返回或抛出异常。

ReentrantLock 的 unlock 方法的代码为：

```
public void unlock() {
    sync.release(1);
}
```

release 是 AQS 中定义的方法，代码为：

```
public final boolean release(int arg) {
    if(tryRelease(arg)) {
        Node h = head;
        if(h != null && h.waitStatus != 0)
            unparkSuccessor(h);
        return true;
    }
    return false;
}
```

tryRelease 方法会修改状态释放锁，unparkSuccessor 会调用 LockSupport.unpark 将第一个等待的线程唤醒，具体代码就不列举了。

FairSync 和 NonfairSync 的主要区别是：在获取锁时，即在 tryAcquire 方法中，如果当前未被锁定，即 c==0，FairSync 多了一个检查，如下：

```
protected final boolean tryAcquire(int acquires) {
    final Thread current = Thread.currentThread();
    int c = getState();
    if(c == 0) {
        if(!hasQueuedPredecessors() &&
```

```
            compareAndSetState(0, acquires)) {
        setExclusiveOwnerThread(current);
        return true;
    }
}
...
```

这个检查是指，只有不存在其他等待时间更长的线程，它才会尝试获取锁。

这样保证公平不是很好吗？为什么默认不保证公平呢？**保证公平整体性能比较低，低的原因不是这个检查慢，而是会让活跃线程得不到锁，进入等待状态，引起频繁上下文切换，降低了整体的效率，**通常情况下，谁先运行关系不大，而且长时间运行，从统计角度而言，虽然不保证公平，也基本是公平的。需要说明是，**即使 fair 参数为 true，ReentrantLock 中不带参数的 tryLock 方法也是不保证公平的，它不会检查是否有其他等待时间更长的线程。**

16.2.4　对比 ReentrantLock 和 synchronized

相比 synchronized，ReentrantLock 可以实现与 synchronized 相同的语义，而且支持以非阻塞方式获取锁，可以响应中断，可以限时，更为灵活。不过，synchronized 的使用更为简单，写的代码更少，也更不容易出错。

synchronized 代表一种声明式编程思维，程序员更多的是表达一种同步声明，由 Java 系统负责具体实现，程序员不知道其实现细节；**显式锁代表一种命令式编程思维，**程序员实现所有细节。

声明式编程的好处除了简单，还在于性能，在较新版本的 JVM 上，ReentrantLock 和 synchronized 的性能是接近的，但 **Java 编译器和虚拟机可以不断优化 synchronized 的实现，**比如自动分析 synchronized 的使用，对于没有锁竞争的场景，自动省略对锁获取 / 释放的调用。

简单总结下，**能用 synchronized 就用 synchronized，**不满足要求时再考虑 Reentrant-Lock。

16.3　显式条件

16.2 节我们介绍了显式锁，本节介绍关联的显式条件，介绍其用法和原理。显式条件在不同上下文中也可以被称为条件变量、条件队列、或条件，后文我们可能会交替使用。

16.3.1　用法

锁用于解决竞态条件问题，条件是线程间的协作机制。显式锁与 synchronized 相对应，而显式条件与 wait/notify 相对应。wait/notify 与 synchronized 配合使用，显式条件与显式锁配合使用。条件与锁相关联，创建条件变量需要通过显式锁，Lock 接口定义了创建方法：

```
Condition newCondition();
```

Condition 表示条件变量，是一个接口，它的定义为：

```
public interface Condition {
    void await() throws InterruptedException;
    void awaitUninterruptibly();
    long awaitNanos(long nanosTimeout) throws InterruptedException;
    boolean await(long time, TimeUnit unit) throws InterruptedException;
    boolean awaitUntil(Date deadline) throws InterruptedException;
    void signal();
    void signalAll();
}
```

await 对应于 Object 的 wait，signal 对应于 notify，signalAll 对应于 notifyAll，语义也是一样的。

与 Object 的 wait 方法类似，await 也有几个限定等待时间的方法，但功能更多一些：

```
//等待时间是相对时间，如果由于等待超时返回，返回值为false，否则为true
boolean await(long time, TimeUnit unit) throws InterruptedException;
//等待时间也是相对时间，但参数单位是纳秒，返回值是nanosTimeout减去实际等待的时间
long awaitNanos(long nanosTimeout) throws InterruptedException;
//等待时间是绝对时间，如果由于等待超时返回，返回值为false，否则为true
boolean awaitUntil(Date deadline) throws InterruptedException;
```

这些 await 方法都是响应中断的，如果发生了中断，会抛出 InterruptedException，但中断标志位会被清空。Condition 还定义了一个不响应中断的等待方法：

```
void awaitUninterruptibly();
```

该方法不会由于中断结束，但当它返回时，如果等待过程中发生了中断，中断标志位会被设置。

一般而言，与 Object 的 wait 方法一样，**调用 await 方法前需要先获取锁**，如果没有锁，会抛出异常 IllegalMonitorStateException。

await 在进入等待队列后，会释放锁，释放 CPU，当其他线程将它唤醒后，或等待超时后，或发生中断异常后，它都需要重新获取锁，获取锁后，才会从 await 方法中退出。

另外，与 Object 的 wait 方法一样，await 返回后，不代表其等待的条件就一定满足了，通常要将 await 的调用放到一个循环内，只有条件满足后才退出。

一般而言，signal/signalAll 与 notify/notifyAll 一样，调用它们需要先获取锁，如果没有锁，会抛出异常 IllegalMonitorStateException。signal 与 notify 一样，挑选一个线程进行唤醒，signalAll 与 notifyAll 一样，唤醒所有等待的线程，但这些线程被唤醒后都需要重新竞争锁，获取锁后才会从 await 调用中返回。

ReentrantLock 实现了 newCondition 方法，通过它，我们来看下条件的基本用法。我们实现与 15.3 节类似的例子 WaitThread，一个线程启动后，在执行一项操作前，等待主线程给它指令，收到指令后才执行，示例代码如代码清单 16-7 所示。

代码清单16-7 使用显式条件进行协作的示例

```java
public class WaitThread extends Thread {
    private volatile boolean fire = false;
    private Lock lock = new ReentrantLock();
    private Condition condition = lock.newCondition();
    @Override
    public void run() {
        try {
            lock.lock();
            try {
                while (!fire) {
                    condition.await();
                }
            } finally {
                lock.unlock();
            }
            System.out.println("fired");
        } catch (InterruptedException e) {
            Thread.interrupted();
        }
    }

    public void fire() {
        lock.lock();
        try {
            this.fire = true;
            condition.signal();
        } finally {
            lock.unlock();
        }
    }
    public static void main(String[] args) throws InterruptedException {
        WaitThread waitThread = new WaitThread();
        waitThread.start();
        Thread.sleep(1000);
        System.out.println("fire");
        waitThread.fire();
    }
}
```

需要特别注意的是，**不要将 signal/signalAll 与 notify/notifyAll 混淆，notify/notifyAll 是 Object 中定义的方法，Condition 对象也有，稍不注意就会误用**。比如，对上面例子中的 fire 方法，可能会写为：

```
public void fire() {
    lock.lock();
    try {
        this.fire = true;
        condition.notify();
    } finally {
        lock.unlock();
    }
}
```

写成这样，编译器不会报错，但运行时会抛出 IllegalMonitorStateException，因为 notify 的调用不在 synchronized 语句内。同样，避免将锁与 synchronized 混用，那样非常令人混淆，比如：

```
public void fire() {
    synchronized(lock){
        this.fire = true;
        condition.signal();
    }
}
```

记住，**显式条件与显式锁配合**，wait/notify 与 synchronized 配合。

16.3.2　生产者 / 消费者模式

在 15.3 节，我们用 wait/notify 实现了生产者 / 消费者模式，我们提到了 wait/notify 的一个局限，它只能有一个条件等待队列，分析等待条件也很复杂。在生产者 / 消费者模式中，其实有两个条件，一个与队列满有关，一个与队列空有关。使用显式锁，可以创建多个条件等待队列。下面，我们用显式锁 / 条件重新实现下其中的阻塞队列，如代码清单 16-8 所示。

代码清单16-8　使用显式锁/条件实现的阻塞队列

```
static class MyBlockingQueue<E> {
    private Queue<E> queue = null;
    private int limit;
    private Lock lock = new ReentrantLock();
    private Condition notFull  = lock.newCondition();
    private Condition notEmpty = lock.newCondition();
    public MyBlockingQueue(int limit) {
        this.limit = limit;
        queue = new ArrayDeque<>(limit);
    }
    public void put(E e) throws InterruptedException {
        lock.lockInterruptibly();
        try{
            while (queue.size() == limit) {
                notFull.await();
            }
```

```
            queue.add(e);
            notEmpty.signal();
        }finally{
            lock.unlock();
        }
    }
    public E take() throws InterruptedException {
        lock.lockInterruptibly();
        try{
            while(queue.isEmpty()) {
                notEmpty.await();
            }
            E e = queue.poll();
            notFull.signal();
            return e;
        }finally{
            lock.unlock();
        }
    }
}
```

上述代码定义了两个等待条件：不满（notFull）、不空（notEmpty）。在 put 方法中，如果队列满，则在 notFull 上等待；在 take 方法中，如果队列空，则在 notEmpty 上等待。put 操作后通知 notEmpty，take 操作后通知 notFull。这样，代码更为清晰易读，同时避免了不必要的唤醒和检查，提高了效率。Java 并发包中的类 ArrayBlockingQueue 就采用了类似的方式实现。

16.3.3　实现原理

理解了显式条件的概念和用法，我们来看下 ReentrantLock 是如何实现它的，其 new-Condition() 的代码为：

```
public Condition newCondition() {
    return sync.newCondition();
}
```

sync 是 ReentrantLock 的内部类对象，其 newCondition() 代码为：

```
final ConditionObject newCondition() {
    return new ConditionObject();
}
```

ConditionObject 是 AQS 中定义的一个内部类，它的实现也比较复杂，我们通过一些主要代码来简要探讨其实现原理。ConditionObject 内部也有一个队列，表示条件等待队列，其成员声明为：

```
//条件队列的头节点
private transient Node firstWaiter;
```

```
//条件队列的尾节点
private transient Node lastWaiter;
```

ConditionObject 是 AQS 的成员内部类，它可以直接访问 AQS 中的数据，比如 AQS 中定义的锁等待队列。我们看下主要方法的实现。先看 await 方法，如代码清单 16-9 所示。我们通过添加注释解释其基本思路。

代码清单16-9　await的实现代码

```java
public final void await() throws InterruptedException {
    //如果等待前中断标志位已被设置，直接抛出异常
    if(Thread.interrupted())
        throw new InterruptedException();
    //1.为当前线程创建节点，加入条件等待队列
    Node node = addConditionWaiter();
    //2.释放持有的锁
    int savedState = fullyRelease(node);
    int interruptMode = 0;
    //3.放弃CPU，进行等待，直到被中断或isOnSyncQueue变为true
    //isOnSyncQueue为true，表示节点被其他线程从条件等待队列
    //移到了外部的锁等待队列,等待的条件已满足
    while (!isOnSyncQueue(node)) {
        LockSupport.park(this);
        if((interruptMode = checkInterruptWhileWaiting(node)) != 0)
            break;
    }
    //4.重新获取锁
    if(acquireQueued(node, savedState) && interruptMode != THROW_IE)
        interruptMode = REINTERRUPT;
    if(node.nextWaiter != null) // clean up if cancelled
        unlinkCancelledWaiters();
    //5.处理中断，抛出异常或设置中断标志位
    if(interruptMode != 0)
        reportInterruptAfterWait(interruptMode);
}
```

awaitNanos 与 await 的实现是基本类似的，区别主要是会限定等待的时间，具体就不列举了。

signal 方法代码为：

```java
public final void signal() {
    //验证当前线程持有锁
    if(!isHeldExclusively())
        throw new IllegalMonitorStateException();
    //调用doSignal唤醒等待队列中第一个线程
    Node first = firstWaiter;
    if(first != null)
        doSignal(first);
}
```

doSignal 的代码就不列举了，其基本逻辑是：

1）将节点从条件等待队列移到锁等待队列；

2）调用 LockSupport.unpark 将线程唤醒。

16.3.4 小结

本节介绍了显式条件的用法和实现原理。它与显式锁配合使用，与 wait/notify 相比，可以支持多个条件队列，代码更为易读，效率更高，使用时注意不要将 signal/signalAll 误写为 notify/notifyAll。

至此，关于并发包的基础：原子变量和 CAS、显式锁和条件，就介绍完了，基于这些，Java 并发包还提供了很多更为易用的高层数据结构、工具和服务，下一章，我们介绍一些并发容器。

第 17 章

并发容器

本章，我们探讨 Java 并发包中的容器类，具体包括：

❑ 写时复制的 List 和 Set；

❑ ConcurrentHashMap；

❑ 基于 SkipList 的 Map 和 Set；

❑ 各种并发队列。

它们都有什么用？如何使用？与普通容器类相比，有哪些特点？是如何实现的？本章进行详细讨论。

17.1 写时复制的 List 和 Set

本节先介绍两个简单的类：CopyOnWriteArrayList 和 CopyOnWriteArraySet，讨论它们的用法和实现原理。它们的用法比较简单，我们需要理解的是它们的实现机制。Copy-On-Write 即写时复制，或称写时拷贝，这是解决并发问题的一种重要思路。

17.1.1 CopyOnWriteArrayList

CopyOnWriteArrayList 实现了 List 接口，它的用法与其他 List（如 ArrayList）基本是一样的。CopyOnWriteArrayList 的特点如下：

❑ 它是线程安全的，可以被多个线程并发访问；

❑ 它的迭代器不支持修改操作，但也不会抛出 ConcurrentModificationException；

❑ 它以原子方式支持一些复合操作。

我们在 15.2.3 节提到过基于 synchronized 的同步容器的几个问题。迭代时，需要对整个列表对象加锁，否则会抛出 ConcurrentModificationException，CopyOnWriteArrayList 没有这个问题，迭代时不需要加锁。

基于 synchronized 的同步容器的另一个问题是复合操作，比如先检查再更新，也需要调用方加锁，而 CopyOnWriteArrayList 直接支持两个原子方法：

```
//不存在才添加，如果添加了，返回true，否则返回false
public boolean addIfAbsent(E e)
//批量添加c中的非重复元素，不存在才添加，返回实际添加的个数
public int addAllAbsent(Collection<? extends E> c)
```

CopyOnWriteArrayList 的内部也是一个数组，但这个数组是以原子方式被整体更新的。每次修改操作，都会新建一个数组，复制原数组的内容到新数组，在新数组上进行需要的修改，然后以原子方式设置内部的数组引用，这就是写时复制。

所有的读操作，都是先拿到当前引用的数组，然后直接访问该数组。在读的过程中，可能内部的数组引用已经被修改了，但不会影响读操作，它依旧访问原数组内容。

换句话说，数组内容是只读的，写操作都是通过新建数组，然后原子性地修改数组引用来实现的。下面我们通过代码具体介绍（基于 Java 7），包括内部组成、构造方法、add 方法和 indexOf 方法。

内部数组声明为：

```
private volatile transient Object[] array;
```

注意：它声明为了 volatile，这是必需的，以保证内存可见性，即保证在写操作更改之后读操作能看到。有两个方法用来访问/设置该数组：

```
final Object[] getArray() {
    return array;
}
final void setArray(Object[] a) {
    array = a;
}
```

在 CopyOnWriteArrayList 中，读不需要锁，可以并行，读和写也可以并行，但多个线程不能同时写，每个写操作都需要先获取锁。CopyOnWriteArrayList 内部使用 ReentrantLock，成员声明为：

```
transient final ReentrantLock lock = new ReentrantLock();
```

默认构造方法为：

```
public CopyOnWriteArrayList() {
    setArray(new Object[0]);
}
```

上述代码就是设置了一个空数组。

add 方法的代码为：

```
public boolean add(E e) {
    final ReentrantLock lock = this.lock;
    lock.lock();
    try {
        Object[] elements = getArray();
        int len = elements.length;
        Object[] newElements = Arrays.copyOf(elements, len + 1);
        newElements[len] = e;
        setArray(newElements);
        return true;
    } finally {
        lock.unlock();
    }
}
```

上述代码也容易理解，add 方法是修改操作，整个过程需要被锁保护，先获取当前数组 elements，然后复制出一个长度加 1 的新数组 newElements，在新数组中添加元素，最后调用 setArray 原子性地修改内部数组引用。

查找元素 indexOf 的代码为：

```
public int indexOf(Object o) {
    Object[] elements = getArray();
    return indexOf(o, elements, 0, elements.length);
}
```

先获取当前数组 elements，然后调用另一个 indexOf 进行查找，具体代码就不列举了。这个 indexOf 方法访问的所有数据都是通过参数传递进来的，数组内容也不会被修改，不存在并发问题。

每次修改都要创建一个新数组，然后复制所有内容，这听上去是一个难以令人接受的方案，如果数组比较大，修改操作又比较频繁，可以想象，CopyOnWriteArrayList 的性能是很低的。事实确实如此，CopyOnWriteArrayList 不适用于数组很大且修改频繁的场景。它是以优化读操作为目标的，读不需要同步，性能很高，但在优化读的同时牺牲了写的性能。

之前我们介绍了保证线程安全的两种思路：一种是锁，使用 synchronized 或 Reentrant-Lock；另外一种是循环 CAS，写时复制体现了保证线程安全的另一种思路。锁和循环 CAS 都是控制对同一个资源的访问冲突，而写时复制通过复制资源减少冲突。对于绝大部分访问都是读，且有大量并发线程要求读，只有个别线程进行写，且只是偶尔写的场合，写时复制就是一种很好的解决方案。

写时复制是一种重要的思维，用于各种计算机程序中，比如操作系统内部的进程管理和内存管理。在进程管理中，子进程经常共享父进程的资源，只有在写时才复制。在内存管理中，当多个程序同时访问同一个文件时，操作系统在内存中可能只会加载一份，只有程序要写时才会复制，分配自己的内存，复制可能也不会全部复制，只会复制写的位置所在的页⊖。

17.1.2　CopyOnWriteArraySet

CopyOnWriteArraySet 实现了 Set 接口，不包含重复元素，使用比较简单，我们就不赘述了。下面，主要介绍其内部组成，以及 add 与 contains 方法的代码。CopyOnWriteArraySet 内部是通过 CopyOnWriteArrayList 实现的，其成员声明为：

```
private final CopyOnWriteArrayList<E> al;
```

在构造方法中被初始化，如：

```
public CopyOnWriteArraySet() {
    al = new CopyOnWriteArrayList<E>();
}
```

其 add 方法代码为：

```
public boolean add(E e) {
    return al.addIfAbsent(e);
}
```

add 方法就是调用了 CopyOnWriteArrayList 的 addIfAbsent 方法。

contains 方法代码为：

```
public boolean contains(Object o) {
    return al.contains(o);
}
```

由于 CopyOnWriteArraySet 是基于 CopyOnWriteArrayList 实现的，所以与之前介绍过的 Set 的实现类如 HashSet/TreeSet 相比，它的性能比较低，不适用于元素个数特别多的集合。如果元素个数比较多，可以考虑 ConcurrentHashMap 或 ConcurrentSkipListSet 这两个类，我们稍后介绍。

简单总结下，CopyOnWriteArrayList 和 CopyOnWriteArraySet 适用于读远多于写、集合不太大的场合，它们采用了写时复制，这是计算机程序中一种重要的思维和技术。

17.2　ConcurrentHashMap

本节介绍一个常用的并发容器 ConcurrentHashMap，它是 HashMap 的并发版本，与 HashMap 相比，它有如下特点：

- ❑ 并发安全；
- ❑ 直接支持一些原子复合操作；
- ❑ 支持高并发，读操作完全并行，写操作支持一定程度的并行；

⊖　页是操作系统管理内存的一个单位，具体大小与系统有关，典型大小为 4KB。

❑ 与同步容器 Collections.synchronizedMap 相比，迭代不用加锁，不会抛出 Concurre
ntModificationException；

❑ 弱一致性。

下面我们分别介绍。

17.2.1 并发安全

需要了解的是，HashMap 不是并发安全的，**在并发更新的情况下，HashMap 可能出现
死循环，占满 CPU**。我们看个例子，如代码清单 17-1 所示。

代码清单17-1 HashMap死循环示例

```
public static void unsafeConcurrentUpdate() {
    final Map<Integer, Integer> map = new HashMap<>();
    for(int i = 0; i < 1000; i++) {
        Thread t = new Thread() {
            Random rnd = new Random();
            @Override
            public void run() {
                for(int i = 0; i < 1000; i++) {
                    map.put(rnd.nextInt(), 1);
                }
            }
        };
        t.start();
    }
}
```

运行上面的代码，在笔者的计算机中，无论是 Java 7 还是 Java 8 环境，每次都会出现
死循环，占满 CPU。

为什么会出现死循环呢？死循环出现在多个线程同时扩容哈希表的时候，不是同时更
新一个链表的时候，那种情况可能会出现更新丢失，但不会死循环，具体过程比较复杂，
我们就不解释了。关于 Java 7 的解释感兴趣的读者可以参考 http://coolshell.cn/articles/9606.
html 中的文章。Java 8 对 HashMap 的实现进行了大量优化，减少了死循环的可能，但在扩
容的时候还是可能有死循环。

使用 Collections.synchronizedMap 方法可以生成一个同步容器，以避免产生死循环，替
换第一行代码即可：

```
final Map<Integer, Integer> map = Collections.synchronizedMap(
    new HashMap<Integer, Integer>());
```

同步容器有几个问题：

❑ 每个方法都需要同步，支持的并发度比较低；

❑ 对于迭代和复合操作，需要调用方加锁，使用比较麻烦，且容易忘记。

ConcurrentHashMap 没有这些问题，它同样实现了 Map 接口，也是基于哈希表实现的，上面的代码替换第一行即可：

```
final Map<Integer, Integer> map = new ConcurrentHashMap<>();
```

17.2.2 原子复合操作

除了 Map 接口，ConcurrentHashMap 还实现了一个接口 ConcurrentMap，接口定义了一些条件更新操作，Java 7 中的具体定义为：

```
public interface ConcurrentMap<K, V> extends Map<K, V> {
    //条件更新，如果Map中没有key，设置key为value，返回原来key对应的值，
    //如果没有，返回null
    V putIfAbsent(K key, V value);
    //条件删除，如果Map中有key，且对应的值为value，则删除，如果删除了，返回true，
    //否则返回false
    boolean remove(Object key, Object value);
    //条件替换，如果Map中有key，且对应的值为oldValue，则替换为newValue，
    //如果替换了，返回ture，否则false
    boolean replace(K key, V oldValue, V newValue);
    //条件替换，如果Map中有key，则替换值为value，返回原来key对应的值，
    //如果原来没有，返回null
    V replace(K key, V value);
}
```

Java 8 增加了几个默认方法，包括 getOrDefault、forEach、computeIfAbsent、merge 等，具体可参见 API 文档，我们就不介绍了。如果使用同步容器，调用方必须加锁，而 Concurrent-HashMap 将它们实现为了原子操作。实际上，使用 ConcurrentHashMap，调用方也没有办法进行加锁，它没有暴露锁接口，也不使用 synchronized。

17.2.3 高并发的基本机制

ConcurrentHashMap 是为高并发设计的，它是怎么做的呢？具体实现比较复杂，我们简要介绍其思路，在 Java 7 中，主要有两点：

❑ **分段锁**；
❑ **读不需要锁。**

同步容器使用 synchronized，所有方法竞争同一个锁；而 **ConcurrentHashMap 采用分段锁技术，将数据分为多个段，而每个段有一个独立的锁**，每一个段相当于一个独立的哈希表，分段的依据也是哈希值，无论是保存键值对还是根据键查找，都先根据键的哈希值映射到段，再在段对应的哈希表上进行操作。

采用分段锁，可以大大提高并发度，多个段之间可以并行读写。默认情况下，段是 16 个，不过，这个数字可以通过构造方法进行设置，如下所示：

```
public ConcurrentHashMap(int initialCapacity,
```

```
float loadFactor, int concurrencyLevel)
```

concurrencyLevel 表示估计的并行更新的线程个数，ConcurrentHashMap 会将该数转换为 2 的整数次幂，比如 14 转换为 16，25 转换为 32。

在对每个段的数据进行读写时，ConcurrentHashMap 也不是简单地使用锁进行同步，内部使用了 CAS。对一些写采用原子方式的方法，实现比较复杂，我们就不介绍了。实现的效果是，**对于写操作，需要获取锁，不能并行，但是读操作可以，多个读可以并行，写的同时也可以读**，这使得 ConcurrentHashMap 的并行度远高于同步容器。

Java 8 对 ConcurrentHashMap 的实现进一步做了优化。首先，与 HashMap 的改进类似，在哈希冲突比较严重的时候，会将单向链表转化为平衡的排序二叉树，提高查找的效率；其次，锁的粒度进一步细化了，以提高并行性，哈希表数组中的每个位置（指向一个单链表或树）都有一个单独的锁，具体比较复杂，我们就不介绍了。

17.2.4　迭代安全

我们在 15.2.3 节介绍过，使用同步容器，在迭代中需要加锁，否则可能会抛出 ConcurrentModificationException。ConcurrentHashMap 没有这个问题，在迭代器创建后，在迭代过程中，如果另一个线程对容器进行了修改，迭代会继续，不会抛出异常。

问题是，迭代会反映其他线程的修改吗？还是像 CopyOnWriteArrayList 一样，反映的是创建时的副本？答案是，都不是！我们看个例子，如代码清单 17-2 所示。

代码清单17-2　ConcurrentHashMap的迭代示例

```java
public class ConcurrentHashMapIteratorDemo {
    public static void test() {
        final ConcurrentHashMap<String, String> map =
                new ConcurrentHashMap<>();
        map.put("a", "abstract");
        map.put("b", "basic");
        Thread t1 = new Thread() {
            @Override
            public void run() {
                for(Entry<String, String> entry : map.entrySet()) {
                    try {
                        Thread.sleep(1000);
                    } catch (InterruptedException e) {
                    }
                    System.out.println(entry.getKey() + "," + entry.getValue());
                }
            }
        };
        t1.start();
        // 确保线程t1启动
        try {
            Thread.sleep(100);
```

```
        } catch(InterruptedException e) {
        }
        map.put("c", "call");
    }
    public static void main(String[] args) {
        test();
    }
}
```

t1 启动后，创建迭代器，但在迭代输出每个元素前，先睡眠 1 秒，主线程启动 t1 后，先睡眠一下，确保 t1 先运行，然后给 map 增加了一个元素，程序输出为：

```
a,abstract
b,basic
c,call
```

上述代码说明迭代器反映了最新的更新。将添加语句更改为：

```
map.put("g", "call");
```

会发现程序输出为：

```
a,abstract
b,basic
```

这说明迭代器没有反映最新的更新。需要说明的是，这是 Java 7 的输出，Java 8 和 Java 9 的实现不太一样，输出也不太一样，但也有相同的问题。到底是怎么回事呢？这需要我们理解 ConcurrentHashMap 的**弱一致性**。

17.2.5 弱一致性

ConcurrentHashMap 的迭代器创建后，就会按照哈希表结构遍历每个元素，但在遍历过程中，内部元素可能会发生变化，如果变化发生在已遍历过的部分，迭代器就不会反映出来，而如果变化发生在未遍历过的部分，迭代器就会发现并反映出来，这就是弱一致性。

类似的情况还会出现在 ConcurrentHashMap 的另一个方法：

```
//批量添加m中的键值对到当前Map
public void putAll(Map<? extends K, ? extends V> m)
```

该方法并非原子操作，而是调用 put 方法逐个元素进行添加的，在该方法没有结束的时候，部分修改效果就会体现出来。

17.2.6 小结

本节介绍了 ConcurrentHashMap，它是并发版的 HashMap，通过降低锁的粒度和 CAS 等实现了高并发，支持原子条件更新操作，不会抛出 ConcurrentModificationException，实现了弱一致性。

Java 中没有并发版的 HashSet，但可以通过 Collections.newSetFromMap 方法基于 ConcurrentHashMap 构建一个。

我们知道 HashMap/HashSet 基于哈希，不能对元素排序，对应的可排序的容器类是 TreeMap/TreeSet，并发包中可排序的对应版本不是基于树，而是基于 **Skip List（跳跃表）**，类分别是 ConcurrentSkipListMap 和 ConcurrentSkipListSet，它们到底是什么呢？让我们下节讨论。

17.3　基于跳表的 Map 和 Set

Java 并发包中与 TreeMap/TreeSet 对应的并发版本是 ConcurrentSkipListMap 和 ConcurrentSkipListSet，本节就来简要探讨这两个类，先介绍基本概念，然后介绍基本实现原理。

17.3.1　基本概念

我们知道，TreeSet 是基于 TreeMap 实现的，与此类似，ConcurrentSkipListSet 也是基于 ConcurrentSkipListMap 实现的，所以我们主要介绍 ConcurrentSkipListMap。

ConcurrentSkipListMap 是基于 SkipList 实现的，SkipList 称为跳跃表或跳表，是一种数据结构，稍后我们会进一步介绍。并发版本为什么采用跳表而不是树呢？原因也很简单，因为跳表更易于实现高效并发算法。ConcurrentSkipListMap 有如下特点。

1）没有使用锁，**所有操作都是无阻塞的，所有操作都可以并行，包括写**，多线程可以同时写。

2）与 ConcurrentHashMap 类似，迭代器不会抛出 ConcurrentModificationException，是弱一致的，迭代可能反映最新修改也可能不反映，一些方法如 putAll、clear 不是原子的。

3）与 ConcurrentHashMap 类似，同样实现了 ConcurrentMap 接口，支持一些原子复合操作。

4）与 TreeMap 一样，可排序，默认按键的自然顺序，也可以传递比较器自定义排序，实现了 SortedMap 和 NavigableMap 接口。

看段简单的使用代码：

```java
public static void main(String[] args) {
    Map<String, String> map = new ConcurrentSkipListMap<>(
            Collections.reverseOrder());
    map.put("a", "abstract");
    map.put("c", "call");
    map.put("b", "basic");
    System.out.println(map.toString());
}
```

程序输出为：

```
{c=call, b=basic, a=abstract}
```

表示是有序的。

我们之前介绍过 ConcurrentSkipListMap 的大部分方法，有序的方法与 TreeMap 是类似的，原子复合操作与 ConcurrentHashMap 是类似的，此处不再赘述。

需要说明的是 ConcurrentSkipListMap 的 size 方法，与大多数容器实现不同，这个方法不是常量操作，它需要遍历所有元素，复杂度为 $O(N)$，而且遍历结束后，元素个数可能已经变了。一般而言，在并发应用中，这个方法用处不大。下面我们主要介绍其基本实现原理。

17.3.2 基本实现原理

我们先来介绍跳表的结构，**跳表是基于链表的，在链表的基础上加了多层索引结构**。我们通过一个简单的例子来说明。假定容器中包含如下元素：

```
3, 6, 7, 9, 12, 17, 19, 21, 25, 26
```

对 Map 来说，这些值可以视为键。ConcurrentSkipListMap 会构造类似图 17-1 所示的跳表结构。

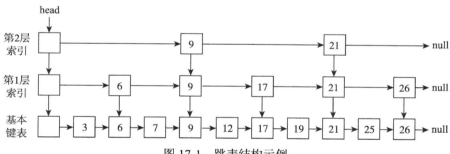

图 17-1 跳表结构示例

最下面一层就是最基本的单向链表，这个链表是有序的。虽然是有序的，但我们知道，与数组不同，链表不能根据索引直接定位，不能进行二分查找。

为了快速查找，跳表有多层索引结构，这个例子中有两层，第一层有 5 个节点，第二层有 2 个节点。**高层的索引节点一定同时是低层的索引节点**，比如 9 和 21。高层的索引节点少，低层的多。统计概率上，第一层索引节点是实际元素数的 1/2，第二层是第一层的 1/2，逐层减半，但这不是绝对的，有随机性，只是大致如此。每个索引节点有两个指针：一个向右，指向下一个同层的索引节点；另一个向下，指向下一层的索引节点或基本链表节点。

有了这个结构，就可以实现类似二分查找了。查找元素总是从最高层开始，将待查值与下一个索引节点的值进行比较，如果大于索引节点，就向右移动，继续比较，如果小于索引节点，则向下移动到下一层进行比较。图 17-2 所示的两条线展示了查找值 19 和 8 的过程。

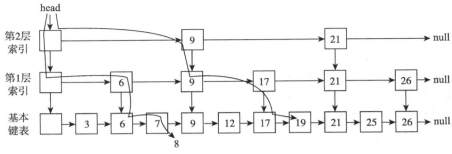

图 17-2 在跳表中查找的示例

对于值 19，查找过程是：

1）与 9 相比，大于 9；

2）向右与 21 相比，小于 21；

3）向下与 17 相比，大于 17；

4）向右与 21 相比，小于 21；

5）向下与 19 相比，找到。

对于值 8，查找过程是：

1）与 9 相比，小于 9；

2）向下与 6 相比，大于 6；

3）向右与 9 相比，小于 9；

4）向下与 7 相比，大于 7；

5）向右与 9 相比，小于 9，不能再向下，没找到。

这个结构是有序的，查找的性能与二叉树类似，复杂度是 $O(\log(N))$。不过，这个结构是如何构建起来的呢？与二叉树类似，这个结构是在更新过程中进行保持的，保存元素的基本思路是：

1）先保存到基本链表，找到待插入的位置，找到位置后，插入基本链表；

2）更新索引层。

对于索引更新，随机计算一个数，表示为该元素最高建几层索引，一层的概率为 1/2，二层的概率为 1/4，三层的概率为 1/8，以此类推。然后从最高层到最低层，在每一层，为该元素建立索引节点，建立索引节点的过程也是先查找位置，再插入。

对于删除元素，ConcurrentSkipListMap 不是直接进行真正删除，而是为了避免并发冲突，有一个复杂的标记过程，在内部遍历元素的过程中进行真正删除。

以上我们只是介绍了基本思路，为了实现并发安全、高效、无锁非阻塞，Concurrent-SkipListMap 的实现非常复杂，具体我们就不探讨了，感兴趣的读者可以参考其源码，其中提到了多篇学术论文，论文中描述了它参考的一些算法。对于常见的操作，如 get/put/remove/containsKey，ConcurrentSkipListMap 的复杂度都是 $O(\log(N))$。

上面介绍的 SkipList 结构是为了便于并发操作的，如果不需要并发，可以使用另一种更为高效的结构，数据和所有层的索引放到一个节点中，如图 17-3 所示。

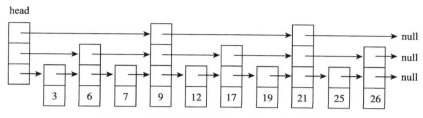

图 17-3 数据和索引都在一个节点中的跳表

对于一个元素，只有一个节点，只是每个节点的索引个数可能不同，在新建一个节点时，使用随机算法决定它的索引个数。平均而言，1/2 的元素有两个索引，1/4 的元素有三个索引，以此类推。

简单总结下，ConcurrentSkipListMap 和 ConcurrentSkipListSet 基于跳表实现，有序，无锁非阻塞，完全并行，主要操作复杂度为 $O(\log(N))$。

17.4 并发队列

本节，我们介绍 Java 并发包中的各种队列。Java 并发包提供了丰富的队列类，可以简单分为以下几种。

- ❑ **无锁非阻塞并发队列**：ConcurrentLinkedQueue 和 ConcurrentLinkedDeque。
- ❑ **普通阻塞队列**：基于数组的 ArrayBlockingQueue，基于链表的 LinkedBlockingQueue 和 LinkedBlockingDeque。
- ❑ **优先级阻塞队列**：PriorityBlockingQueue。
- ❑ **延时阻塞队列**：DelayQueue。
- ❑ **其他阻塞队列**：SynchronousQueue 和 LinkedTransferQueue。

无锁非阻塞是指，这些队列不使用锁，所有操作总是可以立即执行，主要通过循环 CAS 实现并发安全。阻塞队列是指，这些队列使用锁和条件，很多操作都需要先获取锁或满足特定条件，获取不到锁或等待条件时，会等待（即阻塞），获取到锁或条件满足再返回。

这些队列迭代都不会抛出 ConcurrentModificationException，都是弱一致的，后面就不单独强调了。下面，我们来简要介绍每类队列的用途、用法和基本实现原理。

17.4.1 无锁非阻塞并发队列

有两个无锁非阻塞队列：ConcurrentLinkedQueue 和 ConcurrentLinkedDeque，它们适用于多个线程并发使用一个队列的场合，都是基于链表实现的，都没有限制大小，是无界的，与 ConcurrentSkipListMap 类似，它们的 size 方法不是一个常量运算，不过这个方法在并发应用中用处也不大。

ConcurrentLinkedQueue 实现了 Queue 接口，表示一个先进先出的队列，从尾部入队，从头部出队，内部是一个单向链表。ConcurrentLinkedDeque 实现了 Deque 接口，表示一个双端队列，在两端都可以入队和出队，内部是一个双向链表。它们的用法类似于 Linked-List，我们就不赘述了。

这两个类最基础的原理是循环 CAS，ConcurrentLinkedQueue 的算法基于一篇论文《Simple, Fast, and Practical Non-Blocking and Blocking Concurrent Queue Algorithm》(https://www.research.ibm.com/people/m/michael/podc-1996.pdf)。ConcurrentLinkedDeque 扩展了 ConcurrentLinkedQueue 的技术，但它们的具体实现都非常复杂，我们就不探讨了。

17.4.2 普通阻塞队列

除了刚介绍的两个队列，其他队列都是阻塞队列，都实现了接口 BlockingQueue，在入队 / 出队时可能等待，主要方法有：

```
//入队，如果队列满，等待直到队列有空间
void put(E e) throws InterruptedException;
//出队，如果队列空，等待直到队列不为空，返回头部元素
E take() throws InterruptedException;
//入队，如果队列满，最多等待指定的时间，如果超时还是满，返回false
boolean offer(E e, long timeout, TimeUnit unit) throws InterruptedException;
//出队，如果队列空，最多等待指定的时间，如果超时还是空，返回null
E poll(long timeout, TimeUnit unit) throws InterruptedException;
```

普通阻塞队列是常用的队列，常用于生产者 / 消费者模式。

ArrayBlockingQueue 和 LinkedBlockingQueue 都实现了 Queue 接口，表示先进先出的队列，尾部进，头部出，而 LinkedBlockingDeque 实现了 Deque 接口，是一个双端队列。

ArrayBlockingQueue 是基于循环数组实现的，有界，创建时需要指定大小，且在运行过程中不会改变，这与我们在容器类中介绍的 ArrayDeque 是不同的，ArrayDeque 也是基于循环数组实现的，但是是无界的，会自动扩展。

LinkedBlockingQueue 是基于单向链表实现的，在创建时可以指定最大长度，也可以不指定，默认是无限的，节点都是动态创建的。LinkedBlockingDeque 与 LinkedBlocking-Queue 一样，最大长度也是在创建时可选的，默认无限，不过，它是基于双向链表实现的。

内部，它们都是使用显式锁 ReentrantLock 和显式条件 Condition 实现的。

ArrayBlockingQueue 的实现很直接，有一个数组存储元素，有两个索引表示头和尾，有一个变量表示当前元素个数，有一个锁保护所有访问，有"不满"和"不空"两个条件用于协作，实现思路与我们在 15.3.3 节实现的类似，就不赘述了。

与 ArrayBlockingQueue 类似，LinkedBlockingDeque 也是使用一个锁和两个条件，使用锁保护所有操作，使用"不满"和"不空"两个条件。LinkedBlockingQueue 稍微不同，因为它使用链表，且只从头部出队、从尾部入队，它做了一些优化，使用了两个锁，一个

保护头部，一个保护尾部，每个锁关联一个条件。

17.4.3　优先级阻塞队列

普通阻塞队列是先进先出的，而优先级队列是按优先级出队的，优先级高的先出，我们在容器类中介绍过优先级队列 PriorityQueue 及其背后的数据结构堆。Priority-BlockingQueue 是 PriorityQueue 的并发版本，与 PriorityQueue 一样，它没有大小限制，是无界的，内部的数组大小会动态扩展，要求元素要么实现 Comparable 接口，要么创建 Priority-BlockingQueue 时提供一个 Comparator 对象。

与 PriorityQueue 的区别是，PriorityBlockingQueue 实现了 BlockingQueue 接口，在队列为空时，take 方法会阻塞等待。另外，PriorityBlockingQueue 是线程安全的，它的基本实现原理与 PriorityQueue 是一样的，也是基于堆，但它使用了一个锁 ReentrantLock 保护所有访问，使用了一个条件协调阻塞等待。

17.4.4　延时阻塞队列

延时阻塞队列 DelayQueue 是一种特殊的优先级队列，它是无界的。它要求每个元素都实现 Delayed 接口，该接口的声明为：

```
public interface Delayed extends Comparable<Delayed> {
    long getDelay(TimeUnit unit);
}
```

Delayed 扩展了 Comparable 接口，也就是说，DelayQueue 的每个元素都是可比较的，它有一个额外方法 getDelay 返回一个给定时间单位 unit 的整数，表示再延迟多长时间，如果小于等于 0，则表示不再延迟。

DelayQueue 可以用于实现定时任务，它按元素的延时时间出队。它的特殊之处在于，只有当元素的延时过期之后才能被从队列中拿走，也就是说，take 方法总是返回第一个过期的元素，如果没有，则阻塞等待。

DelayQueue 是基于 PriorityQueue 实现的，它使用一个锁 ReentrantLock 保护所有访问，使用一个条件 available 表示头部是否有元素，当头部元素的延时未到时，take 操作会根据延时计算需睡眠的时间，然后睡眠，如果在此过程中有新的元素入队，且成为头部元素，则阻塞睡眠的线程会被提前唤醒然后重新检查。这是基本思路，DelayQueue 的实现有一些优化，以减少不必要的唤醒，具体我们就不探讨了。

17.4.5　其他阻塞队列

Java 并发包中还有两个特殊的阻塞队列：SynchronousQueue 和 LinkedTransferQueue。

SynchronousQueue 与一般的队列不同，它不算一种真正的队列，没有存储元素的空间，连存储一个元素的空间都没有。它的入队操作要等待另一个线程的出队操作，反之亦然。

如果没有其他线程在等待从队列中接收元素，put操作就会等待。take操作需要等待其他线程往队列中放元素，如果没有，也会等待。SynchronousQueue适用于两个线程之间直接传递信息、事件或任务。

LinkedTransferQueue实现了TransferQueue接口，TransferQueue是BlockingQueue的子接口，但增加了一些额外功能，生产者在往队列中放元素时，可以等待消费者接收后再返回，适用于一些消息传递类型的应用中。TransferQueue的接口定义为：

```
public interface TransferQueue<E> extends BlockingQueue<E> {
    //如果有消费者在等待(执行take或限时的poll)，直接转给消费者，
    //返回true，否则返回false，不入队
    boolean tryTransfer(E e);
    //如果有消费者在等待，直接转给消费者，否则入队，阻塞等待直到被消费者接收后再返回
    void transfer(E e) throws InterruptedException;
    //如果有消费者在等待，直接转给消费者，返回true
    //否则入队，阻塞等待限定的时间，如果最后被消费者接收，返回true
    boolean tryTransfer(E e, long timeout, TimeUnit unit)
        throws InterruptedException;
    //是否有消费者在等待
    boolean hasWaitingConsumer();
    //等待的消费者个数
    int getWaitingConsumerCount();
}
```

LinkedTransferQueue是基于链表实现的、无界的TransferQueue，具体实现比较复杂，我们就不探讨了。

关于Java并发包的各种容器，至此就介绍完了，在实际开发中，应该尽量使用这些现成的容器，而非"重新发明轮子"。

Java并发包中还提供了一种方便的任务执行服务，使用它，可以将要执行的并发任务与线程的管理相分离，大大简化并发任务和线程的管理，让我们下一章来探讨。

第 18 章 *Chapter 18*

异步任务执行服务

在之前的介绍中，线程 Thread 既表示要执行的任务，又表示执行的机制。Java 并发包提供了一套框架，大大简化了执行异步任务所需的开发。这套框架引入了一个"执行服务"的概念，它将"任务的提交"和"任务的执行"相分离，"执行服务"封装了任务执行的细节，对于任务提交者而言，它可以关注于任务本身，如提交任务、获取结果、取消任务，而不需要关注任务执行的细节，如线程创建、任务调度、线程关闭等。

本章我们就来探讨这套框架，具体分为 3 个小节：18.1 节介绍基本概念和原理；18.2 节介绍任务执行服务的主要实现机制：线程池；18.3 节介绍定时任务的执行服务。

18.1 基本概念和原理

下面，我们来看异步任务执行服务的基本接口、用法和实现原理。

18.1.1 基本接口

首先，我们来看任务执行服务涉及的基本接口：

❑ Runnable 和 Callable：表示要执行的异步任务。

❑ Executor 和 ExecutorService：表示执行服务。

❑ Future：表示异步任务的结果。

关于 Runnable 和 Callable，我们在前面章节都已经了解了，都表示任务，Runnable 没有返回结果，而 Callable 有，Runnable 不会抛出异常，而 Callable 会。

Executor 表示最简单的执行服务，其定义为：

```
public interface Executor {
    void execute(Runnable command);
}
```

就是可以执行一个 Runnable，没有返回结果。接口没有限定任务如何执行，可能是创建一个新线程，可能是复用线程池中的某个线程，也可能是在调用者线程中执行。

ExecutorService 扩展了 Executor，定义了更多服务，基本方法有：

```
public interface ExecutorService extends Executor {
    <T> Future<T> submit(Callable<T> task);
    <T> Future<T> submit(Runnable task, T result);
    Future<?> submit(Runnable task);
    //... 其他方法
}
```

这三个 submit 都表示提交一个任务，返回值类型都是 Future，返回后，只是表示任务已提交，不代表已执行，通过 Future 可以查询异步任务的状态、获取最终结果、取消任务等。我们知道，对于 Callable，任务最终有个返回值，而对于 Runnable 是没有返回值的；第二个提交 Runnable 的方法可以同时提供一个结果，在异步任务结束时返回；第三个方法异步任务的最终返回值为 null。

我们来看 Future 接口的定义：

```
public interface Future<V> {
    boolean cancel(boolean mayInterruptIfRunning);
    boolean isCancelled();
    boolean isDone();
    V get() throws InterruptedException, ExecutionException;
    V get(long timeout, TimeUnit unit) throws InterruptedException,
        ExecutionException, TimeoutException;
}
```

get 用于返回异步任务最终的结果，如果任务还未执行完成，会阻塞等待，另一个 get 方法可以限定阻塞等待的时间，如果超时任务还未结束，会抛出 TimeoutException。

cancel 用于取消异步任务，如果任务已完成、或已经取消、或由于某种原因不能取消，cancel 返回 false，否则返回 true。如果任务还未开始，则不再运行。但如果任务已经在运行，则不一定能取消，参数 mayInterruptIfRunning 表示，如果任务正在执行，是否调用 interrupt 方法中断线程，如果为 false 就不会，如果为 true，就会尝试中断线程，但我们从 15.4 节知道，中断不一定能取消线程。

isDone 和 isCancelled 用于查询任务状态。isCancelled 表示任务是否被取消，只要 cancel 方法返回了 true，随后的 isCancelled 方法都会返回 true，即使执行任务的线程还未真正结束。isDone 表示任务是否结束，不管什么原因都算，可能是任务正常结束，可能是任务抛出了异常，也可能是任务被取消。

我们再来看下 get 方法，任务最终大概有三种结果：

1）正常完成，get 方法会返回其执行结果，如果任务是 Runnable 且没有提供结果，返回 null。

2）任务执行抛出了异常，get 方法会将异常包装为 ExecutionException 重新抛出，通过异常的 getCause 方法可以获取原异常。

3）任务被取消了，get 方法会抛出异常 CancellationException。

如果调用 get 方法的线程被中断了，get 方法会抛出 InterruptedException。

Future 是一个重要的概念，是实现"任务的提交"与"任务的执行"相分离的关键，是其中的"纽带"，任务提交者和任务执行服务通过它隔离各自的关注点，同时进行协作。

18.1.2　基本用法

说了这么多接口，具体怎么用呢？我们看个简单的例子，如代码清单 18-1 所示。

代码清单18-1　任务执行服务的基本示例

```java
public class BasicDemo {
    static class Task implements Callable<Integer> {
        @Override
        public Integer call() throws Exception {
            int sleepSeconds = new Random().nextInt(1000);
            Thread.sleep(sleepSeconds);
            return sleepSeconds;
        }
    }
    public static void main(String[] args) throws InterruptedException {
        ExecutorService executor = Executors.newSingleThreadExecutor();
        Future<Integer> future = executor.submit(new Task());
        //模拟执行其他任务
        Thread.sleep(100);
        try {
            System.out.println(future.get());
        } catch (ExecutionException e) {
            e.printStackTrace();
        }
        executor.shutdown();
    }
}
```

我们使用工厂类 Executors 创建了一个任务执行服务。Executors 有多个静态方法，可以用来创建 ExecutorService，这里使用的是：

```java
public static ExecutorService newSingleThreadExecutor()
```

表示使用一个线程执行所有服务，后续我们会详细介绍 Executors，注意与 Executor 相区别，后者是单数，是接口。

不管 ExecutorService 是如何创建的，对使用者而言，用法都一样，例子提交了一个任务，提交后，可以继续执行其他事情，随后可以通过 Future 获取最终结果或处理任务执行的异常。

最后，我们调用了 ExecutorService 的 shutdown 方法，它会关闭任务执行服务。

前面我们只是介绍了 ExecutorService 的三个 submit 方法，其实它还有如下方法：

```
public interface ExecutorService extends Executor {
    void shutdown();
    List<Runnable> shutdownNow();
    boolean isShutdown();
    boolean isTerminated();
    boolean awaitTermination(long timeout, TimeUnit unit)
        throws InterruptedException;
    <T> List<Future<T>> invokeAll(Collection<? extends Callable<T>> tasks)
        throws InterruptedException;
    <T> List<Future<T>> invokeAll(Collection<? extends Callable<T>> tasks,
                                  long timeout, TimeUnit unit)
        throws InterruptedException;
    <T> T invokeAny(Collection<? extends Callable<T>> tasks)
        throws InterruptedException, ExecutionException;
    <T> T invokeAny(Collection<? extends Callable<T>> tasks,
                    long timeout, TimeUnit unit)
        throws InterruptedException, ExecutionException, TimeoutException;
}
```

有两个关闭方法：shutdown 和 shutdownNow。区别是，shutdown 表示不再接受新任务，但已提交的任务会继续执行，即使任务还未开始执行；shutdownNow 不仅不接受新任务，而且会终止已提交但尚未执行的任务，对于正在执行的任务，一般会调用线程的 interrupt 方法尝试中断，不过，线程可能不响应中断，shutdownNow 会返回已提交但尚未执行的任务列表。

shutdown 和 shutdownNow 不会阻塞等待，它们返回后不代表所有任务都已结束，不过 isShutdown 方法会返回 true。调用者可以通过 awaitTermination 等待所有任务结束，它可以限定等待的时间，如果超时前所有任务都结束了，即 isTerminated 方法返回 true，则返回 true，否则返回 false。

ExecutorService 有两组批量提交任务的方法：invokeAll 和 invokeAny，它们都有两个版本，其中一个限定等待时间。

invokeAll 等待所有任务完成，返回的 Future 列表中，每个 Future 的 isDone 方法都返回 true，不过 isDone 为 true 不代表任务就执行成功了，可能是被取消了。invokeAll 可以指定等待时间，如果超时后有的任务没完成，就会被取消。

而对于 invokeAny，只要有一个任务在限时内成功返回了，它就会返回该任务的结果，其他任务会被取消；如果没有任务能在限时内成功返回，抛出 TimeoutException；如果限时内所有任务都结束了，但都发生了异常，抛出 ExecutionException。

使用 ExecutorService，编写并发异步任务的代码就像写顺序程序一样，不用关心线程的创建和协调，只需要提交任务、处理结果就可以了，大大简化了开发工作。

18.1.3　基本实现原理

了解了 ExecutorService 和 Future 的基本用法，我们来看下它们的基本实现原理。

ExecutorService 的主要实现类是 ThreadPoolExecutor，它是基于线程池实现的，关于线程池我们下节再介绍。ExecutorService 有一个抽象实现类 AbstractExecutorService，本节，我们简要分析其原理，并基于它实现一个简单的 ExecutorService。Future 的主要实现类是FutureTask，我们也会简要探讨其原理。

1. AbstractExecutorService

AbstractExecutorService 提供了 submit、invokeAll 和 invokeAny 的默认实现，子类需要实现其他方法。除了 execute，其他方法都与执行服务的生命周期管理有关，简化起见，我们忽略其实现，主要考虑 execute。submit/invokeAll/invokeAny 最终都会调用 execute，execute决定了到底如何执行任务，简化起见，我们为每个任务创建一个线程。一个完整的最简单的 ExecutorService 实现类如代码清单 18-2 所示。

代码清单18-2　一个简单的ExecutorService实现类

```java
public class SimpleExecutorService extends AbstractExecutorService {
    @Override
    public void shutdown() {
    }
    @Override
    public List<Runnable> shutdownNow() {
        return null;
    }
    @Override
    public boolean isShutdown() {
        return false;
    }
    @Override
    public boolean isTerminated() {
        return false;
    }
    @Override
    public boolean awaitTermination(long timeout, TimeUnit unit)
            throws InterruptedException {
        return false;
    }
    @Override
    public void execute(Runnable command) {
        new Thread(command).start();
    }
}
```

对于前面的例子，创建 ExecutorService 的代码可以替换为：

```java
ExecutorService executor = new SimpleExecutorService();
```

可以实现相同的效果。

ExecutorService 最基本的方法是 submit，它是如何实现的呢？我们来看 AbstractExecutor-Service 的代码（基于 Java 7）：

```
public <T> Future<T> submit(Callable<T> task) {
    if(task == null) throw new NullPointerException();
    RunnableFuture<T> ftask = newTaskFor(task);
    execute(ftask);
    return ftask;
}
```

它调用 newTaskFor 生成了一个 RunnableFuture，RunnableFuture 是一个接口，既扩展了 Runnable，又扩展了 Future，没有定义新方法，作为 Runnable，它表示要执行的任务，传递给 execute 方法进行执行，作为 Future，它又表示任务执行的异步结果。这可能令人混淆，我们来看具体代码：

```
protected <T> RunnableFuture<T> newTaskFor(Callable<T> callable) {
    return new FutureTask<T>(callable);
}
```

就是创建了一个 FutureTask 对象，FutureTask 实现了 RunnableFuture 接口。它是怎么实现的呢？我们接下来看（基于 Java 7）。

2. FutureTask

它有一个成员变量表示待执行的任务，声明为：

```
private Callable<V> callable;
```

有个整数变量 state 表示状态，声明为：

```
private volatile int state;
```

取值可能为：

```
NEW         = 0;  //刚开始的状态，或任务在运行
COMPLETING  = 1;  //临时状态，任务即将结束，在设置结果
NORMAL      = 2;  //任务正常执行完成
EXCEPTIONAL = 3;  //任务执行抛出异常结束
CANCELLED   = 4;  //任务被取消
INTERRUPTING = 5; //任务在被中断
INTERRUPTED = 6;  //任务被中断
```

有个变量表示最终的执行结果或异常，声明为：

```
private Object outcome;
```

有个变量表示运行任务的线程：

```
private volatile Thread runner;
```

还有个单向链表表示等待任务执行结果的线程：

```
private volatile WaitNode waiters;
```

FutureTask 的构造方法会初始化 callable 和状态，如果 FutureTask 接受的是一个 Runnable 对象，它会调用 Executors.callable 转换为 Callable 对象，如下所示：

```
public FutureTask(Runnable runnable, V result) {
    this.callable = Executors.callable(runnable, result);
    this.state = NEW;          //ensure visibility of callable
}
```

任务执行服务会使用一个线程执行 FutureTask 的 run 方法。run 方法的代码为：

```
public void run() {
    if(state != NEW ||
        !UNSAFE.compareAndSwapObject(this, runnerOffset,
                                      null, Thread.currentThread()))
        return;
    try {
        Callable<V> c = callable;
        if(c != null && state == NEW) {
            V result;
            boolean ran;
            try {
                result = c.call();
                ran = true;
            } catch (Throwable ex) {
                result = null;
                ran = false;
                setException(ex);
            }
            if(ran)
                set(result);
        }
    } finally {
        //runner must be non-null until state is settled to
        //prevent concurrent calls to run()
        runner = null;
        //state must be re-read after nulling runner to prevent
        //leaked interrupts
        int s = state;
        if(s >= INTERRUPTING)
            handlePossibleCancellationInterrupt(s);
    }
}
```

其基本逻辑是：

1）调用 callable 的 call 方法，捕获任何异常；

2）如果正常执行完成，调用 set 设置结果，保存到 outcome；

3）如果执行过程发生异常，调用 setException 设置异常，异常也是保存到 outcome，但状态不一样；

4）set 和 setException 除了设置结果、修改状态外，还会调用 finishCompletion，它会唤醒所有等待结果的线程。

对于任务提交者，它通过 get 方法获取结果，限时 get 方法的代码为：

```
public V get(long timeout, TimeUnit unit)
    throws InterruptedException, ExecutionException, TimeoutException {
    if(unit == null)
        throw new NullPointerException();
    int s = state;
    if(s <= COMPLETING &&
        (s = awaitDone(true, unit.toNanos(timeout))) <= COMPLETING)
        throw new TimeoutException();
    return report(s);
}
```

其基本逻辑是：如果任务还未执行完毕，就等待，最后调用 report 报告结果，report 根据状态返回结果或抛出异常，代码为：

```
private V report(int s) throws ExecutionException {
    Object x = outcome;
    if(s == NORMAL)
        return (V)x;
    if(s >= CANCELLED)
        throw new CancellationException();
    throw new ExecutionException((Throwable)x);
}
```

cancel 方法的代码为：

```
public boolean cancel(boolean mayInterruptIfRunning) {
    if(state != NEW)
        return false;
    if(mayInterruptIfRunning) {
        if(!UNSAFE.compareAndSwapInt(this, stateOffset, NEW, INTERRUPTING))
            return false;
        Thread t = runner;
        if(t != null)
            t.interrupt();
        UNSAFE.putOrderedInt(this, stateOffset, INTERRUPTED); // final state
    }
    else if(!UNSAFE.compareAndSwapInt(this, stateOffset, NEW, CANCELLED))
        return false;
    finishCompletion();
    return true;
}
```

其基本逻辑为：

❑ 如果任务已结束或取消，返回 false；

❑ 如果 mayInterruptIfRunning 为 true，调用 interrupt 中断线程，设置状态为 INTERRUPTED；

   ❑ 如果 mayInterruptIfRunning 为 false，设置状态为 CANCELLED；

   ❑ 调用 finishCompletion 唤醒所有等待结果的线程。

18.1.4　小结

本节介绍了 Java 并发包中任务执行服务的基本概念和原理，**该服务体现了并发异步开发中"关注点分离"的思想，使用者只需要通过 ExecutorService 提交任务，通过 Future 操作任务和结果即可，不需要关注线程创建和协调的细节。**

本节主要介绍了 AbstractExecutorService 和 FutureTask 的基本原理，实现了一个最简单的执行服务 SimpleExecutorService，对每个任务创建一个单独的线程。实际中，最经常使用的执行服务是基于线程池实现的 ThreadPoolExecutor，让我们下一节来探讨。

18.2　线程池

线程池是并发程序中一个非常重要的概念和技术。线程池，顾名思义，就是一个线程的池子，里面有若干线程，它们的目的就是执行提交给线程池的任务，执行完一个任务后不会退出，而是继续等待或执行新任务。线程池主要由两个概念组成：一个是**任务队列**；另一个是**工作者线程**。工作者线程主体就是一个循环，循环从队列中接受任务并执行，任务队列保存待执行的任务。

线程池的概念类似于生活中的一些排队场景，比如在医院排队挂号、在银行排队办理业务等，一般都由若干窗口提供服务，这些服务窗口类似于工作者线程；队列的概念是类似的，只是在现实场景中，每个窗口经常有一个单独的队列，这种排队难以公平，随着信息化的发展，越来越多的排队场合使用虚拟的统一队列，一般都是先拿一个排队号，然后按号依次服务。

线程池的优点是显而易见的：

   ❑ 它可以重用线程，避免线程创建的开销。

   ❑ 任务过多时，通过排队避免创建过多线程，减少系统资源消耗和竞争，确保任务有序完成。

Java 并发包中线程池的实现类是 ThreadPoolExecutor，它继承自 AbstractExecutorService，实现了 ExecutorService，基本用法与上节介绍的类似，我们就不赘述了。不过，ThreadPoolExecutor 有一些重要的参数，理解这些参数对于合理使用线程池非常重要，接下来，我们探讨这些参数。

18.2.1　理解线程池

先来看 ThreadPoolExecutor 的构造方法。ThreadPoolExecutor 有多个构造方法，都需要一些参数，主要构造方法有：

```
public ThreadPoolExecutor(int corePoolSize, int maximumPoolSize,
    long keepAliveTime, TimeUnit unit, BlockingQueue<Runnable> workQueue)
public ThreadPoolExecutor(int corePoolSize, int maximumPoolSize,
    long keepAliveTime, TimeUnit unit, BlockingQueue<Runnable> workQueue,
    ThreadFactory threadFactory, RejectedExecutionHandler handler)
```

第二个构造方法多了两个参数 threadFactory 和 handler，这两个参数一般不需要，第一个构造方法会设置默认值。参数 corePoolSize、maximumPoolSize、keepAliveTime、unit 用于控制线程池中线程的个数，workQueue 表示任务队列，threadFactory 用于对创建的线程进行一些配置，handler 表示任务拒绝策略。下面我们详细探讨下这些参数。

1. 线程池大小

线程池的大小主要与 4 个参数有关：

- ❑ corePoolSize：核心线程个数。
- ❑ maximumPoolSize：最大线程个数。
- ❑ keepAliveTime 和 unit：空闲线程存活时间。

maximumPoolSize 表示线程池中的最多线程数，线程的个数会动态变化，但这是最大值，不管有多少任务，都不会创建比这个值大的线程个数。corePoolSize 表示线程池中的核心线程个数，不过，并不是一开始就创建这么多线程，刚创建一个线程池后，实际上并不会创建任何线程。

一般情况下，有新任务到来的时候，如果当前线程个数小于 corePoolSize，就会创建一个新线程来执行该任务，需要说明的是，即使其他线程现在也是空闲的，也会创建新线程。不过，如果线程个数大于等于 corePoolSize，那就不会立即创建新线程了，它会先尝试排队，需要强调的是，它是"尝试"排队，而不是"阻塞等待"入队，如果队列满了或其他原因不能立即入队，它就不会排队，而是检查线程个数是否达到了 maximumPoolSize，如果没有，就会继续创建线程，直到线程数达到 maximumPoolSize。

keepAliveTime 的目的是为了释放多余的线程资源，它表示，当线程池中的线程个数大于 corePoolSize 时额外空闲线程的存活时间。也就是说，一个非核心线程，在空闲等待新任务时，会有一个最长等待时间，即 keepAliveTime，如果到了时间还是没有新任务，就会被终止。如果该值为 0，则表示所有线程都不会超时终止。

这几个参数除了可以在构造方法中进行指定外，还可以通过 getter/setter 方法进行查看和修改。

除了这些静态参数，ThreadPoolExecutor 还可以查看关于线程和任务数的一些动态数字：

```
//返回当前线程个数
public int getPoolSize()
//返回线程池曾经达到过的最大线程个数
public int getLargestPoolSize()
//返回线程池自创建以来所有已完成的任务数
public long getCompletedTaskCount()
```

```
//返回所有任务数，包括所有已完成的加上所有排队待执行的
public long getTaskCount()
```

2. 队列

ThreadPoolExecutor 要求的队列类型是阻塞队列 BlockingQueue，我们在 17.4 节介绍过多种 BlockingQueue，它们都可以用作线程池的队列，比如：

- ❏ LinkedBlockingQueue：基于链表的阻塞队列，可以指定最大长度，但默认是无界的。
- ❏ ArrayBlockingQueue：基于数组的有界阻塞队列。
- ❏ PriorityBlockingQueue：基于堆的无界阻塞优先级队列。
- ❏ SynchronousQueue：没有实际存储空间的同步阻塞队列。

如果用的是无界队列，需要强调的是，线程个数最多只能达到 corePoolSize，到达 core-PoolSize 后，新的任务总会排队，参数 maximumPoolSize 也就没有意义了。

对于 SynchronousQueue，我们知道，它没有实际存储元素的空间，当尝试排队时，只有正好有空闲线程在等待接受任务时，才会入队成功，否则，总是会创建新线程，直到达到maximumPoolSize。

3. 任务拒绝策略

如果队列有界，且 maximumPoolSize 有限，则当队列排满，线程个数也达到了 maximumPoolSize，这时，新任务来了，如何处理呢？此时，会触发线程池的任务拒绝策略。

默认情况下，提交任务的方法（如 execute/submit/invokeAll 等）会抛出异常，类型为RejectedExecutionException。

不过，拒绝策略是可以自定义的，ThreadPoolExecutor 实现了 4 种处理方式。

1）ThreadPoolExecutor.AbortPolicy：这就是默认的方式，抛出异常。

2）ThreadPoolExecutor.DiscardPolicy：静默处理，忽略新任务，不抛出异常，也不执行。

3）ThreadPoolExecutor.DiscardOldestPolicy：将等待时间最长的任务扔掉，然后自己排队。

4）ThreadPoolExecutor.CallerRunsPolicy：在任务提交者线程中执行任务，而不是交给线程池中的线程执行。

它们都是 ThreadPoolExecutor 的 public 静态内部类，都实现了 RejectedExecutionHandler接口，这个接口的定义为：

```
public interface RejectedExecutionHandler {
    void rejectedExecution(Runnable r, ThreadPoolExecutor executor);
}
```

当线程池不能接受任务时，调用其拒绝策略的 rejectedExecution 方法。

拒绝策略可以在构造方法中进行指定，也可以通过如下方法进行指定：

```
public void setRejectedExecutionHandler(RejectedExecutionHandler handler)
```

默认的 RejectedExecutionHandler 是一个 AbortPolicy 实例，如下所示：

```
private static final RejectedExecutionHandler defaultHandler =
    new AbortPolicy();
```

而 AbortPolicy 的 rejectedExecution 实现就是抛出异常，如下所示：

```
public void rejectedExecution(Runnable r, ThreadPoolExecutor e) {
    throw new RejectedExecutionException("Task " + r.toString() +
                            " rejected from " + e.toString());
}
```

我们需要强调下，拒绝策略只有在队列有界，且 maximumPoolSize 有限的情况下才会触发。如果队列无界，服务不了的任务总是会排队，但这不一定是期望的结果，因为请求处理队列可能会消耗非常大的内存，甚至引发内存不够的异常。如果队列有界但 maximumPoolSize 无限，可能会创建过多的线程，占满 CPU 和内存，使得任何任务都难以完成。所以，在任务量非常大的场景中，让拒绝策略有机会执行是保证系统稳定运行很重要的方面。

4. 线程工厂

线程池还可以接受一个参数：ThreadFactory。它是一个接口，定义为：

```
public interface ThreadFactory {
    Thread newThread(Runnable r);
}
```

这个接口根据 Runnable 创建一个 Thread，ThreadPoolExecutor 的默认实现是 Executors 类中的静态内部类 DefaultThreadFactory，主要就是创建一个线程，给线程设置一个名称，设置 daemon 属性为 false，设置线程优先级为标准默认优先级，线程名称的格式为：pool-< 线程池编号 >-thread-< 线程编号 >。如果需要自定义一些线程的属性，比如名称，可以实现自定义的 ThreadFactory。

5. 关于核心线程的特殊配置

线程个数小于等于 corePoolSize 时，我们称这些线程为核心线程，默认情况下。

❑ 核心线程不会预先创建，只有当有任务时才会创建。

❑ 核心线程不会因为空闲而被终止，keepAliveTime 参数不适用于它。

不过，ThreadPoolExecutor 有如下方法，可以改变这个默认行为。

```
//预先创建所有的核心线程
public int prestartAllCoreThreads()
//创建一个核心线程，如果所有核心线程都已创建，则返回false
public boolean prestartCoreThread()
//如果参数为true，则keepAliveTime参数也适用于核心线程
public void allowCoreThreadTimeOut(boolean value)
```

18.2.2 工厂类 Executors

类 Executors 提供了一些静态工厂方法，可以方便地创建一些预配置的线程池，主要方法有：

```
public static ExecutorService newSingleThreadExecutor()
public static ExecutorService newFixedThreadPool(int nThreads)
public static ExecutorService newCachedThreadPool()
```

newSingleThreadExecutor 基本相当于调用：

```
public static ExecutorService newSingleThreadExecutor() {
    return new ThreadPoolExecutor(1, 1, 0L, TimeUnit.MILLISECONDS,
                                new LinkedBlockingQueue<Runnable>());
}
```

只使用一个线程，使用无界队列 LinkedBlockingQueue，线程创建后不会超时终止，该线程顺序执行所有任务。该线程池适用于需要确保所有任务被顺序执行的场合。

newFixedThreadPool 的代码为：

```
public static ExecutorService newFixedThreadPool(int nThreads) {
    return new ThreadPoolExecutor(nThreads, nThreads, 0L,
                TimeUnit.MILLISECONDS, new LinkedBlockingQueue<Runnable>());
}
```

使用固定数目的 n 个线程，使用无界队列 LinkedBlockingQueue，线程创建后不会超时终止。和 newSingleThreadExecutor 一样，由于是无界队列，如果排队任务过多，可能会消耗过多的内存。

newCachedThreadPool 的代码为：

```
public static ExecutorService newCachedThreadPool() {
    return new ThreadPoolExecutor(0, Integer.MAX_VALUE, 60L,
                TimeUnit.SECONDS, new SynchronousQueue<Runnable>());
}
```

它的 corePoolSize 为 0，maximumPoolSize 为 Integer.MAX_VALUE，keepAliveTime 是 60 秒，队列为 SynchronousQueue。它的含义是：当新任务到来时，如果正好有空闲线程在等待任务，则其中一个空闲线程接受该任务，否则就总是创建一个新线程，创建的总线程个数不受限制，对任一空闲线程，如果 60 秒内没有新任务，就终止。

实际中，应该使用 newFixedThreadPool 还是 newCachedThreadPool 呢？

在系统负载很高的情况下，newFixedThreadPool 可以通过队列对新任务排队，保证有足够的资源处理实际的任务，而 newCachedThreadPool 会为每个任务创建一个线程，导致创建过多的线程竞争 CPU 和内存资源，使得任何实际任务都难以完成，这时，newFixedThreadPool 更为适用。

不过，如果系统负载不太高，单个任务的执行时间也比较短，newCachedThreadPool 的效率可能更高，因为任务可以不经排队，直接交给某一个空闲线程。

在系统负载可能极高的情况下，两者都不是好的选择，newFixedThreadPool 的问题是队列过长，而 newCachedThreadPool 的问题是线程过多，这时，应根据具体情况自定义 ThreadPoolExecutor，传递合适的参数。

18.2.3 线程池的死锁

关于提交给线程池的任务，我们需要注意一种情况，就是任务之间有依赖，这种情况可能会出现死锁。比如任务 A，在它的执行过程中，它给同样的任务执行服务提交了一个任务 B，但需要等待任务 B 结束。

如果任务 A 是提交给了一个单线程线程池，一定会出现死锁，A 在等待 B 的结果，而 B 在队列中等待被调度。如果是提交给了一个限定线程个数的线程池，也有可能因线程数限制出现死锁。

怎么解决这种问题呢？可以使用 newCachedThreadPool 创建线程池，让线程数不受限制。另一个解决方法是使用 SynchronousQueue，它可以避免死锁，怎么做到的呢？对于普通队列，入队只是把任务放到了队列中，而对于 SynchronousQueue 来说，入队成功就意味着已有线程接受处理，如果入队失败，可以创建更多线程直到 maximumPoolSize，如果达到了 maximumPoolSize，会触发拒绝机制，不管怎么样，都不会死锁。

18.2.4 小结

本节介绍了线程池的基本概念，详细探讨了其主要参数的含义，理解这些参数对于合理使用线程池是非常重要的，对于相互依赖的任务，需要注意避免出现死锁。

ThreadPoolExecutor 实现了生产者 / 消费者模式，工作者线程就是消费者，任务提交者就是生产者，线程池自己维护任务队列。当我们碰到类似生产者 / 消费者问题时，应该优先考虑直接使用线程池，而非"重新发明轮子"，自己管理和维护消费者线程及任务队列。

18.3 定时任务的那些陷阱

本节探讨定时任务，定时任务的应用场景是非常多的，比如：

❏ 闹钟程序或任务提醒，指定时间叫床或在指定日期提醒还信用卡。
❏ 监控系统，每隔一段时间采集下系统数据，对异常事件报警。
❏ 统计系统，一般凌晨一定时间统计昨日的各种数据指标。

在 Java 中，主要有两种方式实现定时任务：

❏ 使用 java.util 包中的 Timer 和 TimerTask。
❏ 使用 Java 并发包中的 ScheduledExecutorService。

它们的基本用法都是比较简单的，但如果对它们没有足够的了解，则很容易陷入其中的一些陷阱。下面，我们就来介绍它们的用法、原理以及那些陷阱。

18.3.1 Timer 和 TimerTask

我们先介绍它们的基本用法和示例，然后介绍它们的实现原理和一些注意事项。

1. 基本用法

TimerTask 表示一个定时任务，它是一个抽象类，实现了 Runnable，具体的定时任务需要继承该类，实现 run 方法。Timer 是一个具体类，它负责定时任务的调度和执行，主要方法有：

```
//在指定绝对时间time运行任务task
public void schedule(TimerTask task, Date time)
//在当前时间延时delay毫秒后运行任务task
public void schedule(TimerTask task, long delay)
//固定延时重复执行，第一次计划执行时间为firstTime,
//后一次的计划执行时间为前一次"实际"执行时间加上period
public void schedule(TimerTask task, Date firstTime, long period)
//同样是固定延时重复执行，第一次执行时间为当前时间加上delay
public void schedule(TimerTask task, long delay, long period)
//固定频率重复执行，第一次计划执行时间为firstTime,
//后一次的计划执行时间为前一次"计划"执行时间加上period
public void scheduleAtFixedRate(TimerTask task, Date firstTime, long period)
//同样是固定频率重复执行，第一次计划执行时间为当前时间加上delay
public void scheduleAtFixedRate(TimerTask task, long delay, long period)
```

需要注意固定延时（fixed-delay）与固定频率（fixed-rate）的区别，二者都是重复执行，但后一次任务执行相对的时间是不一样的，对于**固定延时，它是基于上次任务的"实际"执行时间来算的，如果由于某种原因，上次任务延时了，则本次任务也会延时，而固定频率会尽量补够运行次数。**

另外，需要注意的是，如果第一次计划执行的时间 firstTime 是一个过去的时间，则任务会立即运行，对于固定延时的任务，下次任务会基于第一次执行时间计算，而对于固定频率的任务，则会从 firstTime 开始算，有可能加上 period 后还是一个过去时间，从而连续运行很多次，直到时间超过当前时间。我们通过一些简单的例子具体来看下。

2. 基本示例

看一个最简单的例子，如代码清单 18-3 所示。

代码清单18-3　Timer基本示例

```java
public class BasicTimer {
    static class DelayTask extends TimerTask {
        @Override
        public void run() {
            System.out.println("delayed task");
        }
    }
    public static void main(String[] args) throws InterruptedException {
        Timer timer = new Timer();
        timer.schedule(new DelayTask(), 1000);
        Thread.sleep(2000);
        timer.cancel();
    }
}
```

创建一个 Timer 对象，1 秒钟后运行 DelayTask，最后调用 Timer 的 cancel 方法取消所有定时任务。

看一个固定延时的简单例子，如代码清单 18-4 所示。

代码清单18-4　Timer固定延时示例

```java
public class TimerFixedDelay {
    static class LongRunningTask extends TimerTask {
        @Override
        public void run() {
            try {
                Thread.sleep(5000);
            } catch (InterruptedException e) {
            }
            System.out.println("long running finished");
        }
    }
    static class FixedDelayTask extends TimerTask {
        @Override
        public void run() {
            System.out.println(System.currentTimeMillis());
        }
    }
    public static void main(String[] args) throws InterruptedException {
        Timer timer = new Timer();
        timer.schedule(new LongRunningTask(), 10);
        timer.schedule(new FixedDelayTask(), 100, 1000);
    }
}
```

有两个定时任务，第一个运行一次，但耗时 5 秒，第二个是重复执行，1 秒一次，第一个先运行。运行该程序，会发现，第二个任务只有在第一个任务运行结束后才会开始运行，运行后 1 秒一次。如果替换上面的代码为固定频率，即变为代码清单 18-5 所示。

代码清单18-5　Timer固定频率示例

```java
public class TimerFixedRate {
    static class LongRunningTask extends TimerTask {
        //省略,与代码清单18-4一样
    }
    static class FixedRateTask extends TimerTask {
        //省略,与代码清单18-4一样
    }
    public static void main(String[] args) throws InterruptedException {
        Timer timer = new Timer();
        timer.schedule(new LongRunningTask(), 10);
        timer.scheduleAtFixedRate(new FixedRateTask(), 100, 1000);
    }
}
```

运行该程序，第二个任务同样只有在第一个任务运行结束后才会运行，但它会把之前没有运行的次数补过来，一下子运行 5 次，输出类似下面这样：

```
long running finished
1489467662330
1489467662330
1489467662330
1489467662330
1489467662330
1489467662419
```

3. 基本原理

Timer 内部主要由任务队列和 Timer 线程两部分组成。任务队列是一个基于堆实现的优先级队列，按照下次执行的时间排优先级。Timer 线程负责执行所有的定时任务，**需要强调的是，一个 Timer 对象只有一个 Timer 线程**，所以，对于上面的例子，任务会被延迟。

Timer 线程主体是一个循环，从队列中获取任务，如果队列中有任务且计划执行时间小于等于当前时间，就执行它，如果队列中没有任务或第一个任务延时还没到，就睡眠。如果睡眠过程中队列上添加了新任务且新任务是第一个任务，Timer 线程会被唤醒，重新进行检查。

在执行任务之前，Timer 线程判断任务是否为周期任务，如果是，就设置下次执行的时间并添加到优先级队列中，对于固定延时的任务，下次执行时间为当前时间加上 period，对于固定频率的任务，下次执行时间为**上次计划执行时间**加上 period。

需要强调是，下次任务的计划是在执行当前任务之前就做出了的，**对于固定延时的任务，延时相对的是任务执行前的当前时间**，而不是任务执行后，这与后面讲到的 ScheduledExecutorService 的固定延时计算方法是不同的，后者的计算方法更合乎一般的期望。**对于固定频率的任务，延时相对的是最先的计划**，所以，很有可能会出现前面例子中一下子执行很多次任务的情况。

4. 死循环

一个 Timer 对象只有一个 Timer 线程，这意味着，**定时任务不能耗时太长，更不能是无限循环**。看个例子，如代码清单 18-6 所示。

代码清单18-6　Timer死循环示例

```java
public class EndlessLoopTimer {
    static class LoopTask extends TimerTask {
        @Override
        public void run() {
            while (true) {
                try {
                    //模拟执行任务
                    Thread.sleep(1000);
                } catch (InterruptedException e) {
                    e.printStackTrace();
```

```
                    }
                }
            }
        }
        //永远也没有机会执行
        static class ExampleTask extends TimerTask {
            @Override
            public void run() {
                System.out.println("hello");
            }
        }
        public static void main(String[] args) throws InterruptedException {
            Timer timer = new Timer();
            timer.schedule(new LoopTask(), 10);
            timer.schedule(new ExampleTask(), 100);
        }
    }
```

第一个定时任务是一个无限循环，其后的定时任务 ExampleTask 将永远没有机会执行。

5. 异常处理

关于 Timer 线程，还需要强调非常重要的一点：在执行任何一个任务的 run 方法时，一旦 run 抛出异常，Timer 线程就会退出，从而所有定时任务都会被取消。我们看个简单的示例，如代码清单 18-7 所示。

代码清单18-7　Timer异常示例

```
public class TimerException {
    static class TaskA extends TimerTask {
        @Override
        public void run() {
            System.out.println("task A");
        }
    }
    static class TaskB extends TimerTask {
        @Override
        public void run() {
            System.out.println("task B");
            throw new RuntimeException();
        }
    }
    public static void main(String[] args) throws InterruptedException {
        Timer timer = new Timer();
        timer.schedule(new TaskA(), 1, 1000);
        timer.schedule(new TaskB(), 2000, 1000);
    }
}
```

期望 TaskA 每秒执行一次，但 TaskB 会抛出异常，导致整个定时任务被取消，程序终止，屏幕输出为：

```
task A
task A
task B
Exception in thread "Timer-0" java.lang.RuntimeException
    at laoma.demo.timer.TimerException$TaskB.run(TimerException.java:21)
    at java.util.TimerThread.mainLoop(Timer.java:555)
    at java.util.TimerThread.run(Timer.java:505)
```

所以，如果希望各个定时任务不互相干扰，**一定要在 run 方法内捕获所有异常**。

6. 小结

可以看到，Timer/TimerTask 的基本使用是比较简单的，但我们需要注意：

❏ 后台只有一个线程在运行；

❏ 固定频率的任务被延迟后，可能会立即执行多次，将次数补够；

❏ 固定延时任务的延时相对的是任务执行前的时间；

❏ 不要在定时任务中使用无限循环；

❏ 一个定时任务的未处理异常会导致所有定时任务被取消。

18.3.2 ScheduledExecutorService

由于 Timer/TimerTask 的一些问题，Java 并发包引入了 ScheduledExecutorService，下面我们介绍它的基本用法、基本示例和基本原理。

1. 基本用法

ScheduledExecutorService 是一个接口，其定义为：

```
public interface ScheduledExecutorService extends ExecutorService {
    //单次执行，在指定延时delay后运行command
    public ScheduledFuture<?> schedule(Runnable command, long delay,
        TimeUnit unit);
    //单次执行，在指定延时delay后运行callable
    public <V> ScheduledFuture<V> schedule(Callable<V> callable, long delay,
        TimeUnit unit);
    //固定频率重复执行
    public ScheduledFuture<?> scheduleAtFixedRate(Runnable command,
        long initialDelay, long period, TimeUnit unit);
    //固定延时重复执行
    public ScheduledFuture<?> scheduleWithFixedDelay(Runnable command,
    long initialDelay, long delay, TimeUnit unit);
}
```

它们的返回类型都是 ScheduledFuture，它是一个接口，扩展了 Future 和 Delayed，没有定义额外方法。这些方法的大部分语义与 Timer 中的基本是类似的。对于固定频率的任务，第一次执行时间为 initialDelay 后，第二次为 initialDelay+period，第三次为 initial-

Delay+2*period，以此类推。不过，**对于固定延时的任务，它是从任务执行后开始算的**，第一次为 initialDelay 后，第二次为第一次任务执行结束后再加上 delay。与 Timer 不同，它不支持以绝对时间作为首次运行的时间。

ScheduledExecutorService 的主要实现类是 ScheduledThreadPoolExecutor，它是线程池 ThreadPoolExecutor 的子类，是基于线程池实现的，它的主要构造方法是：

```
public ScheduledThreadPoolExecutor(int corePoolSize)
```

此外，还有构造方法可以接受参数 ThreadFactory 和 RejectedExecutionHandler，含义与 ThreadPoolExecutor 一样，我们就不赘述了。

它的任务队列是一个无界的优先级队列，所以最大线程数对它没有作用，即使 core-PoolSize 设为 0，它也会至少运行一个线程。

工厂类 Executors 也提供了一些方便的方法，以方便创建 ScheduledThreadPoolExecutor，如下所示：

```
//单线程的定时任务执行服务
public static ScheduledExecutorService newSingleThreadScheduledExecutor()
public static ScheduledExecutorService newSingleThreadScheduledExecutor(
    ThreadFactory threadFactory)
//多线程的定时任务执行服务
public static ScheduledExecutorService newScheduledThreadPool(
    int corePoolSize)
public static ScheduledExecutorService newScheduledThreadPool(
    int corePoolSize, ThreadFactory threadFactory)
```

2. 基本示例

由于可以有多个线程执行定时任务，一般任务就不会被某个长时间运行的任务所延迟了。比如，对于代码清单 18-4 所示的 TimerFixedDelay，如果改为代码清单 18-8 所示：

代码清单18-8　多线程的定时任务执行服务示例

```
public class ScheduledFixedDelay {
    static class LongRunningTask implements Runnable {
        //省略，与代码清单18-4一样
    }
    static class FixedDelayTask implements Runnable {
        //省略，与代码清单18-4一样
    }
    public static void main(String[] args) throws InterruptedException {
        ScheduledExecutorService timer = Executors
                .newScheduledThreadPool(10);
        timer.schedule(new LongRunningTask(), 10, TimeUnit.MILLISECONDS);
        timer.scheduleWithFixedDelay(new FixedDelayTask(), 100, 1000,
                TimeUnit.MILLISECONDS);
    }
}
```

再次执行，第二个任务就不会被第一个任务延迟了。

另外，与 Timer 不同，单个定时任务的异常不会再导致整个定时任务被取消，即使后台只有一个线程执行任务。我们看个例子，如代码清单 18-9 所示。

代码清单18-9　ScheduledExecutorService异常示例

```
public class ScheduledException {
    static class TaskA implements Runnable {
        @Override
        public void run() {
            System.out.println("task A");
        }
    }
    static class TaskB implements Runnable {
        @Override
        public void run() {
            System.out.println("task B");
            throw new RuntimeException();
        }
    }
    public static void main(String[] args) throws InterruptedException {
        ScheduledExecutorService timer = Executors
                .newSingleThreadScheduledExecutor();
        timer.scheduleWithFixedDelay(new TaskA(), 0, 1, TimeUnit.SECONDS);
        timer.scheduleWithFixedDelay(new TaskB(), 2, 1, TimeUnit.SECONDS);
    }
}
```

TaskA 和 TaskB 都是每秒执行一次，TaskB 两秒后执行，但一执行就抛出异常，屏幕的输出类似如下：

```
task A
task A
task B
task A
task A
...
```

这说明，定时任务 TaskB 被取消了，但 TaskA 不受影响，即使它们是由同一个线程执行的。不过，**需要强调的是，与 Timer 不同，没有异常被抛出，TaskB 的异常没有在任何地方体现。所以，与 Timer 中的任务类似，应该捕获所有异常。**

3. 基本原理

ScheduledThreadPoolExecutor 的实现思路与 Timer 基本是类似的，都有一个基于堆的优先级队列，保存待执行的定时任务，它的主要不同是：

1）它的背后是线程池，可以有多个线程执行任务。

2）它在任务执行后再设置下次执行的时间，对于固定延时的任务更为合理。

3）任务执行线程会捕获任务执行过程中的所有异常，一个定时任务的异常不会影响其他定时任务，不过，发生异常的任务（即使是一个重复任务）不会再被调度。

18.3.3 小结

本节介绍了 Java 中定时任务的两种实现方式：Timer 和 ScheduledExecutorService，需要特别注意 Timer 的一些陷阱，实践中建议使用 ScheduledExecutorService。

它们的共同局限是不太胜任复杂的定时任务调度。比如，每周一和周三晚上 18:00 到22:00，每半小时执行一次。对于类似这种需求，可以利用我们之前在第 7 章介绍的日期和时间处理方法，或者利用更为强大的第三方类库，比如 Quartz（http://www.quartz-scheduler.org/）。

在并发应用程序中，一般我们应该尽量利用高层次的服务，比如各种并发容器、任务执行服务和线程池等，避免自己管理线程和它们之间的同步。但在个别情况下，自己管理线程及同步是必需的，这时，除了利用前面章节介绍的 synchronized 显式锁和条件等基本工具，Java 并发包还提供了一些高级的同步和协作工具，以方便实现并发应用，让我们下一章来了解它们。

第 19 章 *Chapter 19*

同步和协作工具类

我们在 15.3 节实现了线程的一些基本协作机制，那是利用基本的 wait/notify 实现的。我们提到，Java 并发包中有一些专门的同步和协作工具类，本章，我们就来探讨它们。具体工具类包括：

- ❑ 读写锁 ReentrantReadWriteLock。
- ❑ 信号量 Semaphore。
- ❑ 倒计时门栓 CountDownLatch。
- ❑ 循环栅栏 CyclicBarrier。

此外，有一个实现线程安全的特殊概念：线程本地变量 ThreadLocal，本章也会进行介绍。

与第 15 章介绍的显式锁和显式条件类似，除了 ThreadLocal 外，这些同步和协作类都是基于 AQS 实现的。在一些特定的同步协作场景中，相比使用最基本的 wait/notify 以及显式锁 / 条件，它们更为方便，效率更高。下面，我们就来探讨它们的基本概念、用法、用途和基本原理。

19.1 读写锁 ReentrantReadWriteLock

之前章节我们介绍了两种锁：synchronized 和显式锁 ReentrantLock，对于同一受保护对象的访问，无论是读还是写，它们都要求获得相同的锁。在一些场景中，这是没有必要的，多个线程的读操作完全可以并行，在读多写少的场景中，让读操作并行可以明显提高性能。

怎么让读操作能够并行，又不影响一致性呢？答案是使用读写锁。在 Java 并发包中，接口 ReadWriteLock 表示读写锁，主要实现类是可重入读写锁 ReentrantReadWriteLock。
ReadWriteLock 的定义为：

```
public interface ReadWriteLock {
    Lock readLock();
    Lock writeLock();
}
```

通过一个 ReadWriteLock 产生两个锁：一个读锁，一个写锁。读操作使用读锁，写操作使用写锁。需要注意的是，**只有"读 - 读"操作是可以并行的，"读 - 写"和"写 - 写"都不可以**。只有一个线程可以进行写操作，在获取写锁时，只有没有任何线程持有任何锁才可以获取到，在持有写锁时，其他任何线程都获取不到任何锁。在没有其他线程持有写锁的情况下，多个线程可以获取和持有读锁。

ReentrantReadWriteLock 是可重入的读写锁，它有两个构造方法，如下所示：

```
public ReentrantReadWriteLock()
public ReentrantReadWriteLock(boolean fair)
```

fair 表示是否公平，如果不传递则是 false，含义与 16.2 节介绍的类似，就不赘述了。

我们看个读写锁的应用，使用 ReentrantReadWriteLock 实现一个缓存类 MyCache，如代码清单 19-1 所示。

代码清单19-1　使用读写锁实现一个缓存类MyCache

```
public class MyCache {
    private Map<String, Object> map = new HashMap<>();
    private ReentrantReadWriteLock readWriteLock =
                new ReentrantReadWriteLock();
    private Lock readLock = readWriteLock.readLock();
    private Lock writeLock = readWriteLock.writeLock();
    public Object get(String key) {
        readLock.lock();
        try {
            return map.get(key);
        } finally {
            readLock.unlock();
        }
    }
    public Object put(String key, Object value) {
        writeLock.lock();
        try {
            return map.put(key, value);
        } finally {
            writeLock.unlock();
        }
    }
    public void clear() {
        writeLock.lock();
```

```
        try {
            map.clear();
        } finally {
            writeLock.unlock();
        }
    }
}
```

代码比较简单，就不赘述了。读写锁是怎么实现的呢？读锁和写锁看上去是两个锁，它们是怎么协调的？具体实现比较复杂，我们简述下其思路。

内部，它们使用同一个整数变量表示锁的状态，16 位给读锁用，16 位给写锁用，使用一个变量便于进行 CAS 操作，**锁的等待队列其实也只有一个**。

写锁的获取，就是确保当前没有其他线程持有任何锁，否则就等待。写锁释放后，也就是将等待队列中的第一个线程唤醒，唤醒的可能是等待读锁的，也可能是等待写锁的。

读锁的获取不太一样，首先，只要写锁没有被持有，就可以获取到读锁，此外，在获取到读锁后，它会检查等待队列，逐个唤醒最前面的等待读锁的线程，直到第一个等待写锁的线程。如果有其他线程持有写锁，获取读锁会等待。读锁释放后，检查读锁和写锁数是否都变为了 0，如果是，唤醒等待队列中的下一个线程。

19.2　信号量 Semaphore

之前介绍的锁都是限制只有一个线程可以同时访问一个资源。现实中，资源往往有多个，但每个同时只能被一个线程访问，比如，饭店的饭桌、火车上的卫生间。有的单个资源即使可以被并发访问，但并发访问数多了可能影响性能，所以希望限制并发访问的线程数。还有的情况，与软件的授权和计费有关，对不同等级的账户，限制不同的最大并发访问数。

信号量类 Semaphore 就是用来解决这类问题的，它可以限制对资源的并发访问数，它有两个构造方法：

```
public Semaphore(int permits)
public Semaphore(int permits, boolean fair)
```

fair 表示公平，含义与之前介绍的是类似的，permits 表示许可数量。

Semaphore 的方法与锁是类似的，主要的方法有两类，获取许可和释放许可，主要方法有：

```
//阻塞获取许可
public void acquire() throws InterruptedException
//阻塞获取许可，不响应中断
public void acquireUninterruptibly()
//批量获取多个许可
public void acquire(int permits) throws InterruptedException
```

```
public void acquireUninterruptibly(int permits)
//尝试获取
public boolean tryAcquire()
//限定等待时间获取
public boolean tryAcquire(int permits, long timeout,
    TimeUnit unit) throws InterruptedException
//释放许可
public void release()
```

我们看个简单的示例，限制并发访问的用户数不超过 100，如代码清单 19-2 所示。

代码清单19-2　Semaphore应用示例

```
public class AccessControlService {
    public static class ConcurrentLimitException extends RuntimeException {
        private static final long serialVersionUID = 1L;
    }
    private static final int MAX_PERMITS = 100;
    private Semaphore permits = new Semaphore(MAX_PERMITS, true);
    public boolean login(String name, String password) {
        if(!permits.tryAcquire()) {
            //同时登录用户数超过限制
            throw new ConcurrentLimitException();
        }
        //…其他验证
        return true;
    }
    public void logout(String name) {
        permits.release();
    }
}
```

代码比较简单，就不赘述了。需要说明的是，如果我们将 permits 的值设为 1，你可能会认为它就变成了一般的锁，不过，它与一般的锁是不同的。一般锁只能由持有锁的线程释放，而 Semaphore 表示的只是一个许可数，任意线程都可以调用其 release 方法。主要的锁实现类 ReentrantLock 是可重入的，而 Semaphore 不是，每一次的 acquire 调用都会消耗一个许可，比如，看下面的代码段：

```
Semaphore permits = new Semaphore(1);
permits.acquire();
permits.acquire();
System.out.println("acquired");
```

程序会阻塞在第二个 acquire 调用，永远都不会输出 "acquired"。

信号量的基本原理比较简单，也是基于 AQS 实现的，permits 表示共享的锁个数，acquire 方法就是检查锁个数是否大于 0，大于则减一，获取成功，否则就等待，release 就是将锁个数加一，唤醒第一个等待的线程。

19.3　倒计时门栓 CountDownLatch

我们在 15.3.5 节使用 wait/notify 实现了一个简单的门栓 MyLatch，我们提到，Java 并发包中已经提供了类似工具，就是 CountDownLatch。它相当于是一个门栓，一开始是关闭的，所有希望通过该门的线程都需要等待，然后开始倒计时，倒计时变为 0 后，门栓打开，等待的所有线程都可以通过，它是一次性的，打开后就不能再关上了。

CountDownLatch 里有一个计数，这个计数通过构造方法进行传递：

```
public CountDownLatch(int count)
```

多个线程可以基于这个计数进行协作，它的主要方法有：

```
public void await() throws InterruptedException
public boolean await(long timeout, TimeUnit unit) throws InterruptedException
public void countDown()
```

await 检查计数是否为 0，如果大于 0，就等待，await 可以被中断，也可以设置最长等待时间。countDown 检查计数，如果已经为 0，直接返回，否则减少计数，如果新的计数变为 0，则唤醒所有等待的线程。

之前，我们介绍了门栓的两种应用场景：一种是同时开始，另一种是主从协作。它们都有两类线程，互相需要同步，我们使用 CountDownLatch 重新演示。

在同时开始场景中，运行员线程等待主裁判线程发出开始指令的信号，一旦发出后，所有运动员线程同时开始，计数初始为 1，运动员线程调用 await，主线程调用 countDown，如代码清单 19-3 所示。

代码清单19-3　使用CountDownLatch实现同时开始场景

```java
public class RacerWithCountDownLatch {
    static class Racer extends Thread {
        CountDownLatch latch;
        public Racer(CountDownLatch latch) {
            this.latch = latch;
        }
        @Override
        public void run() {
            try {
                this.latch.await();
                System.out.println(getName()
                        + " start run "+System.currentTimeMillis());
            } catch (InterruptedException e) {
            }
        }
    }
    public static void main(String[] args) throws InterruptedException {
        int num = 10;
        CountDownLatch latch = new CountDownLatch(1);
```

```
        Thread[] racers = new Thread[num];
        for(int i = 0; i < num; i++) {
            racers[i] = new Racer(latch);
            racers[i].start();
        }
        Thread.sleep(1000);
        latch.countDown();
    }
}
```

代码比较简单，就不赘述了。在主从协作模式中，主线程依赖工作线程的结果，需要等待工作线程结束，这时，计数初始值为工作线程的个数，工作线程结束后调用count-Down，主线程调用await进行等待，如代码清单19-4所示。

代码清单19-4　使用CountDownLatch实现主从协作场景

```
public class MasterWorkerDemo {
    static class Worker extends Thread {
        CountDownLatch latch;
        public Worker(CountDownLatch latch) {
            this.latch = latch;
        }
        @Override
        public void run() {
            try {
                //模拟执行任务
                Thread.sleep((int) (Math.random() * 1000));
                //模拟异常情况
                if(Math.random() < 0.02) {
                    throw new RuntimeException("bad luck");
                }
            } catch (InterruptedException e) {
            } finally {
                this.latch.countDown();
            }
        }
    }
    public static void main(String[] args) throws InterruptedException {
        int workerNum = 100;
        CountDownLatch latch = new CountDownLatch(workerNum);
        Worker[] workers = new Worker[workerNum];
        for(int i = 0; i < workerNum; i++) {
            workers[i] = new Worker(latch);
            workers[i].start();
        }
        latch.await();
        System.out.println("collect worker results");
    }
}
```

需要强调的是，在这里，countDown 的调用应该放到 finally 语句中，确保在工作线程发生异常的情况下也会被调用，使主线程能够从 await 调用中返回。

19.4　循环栅栏 CyclicBarrier

我们在 15.3.7 节使用 wait/notify 实现了一个简单的集合点 AssemblePoint，我们提到，Java 并发包中已经提供了类似工具，就是 CyclicBarrier。它相当于是一个栅栏，所有线程在到达该栅栏后都需要等待其他线程，等所有线程都到达后再一起通过，它是循环的，可以用作重复的同步。

CyclicBarrier 特别适用于并行迭代计算，每个线程负责一部分计算，然后在栅栏处等待其他线程完成，所有线程到齐后，交换数据和计算结果，再进行下一次迭代。

与 CountDownLatch 类似，它也有一个数字，但表示的是参与的线程个数，这个数字通过构造方法进行传递：

```
public CyclicBarrier(int parties)
```

它还有一个构造方法，接受一个 Runnable 参数，如下所示：

```
public CyclicBarrier(int parties, Runnable barrierAction)
```

这个参数表示栅栏动作，当所有线程到达栅栏后，在所有线程执行下一步动作前，运行参数中的动作，这个动作由最后一个到达栅栏的线程执行。

CyclicBarrier 的主要方法就是 await：

```
public int await() throws InterruptedException, BrokenBarrierException
public int await(long timeout, TimeUnit unit) throws InterruptedException,
    BrokenBarrierException, TimeoutException
```

await 在等待其他线程到达栅栏，调用 await 后，表示自己已经到达，如果自己是最后一个到达的，就执行可选的命令，执行后，唤醒所有等待的线程，然后重置内部的同步计数，以循环使用。

await 可以被中断，可以限定最长等待时间，中断或超时后会抛出异常。需要说明的是异常 BrokenBarrierException，它表示栅栏被破坏了，什么意思呢？在 CyclicBarrier 中，参与的线程是互相影响的，只要其中一个线程在调用 await 时被中断了，或者超时了，栅栏就会被破坏。此外，如果栅栏动作抛出了异常，栅栏也会被破坏。被破坏后，所有在调用 await 的线程就会退出，抛出 BrokenBarrierException。

我们看一个简单的例子，多个游客线程分别在集合点 A 和 B 同步，如代码清单 19-5 所示。

代码清单19-5　CyclicBarrier应用示例

```
public class CyclicBarrierDemo {
    static class Tourist extends Thread {
```

```
            CyclicBarrier barrier;
            public Tourist(CyclicBarrier barrier) {
                this.barrier = barrier;
            }
            @Override
            public void run() {
                try {
                    //模拟先各自独立运行
                    Thread.sleep((int) (Math.random() * 1000));
                    //集合点A
                    barrier.await();
                    System.out.println(this.getName() + " arrived A "
                            + System.currentTimeMillis());
                    //集合后模拟再各自独立运行
                    Thread.sleep((int) (Math.random() * 1000));
                    //集合点B
                    barrier.await();
                    System.out.println(this.getName() + " arrived B "
                            + System.currentTimeMillis());
                } catch (InterruptedException e) {
                } catch (BrokenBarrierException e) {
                }
            }
        }
        public static void main(String[] args) {
            int num = 3;
            Tourist[] threads = new Tourist[num];
            CyclicBarrier barrier = new CyclicBarrier(num, new Runnable() {
                @Override
                public void run() {
                    System.out.println("all arrived " + System.currentTimeMillis()
                            + " executed by " + Thread.currentThread().getName());
                }
            });
            for(int i = 0; i < num; i++) {
                threads[i] = new Tourist(barrier);
                threads[i].start();
            }
        }
    }
```

在笔者的计算机中的一次输出为：

```
all arrived 1490053578552 executed by Thread-1
Thread-1 arrived A 1490053578555
Thread-2 arrived A 1490053578555
Thread-0 arrived A 1490053578555
all arrived 1490053578889 executed by Thread-0
Thread-0 arrived B 1490053578890
Thread-2 arrived B 1490053578890
Thread-1 arrived B 1490053578890
```

多个线程到达 A 和 B 的时间是一样的，使用 CyclicBarrier，达到了重复同步的目的。CyclicBarrier 与 CountDownLatch 可能容易混淆，我们强调下它们的区别。

1）CountDownLatch 的参与线程是有不同角色的，有的负责倒计时，有的在等待倒计时变为 0，负责倒计时和等待倒计时的线程都可以有多个，用于不同角色线程间的同步。

2）CyclicBarrier 的参与线程角色是一样的，用于同一角色线程间的协调一致。

3）CountDownLatch 是一次性的，而 CyclicBarrier 是可以重复利用的。

19.5　理解 ThreadLocal

本节，我们来探讨一个特殊的概念：线程本地变量。在 Java 中的实现是类 ThreadLocal，它是什么？有什么用？实现原理是什么？让我们接下来逐步探讨。

19.5.1　基本概念和用法

线程本地变量是说，**每个线程都有同一个变量的独有拷贝**。这个概念听上去比较难以理解，我们先直接来看类 TheadLocal 的用法。ThreadLocal 是一个泛型类，接受一个类型参数 T，它只有一个空的构造方法，有两个主要的 public 方法：

```
public T get()
public void set(T value)
```

set 就是设置值，get 就是获取值，如果没有值，返回 null，看上去，ThreadLocal 就是一个单一对象的容器，比如：

```
public static void main(String[] args) {
    ThreadLocal<Integer> local = new ThreadLocal<>();
    local.set(100);
    System.out.println(local.get());
}
```

输出为 100。那 ThreadLocal 有什么特殊的呢？特殊发生在有多个线程的时候，看个例子：

```
public class ThreadLocalBasic {
    static ThreadLocal<Integer> local = new ThreadLocal<>();
    public static void main(String[] args) throws InterruptedException {
        Thread child = new Thread() {
            @Override
            public void run() {
                System.out.println("child thread initial: " + local.get());
                local.set(200);
                System.out.println("child thread final: " + local.get());
            }
        };
        local.set(100);
        child.start();
        child.join();
```

```
            System.out.println("main thread final: " + local.get());
        }
    }
```

local 是一个静态变量，main 方法创建了一个子线程 child，main 和 child 都访问了 local，程序的输出为：

```
child thread initial: null
child thread final: 200
main thread final: 100
```

这说明，main 线程对 local 变量的设置对 child 线程不起作用，child 线程对 local 变量的改变也不会影响 main 线程，**它们访问的虽然是同一个变量 local，但每个线程都有自己的独立的值，这就是线程本地变量的含义。**

除了 get/set，ThreadLocal 还有两个方法：

```
protected T initialValue()
public void remove()
```

initialValue 用于提供初始值，这是一个受保护方法，可以通过匿名内部类的方式提供，当调用 get 方法时，如果之前没有设置过，会调用该方法获取初始值，默认实现是返回 null。remove 删掉当前线程对应的值，如果删掉后，再次调用 get，会再调用 initialValue 获取初始值。看个简单的例子：

```
public class ThreadLocalInit {
    static ThreadLocal<Integer> local = new ThreadLocal<Integer>(){
        @Override
        protected Integer initialValue() {
            return 100;
        }
    };
    public static void main(String[] args) {
        System.out.println(local.get());
        local.set(200);
        local.remove();
        System.out.println(local.get());
    }
}
```

输出值都是 100。

19.5.2 使用场景

ThreadLocal 有什么用呢？我们来看三个例子：日期处理、随机数和上下文信息。

1. 日期处理

ThreadLocal 是实现线程安全的一种方案，比如对于 DateFormat/SimpleDateFormat，我们在介绍日期和时间操作的时候，提到它们是非线程安全的，实现安全的一种方式是使用锁，另一种方式是每次都创建一个新的对象，更好的方式就是使用 ThreadLocal，每个线程使用自己的 DateFormat，就不存在安全问题了，在线程的整个使用过程中，只需要创建一次，又避免了频繁创建的开销，示例代码如下：

```
public class ThreadLocalDateFormat {
    static ThreadLocal<DateFormat> sdf = new ThreadLocal<DateFormat>() {
        @Override
        protected DateFormat initialValue() {
            return new SimpleDateFormat("yyyy-MM-dd HH:mm:ss");
        }
    };
    public static String date2String(Date date) {
        return sdf.get().format(date);
    }
    public static Date string2Date(String str) throws ParseException {
        return sdf.get().parse(str);
    }
}
```

需要说明的是，ThreadLocal 对象一般都定义为 static，以便于引用。

2. 随机数

即使对象是线程安全的，使用 ThreadLocal 也可以减少竞争，比如，我们在介绍 Random 类的时候提到，Random 是线程安全的，但如果并发访问竞争激烈的话，性能会下降，所以 Java 并发包提供了类 ThreadLocalRandom，它是 Random 的子类，利用了 ThreadLocal，它没有 public 的构造方法，通过静态方法 current 获取对象，比如：

```
public static void main(String[] args) {
    ThreadLocalRandom rnd = ThreadLocalRandom.current();
    System.out.println(rnd.nextInt());
}
```

current 方法的实现为：

```
public static ThreadLocalRandom current() {
    return localRandom.get();
}
```

localRandom 就是一个 ThreadLocal 变量：

```
private static final ThreadLocal<ThreadLocalRandom> localRandom =
    new ThreadLocal<ThreadLocalRandom>() {
        protected ThreadLocalRandom initialValue() {
            return new ThreadLocalRandom();
        }
};
```

3. 上下文信息

ThreadLocal 的典型用途是提供上下文信息，比如在一个 Web 服务器中，一个线程执行用户的请求，在执行过程中，很多代码都会访问一些共同的信息，比如请求信息、用户身份信息、数据库连接、当前事务等，它们是线程执行过程中的全局信息，如果作为参数在不同代码间传递，代码会很烦琐，这时，使用 ThreadLocal 就很方便，所以它被用于各种框架如 Spring 中。我们看个简单的示例，如代码清单 19-6 所示。

代码清单19-6　使用ThreadLocal保存上下文信息

```java
public class RequestContext {
    public static class Request { //...
    };
    private static ThreadLocal<String> localUserId = new ThreadLocal<>();
    private static ThreadLocal<Request> localRequest = new ThreadLocal<>();
    public static String getCurrentUserId() {
        return localUserId.get();
    }
    public static void setCurrentUserId(String userId) {
        localUserId.set(userId);
    }
    public static Request getCurrentRequest() {
        return localRequest.get();
    }
    public static void setCurrentRequest(Request request) {
        localRequest.set(request);
    }
}
```

在首次获取到信息时，调用 set 方法如 setCurrentRequest/setCurrentUserId 进行设置，然后就可以在代码的任意其他地方调用 get 相关方法进行获取了。

19.5.3　基本实现原理

ThreadLocal 是怎么实现的呢？为什么对同一个对象的 get/set，每个线程都能有自己独立的值呢？我们直接来看代码（基于 Java 7）。set 方法的代码为：

```java
public void set(T value) {
    Thread t = Thread.currentThread();
    ThreadLocalMap map = getMap(t);
    if(map != null)
        map.set(this, value);
    else
        createMap(t, value);
}
```

它调用了 getMap，getMap 的代码为：

```java
ThreadLocalMap getMap(Thread t) {
    return t.threadLocals;
}
```

返回线程的实例变量 threadLocals，它的初始值为 null，在 null 时，set 调用 createMap

初始化，代码为：

```
void createMap(Thread t, T firstValue) {
    t.threadLocals = new ThreadLocalMap(this, firstValue);
}
```

从以上代码可以看出，每个线程都有一个 Map，类型为 ThreadLocalMap，调用 set 实际上是在线程自己的 Map 里设置了一个条目，键为当前的 ThreadLocal 对象，值为 value。ThreadLocalMap 是一个内部类，它是专门用于 ThreadLocal 的，与一般的 Map 不同，它的键类型为 WeakReference<ThreadLocal>。我们没有提过 WeakReference，它与 Java 的垃圾回收机制有关，使用它，便于回收内存，具体我们就不探讨了。

get 方法的代码为：

```
public T get() {
    Thread t = Thread.currentThread();
    ThreadLocalMap map = getMap(t);
    if(map != null) {
        ThreadLocalMap.Entry e = map.getEntry(this);
        if(e != null)
            return (T)e.value;
    }
    return setInitialValue();
}
```

通过线程访问到 Map，以 ThreadLocal 对象为键从 Map 中获取到条目，取其 value，如果 Map 中没有，则调用 setInitialValue，其代码为：

```
private T setInitialValue() {
    T value = initialValue();
    Thread t = Thread.currentThread();
    ThreadLocalMap map = getMap(t);
    if(map != null)
        map.set(this, value);
    else
        createMap(t, value);
    return value;
}
```

initialValue() 就是之前提到的提供初始值的方法，默认实现就是返回 null。

remove 方法的代码也很直接，如下所示：

```
public void remove() {
    ThreadLocalMap m = getMap(Thread.currentThread());
    if(m != null)
        m.remove(this);
}
```

简单总结下，**每个线程都有一个 Map，对于每个 ThreadLocal 对象，调用其 get/set 实际上就是以 ThreadLocal 对象为键读写当前线程的 Map**，这样，就实现了每个线程都有自己的独立副本的效果。

本章介绍了 Java 并发包中的一些同步协作工具：

1）在读多写少的场景中使用 ReentrantReadWriteLock 替代 ReentrantLock，以提高性能。

2）使用 Semaphore 限制对资源的并发访问数。

3）使用 CountDownLatch 实现不同角色线程间的同步。

4）使用 CyclicBarrier 实现同一角色线程间的协调一致。

关于 ThreadLocal，本章介绍了它的基本概念、用法用途和实现原理，简单总结来说：

1）ThreadLocal 使得每个线程对同一个变量有自己的独立副本，是实现线程安全、减少竞争的一种方案。

2）ThreadLocal 经常用于存储上下文信息，避免在不同代码间来回传递，简化代码。

3）每个线程都有一个 Map，调用 ThreadLocal 对象的 get/set 实际就是以 ThreadLocal 对象为键读写当前线程的该 Map。

至此，关于并发就介绍完了，下一章，让我们一起回顾总结一下。

第 20 章 *Chapter 20*

并 发 总 结

从第 15 章到第 19 章，我们一直在讨论并发，本章进行简要总结。多线程开发有两个核心问题：一个是竞争，另一个是协作。竞争会出现线程安全问题，所以，本章首先总结线程安全的机制，然后是协作的机制。管理竞争和协作是复杂的，所以 Java 提供了更高层次的服务，比如并发容器类和异步任务执行服务，我们也会进行总结。本章纲要如下：

- ❑ 线程安全的机制；
- ❑ 线程的协作机制；
- ❑ 容器类；
- ❑ 任务执行服务。

20.1 线程安全的机制

线程表示一条单独的执行流，每个线程有自己的执行计数器，有自己的栈，但可以共享内存，共享内存是实现线程协作的基础，但共享内存有两个问题，竞态条件和内存可见性，之前章节探讨了解决这些问题的多种思路：

- ❑ 使用 synchronized；
- ❑ 使用显式锁；
- ❑ 使用 volatile；
- ❑ 使用原子变量和 CAS；
- ❑ 写时复制；
- ❑ 使用 ThreadLocal。

（1）synchronized

synchronized 简单易用，它只是一个关键字，大部分情况下，放到类的方法声明上就可以了，既可以解决竞态条件问题，也可以解决内存可见性问题。

需要理解的是，它保护的是对象，而不是代码，只有对同一个对象的 synchronized 方法调用，synchronized 才能保证它们被顺序调用。对于实例方法，这个对象是 this；对于静态方法，这个对象是类对象；对于代码块，需要指定哪个对象。

另外，需要注意，它不能尝试获取锁，也不响应中断，还可能会死锁。不过，相比显式锁，synchronized 简单易用，JVM 也可以不断优化它的实现，应该被优先使用。

（2）显式锁

显式锁是相对于 synchronized 隐式锁而言的，它可以实现 synchronized 同样的功能，但需要程序员自己创建锁，调用锁相关的接口，主要接口是 Lock，主要实现类是 ReentrantLock。

相比 synchronized，显式锁支持以非阻塞方式获取锁，可以响应中断，可以限时，可以指定公平性，可以解决死锁问题，这使得它灵活得多。

在读多写少、读操作可以完全并行的场景中，可以使用读写锁以提高并发度，读写锁的接口是 ReadWriteLock，实现类是 ReentrantReadWriteLock。

（3）volatile

synchronized 和显式锁都是锁，使用锁可以实现安全，但使用锁是有成本的，获取不到锁的线程还需要等待，会有线程的上下文切换开销等。保证安全不一定需要锁。如果共享的对象只有一个，操作也只是进行最简单的 get/set 操作，set 也不依赖于之前的值，那就不存在竞态条件问题，而只有内存可见性问题，这时，在变量的声明上加上 volatile 就可以了。

（4）原子变量和 CAS

使用 volatile，set 的新值不能依赖于旧值，但很多时候，set 的新值与原来的值有关，这时，也不一定需要锁，如果需要同步的代码比较简单，可以考虑原子变量，它们包含了一些以原子方式实现组合操作的方法，对于并发环境中的计数、产生序列号等需求，考虑使用原子变量而非锁。

原子变量的基础是 CAS，一般的计算机系统都在硬件层次上直接支持 CAS 指令。通过循环 CAS 的方式实现原子更新是一种重要的思维。相比 synchronized，它是乐观的，而 synchronized 是悲观的；它是非阻塞式的，而 synchronized 是阻塞式的。CAS 是 Java 并发包的基础，基于它可以实现高效的、乐观、非阻塞式数据结构和算法，它也是并发包中锁、同步工具和各种容器的基础。

（5）写时复制

之所以会有线程安全的问题，是因为多个线程并发读写同一个对象，如果每个线程读写的对象都是不同的，或者，如果共享访问的对象是只读的，不能修改，那也就不存在线程安全问题了。

我们在介绍容器类 CopyOnWriteArrayList 和 CopyOnWriteArraySet 时介绍了写时复制技术，写时复制就是将共享访问的对象变为只读的，写的时候，再使用锁，保证只有一个线程写，写的线程不是直接修改原对象，而是新创建一个对象，对该对象修改完毕后，再原子性地修改共享访问的变量，让它指向新的对象。

（6）ThreadLocal

ThreadLocal 就是让每个线程，对同一个变量，都有自己的独有副本，每个线程实际访问的对象都是自己的，自然也就不存在线程安全问题了。

20.2　线程的协作机制

多线程之间的核心问题，除了竞争，就是协作。我们在 15.3 节介绍了多种协作场景，比如生产者 / 消费者协作模式、主从协作模式、同时开始、集合点等。之前章节探讨了协作的多种机制：

- ❑ wait/notify；
- ❑ 显式条件；
- ❑ 线程的中断；
- ❑ 协作工具类；
- ❑ 阻塞队列；
- ❑ Future/FutureTask。

（1）wait/notify

wait/notify 与 synchronized 配合一起使用，是线程的基本协作机制。每个对象都有一把锁和两个等待队列，一个是锁等待队列，放的是等待获取锁的线程；另一个是条件等待队列，放的是等待条件的线程，wait 将自己加入条件等待队列，notify 从条件等待队列上移除一个线程并唤醒，notifyAll 移除所有线程并唤醒。

需要注意的是，wait/notify 方法只能在 synchronized 代码块内被调用，调用 wait 时，线程会释放对象锁，被 notify/notifyAll 唤醒后，要重新竞争对象锁，获取到锁后才会从 wait 调用中返回，返回后，不代表其等待的条件就一定成立了，需要重新检查其等待的条件。

wait/notify 方法看上去很简单，但往往难以理解 wait 等的到底是什么，而 notify 通知的又是什么，只能有一个条件等待队列，这也是 wait/notify 机制的局限性，这使得对于等待条件的分析变得复杂，15.3 节通过多个例子演示了其用法，这里就不赘述了。

（2）显式条件

显式条件与显式锁配合使用，与 wait/notify 相比，可以支持多个条件队列，代码更为易读，效率更高。使用时注意不要将 signal/signalAll 误写为 notify/notifyAll。

（3）线程的中断

Java 中取消 / 关闭一个线程的方式是中断。中断并不是强迫终止一个线程，它是一种协作机制，是给线程传递一个取消信号，但是由线程来决定如何以及何时退出，线程在不同状态和 IO 操作时对中断有不同的反应。作为线程的实现者，应该提供明确的取消 / 关闭方法，并用文档清楚描述其行为；作为线程的调用者，应该使用其取消 / 关闭方法，而不是贸然调用 interrupt。

（4）协作工具类

除了基本的显式锁和条件，针对常见的协作场景，Java 并发包提供了多个用于协作的工具类。

信号量类 Semaphore 用于限制对资源的并发访问数。

倒计时门栓 CountDownLatch 主要用于不同角色线程间的同步，比如在裁判 / 运动员模式中，裁判线程让多个运动员线程同时开始，也可以用于协调主从线程，让主线程等待多个从线程的结果。

循环栅栏 CyclicBarrier 用于同一角色线程间的协调一致，所有线程在到达栅栏后都需要等待其他线程，等所有线程都到达后再一起通过，它是循环的，可以用作重复的同步。

（5）阻塞队列

对于最常见的生产者 / 消费者协作模式，可以使用阻塞队列，阻塞队列封装了锁和条件，生产者线程和消费者线程只需要调用队列的入队 / 出队方法就可以了，不需要考虑同步和协作问题。

阻塞队列有普通的先进先出队列，包括基于数组的 ArrayBlockingQueue 和基于链表的 LinkedBlockingQueue/LinkedBlockingDeque，也有基于堆的优先级阻塞队列 PriorityBlockingQueue，还有可用于定时任务的延时阻塞队列 DelayQueue，以及用于特殊场景的阻塞队列 SynchronousQueue 和 LinkedTransferQueue。

（6）Future/FutureTask

在常见的主从协作模式中，主线程往往是让子线程异步执行一项任务，获取其结果。手工创建子线程的写法往往比较麻烦，常见的模式是使用异步任务执行服务，不再手工创建线程，而只是提交任务，提交后马上得到一个结果，但这个结果不是最终结果，而是一个 Future。Future 是一个接口，主要实现类是 FutureTask。

Future 封装了主线程和执行线程关于执行状态和结果的同步，对于主线程而言，它只需要通过 Future 就可以查询异步任务的状态、获取最终结果、取消任务等，不需要再考虑同步和协作问题。

20.3　容器类

线程安全的容器有两类：一类是同步容器；另一类是并发容器。在 15.2 节，我们介绍了同步容器。关于并发容器，我们介绍了：

❏ 写时复制的 List 和 Set。

❑ ConcurrentHashMap。

❑ 基于 SkipList 的 Map 和 Set。

❑ 各种队列。

（1）同步容器

Collections 类中有一些静态方法，可以基于普通容器返回线程安全的同步容器，比如：

```
public static <T> Collection<T> synchronizedCollection(Collection<T> c)
public static <T> List<T> synchronizedList(List<T> list)
public static <K,V> Map<K,V> synchronizedMap(Map<K,V> m)
```

它们是给所有容器方法都加上 synchronized 来实现安全的。同步容器的性能比较低，另外，还需要注意一些问题，比如复合操作和迭代，需要调用方手工使用 synchronized 同步，并注意不要同步错对象。

而并发容器是专为并发而设计的，线程安全、并发度更高、性能更高、迭代不会抛出 ConcurrentModificationException、很多容器以原子方式支持一些复合操作。

（2）写时复制的 List 和 Set

CopyOnWriteArrayList 基于数组实现了 List 接口，CopyOnWriteArraySet 基于 CopyOn-WriteArrayList 实现了 Set 接口，它们采用了写时复制，适用于读远多于写，集合不太大的场合。不适用于数组很大且修改频繁的场景。它们是以优化读操作为目标的，读不需要同步，性能很高，但在优化读的同时牺牲了写的性能。

（3）ConcurrentHashMap

HashMap 不是线程安全的，在并发更新的情况下，HashMap 的链表结构可能形成环，出现死循环，占满 CPU。ConcurrentHashMap 是并发版的 HashMap，通过细粒度锁和其他技术实现了高并发，读操作完全并行，写操作支持一定程度的并行，以原子方式支持一些复合操作，迭代不用加锁，不会抛出 ConcurrentModificationException。

（4）基于 SkipList 的 Map 和 Set

ConcurrentHashMap 不能排序，容器类中可以排序的 Map 和 Set 是 TreeMap 和 TreeSet，但它们不是线程安全的。Java 并发包中与 TreeMap/TreeSet 对应的并发版本是 Concurrent-SkipListMap 和 ConcurrentSkipListSet。ConcurrentSkipListMap 是基于 SkipList 实现的，Skip-List 称为跳跃表或跳表，是一种数据结构，主要操作复杂度为 $O(\log_2(N))$。并发版本采用跳表而不是树，是因为跳表更易于实现高效并发算法。

ConcurrentSkipListMap 没有使用锁，所有操作都是无阻塞的，所有操作都可以并行，包括写。与 ConcurrentHashMap 类似，迭代器不会抛出 ConcurrentModificationException，是弱一致的，也直接支持一些原子复合操作。

（5）各种队列

各种阻塞队列主要用于协作，非阻塞队列适用于多个线程并发使用一个队列的场合，有两个非阻塞队列：ConcurrentLinkedQueue 和 ConcurrentLinkedDeque。Concurrent-

LinkedQueue 实现了 Queue 接口，表示一个先进先出的队列；ConcurrentLinkedDeque 实现了 Deque 接口，表示一个双端队列。它们都是基于链表实现的，都没有限制大小，是无界的，这两个类最基础的实现原理是循环 CAS，没有使用锁。

20.4 任务执行服务

关于任务执行服务，我们介绍了：

❑ 任务执行服务的基本概念。

❑ 主要实现方式：线程池。

❑ 定时任务。

（1）基本概念

任务执行服务大大简化了执行异步任务所需的开发，它引入了一个"执行服务"的概念，将"任务的提交"和"任务的执行"相分离，"执行服务"封装了任务执行的细节，对于任务提交者而言，它可以关注于任务本身，如提交任务、获取结果、取消任务，而不需要关注任务执行的细节，如线程创建、任务调度、线程关闭等。

任务执行服务主要涉及以下接口：

❑ Runnable 和 Callable：表示要执行的异步任务。

❑ Executor 和 ExecutorService：表示执行服务。

❑ Future：表示异步任务的结果。

使用者只需要通过 ExecutorService 提交任务，通过 Future 操作任务和结果即可，不需要关注线程创建和协调的细节。

（2）线程池

任务执行服务的主要实现机制是线程池，实现类是 ThreadPoolExecutor。线程池主要由两个概念组成：一个是任务队列；另一个是工作者线程。任务队列是一个阻塞队列，保存待执行的任务。工作者线程主体就是一个循环，循环从队列中接收任务并执行。ThreadPool-Executor 有一些重要的参数，理解这些参数对于合理使用线程池非常重要，18.2 节对这些参数进行了详细介绍。

ThreadPoolExecutor 实现了生产者 / 消费者模式，工作者线程就是消费者，任务提交者就是生产者，线程池自己维护任务队列。当我们碰到类似生产者 / 消费者问题时，应该优先考虑直接使用线程池，而非"重新发明轮子"，自己管理和维护消费者线程及任务队列。

（3）定时任务

异步任务中，常见的任务是定时任务。在 Java 中，有两种方式实现定时任务：

1）使用 java.util 包中的 Timer 和 TimerTask。

2）使用 Java 并发包中的 ScheduledExecutorService。

Timer 有一些需要特别注意的事项：

1）一个 Timer 对象背后只有一个 Timer 线程，这意味着，定时任务不能耗时太长，更不能是无限循环。

2）在执行任何一个任务的 run 方法时，一旦 run 抛出异常，Timer 线程就会退出，从而所有定时任务都会被取消。

ScheduledExecutorService 的主要实现类是 ScheduledThreadPoolExecutor，它没有 Timer 的问题。

1）它的背后是线程池，可以有多个线程执行任务。

2）任务执行线程会捕获任务执行过程中的所有异常，一个定时任务的异常不会影响其他定时任务。

所以，实践中建议使用 ScheduledExecutorService。

针对多线程开发的两个核心问题：竞争和协作，本章总结了线程安全和协作的多种机制，针对高层服务，本章总结了并发容器和任务执行服务，它们让我们在更高的层次上访问共享的数据结构，执行任务，而避免陷入线程管理的细节。

有一些并发的内容，我们没有讨论，比如以下内容。

1）Java 7 引入的 Fork/Join 框架，Java 8 中有并行流的概念，可以让开发者非常方便地对大量数据进行并行操作，背后基于的就是 Fork/Join 框架，关于流我们在第 26 章会进一步介绍。

2）CompletionService，在异步任务程序中，一种场景是：主线程提交多个异步任务，然后希望有任务完成就处理结果，并且按任务完成顺序逐个处理，对于这种场景，Java 并发包提供了一个方便的方法，那就是使用 CompletionService。这是一个接口，它的实现类是 ExecutorCompletionService，它通过一个额外的结果队列，方便了对于多个异步任务结果的处理，细节可参考微信公众号"老马说编程"第 79 篇文章。

3）Java 8 引入组合式异步编程 CompletableFuture，它可以方便地将多个有一定依赖关系的异步任务以流水线的方式组合在一起，自然地表达任务之间的依赖关系和执行流程，大大简化代码，提高可读性。关于 CompletableFuture，我们也到第 26 章介绍。

从下一章开始，我们来探讨 Java 中的一些动态特性，比如反射、注解、动态代理等，它们到底是什么呢？

第六部分 *Part 6*

动态与函数式编程

反　　射

从本章开始，我们来探讨 Java 中的一些动态特性，包括反射、注解、动态代理、类加载器等。利用这些特性，可以优雅地实现一些灵活通用的功能，它们经常用于各种框架、库和系统程序中，比如：

1）14.5 节介绍的 Jackson，利用反射和注解实现了通用的序列化机制。

2）有多种库（如 Spring MVC、Jersey）用于处理 Web 请求，利用反射和注解，能方便地将用户的请求参数和内容转换为 Java 对象，将 Java 对象转变为响应内容。

3）有多种库（如 Spring、Guice）利用这些特性实现了对象管理容器，方便程序员管理对象的生命周期以及其中复杂的依赖关系。

4）应用服务器（如 Tomcat）利用类加载器实现不同应用之间的隔离，JSP 技术利用类加载器实现修改代码不用重启就能生效的特性。

5）面向方面的编程 AOP（Aspect Oriented Programming）将编程中通用的关注点（如日志记录、安全检查等）与业务的主体逻辑相分离，减少冗余代码，提高程序的可维护性，AOP 需要依赖上面的这些特性来实现。

本章主要介绍反射机制，后续章节介绍其他内容。

在一般操作数据的时候，我们都是知道并且依赖于数据类型的，比如：

1）根据类型使用 new 创建对象。

2）根据类型定义变量，类型可能是基本类型、类、接口或数组。

3）将特定类型的对象传递给方法。

4）根据类型访问对象的属性，调用对象的方法。

编译器也是根据类型进行代码的检查编译的。

反射不一样，它是在运行时，而非编译时，动态获取类型的信息，比如接口信息、成

员信息、方法信息、构造方法信息等，根据这些动态获取到的信息创建对象、访问 / 修改成员、调用方法等。这么说比较抽象，下面我们会具体说明。反射的入口是名称为 Class 的类，我们先介绍 Class 类，随后举例说明反射的应用，接着讨论反射与泛型，最后进行总结。

21.1　Class 类

在介绍类和继承的实现原理时，我们提到，每个已加载的类在内存都有一份类信息，每个对象都有指向它所属类信息的引用。Java 中，类信息对应的类就是 java.lang.Class。注意不是小写的 class，class 是定义类的关键字。所有类的根父类 Object 有一个方法，可以获取对象的 Class 对象：

```
public final native Class<?> getClass()
```

Class 是一个泛型类，有一个类型参数，getClass() 并不知道具体的类型，所以返回 Class<?>。

获取 Class 对象不一定需要实例对象，如果在写程序时就知道类名，可以使用 <类名>.class 获取 Class 对象，比如：

```
Class<Date> cls = Date.class;
```

接口也有 Class 对象，且这种方式对于接口也是适用的，比如：

```
Class<Comparable> cls = Comparable.class;
```

基本类型没有 getClass 方法，但也都有对应的 Class 对象，类型参数为对应的包装类型，比如：

```
Class<Integer> intCls = int.class;
Class<Byte> byteCls = byte.class;
Class<Character> charCls = char.class;
Class<Double> doubleCls = double.class;
```

void 作为特殊的返回类型，也有对应的 Class：

```
Class<Void> voidCls = void.class;
```

对于数组，每种类型都有对应数组类型的 Class 对象，每个维度都有一个，即一维数组有一个，二维数组有一个不同的类型。比如：

```
String[] strArr = new String[10];
int[][] twoDimArr = new int[3][2];
int[] oneDimArr = new int[10];
Class<? extends String[]> strArrCls = strArr.getClass();
Class<? extends int[][]> twoDimArrCls = twoDimArr.getClass();
Class<? extends int[]> oneDimArrCls = oneDimArr.getClass();
```

枚举类型也有对应的 Class，比如：

```
enum Size {
    SMALL, MEDIUM, BIG
}
Class<Size> cls = Size.class;
```

Class 有一个静态方法 forName，可以根据类名直接加载 Class，获取 Class 对象，比如：

```
try {
    Class<?> cls = Class.forName("java.util.HashMap");
    System.out.println(cls.getName());
} catch (ClassNotFoundException e) {
    e.printStackTrace();
}
```

注意 forName 可能抛出异常 ClassNotFoundException。

有了 Class 对象后，我们就可以了解到关于类型的很多信息，并基于这些信息采取一些行动。Class 的方法很多，大部分比较简单直接，容易理解，下面，我们分为若干组，包括名称信息、字段信息、方法信息、创建对象和构造方法、类型信息等，进行简要介绍。

1. 名称信息

Class 有如下方法，可以获取与名称有关的信息：

```
public String getName()
public String getSimpleName()
public String getCanonicalName()
public Package getPackage()
```

getSimpleName 返回的名称不带包信息，getName 返回的是 Java 内部使用的真正的名称，getCanonicalName 返回的名称更为友好，getPackage 返回的是包信息，它们的不同如表格 21-1 所示。

表 21-1　不同 Class 对象的各种名称方法的返回值

Class 对象	getName	getSimpleName	getCanonicalName	getPackage
int.class	int	int	int	null
int[].class	[I	int[]	int[]	null
int[][].class	[[I	int[][]	int[][]	null
String.class	java.lang.String	String	java.lang.String	java.lang
String[].class	[Ljava.lang.String;	String[]	java.lang.String[]	null
HashMap.class	java.util.HashMap	HashMap	java.util.HashMap	java.util
Map.Entry.class	java.util.Map$Entry	Entry	java.util.Map.Entry	java.util

需要说明的是数组类型的 getName 返回值，它使用前缀 [表示数组，有几个 [表示是几维数组；数组的类型用一个字符表示，I 表示 int，L 表示类或接口，其他类型与字符的对应关系为：boolean(Z)、byte(B)、char(C)、double(D)、float(F)、long(J)、short(S)。对于引

用类型的数组，注意最后有一个分号;。

2. 字段信息

类中定义的静态和实例变量都被称为字段，用类 Field 表示，位于包 java.lang.reflect 下，后文涉及的反射相关的类都位于该包下。Class 有 4 个获取字段信息的方法:

```
//返回所有的public字段，包括其父类的，如果没有字段，返回空数组
public Field[] getFields()
//返回本类声明的所有字段，包括非public的，但不包括父类的
public Field[] getDeclaredFields()
//返回本类或父类中指定名称的public字段，找不到抛出异常NoSuchFieldException
public Field getField(String name)
//返回本类中声明的指定名称的字段，找不到抛出异常NoSuchFieldException
public Field getDeclaredField(String name)
```

Field 也有很多方法，可以获取字段的信息，也可以通过 Field 访问和操作指定对象中该字段的值，基本方法有:

```
//获取字段的名称
public String getName()
//判断当前程序是否有该字段的访问权限
public boolean isAccessible()
//flag设为true表示忽略Java的访问检查机制，以允许读写非public的字段
public void setAccessible(boolean flag)
//获取指定对象obj中该字段的值
public Object get(Object obj)
//将指定对象obj中该字段的值设为value
public void set(Object obj, Object value)
```

在 get/set 方法中，对于静态变量，obj 被忽略，可以为 null，如果字段值为基本类型，get/set 会自动在基本类型与对应的包装类型间进行转换;对于 private 字段，直接调用 get/set 会抛出非法访问异常 IllegalAccessException，应该先调用 setAccessible(true) 以关闭 Java 的检查机制。看段简单的示例代码:

```
List<String> obj = Arrays.asList(new String[]{"老马","编程"});
Class<?> cls = obj.getClass();
for(Field f : cls.getDeclaredFields()){
    f.setAccessible(true);
    System.out.println(f.getName()+" - "+f.get(obj));
}
```

代码比较简单，就不赘述了。除了以上方法，Field 还有很多其他方法，比如:

```
//返回字段的修饰符
public int getModifiers()
//返回字段的类型
public Class<?> getType()
//以基本类型操作字段
public void setBoolean(Object obj, boolean z)
public boolean getBoolean(Object obj)
```

```
public void setDouble(Object obj, double d)
public double getDouble(Object obj)
//查询字段的注解信息，下一章介绍注解
public <T extends Annotation> T getAnnotation(Class<T> annotationClass)
public Annotation[] getDeclaredAnnotations()
```

getModifiers 返回的是一个 int，可以通过 Modifier 类的静态方法进行解读。比如，假定 Student 类有如下字段：

```
public static final int MAX_NAME_LEN = 255;
```

可以这样查看该字段的修饰符：

```
Field f = Student.class.getField("MAX_NAME_LEN");
int mod = f.getModifiers();
System.out.println(Modifier.toString(mod));
System.out.println("isPublic: " + Modifier.isPublic(mod));
System.out.println("isStatic: " + Modifier.isStatic(mod));
System.out.println("isFinal: " + Modifier.isFinal(mod));
System.out.println("isVolatile: " + Modifier.isVolatile(mod));
```

输出为：

```
public static final
isPublic: true
isStatic: true
isFinal: true
isVolatile: false
```

3. 方法信息

类中定义的静态和实例方法都被称为方法，用类 Method 表示。Class 有如下相关方法：

```
//返回所有的public方法，包括其父类的，如果没有方法，返回空数组
public Method[] getMethods()
//返回本类声明的所有方法，包括非public的，但不包括父类的
public Method[] getDeclaredMethods()
//返回本类或父类中指定名称和参数类型的public方法，
//找不到抛出异常NoSuchMethodException
public Method getMethod(String name, Class<?>... parameterTypes)
//返回本类中声明的指定名称和参数类型的方法，找不到抛出异常NoSuchMethodException
public Method getDeclaredMethod(String name, Class<?>... parameterTypes)
```

通过 Method 可以获取方法的信息，也可以通过 Method 调用对象的方法，基本方法有：

```
//获取方法的名称
public String getName()
//flag设为true表示忽略Java的访问检查机制，以允许调用非public的方法
public void setAccessible(boolean flag)
//在指定对象obj上调用Method代表的方法，传递的参数列表为args
public Object invoke(Object obj, Object... args) throws
    IllegalAccessException, Illegal-ArgumentException, InvocationTargetException
```

对 invoke 方法，如果 Method 为静态方法，obj 被忽略，可以为 null，args 可以为 null，

也可以为一个空的数组，方法调用的返回值被包装为 Object 返回，如果实际方法调用抛出异常，异常被包装为 InvocationTargetException 重新抛出，可以通过 getCause 方法得到原异常。看段简单的示例：

```
Class<?> cls = Integer.class;
try {
    Method method = cls.getMethod("parseInt", new Class[]{String.class});
    System.out.println(method.invoke(null, "123"));
} catch (NoSuchMethodException e) {
    e.printStackTrace();
} catch (InvocationTargetException e) {
    e.printStackTrace();
}
```

Method 还有很多方法，可以获取其修饰符、参数、返回值、注解等信息，具体就不列举了。

4. 创建对象和构造方法

Class 有一个方法，可以用它来创建对象：

```
public T newInstance() throws InstantiationException, IllegalAccessException
```

它会调用类的默认构造方法（即无参 public 构造方法），如果类没有该构造方法，会抛出异常 InstantiationException。看个简单示例：

```
Map<String,Integer> map = HashMap.class.newInstance();
map.put("hello", 123);
```

newInstance 只能使用默认构造方法。Class 还有一些方法，可以获取所有的构造方法：

```
//获取所有的public构造方法，返回值可能为长度为0的空数组
public Constructor<?>[] getConstructors()
//获取所有的构造方法，包括非public的
public Constructor<?>[] getDeclaredConstructors()
//获取指定参数类型的public构造方法，没找到抛出异常NoSuchMethodException
public Constructor<T> getConstructor(Class<?>... parameterTypes)
//获取指定参数类型的构造方法，包括非public的，没找到抛出异常NoSuchMethodException
public Constructor<T> getDeclaredConstructor(Class<?>... parameterTypes)
```

类 Constructor 表示构造方法，通过它可以创建对象，方法为：

```
public T newInstance(Object ... initargs) throws InstantiationException,
IllegalAccessException, IllegalArgumentException, InvocationTargetException
```

看个例子：

```
Constructor<StringBuilder> contructor= StringBuilder.class
                    .getConstructor(new Class[]{int.class});
StringBuilder sb = contructor.newInstance(100);
```

除了创建对象，Constructor 还有很多方法，可以获取关于构造方法的很多信息，包括参数、修饰符、注解等，具体就不列举了。

5. 类型检查和转换

我们之前介绍过 instanceof 关键字，它可以用来判断变量指向的实际对象类型。instanceof 后面的类型是在代码中确定的，如果要检查的类型是动态的，可以使用 Class 类的如下方法：

```
public native boolean isInstance(Object obj)
```

也就是说，如下代码：

```
if(list instanceof ArrayList){
    System.out.println("array list");
}
```

和下面代码的输出是相同的：

```
Class cls = Class.forName("java.util.ArrayList");
if(cls.isInstance(list)){
    System.out.println("array list");
}
```

除了判断类型，在程序中也往往需要进行强制类型转换，比如：

```
List list = ..
if(list instanceof ArrayList){
    ArrayList arrList = (ArrayList)list;
}
```

在这段代码中，强制转换到的类型是在写代码时就知道的。如果是动态的，可以使用 Class 的如下方法：

```
public T cast(Object obj)
```

比如：

```
public static <T> T toType(Object obj, Class<T> cls){
    return cls.cast(obj);
}
```

isInstance/cast 描述的都是对象和类之间的关系，Class 还有一个方法，可以判断 Class 之间的关系：

```
//检查参数类型cls能否赋给当前Class类型的变量
public native boolean isAssignableFrom(Class<?> cls);
```

比如，如下表达式的结果都为 true：

```
Object.class.isAssignableFrom(String.class)
String.class.isAssignableFrom(String.class)
List.class.isAssignableFrom(ArrayList.class)
```

6. Class 的类型信息

Class 代表的类型既可以是普通的类，也可以是内部类，还可以是基本类型、数组等，对于一个给定的 Class 对象，它到底是什么类型呢？可以通过以下方法进行检查：

```
public native boolean isArray() //是否是数组
public native boolean isPrimitive() //是否是基本类型
public native boolean isInterface() //是否是接口
public boolean isEnum() //是否是枚举
public boolean isAnnotation() //是否是注解
public boolean isAnonymousClass() //是否是匿名内部类
public boolean isMemberClass() //是否是成员类,成员类定义在方法外,不是匿名类
public boolean isLocalClass() //是否是本地类,本地类定义在方法内,不是匿名类
```

7. 类的声明信息

Class 还有很多方法，可以获取类的声明信息，如修饰符、父类、接口、注解等，如下所示：

```
//获取修饰符,返回值可通过Modifier类进行解读
public native int getModifiers()
//获取父类,如果为Object,父类为null
public native Class<? super T> getSuperclass()
//对于类,为自己声明实现的所有接口,对于接口,为直接扩展的接口,不包括通过父类继承的
public native Class<?>[] getInterfaces();
//自己声明的注解
public Annotation[] getDeclaredAnnotations()
//所有的注解,包括继承得到的
public Annotation[] getAnnotations()
//获取或检查指定类型的注解,包括继承得到的
public <A extends Annotation> A getAnnotation(Class<A> annotationClass)
public boolean isAnnotationPresent(
                Class<? extends Annotation> annotationClass)
```

8. 类的加载

Class 有两个静态方法，可以根据类名加载类：

```
public static Class<?> forName(String className)
public static Class<?> forName(String name, boolean initialize,
    ClassLoader loader)
```

ClassLoader 表示类加载器，第24章会进一步介绍，initialize 表示加载后，是否执行类的初始化代码（如 static 语句块）。第一个方法中没有传这些参数，相当于调用：

```
Class.forName(className, true, currentLoader)
```

currentLoader 表示加载当前类的 ClassLoader。

这里 className 与 Class.getName 的返回值是一致的。比如，对于 String 数组：

```
String name = "[Ljava.lang.String;";
Class cls = Class.forName(name);
System.out.println(cls == String[].class);
```

需要注意的是，基本类型不支持 forName 方法，也就是说，如下写法：

```
Class.forName("int");
```

会抛出异常 ClassNotFoundException。那如何根据原始类型的字符串构造 Class 对象呢？可

以对 Class.forName 进行一下包装，比如：

```
public static Class<?> forName(String className)
        throws ClassNotFoundException{
    if("int".equals(className)){
        return int.class;
    }
    //其他基本类型略
    return Class.forName(className);
}
```

需要说明的是，Java 9 还有一个 forName 方法，用于加载指定模块中指定名称的类：

```
public static Class<?> forName(Module module, String name)
```

参数 module 表示模块，这是 Java 9 引入的类，当找不到类的时候，它不会抛出异常，而是返回 null，它也不会执行类的初始化。

9. 反射与数组

对于数组类型，有一个专门的方法，可以获取它的元素类型：

```
public native Class<?> getComponentType()
```

比如：

```
String[] arr = new String[]{};
System.out.println(arr.getClass().getComponentType());
```

输出为：

```
class java.lang.String
```

java.lang.reflect 包中有一个针对数组的专门的类 Array（注意不是 java.util 中的 Arrays），提供了对于数组的一些反射支持，以便于统一处理多种类型的数组，主要方法有：

```
//创建指定元素类型、指定长度的数组
public static Object newInstance(Class<?> componentType, int length)
//创建多维数组
public static Object newInstance(Class<?> componentType, int... dimensions)
//获取数组array指定的索引位置index处的值
public static native Object get(Object array, int index)
//修改数组array指定的索引位置index处的值为value
public static native void set(Object array, int index, Object value)
//返回数组的长度
public static native int getLength(Object array)
```

需要注意的是，在 Array 类中，数组是用 Object 而非 Object[] 表示的，这是为什么呢？这是为了方便处理多种类型的数组。int[]、String[] 都不能与 Object[] 相互转换，但可以与 Object 相互转换，比如：

```
int[] intArr = (int[])Array.newInstance(int.class, 10);
String[] strArr = (String[])Array.newInstance(String.class, 10);
```

除了以 Object 类型操作数组元素外，Array 也支持以各种基本类型操作数组元素，如：

```
public static native double getDouble(Object array, int index)
public static native void setDouble(Object array, int index, double d)
public static native void setLong(Object array, int index, long l)
public static native long getLong(Object array, int index)
```

10. 反射与枚举

枚举类型也有一个专门方法，可以获取所有的枚举常量：

```
public T[] getEnumConstants()
```

21.2　应用示例

介绍了 Class 的这么多方法，有什么用呢？我们看个简单的示例，利用反射实现一个简单的通用序列化 / 反序列化类 SimpleMapper，它提供两个静态方法：

```
public static String toString(Object obj)
public static Object fromString(String str)
```

toString 将对象 obj 转换为字符串，fromString 将字符串转换为对象。为简单起见，我们只支持最简单的类，即有默认构造方法，成员类型只有基本类型、包装类或 String。另外，序列化的格式也很简单，第一行为类的名称，后面每行表示一个字段，用字符 '=' 分隔，表示字段名称和字符串形式的值。我们先看 SimpleMapper 的用法，如代码清单 21-1 所示。

代码清单21-1　简单的通用序列化/反序列化类SimpleMapper的使用

```
public class SimpleMapperDemo {
    static class Student {
        String name;
        int age;
        Double score;
        //省略了构造方法，getter/setter和toString方法
    }

    public static void main(String[] args) {
        Student zhangsan = new Student("张三", 18, 89d);
        String str = SimpleMapper.toString(zhangsan);
        Student zhangsan2 = (Student) SimpleMapper.fromString(str);
        System.out.println(zhangsan2);
    }
}
```

代码先调用 toString 方法将对象转换为了 String，然后调用 fromString 方法将字符串转换为了 Student，新对象的值与原对象是一样的，输出如下所示：

```
Student [name=张三, age=18, score=89.0]
```

我们来看 SimpleMapper 的示例实现（主要用于演示原理），toString 的代码为：

```java
public static String toString(Object obj) {
    try {
        Class<?> cls = obj.getClass();
        StringBuilder sb = new StringBuilder();
        sb.append(cls.getName() + "\n");
        for(Field f : cls.getDeclaredFields()) {
            if(!f.isAccessible()) {
                f.setAccessible(true);
            }
            sb.append(f.getName() + "=" + f.get(obj).toString() + "\n");
        }
        return sb.toString();
    } catch(IllegalAccessException e) {
        throw new RuntimeException(e);
    }
}
```

代码比较简单，我们就不赘述了。fromString 的代码为：

```java
public static Object fromString(String str) {
    try {
        String[] lines = str.split("\n");
        if(lines.length < 1) {
            throw new IllegalArgumentException(str);
        }
        Class<?> cls = Class.forName(lines[0]);
        Object obj = cls.newInstance();
        if(lines.length > 1) {
            for(int i = 1; i < lines.length; i++) {
                String[] fv = lines[i].split("=");
                if(fv.length != 2) {
                    throw new IllegalArgumentException(lines[i]);
                }
                Field f = cls.getDeclaredField(fv[0]);
                if(!f.isAccessible()){
                    f.setAccessible(true);
                }
                setFieldValue(f, obj, fv[1]);
            }
        }
        return obj;
    } catch(Exception e) {
        throw new RuntimeException(e);
    }
}
```

它调用了 setFieldValue 方法对字段设置值，其代码为：

```java
private static void setFieldValue(Field f, Object obj, String value)
        throws Exception {
```

```
        Class<?> type = f.getType();
        if(type == int.class) {
            f.setInt(obj, Integer.parseInt(value));
        } else if(type == byte.class) {
            f.setByte(obj, Byte.parseByte(value));
        } else if(type == short.class) {
            f.setShort(obj, Short.parseShort(value));
        } else if(type == long.class) {
            f.setLong(obj, Long.parseLong(value));
        } else if(type == float.class) {
            f.setFloat(obj, Float.parseFloat(value));
        } else if(type == double.class) {
            f.setDouble(obj, Double.parseDouble(value));
        } else if(type == char.class) {
            f.setChar(obj, value.charAt(0));
        } else if(type == boolean.class) {
            f.setBoolean(obj, Boolean.parseBoolean(value));
        } else if(type == String.class) {
            f.set(obj, value);
        } else {
            Constructor<?> ctor = type.getConstructor(
                    new Class[] { String.class });
            f.set(obj, ctor.newInstance(value));
        }
    }
```

setFieldValue 根据字段的类型，将字符串形式的值转换为了对应类型的值，对于基本类型和 String 以外的类型，它假定该类型有一个以 String 类型为参数的构造方法。

示例的完整代码在 github 上，地址为 https://github.com/swiftma/program-logic，位于包 shuo.laoma.dynamic.c84 下。

21.3　反射与泛型

在介绍泛型的时候，我们提到，泛型参数在运行时会被擦除，这里，我们需要补充一下，在类信息 Class 中依然有关于泛型的一些信息，可以通过反射得到。泛型涉及一些更多的方法和类，上面的介绍中进行了忽略，这里简要补充下。

Class 有如下方法，可以获取类的泛型参数信息：

```
public TypeVariable<Class<T>>[] getTypeParameters()
```

Field 有如下方法：

```
public Type getGenericType()
```

Method 有如下方法：

```
public Type getGenericReturnType()
```

```
public Type[] getGenericParameterTypes()
public Type[] getGenericExceptionTypes()
```

Constructor 有如下方法：

```
public Type[] getGenericParameterTypes()
```

Type 是一个接口，Class 实现了 Type，Type 的其他子接口还有：

❑ TypeVariable：类型参数，可以有上界，比如 T extends Number；

❑ ParameterizedType：参数化的类型，有原始类型和具体的类型参数，比如 List<String>；

❑ WildcardType：通配符类型，比如 ?、? extends Number、? super Integer。

我们看一个简单的示例，如代码清单 21-2 所示。

代码清单21-2　通过反射获取泛型信息示例

```java
public class GenericDemo {
    static class GenericTest<U extends Comparable<U>, V> {
        U u;
        V v;
        List<String> list;
        public U test(List<? extends Number> numbers) {
            return null;
        }
    }
    public static void main(String[] args) throws Exception {
        Class<?> cls = GenericTest.class;
        //类的类型参数
        for(TypeVariable t : cls.getTypeParameters()) {
            System.out.println(t.getName() + " extends " +
                Arrays.toString(t.getBounds()));
        }
        //字段：泛型类型
        Field fu = cls.getDeclaredField("u");
        System.out.println(fu.getGenericType());
        //字段：参数化的类型
        Field flist = cls.getDeclaredField("list");
        Type listType = flist.getGenericType();
        if(listType instanceof ParameterizedType) {
            ParameterizedType pType = (ParameterizedType) listType;
            System.out.println("raw type: " + pType.getRawType()
                + ",type arguments:"
                + Arrays.toString(pType.getActualTypeArguments()));
        }
        //方法的泛型参数
        Method m = cls.getMethod("test", new Class[] { List.class });
        for(Type t : m.getGenericParameterTypes()) {
            System.out.println(t);
        }
    }
}
```

程序的输出为：

```
U extends [java.lang.Comparable<U>]
V extends [class java.lang.Object]
U
raw type: interface java.util.List,type arguments:[class java.lang.String]
java.util.List<? extends java.lang.Number>
```

代码比较简单，我们就不赘述了。

本章介绍了 Java 中反射相关的主要类和方法，通过入口类 Class，可以访问类的各种信息，如字段、方法、构造方法、父类、接口、泛型信息等，也可以创建和操作对象、调用方法等，利用这些方法，可以编写通用的、动态灵活的程序，本章演示了一个简单的通用序列化 / 反序列化类 SimpleMapper。

反射虽然是灵活的，但一般情况下，并不是我们优先建议的，主要原因是：

1）反射更容易出现运行时错误，使用显式的类和接口，编译器能帮我们做类型检查，减少错误，但使用反射，类型是运行时才知道的，编译器无能为力。

2）反射的性能要低一些，在访问字段、调用方法前，反射先要查找对应的 Field/Method，要慢一些。

简单地说，**如果能用接口实现同样的灵活性，就不要使用反射**。

本章介绍的很多类（如 Class、Field、Method、Constructor）都可以有注解，注解到底是什么呢？让我们下章探讨。

注　　解

前一章我们探讨了反射，反射相关的类中都有方法获取注解信息，我们在前面章节中也多次提到过注解，注解到底是什么呢？在 Java 中，注解就是给程序添加一些信息，用字符 @ 开头，这些信息用于修饰它后面紧挨着的其他代码元素，比如类、接口、字段、方法、方法中的参数、构造方法等。注解可以被编译器、程序运行时和其他工具使用，用于增强或修改程序行为等。

这么说比较抽象，下面我们会具体介绍。先介绍 Java 的一些内置注解，然后介绍一些框架和库的注解，了解了注解的使用之后，介绍怎么创建注解，如何利用反射查看注解信息，最后我们介绍注解的两个应用：定制序列化和依赖注入容器。

22.1　内置注解

Java 内置了一些常用注解：@Override、@Deprecated、@SuppressWarnings，我们简要介绍。

1. @Override

@Override 修饰一个方法，表示该方法不是当前类首先声明的，而是在某个父类或实现的接口中声明的，当前类"重写"了该方法，比如：

```
static class Base {
    public void action() {};
}
static class Child extends Base {
    @Override
    public void action(){
```

```
        System.out.println("child action");
    }
    @Override
    public String toString() {
        return "child";
    }
}
```

Child 的 action 方法重写了父类 Base 中的 action 方法，toString 方法重写了 Object 类中的 toString 方法。这个注解不写也不会改变这些方法是"重写"的本质，那有什么用呢？它可以减少一些编程错误。如果方法有 Override 注解，但没有任何父类或实现的接口声明该方法，则编译器会报错，强制程序员修复该问题。比如，在上面的例子中，如果程序员修改了 Base 方法中的 action 方法定义，变为了：

```
static class Base {
    public void doAction() {};
}
```

但是，程序员忘记了修改 Child 方法，如果没有 Override 注解，编译器不会报告任何错误，它会认为 action 方法是 Child 新加的方法，doAction 会调用父类的方法，这与程序员的期望是不符的，而有了 Override 注解，编译器就会报告错误。所以，如果方法是在父类或接口中定义的，加上 @Override 吧，让编译器帮你减少错误。

2. @Deprecated

@Deprecated 可以修饰的范围很广，包括类、方法、字段、参数等，它表示对应的代码已经过时了，程序员不应该使用它，不过，它是一种警告，而不是强制性的，在 IDE 如 Eclipse 中，会给 Deprecated 元素加一条删除线以示警告。比如，Date 中很多方法就过时了：

```
@Deprecated
public Date(int year, int month, int date)
@Deprecated
public int getYear()
```

在声明元素为 @Deprecated 时，应该用 Java 文档注释的方式同时说明替代方案，就像 Date 中的 API 文档那样，在调用 @Deprecated 方法时，应该先考虑其建议的替代方案。

从 Java 9 开始，@Deprecated 多了两个属性：since 和 forRemoval。since 是一个字符串，表示是从哪个版本开始过时的；forRemoval 是一个 boolean 值，表示将来是否会删除。比如，Java 9 中 Integer 的一个构造方法就从版本 9 开始过时了，其代码为：

```
@Deprecated(since="9")
public Integer(int value) {
    this.value = value;
}
```

3. @SuppressWarnings

@SuppressWarnings 表示压制 Java 的编译警告，它有一个必填参数，表示压制哪种类型的警告，它也可以修饰大部分代码元素，在更大范围的修饰也会对内部元素起效，比如，在类上的注解会影响到方法，在方法上的注解会影响到代码行。对于 Date 方法的调用，可以这样压制警告：

```
@SuppressWarnings({"deprecation","unused"})
public static void main(String[] args) {
    Date date = new Date(2017, 4, 12);
    int year = date.getYear();
}
```

Java 提供的内置注解比较少，我们日常开发中使用的注解基本都是自定义的。不过，一般也不是我们定义的，而是由各种框架和库定义的，我们主要还是根据它们的文档直接使用。

22.2 框架和库的注解

各种框架和库定义了大量的注解，程序员使用这些注解配置框架和库，与它们进行交互，我们先来看一些例子，包括 Jackson、依赖注入容器、Servlet 3.0、Web 应用框架等，最后我们总结下使用注解的思维逻辑。

1. Jackson

Jackson 是一个通用的序列化库，程序员可以使用它提供的注解对序列化进行定制，比如：

❑ 使用 @JsonIgnore 和 @JsonIgnoreProperties 配置忽略字段。

❑ 使用 @JsonManagedReference 和 @JsonBackReference 配置互相引用关系。

❑ 使用 @JsonProperty 和 @JsonFormat 配置字段的名称和格式等。

在 Java 提供注解功能之前，同样的配置功能也是可以实现的，一般通过配置文件实现，但是配置项和要配置的程序元素不在一个地方，难以管理和维护，使用注解就简单多了，代码和配置放在一起，一目了然，易于理解和维护。

2. 依赖注入容器

现代 Java 开发经常利用某种框架管理对象的生命周期及其依赖关系，这个框架一般称为 DI（Dependency Injection）容器。DI 是指依赖注入，流行的框架有 Spring、Guice 等。在使用这些框架时，程序员一般不通过 new 创建对象，而是由容器管理对象的创建，对于依赖的服务，也不需要自己管理，而是使用注解表达依赖关系。这么做的好处有很多，代码更为简单，也更为灵活，比如容器可以根据配置返回一个动态代理，实现 AOP，这部分我们在下一章再介绍。

看个简单的例子，Guice 定义了 Inject 注解，可以使用它表达依赖关系，比如像下面这样：

```
public class OrderService {
    @Inject
    UserService userService;
    @Inject
```

```
        ProductService productService;
        //…
    }
```

3. Servlet 3.0

Servlet 是 Java 为 Web 应用提供的技术框架，早期的 Servlet 只能在 web.xml 中进行配置，而 Servlet 3.0 则开始支持注解，可以使用 @WebServlet 配置一个类为 Servlet，比如：

```
@WebServlet(urlPatterns = "/async", asyncSupported = true)
public class AsyncDemoServlet extends HttpServlet {…}
```

4. Web 应用框架

在 Web 开发中，典型的架构都是 MVC（Model-View-Controller），典型的需求是配置哪个方法处理哪个 URL 的什么 HTTP 方法，然后将 HTTP 请求参数映射为 Java 方法的参数。各种框架如 Spring MVC、Jersey 等都支持使用注解进行配置，比如，使用 Jersey 的一个配置示例为：

```
@Path("/hello")
public class HelloResource {
    @GET
    @Path("test")
    @Produces(MediaType.APPLICATION_JSON)
    public Map<String, Object> test(
            @QueryParam("a") String a) {
        Map<String, Object> map = new HashMap<>();
        map.put("status", "ok");
        return map;
    }
}
```

类 HelloResource 将处理 Jersey 配置的根路径下 /hello 下的所有请求，而 test 方法将处理 /hello/test 的 GET 请求，响应格式为 JSON，自动映射 HTTP 请求参数 a 到方法参数 String a。

5. 神奇的注解

通过以上的例子，我们可以看出，注解似乎有某种神奇的力量，通过简单的声明，就可以达到某种效果。在某些方面，它类似于我们之前介绍的序列化，序列化机制中通过简单的 Serializable 接口，Java 就能自动处理很多复杂的事情。它也类似于我们在并发部分中介绍的 synchronized 关键字，通过它可以自动实现同步访问。

这些都是声明式编程风格，在这种风格中，程序都由三个组件组成：

❑ 声明的关键字和语法本身。

❑ 系统 / 框架 / 库，它们负责解释、执行声明式的语句。

❑ 应用程序，使用声明式风格写程序。

在编程的世界里，访问数据库的 SQL 语言、编写网页样式的 CSS，以及后续章节将要介绍的正则表达式、函数式编程都是这种风格，这种风格降低了编程的难度，为应用程序员提供了更为高级的语言，使得程序员可以在更高的抽象层次上思考和解决问题，而不是陷于底层的细节实现。

22.3 创建注解

框架和库是怎么实现注解的呢？我们来看注解的创建。

我们通过一些例子来说明，先看 @Override 的定义：

```
@Target(ElementType.METHOD)
@Retention(RetentionPolicy.SOURCE)
public @interface Override {
}
```

定义注解与定义接口有点类似，都用了 interface，不过注解的 interface 前多了 @。另外，它还有两个元注解 @Target 和 @Retention，这两个注解专门用于定义注解本身。@Target 表示注解的目标，@Override 的目标是方法（ElementType.METHOD）。ElementType 是一个枚举，主要可选值有：

- ❑ TYPE：表示类、接口（包括注解），或者枚举声明；
- ❑ FIELD：字段，包括枚举常量；
- ❑ METHOD：方法；
- ❑ PARAMETER：方法中的参数；
- ❑ CONSTRUCTOR：构造方法；
- ❑ LOCAL_VARIABLE：本地变量；
- ❑ MODULE：模块（Java 9 引入的）。

目标可以有多个，用 {} 表示，比如 @SuppressWarnings 的 @Target 就有多个。Java 7 的定义为：

```
@Target({TYPE, FIELD, METHOD, PARAMETER, CONSTRUCTOR, LOCAL_VARIABLE})
@Retention(RetentionPolicy.SOURCE)
public @interface SuppressWarnings {
    String[] value();
}
```

如果没有声明 @Target，默认为适用于所有类型。

@Retention 表示注解信息保留到什么时候，取值只能有一个，类型为 RetentionPolicy，它是一个枚举，有三个取值。

- ❑ SOURCE：只在源代码中保留，编译器将代码编译为字节码文件后就会丢掉。
- ❑ CLASS：保留到字节码文件中，但 Java 虚拟机将 class 文件加载到内存时不一定会在内存中保留。
- ❑ RUNTIME：一直保留到运行时。

如果没有声明 @Retention，则默认为 CLASS。

@Override 和 @SuppressWarnings 都是给编译器用的，所以 @Retention 都是 Retention-Policy.SOURCE。

可以为注解定义一些参数，定义的方式是在注解内定义一些方法，比如 @Suppress-Warnings 内定义的方法 value，返回值类型表示参数的类型，这里是 String[]。使用 @Suppress-Warnings 时必须给 value 提供值，比如：

```
@SuppressWarnings(value={"deprecation","unused"})
```

当只有一个参数，且名称为 value 时，提供参数值时可以省略 "value="，即上面的代码可以简写为：

```
@SuppressWarnings({"deprecation","unused"})
```

注解内参数的类型不是什么都可以的，合法的类型有基本类型、String、Class、枚举、注解，以及这些类型的数组。

参数定义时可以使用 default 指定一个默认值，比如，Guice 中 Inject 注解的定义：

```
@Target({ METHOD, CONSTRUCTOR, FIELD })
@Retention(RUNTIME)
@Documented
public @interface Inject {
    boolean optional() default false;
}
```

它有一个参数 optional，默认值为 false。如果类型为 String，默认值可以为 ""，但不能为 null。如果定义了参数且没有提供默认值，在使用注解时必须提供具体的值，不能为 null。

@Inject 多了一个元注解 @Documented，它表示注解信息包含到生成的文档中。

与接口和类不同，注解不能继承。不过注解有一个与继承有关的元注解 @Inherited，它是什么意思呢？我们看个例子：

```
public class InheritDemo {
    @Inherited
    @Retention(RetentionPolicy.RUNTIME)
    static @interface Test {
    }
    @Test
    static class Base {
    }
    static class Child extends Base {
    }
    public static void main(String[] args) {
        System.out.println(Child.class.isAnnotationPresent(Test.class));
    }
}
```

Test 是一个注解，类 Base 有该注解，Child 继承了 Base 但没有声明该注解。main 方法检查 Child 类是否有 Test 注解，输出为 true，这是因为 Test 有注解 @Inherited，如果去掉，输出会变成 false。

22.4 查看注解信息

创建了注解，就可以在程序中使用，注解指定的目标，提供需要的参数，但这还是不会影响到程序的运行。要影响程序，我们要先能查看这些信息。我们主要考虑 @Retention 为 RetentionPolicy.RUNTIME 的注解，利用反射机制在运行时进行查看和利用这些信息。

在上一章，我们提到了反射相关类中与注解有关的方法，这里汇总说明下，Class、Field、Method、Constructor 中都有如下方法：

```
//获取所有的注解
public Annotation[] getAnnotations()
//获取所有本元素上直接声明的注解，忽略inherited来的
public Annotation[] getDeclaredAnnotations()
//获取指定类型的注解，没有返回null
public <A extends Annotation> A getAnnotation(Class<A> annotationClass)
//判断是否有指定类型的注解
public boolean isAnnotationPresent(
    Class<? extends Annotation> annotationClass)
```

Annotation 是一个接口，它表示注解，具体定义为：

```
public interface Annotation {
    boolean equals(Object obj);
    int hashCode();
    String toString();
    //返回真正的注解类型
    Class<? extends Annotation> annotationType();
}
```

实际上，内部实现时，所有的注解类型都是扩展的 Annotation。

对于 Method 和 Contructor，它们都有方法参数，而参数也可以有注解，所以它们都有如下方法：

```
public Annotation[][] getParameterAnnotations()
```

返回值是一个二维数组，每个参数对应一个一维数组。我们看个简单的例子：

```
public class MethodAnnotations {
    @Target(ElementType.PARAMETER)
    @Retention(RetentionPolicy.RUNTIME)
    static @interface QueryParam {
        String value();
    }
    @Target(ElementType.PARAMETER)
    @Retention(RetentionPolicy.RUNTIME)
```

```
    static @interface DefaultValue {
        String value() default "";
    }
    public void hello(@QueryParam("action") String action,
            @QueryParam("sort") @DefaultValue("asc") String sort){
        //…
    }
    public static void main(String[] args) throws Exception {
        Class<?> cls = MethodAnnotations.class;
        Method method = cls.getMethod("hello",
                new Class[]{String.class, String.class});
        Annotation[][] annts = method.getParameterAnnotations();
        for(int i=0; i<annts.length; i++){
            System.out.println("annotations for paramter " + (i+1));
            Annotation[] anntArr = annts[i];
            for(Annotation annt : anntArr){
                if(annt instanceof QueryParam){
                    QueryParam qp = (QueryParam)annt;
                    System.out.println(qp.annotationType()
                            .getSimpleName()+":"+ qp.value());
                }else if(annt instanceof DefaultValue){
                    DefaultValue dv = (DefaultValue)annt;
                    System.out.println(dv.annotationType()
                            .getSimpleName()+":"+ dv.value());
                }
            }
        }
    }
}
```

这里定义了两个注解 @QueryParam 和 @DefaultValue，都用于修饰方法参数，方法 hello 使用了这两个注解，在 main 方法中，我们演示了如何获取方法参数的注解信息，输出为：

```
annotations for paramter 1
QueryParam:action
annotations for paramter 2
QueryParam:sort
DefaultValue:asc
```

代码比较简单，就不赘述了。

定义了注解，通过反射获取到注解信息，但具体怎么利用这些信息呢？我们看两个简单的示例，一个是定制序列化，另一个是 DI（依赖注入）容器。

22.5 注解的应用：定制序列化

在上一章，我们演示了一个简单的通用序列化类 SimpleMapper，在将对象转换为字符串时，格式是固定的，本节演示如何对输出格式进行定制化。我们实现一个简单的类

SimpleFormatter，它有一个方法：

```
public static String format(Object obj)
```

我们定义两个注解：@Label 和 @Format。@Label 用于定制输出字段的名称，@Format 用于定义日期类型的输出格式，它们的定义如下：

```
@Retention(RUNTIME)
@Target(FIELD)
public @interface Label {
    String value() default "";
}
@Retention(RUNTIME)
@Target(FIELD)
public @interface Format {
    String pattern() default "yyyy-MM-dd HH:mm:ss";
    String timezone() default "GMT+8";
}
```

可以用这两个注解来修饰要序列化的类字段，比如：

```
static class Student {
    @Label("姓名")
    String name;
    @Label("出生日期")
    @Format(pattern="yyyy/MM/dd")
    Date born;
    @Label("分数")
    double score;
    //其他代码
```

我们可以这样来使用 SimpleFormatter：

```
SimpleDateFormat sdf = new SimpleDateFormat("yyyy-MM-dd");
Student zhangsan = new Student("张三", sdf.parse("1990-12-12"), 80.9d);
System.out.println(SimpleFormatter.format(zhangsan));
```

输出为：

```
姓名: 张三
出生日期: 1990/12/12
分数: 80.9
```

可以看出，输出使用了自定义的字段名称和日期格式，SimpleFormatter.format() 是怎么利用这些注解的呢？我们看代码：

```
public static String format(Object obj) {
    try {
        Class<?> cls = obj.getClass();
        StringBuilder sb = new StringBuilder();
        for(Field f : cls.getDeclaredFields()) {
            if(!f.isAccessible()) {
```

```
                    f.setAccessible(true);
                }
                Label label = f.getAnnotation(Label.class);
                String name = label != null ? label.value() : f.getName();
                Object value = f.get(obj);
                if(value != null && f.getType() == Date.class) {
                    value = formatDate(f, value);
                }
                sb.append(name + ": " + value + "\n");
            }
        return sb.toString();
    } catch (IllegalAccessException e) {
        throw new RuntimeException(e);
    }
}
```

对于日期类型的字段，调用了 formatDate，其代码为：

```
private static Object formatDate(Field f, Object value) {
    Format format = f.getAnnotation(Format.class);
    if(format != null) {
        SimpleDateFormat sdf = new SimpleDateFormat(format.pattern());
        sdf.setTimeZone(TimeZone.getTimeZone(format.timezone()));
        return sdf.format(value);
    }
    return value;
}
```

这些代码都比较简单，我们就不解释了。

22.6　注解的应用：DI 容器

我们再来看一个简单的 DI 容器的例子。我们引入两个注解：一个是 @SimpleInject ；另一个是 @SimpleSingleton，先来看 @SimpleInject。

1. @SimpleInject
引入一个注解 @SimpleInject，修饰类中字段，表达依赖关系，定义为：

```
@Retention(RUNTIME)
@Target(FIELD)
public @interface SimpleInject {
}
```

我们看两个简单的服务 ServiceA 和 ServiceB，ServiceA 依赖于 ServiceB，它们的定义如代码清单 22-1 所示。

代码清单22-1　两个简单的服务ServiceA和ServiceB

```
public class ServiceA {
```

```
    @SimpleInject
    ServiceB b;
    public void callB(){
        b.action();
    }
}
public class ServiceB {
    public void action(){
        System.out.println("I'm B");
    }
}
```

ServiceA 使用 @SimpleInject 表达对 ServiceB 的依赖。

DI 容器的类为 SimpleContainer，提供一个方法：

```
public static <T> T getInstance(Class<T> cls)
```

应用程序使用该方法获取对象实例，而不是自己 new，使用方法如下所示：

```
ServiceA a = SimpleContainer.getInstance(ServiceA.class);
a.callB();
```

SimpleContainer.getInstance 会创建需要的对象，并配置依赖关系，其代码为：

```
public static <T> T getInstance(Class<T> cls) {
    try {
        T obj = cls.newInstance();
        Field[] fields = cls.getDeclaredFields();
        for(Field f : fields) {
            if(f.isAnnotationPresent(SimpleInject.class)) {
                if(!f.isAccessible()) {
                    f.setAccessible(true);
                }
                Class<?> fieldCls = f.getType();
                f.set(obj, getInstance(fieldCls));
            }
        }
        return obj;
    } catch (Exception e) {
        throw new RuntimeException(e);
    }
}
```

代码假定每个类型都有一个 public 默认构造方法，使用它创建对象，然后查看每个字段，如果有 SimpleInject 注解，就根据字段类型获取该类型的实例，并设置字段的值。

2. @SimpleSingleton

在上面的代码中，每次获取一个类型的对象，都会新创建一个对象，实际开发中，这可能不是期望的结果，期望的模式可能是单例，即每个类型只创建一个对象，该对象被所有访问的代码共享，怎么满足这种需求呢？我们增加一个注解 @SimpleSingleton，用于修饰类，表示类型是单例，定义如下：

```
@Retention(RUNTIME)
@Target(TYPE)
public @interface SimpleSingleton {
}
```

我们可以这样修饰 ServiceB：

```
@SimpleSingleton
public class ServiceB {
    public void action(){
        System.out.println("I'm B");
    }
}
```

SimpleContainer 也需要做修改，首先增加一个静态变量，缓存创建过的单例对象：

```
private static Map<Class<?>, Object> instances = new ConcurrentHashMap<>();
```

getInstance 也需要做修改，如下所示：

```
public static <T> T getInstance(Class<T> cls) {
    try {
        boolean singleton = cls.isAnnotationPresent(SimpleSingleton.class);
        if(!singleton) {
            return createInstance(cls);
        }
        Object obj = instances.get(cls);
        if(obj != null) {
            return (T) obj;
        }
        synchronized (cls) {
            obj = instances.get(cls);
            if(obj == null) {
                obj = createInstance(cls);
                instances.put(cls, obj);
            }
        }
        return (T) obj;
    } catch (Exception e) {
        throw new RuntimeException(e);
    }
}
```

首先检查类型是否是单例，如果不是，就直接调用 createInstance 创建对象。否则，检查缓存，如果有，直接返回，如果没有，则调用 createInstance 创建对象，并放入缓存中。

createInstance 与第一版的 getInstance 类似，代码为：

```
private static <T> T createInstance(Class<T> cls) throws Exception {
    T obj = cls.newInstance();
    Field[] fields = cls.getDeclaredFields();
```

```
    for(Field f : fields) {
        if(f.isAnnotationPresent(SimpleInject.class)) {
            if(!f.isAccessible()) {
                f.setAccessible(true);
            }
            Class<?> fieldCls = f.getType();
            f.set(obj, getInstance(fieldCls));
        }
    }
    return obj;
}
```

本章介绍了 Java 中的注解，包括注解的使用、自定义注解和应用示例，示例的完整代码在 github 上，地址为 https://github.com/swiftma/program-logic，位于包 shuo.laoma.dynamic.c85 下。

注解提升了 Java 语言的表达能力，有效地实现了应用功能和底层功能的分离，框架 / 库的程序员可以专注于底层实现，借助反射实现通用功能，提供注解给应用程序员使用，应用程序员可以专注于应用功能，通过简单的声明式注解与框架 / 库进行协作。

下一章，我们来探讨 Java 中一种更为动态灵活的机制：动态代理。

动 态 代 理

本章，我们来探讨 Java 中另外一个动态特性：动态代理。动态代理是一种强大的功能，它可以在运行时动态创建一个类，实现一个或多个接口，可以在不修改原有类的基础上动态为通过该类获取的对象添加方法、修改行为，这么描述比较抽象，下文会具体介绍。这些特性使得它广泛应用于各种系统程序、框架和库中，比如 Spring、Hibernate、MyBatis、Guice 等。

动态代理是实现面向切面的编程 AOP（Aspect Oriented Programming）的基础。切面的例子有日志、性能监控、权限检查、数据库事务等，它们在程序的很多地方都会用到，代码都差不多，但与某个具体的业务逻辑关系也不太密切，如果在每个用到的地方都写，代码会很冗余，也难以维护，AOP 将这些切面与主体逻辑相分离，代码简单优雅得多。

和注解类似，在大部分的应用编程中，我们不需要自己实现动态代理，而只需要按照框架和库的文档说明进行使用就可以了。不过，理解动态代理有助于我们更为深刻地理解这些框架和库，也能更好地应用它们，在自己的业务需要时，也能自己实现。

要理解动态代理，我们首先要了解静态代理，了解了静态代理后，我们再来看动态代理。动态代理有两种实现方式：一种是 Java SDK 提供的；另外一种是第三方库（如 cglib）提供的。我们会分别介绍这两种方式，包括其用法和基本实现原理，理解了基本概念和原理后，我们来看一个简单的应用，实现一个极简的 AOP 框架。

23.1　静态代理

我们首先介绍代理。代理是一个比较通用的词，作为一个软件设计模式，它在《设计模式》一书中被提出，基本概念和日常生活中的概念是类似的。代理背后一般至少有一个实际对象，代理的外部功能和实际对象一般是一样的，用户与代理打交道，不直接接触实际对象。虽然外部功能和实际对象一样，但代理有它存在的价值，比如：

1）节省成本比较高的实际对象的创建开销，按需延迟加载，创建代理时并不真正创建实际对象，而只是保存实际对象的地址，在需要时再加载或创建。

2）执行权限检查，代理检查权限后，再调用实际对象。

3）屏蔽网络差异和复杂性，代理在本地，而实际对象在其他服务器上，调用本地代理时，本地代理请求其他服务器。

代理模式的代码结构也比较简单，我们看个简单的例子，如代码清单代码 23-1 所示。

代码清单23-1　静态代理示例

```java
public class SimpleStaticProxyDemo {
    static interface IService {
        public void sayHello();
    }
    static class RealService implements IService {
        @Override
        public void sayHello() {
            System.out.println("hello");
        }
    }
    static class TraceProxy implements IService {
        private IService realService;
        public TraceProxy(IService realService) {
            this.realService = realService;
        }
        @Override
        public void sayHello() {
            System.out.println("entering sayHello");
            this.realService.sayHello();
            System.out.println("leaving sayHello");
        }
    }
    public static void main(String[] args) {
        IService realService = new RealService();
        IService proxyService = new TraceProxy(realService);
        proxyService.sayHello();
    }
}
```

代理和实际对象一般有相同的接口，在这个例子中，共同的接口是 IService，实际对象是 RealService，代理是 TraceProxy。TraceProxy 内部有一个 IService 的成员变量，指向实际对象，在构造方法中被初始化，对于方法 sayHello 的调用，它转发给了实际对象，在调用前后输出了一些跟踪调试信息，程序输出为：

```
entering sayHello
hello
```

```
leaving sayHello
```

我们在第 12 章介绍过两种设计模式：适配器和装饰器，它们与代理模式有点类似，它们的背后都有一个别的实际对象，都是通过组合的方式指向该对象，不同之处在于，适配器是提供了一个不一样的新接口，装饰器是对原接口起到了"装饰"作用，可能是增加了新接口、修改了原有的行为等，代理一般不改变接口。不过，我们并不想强调它们的差别，可以将它们看作代理的变体，统一看待。

在上面的例子中，我们想达到的目的是在实际对象的方法调用前后加一些调试语句。为了在不修改原类的情况下达到这个目的，我们在代码中创建了一个代理类 TraceProxy，它的代码是在写程序时固定的，所以称为静态代理。

输出跟踪调试信息是一个通用需求，可以想象，如果每个类都需要，而又不希望修改类定义，我们需要为每个类创建代理，实现所有接口，这个工作就太烦琐了，如果再有其他的切面需求，整个工作可能又要重来一遍。这时，就需要动态代理了，主要有两种方式实现动态代理：Java SDK 和第三方库 cglib，我们先来介绍 Java SDK。

23.2 Java SDK 动态代理

我们先介绍它的用法，然后介绍实现原理，最后分析它的优点。

23.2.1 用法

在静态代理中，代理类是直接定义在代码中的，在动态代理中，代理类是动态生成的，怎么动态生成呢？我们用动态代理实现前面的例子，如代码清单 23-2 所示。

代码清单23-2 使用Java SDK实现动态代理示例

```java
public class SimpleJDKDynamicProxyDemo {
    static interface IService {
        public void sayHello();
    }
    static class RealService implements IService {
        @Override
        public void sayHello() {
            System.out.println("hello");
        }
    }
    static class SimpleInvocationHandler implements InvocationHandler {
        private Object realObj;
        public SimpleInvocationHandler(Object realObj) {
            this.realObj = realObj;
        }
        @Override
        public Object invoke(Object proxy, Method method,
                Object[] args) throws Throwable {
```

```
            System.out.println("entering " + method.getName());
            Object result = method.invoke(realObj, args);
            System.out.println("leaving " + method.getName());
            return result;
        }
    }
    public static void main(String[] args) {
        IService realService = new RealService();
        IService proxyService = (IService) Proxy.newProxyInstance(
            IService.class.getClassLoader(), new Class<?>[] { IService.class },
                new SimpleInvocationHandler(realService));
        proxyService.sayHello();
    }
}
```

代码看起来更为复杂了,这有什么用呢? 别着急,我们慢慢解释。IService 和 Real-Service 的定义不变,程序的输出也没变,但代理对象 proxyService 的创建方式变了,它使用 java.lang.reflect 包中的 Proxy 类的静态方法 newProxyInstance 来创建代理对象,这个方法的声明如下:

```
public static Object newProxyInstance(ClassLoader loader,
    Class<?>[] interfaces, InvocationHandler h)
```

它有三个参数,具体如下。

1)loader 表示类加载器,下一章我们会单独探讨,例子使用和 IService 一样的类加载器。

2)interfaces 表示代理类要实现的接口列表,是一个数组,**元素的类型只能是接口,不能是普通的类**,例子中只有一个 IService。

3)h 的类型为 InvocationHandler,它是一个接口,也定义在 java.lang.reflect 包中,它只定义了一个方法 invoke,对代理接口所有方法的调用都会转给该方法。

newProxyInstance 的返回值类型为 Object,可以强制转换为 interfaces 数组中的某个接口类型。这里我们强制转换为了 IService 类型,需要注意的是,**它不能强制转换为某个类类型**,比如 RealService,即使它实际代理的对象类型为 RealService。

SimpleInvocationHandler 实现了 InvocationHandler,它的构造方法接受一个参数 realObj 表示被代理的对象,invoke 方法处理所有的接口调用,它有三个参数:

1)proxy 表示代理对象本身,需要注意,它不是被代理的对象,这个参数一般用处不大。

2)method 表示正在被调用的方法。

3)args 表示方法的参数。

在 SimpleInvocationHandler 的 invoke 实现中,我们调用了 method 的 invoke 方法,传递了实际对象 realObj 作为参数,达到了调用实际对象对应方法的目的,在调用任何方法前后,我们输出了跟踪调试语句。需要注意的是,**不能将 proxy 作为参数传递给 method.invoke**,比如:

```
Object result = method.invoke(proxy, args);
```

上面的语句会出现死循环，因为 proxy 表示当前代理对象，这又会调用到 SimpleInvocationHandler 的 invoke 方法。

23.2.2 基本原理

看了上面的介绍是不是更晕了，没关系，看下 Proxy.newProxyInstance 的内部就理解了。代码清单 23-2 中创建 proxyService 的代码可以用如下代码代替：

```
Class<?> proxyCls = Proxy.getProxyClass(IService.class.getClassLoader(),
        new Class<?>[] { IService.class });
Constructor<?> ctor = proxyCls.getConstructor(
    new Class<?>[] { InvocationHandler.class });
InvocationHandler handler = new SimpleInvocationHandler(realService);
IService proxyService = (IService) ctor.newInstance(handler);
```

分为三步：

1）通过 Proxy.getProxyClass 创建代理类定义，类定义会被缓存；

2）获取代理类的构造方法，构造方法有一个 InvocationHandler 类型的参数；

3）创建 InvocationHandler 对象，创建代理类对象。

Proxy.getProxyClass 需要两个参数：一个是 ClassLoader；另一个是接口数组。它会动态生成一个类，类名以 $Proxy 开头，后跟一个数字。对于上面的例子，动态生成的类定义如代码清单 23-3 所示，为简化起见，我们忽略了异常处理的代码。

代码清单23-3　Java SDK动态生成的代理类示例

```
final class $Proxy0 extends Proxy implements
        SimpleJDKDynamicProxyDemo.IService {
    private static Method m1;
    private static Method m3;
    private static Method m2;
    private static Method m0;
    public $Proxy0(InvocationHandler paramInvocationHandler) {
        super(paramInvocationHandler);
    }
    public final boolean equals(Object paramObject) {
        return((Boolean) this.h.invoke(this, m1,
                new Object[] { paramObject })).booleanValue();
    }
    public final void sayHello() {
        this.h.invoke(this, m3, null);
    }
    public final String toString() {
        return (String) this.h.invoke(this, m2, null);
    }
    public final int hashCode() {
        return ((Integer) this.h.invoke(this, m0, null)).intValue();
```

```
    }
    static {
        m1 = Class.forName("java.lang.Object").getMethod("equals",
                new Class[] { Class.forName("java.lang.Object") });
        m3 = Class.forName(
                "laoma.demo.proxy.SimpleJDKDynamicProxyDemo$IService")
                .getMethod("sayHello",new Class[0]);
        m2 = Class.forName("java.lang.Object")
                .getMethod("toString", new Class[0]);
        m0 = Class.forName("java.lang.Object")
                .getMethod("hashCode", new Class[0]);
    }
}
```

$Proxy0 的父类是 Proxy，它有一个构造方法，接受一个 InvocationHandler 类型的参数，保存为了实例变量 h，h 定义在父类 Proxy 中，它实现了接口 IService，对于每个方法，如 sayHello，它调用 InvocationHandler 的 invoke 方法，对于 Object 中的方法，如 hashCode、equals 和 toString，$Proxy0 同样转发给了 InvocationHandler。

可以看出，**这个类定义本身与被代理的对象没有关系，与 InvocationHandler 的具体实现也没有关系，而主要与接口数组有关，给定这个接口数组，它动态创建每个接口的实现代码，实现就是转发给 InvocationHandler，与被代理对象的关系以及对它的调用由 InvocationHandler 的实现管理。**

我们是怎么知道 $Proxy0 的定义的呢？对于 Oracle 的 JVM，可以配置 java 的一个属性得到，比如：

```
java -Dsun.misc.ProxyGenerator.saveGeneratedFiles=true shuo.laoma.dynamic.c86.
    SimpleJDKDynamicProxyDemo
```

以上命令会把动态生成的代理类 $Proxy0 保存到文件 $Proxy0.class 中，通过一些反编译器工具比如 JD-GUI（http://jd.benow.ca/）就可以得到源码。

理解了代理类的定义，后面的代码就比较容易理解了，就是获取构造方法，创建代理对象。

23.2.3　动态代理的优点

相比静态代理，动态代理看起来麻烦了很多，它有什么好处呢？**使用动态代理，可以编写通用的代理逻辑，用于各种类型的被代理对象，而不需要为每个被代理的类型都创建一个静态代理类。**看个简单的示例，如代码清单 23-4 所示。

代码清单23-4　通用的动态代理类示例

```
public class GeneralProxyDemo {
    static interface IServiceA {
        public void sayHello();
    }
```

```java
    static class ServiceAImpl implements IServiceA {
        @Override
        public void sayHello() {
            System.out.println("hello");
        }
    }
    static interface IServiceB {
        public void fly();
    }
    static class ServiceBImpl implements IServiceB {
        @Override
        public void fly() {
            System.out.println("flying");
        }
    }
    static class SimpleInvocationHandler implements InvocationHandler {
        private Object realObj;
        public SimpleInvocationHandler(Object realObj) {
            this.realObj = realObj;
        }
        @Override
        public Object invoke(Object proxy, Method method, Object[] args)
                throws Throwable {
            System.out.println("entering " + realObj.getClass()
                .getSimpleName() + "::" + method.getName());
            Object result = method.invoke(realObj, args);
            System.out.println("leaving " + realObj.getClass()
                .getSimpleName() + "::" + method.getName());
            return result;
        }
    }
    private static <T> T getProxy(Class<T> intf, T realObj) {
        return (T) Proxy.newProxyInstance(intf.getClassLoader(),
                new Class<?>[] { intf }, new SimpleInvocationHandler(realObj));
    }
    public static void main(String[] args) throws Exception {
        IServiceA a = new ServiceAImpl();
        IServiceA aProxy = getProxy(IServiceA.class, a);
        aProxy.sayHello();
        IServiceB b = new ServiceBImpl();
        IServiceB bProxy = getProxy(IServiceB.class, b);
        bProxy.fly();
    }
}
```

在这个例子中，有两个接口 IServiceA 和 IServiceB，它们对应的实现类是 Service-AImpl 和 ServiceBImpl，虽然它们的接口和实现不同，但利用动态代理，它们可以调用同样的方法 getProxy 获取代理对象，共享同样的代理逻辑 SimpleInvocationHandler，即在每个方法调用前后输出一条跟踪调试语句。程序输出为：

```
entering ServiceAImpl::sayHello
hello
leaving ServiceAImpl::sayHello
entering ServiceBImpl::fly
flying
leaving ServiceBImpl::fly
```

23.3 cglib 动态代理

Java SDK 动态代理的局限在于，它只能为接口创建代理，返回的代理对象也只能转换到某个接口类型，如果一个类没有接口，或者希望代理非接口中定义的方法，那就没有办法了。有一个第三方的类库 cglib（https://github.com/cglib/cglib），可以做到这一点，Spring、Hibernate 等都使用该类库。我们看个简单的例子，如代码清单 23-5 所示。

代码清单23-5　cglib动态代理示例

```java
public class SimpleCGLibDemo {
    static class RealService {
        public void sayHello() {
            System.out.println("hello");
        }
    }
    static class SimpleInterceptor implements MethodInterceptor {
        @Override
        public Object intercept(Object object, Method method,
                Object[] args, MethodProxy proxy) throws Throwable {
            System.out.println("entering " + method.getName());
            Object result = proxy.invokeSuper(object, args);
            System.out.println("leaving " + method.getName());
            return result;
        }
    }
     private static <T> T getProxy(Class<T> cls) {
        Enhancer enhancer = new Enhancer();
        enhancer.setSuperclass(cls);
        enhancer.setCallback(new SimpleInterceptor());
        return (T) enhancer.create();
    }
    public static void main(String[] args) throws Exception {
        RealService proxyService = getProxy(RealService.class);
        proxyService.sayHello();
    }
}
```

RealService 表示被代理的类，它没有接口。getProxy() 为一个类生成代理对象，这个代理对象可以安全地转换为被代理类的类型，它使用了 cglib 的 Enhancer 类。Enhancer 类的 setSuperclass 设置被代理的类，setCallback 设置被代理类的 public 非 final 方法被调用时的处理类。Enhancer 支持多种类型，这里使用的类实现了 MethodInterceptor 接口，它与 Java SDK 中的 InvocationHandler 有点类似，方法名称变成了 intercept，多了一个 MethodProxy 类型的参数。

与前面的 InvocationHandler 不同，SimpleInterceptor 中没有被代理的对象，它通过 MethodProxy 的 invokeSuper 方法调用被代理类的方法：

```
Object result = proxy.invokeSuper(object, args);
```

注意，它不能这样调用被代理类的方法：

```
Object result = method.invoke(object, args);
```

object 是代理对象，调用这个方法还会调用到 SimpleInterceptor 的 intercept 方法，造成死循环。

在 main 方法中，我们也没有创建被代理的对象，创建的对象直接就是代理对象。

cglib 的实现机制与 Java SDK 不同，它是通过继承实现的，它也是动态创建了一个类，但这个类的父类是被代理的类，代理类重写了父类的所有 public 非 final 方法，改为调用 Callback 中的相关方法，在上例中，调用 SimpleInterceptor 的 intercept 方法。

23.4　Java SDK 代理与 cglib 代理比较

Java SDK 代理面向的是一组接口，它为这些接口动态创建了一个实现类。接口的具体实现逻辑是通过自定义的 InvocationHandler 实现的，这个实现是自定义的，也就是说，其**背后都不一定有真正被代理的对象，也可能有多个实际对象，根据情况动态选择。cglib 代理面向的是一个具体的类**，它动态创建了一个新类，继承了该类，重写了其方法。

从代理的角度看，**Java SDK 代理的是对象**，需要先有一个实际对象，自定义的 InvocationHandler 引用该对象，然后创建一个代理类和代理对象，客户端访问的是代理对象，代理对象最后再调用实际对象的方法；**cglib 代理的是类**，创建的对象只有一个。

如果目的都是为一个类的方法增强功能，Java SDK 要求该类必须有接口，且只能处理接口中的方法，cglib 没有这个限制。

23.5　动态代理的应用：AOP

利用 cglib 动态代理，我们实现一个极简的 AOP 框架，演示 AOP 的基本思路和技术，先来看这个框架的用法，然后分析其实现原理。

23.5.1　用法

我们添加一个新的注解 @Aspect，其定义为：

```
@Retention(RUNTIME)
@Target(TYPE)
public @interface Aspect {
    Class<?>[] value();
}
```

它用于注解切面类，它有一个参数，可以指定要增强的类，比如：

```
@Aspect({ServiceA.class,ServiceB.class})
public class ServiceLogAspect
```

ServiceLogAspect 就是一个切面，它负责类 ServiceA 和 ServiceB 的日志切面，即为这两个类增加日志功能。再如：

```
@Aspect({ServiceB.class})
public class ExceptionAspect
```

ExceptionAspect 也是一个切面，它负责类 ServiceB 的异常切面。

这些切面类与主体类怎么协作呢？我们约定，切面类可以声明三个方法 before/after/exception，在主体类的方法调用前 / 调用后 / 出现异常时分别调用这三个方法，这三个方法的声明需符合如下签名：

```
public static void before(Object object, Method method, Object[] args)
public static void after(Object object, Method method,
    Object[] args, Object result)
public static void exception(Object object, Method method,
    Object[] args, Throwable e)
```

object、method 和 args 与 cglib MethodInterceptor 中的 invoke 参数一样，after 中的 result 表示方法执行的结果，exception 中的 e 表示发生的异常类型。

ServiceLogAspect 实现了 before 和 after 方法，加了一些日志，如代码清单 23-6 所示。

代码清单23-6　日志切面类

```
@Aspect({ ServiceA.class, ServiceB.class })
public class ServiceLogAspect {
    public static void before(Object object, Method method, Object[] args) {
        System.out.println("entering " + method.getDeclaringClass()
                .getSimpleName() + "::" + method.getName()
                + ", args: " + Arrays.toString(args));
    }
    public static void after(Object object, Method method, Object[] args,
            Object result) {
        System.out.println("leaving " + method.getDeclaringClass()
                .getSimpleName() + "::" + method.getName()
                + ", result: " + result);
    }
}
```

ExceptionAspect 只实现 exception 方法，在异常发生时，输出一些信息，如代码清单 23-7

所示。

代码清单23-7　异常切面类

```
@Aspect({ ServiceB.class })
public class ExceptionAspect {
    public static void exception(Object object,
            Method method, Object[] args, Throwable e) {
        System.err.println("exception when calling: "
                + method.getName() + "," + Arrays.toString(args));
    }
}
```

ServiceLogAspect 的目的是在类 ServiceA 和 ServiceB 所有方法的执行前后加一些日志，而 ExceptionAspect 的目的是在类 ServiceB 的方法执行出现异常时收到通知并输出一些信息。**它们都没有修改类 ServiceA 和 ServiceB 本身，本身做的事是比较通用的，与 ServiceA 和 ServiceB 的具体逻辑关系也不密切，但又想改变 ServiceA/ServiceB 的行为，这就是 AOP 的思维。**

只是声明一个切面类是不起作用的，我们需要与第 22 章介绍的 DI 容器结合起来。我们实现一个新的容器 CGLibContainer，它有一个方法：

```
public static <T> T getInstance(Class<T> cls)
```

通过该方法获取 ServiceA 或 ServiceB，它们的行为就会被改变，ServiceA 和 ServiceB 的定义与第 22 章一样，如代码清单 22-1 所示，这里就不重复了。

通过 CGLibContainer 获取 ServiceA，会自动应用 ServiceLogAspect，比如：

```
ServiceA a = CGLibContainer.getInstance(ServiceA.class);
a.callB();
```

输出为：

```
entering ServiceA::callB, args: []
entering ServiceB::action, args: []
I'm B
leaving ServiceB::action, result: null
leaving ServiceA::callB, result: null
```

23.5.2　实现原理

这是怎么做到的呢？ CGLibContainer 在初始化的时候，会分析带有 @Aspect 注解的类，分析出每个类的方法在调用前 / 调用后 / 出现异常时应该调用哪些方法，在创建该类的对象时，如果有需要被调用的方法，则创建一个动态代理对象，下面我们具体来看下代码。

为简化起见，我们基于第 22 章介绍的 DI 容器的第一个版本，即每次获取对象时都创建一个，不支持单例。我们定义一个枚举 InterceptPoint，表示切点（调用前 / 调用后 / 出现异常）：

```
public static enum InterceptPoint {
    BEFORE, AFTER, EXCEPTION
}
```

在 CGLibContainer 中定义一个静态变量，表示每个类的每个切点的方法列表，定义如下：

```
static Map<Class<?>, Map<InterceptPoint, List<Method>>> interceptMethodsMap
    = new HashMap<>();
```

我们在 CGLibContainer 的类初始化过程中初始化该对象，方法是分析每个带有 @Aspect 注解的类，这些类一般可以通过扫描所有的类得到，为简化起见，我们将它们写在代码中，如下所示：

```
static Class<?>[] aspects = new Class<?>[] {
    ServiceLogAspect.class, ExceptionAspect.class };
```

分析这些带 @Aspect 注解的类，并初始化 interceptMethodsMap 的代码如下所示：

```
static {
    init();
}
private static void init() {
    for(Class<?> cls : aspects) {
        Aspect aspect = cls.getAnnotation(Aspect.class);
        if(aspect != null) {
            Method before = getMethod(cls, "before", new Class<?>[] {
                Object.class, Method.class, Object[].class });
            Method after = getMethod(cls, "after", new Class<?>[] {
                Object.class, Method.class, Object[].class, Object.class });
            Method exception = getMethod(cls, "exception", new Class<?>[] {
                Object.class, Method.class, Object[].class, Throwable.class });
            Class<?>[] intercepttedArr = aspect.value();
            for(Class<?> interceptted : intercepttedArr) {
                addInterceptMethod(interceptted,
                        InterceptPoint.BEFORE, before);
                addInterceptMethod(interceptted, InterceptPoint.AFTER, after);
                addInterceptMethod(interceptted,
                        InterceptPoint.EXCEPTION, exception);
            }
        }
    }
}
```

对每个切面，即带有 @Aspect 注解的类 cls，查找其 before/after/exception 方法，调用方法 addInterceptMethod 将其加入目标类的切点方法列表中，addInterceptMethod 的代码为：

```
private static void addInterceptMethod(Class<?> cls,
        InterceptPoint point, Method method) {
    if(method == null) {
        return;
    }
```

```
    Map<InterceptPoint, List<Method>> map = interceptMethodsMap.get(cls);
    if(map == null) {
        map = new HashMap<>();
        interceptMethodsMap.put(cls, map);
    }
    List<Method> methods = map.get(point);
    if(methods == null) {
        methods = new ArrayList<>();
        map.put(point, methods);
    }
    methods.add(method);
}
```

准备好了每个类的每个切点的方法列表，我们来看根据类型创建实例的代码：

```
private static <T> T createInstance(Class<T> cls)
        throws InstantiationException, IllegalAccessException {
    if(!interceptMethodsMap.containsKey(cls)) {
        return (T) cls.newInstance();
    }
    Enhancer enhancer = new Enhancer();
    enhancer.setSuperclass(cls);
    enhancer.setCallback(new AspectInterceptor());
    return (T) enhancer.create();
}
```

如果类型 cls 不需要增强，则直接调用 cls.newInstance()，否则使用 cglib 创建动态代理，callback 为 AspectInterceptor，其代码为：

```
static class AspectInterceptor implements MethodInterceptor {
    @Override
    public Object intercept(Object object, Method method,
            Object[] args, MethodProxy proxy) throws Throwable {
        //执行before方法
        List<Method> beforeMethods = getInterceptMethods(
                object.getClass().getSuperclass(), InterceptPoint.BEFORE);
        for(Method m : beforeMethods) {
            m.invoke(null, new Object[] { object, method, args });
        }
        try {
            //调用原始方法
            Object result = proxy.invokeSuper(object, args);
            //执行after方法
            List<Method> afterMethods = getInterceptMethods(
                    object.getClass().getSuperclass(), InterceptPoint.AFTER);
            for(Method m : afterMethods) {
                m.invoke(null, new Object[] { object, method, args, result });
            }
            return result;
        } catch (Throwable e) {
            //执行exception方法
```

```
    List<Method> exceptionMethods = getInterceptMethods(
        object.getClass().getSuperclass(), InterceptPoint.EXCEPTION);
    for(Method m : exceptionMethods) {
        m.invoke(null, new Object[] { object, method, args, e });
    }
    throw e;
        }
    }
}
```

这段代码也容易理解，它根据原始类的实际类型查找应该执行的 before/after/exception 方法列表，在调用原始方法前执行 before 方法，执行后执行 after 方法，出现异常时执行 exception 方法。getInterceptMethods 方法的代码为：

```
static List<Method> getInterceptMethods(Class<?> cls,
        InterceptPoint point) {
    Map<InterceptPoint, List<Method>> map = interceptMethodsMap.get(cls);
    if(map == null) {
        return Collections.emptyList();
    }
    List<Method> methods = map.get(point);
    if(methods == null) {
        return Collections.emptyList();
    }
    return methods;
}
```

这段代码也容易理解。CGLibContainer 最终的 getInstance 方法就简单了，它调用 create-Instance 创建实例，代码如下所示：

```
public static <T> T getInstance(Class<T> cls) {
    try {
        T obj = createInstance(cls);
        Field[] fields = cls.getDeclaredFields();
        for(Field f : fields) {
            if(f.isAnnotationPresent(SimpleInject.class)) {
                if(!f.isAccessible()) {
                    f.setAccessible(true);
                }
                Class<?> fieldCls = f.getType();
                f.set(obj, getInstance(fieldCls));
            }
        }
        return obj;
    } catch (Exception e) {
        throw new RuntimeException(e);
    }
}
```

相比完整的 AOP 框架，这个 AOP 的实现是非常粗糙的，主要用于解释动态代理的应用和 AOP 的一些基本思路和原理。完整的代码在 github 上，地址为 https://github.com/swift-ma/program-logic，位于包 shuo.laoma.dynamic.c86 下。

本章探讨了 Java 中的代理，从静态代理到两种动态代理。动态代理广泛应用于各种系统程序、框架和库中，用于为应用程序员提供易用的支持、实现 AOP，以及其他灵活通用的功能，理解了动态代理，我们就能更好地利用这些系统程序、框架和库，在需要的时候，也可以自己创建动态代理。

下一章，我们来进一步理解 Java 中的类加载过程，探讨如何利用自定义的类加载器实现更为动态强大的功能。

类加载机制

在前几章中，我们多次提到了类加载器 ClassLoader，本章就来详细讨论 Java 中的类加载机制与 ClassLoader。

类加载器 ClassLoader 就是加载其他类的类，它负责将字节码文件加载到内存，创建 Class 对象。与之前介绍的反射、注解和动态代理一样，在大部分的应用编程中，我们不需要自己实现 ClassLoader。

不过，理解类加载的机制和过程，有助于我们更好地理解之前介绍的内容。在反射一章，我们介绍过 Class 的静态方法 Class.forName，理解类加载器有助于我们更好地理解该方法。

ClassLoader 一般是系统提供的，不需要自己实现，不过，通过创建自定义的 ClassLoader，可以实现一些强大灵活的功能，比如：

1）**热部署**。在不重启 Java 程序的情况下，动态替换类的实现，比如 Java Web 开发中的 JSP 技术就利用自定义的 ClassLoader 实现修改 JSP 代码即生效，OSGi（Open Services Gateway initiative）框架使用自定义 ClassLoader 实现动态更新。

2）**应用的模块化和相互隔离**。不同的 ClassLoader 可以加载相同的类但互相隔离、互不影响。Web 应用服务器如 Tomcat 利用这一点在一个程序中管理多个 Web 应用程序，每个 Web 应用使用自己的 ClassLoader，这些 Web 应用互不干扰。OSGi 和 Java 9 利用这一点实现了一个动态模块化架构，每个模块有自己的 ClassLoader，不同模块可以互不干扰。

3）**从不同地方灵活加载**。系统默认的 ClassLoader 一般从本地的 .class 文件或 jar 文件中加载字节码文件，通过自定义的 ClassLoader，我们可以从共享的 Web 服务器、数据库、缓存服务器等其他地方加载字节码文件。

理解自定义 ClassLoader 有助于我们理解这些系统程序和框架，如 Tomat、JSP、OSGi，在业务需要的时候，也可以借助自定义 ClassLoader 实现动态灵活的功能。

下面，我们首先来进一步理解 Java 加载类的过程，理解类 ClassLoader 和 Class.for-Name，介绍一个简单的应用，然后探讨如何实现自定义 ClassLoader，演示如何利用它实现热部署。

24.1 类加载的基本机制和过程

运行 Java 程序，就是执行 java 这个命令，指定包含 main 方法的完整类名，以及一个 classpath，即类路径。类路径可以有多个，对于直接的 class 文件，路径是 class 文件的根目录，对于 jar 包，路径是 jar 包的完整名称（包括路径和 jar 包名）。

Java 运行时，会根据类的完全限定名寻找并加载类，寻找的方式基本就是在系统类和指定的类路径中寻找，如果是 class 文件的根目录，则直接查看是否有对应的子目录及文件；如果是 jar 文件，则首先在内存中解压文件，然后再查看是否有对应的类。

负责加载类的类就是类加载器，它的输入是完全限定的类名，输出是 Class 对象。类加载器不是只有一个，一般程序运行时，都会有三个（适用于 Java 9 之前，Java 9 引入了模块化，基本概念是类似的，但有一些变化，限于篇幅，就不探讨了）。

1）**启动类加载器**（Bootstrap ClassLoader）：这个加载器是 Java 虚拟机实现的一部分，不是 Java 语言实现的，一般是 C++ 实现的，它负责加载 Java 的基础类，主要是 <JAVA_HOME>/lib/rt.jar，我们日常用的 Java 类库比如 String、ArrayList 等都位于该包内。

2）**扩展类加载器**（Extension ClassLoader）：这个加载器的实现类是 sun.misc.Launcher$ExtClassLoader，它负责加载 Java 的一些扩展类，一般是 <JAVA_HOME>/lib/ext 目录中的 jar 包。

3）**应用程序类加载器**（Application ClassLoader）：这个加载器的实现类是 sun.misc.Launcher$AppClassLoader，它负责加载应用程序的类，包括自己写的和引入的第三方法类库，即所有在类路径中指定的类。

这三个类加载器有一定的关系，可以认为是父子关系，Application ClassLoader 的父亲是 Extension ClassLoader，Extension 的父亲是 Bootstrap ClassLoader。注意不是父子继承关系，而是父子委派关系，子 ClassLoader 有一个变量 parent 指向父 ClassLoader，在子 ClassLoader 加载类时，一般会首先通过父 ClassLoader 加载，具体来说，在加载一个类时，基本过程是：

1）判断是否已经加载过了，加载过了，直接返回 Class 对象，一个类只会被一个 ClassLoader 加载一次。

2）如果没有被加载，先让父 ClassLoader 去加载，如果加载成功，返回得到的 Class 对象。

3）在父 ClassLoader 没有加载成功的前提下，自己尝试加载类。

　　这个过程一般被称为"**双亲委派**"模型，即优先让父 ClassLoader 去加载。为什么要先让父 ClassLoader 去加载呢？这样，可以避免 Java 类库被覆盖的问题。比如，用户程序也定义了一个类 java.lang.String，通过双亲委派，java.lang.String 只会被 Bootstrap ClassLoader 加载，避免自定义的 String 覆盖 Java 类库的定义。

　　需要了解的是，"双亲委派"虽然是一般模型，但也有一些例外，比如：

　　1）**自定义的加载顺序**：尽管不被建议，自定义的 ClassLoader 可以不遵从"双亲委派"这个约定，不过，即使不遵从，以 java 开头的类也不能被自定义类加载器加载，这是由 Java 的安全机制保证的，以避免混乱。

　　2）**网状加载顺序**：在 OSGi 框架和 Java 9 模块化系统中，类加载器之间的关系是一个网，每个模块有一个类加载器，不同模块之间可能有依赖关系，在一个模块加载一个类时，可能是从自己模块加载，也可能是委派给其他模块的类加载器加载。

　　3）**父加载器委派给子加载器加载**：典型的例子有 JNDI 服务（Java Naming and Directory Interface），它是 Java 企业级应用中的一项服务，具体我们就不介绍了。

　　一个程序运行时，会创建一个 Application ClassLoader，在程序中用到 ClassLoader 的地方，如果没有指定，一般用的都是这个 ClassLoader，所以，这个 ClassLoader 也被称为**系统类加载器**（System ClassLoader）。下面，我们来具体看下表示类加载器的类 ClassLoader。

24.2　理解 ClassLoader

　　类 ClassLoader 是一个抽象类，Application ClassLoader 和 Extension ClassLoader 的具体实现类分别是 sun.misc.Launcher$AppClassLoader 和 sun.misc.Launcher$ExtClassLoader，Bootstrap ClassLoader 不是由 Java 实现的，没有对应的类。

　　每个 Class 对象都有一个方法，可以获取实际加载它的 ClassLoader，方法是：

```
public ClassLoader getClassLoader()
```

　　ClassLoader 有一个方法，可以获取它的父 ClassLoader：

```
public final ClassLoader getParent()
```

　　如果 ClassLoader 是 Bootstrap ClassLoader，返回值为 null。比如：

```
public class ClassLoaderDemo {
    public static void main(String[] args) {
        ClassLoader cl = ClassLoaderDemo.class.getClassLoader();
        while(cl != null) {
            System.out.println(cl.getClass().getName());
            cl = cl.getParent();
        }
        System.out.println(String.class.getClassLoader());
    }
}
```

输出为：

```
sun.misc.Launcher$AppClassLoader
sun.misc.Launcher$ExtClassLoader
null
```

ClassLoader 有一个静态方法，可以获取默认的系统类加载器：

```
public static ClassLoader getSystemClassLoader()
```

ClassLoader 中有一个主要方法，用于加载类：

```
public Class<?> loadClass(String name) throws ClassNotFoundException
```

比如：

```
ClassLoader cl = ClassLoader.getSystemClassLoader();
try {
    Class<?> cls = cl.loadClass("java.util.ArrayList");
    ClassLoader actualLoader = cls.getClassLoader();
    System.out.println(actualLoader);
} catch (ClassNotFoundException e) {
    e.printStackTrace();
}
```

需要说明的是，由于委派机制，Class 的 getClassLoader 方法返回的不一定是调用 load-Class 的 ClassLoader，比如，上面代码中，java.util.ArrayList 实际由 BootStrap ClassLoader 加载，所以返回值就是 null。

在反射一章，我们介绍过 Class 的两个静态方法 forName：

```
public static Class<?> forName(String className)
public static Class<?> forName(String name,
    boolean initialize, ClassLoader loader)
```

第一个方法使用系统类加载器加载，第二个方法指定 ClassLoader，参数 initialize 表示加载后是否执行类的初始化代码（如 static 语句块），没有指定默认为 true。

ClassLoader 的 loadClass 方法与 Class 的 forName 方法都可以加载类，它们有什么不同呢？基本是一样的，不过，ClassLoader 的 loadClass 不会执行类的初始化代码，看个例子：

```
public class CLInitDemo {
    public static class Hello {
        static {
            System.out.println("hello");
        }
    };
    public static void main(String[] args) {
        ClassLoader cl = ClassLoader.getSystemClassLoader();
        String className = CLInitDemo.class.getName() + "$Hello";
        try {
            Class<?> cls = cl.loadClass(className);
        } catch (ClassNotFoundException e) {
```

```
            e.printStackTrace();
        }
    }
}
```

使用 ClassLoader 加载静态内部类 Hello，Hello 有一个 static 语句块，输出 "hello"，运行该程序，类被加载了，但没有任何输出，即 static 语句块没有被执行。如果将 loadClass 的语句换为：

```
Class<?> cls = Class.forName(className);
```

则 static 语句块会被执行，屏幕将输出 "hello"。

我们来看下 ClassLoader 的 loadClass 代码，以进一步理解其行为：

```
public Class<?> loadClass(String name) throws ClassNotFoundException {
    return loadClass(name, false);
}
```

它调用了另一个 loadClass 方法，其主要代码为（省略了一些代码，加了注释，以便于理解）：

```
protected Class<?> loadClass(String name, boolean resolve)
        throws ClassNotFoundException {
    synchronized (getClassLoadingLock(name)) {
        //首先，检查类是否已经被加载了
        Class c = findLoadedClass(name);
        if(c == null) {
            //没被加载，先委派父ClassLoader或BootStrap ClassLoader去加载
            try {
                if(parent != null) {
                    //委派父ClassLoader，resolve参数固定为false
                    c = parent.loadClass(name, false);
                } else {
                    c = findBootstrapClassOrNull(name);
                }
            } catch (ClassNotFoundException e) {
                //没找到，捕获异常，以便尝试自己加载
            }
            if(c == null) {
                //自己去加载，findClass才是当前ClassLoader的真正加载方法
                c = findClass(name);
            }
        }
        if(resolve) {
            //链接，执行static语句块
            resolveClass(c);
        }
        return c;
    }
}
```

参数 resolve 类似 Class.forName 中的参数 initialize，可以看出，其默认值为 false，即使通过自定义 ClassLoader 重写 loadClass，设置 resolve 为 true，它调用父 ClassLoader 的时候，传递的也是固定的 false。findClass 是一个 protected 方法，类 ClassLoader 的默认实现就是抛出 ClassNotFoundException，子类应该重写该方法，实现自己的加载逻辑，后文我们会给出具体例子。

24.3 类加载的应用：可配置的策略

可以通过 ClassLoader 的 loadClass 或 Class.forName 自己加载类，但什么情况需要自己加载类呢？**很多应用使用面向接口的编程，接口具体的实现类可能有很多，适用于不同的场合，具体使用哪个实现类在配置文件中配置，通过更改配置，不用改变代码，就可以改变程序的行为，在设计模式中，这是一种策略模式。**我们看个简单的示例，定义一个服务接口 IService：

```
public interface IService {
    public void action();
}
```

客户端通过该接口访问其方法，怎么获得 IService 实例呢？查看配置文件，根据配置的实现类，自己加载，使用反射创建实例对象，示例代码为：

```
public class ConfigurableStrategyDemo {
    public static IService createService() {
        try {
            Properties prop = new Properties();
            String fileName = "data/c87/config.properties";
            prop.load(new FileInputStream(fileName));
            String className = prop.getProperty("service");
            Class<?> cls = Class.forName(className);
            return (IService) cls.newInstance();
        } catch (Exception e) {
            throw new RuntimeException(e);
        }
    }
    public static void main(String[] args) {
        IService service = createService();
        service.action();
    }
}
```

config.properties 的内容示例为：

```
service=shuo.laoma.dynamic.c87.ServiceB
```

代码比较简单，就不赘述了。完整代码可参看 https://github.com/swiftma/program-logic，位于包 shuo.laoma.dynamic.c87 下。

24.4 自定义 ClassLoader

Java 类加载机制的强大之处在于，我们可以创建自定义的 ClassLoader，自定义 Class-Loader 是 Tomcat 实现应用隔离、支持 JSP、OSGi 实现动态模块化的基础。

怎么自定义呢？一般而言，继承类 ClassLoader，重写 findClass 就可以了。怎么实现 findClass 呢？使用自己的逻辑寻找 class 文件字节码的字节形式，找到后，使用如下方法转换为 Class 对象：

```
protected final Class<?> defineClass(String name, byte[] b, int off, int len)
```

name 表示类名，b 是存放字节码数据的字节数组，有效数据从 off 开始，长度为 len。看个例子：

```
public class MyClassLoader extends ClassLoader {
    private static final String BASE_DIR = "data/c87/";
    @Override
    protected Class<?> findClass(String name) throws ClassNotFoundException {
        String fileName = name.replaceAll("\\.", "/");
        fileName = BASE_DIR + fileName + ".class";
        try {
            byte[] bytes = BinaryFileUtils.readFileToByteArray(fileName);
            return defineClass(name, bytes, 0, bytes.length);
        } catch (IOException ex) {
            throw new ClassNotFoundException("failed to load class " + name, ex);
        }
    }
}
```

MyClassLoader 从 BASE_DIR 下的路径中加载类，它使用了我们在第 13 章介绍的 readFileToByteArray 方法读取文件，转换为 byte 数组。MyClassLoader 没有指定父 Class-Loader，默认是系统类加载器，即 ClassLoader.getSystemClassLoader() 的返回值，不过，Class-Loader 有一个可重写的构造方法，可以指定父 ClassLoader：

```
protected ClassLoader(ClassLoader parent)
```

MyClassLoader 有什么用呢？将 BASE_DIR 加到 classpath 中不就行了，确实可以，这里主要是演示基本用法，实际中，可以从 Web 服务器、数据库或缓存服务器获取 bytes 数组，这就不是系统类加载器能做到的了。

不过，不把 BASE_DIR 放到 classpath 中，而是使用 MyClassLoader 加载，还有一个很大的好处，那就是可以创建多个 MyClassLoader，对同一个类，每个 MyClassLoader 都可以加载一次，得到同一个类的不同 Class 对象，比如：

```
MyClassLoader cl1 = new MyClassLoader();
String className = "shuo.laoma.dynamic.c87.HelloService";
Class<?> class1 = cl1.loadClass(className);
MyClassLoader cl2 = new MyClassLoader();
```

```
Class<?> class2 = cl2.loadClass(className);
if(class1 != class2) {
    System.out.println("different classes");
}
```

cl1 和 cl2 是两个不同的 ClassLoader，class1 和 class2 对应的类名一样，但它们是不同的对象。

但，这到底有什么用呢？

1）**可以实现隔离**。一个复杂的程序，内部可能按模块组织，不同模块可能使用同一个类，但使用的是不同版本，如果使用同一个类加载器，它们是无法共存的，不同模块使用不同的类加载器就可以实现隔离，Tomcat 使用它隔离不同的 Web 应用，OSGi 使用它隔离不同模块。

2）**可以实现热部署**。使用同一个 ClassLoader，类只会被加载一次，加载后，即使 class 文件已经变了，再次加载，得到的也还是原来的 Class 对象，而使用 MyClassLoader，则可以先创建一个新的 ClassLoader，再用它加载 Class，得到的 Class 对象就是新的，从而实现动态更新。

下面，我们来具体看热部署的示例。

24.5 自定义 ClassLoader 的应用：热部署

所谓热部署，就是在不重启应用的情况下，当类的定义即字节码文件修改后，能够替换该 Class 创建的对象，怎么做到这一点呢？我们利用 MyClassLoader，看个简单的示例。

我们使用面向接口的编程，定义一个接口 IHelloService：

```
public interface IHelloService {
    public void sayHello();
}
```

实现类是 shuo.laoma.dynamic.c87.HelloImpl，class 文件放到 MyClassLoader 的加载目录中。

演示类是 HotDeployDemo，它定义了以下静态变量：

```
private static final String CLASS_NAME = "shuo.laoma.dynamic.c87.HelloImpl";
private static final String FILE_NAME = "data/c87/"
            +CLASS_NAME.replaceAll("\\.", "/")+".class";
private static volatile IHelloService helloService;
```

CLASS_NAME 表示实现类名称，FILE_NAME 是具体的 class 文件路径，helloService 是 IHelloService 实例。

当 CLASS_NAME 代表的类字节码改变后，我们希望重新创建 helloService，反映最新的代码，怎么做呢？先看用户端获取 IHelloService 的方法：

```
public static IHelloService getHelloService() {
    if(helloService != null) {
        return helloService;
    }
    synchronized (HotDeployDemo.class) {
        if(helloService == null) {
            helloService = createHelloService();
        }
        return helloService;
    }
}
```

这是一个单例模式，createHelloService() 的代码为：

```
private static IHelloService createHelloService() {
    try {
        MyClassLoader cl = new MyClassLoader();
        Class<?> cls = cl.loadClass(CLASS_NAME);
        if(cls != null) {
            return (IHelloService) cls.newInstance();
        }
    } catch (Exception e) {
        e.printStackTrace();
    }
    return null;
}
```

它使用 MyClassLoader 加载类，并利用反射创建实例，它假定实现类有一个 public 无参构造方法。

在调用 IHelloService 的方法时，客户端总是先通过 getHelloService 获取实例对象，我们模拟一个客户端线程，它不停地获取 IHelloService 对象，并调用其方法，然后睡眠 1 秒钟，其代码为：

```
public static void client() {
    Thread t = new Thread() {
        @Override
        public void run() {
            try {
                while (true) {
                    IHelloService helloService = getHelloService();
                    helloService.sayHello();
                    Thread.sleep(1000);
                }
            } catch (InterruptedException e) {
            }
        }
    };
    t.start();
}
```

怎么知道类的 class 文件发生了变化，并重新创建 helloService 对象呢？我们使用一个单独的线程模拟这一过程，代码为：

```
public static void monitor() {
    Thread t = new Thread() {
        private long lastModified = new File(FILE_NAME).lastModified();
        @Override
        public void run() {
            try {
                while(true) {
                    Thread.sleep(100);
                    long now = new File(FILE_NAME).lastModified();
                    if(now != lastModified) {
                        lastModified = now;
                        reloadHelloService();
                    }
                }
            } catch (InterruptedException e) {
            }
        }
    };
    t.start();
}
```

我们使用文件的最后修改时间来跟踪文件是否发生了变化，当文件修改后，调用 reloadHelloService() 来重新加载，其代码为：

```
public static void reloadHelloService() {
    helloService = createHelloService();
}
```

就是利用 MyClassLoader 重新创建 HelloService，创建后，赋值给 helloService，这样，下次 getHelloService() 获取到的就是最新的了。

在主程序中启动 client 和 monitor 线程，代码为：

```
public static void main(String[] args) {
    monitor();
    client();
}
```

在运行过程中，替换 HelloImpl.class，可以看到行为会变化，为便于演示，我们在 data/c87/ shuo/laoma/dynamic/c87/ 目录下准备了两个不同的实现类：HelloImpl_origin.class 和 HelloImpl_revised. class，在运行过程中替换，会看到输出不一样，如图 24-1 所示。

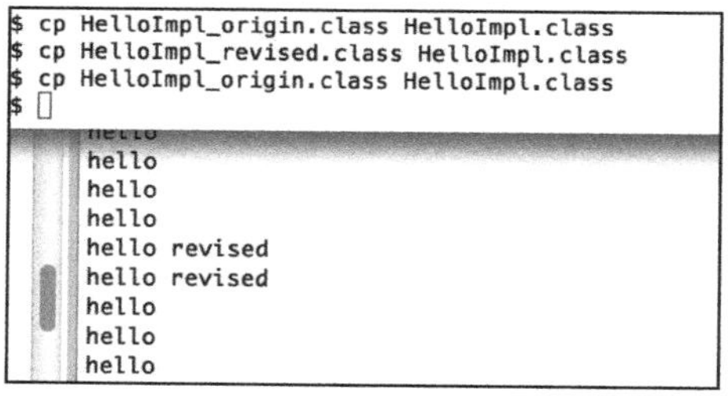

使用 cp 命令修改 HelloImpl.class，如果其内

图 24-1　动态替换实现类示例

容与 HelloImpl_origin.class 一样，输出为 "hello"；如果与 HelloImpl_revised.class 一样，输出为 "hello revised"。

完整的代码和数据在 github 上，地址为 https://github.com/swiftma/program-logic，位于包 shuo.laoma.dynamic.c87 下。

本章介绍了 Java 中的类加载机制，包括 Java 加载类的基本过程，类 ClassLoader 的用法，以及如何创建自定义的 ClassLoader，探讨了两个简单应用示例，一个通过动态加载实现了可配置的策略，另一个通过自定义 ClassLoader 实现了热部署。

需要说明的是，Java 9 引入了模块的概念。在模块化系统中，类加载的过程有一些变化，扩展类的目录被删除掉了，原来的扩展类加载器没有了，增加了一个平台类加载器（Platform Class Loader），角色类似于扩展类加载器，它分担了一部分启动类加载器的职责，另外，加载的顺序也有一些变化，限于篇幅，我们就不探讨了。

从第 21 章到本章，我们探讨了 Java 中的多个动态特性，包括反射、注解、动态代理和类加载器，作为应用程序员，大部分用得都比较少，用得较多的就是使用框架和库提供的各种注解了，但这些特性大量应用于各种系统程序、框架和库中，理解这些特性有助于我们更好地理解它们，也可以在需要的时候自己实现动态、通用、灵活的功能。

在注解一章，我们提到，注解是一种声明式编程风格，它提高了 Java 语言的表达能力，日常编程中一种常见的需求是文本处理，在计算机科学中，有一种技术大大提高了文本处理的表达能力，那就是**正则表达式**，大部分编程语言都有对它的支持，它有什么强大功能呢？让我们下一章探讨。

正则表达式

前面章节，我们提到了正则表达式，它提升了文本处理的表达能力，本章就来讨论正则表达式，它是什么？有什么用？各种特殊字符都是什么含义？如何用 Java 借助正则表达式处理文本？都有哪些常用正则表达式？我们分为 4 小节进行介绍：25.1 节先简要介绍正则表达式的语法；25.2 节介绍相关的 Java API；25.3 节利用 Java API 实现一个简单的模板引擎；25.4 节讨论和分析一些常用的正则表达式。

25.1　语法

正则表达式是一串字符，它描述了一个文本模式，利用它可以方便地处理文本，包括文本的查找、替换、验证、切分等。正则表达式中的字符有两类：一类是普通字符，就是匹配字符本身；另一类是元字符，这些字符有特殊含义，这些元字符及其特殊含义构成了正则表达式的语法。

正则表达式有一个比较长的历史，各种与文本处理有关的工具、编辑器和系统都支持正则表达式，大部分编程语言也都支持正则表达式。虽然都叫正则表达式，但由于历史原因，不同语言、系统和工具的语法不太一样，本书主要针对 Java 语言，其他语言可能有所差别。

下面，我们就来简要介绍正则表达式的语法，我们先分为以下部分分别介绍：

❏ 单个字符；

❏ 字符组；

❏ 量词；

❏ 分组；

❑ 特殊边界匹配；

❑ 环视边界匹配。

最后针对转义、匹配模式和各种语法进行总结。

1. 单个字符

大部分的单个字符就是用字符本身表示的，比如字符 '0'、'3'、'a'、' 马 ' 等，但**有一些单个字符使用多个字符表示**，这些字符都以斜杠 '\' 开头，比如：

1）**特殊字符**，比如 tab 字符 '\t'、换行符 '\n'、回车符 '\r' 等。

2）**八进制表示的字符**，以 \0 开头，后跟 1～3 位数字，比如 \0141，对应的是 ASCII 编码为 97 的字符，即字符 'a'。

3）**十六进制表示的字符**，以 \x 开头，后跟两位字符，比如 \x6A，对应的是 ASCII 编码为 106 的字符，即字符 'j'。

4）**Unicode 编号表示的字符**，以 \u 开头，后跟 4 位字符，比如 \u9A6C，表示的是中文字符 ' 马 '，这只能表示编号在 0xFFFF 以下的字符，如果超出 0XFFFF，使用 \x{...} 形式，比如 \x{1f48e}。

5）**斜杠 \ 本身**，斜杠 \ 是一个元字符，如果要匹配它自身，使用两个斜杠表示，即 '\\'。

6）**元字符本身**，除了 '\'，正则表达式中还有很多元字符，比如 .、*、?、+ 等，要匹配这些元字符自身，需要在前面加转义字符 '\'，比如 '\.'。

2. 字符组

字符组有多种，包括任意字符、多个指定字符之一、字符区间、排除型字符组、预定义的字符组等，下面具体介绍。

点号字符 '.' 是一个元字符，默认模式下，它匹配**除了换行符以外的任意字符**，比如正则表达式：

```
a.f
```

既匹配字符串 "abf"，也匹配 "acf"。可以指定另外一种匹配模式，一般称为**单行匹配模式**或者**点号匹配模式**，在此模式下，'.' 匹配任意字符，包括换行符。可以有两种方式指定匹配模式：一种是在正则表达式中，以 (?s) 开头，s 表示 single line，即单行匹配模式。比如：

```
(?s)a.f
```

另外一种是在程序中指定，在 Java 中，对应的模式常量是 Pattern.DOTALL，下节我们再介绍 Java API。

在单个字符和任意字符之间，有一个字符组的概念，匹配组中的任意一个字符，用中括号 [] 表示，比如：

```
[abcd]
```

匹配 a、b、c、d 中的任意一个字符。

```
[0123456789]
```

匹配任意一个数字字符。

为方便表示连续的多个字符，字符组中可以使用连字符 '-'，比如：

```
[0-9]
[a-z]
```

可以有多个连续空间，可以有其他普通字符，比如：

```
[0-9a-zA-Z_]
```

在字符组中，'-' 是一个元字符，如果要匹配它自身，可以使用转义，即 '\-'，或者把它放在字符组的最前面，比如：

```
[-0-9]
```

字符组支持排除的概念，在 [后紧跟一个字符 ^，比如：

```
[^abcd]
```

表示匹配除了 a, b, c, d 以外的任意一个字符。

```
[^0-9]
```

表示匹配一个非数字字符。

排除不是不能匹配，而是匹配一个指定字符组以外的字符，要表达不能匹配的含义，需要使用后文介绍的环视语法。^ 只有在字符组的开头才是元字符，如果不在开头，就是普通字符，匹配它自身，比如：

```
[a^b]
```

就是匹配字符 a, ^ 或 b。

在字符组中，除了 ^、-、[ ]、\ 外，其他在字符组外的元字符不再具备特殊含义，变成了普通字符，比如字符 '.' 和 '*'，[.*] 就是匹配 '.' 或者 '*' 本身。

有一些特殊的以 \ 开头的字符，表示一些预定义的字符组，比如：

❑ \d：d 表示 digit，匹配一个数字字符，等同于 [0-9]。
❑ \w：w 表示 word，匹配一个单词字符，等同于 [a-zA-Z_0-9]。
❑ \s：s 表示 space，匹配一个空白字符，等同于 [\t\n\x0B\f\r]。

它们都有对应的排除型字符组，用大写表示，即：

❑ \D：匹配一个非数字字符，即 [^\d]。
❑ \W：匹配一个非单词字符，即 [^\w]。
❑ \S：匹配一个非空白字符，即 [^\s]。

还有一类字符组，称为 POSIX 字符组，它们是 POSIX 标准定义的一些字符组，在 Java 中，这些字符组的形式是 \p{...}。POSIX 字符组比较多，我们就不介绍了。

3. 量词

量词指的是指定出现次数的元字符，有三个常见的元字符：+、*、?：

1）+：表示前面字符的一次或多次出现，比如正则表达式 ab+c，既能匹配 abc，也能匹配 abbc，或 abbbc。

2）*：表示前面字符的零次或多次出现，比如正则表达式 ab*c，既能匹配 abc，也能匹配 ac，或 abbbc。

3）?：表示前面字符可能出现，也可能不出现，比如正则表达式 ab?c，既能匹配 abc，也能匹配 ac，但不能匹配 abbc。

更为通用的表示出现次数的语法是 {m,n}，出现次数从 m 到 n，包括 m 和 n，如果 n 没有限制，可以省略，如果 m 和 n 一样，可以写为 {m}，比如：

- ❑ ab{1,10}c：b 可以出现 1 次到 10 次。
- ❑ ab{3}c：b 必须出现三次，即只能匹配 abbbc。
- ❑ ab{1,}c：与 ab+c 一样。
- ❑ ab{0,}c：与 ab*c 一样。
- ❑ ab{0,1}c：与 ab?c 一样。

需要注意的是，语法必须是严格的 {m,n} 形式，逗号左右不能有空格。

?、*、+、{ 是元字符，如果要匹配这些字符本身，需要使用 '\' 转义，比如：

a*b

匹配字符串 "a*b"。这些量词出现在字符组中时，不是元字符，比如：

[?*+{]

就是匹配其中一个字符本身。

关于量词，它们的默认匹配是**贪婪**的，什么意思呢？看个例子，正则表达式是：

<a>.*</a>

如果要处理的字符串是：

<a>first</a><a>second</a>

目的是想得到两个匹配，一个匹配：

<a>first</a>

另一个匹配：

<a>second</a>

但默认情况下，得到的结果却只有一个匹配，匹配所有内容。

这是因为 .* 可以匹配第一个 <a> 和最后一个 </a> 之间的所有字符，只要能匹配，.* 就尽量往后匹配，它是贪婪的。如果希望在碰到第一个匹配时就停止呢？应该使用**懒惰量词**，在量词的后面加一个符号 '?'，针对上例，将表达式改为：

```
<a>.*?</a>
```

就能得到期望的结果。所有量词都有对应的懒惰形式，比如：x??、x*?、x+?、x{m,n}? 等。

4. 分组

表达式可以用括号 () 括起来，表示一个分组，比如 a(bc)d，bc 就是一个分组。分组可以嵌套，比如 a(de(fg))。分组默认都有一个编号，按照括号的出现顺序，从 1 开始，从左到右依次递增，比如表达式：

```
a(bc)((de)(fg))
```

字符串 abcdefg 匹配这个表达式，第 1 个分组为 bc，第 2 个为 defg，第 3 个为 de，第 4 个为 fg。分组 0 是一个特殊分组，内容是整个匹配的字符串，这里是 abcdefg。

分组匹配的子字符串可以在后续访问，好像被捕获了一样，所以默认分组称为**捕获分组**。关于如何在 Java 中访问和使用捕获分组，我们下节再介绍。

可以对分组使用量词，表示分组的出现次数，比如 a(bc)+d，表示 bc 出现一次或多次。

中括号 [] 表示匹配其中的一个字符，括号 () 和元字符 '|' 一起，可以表示匹配其中的一个子表达式，比如：

```
(http|ftp|file)
```

匹配 http 或 ftp 或 file。

需要注意区分 | 和 []，| 用于 [] 中不再有特殊含义，比如：

```
[a|b]
```

它的含义不是匹配 a 或 b，而是 a 或 | 或 b。

在正则表达式中，可以使用斜杠 \ 加分组编号引用之前匹配的分组，这称为**回溯引用**，比如：

```
<(\w+)>(.*)</\1>
```

\1 匹配之前的第一个分组 (\w+)，这个表达式可以匹配类似如下字符串：

```
<title>bc</title>
```

这里，第一个分组是 "title"。

使用数字引用分组，可能容易出现混乱，可以对分组进行命名，通过名字引用之前的分组，对分组命名的语法是 (?<name>X)，引用分组的语法是 \k<name>，比如，上面的例子可以写为：

```
<(?<tag>\w+)>(.*)</\k<tag>>
```

默认分组都称为捕获分组，即分组匹配的内容被捕获了，可以在后续被引用。实现捕获分组有一定的成本，为了提高性能，如果分组后续不需要被引用，可以改为**非捕获分组**，语法是 (?:...)，比如：

```
(?:abc|def)
```

5. 特殊边界匹配

在正则表达式中，除了可以指定字符需满足什么条件，还可以指定字符的边界需满足什么条件，或者说匹配特定的边界，常用的表示特殊边界的元字符有 ^、$、\A、\Z、\z 和 \b。

默认情况下，^ 匹配整个字符串的开始，^abc 表示整个字符串必须以 abc 开始。

需要注意的是 ^ 的含义，在字符组中它表示排除，但在字符组外，它匹配开始，比如表达式 ^[^abc]，表示以一个不是 a、b、c 的字符开始。

默认情况下，$ 匹配整个字符串的结束，不过，如果整个字符串以换行符结束，$ 匹配的是换行符之前的边界，比如表达式 abc$，表示整个表达式以 abc 结束，或者以 abc\r\n 或 abc\n 结束。

以上 ^ 和 $ 的含义是默认模式下的，可以指定另外一种匹配模式：**多行匹配模式**，在此模式下，会以行为单位进行匹配，^ 匹配的是行开始，$ 匹配的是行结束，比如表达式是 ^abc$，字符串是 "abc\nabc\r\n"，就会有两个匹配。

可以有两种方式指定匹配模式。一种是在正则表达式中，以 (?m) 开头，m 表示 multi-line，即多行匹配模式，上面的正则表达式可以写为：

```
(?m)^abc$
```

另外一种是在程序中指定，在 Java 中，对应的模式常量是 Pattern.MULTILINE，下节我们再介绍 Java API。

需要说明的是，多行模式和之前介绍的单行模式容易混淆，其实，它们之间没有关系。**单行模式影响的是字符 '.' 的匹配规则，使得 '.' 可以匹配换行符；多行模式影响的是 ^ 和 $ 的匹配规则**，使得它们可以匹配行的开始和结束，两个模式可以一起使用。

\A 与 ^ 类似，但不管什么模式，它匹配的总是整个字符串的开始边界。

\Z 和 \z 与 $ 类似，但不管什么模式，它们匹配的总是整个字符串的结束边界。\Z 与 \z 的区别是：如果字符串以换行符结束，\Z 与 $ 一样，匹配的是换行符之前的边界，而 \z 匹配的总是结束边界。在进行输入验证的时候，为了确保输入最后没有多余的换行符，可以使用 \z 进行匹配。

\b 匹配的是单词边界，比如 \bcat\b，匹配的是完整的单词 cat，它不能匹配 category。\b **匹配的不是一个具体的字符，而是一种边界，这种边界满足一个要求，即一边是单词字符，另一边不是单词字符**。在 Java 中，\b 识别的单词字符除了 \w，还包括中文字符。

边界匹配可能难以理解，我们解释下。**边界匹配不同于字符匹配，可以认为，在一个字符串中，每个字符的两边都是边界，而上面介绍的这些特殊字符，匹配的都不是字符，而是特定的边界**，看个例子，如图 25-1 所示。

上面的字符串是 "a cat\n"，我们用粗线显示出了每个字符两边的边界，并且显示出了每个边界与哪些边界元字符匹配。

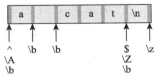

图 25-1　边界匹配示例

6. 环视边界匹配

对于边界匹配，除了使用上面介绍的边界元字符，还有一种更为通用的方式，那就是环视。**环视的字面意思就是左右看看，需要左右符合一些条件，本质上，它也是匹配边界，对边界有一些要求，这个要求是针对左边或右边的字符串的。**根据要求不同，分为 4 种环视：

1）**肯定顺序环视**，语法是 (?=...)，要求右边的字符串匹配指定的表达式。比如表达式 abc(?=def)，(?=def) 在字符 c 右面，即匹配 c 右面的边界。对这个边界的要求是：它的右边有 def，比如 abcdef，如果没有，比如 abcd，则不匹配。

2）**否定顺序环视**，语法是 (?!...)，要求右边的字符串不能匹配指定的表达式。比如表达式 s(?!ing)，匹配一般的 s，但不匹配后面有 ing 的 s。注意：避免与排除型字符组混淆，比如 s[^ing]，s[^ing] 匹配的是两个字符，第一个是 s，第二个是 i、n、g 以外的任意一个字符。

3）**肯定逆序环视**，语法是 (?<=...)，要求左边的字符串匹配指定的表达式。比如表达式 (?<=\s)abc，(?<=\s) 在字符 a 左边，即匹配 a 左边的边界。对这个边界的要求是：它的左边必须是空白字符。

4）**否定逆序环视**，语法是 (?<!...)，要求左边的字符串不能匹配指定的表达式。比如表达式 (?<!\w)cat，(?<!\w) 在字符 c 左边，即匹配 c 左边的边界。对这个边界的要求是：它的左边不能是单词字符。

可以看出，环视也使用括号 ()，不过，它不是分组，不占用分组编号。

这些环视结构也被称为**断言**，断言的对象是边界，边界不占用字符，没有宽度，所以也被称为零宽度断言。

顺序环视也可以出现在左边，比如表达式：

```
(?=.*[A-Z])\w+
```

这个表达式是什么意思呢？\w+ 匹配多个单词字符，(?=.*[A-Z]) 匹配单词字符的左边界，这是一个肯定顺序环视。对这个边界的要求是，它右边的字符串匹配表达式：

```
.*[A-Z]
```

也就是说，它右边至少要有一个大写字母。

逆序环视也可以出现在右边，比如表达式：

```
[\w.]+(?<!\.)
```

[\w.]+ 匹配单词字符和字符 '.' 构成的字符串，比如 "hello.ma"。(?<!\.) 匹配字符串的右边界，这是一个逆序否定环视。对这个边界的要求是：它左边的字符不能是 '.'，也就是说，如果字符串以 '.' 结尾，则匹配的字符串中不能包括这个 '.'。比如，如果字符串是 "hello.ma."，则匹配的子字符串是 "hello.ma"。

环视匹配的是一个边界，里面的表达式是对这个边界左边或右边字符串的要求，对同一个边界，可以指定多个要求，即写多个环视，比如表达式：

```
(?=.*[A-Z])(?=.*[0-9])\w+
```

\w+ 的左边界有两个要求，(?=.*[A-Z]) 要求后面至少有一个大写字母，(?=.*[0-9]) 要求后面至少有一位数字。

7. 转义与匹配模式

我们知道，字符 '\' 表示转义，转义有两种。

1）把普通字符转义，使其具备特殊含义，比如 '\t'、'\n'、'\d'、'\w'、'\b'、'\A' 等，也就是说，这个转义把普通字符变为了元字符。

2）把元字符转义，使其变为普通字符，比如 '\.'、'*'、'\?'、'\('、'\\' 等。

记住所有的元字符，并在需要的时候进行转义，这是比较困难的，有一个简单的办法，可以将所有元字符看作普通字符，就是在开始处加上 \Q，在结束处加上 \E，比如：

```
\Q(.*+)\E
```

\Q 和 \E 之间的所有字符都会被视为普通字符。

正则表达式用字符串表示，在 Java 中，字符 '\' 也是字符串语法中的元字符，这使得正则表达式中的 '\'，在 Java 字符串表示中，要用两个 '\'，即 '\\'，而要匹配字符 '\' 本身，在 Java 字符串表示中，要用 4 个 '\'，即 '\\\\'，关于这点，下节我们会进一步说明。

前面提到了两种匹配模式，还有一种常用的匹配模式，就是不区分大小写的模式，指定方式也有两种。一种是在正则表达式开头使用 (?i)，i 为 ignore，比如：

```
(?i)the
```

既可以匹配 the，也可以匹配 THE，还可以匹配 The。匹配模式也可以在程序中指定，Java 中对应的变量是 Pattern.CASE_INSENSITIVE。需要说明的是，匹配模式间不是互斥的关系，它们可以一起使用，在正则表达式中，可以指定多个模式，比如 (?smi)。

8. 语法总结

下面，我们用表格的形式简要汇总下正则表达式的语法，如表 25-1 到表 25-6 所示。

表 25-1 单个字符语法

语　法	解　　释	语　法	解　　释
\r \n \t	特殊字符	\uhhhh	基本 Unicode 字符，如 \u9A6C（马）
\0n、\0nn、\0mnn	八进制字符，如 \0141	\x{h...h}	增补 Unicode 字符，如 \x{1f48e}
\xhh	十六进制字符，如 \x6A		

表 25-2 字符组语法

语　法	解　　释	语　法	解　　释
.	默认模式是换行符外的任意字符，单行模式是任意字符	[0-9a-z]	0 到 9、a 到 z 的任意一个字符
[abc]	a、b、c 中的任意一个字符	[-0-9]	0 到 9 或者连字符 -
[^abc]	a、b、c 以外的任意一个字符	[.*]	. 或者 *，没有特殊含义

（续）

语　法	解　释	语　法	解　释
[a-z&&[^de]]	a 到 z，但不包括 d 和 e	\D	[^\d]
[[abc][def]]	[abcdef]	\W	[^\w]
\d	[0-9]	\S	[^\s]
\w	[a-zA-Z_0-9]	\p{...}	POSIX 字符组
\s	[\t\n\x0B\f\r]		

表 25-3　量词语法

语　法	解　释	语　法	解　释
x?、x??	x 出现 0 次或 1 次，多一个 ? 的为懒惰形式，下同	x{m,n}、x{m,n}?	x 出现 m 次到 n 次
x*、x*?	x 出现 0 次或多次	x{m,}、x{m,}?	x 出现 m 次以上
x+、x+?	x 出现 1 次或多次	x{n}、x{n}?	x 出现正好 n 次

表 25-4　分组语法

语　法	解　释	语　法	解　释
ab|cd	匹配 ab 或 cd	(?<name>X)	给分组命名，比如 <(?<tag>\w+)>，(\w+) 匹配的分组命名为了 tag
(http|ftp|file)	匹配 http、ftp 或 file	\k<name>	引用命名分组，比如 <(?<tag>\w+)>(.*)<\/\k<tag>>
a(bc)+d	bc 作为一个分组出现多次	(?:abc|def)	分组但不捕获，匹配 abc 或 def
<(\w+)>(.*)<\/\1>	(\w+) 捕获第一个分组，\1 回溯引用该分组		

表 25-5　边界和环视语法

语　法	解　释
^	默认模式是整个字符串的开始边界，多行模式是行的开始边界
$	默认模式是整个字符串的结束边界，多行模式是行的结束边界，如果结尾是换行符，为换行符之前的边界
\A	总是匹配整个字符串的开始边界
\Z	总是匹配整个字符串的结束边界，如果结尾是换行符，匹配换行符之前的边界
\z	总是匹配整个字符串的结束边界，不管结尾是否是换行符
\b	匹配单词边界，边界一边是单词字符，另一边不是
(?=...)	肯定顺序环视，匹配边界，该边界右边的字符串匹配指定表达式
(?!=...)	否定顺序环视，匹配边界，该边界右边的字符串不能匹配指定表达式
?<=...)	肯定逆序环视，匹配边界，该边界左边的字符串匹配指定表达式
(?<!...)	否定逆序环视，匹配边界，该边界左边的字符串不能匹配指定表达式

表 25-6 匹配模式和转义语法

语　法	解　　释	语　法	解　　释
(?i)	不区分大小写匹配	[.*^(){}]	在字符组中，大部分元字符没有特殊含义
(?m)	多行模式，^ 匹配行开始，$ 匹配行结束	\\	\ 本身
(?s)	单行模式，. 匹配任意字符，包括换行符	\Q \E	\Q 到 \E 之间的所有字符视为普通字符
\. * \?	转义元字符为普通字符		

25.2 Java API

正则表达式相关的类位于包 java.util.regex 下，有两个主要的类，一个是 Pattern，另一个是 Matcher。Pattern 表示正则表达式对象，它与要处理的具体字符串无关。Matcher 表示一个匹配，它将正则表达式应用于一个具体字符串，通过它对字符串进行处理。

字符串类 String 也是一个重要的类，我们之前专门介绍过 String，其中提到，它有一些方法，接受的参数不是普通的字符串，而是正则表达式。此外，正则表达式在 Java 中是需要先以字符串形式表示的。

下面，我们先来介绍如何表示正则表达式，然后探讨如何利用它实现一些常见的文本处理任务，包括切分、验证、查找和替换。

1. 表示正则表达式

正则表达式由元字符和普通字符组成，字符 '\' 是一个元字符，要在正则表达式中表示 '\' 本身，需要使用它转义，即 '\\'。

在 Java 中，没有什么特殊的语法能直接表示正则表达式，需要用字符串表示，而在字符串中，'\' 也是一个元字符，为了在字符串中表示正则表达式的 '\'，就需要使用两个 '\'，即 '\\'，而要匹配 '\' 本身，就需要 4 个 '\'，即 '\\\\'。比如，如下表达式：

```
<(\w+)>(.*)</\1>
```

对应的字符串表示就是：

```
"<(\\w+)>(.*)</\\1>"
```

一个简单规则是：**正则表达式中的任何一个 '\'，在字符串中，需要替换为两个 '\'。**
字符串表示的正则表达式可以被**编译**为一个 Pattern 对象，比如：

```
String regex = "<(\\w+)>(.*)</\\1>";
Pattern pattern = Pattern.compile(regex);
```

Pattern 是正则表达式的面向对象表示，所谓编译，简单理解就是将字符串表示为了一个内部结构，这个结构是一个**有穷自动机**。关于有穷自动机的理论比较深入，我们就不探讨了。

编译有一定的成本，而且 Pattern 对象只与正则表达式有关，与要处理的具体文本无关，它可以安全地被多线程共享，所以，在使用同一个正则表达式处理多个文本时，应该尽量重用同一个 Pattern 对象，避免重复编译。

Pattern 的 compile 方法接受一个额外参数，可以指定匹配模式：

```
public static Pattern compile(String regex, int flags)
```

上节，我们介绍过三种匹配模式：单行模式（点号模式）、多行模式和大小写无关模式，它们对应的常量分别为：Pattern.DOTALL、Pattern.MULTILINE 和 Pattern.CASE_INSENSITIVE，多个模式可以一起使用，通过 '|' 连起来即可，如下所示：

```
Pattern.compile(regex, Pattern.CASE_INSENSITIVE | Pattern.DOTALL)
```

还有一个模式 Pattern.LITERAL，在此模式下，正则表达式字符串中的元字符将失去特殊含义，被看作普通字符。Pattern 有一个静态方法：

```
public static String quote(String s)
```

quote() 的目的是类似的，它将 s 中的字符都看作普通字符。我们在上节介绍过 \Q 和 \E，\Q 和 \E 之间的字符会被视为普通字符。quote() 基本上就是在字符串 s 的前后加了 \Q 和 \E，比如，如果 s 为 "\\d{6}"，则 quote() 的返回值就是 "\\Q\\d{6}\\E"。

2. 切分

文本处理的一个常见需求是根据分隔符切分字符串，比如在处理 CSV 文件时，按逗号分隔每个字段，这个需求听上去很容易满足，因为 String 类有如下方法：

```
public String[] split(String regex)
```

比如：

```
String str = "abc,def,hello";
String[] fields = str.split(",");
```

不过，有一些重要的细节，我们需要注意。

split 将参数 regex 看作正则表达式，而不是普通的字符，如果分隔符是元字符，比如 . $ | ( ) [{ ^ ? * + \，就需要转义。比如按点号 '.' 分隔，需要写为：

```
String[] fields = str.split("\\.");
```

如果分隔符是用户指定的，程序事先不知道，可以通过 Pattern.quote() 将其看作普通字符串。

既然是正则表达式，分隔符就不一定是一个字符，比如，可以将一个或多个空白字符或点号作为分隔符，如下所示：

```
String str = "abc  def      hello.\n   world";
String[] fields = str.split("[\\s.]+");
```

fields 内容为：

```
[abc, def, hello, world]
```

需要说明的是，尾部的空白字符串不会包含在返回的结果数组中，但头部和中间的空白字符串会被包含在内，比如：

```
String str = ",abc,,def,,";
String[] fields = str.split(",");
System.out.println("field num: "+fields.length);
System.out.println(Arrays.toString(fields));
```

输出为：

```
field num: 4
[, abc, , def]
```

如果字符串中找不到匹配 regex 的分隔符，返回数组长度为 1，元素为原字符串。

Pattern 也有 split 方法，与 String 方法的定义类似：

```
public String[] split(CharSequence input)
```

与 String 方法的区别如下。

1）Pattern 接受的参数是 CharSequence，更为通用，我们知道 String、StringBuilder、StringBuffer、CharBuffer 等都实现了该接口。

2）如果 regex 长度大于 1 或包含元字符，String 的 split 方法必须先将 regex 编译为 Pattern 对象，再调用 Pattern 的 split 方法，这时，为避免重复编译，应该优先采用 Pattern 的方法。

3）如果 regex 就是一个字符且不是元字符，String 的 split 方法会采用更为简单高效的实现，所以，这时应该优先采用 String 的 split 方法。

3. 验证

验证就是检验输入文本是否完整匹配预定义的正则表达式，经常用于检验用户的输入是否合法。String 有如下方法：

```
public boolean matches(String regex)
```

比如：

```
String regex = "\\d{8}";
String str = "12345678";
System.out.println(str.matches(regex));
```

检查输入是否是 8 位数字，输出为 true。

String 的 matches 实际调用的是 Pattern 的如下方法：

```
public static boolean matches(String regex, CharSequence input)
```

这是一个静态方法，它的代码为：

```
public static boolean matches(String regex, CharSequence input) {
```

```
    Pattern p = Pattern.compile(regex);
    Matcher m = p.matcher(input);
    return m.matches();
}
```

就是先调用 compile 编译 regex 为 Pattern 对象，再调用 Pattern 的 matcher 方法生成一个匹配对象 Matcher，Matcher 的 matches 方法返回是否完整匹配。

4. 查找

查找就是在文本中寻找匹配正则表达式的子字符串，看个例子：

```
public static void find(){
    String regex = "\\d{4}-\\d{2}-\\d{2}";
    Pattern pattern = Pattern.compile(regex);
    String str = "today is 2017-06-02, yesterday is 2017-06-01";
    Matcher matcher = pattern.matcher(str);
    while(matcher.find()){
        System.out.println("find "+matcher.group()
            +" position: "+matcher.start()+"-"+matcher.end());
    }
}
```

代码寻找所有类似 "2017-06-02" 这种格式的日期，输出为：

```
find 2017-06-02 position: 9-19
find 2017-06-01 position: 34-44
```

Matcher 的内部记录有一个位置，起始为 0，find 方法从这个位置查找匹配正则表达式的子字符串，找到后，返回 true，并更新这个内部位置，匹配到的子字符串信息可以通过如下方法获取：

```
//匹配到的完整子字符串
public String group()
//子字符串在整个字符串中的起始位置
public int start()
//子字符串在整个字符串中的结束位置加1
public int end()
```

group() 其实调用的是 group(0)，表示获取匹配的第 0 个分组的内容。我们在上节介绍过捕获分组的概念，分组 0 是一个特殊分组，表示匹配的整个子字符串。除了分组 0，Matcher 还有如下方法，获取分组的更多信息：

```
//分组个数
public int groupCount()
//分组编号为group的内容
public String group(int group)
//分组命名为name的内容
public String group(String name)
//分组编号为group的起始位置
public int start(int group)
```

```
//分组编号为group的结束位置加1
public int end(int group)
```

比如：

```
public static void findGroup() {
    String regex = "(\\d{4})-(\\d{2})-(\\d{2})";
    Pattern pattern = Pattern.compile(regex);
    String str = "today is 2017-06-02, yesterday is 2017-06-01";
    Matcher matcher = pattern.matcher(str);
    while (matcher.find()) {
        System.out.println("year:" + matcher.group(1)
            + ",month:" + matcher.group(2) + ",day:" + matcher.group(3));
    }
}
```

输出为：

```
year:2017,month:06,day:02
year:2017,month:06,day:01
```

5. 替换

查找到子字符串后，一个常见的后续操作是替换。String 有多个替换方法：

```
public String replace(char oldChar, char newChar)
public String replace(CharSequence target, CharSequence replacement)
public String replaceAll(String regex, String replacement)
public String replaceFirst(String regex, String replacement)
```

第一个 replace 方法操作的是单个字符，第二个是 CharSequence，它们都是将参数看作普通字符。而 replaceAll 和 replaceFirst 则将参数 regex 看作正则表达式，它们的区别是，replaceAll 替换所有找到的子字符串，而 replaceFirst 则只替换第一个找到的。看个简单的例子，将字符串中的多个连续空白字符替换为一个：

```
String regex = "\\s+";
String str = "hello    world        good";
System.out.println(str.replaceAll(regex, " "));
```

输出为：

```
hello world good
```

在 replaceAll 和 replaceFirst 中，参数 replacement 也不是被看作普通的字符串，可以使用美元符号加数字的形式（比如 $1）引用捕获分组。我们看个例子：

```
String regex = "(\\d{4})-(\\d{2})-(\\d{2})";
String str = "today is 2017-06-02.";
System.out.println(str.replaceFirst(regex, "$1/$2/$3"));
```

输出为：

```
today is 2017/06/02.
```

这个例子将找到的日期字符串的格式进行了转换。所以，字符 '$' 在 replacement 中是元字符，如果需要替换为字符 '$' 本身，需要使用转义。看个例子：

```
String regex = "#";
String str = "#this is a test";
System.out.println(str.replaceAll(regex, "\\$"));
```

如果替换字符串是用户提供的，为避免元字符的干扰，可以使用 Matcher 的如下静态方法将其视为普通字符串：

```
public static String quoteReplacement(String s)
```

String 的 replaceAll 和 replaceFirst 调用的其实是 Pattern 和 Matcher 中的方法。比如，replaceAll 的代码为：

```
public String replaceAll(String regex, String replacement) {
    return Pattern.compile(regex).matcher(this).replaceAll(replacement);
}
```

replaceAll 和 replaceFirst 都定义在 Matcher 中，除了一次性的替换操作外，Matcher 还定义了边查找、边替换的方法：

```
public Matcher appendReplacement(StringBuffer sb, String replacement)
public StringBuffer appendTail(StringBuffer sb)
```

这两个方法用于和 find() 一起使用，我们先看个例子：

```
public static void replaceCat() {
    Pattern p = Pattern.compile("cat");
    Matcher m = p.matcher("one cat, two cat, three cat");
    StringBuffer sb = new StringBuffer();
    int foundNum = 0;
    while(m.find()) {
        m.appendReplacement(sb, "dog");
        foundNum++;
        if(foundNum == 2) {
            break;
        }
    }
    m.appendTail(sb);
    System.out.println(sb.toString());
}
```

在这个例子中，我们将前两个 "cat" 替换为了 "dog"，其他 "cat" 不变，输出为：

```
one dog, two dog, three cat
```

StringBuffer 类型的变量 sb 存放最终的替换结果，Matcher 内部除了有一个查找位置，还有一个 append 位置，初始为 0，当找到一个匹配的子字符串后，appendReplacement() 做了三件事情：

1）将 append 位置到当前匹配之前的子字符串 append 到 sb 中，在第一次操作中，为 "one "，第二次为 ", two "。

2）将替换字符串 append 到 sb 中。

3）更新 append 位置为当前匹配之后的位置。

appendTail 将 append 位置之后所有的字符 append 到 sb 中。

至此，正则表达式相关的主要 Java API 就介绍完了。我们讨论了如何在 Java 中表示正则表达式，如何利用它实现文本的切分、验证、查找和替换，对于替换，下面我们演示一个简单的模板引擎。

25.3　模板引擎

利用 Java API 尤其是 Matcher 中的几个方法，我们可以实现一个简单的模板引擎。模板是一个字符串，中间有一些变量，以 {name} 表示，比如：

```
String template = "Hi {name}, your code is {code}.";
```

这里，模板字符串中有两个变量：一个是 name，另一个是 code。变量的实际值通过 Map 提供，变量名称对应 Map 中的键，模板引擎的任务就是接受模板和 Map 作为参数，返回替换变量后的字符串，示例实现为：

```
private static Pattern templatePattern = Pattern.compile("\\{(\\w+)\\}");
public static String templateEngine(String template,
        Map<String, Object> params) {
    StringBuffer sb = new StringBuffer();
    Matcher matcher = templatePattern.matcher(template);
    while(matcher.find()) {
        String key = matcher.group(1);
        Object value = params.get(key);
        matcher.appendReplacement(sb, value != null
                Matcher.quoteReplacement(value.toString()) : "");
    }
    matcher.appendTail(sb);
    return sb.toString();
}
```

代码寻找所有的模板变量，正则表达式为：

```
\{(\w+)\}
```

'{' 是元字符，所以要转义。\w+ 表示变量名，为便于引用，加了括号，可以通过分组 1 引用变量名。

使用该模板引擎的示例代码为：

```
public static void templateDemo() {
    String template = "Hi {name}, your code is {code}.";
```

```
    Map<String, Object> params = new HashMap<String, Object>();
    params.put("name", "老马");
    params.put("code", 6789);
    System.out.println(templateEngine(template, params));
}
```

输出为：

```
Hi 老马, your code is 6789.
```

完整代码在 github 上，地址为 https://github.com/swiftma/program-logic，位于包 shuo.laoma.regex.c89 下。下一节，我们讨论和分析一些常见的正则表达式。

25.4　剖析常见表达式

本节来讨论和分析一些常用的正则表达式，具体包括：

❑ 邮编。
❑ 电话号码，包括手机号码和固定电话号码。
❑ 日期和时间。
❑ 身份证号。
❑ IP 地址。
❑ URL。
❑ Email 地址。
❑ 中文字符。

对于同一个目的，正则表达式往往有多种写法，大多没有唯一正确的写法，本节的写法主要是示例。此外，写一个正则表达式，匹配希望匹配的内容往往比较容易，但让它不匹配不希望匹配的内容则往往比较困难，也就是说，保证精确性经常是很难的，不过，很多时候，也没有必要写完全精确的表达式，需要写到多精确与需要处理的文本和需求有关。另外，正则表达式难以表达的，可以通过写程序进一步处理。这么描述可能比较抽象，下面，我们会具体讨论分析。

1. 邮编

邮编比较简单，就是 6 位数字，所以表达式可以为：

```
[0-9]{6}
```

这个表达式可以用于验证输入是否为邮编，比如：

```
public static Pattern ZIP_CODE_PATTERN = Pattern.compile("[0-9]{6}");
public static boolean isZipCode(String text) {
    return ZIP_CODE_PATTERN.matcher(text).matches();
}
```

但如果用于查找，这个表达式是不够的，看个例子：

```
public static void findZipCode(String text) {
    Matcher matcher = ZIP_CODE_PATTERN.matcher(text);
    while (matcher.find()) {
        System.out.println(matcher.group());
    }
}
public static void main(String[] args) {
    findZipCode("邮编 100013，电话18612345678");
}
```

文本中只有一个邮编，但输出却为：

```
100013
186123
```

这怎么办呢？可以使用环视边界匹配，对于左边界，它前面的字符不能是数字，环视表达式为：

```
(?<![0-9])
```

对于右边界，它右边的字符不能是数字，环视表达式为：

```
(?![0-9])
```

所以，完整的表达式可以为：

```
(?<![0-9])[0-9]{6}(?![0-9])
```

使用这个表达式，将 **ZIP_CODE_PATTERN** 改为：

```
public static Pattern ZIP_CODE_PATTERN = Pattern.compile(
        "(?<![0-9])" //左边不能有数字
        + "[0-9]{6}"
        + "(?![0-9])"); //右边不能有数字
```

就可以输出期望的结果了。6 位数字就一定是邮编吗？答案当然是否定的，所以，这个表达式也不是精确的，如果需要更精确的验证，可以写程序进一步检查。

2. 手机号码

中国的手机号码都是 11 位数字，所以，最简单的表达式就是：

```
[0-9]{11}
```

不过，目前手机号第 1 位都是 1，第 2 位取值为 3 到 8 之一，所以更精确的表达式是：

```
1[3-8][0-9]{9}
```

为方便表达手机号，手机号中间经常有连字符（即减号 '-'），形如：

```
186-1234-5678
```

为表达这种可选的连字符，表达式可以改为：

```
1[3-8][0-9]-?[0-9]{4}-?[0-9]{4}
```

在手机号前面，可能还有 0、+86 或 0086，和手机号码之间可能还有一个空格，比如：

```
018612345678
+86 18612345678
0086 18612345678
```

为表达这种形式，可以在号码前加如下表达式：

```
((0|\+86|0086)\s?)?
```

和邮编类似，如果为了抽取，也要在左右加环视边界匹配，左右不能是数字。所以，完整的表达式为：

```
(?<![0-9])((0|\+86|0086)\s?)?1[3-8][0-9]-?[0-9]{4}-?[0-9]{4}(?![0-9])
```

用 Java 表示的代码为：

```
public static Pattern MOBILE_PHONE_PATTERN = Pattern.compile(
        "(?<![0-9])" //左边不能有数字
        + "((0|\\+86|0086)\\s?)?" // 0 +86 0086
        + "1[3-8][0-9]-?[0-9]{4}-?[0-9]{4}" // 186-1234-5678
        + "(?![0-9])"); //右边不能有数字
```

3. 固定电话号码

不考虑分机，中国的固定电话一般由两部分组成：区号和市内号码，区号是 3 到 4 位，市内号码是 7 到 8 位。区号以 0 开头，表达式可以为：

```
0[0-9]{2,3}
```

市内号码表达式为：

```
[0-9]{7,8}
```

区号可能用括号包含，区号与市内号码之间可能有连字符，如以下形式：

```
010-62265678
(010)62265678
```

整个区号是可选的，所以整个表达式为：

```
(\(?0[0-9]{2,3}\)?-?)?[0-9]{7,8}
```

再加上左右边界环视，完整的 Java 表示为：

```
public static Pattern FIXED_PHONE_PATTERN = Pattern.compile(
        "(?<![0-9])" //左边不能有数字
        + "(\\(?0[0-9]{2,3}\\)?-?)?" //区号
        + "[0-9]{7,8}"//市内号码
        + "(?![0-9])"); //右边不能有数字
```

4. 日期

日期的表示方式有很多种,我们只看一种,形如:

```
2017-06-21
2016-11-1
```

年月日之间用连字符分隔,月和日可能只有一位。最简单的正则表达式可以为:

```
\d{4}-\d{1,2}-\d{1,2}
```

年一般没有限制,但月只能取值 1～12,日只能取值 1～31,怎么表达这种限制呢? 对于月,有两种情况,1 月到 9 月,表达式可以为:

```
0?[1-9]
```

10 月到 12 月,表达式可以为:

```
1[0-2]
```

所以,月的表达式为:

```
(0?[1-9]|1[0-2])
```

对于日,有三种情况:

- ❑ 1 到 9 号,表达式为:0?[1-9]。
- ❑ 10 号到 29 号,表达式为:[1-2][0-9]。
- ❑ 30 号和 31 号,表达式为:3[01]。

所以,整个表达式为:

```
\d{4}-(0?[1-9]|1[0-2])-(0?[1-9]|[1-2][0-9]|3[01])
```

加上左右边界环视,完整的 Java 表示为:

```
public static Pattern DATE_PATTERN = Pattern.compile(
        "(?<![0-9])" //左边不能有数字
        + "\\d{4}-" //年
        + "(0?[1-9]|1[0-2])-" //月
        + "(0?[1-9]|[1-2][0-9]|3[01])"//日
        + "(?![0-9])"); //右边不能有数字
```

5. 时间

考虑 24 小时制,只考虑小时和分钟,小时和分钟都用固定两位表示,格式如下:

```
10:57
```

基本表达式为:

```
\d{2}:\d{2}
```

小时取值范围为 0～23,更精确的表达式为:

```
([0-1][0-9]|2[0-3])
```

分钟取值范围为 0～59，更精确的表达式为：

```
[0-5][0-9]
```

所以，整个表达式为：

```
([0-1][0-9]|2[0-3]):[0-5][0-9]
```

加上左右边界环视，完整的 Java 表示为：

```
public static Pattern TIME_PATTERN = Pattern.compile(
        "(?<![0-9])" // 左边不能有数字
        + "([0-1][0-9]|2[0-3])" // 小时
        + ":" + "[0-5][0-9]"// 分钟
        + "(?![0-9])"); // 右边不能有数字
```

6. 身份证号

身份证有一代和二代之分，一代身份证号是 15 位数字，二代身份证号是 18 位数字，都不能以 0 开头。对于二代身份证号，最后一位可能为 x 或 X，其他是数字。一代身份证号表达式可以为：

```
[1-9][0-9]{14}
```

二代身份证号表达式可以为：

```
[1-9][0-9]{16}[0-9xX]
```

这两个表达式的前面部分是相同的，二代身份证号表达式多了如下内容：

```
[0-9]{2}[0-9xX]
```

所以，它们可以合并为一个表达式，即：

```
[1-9][0-9]{14}([0-9]{2}[0-9xX])?
```

加上左右边界环视，完整的 Java 表示为：

```
public static Pattern ID_CARD_PATTERN = Pattern.compile(
        "(?<![0-9])" //左边不能有数字
        + "[1-9][0-9]{14}" //一代身份证
        + "([0-9]{2}[0-9xX])?" //二代身份证多出的部分
        + "(?![0-9])"); //右边不能有数字
```

符合这个要求的就一定是身份证号吗？当然不是，身份证号还有一些更为具体的要求，本书就不探讨了。

7. IP 地址

IP 地址示例如下：

```
192.168.3.5
```

点号分隔，4 段数字，每个数字范围是 0～255。最简单的表达式为：

```
(\d{1,3}\.){3}\d{1-3}
```

\d{1,3} 太简单，没有满足 0~255 之间的约束，要满足这个约束，需要分多种情况考虑。值是 1 位数，前面可能有 0~2 个 0，表达式为：

```
0{0,2}[0-9]
```

值是两位数，前面可能有一个 0，表达式为：

```
0?[0-9]{2}
```

值是三位数，又要分为多种情况。以 1 开头的，后两位没有限制，表达式为：

```
1[0-9]{2}
```

以 2 开头的，如果第二位是 0 到 4，则第三位没有限制，表达式为：

```
2[0-4][0-9]
```

如果第二位是 5，则第三位取值为 0 到 5，表达式为：

```
25[0-5]
```

所以，\d{1,3} 更为精确的表示为：

```
(0{0,2}[0-9]|0?[0-9]{2}|1[0-9]{2}|2[0-4][0-9]|25[0-5])
```

所以，加上左右边界环视，IP 地址的完整 Java 表示为：

```
public static Pattern IP_PATTERN = Pattern.compile(
        "(?<![0-9])" //左边不能有数字
      + "((0{0,2}[0-9]|0?[0-9]{2}|1[0-9]{2}|2[0-4][0-9]|25[0-5])\\.){3}"
      + "(0{0,2}[0-9]|0?[0-9]{2}|1[0-9]{2}|2[0-4][0-9]|25[0-5])"
      + "(?![0-9])"); //右边不能有数字
```

8. URL

URL 的格式比较复杂，其规范定义在 https://tools.ietf.org/html/rfc1738，我们只考虑 HTTP 协议，其通用格式是：

```
http://<host>:<port>/<path>?<searchpart>
```

开始是 http://，接着是主机名，主机名之后是可选的端口，再之后是可选的路径，路径后是可选的查询字符串，以 ? 开头。看一些例子：

```
http://www.example.com
http://www.example.com/ab/c/def.html
http://www.example.com:8080/ab/c/def?q1=abc&q2=def
```

主机名中的字符可以是字母、数字、减号和点号，所以表达式可以为：

```
[-0-9a-zA-Z.]+
```

端口部分可以写为：

```
(:\d+)?
```

路径由多个子路径组成，每个子路径以 / 开头，后跟零个或多个非 / 的字符，简单地说，表达式可以为：

```
(/[^/]*)*
```

更精确地说，把所有允许的字符列出来，表达式为：

```
(/[-\w$.+!*'(),%;:@&=]*)*
```

对于查询字符串，简单地说，由非空字符串组成，表达式为：

```
\?[\S]*
```

更精确的，把所有允许的字符列出来，表达式为：

```
\?[-\w$.+!*'(),%;:@&=]*
```

路径和查询字符串是可选的，且查询字符串只有在至少存在一个路径的情况下才能出现，其模式为：

```
(/<sub_path>(/<sub_path>)*(\?<search>)?)?
```

所以，路径和查询部分的简单表达式为：

```
(/[^/]*(/[^/]*)*(\?[\S]*)?)?
```

精确表达式为：

```
(/[-\w$.+!*'(),%;:@&=]*(/[-\w$.+!*'(),%;:@&=]*)*(\?[-\w$.+!*'(),%;:@&=]*)?)?
```

HTTP 的完整 Java 表达式为：

```java
public static Pattern HTTP_PATTERN = Pattern.compile(
        "http://" + "[-0-9a-zA-Z.]+" //主机名
        + "(:\\d+)?" //端口
        + "(" //可选的路径和查询 - 开始
            + "/[-\\w$.+!*'(),%;:@&=]*" //第一层路径
            + "(/[-\\w$.+!*'(),%;:@&=]*)*" //可选的其他层路径
            + "(\\?[-\\w$.+!*'(),%;:@&=]*)?" //可选的查询字符串
        + ")?"); //可选的路径和查询 - 结束
```

9. Email 地址

完整的 Email 规范比较复杂，定义在 https://tools.ietf.org/html/rfc822，我们先看一些实际中常用的。比如新浪邮箱：

```
abc@sina.com
```

对于用户名部分，它的要求是：4～16 个字符，可使用英文小写、数字、下画线，但下画线不能在首尾。怎么验证用户名呢？可以为：

```
[a-z0-9][a-z0-9_]{2,14}[a-z0-9]
```

新浪邮箱的完整 Java 表达式为：

```
public static Pattern SINA_EMAIL_PATTERN = Pattern.compile(
        "[a-z0-9]"
        + "[a-z0-9_]{2,14}"
        + "[a-z0-9]@sina\\.com");
```

我们再来看 QQ 邮箱，它对于用户名的要求为：

1）3～18 个字符，可使用英文、数字、减号、点或下画线；

2）必须以英文字母开头，必须以英文字母或数字结尾；

3）点、减号、下画线不能连续出现两次或两次以上。

如果只有第 1 条，可以为：

```
[-0-9a-zA-Z._]{3,18}
```

为满足第 2 条，可以改为：

```
[a-zA-Z][-0-9a-zA-Z._]{1,16}[a-zA-Z0-9]
```

怎么满足第 3 条呢？可以使用边界环视，左边加如下表达式：

```
(?![-0-9a-zA-Z._]*(--|\.\.|__))
```

完整表达式可以为：

```
(?![-0-9a-zA-Z._]*(--|\.\.|__))[a-zA-Z][-0-9a-zA-Z._]{1,16}[a-zA-Z0-9]
```

QQ 邮箱的完整 Java 表达式为：

```
public static Pattern QQ_EMAIL_PATTERN = Pattern.compile(
        //点、减号、下画线不能连续出现两次或两次以上
        "(?![-0-9a-zA-Z._]*(--|\\.\\.|__))"
        + "[a-zA-Z]" //必须以英文字母开头
        + "[-0-9a-zA-Z._]{1,16}" //3～18位 英文、数字、减号、点、下画线组成
        + "[a-zA-Z0-9]@qq\\.com"); //由英文字母、数字结尾
```

以上都是特定邮箱服务商的要求，一般的邮箱是什么规则呢？一般而言，以 @ 作为分隔符，前面是用户名，后面是域名。用户名的一般规则是：

❑ 由英文字母、数字、下画线、减号、点号组成；

❑ 至少 1 位，不超过 64 位；

❑ 开头不能是减号、点号和下画线。

比如：

```
h_llo-abc.good@example.com
```

这个表达式可以为：

```
[0-9a-zA-Z][-._0-9a-zA-Z]{0,63}
```

域名部分以点号分隔为多个部分，至少有两个部分。最后一部分是顶级域名，由 2～3

个英文字母组成，表达式可以为：

```
[a-zA-Z]{2,3}
```

对于域名的其他点号分隔的部分，每个部分一般由字母、数字、减号组成，但减号不能在开头，长度不能超过 63 个字符，表达式可以为：

```
[0-9a-zA-Z][-0-9a-zA-Z]{0,62}
```

所以，域名部分的表达式为：

```
([0-9a-zA-Z][-0-9a-zA-Z]{0,62}\.)+[a-zA-Z]{2,3}
```

完整的 Java 表示为：

```
public static Pattern GENERAL_EMAIL_PATTERN = Pattern.compile(
        "[0-9a-zA-Z][-._0-9a-zA-Z]{0,63}" //用户名
        + "@"
        + "([0-9a-zA-Z][-0-9a-zA-Z]{0,62}\\.)+" //域名部分
        + "[a-zA-Z]{2,3}"); //顶级域名
```

10. 中文字符

中文字符的 Unicode 编号一般位于 \u4e00～\u9fff 之间，所以匹配任意一个中文字符的表达式可以为：

```
[\u4e00-\u9fff]
```

Java 表达式为：

```
public static Pattern CHINESE_PATTERN = Pattern.compile(
        "[\\u4e00-\\u9fff]");
```

11. 小结

本节详细讨论和分析了一些常见的正则表达式。在实际开发中，有些可以直接使用，有些需要根据具体文本和需求进行调整。完整的代码在 Github 上，地址为 https://github.com/swiftma/program-logic，位于包 shuo.laoma.regex.c90 下。

至此，关于正则表达式就介绍完了。下一章，我们探讨 Java 8 中的函数式编程。

函数式编程

Java 8 引入了一个重要新语法——Lambda 表达式，**它是一种紧凑的传递代码的方式，**利用它，可以实现简洁灵活的函数式编程。

基于 Lambda 表达式，针对常见的集合数据处理，Java 8 引入了一套新的类库，位于包 java.util.stream 下，称为 Stream API。这套 API 操作数据的思路不同于我们之前介绍的容器类 API，它们是函数式的，非常简洁、灵活、易读。

Stream API 是对容器类的增强，它可以将对集合数据的多个操作以流水线的方式组合在一起。Java 8 还增加了一个新的类 CompletableFuture，它是对并发编程的增强，**可以方便地将多个有一定依赖关系的异步任务以流水线的方式组合在一起，大大简化多异步任务的开发。**

Java 8 还增强了日期和时间 API，其中也用到了 Lambda 表达式。

本章就来介绍这些 Java 8 引入的函数式编程特性和 API，具体分为 5 节：26.1 节介绍 Lambda 表达式；26.2 节介绍函数式数据处理的基本用法；26.3 节重点讨论函数式数据处理中的收集器；26.4 节介绍组合式异步编程 CompletableFuture；26.5 节介绍 Java 8 的日期和时间 API。

26.1　Lambda 表达式

Lambda 表达式到底是什么？有什么用？本节进行详细探讨。Lambda 这个名字来源于学术界的 λ 演算，具体我们就不探讨了。理解 Lambda 表达式，我们需要先回顾一下接口、匿名内部类和代码传递。

26.1.1   通过接口传递代码

我们之前介绍过接口以及面向接口的编程，针对接口而非具体类型进行编程，可以降低程序的耦合性，提高灵活性，提高复用性。**接口常被用于传递代码**，比如，我们知道 File 有如下方法：

```
public File[] listFiles(FilenameFilter filter)
```

listFiles 需要的其实不是 FilenameFilter 对象，而是它包含的如下方法：

```
boolean accept(File dir, String name);
```

或者说，listFiles 希望接受一段方法代码作为参数，但没有办法直接传递这个方法代码本身，只能传递一个接口。

再如，类 Collections 中的很多方法都接受一个参数 Comparator，比如：

```
public static <T> void sort(List<T> list, Comparator<? super T> c)
```

它们需要的也不是 Comparator 对象，而是它包含的如下方法：

```
int compare(T o1, T o2);
```

但是，没有办法直接传递方法，只能传递一个接口。

又如，异步任务执行服务 ExecutorService，提交任务的方法有：

```
<T> Future<T> submit(Callable<T> task);
Future<?> submit(Runnable task);
```

Callable 和 Runnable 接口也用于传递任务代码。

通过接口传递行为代码，就要传递一个实现了该接口的实例对象，在之前的章节中，最简洁的方式是使用匿名内部类，比如：

```
//列出当前目录下的所有扩展名为.txt的文件
File f = new File(".");
File[] files = f.listFiles(new FilenameFilter(){
    @Override
    public boolean accept(File dir, String name) {
        if(name.endsWith(".txt")){
            return true;
        }
        return false;
    }
});
```

将 files 按照文件名排序，代码为：

```
Arrays.sort(files, new Comparator<File>() {
    @Override
    public int compare(File f1, File f2) {
        return f1.getName().compareTo(f2.getName());
    }
});
```

提交一个最简单的任务，代码为：

```
ExecutorService executor = Executors.newFixedThreadPool(100);
executor.submit(new Runnable() {
    @Override
    public void run() {
        System.out.println("hello world");
    }
});
```

26.1.2 Lambda 语法

Java 8 提供了一种新的紧凑的传递代码的语法：Lambda 表达式。对于前面列出文件的例子，代码可以改为：

```
File f = new File(".");
File[] files = f.listFiles((File dir, String name) -> {
    if(name.endsWith(".txt")) {
        return true;
    }
    return false;
});
```

可以看出，相比匿名内部类，传递代码变得更为直观，不再有实现接口的模板代码，不再声明方法，也没有名字，而是直接给出了方法的实现代码。Lambda 表达式由 -> 分隔为两部分，前面是方法的参数，后面 {} 内是方法的代码。上面的代码可以简化为：

```
File[] files = f.listFiles((File dir, String name) -> {
    return name.endsWith(".txt");
});
```

当主体代码只有一条语句的时候，括号和 return 语句也可以省略，上面的代码可以变为：

```
File[] files = f.listFiles((File dir, String name) -> name.endsWith(".txt"));
```

注意：没有括号的时候，主体代码是一个表达式，这个表达式的值就是函数的返回值，结尾不能加分号，也不能加 return 语句。

方法的参数类型声明也可以省略，上面的代码还可以继续简化为：

```
File[] files = f.listFiles((dir, name) -> name.endsWith(".txt"));
```

之所以可以省略方法的参数类型，是因为 Java 可以自动推断出来，它知道 listFiles 接受的参数类型是 FilenameFilter，这个接口只有一个方法 accept，这个方法的两个参数类型分别是 File 和 String。这样简化下来，代码是不是简洁多了？

排序的代码用 Lambda 表达式可以写为：

```
Arrays.sort(files, (f1, f2) -> f1.getName().compareTo(f2.getName()));
```

提交任务的代码用 Lambda 表达式可以写为：

```
executor.submit(()->System.out.println("hello"));
```

参数部分为空，写为 ()。

当参数只有一个的时候，参数部分的括号可以省略。比如，File 还有如下方法：

```
public File[] listFiles(FileFilter filter)
```

FileFilter 的定义为：

```
public interface FileFilter {
    boolean accept(File pathname);
}
```

使用 FileFilter 重写上面的列举文件的例子，代码可以为：

```
File[] files = f.listFiles(path -> path.getName().endsWith(".txt"));
```

与匿名内部类类似，Lambda 表达式也可以访问定义在主体代码外部的变量，但对于局部变量，它也只能访问 final 类型的变量，它不要求变量声明为 final，但变量事实上不能被重新赋值。比如：

```
String msg = "hello world";
executor.submit(()->System.out.println(msg));
```

可以访问局部变量 msg，但 msg 不能被重新赋值，如果这样写：

```
String msg = "hello world";
msg = "good morning";
executor.submit(()->System.out.println(msg));
```

Java 编译器会提示错误。

这个原因与匿名内部类是一样的，Java 会将 msg 的值作为参数传递给 Lambda 表达式，为 Lambda 表达式建立一个副本，它的代码访问的是这个副本，而不是外部声明的 msg 变量。如果允许 msg 被修改，则程序员可能会误以为 Lambda 表达式读到修改后的值，引起更多的混淆。

为什么非要建立副本，直接访问外部的 msg 变量不行吗？不行，因为 msg 定义在栈中，当 Lambda 表达式被执行的时候，msg 可能早已被释放了。如果希望能够修改值，可以将变量定义为实例变量，或者将变量定义为数组，比如：

```
String[] msg = new String[]{"hello world"};
msg[0] = "good morning";
executor.submit(()->System.out.println(msg[0]));
```

从以上内容可以看出，Lambda 表达式与匿名内部类很像，主要就是简化了语法，那它是不是语法糖，内部实现其实就是内部类呢？答案是否定的，**Java 会为每个匿名内部类生成一个类，但 Lambda 表达式不会**。Lambda 表达式通常比较短，为每个表达式生成一个类会生成大量的类，性能会受到影响。

　　内部实现上，Java 利用了 Java 7 引入的为支持动态类型语言引入的 invokedynamic 指令、方法句柄（method handle）等，具体实现比较复杂，我们就不探讨了，感兴趣的读者可以参看 http://cr.openjdk.java.net/~briangoetz/lambda/lambda-translation.html，我们需要知道的是，Java 的实现是非常高效的，不用担心生成太多类的问题。

　　Lambda 表达式不是匿名内部类，那它的类型到底是什么呢？是**函数式接口**。

26.1.3　函数式接口

　　Java 8 引入了函数式接口的概念，**函数式接口也是接口，但只能有一个抽象方法**，前面提及的接口都只有一个抽象方法，都是函数式接口。之所以强调是"抽象"方法，是因为 Java 8 中还允许定义静态方法和默认方法。Lambda 表达式可以赋值给函数式接口，比如：

```
FileFilter filter = path -> path.getName().endsWith(".txt");
FilenameFilter fileNameFilter = (dir, name) -> name.endsWith(".txt");
Comparator<File> comparator = (f1, f2) ->
                    f1.getName().compareTo(f2.getName());
Runnable task = () -> System.out.println("hello world");
```

如果看这些接口的定义，会发现它们都有一个注解 @FunctionalInterface，比如：

```
@FunctionalInterface
public interface Runnable {
    public abstract void run();
}
```

　　@FunctionalInterface 用于清晰地告知使用者这是一个函数式接口，不过，这个注解不是必需的，不加，只要只有一个抽象方法，也是函数式接口。但如果加了，而又定义了超过一个抽象方法，Java 编译器会报错，这类似于我们之前介绍的 Override 注解。

26.1.4　预定义的函数式接口

　　Java 8 定义了大量的预定义函数式接口，用于常见类型的代码传递，这些函数定义在包 java.util.function 下，主要接口如表 26-1 所示。

表 26-1　主要的预定义函数式接口

函 数 接 口	方 法 定 义	说　　明
Predicate<T>	boolean test(T t)	谓词，测试输入是否满足条件
Function<T, R>	R apply(T t)	函数转换，输入类型 T，输出类型 R
Consumer<T>	void accept(T t)	消费者，输入类型 T
Supplier<T>	T get()	工厂方法
UnaryOperator<T>	T apply(T t)	函数转换的特例，输入和输出类型一样

（续）

函 数 接 口	方 法 定 义	说　明
BiFunction<T, U, R>	R apply(T t, U u)	函数转换，接受两个参数，输出 R
BinaryOperator<T>	T apply(T t, T u)	BiFunction 的特例，输入和输出类型一样
BiConsumer<T, U>	void accept(T t, U u)	消费者，接受两个参数
BiPredicate<T, U>	boolean test(T t, U u)	谓词，接受两个参数

对于基本类型 boolean、int、long 和 double，为避免装箱 / 拆箱，Java 8 提供了一些专门的函数，比如，int 相关的部分函数如表 26-2 所示。

表 26-2　int 类型的函数式接口

函 数 接 口	方 法 定 义	说　明
IntPredicate	boolean test(int value)	谓词，测试输入是否满足条件
IntFunction<R>	R apply(int value)	函数转换，输入类型 int，输出类型 R
IntConsumer	void accept(int value)	消费者，输入类型 int
IntSupplier	int getAsInt()	工厂方法

这些函数有什么用呢？它们被大量用于 Java 8 的函数式数据处理 Stream 相关的类中，即使不使用 Stream，也可以在自己的代码中直接使用这些预定义的函数。我们看一些简单的示例，包括 Predicate、Function 和 Consumer。

1. Predicate 示例

为便于举例，我们先定义一个简单的学生类 Student，它有 name 和 score 两个属性，如下所示。

```
static class Student {
    String name;
    double score;
}
```

我们省略了构造方法和 getter/setter 方法。

有一个学生列表：

```
List<Student> students = Arrays.asList(new Student[] {
        new Student("zhangsan", 89d), new Student("lisi", 89d),
        new Student("wangwu", 98d) });
```

在日常开发中，列表处理的一个常见需求是过滤，列表的类型经常不一样，过滤的条件也经常变化，但主体逻辑都是类似的，可以借助 Predicate 写一个通用的方法，如下所示：

```
public static <E> List<E> filter(List<E> list, Predicate<E> pred) {
```

```
        List<E> retList = new ArrayList<>();
        for(E e : list) {
            if(pred.test(e)) {
                retList.add(e);
            }
        }
        return retList;
    }
```

这个方法可以这么用：

```
//过滤90分以上的
students = filter(students, t -> t.getScore() > 90);
```

2. Function 示例

列表处理的另一个常见需求是转换。比如，给定一个学生列表，需要返回名称列表，或者将名称转换为大写返回，可以借助 Function 写一个通用的方法，如下所示：

```
public static <T, R> List<R> map(List<T> list, Function<T, R> mapper) {
    List<R> retList = new ArrayList<>(list.size());
    for(T e : list) {
        retList.add(mapper.apply(e));
    }
    return retList;
}
```

根据学生列表返回名称列表的代码为：

```
List<String> names = map(students, t -> t.getName());
```

将学生名称转换为大写的代码为：

```
students = map(students, t -> new Student(
    t.getName().toUpperCase(), t.getScore()));
```

3. Consumer 示例

在上面转换学生名称为大写的例子中，我们为每个学生创建了一个新的对象，另一种常见的情况是直接修改原对象，通过代码传递，这时，可以用 Consumer 写一个通用的方法，比如：

```
public static <E> void foreach(List<E> list, Consumer<E> consumer) {
    for(E e : list) {
        consumer.accept(e);
    }
}
```

上面转换为大写的例子可以改为：

```
foreach(students, t -> t.setName(t.getName().toUpperCase()));
```

以上这些示例主要用于演示函数式接口的基本概念，实际中可以直接使用流 API。

26.1.5 方法引用

Lambda 表达式经常用于调用对象的某个方法,比如:

```
List<String> names = map(students, t -> t.getName());
```

这时,它可以进一步简化,如下所示:

```
List<String> names = map(students, Student::getName);
```

Student::getName 这种写法是 Java 8 引入的一种新语法,称为**方法引用**。它是 Lambda 表达式的一种简写方法,由 :: 分隔为两部分,前面是类名或变量名,后面是方法名。方法可以是实例方法,也可以是静态方法,但含义不同。

我们看一些例子,还是以 Student 为例,先增加一个静态方法:

```
public static String getCollegeName(){
    return "Laoma School";
}
```

对于静态方法,如下两条语句是等价的:

```
1. Supplier<String> s = Student::getCollegeName;
2. Supplier<String> s = () -> Student.getCollegeName();
```

它们的参数都是空,返回类型为 String。

而对于实例方法,它的第一个参数就是该类型的实例,比如,如下两条语句是等价的:

```
1. Function<Student, String> f = Student::getName;
2. Function<Student, String> f = (Student t) -> t.getName();
```

对于 Student::setName,它是一个 BiConsumer,即如下两条语句是等价的:

```
1. BiConsumer<Student, String> c = Student::setName;
2. BiConsumer<Student, String> c = (t, name) -> t.setName(name);
```

如果方法引用的第一部分是变量名,则相当于调用那个对象的方法。比如,假定 t 是一个 Student 类型的变量,则如下两条语句是等价的:

```
1. Supplier<String> s = t::getName;
2. Supplier<String> s = () -> t.getName();
```

下面两条语句也是等价的:

```
1. Consumer<String> consumer = t::setName;
2. Consumer<String> consumer = (name) -> t.setName(name);
```

对于构造方法,方法引用的语法是 < 类名 >::new,如 Student::new,即下面两条语句等价:

```
1. BiFunction<String, Double, Student> s = (name, score)
                        -> new Student(name, score);
2. BiFunction<String, Double, Student> s = Student::new;
```

26.1.6　函数的复合

在前面的例子中，函数式接口都用作方法的参数，其他部分通过 Lambda 表达式传递具体代码给它。**函数式接口和 Lambda 表达式还可用作方法的返回值，传递代码回调用者，将这两种用法结合起来，可以构造复合的函数，使程序简洁易读。**

下面我们看一些例子，这些例子利用了 Java 8 对接口的增强，即静态方法和默认方法，并利用它们实现复合函数，包括 Comparator 接口和 function 包。

1. Comparator 中的复合方法

Comparator 接口定义了如下静态方法：

```
public static <T, U extends Comparable<? super U>> Comparator<T> comparing(
        Function<? super T, ? extends U> keyExtractor) {
    Objects.requireNonNull(keyExtractor);
    return (Comparator<T> & Serializable)
        (c1, c2) -> keyExtractor.apply(c1).compareTo(keyExtractor.apply(c2));
}
```

这个方法是什么意思呢？它用于构建一个 Comparator，比如，在前面的例子中，对文件按照文件名排序的代码为：

```
Arrays.sort(files, (f1, f2) -> f1.getName().compareTo(f2.getName()));
```

使用 comparing 方法，代码可以简化为：

```
Arrays.sort(files, Comparator.comparing(File::getName));
```

这样，代码的可读性是不是大大增强了？ comparing 方法为什么能达到这个效果呢？它构建并返回了一个符合 Comparator 接口的 Lambda 表达式，这个 Comparator 接受的参数类型是 File，它使用了传递过来的函数代码 keyExtractor 将 File 转换为 String 进行比较。像 comparing 这样使用复合方式构建并传递代码并不容易阅读，但调用者很方便，也很容易理解。

Comparator 还有很多默认方法，我们看两个：

```
default Comparator<T> reversed() {
    return Collections.reverseOrder(this);
}
default Comparator<T> thenComparing(Comparator<? super T> other) {
    Objects.requireNonNull(other);
    return (Comparator<T> & Serializable) (c1, c2) -> {
        int res = compare(c1, c2);
        return (res != 0) ? res : other.compare(c1, c2);
    };
}
```

reversed 返回一个新的 Comparator，按原排序逆序排。thenComparing 也返回一个新的 Comparator，在原排序认为两个元素排序相同的时候，使用传递的 Comparator other 进行比较。

看一个使用的例子，将学生列表按照分数倒序排（高分在前），分数一样的按照名字进行排序：

```
students.sort(Comparator.comparing(Student::getScore)
                        .reversed()
                        .thenComparing(Student::getName));
```

这样，代码是不是很容易读？

2. function 包中的复合方法

在 java.util.function 包的很多函数式接口里，都定义了一些复合方法，我们看一些例子。Function 接口有如下定义：

```
default <V> Function<T, V> andThen(Function<? super R, ? extends V> after) {
    Objects.requireNonNull(after);
    return (T t) -> after.apply(apply(t));
}
```

先将 T 类型的参数转化为类型 R，再调用 after 将 R 转换为 V，最后返回类型 V。还有如下定义：

```
default <V> Function<V, R> compose(
        Function<? super V, ? extends T> before) {
    Objects.requireNonNull(before);
    return (V v) -> apply(before.apply(v));
}
```

对 V 类型的参数，先调用 before 将 V 转换为 T 类型，再调用当前的 apply 方法转换为 R 类型返回。

Consumer、Predicate 等都有一些复合方法，它们大量用于函数式数据处理 API 中，具体我们就不探讨了。

26.1.7　小结

本节介绍了 Java 8 中的一些新概念，包括 Lambda 表达式、函数式接口和方法引用等。

最重要的变化是，传递代码变得简单了，函数变为了代码世界的"一等公民"，可以方便地被作为参数传递，被作为返回值，被复合利用以构建新的函数，看上去，这些只是语法上的一些小变化，但利用这些小变化，却能使得代码更为通用、更为灵活、更为简洁易读，这大概就是函数式编程的奇妙之处。

26.2　函数式数据处理：基本用法

上一节介绍了 Lambda 表达式和函数式接口，本节探讨它们的应用：函数式数据处理，针对常见的集合数据处理，Java 8 引入了一套新的类库，位于包 java.util.stream 下，称为 Stream API。这套 API 操作数据的思路不同于我们之前介绍的容器类 API，它们是函数式的，非常简洁、灵活、易读。具体有什么不同呢？本节先介绍一些基本的 API，下节讨论一些高级功能。

接口 Stream 类似于一个迭代器，但提供了更为丰富的操作，Stream API 的主要操作就定义在该接口中。Java 8 给 Collection 接口增加了两个默认方法，它们可以返回一个 Stream，如下所示：

```
default Stream<E> stream() {
    return StreamSupport.stream(spliterator(), false);
}
default Stream<E> parallelStream() {
    return StreamSupport.stream(spliterator(), true);
}
```

stream() 返回的是一个**顺序流**，parallelStream() 返回的是一个**并行流**。顺序流就是由一个线程执行操作。而并行流背后可能有多个线程并行执行，与之前介绍的并发技术不同，使用并行流不需要显式管理线程，使用方法与顺序流是一样的。

下面我们主要针对顺序流学习 Stream 接口，包括其用法和基本原理，随后我们再介绍并行流，先来看一些简单的示例。

26.2.1　基本示例

上一节演示时使用了学生类 Student 和学生列表 List<Student> lists，本节继续使用它们，看一些基本的过滤、转换以及过滤和转换组合的例子。

1. 基本过滤

返回学生列表中 90 分以上的，传统上的代码一般是这样：

```
List<Student> above90List = new ArrayList<>();
for(Student t : students) {
    if(t.getScore() > 90) {
        above90List.add(t);
    }
}
```

使用 Stream API，代码可以这样：

```
List<Student> above90List = students.stream()
        .filter(t->t.getScore()>90).collect(Collectors.toList());
```

先通过 stream() 得到一个 Stream 对象，然后调用 Stream 上的方法，filter() 过滤得到 90 分以上的，它的返回值依然是一个 Stream，为了转换为 List，调用了 collect 方法并传递了一个 Collectors.toList()，表示将结果收集到一个 List 中。

代码更为简洁易读了，这种数据处理方式称为**函数式数据处理**。与传统代码相比，其特点是：

1）没有显式的循环迭代，循环过程被 Stream 的方法隐藏了。

2）提供了声明式的处理函数，比如 filter，它封装了数据过滤的功能，而传统代码是命令式的，需要一步步的操作指令。

3）流畅式接口，方法调用链接在一起，清晰易读。

2. 基本转换

根据学生列表返回名称列表，传统上的代码一般是这样：

```
List<String> nameList = new ArrayList<>(students.size());
for(Student t : students) {
    nameList.add(t.getName());
}
```

使用 Stream API，代码可以这样：

```
List<String> nameList = students.stream()
        .map(Student::getName).collect(Collectors.toList());
```

这里使用了 Stream 的 map 函数，它的参数是一个 Function 函数式接口，这里传递了方法引用。

3. 基本的过滤和转换组合

返回 90 分以上的学生名称列表，传统上的代码一般是这样：

```
List<String> nameList = new ArrayList<>();
for(Student t : students) {
    if(t.getScore() > 90) {
        nameList.add(t.getName());
    }
}
```

使用函数式数据处理的思路，可以将这个问题分解为由两个基本函数实现：

1）过滤：得到 90 分以上的学生列表。

2）转换：将学生列表转换为名称列表。

使用 Stream API，可以将基本函数 filter() 和 map() 结合起来，代码可以这样：

```
List<String> above90Names = students.stream()
        .filter(t->t.getScore()>90).map(Student::getName)
        .collect(Collectors.toList());
```

这种组合利用基本函数、声明式实现集合数据处理功能的编程风格，就是函数式数据处理。

代码更为直观易读了，但你可能会担心它的性能有问题。filter() 和 map() 都需要对流中的每个元素操作一次，一起使用会不会就需要遍历两次呢？答案是否定的，只需要一次。**实际上，调用 filter() 和 map() 都不会执行任何实际的操作，它们只是在构建操作的流水线，**

调用 collect 才会触发实际的遍历执行，**在一次遍历中完成过滤、转换以及收集结果的任务。**

　　像 filter 和 map 这种不实际触发执行、用于构建流水线、返回 Stream 的操作称为**中间操作**（intermediate operation），而像 collect 这种触发实际执行、返回具体结果的操作称为**终端操作**（terminal operation）。Stream API 中还有更多的中间和终端操作，下面我们具体介绍。

26.2.2　中间操作

　　除了 filter 和 map，Stream API 的中间操作还有 distinct、sorted、skip、limit、peek、mapToLong、mapToInt、mapToDouble、flatMap 等，我们逐个介绍。

1. distinct

　　distinct 返回一个新的 Stream，过滤重复的元素，只留下唯一的元素，是否重复是根据 equals 方法来比较的，distinct 可以与其他函数（如 filter、map）结合使用。比如，返回字符串列表中长度小于 3 的字符串、转换为小写、只保留唯一的，代码可以为：

```
List<String> list = Arrays.asList(new String[]{"abc","def","hello","Abc"});
List<String> retList = list.stream()
        .filter(s->s.length()<=3).map(String::toLowerCase).distinct()
        .collect(Collectors.toList());
```

　　虽然都是中间操作，但 distinct 与 filter 和 map 是不同的。filter 和 map 都是**无状态**的，对于流中的每一个元素，处理都是独立的，处理后即交给流水线中的下一个操作；distinct 不同，它是**有状态**的，在处理过程中，它需要在内部记录之前出现过的元素，如果已经出现过，即重复元素，它就会过滤掉，不传递给流水线中的下一个操作。对于顺序流，内部实现时，distinct 操作会使用 HashSet 记录出现过的元素，如果流是有顺序的，需要保留顺序，会使用 LinkedHashSet。

2. sorted

　　有两个 sorted 方法：

```
Stream<T> sorted()
Stream<T> sorted(Comparator<? super T> comparator)
```

　　它们都对流中的元素排序，都返回一个排序后的 Stream。第一个方法假定元素实现了 Comparable 接口，第二个方法接受一个自定义的 Comparator。比如，过滤得到 90 分以上的学生，然后按分数从高到低排序，分数一样的按名称排序，代码为：

```
List<Student> list = students.stream().filter(t->t.getScore()>90)
        .sorted(Comparator.comparing(Student::getScore)
                .reversed().thenComparing(Student::getName))
        .collect(Collectors.toList());
```

　　这里，使用了 Comparator 的 comparing、reversed 和 thenComparing 构建了 Comparator。与 distinct 一样，sorted 也是一个有状态的中间操作，在处理过程中，需要在内部记录

出现过的元素。其不同是，每碰到流中的一个元素，distinct 都能立即做出处理，要么过滤，要么马上传递给下一个操作；sorted 需要先排序，为了排序，它需要先在内部数组中保存碰到的每一个元素，到流结尾时再对数组排序，然后再将排序后的元素逐个传递给流水线中的下一个操作。

3. skip/limit

它们的定义为：

```
Stream<T> skip(long n)
Stream<T> limit(long maxSize)
```

skip 跳过流中的 n 个元素，如果流中元素不足 n 个，返回一个空流，limit 限制流的长度为 maxSize。比如，将学生列表按照分数排序，返回第 3 名到第 5 名，代码为：

```
List<Student> list = students.stream()
        .sorted(Comparator.comparing(Student::getScore).reversed())
        .skip(2).limit(3).collect(Collectors.toList());
```

skip 和 limit 都是有状态的中间操作。对前 n 个元素，skip 的操作就是过滤，对后面的元素，skip 就是传递给流水线中的下一个操作。limit 的一个特点是：它不需要处理流中的所有元素，只要处理的元素个数达到 maxSize，后面的元素就不需要处理了，这种可以提前结束的操作称为**短路操作**。

skip 和 limit 只能根据元素数目进行操作，Java 9 增加了两个新方法，相当于更为通用的 skip 和 limit：

```
//通用的skip，在谓词返回为true的情况下一直进行skip操作，直到某次返回false
default Stream<T> dropWhile(Predicate<? super T> predicate)
//通用的limit，在谓词返回为true的情况下一直接受，直到某次返回false
default Stream<T> takeWhile(Predicate<? super T> predicate)
```

4. peek

peek 的定义为：

```
Stream<T> peek(Consumer<? super T> action)
```

它返回的流与之前的流是一样的，没有变化，但它提供了一个 Consumer，会将流中的每一个元素传给该 Consumer。这个方法的主要目的是支持调试，可以使用该方法观察在流水线中流转的元素，比如：

```
List<String> above90Names = students.stream().filter(t->t.getScore()>90)
        .peek(System.out::println).map(Student::getName)
        .collect(Collectors.toList());
```

5. mapToLong/mapToInt/mapToDouble

map 函数接受的参数是一个 Function<T, R>，为避免装箱 / 拆箱，提高性能，Stream 还有如下返回基本类型特定流的方法：

```
DoubleStream mapToDouble(ToDoubleFunction<? super T> mapper)
IntStream mapToInt(ToIntFunction<? super T> mapper)
LongStream mapToLong(ToLongFunction<? super T> mapper)
```

DoubleStream/IntStream/LongStream 是基本类型特定的流，有一些专门的更为高效的方法。比如，求学生列表的分数总和，代码为：

```
double sum = students.stream().mapToDouble(Student::getScore).sum();
```

6. flatMap

flatMap 的定义为：

```
<R> Stream<R> flatMap(Function<? super T, ? extends Stream<? extends R>> mapper)
```

它接受一个函数 mapper，对流中的每一个元素，mapper 会将该元素转换为一个流 Stream，然后把新生成流的每一个元素传递给下一个操作。比如：

```
List<String> lines = Arrays.asList(new String[]{
        "hello abc", "老马  编程"});
List<String> words = lines.stream()
        .flatMap(line -> Arrays.stream(line.split("\\s+")))
        .collect(Collectors.toList());
System.out.println(words);
```

这里的 mapper 将一行字符串按空白符分隔为了一个单词流，Arrays.stream 可以将一个数组转换为一个流，输出为：

```
[hello, abc, 老马, 编程]
```

可以看出，实际上，flatMap 完成了一个 1 到 n 的映射。

26.2.3　终端操作

中间操作不触发实际的执行，返回值是 Stream，而终端操作触发执行，返回一个具体的值，除了 collect，Stream API 的终端操作还有 max、min、count、allMatch、anyMatch、noneMatch、findFirst、findAny、forEach、toArray、reduce 等，我们逐个介绍。

1. max/min

max/min 的定义为：

```
Optional<T> max(Comparator<? super T> comparator)
Optional<T> min(Comparator<? super T> comparator)
```

它们返回流中的最大值 / 最小值，它们的返回值类型是 Optional<T>，而不是 T。

java.util.Optional 是 Java 8 引入的一个新类，它是一个泛型容器类，内部只有一个类型为 T 的单一变量 value，可能为 null，也可能不为 null。Optional 有什么用呢？**它用于准确地传递程序的语义，它清楚地表明，其代表的值可能为 null，程序员应该进行适当的处理。**

Optional 定义了一些方法，比如：

```
//value不为null时返回true
public boolean isPresent()
//返回实际的值, 如果为null, 抛出异常NoSuchElementException
public T get()
//如果value不为null, 返回value, 否则返回other
public T orElse(T other)
//构建一个空的Optional, value为null
public static<T> Optional<T> empty()
//构建一个非空的Optional, 参数value不能为null
public static <T> Optional<T> of(T value)
//构建一个Optional, 参数value可以为null, 也可以不为null
public static <T> Optional<T> ofNullable(T value)
```

在 max/min 的例子中，通过声明返回值为 Optional，我们可以知道具体的返回值不一定存在，这发生在流中不含任何元素的情况下。

看个简单的例子，返回分数最高的学生，代码为：

```
Student student = students.stream()
        .max(Comparator.comparing(Student::getScore).reversed()).get();
```

这里，假定 students 不为空。

2. count

count 很简单，就是返回流中元素的个数。比如，统计大于 90 分的学生个数，代码为：

```
long above90Count = students.stream().filter(t->t.getScore()>90).count();
```

3. allMatch/anyMatch/noneMatch

这几个函数都接受一个谓词 Predicate，返回一个 boolean 值，用于判定流中的元素是否满足一定的条件。它们的区别是：

❏ allMatch：只有在流中所有元素都满足条件的情况下才返回 true。
❏ anyMatch：只要流中有一个元素满足条件就返回 true。
❏ noneMatch：只有流中所有元素都不满足条件才返回 true。

如果流为空，那么 allMatch 和 noneMatch 的返回值为 true，anyMatch 的返回值为 false。比如，判断是不是所有学生都及格了（不小于 60 分），代码可以为：

```
boolean allPass = students.stream().allMatch(t->t.getScore()>=60);
```

这几个操作都是短路操作，不一定需要处理所有元素就能得出结果，比如，对于 allMatch，只要有一个元素不满足条件，就能返回 false。

4. findFirst/findAny

它们的定义为：

```
Optional<T> findFirst()
Optional<T> findAny()
```

它们的返回类型都是 Optional，如果流为空，返回 Optional.empty()。findFirst 返回第

一个元素，而 findAny 返回任一元素，它们都是短路操作。随便找一个不及格的学生，代码可以为：

```
Optional<Student> student = students.stream().filter(t->t.getScore()<60)
        .findAny();
if(student.isPresent()){
    //处理不及格的学生
}
```

5. forEach

有两个 forEach 方法：

```
void forEach(Consumer<? super T> action)
void forEachOrdered(Consumer<? super T> action)
```

它们都接受一个 Consumer，对流中的每一个元素，传递元素给 Consumer。区别在于：在并行流中，forEach 不保证处理的顺序，而 forEachOrdered 会保证按照流中元素的出现顺序进行处理。

比如，逐行打印大于 90 分的学生，代码可以为：

```
students.stream().filter(t->t.getScore()>90).forEach(System.out::println);
```

6. toArray

toArray 将流转换为数组，有两个方法：

```
Object[] toArray()
<A> A[] toArray(IntFunction<A[]> generator)
```

不带参数的 toArray 返回的数组类型为 Object[]，这通常不是期望的结果，如果希望得到正确类型的数组，需要传递一个类型为 IntFunction 的 generator。IntFunction 的定义为：

```
public interface IntFunction<R> {
    R apply(int value);
}
```

generator 接受的参数是流的元素个数，它应该返回对应大小的正确类型的数组。

比如，获取 90 分以上的学生数组，代码可以为：

```
Student[] above90Arr = students.stream().filter(t->t.getScore()>90)
                    .toArray(Student[]::new);
```

Student[]::new 就是一个类型为 IntFunction<Student[]> 的 generator。

7. reduce

reduce 代表**归约**或者叫**折叠**，它是 max/min/count 的更为通用的函数，将流中的元素归约为一个值。有三个 reduce 函数：

```
Optional<T> reduce(BinaryOperator<T> accumulator);
T reduce(T identity, BinaryOperator<T> accumulator);
<U> U reduce(U identity, BiFunction<U, ? super T, U> accumulator,
```

```
                    BinaryOperator<U> combiner);
```

第一个 reduce 函数基本等同于调用:

```
boolean foundAny = false;
T result = null;
for(T element : this stream) {
    if(!foundAny) {
        foundAny = true;
        result = element;
    }
    else
        result = accumulator.apply(result, element);
}
return foundAny ? Optional.of(result) : Optional.empty();
```

比如,使用 reduce 函数求分数最高的学生,代码可以为:

```
Student topStudent = students.stream().reduce((accu, t) -> {
    if(accu.getScore() >= t.getScore()) {
        return accu;
    } else {
        return t;
    }
}).get();
```

第二个 reduce 函数多了一个 identity 参数,表示初始值,它基本等同于调用:

```
T result = identity;
for(T element : this stream)
    result = accumulator.apply(result, element)
return result;
```

第一个和第二个 reduce 函数的返回类型只能是流中元素的类型,而第三个 reduce 函数更为通用,它的归约类型可以自定义,另外,它多了一个 combiner 参数。combiner 用在并行流中,用于合并子线程的结果。对于顺序流,它基本等同于调用:

```
U result = identity;
for(T element : this stream)
    result = accumulator.apply(result, element)
return result;
```

注意与第二个 reduce 函数相区分,它的结果类型不是 T,而是 U。比如,使用 reduce 函数计算学生分数的和,代码可以为:

```
double sumScore = students.stream().reduce(0d,
        (sum, t) -> sum += t.getScore(),
        (sum1, sum2) -> sum1 += sum2
    );
```

从以上可以看出,reduce 函数虽然更为通用,但比较费解,难以使用,一般情况下应该优先使用其他函数。collect 函数比 reduce 函数更为通用、强大和易用,关于它,我们稍后再详细介绍。

26.2.4 构建流

前面我们主要使用的是 Collection 的 stream 方法，换做 parallelStream 方法，就会使用并行流，接口方法都是通用的。但并行流内部会使用多线程，线程个数一般与系统的 CPU 核数一样，以充分利用 CPU 的计算能力。

进一步来说，并行流内部会使用 Java 7 引入的 fork/join 框架，即处理由 fork 和 join 两个阶段组成，fork 就是将要处理的数据拆分为小块，多线程按小块进行并行计算，join 就是将小块的计算结果进行合并，具体我们就不探讨了。使用并行流，不需要任何线程管理的代码，就能实现并行。

除了通过 Collection 接口的 stream/parallelStream 获取流，还有一些其他方式可以获取流。Arrays 有一些 stream 方法，可以将数组或子数组转换为流，比如：

```
public static IntStream stream(int[] array)
public static DoubleStream stream(double[] array, int startInclusive,
    int endExclusive)
public static <T> Stream<T> stream(T[] array)
```

输出当前目录下所有普通文件的名字，代码可以为：

```
File[] files = new File(".").listFiles();
Arrays.stream(files).filter(File::isFile).map(File::getName)
        .forEach(System.out::println);
```

Stream 也有一些静态方法，可以构建流，比如：

```
//返回一个空流
public static<T> Stream<T> empty()
//返回只包含一个元素t的流
public static<T> Stream<T> of(T t)
//返回包含多个元素values的流
public static<T> Stream<T> of(T... values)
//通过Supplier生成流，流的元素个数是无限的
public static<T> Stream<T> generate(Supplier<T> s)
//同样生成无限流，第一个元素为seed，第二个为f(seed)，第三个为f(f(seed))，以此类推
public static<T> Stream<T> iterate(final T seed, final UnaryOperator<T> f)
```

输出 10 个随机数，代码可以为：

```
Stream.generate(()->Math.random()).limit(10).forEach(System.out::println);
```

输出 100 个递增的奇数，代码可以为：

```
Stream.iterate(1, t->t+2).limit(100).forEach(System.out::println);
```

26.2.5 函数式数据处理思维

可以看出，使用 Stream API 处理数据集合，与直接使用容器类 API 处理数据的思路是

完全不一样的。**流定义了很多数据处理的基本函数，对于一个具体的数据处理问题，解决的主要思路就是组合利用这些基本函数，以声明式的方式简洁地实现期望的功能，这种思路就是函数式数据处理思维，相比直接利用容器类 API 的命令式思维，思考的层次更高。**

　　Stream API 的这种思路也不是新发明，它与数据库查询语言 SQL 是很像的，都是声明式地操作集合数据，很多函数都能在 SQL 中找到对应，比如 filter 对应 SQL 的 where，sorted 对应 order by 等。SQL 一般都支持分组（group by）功能，Stream API 也支持，但关于分组，我们下节再介绍。

　　Stream API 也与各种基于 Unix 系统的管道命令类似。 熟悉 Unix 系统的都知道，Unix 有很多命令，大部分命令只是专注于完成一件事情，但可以通过管道的方式将多个命令链接起来，完成一些复杂的功能，比如：

```
cat nginx_access.log | awk '{print $1}' | sort | uniq -c | sort -rnk 1 | head -n 20
```

　　以上命令可以分析 nginx 访问日志，统计出访问次数最多的前 20 个 IP 地址及其访问次数。具体来说，cat 命令输出 nginx 访问日志到流，一行为一个元素，awk 输出行的第一列，这里为 IP 地址，sort 按 IP 进行排序，"uniq -c" 按 IP 统计计数，"sort -rnk 1" 按计数从高到低排序，"head -n 20" 输出前 20 行。

26.3　函数式数据处理：强大方便的收集器

　　对于 collect 方法，前面只是演示了其最基本的应用，它还有很多强大的功能，比如，可以分组统计汇总，实现类似数据库查询语言 SQL 中的 group by 功能。具体都有哪些功能？有什么用？如何使用？基本原理是什么？让我们逐步进行探讨，先来进一步理解 collect 方法。

26.3.1　理解 collect

　　在上节中，过滤得到 90 分以上的学生列表，代码是这样的：

```
List<Student> above90List = students.stream().filter(t->t.getScore()>90)
        .collect(Collectors.toList());
```

　　最后的 collect 调用看上去很神奇，它到底是怎么把 Stream 转换为 List<Student> 的呢？先看下 collect 方法的定义：

```
<R, A> R collect(Collector<? super T, A, R> collector)
```

　　它接受一个收集器 collector 作为参数，类型是 Collector，这是一个接口，它的定义基本上是：

```
public interface Collector<T, A, R> {
    Supplier<A> supplier();
```

```
    BiConsumer<A, T> accumulator();
    BinaryOperator<A> combiner();
    Function<A, R> finisher();
    Set<Characteristics> characteristics();
}
```

在顺序流中，collect 方法与这些接口方法的交互大概是这样的：

```
//首先调用工厂方法supplier创建一个存放处理状态的容器container，类型为A
A container = collector.supplier().get();
//对流中的每一个元素t，调用累加器accumulator，参数为累计状态container和当前元素t
for(T t : data)
    collector.accumulator().accept(container, t);
//最后调用finisher对累计状态container进行可能的调整，类型转换(A转换为R)，返回结果
return collector.finisher().apply(container);
```

combiner 只在并行流中有用，用于合并部分结果。characteristics 用于标示收集器的特征，Collector 接口的调用者可以利用这些特征进行一些优化。Characteristics 是一个枚举，有三个值：CONCURRENT、UNORDERED 和 IDENTITY_FINISH，它们的含义我们后面通过例子简要说明，目前可以忽略。

Collectors.toList() 具体是什么呢？看下代码：

```
public static <T>
Collector<T, ?, List<T>> toList() {
    return new CollectorImpl<>((Supplier<List<T>>) ArrayList::new, List::add,
                              (left, right) ->
                                  { left.addAll(right); return left; },
                              CH_ID);
}
```

它的实现类是 CollectorImpl，这是 Collectors 内部的一个私有类，实现很简单，主要就是定义了两个构造方法，接受函数式参数并赋值给内部变量。对 toList 来说：

1）supplier 的实现是 ArrayList::new，也就是创建一个 ArrayList 作为容器。

2）accumulator 的实现是 List::add，也就是将碰到的每一个元素加到列表中。

3）第三个参数是 combiner，表示合并结果。

4）第四个参数 CH_ID 是一个静态变量，只有一个特征 IDENTITY_FINISH，表示 finisher 没有什么事情可以做，就是把累计状态 container 直接返回。

也就是说，collect(Collectors.toList()) 背后的伪代码如下所示：

```
List<T> container = new ArrayList<>();
for(T t : data)
    container.add(t);
return container;
```

26.3.2 容器收集器

与 toList 类似的容器收集器还有 toSet、toCollection、toMap 等，我们来进行介绍。

1. toSet

toSet 的使用与 toList 类似，只是它可以排重，就不举例了。toList 背后的容器是 ArrayList，toSet 背后的容器是 HashSet，其代码为：

```
public static <T>
Collector<T, ?, Set<T>> toSet() {
    return new CollectorImpl<>((Supplier<Set<T>>) HashSet::new, Set::add,
                              (left, right) ->
                                  { left.addAll(right); return left; },
                              CH_UNORDERED_ID);
}
```

CH_UNORDERED_ID 是一个静态变量，它的特征有两个：一个是 IDENTITY_FINISH，表示返回结果即为 Supplier 创建的 HashSet；另一个是 UNORDERED，表示收集器不会保留顺序，这也容易理解，因为背后容器是 HashSet。

2. toCollection

toCollection 是一个通用的容器收集器，可以用于任何 Collection 接口的实现类，它接受一个工厂方法 Supplier 作为参数，具体代码为：

```
public static <T, C extends Collection<T>>
Collector<T, ?, C> toCollection(Supplier<C> collectionFactory) {
    return new CollectorImpl<>(collectionFactory, Collection<T>::add,
                              (r1, r2) -> { r1.addAll(r2); return r1; },
                              CH_ID);
}
```

比如，如果希望排重但又希望保留出现的顺序，可以使用 LinkedHashSet，Collector 可以这么创建：

```
Collectors.toCollection(LinkedHashSet::new)
```

3. toMap

toMap 将元素流转换为一个 Map，我们知道，Map 有键和值两部分，toMap 至少需要两个函数参数，一个将元素转换为键，另一个将元素转换为值，其基本定义为：

```
public static <T, K, U> Collector<T, ?, Map<K,U>> toMap(
    Function<? super T, ? extends K> keyMapper,
    Function<? super T, ? extends U> valueMapper)
```

返回结果为 Map<K,U>，keyMapper 将元素转换为键，valueMapper 将元素转换为值。比如，将学生流转换为学生名称和分数的 Map，代码可以为：

```
Map<String,Double> nameScoreMap = students.stream().collect(
        Collectors.toMap(Student::getName, Student::getScore));
```

这里，Student::getName 是 keyMapper，Student::getScore 是 valueMapper。

实践中，经常需要将一个对象列表按主键转换为一个 Map，以便以后按照主键进行快速查找，比如，假定 Student 的主键是 id，希望转换学生流为学生 id 和学生对象的 Map，代码可以为：

```
Map<String, Student> byIdMap = students.stream().collect(
    Collectors.toMap(Student::getId, t -> t));
```

t->t 是 valueMapper，表示值就是元素本身。这个函数用得比较多，接口 Function 定义了一个静态函数 identity 表示它。也就是说，上面的代码可以替换为：

```
Map<String, Student> byIdMap = students.stream().collect(
    Collectors.toMap(Student::getId, Function.identity()));
```

上面的 toMap 假定元素的键不能重复，如果有重复的，会抛出异常，比如：

```
Map<String,Integer> strLenMap = Stream.of("abc","hello","abc").collect(
    Collectors.toMap(Function.identity(), t->t.length()));
```

希望得到字符串与其长度的 Map，但由于包含重复字符串 "abc"，程序会抛出异常。这种情况下，我们希望的是程序忽略后面重复出现的元素，这时，可以使用另一个 toMap 函数：

```
public static <T, K, U> Collector<T, ?, Map<K,U>> toMap(
    Function<? super T, ? extends K> keyMapper,
    Function<? super T, ? extends U> valueMapper,
    BinaryOperator<U> mergeFunction)
```

相比前面的 toMap，它接受一个额外的参数 mergeFunction，它用于处理冲突，在收集一个新元素时，如果新元素的键已经存在了，系统会将新元素的值与键对应的旧值一起传递给 mergeFunction 得到一个值，然后用这个值给键赋值。

对于前面字符串长度的例子，新值与旧值其实是一样的，我们可以用任意一个值，代码可以为：

```
Map<String,Integer> strLenMap = Stream.of("abc","hello","abc").collect(
    Collectors.toMap(Function.identity(),
        t->t.length(), (oldValue,value)->value));
```

有时，我们可能希望合并新值与旧值，比如一个联系人列表，对于相同的联系人，我们希望合并电话号码，mergeFunction 可以定义为：

```
BinaryOperator<String> mergeFunction = (oldPhone,phone)->oldPhone+","+phone;
```

toMap 还有一个更为通用的形式：

```
public static <T, K, U, M extends Map<K, U>> Collector<T, ?, M> toMap(
    Function<? super T, ? extends K> keyMapper,
    Function<? super T, ? extends U> valueMapper,
    BinaryOperator<U> mergeFunction, Supplier<M> mapSupplier)
```

相比前面的 toMap，多了一个 mapSupplier，它是 Map 的工厂方法，对于前面的两个 toMap，其 mapSupplier 其实是 HashMap::new。我们知道，HashMap 是没有任何顺序的，如果希望保持元素出现的顺序，可以替换为 LinkedHashMap，如果希望收集的结果排序，可以使用 TreeMap。

toMap 主要用于顺序流，对于并发流，Collectors 有专门的名为 toConcurrentMap 的收集器，它内部使用 ConcurrentHashMap，用法类似，具体我们就不讨论了。

26.3.3 字符串收集器

除了将元素流收集到容器中，另一个常见的操作是收集为一个字符串。比如，获取所有的学生名称，用逗号连接起来，传统上代码看上去像这样：

```
StringBuilder sb = new StringBuilder();
for(Student t : students){
    if(sb.length()>0){
        sb.append(",");
    }
    sb.append(t.getName());
}
return sb.toString();
```

针对这种常见的需求，Collectors 提供了 joining 收集器，比如：

```
public static Collector<CharSequence, ?, String> joining()
public static Collector<CharSequence, ?, String> joining(
    CharSequence delimiter, CharSequence prefix, CharSequence suffix)
```

第一个就是简单地把元素连接起来，第二个支持一个分隔符，还可以给整个结果字符串加前缀和后缀，比如：

```
String result = Stream.of("abc","老马","hello")
        .collect(Collectors.joining(",", "[", "]"));
System.out.println(result);
```

输出为：

```
[abc,老马,hello]
```

joining 的内部也利用了 StringBuilder。比如，第一个 joining 函数的代码为：

```
public static Collector<CharSequence, ?, String> joining() {
    return new CollectorImpl<CharSequence, StringBuilder, String>(
            StringBuilder::new, StringBuilder::append,
            (r1, r2) -> { r1.append(r2); return r1; },
            StringBuilder::toString, CH_NOID);
}
```

supplier 是 StringBuilder::new，accumulator 是 StringBuilder::append，finisher 是 StringBuilder::toString，CH_NOID 表示特征集为空。

26.3.4 分组

分组类似于数据库查询语言 SQL 中的 group by 语句，它将元素流中的每个元素分到一个组，可以针对分组再进行处理和收集。分组的功能比较强大，我们逐步来说明。

为便于举例，我们先修改下学生类 Student，增加一个字段 grade 表示年级：

```
public Student(String name, String grade, double score) {
    this.name = name;
    this.grade = grade;
    this.score = score;
}
```

示例学生列表 students 改为：

```
static List<Student> students = Arrays.asList(new Student[] {
        new Student("zhangsan", "1", 91d), new Student("lisi", "2", 89d),
        new Student("wangwu", "1", 50d), new Student("zhaoliu", "2", 78d),
        new Student("sunqi", "1", 59d)});
```

1. 基本用法

最基本的分组收集器为：

```
public static <T, K> Collector<T, ?, Map<K, List<T>>>
    groupingBy(Function<? super T, ? extends K> classifier)
```

参数是一个类型为 Function 的分组器 classifier，它将类型为 T 的元素转换为类型为 K 的一个值，这个值表示分组值，所有分组值一样的元素会被归为同一个组，放到一个列表中，所以返回值类型是 Map<K, List<T>>。比如，将学生流按照年级进行分组，代码为：

```
Map<String, List<Student>> groups = students.stream()
        .collect(Collectors.groupingBy(Student::getGrade));
```

学生会分为两组：第一组键为 "1"，分组学生包括 "zhangsan" "wangwu" 和 "sunqi"；第二组键为 "2"，分组学生包括 "lisi" "zhaoliu"。这段代码基本等同于如下代码：

```
Map<String, List<Student>> groups = new HashMap<>();
for(Student t : students) {
    String key = t.getGrade();
    List<Student> container = groups.get(key);
    if(container == null) {
        container = new ArrayList<>();
        groups.put(key, container);
    }
    container.add(t);
}
```

显然，使用 groupingBy 要简洁清晰得多，但它到底是怎么实现的呢？

2. 基本原理

groupingBy 的代码为：

```
public static <T, K> Collector<T, ?, Map<K, List<T>>>
groupingBy(Function<? super T, ? extends K> classifier) {
```

```
        return groupingBy(classifier, toList());
}
```

它调用了第二个 groupingBy 方法，传递了 toList 收集器，其代码为：

```
public static <T, K, A, D> Collector<T, ?, Map<K, D>> groupingBy(
        Function<? super T, ? extends K> classifier,
        Collector<? super T, A, D> downstream) {
    return groupingBy(classifier, HashMap::new, downstream);
}
```

这个方法接受一个下游收集器 downstream 作为参数，然后传递给下面更通用的函数：

```
public static <T, K, D, A, M extends Map<K, D>>
Collector<T, ?, M> groupingBy(Function<? super T, ? extends K> classifier,
        Supplier<M> mapFactory, Collector<? super T, A, D> downstream)
```

classifier 还是分组器，mapFactory 是返回 Map 的工厂方法，默认是 HashMap::new，downstream 表示下游收集器，**下游收集器负责收集同一个分组内元素的结果。**

对最通用的 groupingBy 函数返回的收集器，其收集元素的基本过程和伪代码为：

```
//先创建一个存放结果的Map
Map map = mapFactory.get();
for(T t : data) {
    //对每一个元素，先分组
    K key = classifier.apply(t);
    //找存放分组结果的容器，如果没有，让下游收集器创建，并放到Map中
    A container = map.get(key);
    if(container == null) {
        container = downstream.supplier().get();
        map.put(key, container);
    }
    //将元素交给下游收集器(即分组收集器)收集
    downstream.accumulator().accept(container, t);
}
//调用分组收集器的finisher方法, 转换结果
for(Map.Entry entry : map.entrySet()) {
    entry.setValue(downstream.finisher().apply(entry.getValue()));
}
return map;
```

在最基本的 groupingBy 函数中，下游收集器是 toList，但下游收集器还可以是其他收集器，甚至是 groupingBy，以构成多级分组。下面我们来看更多的示例。

3. 分组计数、找最大 / 最小元素

将元素按一定标准分为多组，然后计算每组的个数，按一定标准找最大或最小元素，这是一个常见的需求。Collectors 提供了一些对应的收集器，一般用作下游收集器，比如：

```
//计数
public static <T> Collector<T, ?, Long> counting()
```

```
//计算最大值
public static <T> Collector<T, ?, Optional<T>> maxBy(
    Comparator<? super T> comparator)
//计算最小值
public static <T> Collector<T, ?, Optional<T>> minBy(
    Comparator<? super T> comparator)
```

还有更为通用的名为 reducing 的归约收集器，我们就不介绍了。下面看一些例子。

为了便于使用 Collectors 中的方法，我们将其中的方法静态导入，即加入如下代码：

```
import static java.util.stream.Collectors.*;
```

统计每个年级的学生个数，代码可以为：

```
Map<String, Long> gradeCountMap = students.stream().collect(
        groupingBy(Student::getGrade, counting()));
```

统计一个单词流中每个单词的个数，按出现顺序排序，代码可以为：

```
Map<String, Long> wordCountMap =
        Stream.of("hello","world","abc","hello").collect(
            groupingBy(Function.identity(), LinkedHashMap::new, counting()));
```

获取每个年级分数最高的一个学生，代码可以为：

```
Map<String, Optional<Student>> topStudentMap = students.stream().collect(
        groupingBy(Student::getGrade,
            maxBy(Comparator.comparing(Student::getScore))));
```

需要说明的是，这个分组收集结果是 Optional<Student>，而不是 Student，这是因为 maxBy 处理的流可能是空流，但对我们的例子，这是不可能的。为了直接得到 Student，可以使用 Collectors 的另一个收集器 collectingAndThen，在得到 Optional<Student> 后调用 Optional 的 get 方法，如下所示：

```
Map<String, Student> topStudentMap = students.stream().collect(
        groupingBy(Student::getGrade, collectingAndThen(
            maxBy(Comparator.comparing(Student::getScore)), Optional::get)));
```

关于 collectingAndThen，我们稍后再进一步讨论。

4. 分组数值统计

除了基本的分组计数，还经常需要进行一些分组数值统计，比如求学生分数的和、平均分、最高分、最低分等、针对 int、long 和 double 类型，Collectors 提供了专门的收集器，比如：

```
//求平均值，int和long也有类似方法
public static <T> Collector<T, ?, Double>
    averagingDouble(ToDoubleFunction<? super T> mapper)
//求和，long和double也有类似方法
public static <T> Collector<T, ?, Integer>
```

```
      summingInt(ToIntFunction<? super T> mapper)
//求多种汇总信息,int和double也有类似方法
//LongSummaryStatistics包括个数、最大值、最小值、和、平均值等多种信息
public static <T> Collector<T, ?, LongSummaryStatistics>
      summarizingLong(ToLongFunction<? super T> mapper)
```

比如，按年级统计学生分数信息，代码可以为：

```
Map<String, DoubleSummaryStatistics> gradeScoreStat =
    students.stream().collect(groupingBy(Student::getGrade,
                  summarizingDouble(Student::getScore)));
```

5. 分组内的 map

对于每个分组内的元素，我们感兴趣的可能不是元素本身，而是它的某部分信息。在 Stream API 中，Stream 有 map 方法，可以将元素进行转换，Collectors 也为分组元素提供了函数 mapping，如下所示：

```
public static <T, U, A, R>
Collector<T, ?, R> mapping(Function<? super T, ? extends U> mapper,
    Collector<? super U, A, R> downstream)
```

交给下游收集器 downstream 的不再是元素本身，而是应用转换函数 mapper 之后的结果。比如，对学生按年级分组，得到学生名称列表，代码可以为：

```
Map<String, List<String>> gradeNameMap =
      students.stream().collect(groupingBy(Student::getGrade,
                  mapping(Student::getName, toList())));
System.out.println(gradeNameMap);
```

输出为：

```
{1=[zhangsan, wangwu, sunqi], 2=[lisi, zhaoliu]}
```

Stream 有 flatMap 方法。Java 9 为 Collectors 增加了分组内的 flatMap 方法 flatMapping，它与 mapping 的关系如同 Stream 中 flatMap 和 map 的关系，这里就不举例了，其定义为：

```
public static <T, U, A, R> Collector<T, ?, R> flatMapping(
    Function<? super T, ? extends Stream<? extends U>> mapper,
    Collector<? super U, A, R> downstream)
```

6. 分组结果处理 (filter/sort/skip/limit)

对分组后的元素，我们可以计数，找最大 / 最小元素，计算一些数值特征，还可以转换 （map）后再收集，那可不可以像 Stream API 一样，排序（sort）、过滤（filter）、限制返回元素（skip/limit）呢？ Collector 没有专门的收集器，但有一个通用的方法：

```
public static<T,A,R,RR> Collector<T,A,RR> collectingAndThen(
    Collector<T,A,R> downstream, Function<R,RR> finisher)
```

这个方法接受一个下游收集器 downstream 和一个 finisher，返回一个收集器，它的主要代码为：

```
return new CollectorImpl<>(downstream.supplier(),
    downstream.accumulator(),downstream.combiner(),
    downstream.finisher().andThen(finisher), characteristics);
```

也就是说，它在下游收集器的结果上又调用了 finisher。利用这个 finisher，我们可以实现多种功能，下面看一些例子。收集完再排序，可以定义如下方法：

```
public static <T> Collector<T, ?, List<T>> collectingAndSort(
    Collector<T, ?, List<T>> downstream, Comparator<? super T> comparator) {
    return Collectors.collectingAndThen(downstream, (r) -> {
        r.sort(comparator);
        return r;
    });
}
```

将学生按年级分组，分组内的学生按照分数由高到低进行排序，利用这个方法，代码可以为：

```
Map<String, List<Student>> gradeStudentMap = students.stream()
    .collect(groupingBy(Student::getGrade, collectingAndSort(toList(),
        Comparator.comparing(Student::getScore).reversed())));
```

针对这个需求，也可以先对流进行排序，然后再分组。

收集完再过滤，可以定义如下方法：

```
public static <T> Collector<T, ?, List<T>> collectingAndFilter(
        Collector<T, ?, List<T>> downstream, Predicate<T> predicate) {
    return Collectors.collectingAndThen(downstream, (r) -> {
        return r.stream().filter(predicate).collect(Collectors.toList());
    });
}
```

将学生按年级分组，分组后，每个分组只保留不及格的学生（低于 60 分），利用这个方法，代码可以为：

```
Map<String, List<Student>> gradeStudentMap = students.stream()
    .collect(groupingBy(Student::getGrade,
        collectingAndFilter(toList(), t->t.getScore()<60)));
```

Java 9 中，Collectors 增加了一个新方法 filtering，可以实现相同的功能，定义为：

```
public static <T, A, R> Collector<T, ?, R> filtering(
    Predicate<? super T> predicate, Collector<? super T, A, R> downstream)
```

用法如下：

```
Map<String, List<Student>> gradeStudentMap = students.stream()
    .collect(groupingBy(Student::getGrade,
        filtering(t->t.getScore()<60, toList())));
```

你可能会认为，实现这种效果也可以先对整个流进行过滤，然后再分组，比如这样：

```
Map<String, List<Student>> gradeStudentMap = students.stream()
        .filter(t->t.getScore()<60)
        .collect(groupingBy(Student::getGrade, toList()));
```

需要说明的是，这两种方式的结果可能是不一样的，如果是先过滤，那些没有任何元素的分组就不会出现在结果中，而如果是先分组，即使该组内的元素都被过滤了，组也会出现在最终结果中，只是分组结果为一个空的集合。

收集完，只返回特定区间的结果，可以定义如下方法：

```
public static <T> Collector<T, ?, List<T>> collectingAndSkipLimit(
        Collector<T, ?, List<T>> downstream, long skip, long limit) {
    return Collectors.collectingAndThen(downstream, (r) -> {
        return r.stream().skip(skip).limit(limit)
                        .collect(Collectors.toList());
    });
}
```

比如，将学生按年级分组，分组后，每个分组只保留前两名的学生，代码可以为：

```
Map<String, List<Student>> gradeStudentMap = students.stream()
        .sorted(Comparator.comparing(Student::getScore).reversed())
        .collect(groupingBy(Student::getGrade,
                collectingAndSkipLimit(toList(), 0, 2)));
```

这次，我们先对学生流进行了排序，然后再进行了分组。

mapping 和 collectingAndThen 都接受一个下游收集器，mapping 在把元素交给下游收集器之前先进行转换，而 collectingAndThen 对下游收集器的结果进行转换，组合利用它们，可以构造更为灵活强大的收集器。

7. 分区

分组的一个特殊情况是分区，就是将流按 true/false 分为两个组，Collectors 有专门的分区函数：

```
public static <T> Collector<T, ?, Map<Boolean, List<T>>>
    partitioningBy(Predicate<? super T> predicate)
public static <T, D, A> Collector<T, ?, Map<Boolean, D>>
    partitioningBy(Predicate<? super T> predicate,
    Collector<? super T, A, D> downstream)
```

第一个函数的下游收集器为 toList()，第二个函数可以指定一个下游收集器。比如，将学生按照是否及格（大于等于 60 分）分为两组，代码可以为：

```
Map<Boolean, List<Student>> byPass = students.stream().collect(
    partitioningBy(t->t.getScore()>=60));
```

按是否及格分组后，计算每个分组的平均分，代码可以为：

```
Map<Boolean, Double> avgScoreMap = students.stream().collect(
    partitioningBy(t->t.getScore()>=60, averagingDouble(Student::getScore)));
```

8. 多级分组

groupingBy 和 partitioningBy 都可以接受一个下游收集器，对同一个分组或分区内的元素进行进一步收集，而下游收集器又可以是分组或分区，以构建多级分组。比如，按年级对学生分组，分组后，再按照是否及格对学生进行分区，代码可以为：

```
Map<String, Map<Boolean, List<Student>>> multiGroup = students.stream()
    .collect(groupingBy(Student::getGrade,
                    partitioningBy(t->t.getScore()>=60)));
```

至此，关于函数式数据处理 Stream API 就介绍完了，**Stream API 提供了集合数据处理的常用函数，利用它们，可以简洁地实现大部分常见需求，大大减少代码，提高可读性。**

26.4　组合式异步编程

前面两节讨论了 Java 8 中的函数式数据处理，那是对容器类的增强，它可以将对集合数据的多个操作以流水线的方式组合在一起。本节继续讨论 Java 8 的新功能，主要是一个新的类 CompletableFuture，它是对并发编程的增强，**它可以方便地将多个有一定依赖关系的异步任务以流水线的方式组合在一起，大大简化多异步任务的开发。**

之前介绍了那么多并发编程的内容，还有什么问题不能解决？CompletableFuture 到底能解决什么问题？与之前介绍的内容有什么关系？具体如何使用？基本原理是什么？本节进行详细讨论，我们先来看它要解决的问题。

26.4.1　异步任务管理

在现代软件开发中，系统功能越来越复杂，管理复杂度的方法就是分而治之，系统的很多功能可能会被切分为小的服务，对外提供 Web API，单独开发、部署和维护。比如，在一个电商系统中，可能有专门的产品服务、订单服务、用户服务、推荐服务、优惠服务、搜索服务等，在对外具体展示一个页面时，可能要调用多个服务，而多个调用之间可能还有一定的依赖。比如，显示一个产品页面，需要调用产品服务，也可能需要调用推荐服务获取与该产品有关的其他推荐，还可能需要调用优惠服务获取该产品相关的促销优惠，而为了调用优惠服务，可能需要先调用用户服务以获取用户的会员级别。

另外，现代软件经常依赖很多第三方服务，比如地图服务、短信服务、天气服务、汇率服务等，在实现一个具体功能时，可能要访问多个这样的服务，这些访问之间可能存在着一定的依赖关系。

为了提高性能，充分利用系统资源，这些对外部服务的调用一般都应该是异步的、尽量并发的。我们之前介绍过异步任务执行服务，使用 ExecutorService 可以方便地提交单个独立的异步任务，可以方便地在需要的时候通过 Future 接口获取异步任务的结果，但对于多个尤其是有一定依赖关系的异步任务，这种支持就不够了。

于是，就有了 CompletableFuture，它是一个具体的类，实现了两个接口，一个是 Future，另一个是 CompletionStage。Future 表示异步任务的结果，而 CompletionStage 的字面意思是完成阶段。**多个 CompletionStage 可以以流水线的方式组合起来，对于其中一个 CompletionStage，它有一个计算任务，但可能需要等待其他一个或多个阶段完成才能开始，它完成后，可能会触发其他阶段开始运行。**CompletionStage 提供了大量方法，使用它们，可以方便地响应任务事件，构建任务流水线，实现组合式异步编程。

具体怎么使用呢？下面我们会逐步说明，CompletableFuture 也是一个 Future，我们先来看与 Future 类似的地方。

26.4.2　与 Future/FutureTask 对比

我们先通过示例来简要回顾下异步任务执行服务和 Future。

1. 基本的任务执行服务

在异步任务执行服务中，用 Callable 或 Runnable 表示任务。以 Callable 为例，一个模拟的外部任务为：

```
private static Random rnd = new Random();
static int delayRandom(int min, int max) {
    int milli = max > min ? rnd.nextInt(max - min) : 0;
    try {
        Thread.sleep(min + milli);
    } catch (InterruptedException e) {
    }
    return milli;
}
static Callable<Integer> externalTask = () -> {
    int time = delayRandom(20, 2000);
    return time;
};
```

externalTask 表示外部任务，我们使用了 Lambda 表达式，delayRandom 用于模拟延时。假定有一个异步任务执行服务，其代码为：

```
private static ExecutorService executor =
        Executors.newFixedThreadPool(10);
```

通过任务执行服务调用外部服务，一般返回 Future，表示异步结果，示例代码为：

```
public static Future<Integer> callExternalService(){
    return executor.submit(externalTask);
}
```

在主程序中，结合异步任务和本地调用的示例代码为：

```
public static void master() {
    //执行异步任务
```

```
Future<Integer> asyncRet = callExternalService();
//执行其他任务……
//获取异步任务的结果，处理可能的异常
try {
    Integer ret = asyncRet.get();
    System.out.println(ret);
} catch (InterruptedException e) {
    e.printStackTrace();
} catch (ExecutionException e) {
    e.printStackTrace();
}
}
```

2. 基本的 CompletableFuture

使用 CompletableFuture 可以实现类似功能，不过，它不支持使用 Callable 表示异步任务，而支持 Runnable 和 Supplier。Supplier 替代 Callable 表示有返回结果的异步任务，与 Callable 的区别是，它不能抛出受检异常，如果会发生异常，可以抛出运行时异常。

使用 Supplier 表示异步任务，代码与 Callable 类似，替换变量类型即可：

```
static Supplier<Integer> externalTask = () -> {
    int time = delayRandom(20, 2000);
    return time;
};
```

使用 CompletableFuture 调用外部服务的代码可以为：

```
public static Future<Integer> callExternalService(){
    return CompletableFuture.supplyAsync(externalTask, executor);
}
```

supplyAsync 是一个静态方法，其定义为：

```
public static <U> CompletableFuture<U> supplyAsync(
    Supplier<U> supplier, Executor executor)
```

它接受两个参数 supplier 和 executor，使用 executor 执行 supplier 表示的任务，返回一个 CompletableFuture，调用后，任务被异步执行，这个方法立即返回。

supplyAsync 还有一个不带 executor 参数的方法：

```
public static <U> CompletableFuture<U> supplyAsync(Supplier<U> supplier)
```

没有 executor，任务被谁执行呢？与系统环境和配置有关，一般来说，如果可用的 CPU 核数大于 2，会使用 Java 7 引入的 Fork/Join 任务执行服务，即 ForkJoinPool.common-Pool()，该任务执行服务背后的工作线程数一般为 CPU 核数减 1，即 Runtime.getRuntime(). availableProcessors()-1，否则，会使用 ThreadPerTaskExecutor，它会为每个任务创建一个线程。

对于 CPU 密集型的运算任务，使用 Fork/Join 任务执行服务是合适的，但对于一般的调用外部服务的异步任务，Fork/Join 可能是不合适的，因为它的并行度比较低，可能会让本可以并发的多任务串行运行，这时，应该提供 Executor 参数。

后面我们还会看到很多以 Async 结尾命名的方法，一般都有两个版本，一个带 Executor 参数，另一个不带，其含义是相同的，就不再重复介绍了。

对于类型为 Runnable 的任务，构建 CompletableFuture 的方法为：

```
public static CompletableFuture<Void> runAsync(
    Runnable runnable)
public static CompletableFuture<Void> runAsync(
    Runnable runnable, Executor executor)
```

它与 supplyAsync 是类似的，具体就不赘述了。

3. CompletableFuture 对 Future 的基本增强

Future 有的接口，CompletableFuture 都是支持的，不过，CompletableFuture 还有一些额外的相关方法，比如：

```
public T join()
public boolean isCompletedExceptionally()
public T getNow(T valueIfAbsent)
```

join 与 get 方法类似，也会等待任务结束，但它不会抛出受检异常。如果任务异常结束了，join 会将异常包装为运行时异常 CompletionException 抛出。

Future 有 isDone 方法检查任务是否结束了，但不知道任务是正常结束还是异常结束，isCompletedExceptionally 方法可以判断任务是否是异常结束。

getNow 与 join 类似，区别是，如果任务还没有结束，getNow 不会等待，而是会返回传入的参数 valueIfAbsent。

4. 进一步理解 Future/CompletableFuture

前面例子都使用了任务执行服务，其实，任务执行服务与异步结果 Future 不是绑在一起的，可以自己创建线程返回异步结果。为进一步理解，我们看些示例。

使用 FutureTask 调用外部服务，代码可以为：

```
public static Future<Integer> callExternalService() {
    FutureTask<Integer> future = new FutureTask<>(externalTask);
    new Thread() {
        public void run() {
            future.run();
        }
    }.start();
    return future;
}
```

内部自己创建了一个线程，线程调用 FutureTask 的 run 方法。我们之前分析过 FutureTask 的代码，run 方法会调用 externalTask 的 call 方法，并保存结果或碰到的异常，唤醒等待结果的线程。

使用 CompletableFuture，也可以直接创建线程，并返回异步结果，代码可以为：

```
public static Future<Integer> callExternalService() {
    CompletableFuture<Integer> future = new CompletableFuture<>();
    new Thread() {
        public void run() {
            try {
                future.complete(externalTask.get());
            } catch (Exception e) {
                future.completeExceptionally(e);
            }
        }
    }.start();
    return future;
}
```

这里使用了 CompletableFuture 的两个方法：

```
public boolean complete(T value)
public boolean completeExceptionally(Throwable ex)
```

这两个方法显式设置任务的状态和结果，complete 设置任务成功完成，结果为 value，completeExceptionally 设置任务异常结束，异常为 ex。Future 接口没有对应的方法，Future-Task 有相关方法但不是 public 的（是 protected 的）。设置完后，它们都会触发其他依赖它们的 CompletionStage。具体会触发什么呢？我们接下来再看。

26.4.3 响应结果或异常

使用 Future，我们只能通过 get 获取结果，而 get 可能会需要阻塞等待，而通过 CompletionStage，可以注册回调函数，当任务完成或异常结束时自动触发执行。有两类注册方法：whenComplete 和 handle，我们分别介绍。

1. whenComplete

whenComplete 的声明为：

```
public CompletableFuture<T> whenComplete(
    BiConsumer<? super T, ? super Throwable> action)
```

参数 action 表示回调函数，不管前一个阶段是正常结束还是异常结束，它都会被调用，函数类型是 BiConsumer，接受两个参数，第一个参数是正常结束时的结果值，第二个参数是异常结束时的异常，BiConsumer 没有返回值。whenComplete 的返回值还是 CompletableFuture，它不会改变原阶段的结果，还可以在其上继续调用其他函数。看个简单的示例：

```
CompletableFuture.supplyAsync(externalTask).whenComplete((result, ex) -> {
    if(result != null) {
        System.out.println(result);
```

```
    }
    if(ex != null) {
        ex.printStackTrace();
    }
}).join();
```

result 表示前一个阶段的结果，ex 表示异常，只可能有一个不为 null。

whenComplete 注册的函数具体由谁执行呢？一般而言，这要看注册时任务的状态。如果注册时任务还没有结束，则注册的函数会由执行任务的线程执行，在该线程执行完任务后执行注册的函数；如果注册时任务已经结束了，则由当前线程（即调用注册函数的线程）执行。

如果不希望当前线程执行，避免可能的同步阻塞，可以使用其他两个异步注册方法：

```
public CompletableFuture<T> whenCompleteAsync(
    BiConsumer<? super T, ? super Throwable> action)
public CompletableFuture<T> whenCompleteAsync(
    BiConsumer<? super T, ? super Throwable> action, Executor executor)
```

与前面介绍的以 Async 结尾的方法一样，对第一个方法，注册函数 action 会由默认的任务执行服务（即 ForkJoinPool.commonPool() 或 ThreadPerTaskExecutor）执行；对第二个方法，会由参数中指定的 executor 执行。

2. handle

whenComplete 只是注册回调函数，不改变结果，它返回了一个 CompletableFuture，但这个 CompletableFuture 的结果与调用它的 CompletableFuture 是一样的，还有一个类似的注册方法 handle，其声明为：

```
public <U> CompletableFuture<U> handle(
    BiFunction<? super T, Throwable, ? extends U> fn)
```

回调函数是一个 BiFunction，也是接受两个参数，一个是正常结果，另一个是异常，但 BiFunction 有返回值，在 handle 返回的 CompletableFuture 中，结果会被 BiFunction 的返回值替代，即使原来有异常，也会被覆盖，比如：

```
String ret =
    CompletableFuture.supplyAsync(()->{
        throw new RuntimeException("test");
    }).handle((result, ex)->{
        return "hello";
    }).join();
System.out.println(ret);
```

输出为 "hello"。异步任务抛出了异常，但通过 handle 方法，改变了结果。

与 whenComplete 类似，handle 也有对应的异步注册方法 handleAsync，具体我们就不探讨了。

3. exceptionally

whenComplete 和 handle 都是既响应正常完成也响应异常，如果只对异常感兴趣，可以使用 exceptionally，其声明为：

```
public CompletableFuture<T> exceptionally(
    Function<Throwable, ? extends T> fn)
```

它注册的回调函数是 Function，接受的参数为异常，返回一个值，与 handle 类似，它也会改变结果，具体就不举例了。

除了响应结果和异常，使用 CompletableFuture，可以方便地构建有多种依赖关系的任务流，我们先来看简单的依赖单一阶段的情况。

26.4.4　构建依赖单一阶段的任务流

我们来看几个相关的方法——thenRun、thenAccept/thenApply 和 thenCompose。

1. thenRun

在一个阶段正常完成后，执行下一个任务，看个简单示例：

```
Runnable taskA = () -> System.out.println("task A");
Runnable taskB = () -> System.out.println("task B");
Runnable taskC = () -> System.out.println("task C");
CompletableFuture.runAsync(taskA).thenRun(taskB).thenRun(taskC).join();
```

这里，有三个异步任务 taskA、taskB 和 taskC，通过 thenRun 自然地描述了它们的依赖关系。thenRun 是同步版本，有对应的异步版本 thenRunAsync：

```
public CompletableFuture<Void> thenRunAsync(Runnable action)
public CompletableFuture<Void> thenRunAsync(Runnable action,
    Executor executor)
```

在 thenRun 构建的任务流中，只有前一个阶段没有异常结束，下一个阶段的任务才会执行，如果前一个阶段发生了异常，所有后续阶段都不会运行，结果会被设为相同的异常，调用 join 会抛出运行时异常 CompletionException。

thenRun 指定的下一个任务类型是 Runnable，它不需要前一个阶段的结果作为参数，也没有返回值，所以，在 thenRun 返回的 CompletableFuture 中，结果类型为 Void，即没有结果。

2. thenAccept/thenApply

如果下一个任务需要前一个阶段的结果作为参数，可以使用 thenAccept 或 thenApply 方法：

```
public CompletableFuture<Void> thenAccept(
    Consumer<? super T> action)
public <U> CompletableFuture<U> thenApply(
    Function<? super T,? extends U> fn)
```

　　thenAccept 的任务类型是 Consumer，它接受前一个阶段的结果作为参数，没有返回值。thenApply 的任务类型是 Function，接受前一个阶段的结果作为参数，返回一个新的值，这个值会成为 thenApply 返回的 CompletableFuture 的结果值。看个简单示例：

```
Supplier<String> taskA = () -> "hello";
Function<String, String> taskB = (t) -> t.toUpperCase();
Consumer<String> taskC = (t) -> System.out.println("consume: " + t);
CompletableFuture.supplyAsync(taskA)
    .thenApply(taskB).thenAccept(taskC).join();
```

　　taskA 的结果是 "hello"，传递给了 taskB，taskB 转换结果为 "HELLO"，再把结果给 taskC，taskC 进行了输出，所以输出为：

```
consume: HELLO
```

　　CompletableFuture 中有很多名称带有 run、accept 或 apply 的方法，它们一般与任务的类型相对应，run 与 Runnable 对应，accept 与 Consumer 对应，apply 与 Function 对应，后续就不赘述了。

3. thenCompose

　　与 thenApply 类似，还有一个方法 thenCompose，声明为：

```
public <U> CompletableFuture<U> thenCompose(
    Function<? super T, ? extends CompletionStage<U>> fn)
```

　　这个任务类型也是 Function，也是接受前一个阶段的结果，返回一个新的结果。不过，这个转换函数 fn 的返回值类型是 CompletionStage，也就是说，它的返回值也是一个阶段，如果使用 thenApply，结果就会变为 CompletableFuture<CompletableFuture<U>>，而使用 thenCompose，会直接返回 fn 返回的 CompletionStage。thenCompose 与 thenApply 的区别就如同 Stream API 中 flatMap 与 map 的区别，看个简单的示例：

```
Supplier<String> taskA = () -> "hello";
Function<String, CompletableFuture<String>> taskB = (t) ->
    CompletableFuture.supplyAsync(() -> t.toUpperCase());
Consumer<String> taskC = (t) -> System.out.println("consume: " + t);
CompletableFuture.supplyAsync(taskA)
        .thenCompose(taskB).thenAccept(taskC).join();
```

　　以上代码中，taskB 是一个转换函数，但它自己也执行了异步任务，返回类型也是 CompletableFuture，所以使用了 thenCompose。

26.4.5　构建依赖两个阶段的任务流

　　thenRun、thenAccept、thenApply 和 thenCompose 用于在一个阶段完成后执行另一个任务，CompletableFuture 还有一些方法用于在两个阶段都完成后执行另一个任务，方法是：

```
public CompletableFuture<Void> runAfterBoth(
```

```
            CompletionStage<?> other, Runnable action
    public <U,V> CompletableFuture<V> thenCombine(
        CompletionStage<? extends U> other,
        BiFunction<? super T,? super U,? extends V> fn)
    public <U> CompletableFuture<Void> thenAcceptBoth(
        CompletionStage<? extends U> other,
        BiConsumer<? super T, ? super U> action)
```

runAfterBoth 对应的任务类型是 Runnable，thenCombine 对应的任务类型是 BiFunction，接受前两个阶段的结果作为参数，返回一个结果；thenAcceptBoth 对应的任务类型是 BiConsumer，接受前两个阶段的结果作为参数，但不返回结果。它们都有对应的异步和带 Executor 参数的版本，用于指定下一个任务由谁执行，具体就不赘述了。当前阶段和参数指定的另一个阶段 other 没有依赖关系，并发执行，当两个都执行结束后，开始执行指定的另一个任务。

看个简单的示例，任务 A 和 B 执行结束后，执行任务 C 合并结果，代码为：

```
Supplier<String> taskA = () -> "taskA";
CompletableFuture<String> taskB = CompletableFuture.supplyAsync(
    () -> "taskB");
BiFunction<String, String, String> taskC = (a, b) -> a + "," + b;
String ret = CompletableFuture.supplyAsync(taskA)
        .thenCombineAsync(taskB, taskC).join();
System.out.println(ret);
```

输出为：

```
taskA,taskB
```

前面的方法要求两个阶段都完成后才执行下一个任务，如果只需要其中任意一个阶段完成，可以使用下面的方法：

```
public CompletableFuture<Void> runAfterEither(
    CompletionStage<?> other, Runnable action)
public <U> CompletableFuture<U> applyToEither(
    CompletionStage<? extends T> other, Function<? super T, U> fn)
public CompletableFuture<Void> acceptEither(
    CompletionStage<? extends T> other, Consumer<? super T> action)
```

它们都有对应的异步和带 Executor 参数的版本，用于指定下一个任务由谁执行，具体就不赘述了。当前阶段和参数指定的另一个阶段 other 没有依赖关系，并发执行，只要其中一个执行完了，就会启动参数指定的另一个任务，具体就不赘述了。

26.4.6 构建依赖多个阶段的任务流

如果依赖的阶段不止两个，可以使用如下方法：

```
public static CompletableFuture<Void> allOf(CompletableFuture<?>... cfs)
public static CompletableFuture<Object> anyOf(CompletableFuture<?>... cfs)
```

它们是静态方法，基于多个 CompletableFuture 构建了一个新的 CompletableFuture。

对于 allOf，当所有子 CompletableFuture 都完成时，它才完成，如果有的 Completable-Future 异常结束了，则新的 CompletableFuture 的结果也是异常。不过，它并不会因为有异常就提前结束，而是会等待所有阶段结束，如果有多个阶段异常结束，新的 CompletableFuture 中保存的异常是最后一个的。新的 CompletableFuture 会持有异常结果，但不会保存正常结束的结果，如果需要，可以从每个阶段中获取。看个简单的示例：

```
CompletableFuture<String> taskA = CompletableFuture.supplyAsync(() -> {
    delayRandom(100, 1000);
    return "helloA";
}, executor);
CompletableFuture<Void> taskB = CompletableFuture.runAsync(() -> {
    delayRandom(2000, 3000);
}, executor);
CompletableFuture<Void> taskC = CompletableFuture.runAsync(() -> {
    delayRandom(30, 100);
    throw new RuntimeException("task C exception");
}, executor);
CompletableFuture.allOf(taskA, taskB, taskC).whenComplete((result, ex) -> {
    if(ex != null) {
        System.out.println(ex.getMessage());
    }
    if(!taskA.isCompletedExceptionally()) {
        System.out.println("task A " + taskA.join());
    }
});
```

taskC 会首先异常结束，但新构建的 CompletableFuture 会等待其他两个阶段结束，都结束后，可以通过子阶段（如 taskA）的方法检查子阶段的状态和结果。

对于 anyOf 返回的 CompletableFuture，当第一个子 CompletableFuture 完成或异常结束时，它相应地完成或异常结束，结果与第一个结束的子 CompletableFuture 一样，具体就不举例了。

26.4.7　小结

本节介绍了 Java 8 中的组合式异步编程 CompletableFuture：

1）它是对 Future 的增强，但可以响应结果或异常事件，有很多方法构建异步任务流。

2）根据任务由谁执行，一般有三类对应方法：名称不带 Async 的方法由当前线程或前一个阶段的线程执行，带 Async 但没有指定 Executor 的方法由默认 Excecutor（Fork-JoinPool.commonPool() 或 ThreadPerTaskExecutor）执行，带 Async 且指定 Executor 参数的方法由指定的 Executor 执行。

3）根据任务类型，一般也有三类对应方法：名称带 run 的对应 Runnable，带 accept 的对应 Consumer，带 apply 的对应 Function。

使用 CompletableFuture，可以简洁自然地表达多个异步任务之间的依赖关系和执行流程，大大简化代码，提高可读性。

26.5 Java 8 的日期和时间 API

本节介绍 Java 8 对日期和时间 API 的增强。我们在之前介绍了 Java 8 以前的日期和时间 API，主要的类是 Date 和 Calendar，由于它的设计有一些不足，Java 8 引入了一套新的 API，位于包 java.time 下。本节我们就来简要介绍这套新的 API，先从日期和时间的表示开始。

26.5.1 表示日期和时间

我们在第 7 章介绍过日期和时间的几个基本概念，包括时刻、时区和年历，这里就不赘述了。Java 8 中表示日期和时间的类有多个，主要的有：

- ❑ Instant：表示时刻，不直接对应年月日信息，需要通过时区转换；
- ❑ LocalDateTime：表示与时区无关的日期和时间，不直接对应时刻，需要通过时区转换；
- ❑ ZoneId/ZoneOffset：表示时区；
- ❑ LocalDate：表示与时区无关的日期，与 LocalDateTime 相比，只有日期，没有时间信息；
- ❑ LocalTime：表示与时区无关的时间，与 LocalDateTime 相比，只有时间，没有日期信息；
- ❑ ZonedDateTime：表示特定时区的日期和时间。

类比较多，但概念更为清晰了，下面我们逐个介绍。

1. Instant

Instant 表示时刻，获取当前时刻，代码为：

```
Instant now = Instant.now();
```

可以根据 Epoch Time（纪元时）创建 Instant。比如，另一种获取当前时刻的代码可以为：

```
Instant now = Instant.ofEpochMilli(System.currentTimeMillis());
```

我们知道，Date 也表示时刻，Instant 和 Date 可以通过纪元时相互转换，比如，转换 Date 为 Instant，代码为：

```
public static Instant toInstant(Date date) {
    return Instant.ofEpochMilli(date.getTime());
}
```

转换 Instant 为 Date，代码为：

```
public static Date toDate(Instant instant) {
    return new Date(instant.toEpochMilli());
}
```

Instant 有很多基于时刻的比较和计算方法，大多比较直观，我们就不列举了。

2. LocalDateTime

LocalDateTime 表示与时区无关的日期和时间，获取系统默认时区的当前日期和时间，代码为：

```
LocalDateTime ldt = LocalDateTime.now();
```

还可以直接用年月日等信息构建 LocalDateTime。比如，表示 2017 年 7 月 11 日 20 点 45 分 5 秒，代码可以为：

```
LocalDateTime ldt = LocalDateTime.of(2017, 7, 11, 20, 45, 5);
```

LocalDateTime 有很多方法，可以获取年月日时分秒等日历信息，比如：

```
public int getYear()
public int getMonthValue()
public int getDayOfMonth()
public int getHour()
public int getMinute()
public int getSecond()
```

还可以获取星期几等信息，比如：

```
public DayOfWeek getDayOfWeek()
```

DayOfWeek 是一个枚举，有 7 个取值，从 DayOfWeek.MONDAY 到 DayOfWeek.SUN-DAY。

3. ZoneId/ZoneOffset

LocalDateTime 不能直接转为时刻 Instant，转换需要一个参数 ZoneOffset，ZoneOffset 表示相对于格林尼治的时区差，北京是 +08:00。比如，转换一个 LocalDateTime 为北京的时刻，方法为：

```
public static Instant toBeijingInstant(LocalDateTime ldt) {
    return ldt.toInstant(ZoneOffset.of("+08:00"));
}
```

给定一个时刻，使用不同时区解读，日历信息是不同的，Instant 有方法根据时区返回一个 ZonedDateTime：

```
public ZonedDateTime atZone(ZoneId zone)
```

默认时区是 ZoneId.systemDefault()，可以这样构建 ZoneId：

```
//北京时区
ZoneId bjZone = ZoneId.of("GMT+08:00")
```

ZoneOffset 是 ZoneId 的子类，可以根据时区差构造。

4. LocalDate/LocalTime

可以认为 LocalDateTime 由两部分组成，一部分是日期 LocalDate，另一部分是时间 LocalTime。它们的用法也很直观，比如：

```
//表示2017年7月11日
LocalDate ld = LocalDate.of(2017, 7, 11);
//当前时刻按系统默认时区解读的日期
LocalDate now = LocalDate.now();
//表示21点10分34秒
LocalTime lt = LocalTime.of(21, 10, 34);
//当前时刻按系统默认时区解读的时间
LocalTime time = LocalTime.now();
```

LocalDateTime 由 LocalDate 和 LocalTime 构成，LocalDate 加上时间可以构成 LocalDate-Time，LocalTime 加上日期可以构成 LocalDateTime，比如：

```
LocalDateTime ldt = LocalDateTime.of(2017, 7, 11, 20, 45, 5);
LocalDate ld = ldt.toLocalDate(); //2017-07-11
LocalTime lt = ldt.toLocalTime(); // 20:45:05
//LocalDate加上时间，结果为2017-07-11 21:18:39
LocalDateTime ldt2 = ld.atTime(21, 18, 39);
//LocalTime加上日期，结果为2016-03-24 20:45:05
LocalDateTime ldt3 = lt.atDate(LocalDate.of(2016, 3, 24));
```

5. ZonedDateTime

ZonedDateTime 表示特定时区的日期和时间，获取系统默认时区的当前日期和时间，代码为：

```
ZonedDateTime zdt = ZonedDateTime.now();
```

LocalDateTime.now() 也是获取默认时区的当前日期和时间，有什么区别呢？ Local-DateTime 内部不会记录时区信息，只会单纯记录年月日时分秒等信息，而 ZonedDateTime 除了记录日历信息，还会记录时区，它的其他大部分构建方法都需要显式传递时区，比如：

```
//根据Instant和时区构建ZonedDateTime
public static ZonedDateTime ofInstant(Instant instant, ZoneId zone)
//根据LocalDate、LocalTime和ZoneId构造
public static ZonedDateTime of(LocalDate date, LocalTime time, ZoneId zone)
```

ZonedDateTime 可以直接转换为 Instant，比如：

```
ZonedDateTime ldt = ZonedDateTime.now();
Instant now = ldt.toInstant();
```

26.5.2　格式化

Java 8 中，主要的格式化类是 java.time.format.DateTimeFormatter，它是线程安全的，看个例子：

```
DateTimeFormatter formatter = DateTimeFormatter.ofPattern(
    "yyyy-MM-dd HH:mm:ss");
LocalDateTime ldt = LocalDateTime.of(2016,8,18,14,20,45);
System.out.println(formatter.format(ldt));
```

输出为：

```
2016-08-18 14:20:45
```

将字符串转化为日期和时间对象，可以使用对应类的 parse 方法，比如：

```
DateTimeFormatter formatter = DateTimeFormatter.ofPattern(
    "yyyy-MM-dd HH:mm:ss");
String str = "2016-08-18 14:20:45";
LocalDateTime ldt = LocalDateTime.parse(str, formatter);
```

26.5.3　设置和修改时间

修改时期和时间有两种方式，一种是直接设置绝对值，另一种是在现有值的基础上进行相对增减操作，Java 8 的大部分类都支持这两种方式。另外，**Java 8 的大部分类都是不可变类，修改操作是通过创建并返回新对象来实现的，原对象本身不会变**。我们来看一些例子。

调整时间为下午 3 点 20 分，代码为：

```
LocalDateTime ldt = LocalDateTime.now();
ldt = ldt.withHour(15).withMinute(20).withSecond(0).withNano(0);
```

还可以为：

```
LocalDateTime ldt = LocalDateTime.now();
ldt = ldt.toLocalDate().atTime(15, 20);
```

3 小时 5 分钟后，示例代码为：

```
LocalDateTime ldt = LocalDateTime.now();
ldt = ldt.plusHours(3).plusMinutes(5);
```

LocalDateTime 有很多 **plusXXX** 和 **minusXXX** 方法，分别用于相对增加和减少时间。今天 0 点，可以为：

```
LocalDateTime ldt = LocalDateTime.now();
ldt = ldt.with(ChronoField.MILLI_OF_DAY, 0);
```

ChronoField 是一个枚举，里面定义了很多表示日历的字段，MILLI_OF_DAY 表示在一天中的毫秒数，值从 0 到 (24 * 60 * 60 * 1000)−1。还可以为：

```
LocalDateTime ldt = LocalDateTime.of(LocalDate.now(), LocalTime.MIN);
```

LocalTime.MIN 表示 "00:00"。也可以为：

```
LocalDateTime ldt = LocalDate.now().atTime(0, 0);
```

下周二上午 10 点整，可以为：

```
LocalDateTime ldt = LocalDateTime.now();
ldt = ldt.plusWeeks(1).with(ChronoField.DAY_OF_WEEK, 2)
    .with(ChronoField.MILLI_OF_DAY, 0).withHour(10);
```

上面下周二指定是下周，如果是下一个周二呢？这与当前是周几有关，如果当前是周一，则下一个周二就是明天，而其他情况则是下周，代码可以为：

```
LocalDate ld = LocalDate.now();
if(!ld.getDayOfWeek().equals(DayOfWeek.MONDAY)){
    ld = ld.plusWeeks(1);
}
LocalDateTime ldt = ld.with(ChronoField.DAY_OF_WEEK, 2).atTime(10, 0);
```

针对这种复杂一点的调整，Java 8 有一个专门的接口 TemporalAdjuster，这是一个函数式接口，定义为：

```
public interface TemporalAdjuster {
    Temporal adjustInto(Temporal temporal);
}
```

Temporal 是一个接口，表示日期或时间对象，Instant、LocalDateTime 和 LocalDate 等都实现了它，这个接口就是对日期或时间进行调整，还有一个专门的类 TemporalAdjusters，里面提供了很多 TemporalAdjuster 的实现。比如，针对下一个周几的调整，方法是：

```
public static TemporalAdjuster next(DayOfWeek dayOfWeek)
```

针对上面的例子，代码可以为：

```
LocalDate ld = LocalDate.now();
LocalDateTime ldt = ld.with(TemporalAdjusters.next(
    DayOfWeek.TUESDAY)).atTime(10, 0);
```

这个 next 方法是怎么实现的呢？看代码：

```
public static TemporalAdjuster next(DayOfWeek dayOfWeek) {
    int dowValue = dayOfWeek.getValue();
    return (temporal) -> {
        int calDow = temporal.get(DAY_OF_WEEK);
        int daysDiff = calDow - dowValue;
        return temporal.plus(daysDiff >= 0 ? 7 - daysDiff : -daysDiff, DAYS);
    };
}
```

它内部封装了一些条件判断和具体调整，提供了更为易用的接口。

TemporalAdjusters 中还有很多方法，部分方法如下：

```
public static TemporalAdjuster firstDayOfMonth()
public static TemporalAdjuster lastDayOfMonth()
public static TemporalAdjuster firstInMonth(DayOfWeek dayOfWeek)
```

```
public static TemporalAdjuster lastInMonth(DayOfWeek dayOfWeek)
public static TemporalAdjuster previous(DayOfWeek dayOfWeek)
public static TemporalAdjuster nextOrSame(DayOfWeek dayOfWeek)
```

这些方法的含义比较直观，就不解释了。它们主要是封装了日期和时间调整的一些基本操作，更为易用。

明天最后一刻，代码可以为：

```
LocalDateTime ldt = LocalDateTime.of(
    LocalDate.now().plusDays(1), LocalTime.MAX);
```

或者为：

```
LocalDateTime ldt = LocalTime.MAX.atDate(LocalDate.now().plusDays(1));
```

本月最后一天最后一刻，代码可以为：

```
LocalDateTime ldt =  LocalDate.now()
        .with(TemporalAdjusters.lastDayOfMonth()).atTime(LocalTime.MAX);
```

lastDayOfMonth() 是怎么实现的呢？看代码：

```
public static TemporalAdjuster lastDayOfMonth() {
    return(temporal) -> temporal.with(DAY_OF_MONTH,
        temporal.range(DAY_OF_MONTH).getMaximum());
}
```

这里使用了 range 方法，从它的返回值可以获取对应日历单位的最大最小值，展开，本月最后一天最后一刻的代码还可以为：

```
long maxDayOfMonth = LocalDate.now().range(
    ChronoField.DAY_OF_MONTH).getMaximum();
LocalDateTime ldt =  LocalDate.now()
        .withDayOfMonth((int)maxDayOfMonth).atTime(LocalTime.MAX);
```

下个月第一个周一的下午 5 点整，代码可以为：

```
LocalDateTime ldt = LocalDate.now().plusMonths(1)
        .with(TemporalAdjusters.firstInMonth(DayOfWeek.MONDAY)).atTime(17, 0);
```

26.5.4 时间段的计算

Java 8 中表示时间段的类主要有两个：Period 和 Duration。Period 表示日期之间的差，用年月日表示，不能表示时间；Duration 表示时间差，用时分秒等表示，也可以用天表示，一天严格等于 24 小时，不能用年月表示。下面看一些例子。

计算两个日期之间的差，看个 Period 的例子：

```
LocalDate ld1 = LocalDate.of(2016, 3, 24);
LocalDate ld2 = LocalDate.of(2017, 7, 12);
Period period = Period.between(ld1, ld2);
System.out.println(period.getYears() + "年"
```

```
        + period.getMonths() + "月" + period.getDays() + "天");
```

输出为：

1年3月18天

根据生日计算年龄，示例代码可以为：

```
LocalDate born = LocalDate.of(1990,06,20);
int year = Period.between(born, LocalDate.now()).getYears();
```

计算迟到分钟数，假定早上 9 点是上班时间，过了 9 点算迟到，迟到要统计迟到的分钟数，怎么计算呢？看代码：

```
long lateMinutes = Duration.between(LocalTime.of(9,0),
        LocalTime.now()).toMinutes();
```

26.5.5　与 Date/Calendar 对象的转换

Java 8 的日期和时间 API 没有提供与老的 Date/Calendar 相互转换的方法，但在实际中，我们可能是需要的。前面介绍了 Date 可以与 Instant 通过毫秒数相互转换，对于其他类型，也可以通过毫秒数 /Instant 相互转换。比如，将 LocalDateTime 按默认时区转换为 Date，代码可以为：

```
public static Date toDate(LocalDateTime ldt){
    return new Date(ldt.atZone(ZoneId.systemDefault())
            .toInstant().toEpochMilli());
}
```

将 ZonedDateTime 转换为 Calendar，代码可以为：

```
public static Calendar toCalendar(ZonedDateTime zdt) {
    TimeZone tz = TimeZone.getTimeZone(zdt.getZone());
    Calendar calendar = Calendar.getInstance(tz);
    calendar.setTimeInMillis(zdt.toInstant().toEpochMilli());
    return calendar;
}
```

Calendar 保持了 ZonedDateTime 的时区信息。

将 Date 按默认时区转换为 LocalDateTime，代码可以为：

```
public static LocalDateTime toLocalDateTime(Date date) {
    return LocalDateTime.ofInstant(Instant.ofEpochMilli(date.getTime()),
        ZoneId.systemDefault());
}
```

将 Calendar 转换为 ZonedDateTime，代码可以为：

```
public static ZonedDateTime toZonedDateTime(Calendar calendar) {
    ZonedDateTime zdt = ZonedDateTime.ofInstant(
            Instant.ofEpochMilli(calendar.getTimeInMillis()),
            calendar.getTimeZone().toZoneId());
```

```
        return zdt;
    }
```

　　至此，关于 Java 8 的日期和时间 API 就介绍完了。相比以前版本的 Date 和 Calendar，它引入了更多的类，但概念更为清晰，更为强大和易用。

　　本章介绍了 Java 8 引入的 Lambda 表达式、函数式编程，以及日期和时间 API，利用本章介绍的内容，我们可以在更高的抽象层次上思考和解决问题，包括处理集合数据、管理异步任务、操作日期和时间等。